Hi-Pass 건설기계기술사

최신개정판

Professional Engineer Construction Equipment

기술사 · 공학박사 **김순채** 지음

상

❝ 여러분의 합격! 성안당이 함께합니다. ❞

BM (주)도서출판 **성안당**

■ 도서 A/S 안내

성안당에서 발행하는 모든 도서는 저자와 출판사, 그리고 독자가 함께 만들어 나갑니다.

좋은 책을 펴내기 위해 많은 노력을 기울이고 있습니다. 혹시라도 내용상의 오류나 오탈자 등이 발견되면 "좋은 책은 나라의 보배"로서 우리 모두가 함께 만들어 간다는 마음으로 연락주시기 바랍니다. 수정 보완하여 더 나은 책이 되도록 최선을 다하겠습니다.

성안당은 늘 독자 여러분들의 소중한 의견을 기다리고 있습니다. 좋은 의견을 보내주시는 분께는 성안당 쇼핑몰의 포인트(3,000포인트)를 적립해 드립니다.

잘못 만들어진 책이나 부록 등이 파손된 경우에는 교환해 드립니다.

저자 문의 e-mail : edn@engineerdata.net(김순채)

본서 기획자 e-mail : coh@cyber.co.kr(최옥현)

홈페이지 : http://www.cyber.co.kr 전화 : 031) 950-6300

21세기의 산업구조는 세계화와 IT산업의 발전으로 자동화시스템을 구현하고, 비용, 품질, 생산성을 향상시키는 방향으로 발전하고 있으며, 그로 인해 기업은 더욱더 체계적이며 효율성을 위한 설비의 구성과 탁월한 엔지니어를 요구하고 있다. 산업의 분야는 기계와 전기, 전자를 접목하는 에너지설비, 화학설비, 해양플랜트 설비, 환경설비 등이 지속적으로 증가하고 있으며 설계와 제작을 위한 능력 있는 엔지니어가 필요하다. 건설기계기술사는 이런 분야에서 자신의 능력을 발휘하며 국가와 회사에 기여하는 자부심을 가지게 될 것이다.

기계분야에 종사하는 엔지니어는 많은 지식을 가지고 있어야 한다. 모든 시스템이 기계와 전기, 전자를 접목하는 자동화시스템으로 구성되어 있기 때문이다. 따라서 건설기계기술사에 도전하는 여러분은 이론과 실무를 겸비해야 자신의 능력을 발휘하며 기술사에 도전하고, 목표를 성취할 수가 있다.

이 수험서는 출제된 문제를 철저히 분석하고 검토하여 답안작성 형식으로 구성하였으며 효율적으로 준비할 수 있도록 모든 내용을 전면 검토하여 최적의 분량으로 재개편하였다. 최근에는 새로운 문제가 많이 출제되어 처음 출제된 문제에 대한 답안작성을 위한 대응능력을 제시하고, 동영상강의를 통하여 역학적인 문제는 쉽게 이해하도록 유도하는 한편, 논술형 답안작성을 위한 강의로 진행을 한다.

본 수험서가 건설기계기술사를 준비하는 엔지니어를 위한 길잡이로 현대를 살아가는 바쁜 여러분에게 희망과 용기를 주기 위한 수험서로 활용되기를 바라며 여러분의 목표가 성취되도록 다음과 같은 특징으로 구성하였다.

첫째, 29년간 출제된 문제에 대한 풀이를 분야별로 분류하며 암기력과 응용력을 향상시켜 합격을 위한 능력으로 집중시키기 위한 전면 개정 및 보강
둘째, 풍부한 그림과 도표를 통해 쉽게 이해하여 답안 작성에 적용하도록 유도
셋째, 주관식 답안 작성 훈련을 위해 모든 문제를 개요, 본론순인 논술형식으로 구성
넷째, 효율적이고 체계적인 답안지 작성을 돕기 위한 동영상강의 진행
다섯째, 처음 출제되는 문제에 대한 대응능력과 최적의 답안작성 능력부여
여섯째, 엔지니어데이터넷과 연계해 매회 필요한 자료를 추가로 업데이트

이 책이 현장에 종사하는 엔지니어에게는 실무에 필요한 이론서로, 시험을 준비하는 여러분에게는 좋은 안내서로 활용되기를 소망하며, 여러분의 목표가 성취되기를 바란다. 또한 공부를 하면서 내용이 불충분한 부분에 대한 지적은 따끔한 충고로 받아들여 다음에는 더욱 알찬 도서를 출판하도록 노력하겠다.

마지막으로 이 책이 나오기까지 순간순간마다 지혜를 주시며 많은 영감으로 인도하신 주님께 감사드리며, 아낌없는 배려를 해 주신 (주)성안당 임직원과 편집부원들께 감사드린다. 아울러 동영상 촬영을 위해 항상 수고하시는 김민수 이사님께도 고마움을 전하며, 언제나 기도로 응원하는 사랑하는 나의 가족에게도 감사한 마음을 전한다.

공학박사/기술사 김순채

기술사를 응시하는 여러분은 다음 사항을 검토해 보고 자신의 부족한 부분을 채워 나간다면 여러분의 목표를 성취할 것이라 확신한다.

1. 체계적인 계획을 설정하라.

대부분 기술사를 준비하는 연령층은 30대 초반부터 60대 후반까지 분포되어 있다. 또한 대부분 직장을 다니면서 준비를 해야 하며 회사일로 인한 업무도 최근에는 많이 증가하는 추세에 있기 때문에 기술사를 준비하기 위해서는 효율적인 계획에 의해서 준비를 하는 것이 좋을 것으로 판단된다.

2. 최대한 기간을 짧게 설정하라.

시험을 준비하는 대부분의 엔지니어는 여러 가지 상황으로 보아 너무 바쁘게 살아가고 있다. 그로 인하여 학창시절의 암기력, 이해력보다는 효율적인 면에서 차이가 많을 것으로 판단이 된다. 따라서 기간을 길게 설정하는 것보다는 짧게 설정하여 도전하는 것이 유리하다고 판단된다.

3. 출제 빈도가 높은 분야부터 공부하라.

기술사에 출제된 문제를 모두 자기 것으로 암기하고 이해하는 것은 대단히 어렵다. 그러므로 출제 빈도가 높은 분야부터 공부하고 그 다음에는 빈도수의 순서에 따라 행하는 것이 좋을 것으로 판단된다. 분야에서 업무에 중요성이 있는 이론, 최근 개정된 관련 법규 또는 최근 이슈화된 사건이나 관련 이론 등이 주로 출제된다. 단, 매년 개정된 관련 법규는 해가 지나면 다시 출제되는 경우는 거의 없다.

4. 새로운 유형의 문제에 대한 답안작성 능력을 배양해라.

최근 출제문제를 살펴보면 이전에는 출제되지 않았던 새로운 유형의 문제가 매회 마다 추가되고 있다. 또한, 다른 종목에서 과거에 출제되었던 문제가 건설기계기술사에 출제되기도 하였다. 따라서 새로운 유형의 문제에 대한 답안작성 능력을 가지고 있어야 합격할 수 있다. 이러한 최근 경향에 따라 수험생들은 시험준비를 하면서 많은 지식을 습득하도록 노력해야 하며, 깊고, 좁게 내용을 알기보다는 얕고, 넓게 내용을 알며 답안작성을 하는 연습을 지속적으로 해야 한다. 또한, 기계 관련 다른 종목의 기술사에 출제된 문제도 잘 검토하여 준비하는 것이 합격의 지름길이 될 수 있다.

5. 답안지 연습 전에 제3자로부터 검증을 받아라.

기술사에 도전하는 대부분 엔지니어들은 자신의 분야에 자부심과 능력을 가지고 있기 때문에 교만한 마음을 가질 수도 있다. 그러므로 본격적으로 답안지 작성에 대한 연습을 진행하기 전에 제3자(기술사 또는 학위자)에게 문장의 구성 체계 등을 충분히 검증받고, 잘못된 습관을 개선한 다음에 진행을 해야 한다. 왜냐하면 채점은 본인이 하는 것이 아니고 제3자가 하기 때문이다. 하지만 검증자가 없으면 관련 논문을 참고하는 것도 답안지 문장의 체계를 이해하는 데 도움이 된다.

6. 실전처럼 연습하고, 종료 10분 전에는 꼭 답안지를 확인하라.

시험 준비를 할 때는 그냥 눈으로 보고 공부를 하는 것보다는 문제에서 제시한 내용을 간단한 논문 형식, 즉 서론, 본론, 결론의 문장 형식으로 연습하는 것이 실제 시험에 응시할 때 많은 도움이 된다. 단, 답안지 작성 연습은 모든 내용을 어느 정도 파악한 다음 진행을 하며 막상 시험을 치르게 되면 머릿속에서 정리하면서 연속적으로 작성해야 합격의 가능성이 있으며 각 교시가 끝나기 10분 전에는 반드시 답안이 작성된 모든 문장을 검토하여 문장의 흐름을 매끄럽게 다듬는 것이 좋다(수정은 두 줄 긋고, 상단에 추가함).

7. 채점자를 감동시키는 답안을 작성한다.

공부를 하면서 책에 있는 내용을 완벽하게 답안지에 표현한다는 것은 매우 어렵다. 때문에 전체적인 내용의 흐름과 그 내용의 핵심 단어를 항상 주의 깊게 살펴서 그런 문제에 접하게 되면 문장에서 적절하게 활용하여 전개하면 된다. 또한 모든 문제의 답안을 작성할 때는 문장을 쉽고 명료하게 작성하는 것이 좋다. 그리고 문장으로 표현이 부족할 때는 그림이나 그래프를 이용하여 설명하면 채점자가 쉽게 이해할 수 있다. 또한, 기술사란 책에 있는 내용을 완벽하게 복사해 내는 능력으로 판단하기 보다는 현장에서 엔지니어로서의 역할을 충분히 할 수 있는가를 보기 때문에 출제된 문제에 관해 포괄적인 방법으로 답안을 작성해도 좋은 결과를 얻을 수 있다.

8. 자신감과 인내심이 필요하다.

나이가 들어 공부를 한다는 것은 대단히 어려운 일이다. 어려운 일을 이겨내기 위해서는 늘 간직하고 있는 자신감과 인내력이 중요하다. 물론 세상을 살면서 많은 것을 경험해 보았겠지만 "난 뭐든지 할 수 있다"라는 자신감과 답안 작성을 할 때 예상하지 못한 문제로 인해 답안 작성이 미비하더라도 다른 문제에서 그 점수를 회복할 수 있다는 마음으로 꾸준히 답안을 작성할 줄 아는 인내심이 필요하다.

9. 2005년부터 답안지가 12페이지에서 14페이지로 추가되었다.

기술사의 답안 작성은 책에 있는 내용을 간단하고 정확하게 작성하는 것이 중요한 것은 아니다. 주어진 문제에 대해서 체계적인 전개와 적절한 이론을 첨부하여 전개를 하는 것이 효과적인 답안 작성이 될 것이다. 따라서 매 교시마다 배부되는 답안 작성 분량은 최소한 8페이지 이상은 작성해야 될 것으로 판단되며, 준비하면서 자신이 공부한 내용을 머릿속에서 생각하며 작성하는 기교를 연습장에 수없이 많이 연습하는 것이 최선의 방법이다. 대학에서 강의하는 교수들이 쉽게 합격하는 것은 연구 논문 작성에 대한 기술이 있어 상당히 유리하기 때문이다. 또한 2015년 107회부터 답안지 묶음형식이 상단에서 왼쪽에서 묶음하는 형식으로 변경되었으니 참고하길 바란다.

10. 1, 2교시에서 지금까지 준비한 능력이 발휘된다.

1교시 문제를 받아보면서 자신감과 희망을 가질 수가 있고, 지금까지 준비한 노력과 정열을 발휘할 수 있다. 1교시를 잘 치르면 자신감이 배가 되고 더욱 의욕이 생기게 되며 정신적으로 피곤함을 이결 낼 수 있는 능력이 배가된다. 따라서 1, 2교시 시험에서 획득할 수 있는 점수를 가장 많이 확보하는 것이 유리하다.

11. 3교시, 4교시는 자신이 경험한 엔지니어의 능력이 효과를 발휘한다.

오전에 실시하는 1, 2교시는 자신이 준비한 내용에 대해서 많은 효과를 발휘할 수가 있다. 그렇지만 오후에 실시하는 3, 4교시는 오전에 치른 200분의 시간이 자신의 머릿속에서 많은 혼돈을 유발할 가능성이 있다. 그러므로 오후에 실시하는 시험에 대해서는 침착하면서 논리적인 문장 전개로 답안지 작성의 효과를 주어야 한다. 신문이나 매스컴, 자신이 경험한 내용을 토대로 긴장하지 말고 채점자가 이해하기 쉽도록 작성하는 것이 좋을 것으로 판단된다. 문장으로의 표현에 자신이 있으면 문장으로 완성을 하지만 자신이 없으면 많은 그림과 도표를 삽입하여 전개를 하는 것이 훨씬 유리하다.

12. 암기 위주의 공부보다는 연습장에 수많이 반복하여 준비하라.

단답형 문제를 대비하는 수험생은 유리할지도 모르지만 기술사는 산업 분야에서 기술적인 논리 전개로 문제를 해결하는 능력이 중요하다. 따라서 정확한 답을 간단하게 작성하기보다는 문제에서 언급한 내용을 논리적인 방법으로 제시하는 것이 더 중요하다. 그러므로 연습장에 답안 작성을 여러 번 반복하는 연습을 해야 한다. 요즈음은 컴퓨터로 인해 손으로 글씨를 쓰는 경우가 그리 많지 않기 때문에 답안 작성에 있어 정확한 글자와 문장을 완성하는 속도가 매우 중요하다.

13. 면접 준비 및 대처방법

어렵게 필기를 합격하고 면접에서 좋은 결과를 얻지 못하면 여러 가지로 심적인 부담이 되는 것은 사실이다. 하지만 본인의 마음을 차분하게 다스리고 면접에 대비를 한다면 좋은 결과를 얻을 수 있다. 각 분야의 면접관은 대부분 대학 교수와 실무에 종사하고 있는 분들이 하게 되므로 면접 시 질문은 이론적인 내용과 현장의 실무적인 내용, 최근의 동향, 분야에서 이슈화되었던 부분에 대해서 질문을 할 것으로 판단된다. 이런 경우 이론적인 부분에 대해서는 정확하게 답변하면 되지만, 분야에서 이슈화되었던 문제에 대해서는 본인의 주장을 내세우면서도 여러 의견이 있을 수 있는 부분은 유연한 자세를 취하는 것이 좋을 것으로 판단된다. 질문에 대해서 너무 자기 주장을 관철하려고 하는 것은 면접관에 따라 본인의 점수가 낮게 평가될 수도 있으니 유념하길 바란다.

□ **필기시험**

직무분야	기계	중직무분야	기계장비 설비·설치	자격종목	건설기계기술사	적용기간	2023.1.1.~2026.12.31

○ 직무내용 : 건설기계 분야에 관한 고도의 전문지식과 실무경험에 입각한 계획, 연구, 설계, 분석, 시험, 운영, 시공, 평가 또는 이에 관한 지도, 감리 등의 직무 수행.

검정방법	단답형/주관식 논문형	시험시간	400분(1교시당 100분)

시험과목	주요항목	세부항목
토목기계, 포장기계, 준설선, 건설플랜트기계설비, 그 밖에 건설기계에 관한 사항	1. 건설기계와 시공법	1. 건설기계 일반 • 건설기계의 발전 및 개발 과제, 적용되는 첨단기술 • 건설기계의 분류 및 구비조건 • 동력 전달기구, 마력의 종류, 견인력과 견인계수, 주행저항 등 • 건설기계의 안전장치 및 안전기준 2. 작업종류별 분류, 구조 및 기능, 특성, 작업능력 • 토공 및 적재 기계, 운반 기계, 기중기, 기초공사용/터널 공사용 기계 • 골재생산 기계, 포장 기계, 준설선 및 해상 공사용 기계 3. 건설기계의 운용 및 시공관리 • 재해유형과 안전대책, 건설공해의 종류/원인/방지대책 • 정비보수와 개선대책, 기계경비 산정방식/성능관리, 작업효율과 기계조합 4. 건설기계의 기계화 시공 실무 • 구조물/부속장치의 설계 및 사양 확정, 현장시공 및 감리, 공정표 작성 • 기계설비 견적, 구매, 조달, 시공 및 정산 5. 건설기계의 사고 및 파손분석-사고원인 및 대책
	2. 플랜트 및 기계설비 시공	1. 플랜트 기계설비의 종류 및 특성, 기계장비 투입 계획 • 플랜트 종류별(수력/화력/원자력/열병합/조력/풍력/태양광발전소, 지역난방설비, 화학공장, 액화천연가스 저장기지 및 배관망, 소각로, 물류창고, 환경설비, 제철소, 담수 플랜트, 해양플랜트 등) 사업계획, 타당성 조사, 설계, 구매 및 조달, 건설, 유지보수 • 기초공사, 구조물 공사, 기계 설치공사, 배관 제작/설치 공사(공장제작배관/현장제작배관) 닥트(Duct) 공사, 도장공사, 보온공사 • 설비시운전 및 성능시험

시험과목	주요항목	세부항목
		2. 기계 설비공사의 입찰, 계약, 사업수행단계의 순서와 각 단계별 사업계획 및 실행 방안 3. 공사 계약 방식의 차이점 및 장단점 4. 중량물 운반 및 시공 장비 계획 5. 건설공사의 자동화 시공과 안전대책, 환경공해 방지대책
	3. 재료역학	1. 기계공학설계의 기본고려사항 • 하중, 각종응력과 변형율, 계수(인장응력, 전단응력, 탄성응력, 열응력 등) • 허용응력과 안전율, 응력집중 2. 재료의 정역학 • 응력과 변형의 해석, 탄성에너지와 충격응력의 관계 • 압력을 받는 원통형 용기의 응력 3. 응력해석 • 경사평면에서의 발생응력, 평면응력, 평면변형률 • 인장, 굽힘 및 비틀림에 의한 응력 4. 보의 응력 및 처짐 • 굽힘 응력과 전단 응력, 조합 응력 • 보의 처짐 각과 처짐 량 5. 부정정보 및 균일강도의 보 • 부정정보/연속보의 응력 및 처짐, 카스틸리아노 정리 6. 기둥 : 좌굴/세장비
	4. 기계요소설계	1. 표준규격 : KS, ISO 2. 재료의 강도 : 하중의 종류, 기계적 성질, 응력집중, 크리프, 피로 3. 공차 • 치수공차와 끼워맞춤, 표면거칠기, 기하공차 4. 결합용 요소설계 • 체결 및 동력 전달용 요소의 역할 설계 • 용접결합부/리벳이음의 강도와 설계 5. 축과 축이음 • 축의 종류, 강도 설계, 위험속도계산 • 축이음의 종류, 커플링/클러치의 설계 6. 베어링 및 윤활 • 구름베어링 종류, 수명 및 선정, 윤활법 및 윤활제 • 미끄럼베어링 종류, 재료, 윤활면의 형식 및 수명, 미끄럼베어링의 기본설계, 윤활법 및 윤활제 7. 브레이크 장치 • 브레이크의 종류, 브레이크 용량, 제동력 • 라쳇휠과 플라이휠

시험과목	주요항목	세부항목
		8. 스프링의 종류, 허용 응력, 에너지 저장용량, 피로하중 9. 감아걸기 전동장치 • 벨트 전동장치, 와이어로프 전동장치, 체인 전동장치 10. 기어 장치 • 기어의 종류, 치형, 강도해석, 효율 11. 마찰전동장치 : 종류, 재질, 전달동력 12. 이송장치 • 이송장치의 종류 및 특징 • 이송장치의 용량계산 방법
	5. 열역학	1. 기초사항 • 열평형, 일, 에너지, 열량, 동력, 비열, 잠열 및 감열, 압력, 비체적 단위 등 2. 열과 일 • 열역학 1 법칙, 내부에너지, 엔탈피, 에너지식, 절대일과 공업일 3. 이상기체(완전가스) • 이상기체(완전가스)의 특성, 일반가스 정수 • 상태변화(등적, 등압, 등온, 단열, etc.) 혼합에 대한 성질(property) 등 4. 열역학 제2법칙과 엔트로피 • 제2법칙의 정의, 열기관과 효율, 카르노 사이클 • 엔트로피의 변화량, 일반식, 증가의 원리 • 유효에너지와 최대일 5. 가스 압축 • 압축 cycle, 왕복식 압축기/속도형 압축기, 송풍기 6. 증기 • 습증기성질 • 증기의 열적 상태량 • 증기의 상태변화 • 증기사이클(랭킨, 재열, 재생, etc), 왕복식 압축기/속도형 압축기, 송풍기
	6. 내 · 외연기관	1. 내연기관의 개요 및 열기관 사이클 • 오토/디젤/사바테 사이클 비교, 연료-공기 사이클, 열효율과 열정산 • 공연비, 공기과잉률 • 옥탄가, 세탄가 2. 기관의 성능 • 출력 성능, 운전 성능, 경제 성능, 대공해 성능, 형태 성능, 내구성능 등 • 흡입공기의 체적 효율/충진 효율, 기관의 효율, 과급과 과급기 • 배기가스의 환경오염 저감 방법의 종류 및 특성

시험과목	주요항목	세부항목
		3. 기관의 연료 및 노크 • 연료의 분류, 가솔린기관 연료, 디젤기관 연료, 노크의 발생원인과 방지책 4. 기관의 연소 • 가솔린기관/디젤기관 혼합기생성 • 연료 무화 3대 조건, 연료 분사 장치 5. 냉각과 윤활 • 냉각방식의 열 부하, 윤활의 목적/종류, 윤활유 구비 조건, 윤활방식 및 장치 6. 기관주요부의 운동 7. 외연기관 • 가스터빈사이클의 종류와 열효율 8. 냉동 사이클 • 냉동 사이클의 종류, 성적계수, 냉동능력 등
	7. 유체역학	1. 유체의 기초 개념 • 유체의 정의 , 성질 및 구분 • 차원과 단위, 밀도, 비중량, 비체적, 비중 등 • 점도, 동점도 등 • 표면장력과 모세관 현상 2. 유체 정역학 • 절대압력/계기압력, 정지유체 속의 물체에 작용하는 힘, 부력과 안전성 • 전압, 정압, 동압의 개념 3. 유체 운동학과 운동량의 법칙 • 흐름의 특성 : 정상류와 비정상류/점성유체와 비점성유체 • 레이놀즈 변환이론, 연속 방정식, 오일러 운동 방정식, 베르누이 방정식 • 역적과 운동량, 각 운동량, 운동에너지와 수정계수 • 관속의 흐름/분류(Jet) 흐름, 공동현상 4. 차원해석과 상사법칙 • 유체역학에서 무차원수의 의미(레이놀즈수, 프란틀수, 누셀수, 마하수, 그레츠수, 프루드수 등) 5. 관속의 유체흐름(층류/난류)과 경계층이론 • 관마찰계수, 이음부와 밸브 내 손실, 층류 경계층, 난류 경계층, 압력 구배와 전단력 • 상당길이, 조도 6. 평판의 유체마찰 7. 비정상류와 파동 : 수격작용(water hammer action) 8. 유체 계측 : 밀도, 비중, 점성계수, 정압, 유속, 유량의 측정

시험과목	주요항목	세부항목

	8. 유체기계	1. 유체기계의 분류
		2. 펌프
		 1) 원심 펌프
		  • 분류 및 구조, 이론, 손실과 효율, 비속도
		  • 펌프설계 및 특성곡선, 축추력과 방지책
		  • 공동현상, 수격작용, 서징의 개념 및 방지책
		 2) 왕복펌프
		  • 분류와 구조, 이론, 배수곡선, 효율
		 3) 특수펌프 : 분사펌프, 기포펌프, 재생펌프 등
		 4) 펌프의 제현상 : 공동현상, 서징현상, 수격현상 등
		 5) 펌프의 동력계산
		 6) 동력의 종류: 수동력, 축동력, 전동기동력
		3. 공기기계
		 1) 공기기계의 분류, 풍량과 풍압, 동력과 효율, 온도상승 등
		 2) 송풍기와 압축기
		  • 분류와 구조, 압축이론, 비속도와 효율, 특성, 설계 계산
		  • 서징 현상, 선회실속, 콕킹, 공진현상
		4. 유체 수송장치 : 수력 컨베이어, 공기 수송기

	9. 유공압기기	1. 유공압기기의 종류, 특징 • 유공압 응용기기, 자동제어와 유공압, 유공압장치의 구성 2. 유공압공학의 기초 이론 • 유체 정역학 및 동역학, 운동량의 법칙 • 유체마찰, 관로의 흐름과 압력손실, 서징 현상 또는 오일 해머링 3. 유압유 • 종류 및 구비조건, 첨가제 종류와 작용, 유압유의 특성과 적정점도, 보수 4. 유공압펌프 • 종류와 특성, 성능, 공동현상, 소음 발생원인과 대책 5. 유공압 액츄에이터 • 실린더, 회전모터, 요동형 액츄에이터 6. 유공압제어밸브 • 유공압/유량/방향 제어밸브 종류, 기능 및 특성 • 서보밸브 기능 및 특성 7. 유공압 부속기기 • 축압기, 여과기, 냉각기기, 탱크, 공기청정기, 유공압부스터, 배관 8. 유공압 기본 회로 • 구성 및 건설기계 적용사례, 압력/속도/방향 제어회로 • 유공압 모터 제어회로, 피드백 제어회로, 시퀀스 제어회로 등

시험과목	주요항목	세부항목

	10. 금속재료	1. 금속재료의 성질과 분류
		  • 금속의 결정구조, 금속의 변태, 소성
		2. 재료 시험 : 기계적 시험과 조직시험
		3. 철강재료의 기본특성과 용도
		  • 탄소강의 조직/성질/용도
		  • 주철 및 주강 : 주철의 종류, 특성, 조직 및 금속원소들의 영향
		  • 구조용강의 종류, 특성
		  • 특수강의 종류 및 용도, 합급 원소들의 영향
		4. 비철금속재료의 기본 특성과 용도
		  • 구리, 알루미늄, 마그네슘, 니켈, 아연, 티타늄, 주석, 납과 그 합금
		5. 비금속 재료
		  • 내열재료와 보온재료, 패킹과 벨트용 재료, 합성수지 및 엔지니어링 플라스틱 재료, 파인 세라믹스 등
		6. 열처리와 표면처리
		  • 일반 열처리(담금질, 뜨임, 풀림, 불림 등), 항온 열처리와 변태곡선, 기본열처리, 일반 열처리
		  • 표면 경화법 : 침탄법, 질화법, 화염경화법, 고주파경화법, 금속침투법, 화학적표면경화열처리, 물리적표면경화열처리
		7. 금속의 부식방지법
		  • 전자제어: 희생양극법, 외부전원법, 배류법
		  • 산소접촉방지 : 도장, 코팅, 도금 등

	11. 용접공학	1. 용접방식의 분류 및 적용
		  • 아크 용접, 가스용접, 특수용접, 압접, 납땜 등
		2. 용접 열영향부의 역학적 성질
		  • 용접 열영향부(HAZ), 연속 냉각 변태곡선 (CCT curve) 등
		3. 용접 이음의 강도설계
		4. 용접 잔류 응력과 용접 변형 : 발생 원인과 방지대책
		5. 용접 결함의 종류와 특징
		6. 균열의 종류 및 발생원인, 방지대책
		7. 용접부의 시험과 검사
		  • 비파괴 검사법의 원리와 특성

□ 면접시험

직무분야	기계	중직무분야	기계장비 설비·설치	자격종목	건설기계기술사	적용기간	2023.1.1.~2026.12.31

○ 직무내용 : 건설기계 분야에 관한 고도의 전문지식과 실무경험에 입각한 계획, 연구, 설계, 분석, 시험, 운영, 시공, 평가 또는 이에 관한 지도, 감리 등의 직무 수행.

검정방법	구술형 면접시험	시험시간	15~40분 내외

면접항목	주요항목	세부항목
토목기계, 포장기계, 준설선, 건설플랜트기계설비, 그 밖에 건설기계에 관한 전문지식/기술	1. 건설기계와 시공법	1. 건설기계 일반 •건설기계의 발전 및 개발 과제, 적용되는 첨단기술 •건설기계의 분류 및 구비조건 •동력 전달기구, 마력의 종류, 견인력과 견인계수, 주행저항 등 •건설기계의 안전장치 및 안전기준 2. 작업종류별 분류, 구조 및 기능, 특성, 작업능력 •토공 및 적재 기계, 운반 기계, 기중기, 기초공사용/터널 공사용 기계 •골재생산 기계, 포장 기계, 준설선 및 해상공사용 기계 3. 건설기계의 운용 및 시공관리 •재해유형과 안전대책, 건설공해의 종류/원인/방지대책 •정비보수와 개선대책, 기계경비 산정방식/성능관리, 작업효율과 기계조합 4. 건설기계의 기계화 시공 실무 •구조물/부속장치의 설계 및 제원 확정, 현장시공 및 감리, 공정표 작성 •기계설비 견적, 구매, 조달, 시공 및 정산 5. 건설기계의 사고 및 파손분석-사고원인 및 대책
	2. 플랜트 및 기계설비 시공	1. 플랜트 기계설비의 종류 및 특성, 기계장비 투입 계획 •플랜트 종류별(수력/화력/원자력/열병합/조력/풍력/태양광발전소, 지역난방설비, 화학공장, 액화천연가스 저장기지 및 배관망, 소각로, 물류창고, 환경설비, 제철소, 담수플랜트, 해양플랜트 등) 사업계획, 타당성조사, 설계, 구매 및 조달, 건설, 유지보수 •기초공사, 구조물 공사, 기계 설치공사, 배관제작/설치 공사(공장제작배관/현장제작배관), 닥트(Duct) 공사, 도장공사, 보온공사 •설비시운전 및 성능시험

면접항목	주요항목	세부항목
		2. 기계 설비공사의 입찰, 계약, 사업수행단계의 순서와 각 단계별 사업계획 및 실행 방안 3. 공사 계약 방식의 차이점 및 장단점 4. 중량물 운반 및 시공 장비 계획 5. 건설공사의 자동화 시공과 안전대책, 환경공해 방지대책
	3. 재료역학	1. 기계공학설계의 기본고려사항 • 하중, 각종응력과 변형율, 계수(인장응력, 전단응력, 탄성응력, 열응력 등) • 허용응력과 안전율, 응력집중 2. 재료의 정역학 • 응력과 변형의 해석, 탄성에너지와 충격응력의 관계 • 압력을 받는 원통형 용기의 응력 3. 응력해석 • 경사평면에서의 발생응력, 평면응력, 평면변형률 • 인장, 굽힘 및 비틀림에 의한 응력 4. 보의 응력 및 처짐 • 굽힘 응력과 전단 응력, 조합 응력 • 보의 처짐 각과 처짐 량 5. 부정정보 및 균일강도의 보 • 부정정보/연속보의 응력 및 처짐, 카스틸리아노 정리 6. 기둥 : 좌굴/세장비
	4. 기계요소설계	1. 표준규격 : KS, ISO 2. 재료의 강도 : 하중의 종류, 기계적 성질, 응력집중, 크리프, 피로 3. 공차 • 치수공차와 끼워맞춤, 표면거칠기, 기하공차 4. 결합용 요소설계 • 체결 및 동력 전달용 요소의 역할 설계 • 용접결합부/리벳이음의 강도와 설계 5. 축과 축이음 • 축의 종류, 강도 설계, 위험속도계산 • 축이음의 종류, 커플링/클러치의 설계 6. 베어링 및 윤활 • 구름베어링 종류, 수명 및 선정, 윤활법 및 윤활제 • 미끄럼베어링 종류, 재료, 윤활면의 형식 및 수명, 미끄럼베어링의 기본설계, 윤활법 및 윤활제 7. 브레이크 장치 • 브레이크의 종류, 브레이크 용량, 제동력 • 라쳇휠과 플라이휠

면접항목	주요항목	세부항목
		8. 스프링의 종류, 허용 응력, 에너지 저장용량, 피로하중 9. 감아걸기 전동장치 • 벨트 전동장치, 와이어로프 전동장치, 체인 전동장치 10. 기어 장치 • 기어의 종류, 치형, 강도해석, 효율 11. 마찰전동장치 : 종류, 재질, 전달동력 12. 이송장치 • 이송장치의 종류 및 특징 • 이송장치의 용량계산 방법
	5. 열역학	1. 기초사항 • 열평형, 일, 에너지, 열량, 동력, 비열, 잠열 및 감열, 압력, 비체적 단위 등 2. 열과 일 • 열역학 1 법칙, 내부에너지, 엔탈피, 에너지 식, 절대일과 공업일 3. 이상기체(완전가스) • 이상기체(완전가스)의 특성, 일반가스 정수 • 상태변화(등적, 등압, 등온, 단열, etc.) 혼합에 대한 성질(property) 등 4. 열역학 제2법칙과 엔트로피 • 제2법칙의 정의, 열기관과 효율, 카르노 사이클 • 엔트로피의 변화량, 일반식, 증가의 원리 • 유효에너지와 최대일 5. 가스 압축 • 압축 cycle, 왕복식 압축기/속도형 압축기, 송풍기 6. 증기 • 습증기성질 • 증기의 열적 상태량 • 증기의 상태변화 • 증기사이클(랭킨, 재열, 재생, etc), 왕복식 압축기/속도형 압축기, 송풍기
	6. 내·외연기관	1. 내연기관의 개요 및 열기관 사이클 • 오토/디젤/사바테 사이클 비교, 연료-공기 사이클, 열효율과 열정산 • 공연비, 공기과잉률 • 옥탄가, 세탄가 2. 기관의 성능 • 출력 성능, 운전 성능, 경제 성능, 대공해 성능, 형태 성능, 내구성능 등 • 흡입공기의 체적 효율/충진 효율, 기관의 효율, 과급과 과급기 • 배기가스의 환경오염 저감 방법의 종류 및 특성

면접항목	주요항목	세부항목
		3. 기관의 연료 및 노크 • 연료의 분류, 가솔린기관 연료, 디젤기관 연료, 노크의 발생원인과 방지책 4. 기관의 연소 • 가솔린기관/디젤기관 혼합기생성 • 연료 무화 3대 조건, 연료 분사 장치 5. 냉각과 윤활 • 냉각방식의 열 부하, 윤활의 목적/종류, 윤활유 구비 조건, 윤활방식 및 장치 6. 기관주요부의 운동 7. 외연기관 • 가스터빈사이클의 종류와 열효율 8. 냉동 사이클 • 냉동 사이클의 종류, 성적계수, 냉동능력 등
	7. 유체역학	1. 유체의 기초 개념 • 유체의 정의, 성질 및 구분 • 차원과 단위, 밀도, 비중량, 비체적, 비중 등 • 점도, 동점도 등 • 표면장력과 모세관 현상 2. 유체 정역학 • 절대압력/계기압력, 정지유체 속의 물체에 작용하는 힘, 부력과 안전성 • 전압, 정압, 동압의 개념 3. 유체 운동학과 운동량의 법칙 • 흐름의 특성 : 정상류와 비정상류/점성유체와 비점성유체 • 레이놀즈 변환이론, 연속 방정식, 오일러 운동 방정식, 베르누이 방정식 • 역적과 운동량, 각 운동량, 운동에너지와 수정계수 • 관속의 흐름/분류(Jet) 흐름, 공동현상 4. 차원해석과 상사법칙 • 유체역학에서 무차원수의 의미(레이놀즈수, 프란틀수, 누셀수, 마하수, 그레츠수, 프루드수 등) 5. 관속의 유체흐름(층류/난류)과 경계층이론 • 관마찰계수, 이음부와 밸브 내 손실, 층류 경계층, 난류 경계층, 압력 구배와 전단력 • 상당길이, 조도 6. 평판의 유체마찰 7. 비정상류와 파동 : 수격작용(water hammer action) 8. 유체 계측 : 밀도, 비중, 점성계수, 정압, 유속, 유량의 측정

면접항목	주요항목	세부항목
	8. 유체기계	1. 유체기계의 분류 2. 펌프 　1) 원심 펌프 　　• 분류 및 구조, 이론, 손실과 효율, 비속도 　　• 펌프설계 및 특성곡선, 축추력과 방지책 　　• 공동현상, 수격작용, 서징의 개념 및 방지책 　2) 왕복펌프 　　• 분류와 구조, 이론, 배수곡선, 효율 　3) 특수펌프 : 분사펌프, 기포펌프, 재생펌프 등 　4) 펌프의 제현상 : 공동현상, 서징현상, 수격현상 등 　5) 펌프의 동력계산 　6) 동력의 종류: 수동력, 축동력, 전동기동력 3. 공기기계 　1) 공기기계의 분류, 풍량과 풍압, 동력과 효율, 온도상승 등 　2) 송풍기와 압축기 　　• 분류와 구조, 압축이론, 비속도와 효율, 특성, 설계 계산 　　• 서징 현상, 선회실속, 콕킹, 공진현상 4. 유체 수송장치 : 수력 컨베이어, 공기 수송기
	9. 유공압기기	1. 유공압기기의 종류, 특징 　• 유공압 응용기기, 자동제어와 유공압, 유공압장치의 구성 2. 유공압공학의 기초 이론 　• 유체 정역학 및 동역학, 운동량의 법칙 　• 유체마찰, 관로의 흐름과 압력손실, 서징 현상 또는 오일 해머링 3. 유압유 　• 종류 및 구비조건, 첨가제 종류와 작용, 유압유의 특성과 적정점도, 보수 4. 유공압펌프 　• 종류와 특성, 성능, 공동현상, 소음 발생원인과 대책 5. 유공압 액츄에이터 　• 실린더, 회전모터, 요동형 액츄에이터 6. 유공압제어밸브 　• 유공압/유량/방향 제어밸브 종류, 기능 및 특성 　• 서보밸브 기능 및 특성 7. 유공압 부속기기 　• 축압기, 여과기, 냉각기기, 탱크, 공기청정기, 유공압부스터, 배관

면접항목	주요항목	세부항목
		8. 유공압 기본 회로 • 구성 및 건설기계 적용사례, 압력/속도/방향 제어회로 • 유공압 모터 제어회로, 피드백 제어회로, 시퀀스 제어회로 등
	10. 금속재료	1. 금속재료의 성질과 분류 • 금속의 결정구조, 금속의 변태, 소성 2. 재료 시험 : 기계적 시험과 조직시험 3. 철강재료의 기본특성과 용도 • 탄소강의 조직/성질/용도 • 주철 및 주강 : 주철의 종류, 특성, 조직 및 금속원소들의 영향 • 구조용강의 종류, 특성 • 특수강의 종류 및 용도, 합금 원소들의 영향 4. 비철금속재료의 기본 특성과 용도 • 구리, 알루미늄, 마그네슘, 니켈, 아연, 티타늄, 주석, 납과 그 합금 5. 비금속 재료 • 내열재료와 보온재료, 패킹과 벨트용 재료, 합성수지 및 엔지니어링 플라스틱 재료, 파인세라믹스 등 6. 열처리와 표면처리 • 일반 열처리(담금질, 뜨임, 풀림, 불림 등), 항온 열처리와 변태곡선, 기본열처리, 일반 열처리 • 표면 경화법 : 침탄법, 질화법, 화염경화법, 고주파경화법, 금속침투법, 화학적표면경화열처리, 물리적표면경화열처리 7. 금속의 부식방지법 • 전자제어: 희생양극법, 외부전원법, 배류법 • 산소접촉방지 : 도장, 코팅, 도금 등
	11. 용접공학	1. 용접방식의 분류 및 적용 • 아크 용접, 가스용접, 특수용접, 압접, 납땜 등 2. 용접 열영향부의 역학적 성질 • 용접 열영향부(HAZ), 연속 냉각 변태곡선(CCT curve) 등 3. 용접 이음의 강도설계 4. 용접 잔류 응력과 용접 변형 : 발생 원인과 방지대책 5. 용접 결함의 종류와 특징 6. 균열의 종류 및 발생원인, 방지대책 7. 용접부의 시험과 검사 • 비파괴 검사법의 원리와 특성
품위 및 자질	12. 기술사로서 품위 및 자질	1. 기술사 갖추어야 할 주된 자질, 사명감, 인성 2. 기술사 자기개발 과제

※ 10권 이상은 분철(최대 10권 이내)

제 회

국가기술자격검정 기술사 필기시험 답안지(제1교시)

제1교시	종목명	

수험자 확인사항 ☑ 체크바랍니다.	1. 문제지 인쇄 상태 및 수험자 응시 종목 일치 여부를 확인하였습니다. 확인 ☐ 2. 답안지 인적 사항 기재란 외에 수험번호 및 성명 등 특정인임을 암시하는 표시가 없음을 확인하였습니다. 확인 ☐ 3. 지워지는 펜, 연필류, 유색 필기구 등을 사용하지 않았습니다. 확인 ☐ 4. 답안지 작성 시 유의사항을 읽고 확인하였습니다. 확인 ☐

답안지 작성 시 유의사항

1. 답안지는 표지 및 연습지를 제외하고 총 7매(14면)이며, 교부받는 즉시 매수, 페이지 순서 등 정상 여부를 반드시 확인하고 1매라도 분리되거나 훼손하여서는 안 됩니다.
2. 시험문제지가 본인의 응시종목과 일치하는지 확인하고, 시행 회, 종목명, 수험번호, 성명을 정확하게 기재하여야 합니다.
3. 수험자 인적사항 및 답안작성(계산식 포함)은 **지워지지 않는 검은색 필기구만을 계속 사용**하여야 합니다.
4. 답안 정정 시에는 **두 줄(=)을 긋고 다시 기재 가능하며 수정테이프 사용 또한 가능**합니다.
5. 답안작성 시 자(직선자, 곡선자, 템플릿 등)를 사용할 수 있습니다.
6. 문제의 순서에 관계없이 답안을 작성하여도 되나 주어진 **문제번호와 문제를 기재**한 후 답안을 작성하고 전문용어는 원어로 기재하여도 무방합니다.
7. 요구한 문제 수보다 많은 문제를 답하는 경우 기재순으로 요구한 문제 수까지 채점하고 나머지 문제는 채점대상에서 제외됩니다.
8. 답안작성 시 답안지 양면의 페이지순으로 작성하시기 바랍니다.
9. 기 작성한 문항 전체를 삭제하고자 할 경우 반드시 해당 문항의 답안 전체에 대하여 명확하게 X표시(X표시한 답안은 채점대상에서 제외)하시기 바랍니다.
10. 수험자는 시험시간이 종료되면 즉시 답안작성을 멈춰야 하며, 종료시간 이후 계속 답안을 작성하거나 감독위원의 **답안지 제출지시에 불응할 때에는 당회 시험을 무효** 처리합니다.
11. 각 문제의 답안작성이 끝나면 바로 옆에 "**끝**"이라고 쓰고, 최종 답안작성이 끝나면 줄을 바꾸어 중앙에 "**이하 여백**"이라고 써야 합니다.
12. **다음 각호에 1개라도 해당되는 경우 답안지 전체 혹은 해당 문항이 0점 처리됩니다.**

〈답안지 전체〉
  1) 인적사항 기재란 이외의 곳에 성명 또는 수험번호를 기재한 경우
  2) 답안지(연습지 포함)에 답안과 관련 없는 특수한 표시를 하거나 특정인임을 암시하는 경우
〈해당 문항〉
  1) 지워지는 펜, 연필류, 유색 필기류, 2가지 이상 색 혼합사용 등으로 작성한 경우

※ 부정행위처리규정은 뒷면 참조

HRDK 한국산업인력공단 Human Resources Development Service of Korea

부정행위 처리규정

국가기술자격법 제10조 제6항, 같은 법 시행규칙 제15조에 따라 국가기술자격검정에서 부정행위를 한 응시자에 대하여는 당해 검정을 정지 또는 무효로 하고 3년간 이법에 따른 검정에 응시할 수 있는 자격이 정지됩니다.

1. 시험 중 다른 수험자와 시험과 관련된 대화를 하는 행위
2. 답안지를 교환하는 행위
3. 시험 중에 다른 수험자의 답안지 또는 문제지를 엿보고 자신의 답안지를 작성하는 행위
4. 다른 수험자를 위하여 답안을 알려주거나 엿보게 하는 행위
5. 시험 중 시험문제 내용과 관련된 물건을 휴대하여 사용하거나 이를 주고 받는 행위
6. 시험장 내외의 자로부터 도움을 받고 답안지를 작성하는 행위
7. 미리 시험문제를 알고 시험을 치른 행위
8. 다른 수험자와 성명 또는 수험번호를 바꾸어 제출하는 행위
9. 대리시험을 치르거나 치르게 하는 행위
10. 수험자가 시험시간에 통신기기 및 전자기기[휴대용 전화기, 휴대용 개인정보 단말기(PDA), 휴대용 멀티미디어 재생장치(PMP), 휴대용 컴퓨터, 휴대용 카세트, 디지털 카메라, 음성파일 변환기(MP3), 휴대용 게임기, 전자사전, 카메라 부착 펜, 시각표시 외의 기능이 부착된 시계]를 사용하여 답안지를 작성하거나 다른 수험자를 위하여 답안을 송신하는 행위
11. 그 밖에 부정 또는 불공정한 방법으로 시험을 치르는 행위

[연 습 지]

※ 연습지에 성명 및 수험번호를 기재하지 마십시오.
※ 연습지에 기재한 사항은 채점하지 않으나 분리 훼손하면 안 됩니다.

번호		

HRDK 한국산업인력공단
Human Resources Development Service of Korea

차 례

[상권]

CHAPTER 1 기계설계학

CHAPTER 2 재료역학 및 기계재료

[재료역학]

CHAPTER 4 디젤 기관

CHAPTER 5 건설기계

[하권]

CHAPTER 6 건설기계화 시공

CHAPTER 7 유공압 및 진동학

[유공압]

[진동학]

CHAPTER 부록 과년도 출제문제

CHAPTER 01

기계설계학

강도에 의한 축의 설계

정하중을 받는 직선축의 강도에 관한 관련 기호는 다음과 같다.

d : 실축의 직경(cm),

d_1 : 중공축의 내경(cm),

d_2 : 중공축의 외경(cm),

H : 전달 마력(PS),

H' : 전달 마력(kW),

σ_b : 축의 굽힘 응력(kg/cm^2),

M : 축에 작용하는 굽힘 모멘트(kg·cm),

ω : 각속도($2\pi n/60$)

T : 축에 작용하는 비틀림 모멘트(kg·cm)

σ_a : 축의 허용 굽힘 응력(kg/cm^2)

τ_a : 축의 허용 전단 응력(kg/cm^2)

l : 축의 길이(cm)

Z : 단면 계수(cm^3)

Z_P : 극 단면 계수(cm^3)

N : 축의 1분간의 회전수(rpm)

① 굽힘 모멘트(bending moment)만 받는 축

지름이 d인 축에 굽힘 모멘트(M)가 작용하면 최대 굽힘 응력(σ_b)은 다음과 같다.

$$\sigma_b = \frac{M}{Z}, \quad M = \sigma_b Z$$

(1) 실축인 경우

$$\sigma_b = \frac{M}{Z} = \frac{M}{\dfrac{\pi d^3}{32}} = \frac{32M}{\pi d^3} \tag{1.1}$$

$$d = \sqrt[3]{\frac{10.2M}{\sigma_a}} \fallingdotseq 2.17\sqrt[3]{\frac{M}{\sigma_a}} \tag{1.2}$$

(2) 중공축(中空軸)

$$\sigma_b = \frac{32d_2 M}{\pi(d_2{}^4 - d_1{}^4)} = \frac{10.2M}{d_2{}^3(1-x^4)} \tag{1.3}$$

$$d_2 = \sqrt[3]{\frac{10.2M}{(1-x^4)\sigma_a}} = 2.17\sqrt[3]{\frac{M}{(1-x^4)\sigma_a}} \tag{1.4}$$

여기서, $d_1/d_2 = x$ 라 한다.

② 비틀림 모멘트(torsional moment)를 받는 축

$$\tau = \frac{T}{Z_P} = \frac{T}{\dfrac{\pi d^3}{16}} = \frac{16\,T}{\pi d^3} \tag{1.5}$$

$$d = \sqrt[3]{\frac{5.1\,T}{\tau_a}} = 1.72\sqrt[3]{\frac{T}{\tau_a}} \tag{1.6}$$

$$H = \frac{T\omega}{75 \times 100} = \frac{T\dfrac{2\pi N}{60}}{75 \times 100} = \frac{2\pi NT}{75 \times 60 \times 100} \ [\text{PS}]$$

$$T = 71{,}620\frac{H}{N} \ [\text{kg} \cdot \text{cm}] \tag{1.7}$$

$$H' = \frac{T\omega}{102 \times 100} = \frac{T\dfrac{2\pi N}{60}}{102 \times 100} = \frac{2\pi NT}{102 \times 60 \times 100} \ [\text{kW}]$$

$$\therefore \ T = \frac{97{,}400H'}{N} \ [\text{kg} \cdot \text{cm}] \tag{1.8}$$

(1) 실축

H를 [PS]로 표시하려면

$$\frac{\pi}{16}d^3\tau_a = 71{,}620\frac{H}{N}$$

$$d = \sqrt[3]{\frac{364757.6H}{\tau_a N}} = 71.5\sqrt[3]{\frac{H}{\tau_a N}} \ [\text{cm}] \tag{1.9}$$

H'을 [kW]로 표시하면 축의 지름은

$$d = 79.2\sqrt[3]{\frac{H}{\tau_a N}} \ [\text{cm}] \tag{1.10}$$

(2) 중공축

$$d_1 = xd_2$$

$$\tau_a = \frac{T}{\dfrac{\pi}{16}\left(\dfrac{d_2^{\,4} - d_1^{\,4}}{d_2}\right)} = \frac{5.1\,T}{d_2^{\,3}(1 - x^4)} \tag{1.11}$$

$$d_2 = \sqrt[3]{\frac{5.1\,T}{\tau_a(1 - x^4)}} = 1.72\sqrt[3]{\frac{T}{(1 - x^4)\tau_a}} \ [\text{cm}] \tag{1.12}$$

또는 축의 회전수 N과 마력 H, H'이 주어질 때

$$d_2 = 79.2 \sqrt[3]{\frac{H'}{(1-x^4)\,\tau_a\,N}} \ [\text{cm}] \tag{1.13}$$

$$d_2 = 71.5 \sqrt[3]{\frac{H}{(1-x^4)\,\tau_a\,N}} \ [\text{cm}] \tag{1.14}$$

중공축은 실체원축보다 외경이 약간 크나 무게는 가볍고, 강도와 변형 강성이 크게 되므로 중공축인 편이 우수하다. 그러나 공사비가 비싸므로 육지 공장 등에서는 실체원축이 많이 사용되며, 하중이 가벼워야 되는 항공기, 선박 등에 쓰인다.

실체원축과 중공축의 강도가 같다고 하면 양축의 직경의 비는

$$\frac{d_2}{d} = \sqrt[3]{\frac{1}{1-x^4}} \tag{1.15}$$

이다.

[그림 1-1]은 중공축의 내·외경 비가 여러 가지로 변화하였을 경우의 전달 토크와 축 중량이 같은 외경을 가진 실체원축과의 경우를 비교한 그림으로 $x = 0.5$인 중공축이 중량 감소가 24% 감소한 반면 전달 토크는 겨우 7% 정도만 감소하였을 뿐이다.

예제

지름 60mm인 중실축과 비틀림 강도가 같고 무게가 70%인 중공축의 바깥 지름과 안 지름을 구하여라.

풀이 비틀림 강도가 같다는 조건으로부터

$$d^3 = d_2{}^3(1-n^4) \quad\text{①}$$

다음에 중공축과 중실축의 중량비를 x라고 하면

$$x = \frac{d_2{}^2 - d_1{}^2}{d^2} = \frac{d_2{}^2(1-n^2)}{d^2} \quad\text{②}$$

따라서 식 ①, ②를 연립시켜 풀면 d_2, d_1을 구할 수 있다.
식 ①로부터

$$\left(\frac{d}{d_2}\right)^3 = (1-n^4) = (1-n^2)(1+n^2) \quad\text{③}$$

식 ②로부터

$$(1-n^2) = \left(\frac{d}{d_2}\right)^2 x \ \ \text{및} \ \ n^2 = 1 - \left(\frac{d}{d_2}\right)^2 x \quad\text{④}$$

식 ④를 식 ③에 대입하면

$$x^2\left(\frac{d}{d_2}\right)^2 + \left(\frac{d}{d_2}\right) - 2x = 0$$

이것을 (d_1/d_2)에 관하여 풀면

$$\left(\frac{d}{d_2}\right) = \frac{-1 \pm \sqrt{1+8x^3}}{2x^2}$$

$(d/d_2) > 0$이어야 하므로 $(-)$의 부호를 버리고 $x = 0.7$이므로

$$\left(\frac{d}{d_2}\right) = \frac{\sqrt{1+8 \times 0.7^3}-1}{2 \times 0.7^2} = 0.954$$

$d = 60\text{mm}$이므로

$$d_2 = d/0.954 = 60/0.954 = 63\,\text{mm}$$

다음 식 ①로부터

$$n = \sqrt[4]{1-\left(\frac{d}{d_2}\right)^3} = \sqrt[4]{1-0.954^3} = 0.603$$

$$d_1 = nd_2 = 0.603 \times 63 = 38\,\text{mm}$$

❸ 굽힘 모멘트와 비틀림 모멘트를 동시에 받는 축(torsion combined shaft with bending)

대부분 회전하는 축의 비틀림 모멘트 이외에도 축에 굽힘 모멘트를 초래하는 기어, 풀리, 스프로킷, 시브 등을 부착하고 있다. 그래서 굽힘 모멘트를 감소시키기 위하여 가능한 베어링(축받침) 가까이에 이러한 부속물을 부착하여야 한다.

연성 재료로 만들어진 축의 설계는 최대 전단 응력설을 적용하므로 굽힘 모멘트와 비틀림 모멘트가 동시에 작용할 때 축에 발생하는 최대 전단 응력을 결정해야 한다. 또한 취성 재료에서는 최대 주응력설에 의하여 설계하여야 한다.

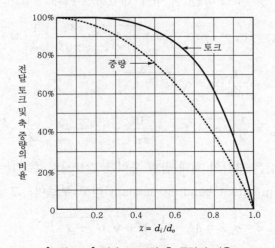

[그림 1-1] 전달 토크 및 축 중량의 비율

[그림 1-2]와 같이 굽힘과 비틀림을 동시에 받는 축의 임의의 단면(mm)에 있어서 A점 및 B점의 미소 부분의 응력 상태를 표시하면 그림 (b)와 같다.

$$\sigma_{\max} = \frac{1}{2}\sigma + \frac{1}{2}\sqrt{\sigma^2 + 4\tau^2} \tag{1.16}$$

$$\tau_{\max} = \frac{1}{2}\sqrt{\sigma^2 + 4\tau^2} \tag{1.17}$$

최대 주응력설에 의한 상당 굽힘 응력(equivalent bending stress) σ_e 는

$$\sigma_e = \frac{\sigma}{2} + \frac{1}{2}\sqrt{\sigma^2 + 4\tau^2} \tag{1.18}$$

이다.

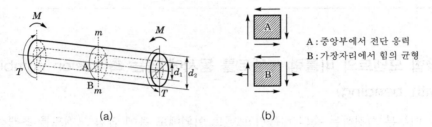

[그림 1-2] 굽힘과 비틀림을 받는 축

최대 전단 응력설에 의한 상당 비틀림 응력(equivalent twisting stress) τ_e 는

$$\tau_e = \frac{1}{2}\sqrt{\sigma^2 + 4\tau^2} \tag{1.19}$$

이다. 식 (1.1) 및 식 (1.5)를 위 식에 대입하면 아래와 같이 얻어진다.

$$\sigma_{\max} = \sigma_e = \frac{1}{2}\sigma + \frac{1}{2}\sqrt{\sigma^2 + 4\tau^2} = \frac{32}{\pi d^3} \times \frac{1}{2}\left(M + \sqrt{M^2 + T^2}\right)$$

$$= \frac{1}{Z_P}\left(M + \sqrt{M^2 + T^2}\right) \tag{1.20}$$

$$\tau_{\max} = \frac{1}{2}\sqrt{\sigma^2 + 4\tau^2} = \frac{16}{\pi d^3}\sqrt{M^2 + T^2} = \frac{1}{Z_P}\sqrt{M^2 + T^2} \tag{1.21}$$

이 $\sigma_{\max}$ 와 같은 크기의 최대 굽힘 응력을 발생시킬 수 있는 순수 변곡 모멘트를 상당 굽힘 모멘트(equivalent bending moment)라고 부르며, 그 크기는 다음과 같다.

$$\sigma_{\max}Z = \sigma_e Z = M_e = \frac{1}{2}\left(M + \sqrt{M^2 + T^2}\right) \tag{1.22}$$

또 $\tau_{\max}$와 같은 크기의 비틀림 최대 전단 응력을 발생시킬 수 있는 비틀림 모멘트를 상당 비틀림 모멘트(equivalent twisting moment)라고 부르며, 그 크기는 다음과 같다.

$$T_e = \tau_{\max} Z_p = \sqrt{M^2 + T^2} \tag{1.23}$$

축의 파손이 최대 변형에 기인한다면 상당 응력 σ_e로서 파손하지 않기 위해서는 σ_e가 σ_a 보다 작아야 한다고 생브낭이 주장하였다.

$$\varepsilon_{\max} = \varepsilon_1 = \frac{1}{E}\left[\sigma_1 - \frac{1}{m}(\sigma_2 + \sigma_3)\right] \tag{1.24}$$

$$\sigma_2 = \sigma_{\min}, \quad \sigma_1 = \sigma_{\max}, \quad \sigma_3 = 0$$

이 식에 식 (1.16)과 $\sigma_{\min} = \frac{1}{2}\sigma - \frac{1}{2}\sqrt{\sigma^2 + 4\tau^2}$ 을 대입하면

$$\begin{aligned}
\varepsilon_1 &= \frac{1}{E}\left(\frac{\sigma}{2} + \frac{1}{2}\sqrt{\sigma^2 + 4\tau^2}\right) - \frac{1}{m}\frac{1}{E}\left(\frac{\sigma}{2} - \frac{1}{2}\sqrt{\sigma^2 + 4\tau^2}\right) \\
&= \frac{1}{E}\left(\frac{m-1}{2m}\sigma + \frac{m+1}{2m}\sqrt{\sigma^2 + 4\tau^2}\right)
\end{aligned} \tag{1.25}$$

이다.

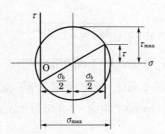

[그림 1-3] Mohr circle

즉, $\sigma_a \geq \sigma_e = \varepsilon_1 E = \dfrac{m-1}{2m}\sigma + \dfrac{m+1}{2m}\sqrt{\sigma^2 + 4\tau^2}$ \hfill (1.26)

여기서, ε_1 : 최대 변형률, E : 종탄성 계수, m : 푸아송의 수, σ_e : 상당 굽힘 응력

M과 T의 성질이 다른 경우에 양자에 대한 허용 응력을 바꾸어야 한다고 Bach는 주장하였다. 그래서 τ 대신에 $\alpha_o \tau$를 사용한다.

$$\sigma_a \geq \sigma_e = \varepsilon_1 E = \frac{m-1}{2m}\sigma + \frac{m+1}{2m}\sqrt{\sigma^2 + 4(\alpha_o \tau)^2} \tag{1.27}$$

$$\sigma_o = \left(\frac{m}{m+1}\right)\frac{\sigma_a}{\tau_a}$$

위 식에 $M = Z\sigma$, $T = Z_p\tau$, $m = \dfrac{10}{3}$ 을 대입하면

$$M_e = 0.35M + 0.65\sqrt{M^2 + {\alpha_o}^2 T^2} \leq \frac{\pi d^3}{32}\sigma_b \tag{1.28}$$

$$\sigma_o = \frac{10}{13}\frac{\sigma_a}{\tau_a}$$

이상을 축의 파손이 최대 상당 굽힘 응력에 의한 것인지, 최대 전단 응력에 의한 것인지 최대변형에 의한 것인지를 선택하여 결정해야 한다.

최대 주응력설에 의한

$$M_e = \frac{1}{2}\left(M + \sqrt{M^2 + T^2}\right) \tag{1.29}$$

최대 전단 응력설의

$$T_e = \sqrt{M^2 + T^2}$$

최대 변형률설의

$$M_e = 0.35M + 0.65\sqrt{M^2 + (\alpha_o T)^2}$$

단, $\sigma_o = \sigma_a/1.3\tau_a$, $\alpha_o = 0.47 \sim 1.0$ (연강이면 0.47이다.)

• 연성 재료의 축(steel) : 최대 전단 응력설(guest equation)
• 취성 재료의 축(cast iron) : 최대 주응력설(rankin equation)
등이 많이 사용된다.

① 실체원축의 설계는 다음 식에서 축의 지름 d를 정한다.

㉠ 연성 재료

$$\tau = \frac{16}{\pi d^3}\sqrt{M^2 + T^2} \tag{1.30}$$

$$d = \sqrt[3]{\frac{16}{\pi\tau}\sqrt{M^2 + T^2}} \tag{1.31}$$

㉡ 취성 재료

$$\sigma = \frac{32}{\pi d^3} \times \frac{1}{2}\left(M + \sqrt{M^2 + T^2}\right) = \frac{16}{\pi d^3}\left(M + \sqrt{M^2 + T^2}\right) \tag{1.32}$$

$$d = \sqrt[3]{\frac{16}{\pi\sigma}\left(M + \sqrt{M^2 + T^2}\right)} \tag{1.33}$$

② 중공축의 설계는 다음 식에서 축의 지름 d_2를 정한다.

㉠ 연성 재료

$$\tau = \frac{16}{\pi(1-x^4)d_2^{\,3}} \sqrt{M^2 + T^2} \tag{1.34}$$

$$d_2 = \sqrt[3]{\frac{16}{\pi(1-x^4)\tau} \sqrt{M^2 + T^2}} \tag{1.35}$$

㉡ 취성 재료

$$\sigma = \frac{16}{\pi(1-x^4)d_2^{\,3}} \left(M + \sqrt{M^2 + T^2} \right) \tag{1.36}$$

$$d_2 = \sqrt[3]{\frac{16}{\pi(1-x^4)\sigma} \left(M + \sqrt{M^2 + T^2} \right)} \tag{1.37}$$

Section 2 표준 규격

1 목적

생산성을 높이기 위하여 각 기계마다 많이 사용하고 있는 기계 요소를 될 수 있는 한 그 형상, 치수, 재료 등을 규격화시켜 놓으면 고정밀도의 제품을 정확히 신속하게 저렴한 가격으로 제작 가능할 뿐만 아니라 교환성이 있고 생산자나 수요자에게 편리하며 경제적이다. 우리나라에서는 1962년에 규격화가 제정되기 시작했다.

2 표준 규격

국제적 표준화로서는 1928년 ISA(만국규격통일협회 : International federation of the national Standardizing Association)가 설립되고 2차 대전으로 일단 정지되었다가 다시 1949년 ISO(국제표준화기구 : International Standardization of Organization)가 설립되어 국제 규격이 제정된다. 각국의 규격은 [표 1-1]에서 참고하고 KS에 의한 각부 분류 번호는 [표 1-3]을 참조한다. [표 1-2]는 기계 부분의 분류 기호이다.

[표 1-1] 각국의 산업 규격

국 명	제정 연도	규격 기호	국 명	제정 연도	규격 기호
영국	1901	BS	이탈리아	1921	UNI
독일	1917	DIN	일본	1921	JIS
프랑스	1918	NF	오스트레일리아	1921	SAA
스위스	1918	VSM	스웨덴	1922	SIS
캐나다	1918	CFSA	덴마크	1923	DS
네덜란드	1918	N	노르웨이	1923	NS
미국	1918	ASA	핀란드	1924	SFS
벨기에	1919	ABS	그리스	1933	ENO
헝가리	1920	MOSZ	한국	1962	KS

[표 1-2] KS의 부문별 기호

분류 기호	부 품	분류 기호	부 품
KS A	기초	KS H	식료품
KS B	기계	KS K	섬유
KS C	전기	KS L	요업
KS D	금속	KS M	화학
KS E	광산	KS P	의료
KS F	토목 · 건축	KS V	조선
KS G	일용품	KS W	항공

[표 1-3] KS B(기계 부문)의 규격 번호와 제정 사항

분류 번호	제정 사항
B 0001~B 0903	기계 기본(제도, 나사, 각종 시험 방법 등)
B 1001~B 2977	기계 요소(볼트, 너트, 키, 플랜지, 베어링, 밸브 등)
B 3001~B 3402	기계 공구(스패너, 바이스, 렌치, 드릴, 리머, 탭 등)
B 4001~B 4904	공작 기계(각종 공작 기계의 정밀도 검사 등)
B 5201~B 5531	측정 계산용 기계 기구, 물리 기계(각종 게이지 및 시험기 등)
B 6001~B 6404	일반 기계(소형 육형, 내연 기관, LPG 용기, 각종 펌프 시험 방법 등)
B 7001~B 7791	산업 기계(가정용 미싱, 탈곡기, 정미기, 분무기 등)
B 8001~B 8036	자전거(시험 방법 및 각종 부품)
B 9002~B 8762	철도용품, 선반용 부품 및 밸브 등
B 9111~B 9018	자동차(부품 및 시험 측정 방법 등)
B 9201~B 9145	시험 검사 방법(자동차의 각종 시험 방법 등)
B 9301~B 9217	공통 부품(자동차용 부품 등)
B 9401~B 9313	기관(자동차 기관용)
B 9501~B 9439	차체(자동차용)
B 9501~B 9545	전기 장치 설비(자동차용)
B 9701~B 9703	수치 조정 시험 기구(자동차용)

재료의 파괴(재료 파단의 4가지 학설)

1 재료 파단에 대한 4가지 학설

재료의 파단에 대한 학설은 다음과 같다.

① 최대 응력설(maximum stress theory) : 가장 큰 응력 σ_x가 재료의 단순 인장 강도 또는 그 항복점과 같게 되었을 때 재료의 파단이 생긴다는 가장 오래된 학설이며, 이것은 연신율 5% 이하의 취성 재료에 사용된다.

② 최대 변율설 : 연성 재료에 있어서 가장 큰 단위 변율(unit strain)이 단순 인장에 있어서 항복점의 단위 변율과 같게 되든지 또는 가장 작은 단위 변율이 단순 압축에 있어서 항복점의 단위 변율과 같을 경우 그 재료가 파단한다는 학설이다.

[그림 1-4]에서의 파단 조건은 다음과 같다.

$$\frac{\sigma_x}{E} - \frac{1}{mE}(\sigma_y + \sigma_x) = \frac{\sigma_{ty}}{E} \tag{1.38}$$

또는

$$\frac{\sigma_z}{E} - \frac{1}{mE}(\sigma_x + \sigma_y) = \frac{\sigma_{cy}}{E} \tag{1.39}$$

여기서, σ_{ty} : 단순 인장인 경우의 항복점

σ_{cy} : 단순 압축인 경우의 항복점

m : poisson's number

E : 종탄성 계수

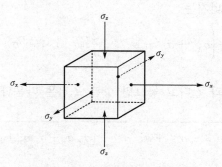

[그림 1-4] 단위 부분의 응력 상태

③ 최대 전단 응력설(maximum shear theory) : 어느 재료의 최대 전단 응력이 단순 인장의 경우의 최대 전단 응력과 같게 되었을 경우에 파단이 생긴다는 것으로 $\sigma_{ty} = \sigma_{cy}$와 같

은 특성을 가진 연성 재료에 비교적 잘 맞다는 실험 결과가 있고, 일반적으로 널리 사용되고 있다.

[그림 1-4]에서 $\tau_{\max}$는 최대와 최소 주응력의 1/2과 같으므로 연신율이 25% 이상의 연성 재료에서는 이 설이 맞고, 5~25%의 중간 연성 재료에서는 최대 주응력설과 최대 전단 응력설 둘 다 고려된다.

$$\sigma_{\max} - \sigma_{\min} = \sigma_y$$

$$\tau_{\max} = \frac{1}{2}(\sigma_{\max} - \sigma_{\min}) = \frac{1}{2}\sigma_y$$

④ **최대 변형 에너지설**(maximum strain energy theory) : 어떤 응력 상태에서 단위 체적당 변형 에너지가 단순 인장의 경우의 항복점에 있어서 단위 체적마다의 변형 에너지와 같을 때 파단이 생긴다는 학설로 어느 재료의 항복점을 결정하는 기초가 되고 이론적으로 많이 쓰인다. 또 취성 재료에는 쓰이지 않고 연성 재료에 광범위하게 쓰인다.

[그림 1-4]에서 단위 체적당 변형 에너지 U는 다음과 같다.

$$U = \frac{\sigma_x \varepsilon_x}{2} + \frac{\sigma_y \varepsilon_y}{2} + \frac{\sigma_z \varepsilon_z}{2} \tag{1.40}$$

후크의 법칙에서

$$\varepsilon_x = \frac{1}{E}\left\{\sigma_x - \frac{1}{m}(\sigma_y + \sigma_z)\right\}$$

$$\varepsilon_y = \frac{1}{E}\left\{\sigma_y - \frac{1}{m}(\sigma_z + \sigma_x)\right\} \tag{1.41}$$

$$\varepsilon_z = \frac{1}{E}\left\{\sigma_z - \frac{1}{m}(\sigma_x + \sigma_y)\right\}$$

따라서 변형 에너지는

$$u = \frac{1}{2E}\left\{\sigma_x{}^2 + \sigma_y{}^2 + \sigma_z{}^2 - \frac{2}{m}(\sigma_x \sigma_y + \sigma_y \sigma_z + \sigma_z \sigma_x)\right\}$$

이때 u가 $\dfrac{\sigma_r{}^2}{2E}$과 같다고 놓으면 항복 조건은 다음과 같이 된다.

$$\sigma_r = \sqrt{\sigma_x{}^2 + \sigma_y{}^2 + \sigma_z{}^2 - \frac{2}{m}(\sigma_x \sigma_y + \sigma_y \sigma_z + \sigma_z \sigma_x)} \tag{1.42}$$

❷ 파단설의 비교

인장 응력 σ_x와 압축 응력 σ_c의 크기가 같고 x축과 45°를 맺는 면상에 작용하는 최대 전단 응력 $\tau_{\max}$는 다음과 같이 된다.

$$\tau_{\max} = \sigma_x = -\sigma_z$$

이 면에 수직 응력이 작용하지 않으므로 이것은 단순 전단의 경우가 된다. 여러 가지 재료의 항복 조건은 다음과 같이 쓸 수 있다.

최대 응력설 $\tau_{\max} = \sigma_y$

최대 전단 응력설 $\tau_{\max} = \dfrac{1}{2}\sigma_y$

최대 변형설 $\tau_{\max} = \dfrac{m^2\sigma_r{}^2}{m+1}$

최대 변형 에너지설 $\tau_{\max} = \dfrac{m^2\sigma_r}{\sqrt{2(m+1)}}$

강에 대하여는 위 식에서 $\dfrac{1}{m} = 0.3$으로 잡으면 된다.

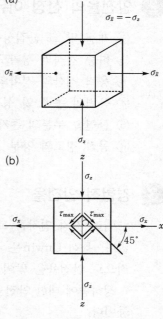

[그림 1-5]

안전율과 선정 이유

❶ 안전율

인장 강도 혹은 극한 강도(σ_t)와 허용 응력(σ_a)과의 비를 안전율(safety factor)이라 하고 다음과 같이 쓴다.

$$S_f = \frac{\sigma_f}{\sigma_a} = \frac{극한\ 강도}{허용\ 응력} \tag{1.43}$$

안전율 S_f는 응력 계산의 부정확이나 부균성 재질의 부신뢰도를 보충하고 각 요소가 필요로 하는 안전도를 갖게 하는 수이며 항상 1보다 크게 된다.

사용 상태(working stress)에 있어서 안전율을 말하는 경우

$$사용\ 응력의\ 안전율\ S_w = \frac{\sigma_f}{\sigma_w} = \frac{극한\ 강도}{사용\ 응력} \tag{1.44}$$

항복점에 달하기까지의 안전율은

$$항복점에\ 대한\ 안전율\ S_{yp} = \frac{\sigma_{yp}}{\sigma_a} = \frac{항복\ 응력}{허용\ 응력} \tag{1.45}$$

② 안전율의 선정 이유

① 재질 및 그 균질성에 대한 신뢰도(전단, 비틀림, 압축에 대한 균질성)
② 하중 견적의 정확도의 대소(관성력, 잔류 응력 고려)
③ 응력 계산의 정확의 대소
④ 응력의 종류 및 성질의 상이
⑤ 불연속 부분의 존재(단달린 곳에 응력 집중, notch effect)
⑥ 공작 정도의 양부

③ 경험적 안전율

여러 가지 인자를 고려하여 결정되는 조건들이 있으나 경험에 의하여 결정되는 수가 많다. 특히 Unwin은 극한 강도를 기초 강도로 하여 안전율을 제창하며 그 외에도 경험적으로 안전율을 많이 발표하였다.

정하중에 대한 안전율은 주철(3.5~8), 강, 연철(3~5), 목재(7~10), 석재, 벽돌(15~24) 등이다.

[표 1-4]에서는 정하중, 동하중의 안전율을 나타낸다.

[표 1-4] Unwin의 안전율

재료명	정하중	반복 하중		변동 하중 및 충격 하중
		편 진	양 진	
주철	4	6	10	12
강철	3	5	8	15
목재	7	10	15	20
석재, 벽돌	20	30	–	–

Section 5 **피로파괴와 영향인자**

① 개요

방향이 변동하는 응력에 의해서 발생하는 파괴를 피로 혹은 피로 파괴라고 한다. 피로 파괴의 응력은 취성 파괴와 같이 높지 않으며, 따라서 피로 파괴는 그 재료가 가지는 인장 강도 이하의 낮은 응력에서도 일어난다. 이때 그 재료가 피로 파괴를 일으키지 않고 견딜 수 있는 최대의 응력을 피로 한도(fatigue limit)라고 한다.

계속적으로 반복되는 하중에 의해서 미소한 크랙(crack)이 반드시 표면에 발생하고, 슬립(slip)선의 가운데라든지, 슬립선에 평행하게 발생한다. 이러한 슬립 변형은 운동이 용이한 전위에 의해서 또는 비금속 개재물의 응력 집중에 의해서 일어나는 것이 일반적 이며, 일단 슬립이 발생하면 응력 집중을 일으켜 그 근처에 큰 슬립을 유발시키고 잇달 아 미시 크랙이 발생한다.

그래서 이 미시 크랙은 거시 크랙으로 전파되고 결국은 부재의 종피로 파괴를 가져오 게 된다.

❷ 영향인자

피로 현상은 다음과 같은 여러 가지 원인들에 의하여 파괴에 영향을 미치고 있다.
① 노치(notch) : 응력 집중에 영향을 미친다.
② 치수 효과 : 치수가 크면 피로 한도가 저하된다.
③ 표면 거칠기 : 표면의 다듬질 정도가 영향을 미친다
④ 부식 : 부식 작용이 있으면 피로 한도의 저하가 심하다.
⑤ 압입 가공 : 억지 끼워맞춤, 때려박음 등에 의한 변율이 영향을 준다.
⑥ 기타 : 하중의 반복 속도와 온도도 영향을 준다.

Section 6 응력 집중과 노치

❶ 응력 집중

α는 형상 계수라고도 칭하며 기하학적으로 상사이면 물체의 대소와 재질 등에 무관하 며 하중 상태에 따라 다르다. 일반적으로 다음과 같은 관계가 있다.

인장 > 굽힘 > 비틀림

노치 근방에 집중 응력이 발생하는 현상을 응력 집중(stress concentration)이라 부 른다.

최대 응력을 공칭 응력으로 나눈 값은 응력 집중의 정도를 표시한 값으로 응력 집중 계수(stress concentration factor)라 부른다.

$$\text{응력 집중 계수}(\alpha) = \frac{\text{최대 응력}}{\text{공칭 응력}} = \frac{\sigma_{max}}{\sigma_o} \left(= \frac{\tau_{max}}{\tau_o} \right)$$

❷ 노치

기계에서는 구조상 단면의 치수와 형상이 갑자기 변화하는 부분이 있다. 이것들을 일반적으로 노치(notch)라 하고 노치 근방에 발생하는 응력은 노치를 고려하지 않는 역학적 계산에 의한 응력-공칭 응력(σ_{nor} 또는 τ_{nor})보다 매우 불규칙한 상당히 큰 응력으로 된다.

[그림 1-6] 응력 상태의 예

[그림 1-6]은 광탄성 시험에 따른 응력 집중 상태를 나타내는 것이다.

Section 7   크리프(creep)

❶ 개요

기계 재료가 고온에서 하중을 받으면 [그림 1-7]에서와 같이 순간적으로 기초 변율이 생기고 다음에 시간이 경과함에 따라 서서히 증가되는 변형이 생겨 파단하게 된다. 이와 같이 재료가 어떤 온도 밑에서 일정한 하중을 받으며 얼마동안 방치해 두면 스트레인(strain)이 증대하는 현상을 크리프라고 한다. 크리프에 의하여 생긴 스트레인을 크리프 스트레인(creep strain)이라고 한다.

❷ 크리프

크리프를 고려한 허용 응력은 장시간 고온으로 응력을 받는 부재의 파손은 크리프 강도를 취하여 안전율로 나눈 허용 응력을 결정하는 법과 사용중에 일어날 수 있는 변형의 총량이 허용치 이내에 있는 응력으로서 허용 응력을 취하는 방법도 있다.

① 허용 응력 $= \dfrac{\text{creep 강도}}{\text{안전율}}$

② 허용 응력 = 변형 총량 × 허용치 내 응력

[그림 1-8]은 응력과 크리프 관계를 온도가 일정할 때의 변화 과정을 나타낸다.

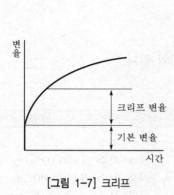

[그림 1-7] 크리프

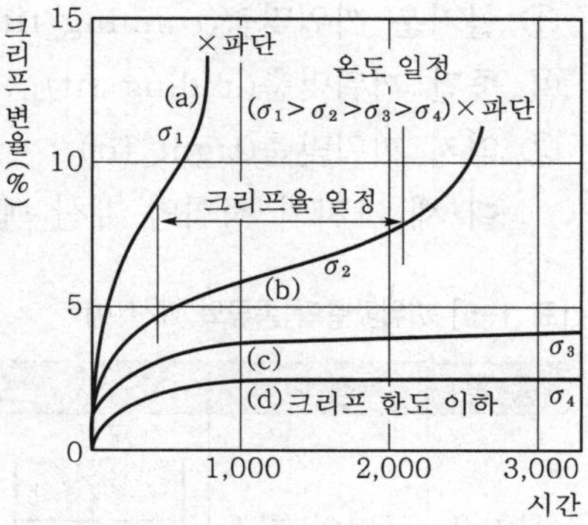

[그림 1-8] 응력과 크리프

끼워맞춤의 종류

1 끼워맞춤 방법

(1) 현장 맞춤 방식(touch work system)

(2) 게이지 방식(gauge sytsem)

① 표준 게이지 방식(standard gauge system)
② 한계 게이지 방식(limit gauge system)
  ㉠ 구멍 기준식 : 각종 축을 한 종류의 구멍에 맞춤
  ㉡ 축 기준식 : 각종 구멍을 한 종류의 축에 맞춤

2 끼워맞춤의 기준

① 구멍 기준식 : 여러 가지의 축을 한 구멍에 기준을 두고 H5~H10의 6가지를 규정하여 사용하고 있다.
② 축 기준식 : 여러 가지의 구멍을 한 축에 기준을 두고 h4~h9의 6가지를 규정하여 사용하고 있다. 축 기준식의 경우 스냅보다 고가인 플러그 게이지와 리머를 수많이 구비하여야 되므로 일반적으로 구멍 기준식이 유리하다.

③ 끼워맞춤의 종류(KS B 0401)

① 헐거운 끼워맞춤(running fit)
② 중간 끼워맞춤(sliding fit)
③ 억지 끼워맞춤(tight fit)

이 세 가지의 정의와 계산 예는 [표 1-5]와 같다.

[표 1-5] 끼워맞춤의 종류와 계산 예

종 류	정 의	도 해	실 예
헐거운 끼워 맞춤	구멍의 최소 치수>축의 최대 치수		구멍: 최대 치수 $A=50.025$mm, 최소 치수 $B=50.000$mm 축: 최대 치수 $a=49.975$mm, 최소 치수 $b=49.950$mm 최대 틈새=$A-b=0.075$mm 최소 틈새=$B-a=0.025$mm
억지 끼워 맞춤	구멍의 최대 치수≤축의 최소 치수		구멍: 최대 치수 $A=50.025$mm, 최소 치수 $B=50.000$mm 축: 최대 치수 $a=50.050$mm, 최소 치수 $b=50.034$mm 최대 죔새=$a-B=0.050$mm 최소 죔새=$b-A=0.009$mm
중간 끼워 맞춤	구멍의 최소 치수≤축의 최대 치수, 구멍의 최대 치수>축의 최소 치수		구멍: 최대 치수 $A=50.025$mm, 최소 치수 $B=50.000$mm 축: 최대 치수 $a=50.011$mm, 최소 치수 $b=49.995$mm 최대 죔새=$a-B=0.011$mm 최소 틈새=$A-b=0.030$mm

Section 9 · 치직각과 축직각, 압력각

① 역학관계

지금 축직각 압력각을 α_s, 치직각 압력각을 α라 하면 [그림 1-9]에서

$$\tan\alpha_s = \frac{\overline{qj}}{h'q}, \quad \tan\alpha = \frac{\overline{qk}}{h'q}, \quad \cos\beta = \frac{\overline{qk}}{\overline{qj}}$$

이므로

$$\frac{\tan \alpha}{\tan \alpha_s} = \frac{\overline{qk}}{\overline{qj}} = \cos \beta$$

$$\therefore \tan \alpha = \tan \alpha_s \cos \beta \qquad (1.46)$$

❷ 헬리컬 기어의 계산 공식

치직각 치형에 비하여 축직각 치형은 이높이 방향의 잇수는 같으나 가로의 나비 방향, 즉 피치 방향의 치수는 $\dfrac{1}{\cos \beta}$ 배가 된다. β가 클수록 치형의 나비는 넓게 된다. 치직각 방식에 의하여 결정되는 각부 치수는 다음과 같다.

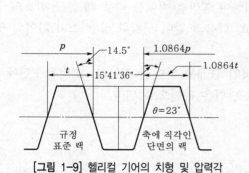

[그림 1-9] 헬리컬 기어의 치형 및 압력각

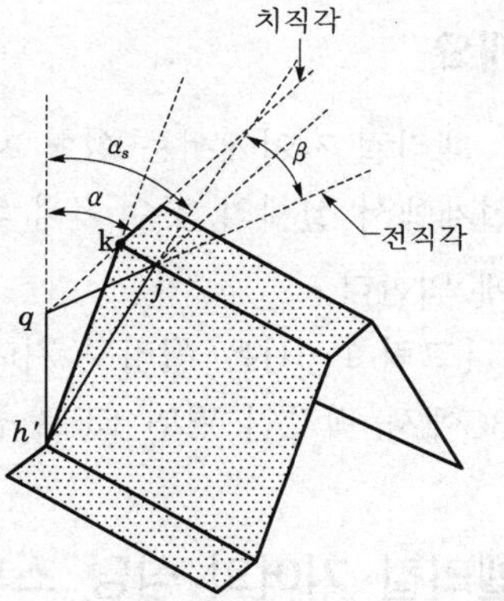

[그림 1-10] 압력각의 비교

① 모듈

$$m_s = \frac{m}{\cos \beta} \qquad (1.47)$$

② 압력각

$$\tan \alpha_s = \frac{\tan \alpha}{\cos \beta} \qquad (1.48)$$

③ 피치원의 지름

$$D_s = Zm_s = Z\frac{m}{\cos \beta} = \frac{Zm}{\cos \beta} = \frac{D}{\cos \beta}$$

④ 바깥 지름(D_o)

이끝원의 지름을 D_k라 하면, $D_k = D_o$

$$D_k = D_o = D_s + 2m = Zm_s + 2m = Z\frac{m}{\cos\beta} + 2m = \left(\frac{Z}{\cos\beta} + 2\right)m$$

⑤ 중심 거리

$$A = \frac{D_{s1} + D_{s2}}{2} = \frac{Z_1 m_s + Z_2 m_s}{2} = \frac{(Z_1 + Z_2)m_s}{2}$$

$$= \left(\frac{Z_1 + Z_2}{2}\right)\frac{m}{\cos\beta} = \frac{(Z_1 + Z_2)m}{2\cos\beta} \tag{1.49}$$

Section 10 헬리컬 기어의 상당 스퍼 기어

1 개요

헬리컬 기어에서는 성형 치절법에 의하여 헬리컬 기어를 깎을 때 공구 번호의 선정 및 설계에서 실제의 잇수 Z에 의하지 않고, 다음과 같이 생각한 상당 스퍼 기어의 잇수 Z_e에 의한다.

[그림 1-11]은 헬리컬 기어의 역학적인 관계를 나타낸 것이다. 이것을 P점에서 잇줄 BC에서 직각인 평면 EF로 끊으면, 그 단면은 타원으로 된다.

2 헬리컬 기어의 상당 스퍼 기어

P점에 잇는 이는 P점에서 곡률 반경 R에 같은 반지름의 피치원을 가진 스퍼 기어의 직선 치형과 같아야 된다.

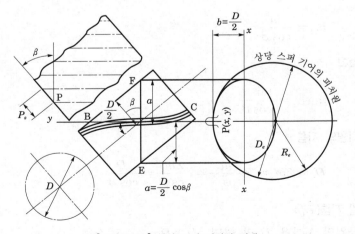

[그림 1-11] 상당 스퍼 기어의 전개

$\dfrac{x^2}{a^2}+\dfrac{y^2}{b^2}=1$의 타원에서 곡선 위의 한 점 $(x,\,y)$의 곡률 반경 ρ는

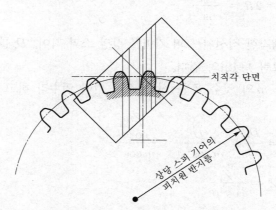

[그림 1-12] 상당 스퍼 기어의 피치원

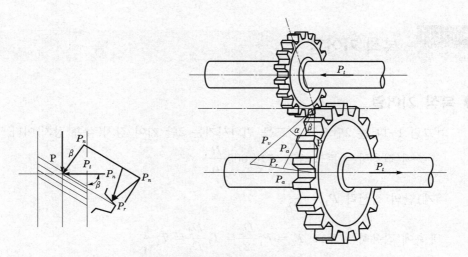

[그림 1-13] 헬리컬 기어에 걸리는 하중 해석

$$\rho=\dfrac{\left\{a^2-\left(1-\dfrac{b^2}{a^2}\right)x\right\}^{\frac{3}{2}}}{ab} \tag{1.50}$$

이다. EF 단면의 타원은 $b=\dfrac{D}{2}$(헬리컬 기어의 피치원의 반지름), $a=\dfrac{D}{2\cos\beta}$이고 P 점은 $x=0$, $y=b$인 점이므로, P점에서 곡률 반경 R_e는

$$R_e=\dfrac{a^3}{ab}=\dfrac{a^2}{b}\left(\dfrac{D}{2\cos\beta}\right)^2\dfrac{2}{D}=\dfrac{D}{2\cos^2\beta} \tag{1.51}$$

따라서 이것과 같은 반지름의 직선치 스퍼 기어의 피치원 지름 D_e는

$$D_e = 2R_e = \frac{D}{\cos^2\beta}$$

이와 같이 생각한 직선치 스퍼 기어를 상당 스퍼 기어, D_e를 상당 스퍼 기어의 피치원이라 하며, [그림 1-12]와 같다.

그리고 모듈 m의 잇수 Z_e를 상당 스퍼 기어 잇수라 하고 다음 식으로 주어진다.

$$Z_e = \frac{D_e}{m} = \frac{D}{m\cos^2\beta} = \frac{\frac{Zm}{\cos\beta}}{m\cos^2\beta}$$

$$\therefore Z_e = \frac{Z}{\cos^3\beta} \tag{1.52}$$

Section 11

복식 기어열

1 복식 기어열

[그림 1-14]는 2단으로 속도를 변화시키는 2단 기어 장치(감속 장치)이다.

Ⅰ축에 작용하는 토크 $T_1 = 716{,}000\dfrac{H}{n_1}$

제1단의 접선력 $P_1 = \dfrac{2T_1}{D_1}$

Ⅱ축에 작용하는 토크 $T_2 = P_1\dfrac{D_2}{2} = T_1\dfrac{D_2}{D_1} = T_1\dfrac{1}{i_1}$

제2단의 접선력 $P_2 = \dfrac{2T_2}{D_3} = P_1\dfrac{D_2}{D_3}$

Ⅲ축에 작용하는 토크 $T_3 = P_2\dfrac{D_4}{2} = T_2\dfrac{D_4}{D_3} = T_2\dfrac{1}{i_2} = T_2\dfrac{1}{i_2}\dfrac{1}{i_2} = T_1\dfrac{1}{i}$

따라서 원동축과 종동축 사이의 전 회전비 i는 각 단의 회전비의 곱으로 구해진다.

$$i = \frac{n_4}{n_1} = i_1 \times i_2 \times \cdots$$

$$= \frac{D_1}{D_2} \times \frac{D_3}{D_4} \times \cdots$$

$$= \frac{z_1}{z_2} \times \frac{z_3}{z_4} \times \cdots \tag{1.53}$$

실제의 기어 전동 장치에서 베어링 및 기어에서의 손실 동력에 의한 각 단의 전동 효율을 η_1, η_2라 하면,

$$T_3 = T_1 \frac{\eta_1 \eta_2}{i_1 i_1} = T_1 \frac{\eta}{i} \tag{1.54}$$

단식 기어열에서는 $i = \dfrac{n_3}{n_2} = i_1$, $i_2 = \dfrac{D_1}{D_3} = \dfrac{z_1}{z_3}$으로 되어 중간 기어의 잇수에 관계 없다. 이러한 중간 기어를 아이들 기어(idle gear)라 하며, 중간 기어의 개수에 의하여 종동축의 회전 방향이 결정된다.

[그림 1-15]는 미끄럼식 변속 기어 장치로 $i_1 = \dfrac{a}{b} = \dfrac{z_1}{z_2}$, $i_2 = \dfrac{c}{d} = \dfrac{z_3}{z_4}$, $i_3 = \dfrac{e}{f} = \dfrac{z_5}{z_6}$ 이고,

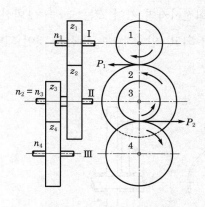

[그림 1-14] 복식 기어열

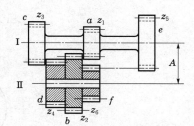

[그림 1-15] 기어 변속도열

중심 거리가 같아야 하므로

$$A = \frac{z_1 + z_2}{2} m = \frac{z_3 + z_4}{2} m = \frac{z_5 + z_6}{2} m \tag{1.55}$$

이다. 따라서 각 단에 있는 잇수의 합은 같아야 한다.

$$z = z_1 + z_2 = z_3 + z_4 = z_5 + z_6 \tag{1.56}$$

유성 기어 장치

① 유성 기어 장치

    기어축을 고정하는 암(반자, carrier)이 다른 기어축의 둘레를 회전할 수 있도록 한 기어 장치를 유성 기어 장치라 한다. [그림 1-16]에서 고정 중심을 갖는 기어 A를 태양 기어(sun gear), 이동 중심의 주위를 회전(자전 및 공전)하는 기어 B를 유성 기어(planet gear)라 한다.

    기어 A를 고정하고 암 C가 축심 O_1을 중심으로 하여 시계 방향(+방향)으로 1회전하는 동안 기어 B의 회전은 다음과 같다.

① 전체를 일체로 하여 +방향으로 1회전하면 A, B, C는 각각 1회전한다.

② 암을 고정하고 기어 A를 −방향으로 1회전시키면 기어 B는 $+\dfrac{z_1}{z_2}\times 1$회전한다.

③ ①과 ②를 합하면 기어 A의 회전은 0이 되고, 암 C는 +1회전한 것이 되며 기어 B의 정미 회전수는 $1+\dfrac{z_1}{z_2}\times 1$이 된다.

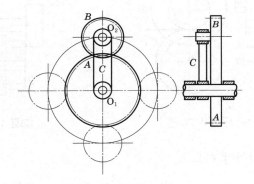

[그림 1-16] 유성 기어 장치

따라서 암 C n_e[rpm]으로 회전할 때 기어 B의 회전수 n_2는

$$n_2 = \left(1 + \frac{z_1}{z_2}\right) n_e \tag{1.57}$$

	C	A	B
전체 고정(+1) 회전	+1	+1	+1
암 고정 $A(-1)$ 회전	0	−1	$+\dfrac{z_1}{z_2}\times 1$
정미 회전수(합 회전수)	+1	0	$\left(1+\dfrac{z_1}{z_2}\right)\times 1$

Section 13

전위 기어

1 개요

기어에 있어서 이를 절삭할 때 실용적인 잇수, 즉 공구 압력각 20°의 경우에는 14개, 14.5°에서는 25개 이하가 되면 이 뿌리가 공구 끝에 먹혀 들어가서, 이른바 언더컷(절하, under cut) 현상이 생겨서 유효한 물림 길이가 감소되고 그 때문에 이의 강도가 아주 약해진다. 이것을 방지하려면 기준 랙의 기준 피치선을 기어의 피치원으로부터 적당량만큼 이동하여 창성 절삭한다. 이와 같이 기준 랙의 기준 피치선이 기어의 기준 피치원에 접하지 않는 기어를 전위 기어라 부른다.

일반적으로 20°, 14.5°의 압력각의 치형에서는 전위시킴으로써 간단하게 언더컷을 방지할 수 있다. 최근 전위 기어는 표준 기어의 단점을 개선할 수 있을 뿐 아니라 표준 기어를 창성하는 경우와 같은 공구 및 치절 기계로써 공작되므로 널리 사용되고 있다.

2 전위 계수와 전위량

[그림 1-17] (a)에서 보는 것처럼 기준 랙의 기준 피치선과 기어의 기준 피치원이 접하여 미끄럼 없이 굴러가는 기어가 표준 기어이고, (b)와 같이 랙의 기준 피치선과 피치원이 접하지 않고 약간 평행하게 어긋난 임의의 직선과 구름 접촉하는 상태로 되는 기어를 전위 기어라 부른다.

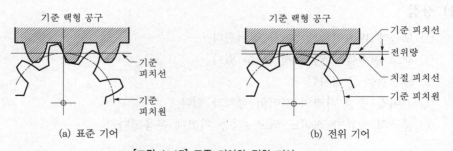

[그림 1-17] 표준 기어와 전위 기어

이때 기준 피치원과 접하는 직선을 치절 피치선이라 부르고, 랙의 기준 피치선과 평행하게 떨어진 치절 피치선과의 거리를 전위량이라 부른다. 그리고 전위량 X를 모듈로서 나눈 값 $x=X/m$를 전위 계수(abbendum modification coefficient)라 부르고, KS B 0102의 910번으로 규정되어 있다.

전위량 X, 전위 계수 x에는 양(+), 음(−)이 있고, 기준 랙과 맞물릴 때, 랙의 기준 피치선이 기준 피치원의 바깥쪽에 있는 경우를 양의 전위라 부르고, 안쪽에 있는 경우를 음의 전위라 부른다.

KS B 0102의 743번에는 "전위 기어에 속하는 기준 랙 치형 공구를 물리는 경우, 기준 랙 공구의 기준 피치선과 기어의 기준 피치원과의 거리를 전위량"이라 규정하고 있다. 이 전위 계수 x의 값을 적당하게 선택함으로써 같은 기초원의 인벌류트 곡선의 적당한 곳을 사용하고 있을 뿐 아니라, 성능에 가장 적당한 인벌류트 곡선을 선택하고, 강도상 유리하도록 그 치형을 설계할 수가 있는 것이다.

❸ 전위 기어의 사용 목적

전위 기어는 설계 계산에는 표준 기어보다 다소 복잡하기는 하나 다음과 같은 경우에 사용하면 아주 유효하다.
① 중심 거리를 자유로 변화시키려고 하는 경우
② 언더컷을 피하고 싶은 경우
③ 치의 강도를 개선하려고 하는 경우

그 밖의 여러 가지 경우에 유익한 점이 많으므로 자유로이 전위 기어를 설계할 수 있어야 될 것이다. 즉, 언더컷을 방지하며 이의 강도를 크게 하는 방법은 전위 기어로 깎는 것이다.

❹ 전위 기어의 장단점

(1) 장점

① 모듈에 비하여 강한 이가 얻어진다.
② 최소 치수를 극히 작게 할 수 있다.
③ 물림률을 증대시킨다.
④ 주어진 중심 거리의 기어의 설계가 쉽다.
⑤ 공구의 종류가 적어도 되고, 각종 기어에 운용된다.

(2) 단점

① 교환성이 없게 된다.
② 베어링 압력을 증대시킨다.
③ 계산이 복잡하게 된다.

Section 14 공기 스프링

1 개요

공기 스프링은 공기의 압축성을 이용한 스프링 장치를 말하고 고무막과 금속 부분으로 기공을 구성하고 그 속에 공기를 넣어 고무의 휘어지는 성질을 이용해서 공기를 압축하여 스프링으로 사용한다.

2 공기 스프링의 종류와 역학

다이어프램형(diaphragm type)은 윗부분의 금속 부분과 피스톤에 하중을 작용시키며 벨로스형(bellows type)은 고무가 가로로 팽창하는 것을 방지하기 위하여 중간 링을 붙이고 있고, 상하의 금속판에 하중을 작용시킨다. 공기 스프링을 사용할 때는 [그림 1-18]에서처럼 보조 탱크를 사용하는 수가 많다. 그림에서 P의 하중이 작용하고 있을 때 탱크 및 기밀공의 압력 및 용적을 p_o, V_o라 하고 다시 외부의 힘을 가하여 스프링에 X만큼 굽혀지게 할 때의 압력 및 용적을 p, V라 하면 단열 변화를 생각하여

$$pV^\gamma = p_o V_o^{\gamma} \tag{1.58}$$

으로 된다. 단, γ는 공기의 비열비로서 1.4이다. 따라서,

$$\frac{dp}{dx} = \gamma p_o V_o^{\gamma}, \quad V^{-(\gamma+1)} \frac{dv}{dx} \tag{1.59}$$

또, A를 공기 스프링의 유효 수압력 면적이라 하여

$$V = V_o - Ax, \quad \frac{dV}{dx} = -A$$

이므로, 이것으로부터 스프링 상수 k는

$$k = A\frac{dp}{da} = \frac{\gamma p_o A^2}{V_o}\left(1 - \frac{Ax}{V_o}\right)^{-(\gamma-1)} \tag{1.60}$$

이다. 따라서 임의의 유효 수압력 면적을 가진 공기 스프링에 대하여 p_o, V_o를 바꿈으로써 k의 값을 넓은 범위로 바꿀 수가 있다.

이것은 그림에서 나타낸 바와 같은 스프링 질량계의 고유 진동수를 적당하게 조정하여 진동을 방지하는 데 아주 편리하다.

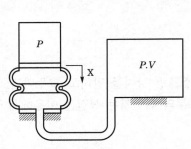

[그림 1-18] 보조 탱크가 있는 공기 스프링

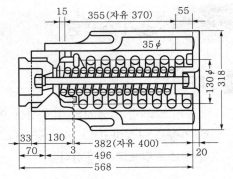

[그림 1-19] 스프링 완충기

Section 15 밴드 브레이크의 기초 이론

1 밴드 브레이크

밴드의 양 끝의 장력 및 밴드와 브레이크 바퀴 사이의 압력 분포의 상태는 벨트와 풀리의 마찰 전동의 경우와 같다.

[그림 1-20]에서

T_t : 긴장측의 장력(kgf)

T_s : 이완측의 장력(kgf)

θ : 밴드와 브레이크 바퀴 사이의 접촉각(rad)

μ : 밴드와 브레이크 바퀴 사이의 마찰 계수

f : 브레이크 제동력(kgf)

T : 회전 토크(kgf · mm)

F : 조작력(kgf)

이라 하면

$$f = \frac{2T}{D} \tag{1.61}$$

[그림 1-20]의 n점에서 밴드의 장력은 T_t, m점에서는 T_s라 하고, 밴드가 감겨져 있는 mn 사이의 장력은 T_s에서 T_t로 변화하고 있다.

mn 사이에 임의의 미소 길이 d_s를 취하여 생각하면, m에 가까운 곳에 f, n에 가까운 곳에 $(f+df)$의 장력이 작용한다.

밴드가 브레이크 바퀴를 밀어붙이는 힘을 Pds 라 하면, 그 사이에는 μPds 의 마찰력, 즉 제동력이 생긴다.

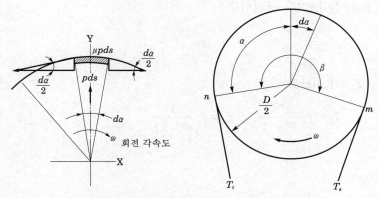

[그림 1-20] 밴드의 미소 부분에 작용하는 힘

장력의 반지름 방향에서 힘의 균형 상태를 생각하면 다음 식이 성립된다.

$$Pds = f\sin\frac{d\alpha}{2} + (f+df)\sin\frac{d\alpha}{2}$$

$$= 2f\sin\frac{d\alpha}{2} + df\sin\frac{d\alpha}{2} \tag{1.62}$$

여기서, df, $d\alpha$ 는 아주 작으므로, 제2항 $df\sin\dfrac{d\alpha}{2}$ 는 생략하고, $\sin\dfrac{d\alpha}{2} ≒ \dfrac{d\alpha}{2}$ 로 해도 큰 지장은 없으므로 밀어붙이는 힘은 $Pds = 2f\sin\dfrac{d\alpha}{2} = 2f\dfrac{d\alpha}{2} = fd\alpha$ 가 Pds 에 의하여 원주 방향과 회전 방향에 반대인 마찰력 μPds 가 생기므로, 원주 방향에 대한 균형 상태는 다음과 같이 된다.

$$f+df = f+\mu Pds \tag{1.63}$$

$$\therefore df = \mu Pds \tag{1.64}$$

이 식에 $Pds = fd\alpha$ 를 대입하면

$$df = \mu f d\alpha$$

$$\therefore \frac{df}{f} = \mu d\alpha \tag{1.65}$$

이것을 m 에서 n 까지 적분하면

$$\int_{T_s}^{T_t} \frac{df}{f} = \mu \int_{\theta}^{\theta} d\alpha$$

$$\therefore \ln \frac{T_t}{T_s} = \mu\theta \tag{1.66}$$

단, $\log e$를 $\ln$이라 표시하면

$$\therefore \frac{T_t}{T_s} = e^{\mu\theta} \tag{1.67}$$

$T_t - T_s = f$ 이므로

$$T_t = f \frac{e^{\mu\theta}}{e^{\mu\theta} - 1}, \quad T_s = f \frac{1}{e^{\mu\theta} - 1} \tag{1.68}$$

Section 16 밴드 브레이크의 제동력

1 밴드 브레이크의 제동력

[그림 1-21]에서

$$P = fd\theta = qbrd\theta$$

$$\therefore q = \frac{f}{br} \tag{1.69}$$

따라서 긴장측의 압력 $q_t = \dfrac{T_t}{br}$, 이완측의 압력 $q_s = \dfrac{T_s}{br}$로 표시되고 그 사이의 압력은 대수 곡선적으로 변환한다. 벨트의 경우 유효 장력 P_e를 밴드 브레이크의 경우처럼 제동력 f라 생각해도 좋으므로, 우회전의 경우에는

$$T_t = T_s e^{\mu\theta}, \quad T_t - T_s = f$$

$$\therefore T_t = f \frac{e^{\mu\theta}}{e^{\mu\theta} - 1} \tag{1.70}$$

$$T_s = f \frac{1}{e^{\mu\theta} - 1}$$

이다.

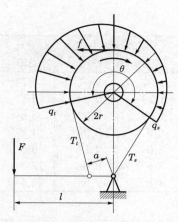

[그림 1-21] 밴드 브레이크 및 밴드의 압력

따라서, 브레이크 막대에 가하는 힘 F는

$$F = T_t \frac{a}{l} = f \frac{a}{l} \left(\frac{e^{\mu\theta}}{e^{\mu\theta} - 1} \right) \qquad (1.71)$$

이다.

좌회전의 경우에는

$$F = T_s \frac{a}{l} = f \frac{a}{l} \left(\frac{1}{e^{\mu\theta} - 1} \right) \qquad (1.72)$$

이다.

밴드 브레이크에는 3가지 형식이 있고 그 관계식을 표시한다. 그리고 $e^{\mu\theta}$의 값을 [표 1-6]에 표시한다.

단, $f = T_t - T_s$(제동력), 밴드의 허용 인장 응력을 σ_a, 나비를 h, 두께를 t라 하면 T_t는 다음 식이 된다.

$$T_t = \sigma_a bh$$

$$\therefore \ b = \frac{T_t}{h \, \sigma_a} \qquad (1.73)$$

σ_a는 보통 스프링강 SUP 6에서는 $600\sim800\mathrm{kgf/cm}^2$라 한다.

[표 1-6] $e^{\mu\theta}$의 값

접촉각 θ	0.5π $90°$	π $180°$	1.5π $270°$	2π $360°$	2.5π $450°$	3π $540°$	3.5π $630°$
$\mu=0.1$	1.17	1.37	1.6	1.78	2.2	2.57	3.0
$\mu=0.18$	1.3	1.76	2.34	3.1	4.27	5.45	7.5
$\mu=0.2$	1.37	1.89	2.57	3.5	4.8	6.6	9.0
$\mu=0.25$	1.48	2.2	3.25	4.8	7.1	10.6	15.6
$\mu=0.3$	1.6	2.6	4.1	6.6	10.5	16.9	27.0
$\mu=0.4$	1.9	3.5	6.6	12.3	23.1	43.4	81.3
$\mu=0.5$	2.2	4.8	10.5	23.1	50.8	111.3	244.1

형 식	단동식	차동식	합동식
우회전	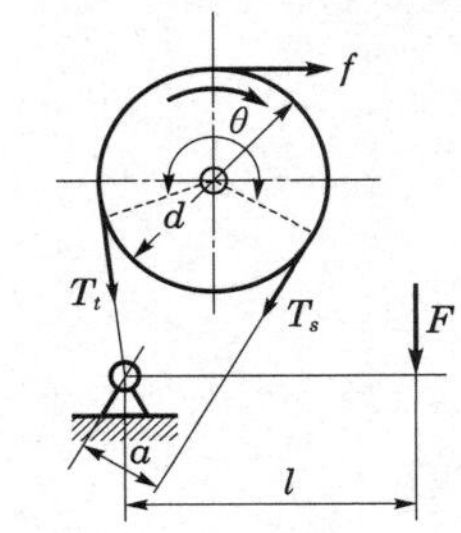 $Fl = T_a a$ $$F = f\frac{a}{l}\left(\frac{1}{e^{\mu\theta}-1}\right)$$	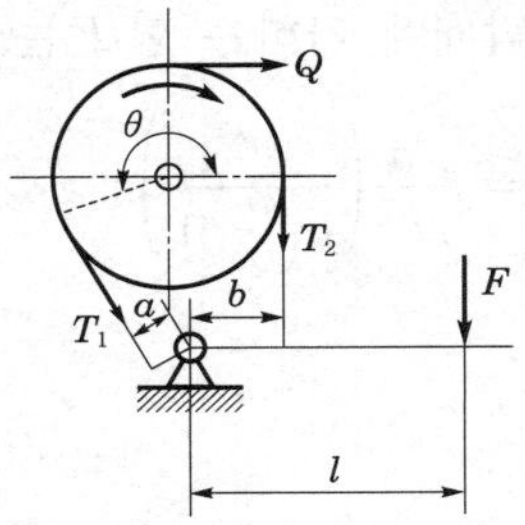 $Fl = T_a b - T_l a$ $$f = \frac{f(b - ae^{\mu\theta})}{l(e^{\mu\theta}-2)}$$	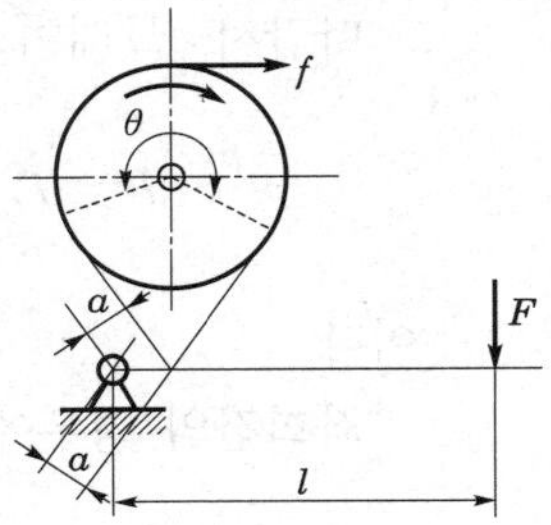 $Fl = T_l a - T_s b$ $$F = \frac{fa(be^{\mu\theta}+1)}{l(e^{\mu\theta}-1)}$$
좌회전	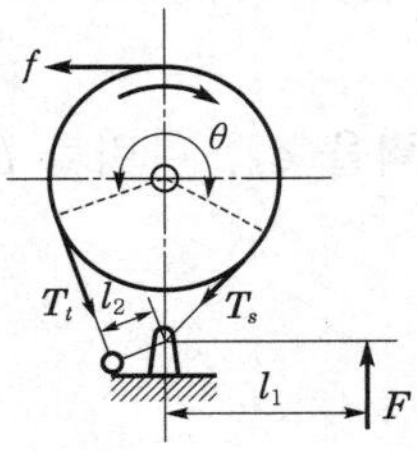 $Fl = T_l a$ $$F = f\frac{a}{l}\left(\frac{e^{\mu\theta}}{e^{\mu\theta}-1}\right)$$	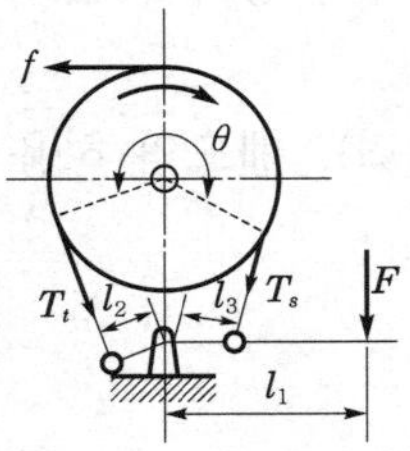 $Fl = T_l b - T_s a$ $$F = \frac{f(be^{\mu\theta}-a)}{l(e^{\mu\theta}-1)}$$	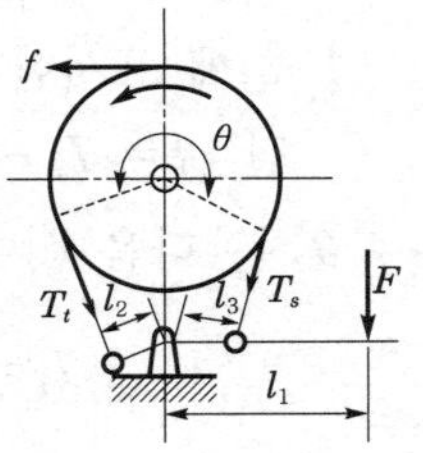 $Fl = T_l a - T_s a$ $$F = \frac{fa(e^{\mu\theta}+1)}{l(e^{\mu\theta}+1)}$$

[그림 1-22] 밴드 브레이크

밴드 브레이크의 동력

1 밴드 브레이크의 동력

H 또는 H' [PS 또는 kW]을 소요 동력, q[kgf/cm^2]를 밴드와 브레이크 바퀴 사이의 압력, A[cm^2]를 접촉 면적, v[m/s]를 브레이크의 원주 속도라 하면,

$$H= \frac{\mu q v A}{75} \text{ 또는 } H' = \frac{\mu q v A}{102} \tag{1.74}$$

이다.

이 식 중에 $\mu q v$의 값을 브레이크 용량이라 부르고, 마찰면의 단위 면적마다의 발열량의 크기를 표시하는 값이다. 이 열을 발산시키려면 브레이크의 재료, 즉 μ와 qv를 적당히 선택할 필요가 있다.

일반적으로, 발열 상태가 좋을 것 : $qv \leq 30$kgf $\cdot$ m/cm^2 $\cdot$ sec

단시간 사용하는 것 : $qv \leq 20$kgf $\cdot$ m/cm^2 $\cdot$ sec

장시간 사용하는 것 : $qv \leq 10$kgf $\cdot$ m/cm^2 $\cdot$ sec

한편, 접촉 면적 A는 브레이크 바퀴의 지름을 D, 밴드의 너비를 b, 접촉각을 θ[rad]이라 하면 다음 식으로 된다.

$$A = \frac{\theta}{2\pi}\pi D b = \frac{D}{2}\theta b \tag{1.75}$$

일반적으로 사용되는 밴드 브레이크 바퀴의 설계 치수는 [표 1-7]과 같다.

[표 1-7] 밴드 브레이크의 기본 설계 치수의 일례

브레이크 링의 지름 D[mm]	250	300	350	400	450	500
브레이크 링의 지름 B[mm]	50	60	70	80	100	120
밴드의 너비 b[mm]	40	60	60	70	80	100
밴드의 너비 h[mm]	2	3	3	4	4	4
라이닝의 너비 w'[mm]	40	50	60	70	80	100
라이닝의 두께 t(주물)	4~5	4~6.5	5~8	6.5~8	6.5~8	6.5~10

단식 블록 브레이크

① 평블록(flat block)의 경우

[그림 1-23]과 같이 가장 간단한 구조로서 브레이크 통축에 굽힘 모멘트가 작용하므로 너무 큰 회전력에는 사용할 수 없다. 보통 브레이크 통의 지름 50mm 이하의 것에 사용된다.

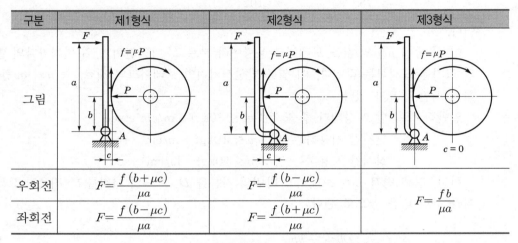

구분	제1형식	제2형식	제3형식
그림			
우회전	$F=\dfrac{f(b+\mu c)}{\mu a}$	$F=\dfrac{f(b-\mu c)}{\mu a}$	$F=\dfrac{fb}{\mu a}$
좌회전	$F=\dfrac{f(b-\mu c)}{\mu a}$	$F=\dfrac{f(b+\mu c)}{\mu a}$	

[그림 1-23] 단식 블록 브레이크의 3형식

브레이크 막대 지점의 위치에 의하여 그림에서처럼 제1형식(내작용 선형, $c>0$), 제2형식(외작용 선형, $c<0$), 제3형식(중작용 선형, $c=0$)의 3형식이 있다.

P : 브레이크 조각과 브레이크 통 사이에 작용하는 힘(kgf)
μ : 브레이크 조각과 브레이크 통 접촉면 사이의 마찰 계수
a, b, c : 각 브레이크 막대의 치수(mm)
f : 마찰력

이라 하면

$$T= fr = \mu Pr = \mu P\frac{D}{2} \tag{1.76}$$

제1형식이 우회전일 경우에 대하여 고찰하면, 브레이크 레버의 지점 0에 관한 모멘트는 다음 3가지가 된다.

F에 의한 Fa(우회전) 브레이크 조각에 대한 브레이크 통의 반력 P에 의한 Pb(좌회전), 브레이크 통이 마찰력 $f=\mu P$에 저항하여 회전할 때의 힘 f에 의한 fc(좌회전)일 때 우회전의 모멘트와 좌회전의 모멘트는 같아야 되므로

$$Fa = Pb + fc = \frac{f}{\mu}b + fc$$

$$\therefore \; F = \frac{f(b+\mu c)}{\mu a} = \frac{P(b+\mu c)}{a} \tag{1.77}$$

같은 방법으로 좌회전의 경우에는

$$Fa - Pb + \mu Pc = 0$$

$$\therefore \; F = \frac{f(b-\mu c)}{\mu a} = \frac{P(b-\mu c)}{a} \tag{1.78}$$

작용선이 브레이크 지점의 바깥쪽에 있는 제2형식의 경우에는

$$\text{우회전} \quad F = \frac{f(b-\mu c)}{\mu a} = \frac{P(b-\mu c)}{a} \tag{1.79}$$

$$\text{좌회전} \quad F = \frac{f(b+\mu c)}{\mu a} = \frac{P(b+\mu c)}{a}$$

제3형식일 때는 작용선이 지점 위에 있어 $c=0$으로 되고 회전 방향에 관계 없이 좌회전과 우회전에서 모두 같다.

$$Fa - Pb = 0$$

$$\therefore \; F = \frac{Pb}{a} = \frac{fb}{\mu a} \tag{1.80}$$

이상에서 내작용 선형의 좌회전 때와 외작용 선형의 우회전 때 $b \leqq \mu c$일 경우에 $F \leqq 0$으로 되고, 브레이크 막대에 힘을 가하지 않더라도 자동적으로 브레이크가 걸리는 이 때를 자동 결합(self locking of brake)이라 부른다.

브레이크 레버의 치수는 수동의 경우 그 앞쪽 끝에 작용시키는 조작력 F는 10~15kgf라 하고 최대 20kgf 정도가 되도록 a/b의 값을 결정한다.

따라서, 큰 브레이크 힘 f가 요구되어 P를 크게 하려면, 브레이크 레버를 길게 하여 b/a의 값을 작게 하면 되나, 이 값은 보통 $\frac{1}{3} \sim \frac{1}{6}$ 정도로 하고 최소 $\frac{1}{10}$ 정도에 그친다. 또, 브레이크 조각과 브레이크 통 사이의 최대 틈새 $C_{\max}$는 2~3mm라 한다.

❷ V 블록의 경우

마찰면의 저항력을 작은 힘 P로 작용시켜서 더욱 큰 효과를 나타나게 하려면 [그림 1-24]와 같이 쐐기 작용을 가진 V 블록을 사용한다. V홈 각 α의 쐐기형 블록을 힘 P로 브레이크 바퀴에 밀어붙일 때, 경사면에 수직한 힘을 N, 마찰 계수를 μ라 하면 다음의 식이 성립된다.

$$P = 2\left(N\sin\frac{\alpha}{2} + \mu N \cos\frac{\alpha}{2}\right) \tag{1.81}$$

$$N = \frac{P}{2\left(\sin\frac{\alpha}{2} + \mu\cos\frac{\alpha}{2}\right)} \tag{1.82}$$

브레이크의 제동력 f는 브레이크 바퀴와 블록의 미끄럼 방향에 작용하는 마찰력이므로, 그 크기는 2개의 기울기면을 생각하여 다음과 같이 한다.

$$f = 2\mu N = 2\mu \times \frac{P}{2\left(\sin\frac{\alpha}{2} + \mu\cos\frac{\alpha}{2}\right)}$$

$$= \left(\frac{\mu}{\sin\frac{\alpha}{2} + \mu\cos\frac{\alpha}{2}}\right)P \tag{1.83}$$

위의 식에서 $\mu' = \dfrac{\mu}{\sin\frac{\alpha}{2} + \mu\cos\frac{\alpha}{2}}$ 로 놓으면

$$f = \mu' P \tag{1.84}$$

이 μ'은 실제의 마찰 계수 μ가 평형의 쐐기형으로 되었기 때문에 마치 $\dfrac{1}{\sin\frac{\alpha}{2} + \mu\cos\frac{\alpha}{2}}$ 배로 증가한 것으로 생각된다. 따라서 μ'을 외관 마찰 계수 또는 등가 마찰 계수라 부른다. 쐐기형 블록의 제동력은 보통 평형 블록의 경우 μ 대신에 μ'을 사용하면 된다.

예를 들어, $\mu = 0.2 \sim 0.4$, $\alpha = 36°$라 하면 $\mu' = 0.40 \sim 0.58$로 되고, 마찰 계수가 $1.5 \sim 2$배로 증가한 효과를 표시한다. α가 작을수록 큰 제동력이 얻어지나 너무 작게 하면 쐐기가 V홈에 꼭 끼어 박히므로 너무 작게 할 수 없고, 보통 $\alpha \leq 45°$로 한다. 일반적으로 단식 블록 브레이크는 축에 굽힘 모멘트가 작용하고 베어링 하중이 크므로 브레이크 토크가 큰 것에는 사용하지 못한다.

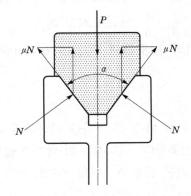

[그림 1-24] 쐐기형의 단식 블록 브레이크

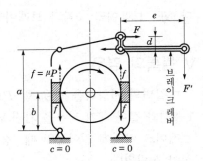

[그림 1-25] 복식 블록 브레이크

③ 복식 블록 브레이크

[그림 1-25]와 같이 축에 대칭으로 브레이크 블록을 놓고 브레이크 링을 양쪽으로부터 죈다. 브레이크 힘이 크면 단식 블록 브레이크에서는 큰 굽힘이 생기고 복식에서는 축에 대칭이므로 굽힘 모멘트가 걸리지 않고, 베어링에도 그다지 하중이 걸리지 않는다. 이때 브레이크 토크는 단식의 2배로 된다. 전동 윈치나 기중기 등에 주로 사용되고 브레이크 제동력은 스프링에 의하여 죄어주고 전자석에 의하여 브레이크를 풀어주는 형식이 많다.

[그림 1-25]에서 $c=0$으로 되어 있으므로 단식 블록 브레이크의 중작용 선형(제3형식)의 계산에서 $F = \dfrac{fb}{\mu a}$이고, 브레이크 레버에 작용시키는 조작력 F'은

$$F' = f\frac{d}{e} = \frac{fbd}{\mu ac} \tag{1.85}$$

이다.

$C \neq 0$의 경우에는 제1, 제2 형식의 조합이 되므로 균형을 잃어 채택되지 않는다.

후크의 유니버설 커플링

① 개요

유니버설 커플링은 후크의 조인트(Hooke's joint)라고도 하며, 2축이 같은 평면 안에 있으면서, 그 중심선이 서로 어느 각도($\alpha \leq 30°$)로 마주치고 있을 때 사용되는 축이음으로서 구면 이중 크랭크 기구의 응용이다. 회전 전동 중에 2축을 맺는 각이 변화하더라도 좋으므로 공작 기계, 자동차의 전달 기구, 압연 롤러의 전동축 등에 널리 사용되고 있다. [그림 1-26]은 자동차에 사용된 예이고, [그림 1-27]은 자동차의 프로펠러 축에 사용된 후크의 조인트이다.

② 유니버설 커플링

구조는 [그림 1-27]과 같이 원동축의 A축과 종동축의 B축의 양끝은 두 갈래로 나누어져 있고, 여기에 십자형의 저널(journal)을 결합하여 회전할 수 있도록 연결한 구조이고, 원동축과 종동축의 각속비 ω_B/ω_A는 양축이 교차하는 각 α뿐 아니라 원동축의 회전각의 위치에 따라서 변화한다는 특징이 있다. 즉, [그림 1-28]에서 각속비 ϕ를 구한다.

구면 3각법에 의하여

$$\tan \theta_A = \tan \theta_B \cos \alpha \tag{1.86}$$

$$\phi = \frac{\omega_B}{\omega_A} = \frac{d\theta_B}{d\theta_A} = \frac{\cos \alpha}{1 - \cos^2 \alpha \sin^2 \theta_A} \tag{1.87}$$

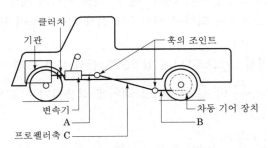

[그림 1-26] 자동차 동력 전달 기구(A, B, C 유니버설 커플링 부분)

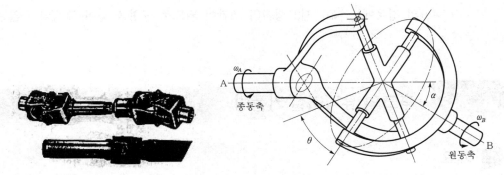

[그림 1-27] 자동차 프로펠러축의 후크 조인트   [그림 1-28] 유니버설 조인트의 각속비

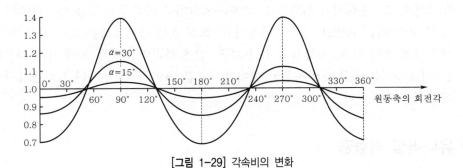

[그림 1-29] 각속비의 변화

그림에서처럼 각속비 $\dfrac{\omega_B}{\omega_A}$ 는 축이 $\dfrac{1}{4}$ 회전할 때마다 최소 $\cos \alpha$ 에서 최대 $\dfrac{1}{\cos \alpha}$ 사이에서 변화한다. 즉, $\dfrac{1}{2}$ 회전을 주기로 종동축 B의 각속도 ω_B의 변화가 반복된다.

ϕ의 최대값, 최소값은

$$\phi_{min} = \cos \alpha, \quad \phi_{max} = \frac{1}{\cos \alpha} \tag{1.88}$$

ϕ의 변동 폭을 조사하면

α	0°	5°	10°	20°	30°
$\varepsilon = \dfrac{\phi_{max}}{\phi_{min}}$	1	1.008	1.031	1.132	1.333

$\alpha = 30°$ 이하에서 사용하고 특히 5° 이하가 바람직하며, 45° 이상에서는 사용이 불가능하다.

한편 [그림 1-30] (a)에서처럼 A와 B의 사이에 중개 역할을 하는 제3의 축 C를 넣어 조인트를 2조 사용하여 제1의 조인트에서 생긴 각속도의 변화가 제2의 조인트로 옮겨지도록 사용한다.

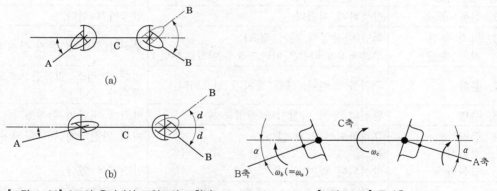

(a)

(b)

[그림 1-30] 2조의 유니버설 조인트의 조합법   [그림 1-31] 중간축

즉, A와 C, C와 B가 만나는 각을 같게 하고, C축의 양끝에 설치하는 포크(fork)의 방향이 같은 평면 안에 있도록 하면 된다. A, C 사이의 각속비가 C, B 사이의 각속비의 역수로 되어 항상 A, B 사이의 각속비가 1이 되도록 변화하기 때문이다. 그런데 이것을 (b)와 같이 배치하는 과오를 범하면 각속비의 변화는 더욱 커지므로 주의해야 한다.

즉, [그림 1-31]에서처럼 양축 사이에 중간축을 집어넣어 양축의 교각 α를 같게 하면 속비는 항상 같게 된다.

즉, 중간축의 각속도를 ω_c라 하면

$$\frac{\omega_c}{\omega_a} \frac{\omega_b}{\omega_c} = 1 \tag{1.89}$$

슬라이딩 베어링과 롤링 베어링의 특성 비교

슬라이딩 베어링과 롤링 베어링의 특성 비교는 다음과 같다.

[표 1-8] 슬라이딩 베어링과 롤링 베어링의 특성 비교표

특성 항목 \ 종류		슬라이딩 베어링(윤활유, 동압형)	롤링 베어링
1. 마찰 기구		유체 마찰	구름 마찰
2. 형상 치수		바깥 지름은 작고, 나비는 넓다.	바깥 지름은 크고, 나비는 좁다. (니들 베어링을 제외)
3. 마찰 계수	기동	大(10^{-2}~10^{-1})	小(0.002~0.006)
	운동	小(10^{-3})	小(0.001~0.007)
	특징	운동 마찰을 더욱 작게 할 수도 있다.	기동 마찰이 작다.
4. 내충격성		비교적 강하다.	약하다.
5. 진동 · 소음		발생하기 어렵다.	발생하기 쉽다.
6. 고속 운전 저속 운전		적당(마찰열의 제거 필요) 부적당(유체 마찰은 어렵고 혼합 마찰로 된다.)	부적당(전동체, 유지 장치 때문에)
7. 윤활		주의를 요한다.(윤활 장치가 필요하다.)	쉽다.(그리스 밀봉만으로도 되는 경우가 있다.)
8. 수명		완전히 유체 마찰이면 반영구 수명	박리에 의하여 한정된다.
9. 규격 호환성 양산화		규격화되어 있지 않다. 無 발전되어 있지 않다.	거의 완전하게 규격화되어 있다. 발전되어 있다.
10. 적응 용도		고급 베어링(고속, 고하중, 고정밀, 고가) 저급 베어링(구조가 간단하고 가격이 싸다.)	중급 베어링으로서 아주 광범위하게 사용되고 있다.

슬라이딩 베어링의 마찰 특성 곡선

1 개요

[그림 1-32]는 마찰 계수 μ와 베어링 특성값 $\eta N/p$와의 관계를 나타낸 것이다. 그림에서 곡선 ABCD를 마찰 특성 곡선이라 한다. 그림에서 마찰 계수 A에서 B까지는 감소하고, B에서 C를 향하여 불규칙하여 또 급격히 증가한다. AB 사이를 유체 윤활 영역(완

전 윤활 영역), BC 사이를 혼합 윤활 영역, CD 사이를 경계 윤활 영역이라 하고, BD 사이를 총합하여 불완전 윤활 영역이라 한다.

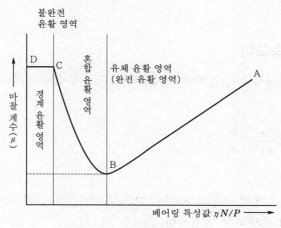

[그림 1-32] 마찰 특성 곡선

2 슬라이딩 베어링의 마찰 특성 곡선

BC 사이는 혼합 윤활 영역에서 마찰면의 요철 등의 영향으로 일부는 경계막에 의하여 박막 윤활 상태로 되고, 다른 쪽에서도 유체 윤활 상태가 지속되고 있는 것 같은 불규칙한 상태이며, B점은 유체 윤활에서 혼합 윤활로 옮기게 하는 전이점으로 마찰 계수가 최소로 되는 점인데, 이 점을 한계점이라 한다.

유체 윤활 영역 안에서 p가 비교적 작고 거의 일정한 경우는 N 및 η의 증가에 의하여 각각 η 및 N이 감소하고 $\eta = N$ 일정하게 안정된 윤활 상태를 유지하나, N 및 η가 과소 또는 p가 과대인 경우에는 수압 면적이 감소하고 박막 상태로 되어 마찰이 증가한다.

마찰열에 의하여 유막의 유지가 곤란하게 되어 불안정한 윤활 상태로 되고, 눌어붙음이 일어나게 된다.

Section 22

기어열의 속도비

1 개요

한 쌍의 기어를 여러 개 조합하여 축과 축 사이의 운동을 전달하는 것을 기어열(gear train)이라 한다. 이것은 선반(lathe)이나 자동차의 변속 장치 등 속도를 변화하는 기구로 매우 주요한 역할을 한다. 또 동력 설계에도 원동축에서 발생한 동력이 종동축으로 그리고 또 그 다음 축으로 계속 연결되면서 변해가므로 기어열에 대하여 개념을 잘 정립 (定立)해야 한다.

❷ 기어 열의 속도비

속도비는 마찰차와 동일하게 전개된다. [그림 1-33] (a)와 같이 단일 구동 장치에서 속도비는

$$i = \frac{n_2}{n_1} = \frac{Z_1}{Z_2} \tag{1.90}$$

이다.

둘째로 원동축에서 종동축 사이에 다른 기어 1개를 같이 물리게 하면 중간 기어의 잇 수에 관계없이 속도비는 일정하다.

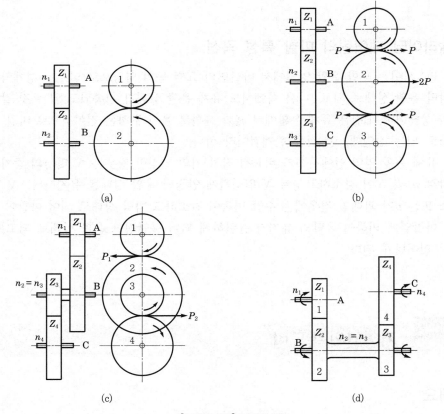

[그림 1-33] 기어의 열

이때 중간 기어를 아이들 기어(ideal gear)라 하고 회전 방향은 아이들 기어가 홀수 개이면 방향이 동일하고 짝수이면 방향이 반대가 된다. 아이들 기어에는 비틀림 작용없이 동력만 전달한다.

셋째로 2단 기어 장치에서 [그림 1-33] (c) 2, 3이 중간축이고, B축이 중간축이 된다. 속도비는

$$i = \frac{n_4}{n_1} = \frac{n_2}{n_1} \times \frac{n_4}{n_3} = \frac{Z_1}{Z_2} \times \frac{Z_3}{Z_4}$$

와 같이 된다. 3단 이상에도 동일한 형태로 나타난다. 속도비(i)는

$$i = \frac{종동차의\ 회전수}{원동차의\ 회전수} = \frac{각\ 원동차의\ 잇수\ 곱}{각\ 종동차의\ 잇수\ 곱}$$

$$i = \frac{n_n}{\eta_{n-1}} = \frac{n_2 \times n_4 \times n_6 \times \cdots \times n_n}{n_1 \times n_3 \times n_5 \times \cdots \times \eta_{n-1}}$$

$$= \frac{Z_1 \times Z_3 \times Z_5 \times \cdots \times Z_{n-1}}{Z_2 \times Z_4 \times Z_6 \times \cdots \times Z_n}$$

와 같이 정의한다.

일반 전동용으로는 1/5~1/7 정도로 하고 그 이상이 되면 2단, 3단 속도 변화를 준다. 속도 변화 못지 않게 각 기어에 작용하는 전달력도 중요하다.

[그림 1-33] (c)에서 전달 토크를 구하려면

A축의 토크 $T_A = P_1 R_1,\ P_1 = T_A / R_1$

B축의 토크 $T_B = P_1 R_2 = \dfrac{T_A}{R_1} R_2 = T_A \dfrac{Z_2}{Z_1} = T_A \times \dfrac{1}{i_1}$

C축의 토크 $T_C = P_2 R_4 = T_B \dfrac{R_4}{R_3} = T_B \dfrac{Z_4}{Z_3} = T_A \times \dfrac{1}{i_1} \times \dfrac{1}{i_2} = T_A \dfrac{Z_2}{Z_1} \times \dfrac{Z_4}{Z_3}$

각 단의 효율을 $\eta_1,\ \eta_2,\ \eta_3, \cdots$ 라 하고

$$T_B = T_A \frac{\eta_1}{i_1}, \quad T_C = T_1 \frac{\eta_1}{i_1} \times \frac{\eta_2}{i_2}, \quad T_D = T_1 \frac{\eta_1}{i_1} \times \frac{\eta_2}{i_2} \times \frac{\eta_3}{i_3}$$

$$T_X = T_A \frac{\eta_1}{i_1} \times \frac{\eta_2}{i_2} \times \frac{\eta_3}{i_3} \times \cdots \times \frac{\eta_x}{i_x} \tag{1.91}$$

와 같이 임의의 축에서의 토크를 계산할 수 있다. 일반적으로 기어의 효율은 100으로 보나 엄밀히 따지면 조건에 따라 다르다.

이의 간섭

① 정의

완전한 인벌류트 곡선 치형인 한 쌍의 기어가 맞물려서 회전하고 있는 경우 한쪽의 이끝 부분이 다른 쪽의 이뿌리 부분에서 접촉되어 회전할 수 없는 경우가 있다. 이것을 이의 간섭(under cut)이라 한다.

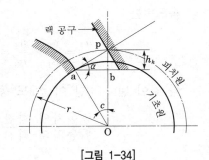

[그림 1-34]

② 이의 간섭 역학

R_{g1}, R_{g2}인 기초원 내부에서 인벌류트 곡선이 존재하지 않으므로 공통 외접선 N_1, N_2 직선상과 양쪽 기어의 어덴덤 서클과 만난 점이 M_1, M_2이다. M_1은 물림의 시작점이 되고, M_2는 물림의 끝나는 점이 된다.

이때 $\overline{M_1 M_2} < \overline{N_1 N_2}$이면 물림이 원활하여 회전이 가능하나 만약 한쪽 기어의 어덴덤 서클이 상대쪽의 기어(피니언)의 내부에까지 먹어 들어가면 ($\overline{M_1 M_2} > \overline{N_1 N_2}$) 물림이 불가능해진다. 그러므로 [그림 1-34]에서 a, b점이 간섭의 한계점이 된다. a를 간섭점이라하고 절삭 공구의 끝이 점 b보다 내부로 먹어 들어가면 이뿌리 부분의 유효 치형면이 깎여 나간다. 이와 같은 현상을 이의 언더컷이라 한다. 언더컷이 생기면 이뿌리 부분이 가늘어지고, 물림 길이가 감소하여 이의 강도가 약해지며, 미끄럼률이 증가하고, 맞물림 잇수도 감소한다. 이 현상은 잇수가 특히 적을 때나 양쪽 기어의 잇수비가 클 때 일어나기 쉽다. 이러한 현상을 막기 위해 언더컷이 발생하는 최소의 잇수를 구해본다.

[그림 1-34]에서 표준 기어 절삭 시 기준 랙의 어덴덤(h_k, a)이 점 b보다 내려가지 않아야 한다.

$$\overline{ap} = r \sin \alpha \tag{1.92}$$

$$\overline{pb} = \overline{ap} \sin \alpha = r \sin^2 \alpha = h_k \tag{1.93}$$

$$r = \frac{Z_m}{2}$$

여기서, h_k : 이끝 높이($m = a$)

언더컷의 한계 잇수 Z_g이면 $2r = Z_g m$

$r = \dfrac{Z_g m}{Z}$ 에서

$$\overline{pb} = \frac{Z_g\,m}{Z}\,sin^2\alpha = h_k \tag{1.94}$$

표준 기어에서 $h_k = m$이므로 한계 잇수는

$$Z_g \geq \frac{2}{\sin^2\alpha}$$

Z_1	이론 잇수	실용 잇수
압력각 $\alpha = 14.5°$ 일 때 $\alpha = 20°$ 일 때 $\alpha = 25°$ 일 때	$Z_g \geq 32,\ 26$ $Z_g \geq 17,\ 14$ $Z_g \geq 12$	KS KS, AGMA, BS AGMA

h_k를 작게 하거나 α를 크게 하면 언더컷이 생기지 않는다. h_k를 작게 하는 방법으로 저치 치형(stub gear), 전위 치형(profile shift gear)을 사용한다. 저치 치형은 이의 높이를 표준보다 낮게 하여 이끝의 간섭을 방지하려고 하나, 언더컷은 방지되나 이의 설계 접촉 길이가 짧아져서 물림률의 감소 현상이 생기고 회전력의 전달에 효율이 떨어진다.

Section 24 치형 곡선

❶ 인벌류트 치형

[그림 1-35] (a)와 같이 접촉점 C가 피치점 P를 통과하는 직선 L_1L_2 위를 이동하는 것으로 한다.

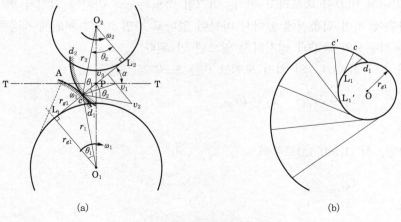

(a)   (b)

[그림 1-35] 인벌류트 치형

기어의 중심 $O_1 O_2$로부터 직선 $L_1 L_2$에 내린 수선의 밑을 $L_1 L_2$라 하고 $O_1 L_1$, $O_2 L_2$를 반지름으로 하는 원을 각각 기어의 기초원(base circle)이라 하고 직선 $L_1 L_2$를 작용선(line of action)이라고 한다. 그리고 피치점에 있어서 피치원의 공통 접선 TT와 작용선이 이룬 각 α를 압력각(pressure angle)이라 한다.

지금 ω : 기어의 각속도, r_g : 기초원의 반지름, r : 접점 c와 중심과의 거리, v : 점 c의 속도, θ : v와 $L_1 L_2$가 이룬 각이라면 물림의 조건으로부터 $v_1 v_2$의 작용선 방향의 법선분 속도를 v_o라 할 때

$$v_o = v_1 \cos\theta_1 = v_2 \cos\theta_2 = r_1 w_1 \cos\theta_1 = r_2 w_2 \cos\theta_2$$

이다.

여기서, 각 $cO_1 L_1 = \theta_1$, 각 $cO_2 L_2 = \theta_2$이므로 위 식은

$$v_o = r_{k1}\omega_1 = r_{k2}\omega_2 \tag{1.95}$$

단, 접촉점 c는 기초원의 주속도와 같은 속도로 작용선 위를 이동한다. 따라서 c점이 단위 시간에 $L_1 L_2$ 위를 이동하는 거리는 기초원 상의 1점이 이에 따라서 이동하는 원호의 길이와 같다.

지름 기어 Ⅰ의 치형 $d_1 cc'$이 그 기초원과 만나는 점 d_1이 점 L_1에 만날 때를 생각하면 $L_1 c = L_1 d_1$인 관계가 성립한다.

같은 방법으로 기어 Ⅱ에서는 $cL_2 = d_2 L_2$이면 이 관계는 그림 (b)와 같이 기초원에 감은 실을 d_1점으로부터 잡아당기면서 풀 때 $L_1 d_1 = L_1 c_1 \cdot L'_1 c_1 = L'_1 c' \cdots$의 관계로 실의 끝이 그리는 곡선이 d, cc'로 나타나는 곡선임을 알 수 있다. 이 곡선을 인벌류트라 하면 이것을 치형으로 하는 기어를 인벌류트 기어라 한다. 그림에 있어서 c점의 2개의 속도 v_1, v_2의 작용선에 직각 방향의 분속도의 차는 $v_2 \sin\theta_2$, $v_1 \sin\theta_1$이며 이것을 c점의 2개의 속도, $v_1 v_2$의 작용선에 직각 방향의 분속도의 차는 $v_2 \sin\theta_2$, $v_1 \sin\theta_1$이며 이것을 c점에 있어서 미끄럼 속도라고 한다. 미끄럼 속도는 c의 위치에 의해서 변화한다.

다음에 치의 접촉점에 있어서 마찰이 없다고 하면 2개의 치면에 작용하는 힘 F의 방향은 작용선의 방향과 일치하지 않으면 안 된다.

이 F의 점 $O_1 O_2$의 회전 모멘트 (단) 토크 T_1, T_2는

$$T_1 = F r_{g1}, \quad T_2 = F r_{g2} \tag{1.96 (a)}$$

이다.

한편, 식 (1.96) (a)로부터

$$\frac{r_{g1}}{r_{g2}} = \frac{\omega_2}{\omega_1}$$

이므로 위 식으로부터 F를 제거하면

$$\frac{T_1}{T_2} = \frac{r_{g1}}{r_{g2}} = \frac{\omega_2}{\omega_1} \quad \text{또는} \quad T_1\omega_2 = T_2\omega_2$$

이다.

위 식은 마찰이 없는 경우 기어 Ⅰ로부터 기어 Ⅱ에 전달하는 동력을 나타내고 있다. 피치원의 반지름이 r_{01}, r_{02}라면

$$r_{g1} = r_{01}\cos\alpha, \quad r_{g2} = r_{02}\cos\alpha$$

$$T_1 = Fr_{01}\cos\alpha, \quad T_2 = Fr_{02}\cos\alpha \tag{1.96) (b}$$

이다.

$F\cos\alpha = F'$라면 이것은 피치원에 작용하는 힘으로 생각할 수 있으므로 다음의 관계가 성립한다.

$$T_1 = F'r_{01}, \quad T_2 = F'r_{02} \quad \text{또는} \quad \frac{T_1}{T_2} = \frac{r_{01}}{r_{02}} = \frac{\omega_2}{\omega_1}$$

한 쌍의 기어를 물림하여 연속적으로 회전시키기 위해서 각각의 기초원의 원주 상에 등간격으로 인벌류트를 그려 놓고, 이것을 치면으로 하는 치를 붙여 물림하면 좋다. [그림 1-35]와 같이 인벌류트의 간격은 어느 곳에서 측정하여도 t_e가 된다. 이 t_e를 법선 피치(normal pitch)라 한다.

$$t_e = \frac{\pi d_g}{z} \tag{1.97}$$

❷ 사이클로이드 치형

여기에서도 인벌류트 치형 곡선과 같은 기호를 사용한다. 사이클로이드 치형에서는 접촉점의 궤적이 [그림 1-37]과 같이 반지름 r_{r1}, r_{r2}인 2개의 원 R_1, R_2의 일부로서 피치원 O_1O_2의 반지름을 r_{r1}, r_{r2}라 한다.

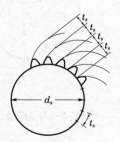

[그림 1-36] 법선 피치

C점이 치형의 조건을 만족시켜 R_1 원주 위를 이동할 때 원주 상의 접선 속도를 v라 하고 v와 v_o가 이루는 각을 α라 하면 다음과 같은 관계가 성립해야 한다.

$$v\cos\alpha = v_o = v_1\cos\theta_1 = v_2\cos\theta_2$$

또한

$$v = \frac{v_o}{\cos\alpha} = \frac{v_1\cos\theta_1}{\cos\alpha} = \frac{v_2\cos\theta_2}{\cos\alpha} \qquad (1.98)$$

중심 O_1으로부터 CP에 내린 주선의 길이를 l이라 하면 그림에서
$l = r_{01}\cos\alpha = r_1\cos\theta_1$ 이므로 위 식은

$$v = \frac{v_1 r_{01}}{r_1} = r_{01}\omega_1 \left(\because v_1 = r_1\omega\right) \qquad (1.99)$$

따라서 C접점이 R_1 위를 작용하는 속도 v는 피치원의 주속 $r_{01}\omega_1$에 상등하다. 따라서 인벌류트인 경우와 같이 다음과 같이 된다.

$$\overline{d_1 p} = \overset{\frown}{CP} \qquad (1.100)$$

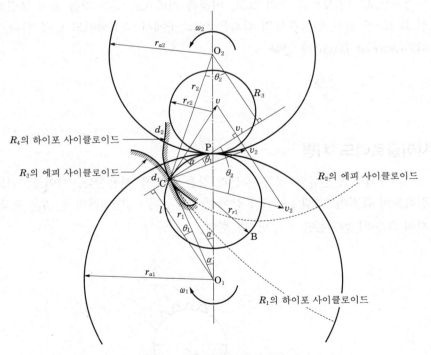

[그림 1-37] 사이클로이드 곡선

Section 25 이의 크기

① 이의 크기

기어의 이의 크기를 나타내는 데는 원주 피치, 모듈(module), 지름 피치(diametral pitch)를 사용한다. 피치원의 지름을 d, 이의 수를 z로 하면

$$원주\ 피치\quad p = \frac{\pi d}{z} \tag{1.101}$$

$$모듈\quad m = \frac{d}{z}\ (d가\ mm\ 단위일\ 때) \tag{1.102}$$

$$지름\ 피치\quad P = \frac{z}{d}\ (d가\ inch\ 단위일\ 때) \tag{1.103}$$

P와 m은 역수의 관계$\left(m \propto \dfrac{1}{P}\right)$가 있으므로

$$m = \frac{25.4}{P} \tag{1.104}$$

$$p = \pi m \tag{1.105}$$

기준 래크에서 이끝 높이(addendum)는 $h_k = m$

$$이뿌리\ 높이(dedendum)는\ h_f = 1.25m\,(\alpha \leq 20°)$$

$$h_f = 1.157m\,(\alpha = 14.5°)$$

전체 이높이 h와 클리어런스 c_k는 각각

$$h = 2.25m,\ \ c_k = 0.25m\,(\alpha = 20°) \tag{1.106}$$

$$h = 2.157m,\ \ c_k = 0.157m\,(\alpha = 14.5°)$$

로 정해져 있으므로 기어의 바깥 지름(이끝원의 지름) d_k는

$$d_k = d - 2h_k = zm + 2m = (z+2)m \tag{1.107}$$

맞물리는 한 쌍의 표준 기어의 중심 거리 a는

$$a = \frac{1}{2}(d_1 + d_2) = \frac{1}{2}(z_1 m + z_2 m) = \left(\frac{z_1 + z_2}{2}\right)m \tag{1.108}$$

로 된다. 원주 이두께 t는

$$t = \frac{\pi m}{2} \tag{1.109}$$

현(弦) 이두께 t'은

$$t' = \frac{zm}{2} \sin \frac{90}{Z} 2 \tag{1.110}$$

법선 피치 t_e는

$$t_e = t \cos \alpha = \pi m \cos \alpha \tag{1.111}$$

기초원의 지름 d_g는

$$d_g = d \cos \alpha \tag{1.112}$$

법선 피치 P_n는

$$P_n = \frac{\pi d_g}{Z} = \frac{\pi d \cos \alpha}{Z} = p \cos \alpha \tag{1.113}$$

이다.

[표 1-9] 표준 기어의 치수(모듈 기준 : mm)

피치원의 지름	$d_1 = z_1 m, \ d_2 = z_2 m$
중심 거리	$\alpha = \dfrac{z_1 + z_2}{2} m$
이끝원 지름	$d_{k1} = (z_1 + 2) m, \ d_{k2} = (z_2 + 2) m$
기초원 지름	$d_{g1} = z_1 m \cos \alpha, \ d_{g2} = z_2 m \cos \alpha$
원주 피치	$t = p = \pi m$
법선 피치	$t_2 = p_n = \pi m \cos \alpha$
이의 총 높이	$h = 2m + c_k$
이끝 틈새	$c_k = km \, (k : $ 이끝 틈새 계수$)$
이끝 높이	$h_k = m$
이뿌리 높이	$h_f = m + c_k \geq 1.25m$

Section 26 섬유질 로프의 전동 마력

❶ 섬유질 로프의 전동 마력

유효 장력 $P_e = T_1 - T_2$

로프의 속도를 $v[\text{m/s}]$라 하면

$$H_{\text{PS}} = \frac{P_e v}{75}, \;\; H_{\text{kW}} = \frac{P_e v}{102} \tag{1.114}$$

v는 15~30m/s 범위 내에 있을 때가 적당하다.

① 무명 로프

$$H = \frac{P_e v}{75} = 0.75(T_1 - F)\frac{v}{75} \tag{1.115}$$

여기서, F : 원심력

② 일반적인 경우의 전달 마력

H : 전달 마력(PS), P : 로프에 작용하는 장력 $= \dfrac{75H}{v}$

v : 로프의 속도(m/s), σ : 로프의 허용 응력(kg/cm^2), Z : 로프의 가닥수

일 때

$$Z = \frac{P}{\dfrac{\pi d^2}{4}\sigma} = \frac{75H}{\dfrac{\pi d^2}{4}\sigma v} \tag{1.116}$$

이다.

위의 계산식에서 계산된 수에 항상 한두 개의 가닥을 더해야 한다.

[표 1-10]은 로프의 허용 인장 응력을 나타낸다.

[**표 1-10**] 로프의 허용 인장 응력 σ[kg/cm^2]

로프의 속도 v[m/sec]	5	10	15	20
무명 로프	6~7	5.5~6.5	5~6	4~5
대마 로프	7.5~10	7~9.5	6.5~9	5~8

. 체인(chain)

❶ 체인의 길이

링크의 남은 수가 허용되지 않아 체인의 길이는 피치로 나누어지는 수가 되어야 하므로 양 풀리의 중심 거리를 조정하도록 해 둔다.

링크의 수는

$$\frac{L}{p} = \frac{2C}{p} + \frac{Z_1 + Z_2}{2} - \frac{0.0257p(Z_1 - Z_2)^2}{C} \tag{1.117}$$

여기서, L : 체인의 길이, p : 체인의 피치

　　　　C : 중심 거리, Z_1 : 작은 스프로킷의 잇수

　　　　Z_2 : 큰 스프로킷의 잇수

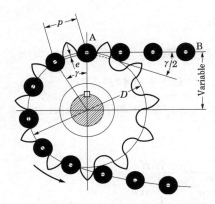

[그림 1-38] 체인과 스프로킷의 결함

　복합 스프로킷 구동에 대한 체인의 길이는 현장 맞춤에 의하여 정확한 치수로 만들어 지고 측정에 의하여 길이가 결정된다.

　롤러 체인의 윤활은 수명을 길게 하기 위하여 꼭 필요한 요소이다. 적하 윤활 또는 침 윤법 등이 안전하다. 중급 또는 하급 광물질 기름을 첨가물 없이 사용하고 있다. 보통 때 를 제외하고는 중유와 그리스는 사용되지 않는다. 왜냐하면 그것은 체인의 작은 간격에 들어가면 너무 끈적끈적하기 때문이다.

　하중의 특성은 롤러 체인을 선택하는 데 가장 중요한 고려 사항이다. 일반적으로 엑스 트라 체인(extra chain capacity) 용량은 다음 조건이 요구된다.

① 소형 스프로킷 저속에는 9개 이하, 고속에는 16개 이하의 이빨이어야 한다.

② 스프로킷은 좀 커야 한다.

③ 충격이 일어날 때에는 반복 하중을 받기도 한다.

④ 드라이브(drive)에는 3개 또는 그 이상의 스프로킷이 있다.

⑤ 윤활이 약하다.

⑥ 체인은 더럽고 불순한 데에서도 작용되어야 한다.

② 체인의 속도

속도 v는 5m 이하로서 2~5m/s가 적당하다.

$$v = \frac{\pi Dn}{100 \times 60} = 0.000524Dn = \frac{pzn}{6,000} \ [\text{m/s}]$$ (1.118)

여기서, D : 스프로킷 휠의 지름(cm)

n : 스프로킷 휠의 회전수(rpm)

p : 체인 피치

z : 스프로킷 휠의 잇수

잇수가 많으면 많을수록 체인에 충격을 적게 준다. 피치도 작을수록 원활한 운전을 한다.

③ 전달 마력

긴장측의 장력을 P라 하면

$$H_{\text{PS}} = \frac{Pv}{75} \, [\text{PS}], \quad H_{\text{kW}} = \frac{Pv}{102} \, [\text{kW}]$$ (1.119)

안전율을 3 이상, 보통 운전 상태에서는 7~10을 쓴다.

실제로는 수정 계수를 보정할 필요가 있다. 단열 체인의 전달 마력의 값에 2열, 3열인 경우는 그 수열만큼을 곱하면 된다. 이상적 수명은 15,000시간이다.

④ 속도 변동률

1회전에 링크 송출은 $v = npz$ 이다. 그러나 이 식은 평균 속도를 의미한다. 속도의 변동률로 인하여 소음과 진동의 원인이 된다.

$$\frac{v_{\max} - v_{\min}}{v}$$

속도 변동률은 최대 속도와 최소 속도의 차를 평균 속도로 나눈 것을 의미한다.

Section 28 V벨트의 전동 마력

1 마찰 계수

V벨트의 홈에 밀어붙이는 힘을 F, 수직 반력을 R이라 하면 R의 수직 방향 성분의 F와의 평형 상태에서

$$R = \frac{F}{2\left(\sin\dfrac{\alpha}{2} + \mu\cos\dfrac{\alpha}{2}\right)} \tag{1.120}$$

이다.

여기서, μ는 V벨트와 V풀리의 홈면의 마찰 계수이다. 반력 R에 의하여 생기는 홈의 양 측면에 생기는 마찰력은

$$2\mu R = \frac{\mu F}{\sin\dfrac{\alpha}{2} + \mu\cos\dfrac{\alpha}{2}} \tag{1.121}$$

이다.

홈이 없는 경우의 마찰력은 μF이므로 홈에 박히는 V벨트에서는

$$\mu' = \frac{\mu}{\sin\dfrac{\alpha}{2} + \mu\cos\dfrac{\alpha}{2}} \tag{1.122}$$

를 마찰 계수로 해야 한다. μ'을 유효 마찰 계수라 한다.

2 V벨트의 장력

평벨트의 장력 때와 같이 계산하되 μ 대신에 μ'을 사용한다. 원심력을 고려하면

$$\frac{T_1 - \dfrac{wv^2}{g}}{T_2 - \dfrac{wv^2}{g}} = e^{\mu\theta} \tag{1.123}$$

$$P_e = T_1 - T_2 = T_1\left(1 - \frac{wv^2}{T_1 g}\right)\left(\frac{e^{\mu'\theta} - 1}{e^{\mu'\theta}}\right)$$

$$T_1 = \frac{e^{\mu\theta}}{e^{\mu\theta} - 1}P + \frac{wv^2}{g}$$

$$T_2 = \frac{1}{e^{\mu'\theta}-1}P + \frac{wv^2}{g} \tag{1.124}$$

$$H = \frac{Zv}{75}T_1\left(\frac{wv^2}{T_1 g}\right)\frac{e^{\mu\theta}-1}{e^{\mu\theta}} \text{ [PS]} \tag{1.125}$$

$$H = \frac{V}{75}T_1\left(1-\frac{wv^2}{T_1 g}\right)\left(\frac{e^{\mu\theta}-1}{e^{\mu'\theta}}\right)$$

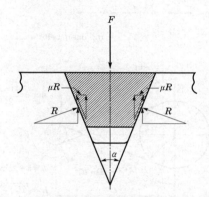

[그림 1-39] V벨트와 풀리의 홈면에 작용하는 힘

Section 29 접촉각 및 벨트의 길이

1 개요

벨트에 의하여 전달되는 최대 동력은 벨트의 늘어남과 풀림에서의 미끄럼으로 인하여 제한된다. 벨트의 늘어나는 것은 적당한 벨트 인장 응력의 사용으로 수명을 조정할 수 있고, 벨트의 미끄럼은 접촉각이 작아서 발생하기도 한다.

접촉각은 벨트의 설계에서 사용되는 요소이기도 하다. [그림 1-40]은 오픈 벨트, 크로스 벨트를 나타낸다. 기하학적으로 접촉각 θ는 다음과 같다.

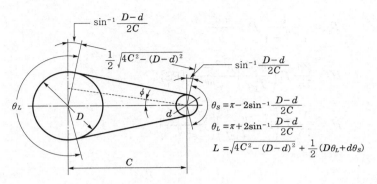

(a) open belt

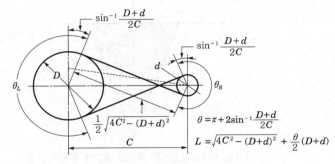

(b) crossed belt

[그림 1-40] 벨트의 길이 및 접촉각

2 평행 걸기(open belting)

$\phi = \sin^{-1}\dfrac{D-d}{2C}$ 이면 θ_s는 작은 쪽, θ_L는 큰 쪽 접촉각이다.

$$\theta_s = \pi - 2\phi = \phi - 2\sin^{-1}\left(\frac{D-d}{2C}\right) \tag{1.126}$$

$$\theta_L = \pi + 2\phi = \pi + 2\sin^{-1}\left(\frac{D-d}{2C}\right) \tag{1.127}$$

3 엇걸기(cross belting)

$$\phi = \sin^{-1}\frac{D+d}{2C}$$

$$\theta_s = \theta_L = \pi + 2\phi = \pi + 2\sin^{-1}\left(\frac{D+d}{2C}\right) \tag{1.128}$$

벨트의 길이(length of belt)는 다음과 같다.

① 평행 걸기(open belting) ∅는 [rad]이다.

$$L = \frac{\pi}{2}(D+d) + \phi(D-d) + 2\,C\cos\phi$$

$$= \frac{\pi}{2}(D+d) + 2\sqrt{C^2\left(\frac{D-d}{2}\right)^2} + (D-d)\sin^{-1}\left(\frac{D-d}{2C}\right) \tag{1.129}$$

제2항을 이항 정리로 전개하여 정리하면(단, $\sin\phi \fallingdotseq \phi = \dfrac{D-d}{2C}$ 이다)

$$L = \frac{\pi}{2}(D+d) + 2C + \frac{(D-d)^2}{4C} \tag{1.130 (a)}$$

$$= \pi(R+r) + 2C + \frac{(R-r)^2}{C} \tag{1.130 (b)}$$

② 엇걸기(cross belting)

$$L = \frac{\pi}{2}(D+d) + 2C + \frac{(D+d)^2}{4C} \tag{1.131 (a)}$$

$$= \pi(R+r) + 2C + \frac{(R+r)^2}{C} \tag{1.131 (b)}$$

Section 30 벨트의 장력과 전달 마력

1 벨트의 장력

벨트의 문제를 해결하기 위하여 벨트 단면의 1mm^2당의 무게를 kg으로 표시하면 방정식 (1.131)은 다음과 같이 된다. T_c는 원심력을 고려한 경우이다.

$$\frac{T_1 - T_c}{T_2 - T_c} = e^{\mu\theta} \quad \text{또는} \quad \frac{T_1}{T_2} = e^{\mu\theta} \text{(원심력 무시)} \tag{1.132}$$

원심력을 고려한 장력 $T_c = \dfrac{wv^2}{g}$ [kg]

$P_e = T_1 - T_2$에 대해 방정식 (1.132)을 풀면 다음과 같다.

$$T_1 = \frac{e^{\mu\theta}}{e^{\mu\theta} - 1}P_e + \frac{w'v^2}{g}$$

$$T_2 = \frac{1}{e^{\mu\theta} - 1}P_e + \frac{w'v^2}{g} \tag{1.133}$$

v=10m/s 정도에서는 원심력의 영향을 무시해도 무관하다. 원심력을 무시하면,

$$T_1 = \frac{e^{\mu\theta}}{e^{\mu\theta} - 1}P_e, \quad T_2 = \frac{1}{e^{\mu\theta} - 1}P_e$$

$$P_e = T_1\left(\frac{e^{\mu\theta} - 1}{e^{\mu\theta}}\right) \tag{1.134}$$

$\dfrac{T_1}{T_2} = e^{\mu\theta} = k$를 아이텔바인(Eytelwein)식이라고 부르고, 또 k를 장력비라고도 부른다.

❷ 벨트의 전달 마력

$$H_{\mathrm{PS}} = \frac{P_e v}{75} = \frac{(T_1 - T_2)v}{75} \tag{1.135}$$

1분간 회전수를 n, 풀리의 지름을 D라 하면 $v = \dfrac{\pi D n}{60}$이므로, 식 (1.135)는

$$H_{\mathrm{PS}} = \frac{\pi D n P_e}{75 \times 60} = \frac{\pi D n (T_1 - T_2)}{75 \times 60} \tag{1.136 (a)}$$

$$H_{\mathrm{kW}} = \frac{\pi D n (T_1 - T_2)}{102 \times 60} \tag{1.136 (b)}$$

식 (1.136) (a)에서

$$H_{\mathrm{PS}} = \frac{P_e v}{75} = \frac{(T_1 - T_2)v}{75} = \frac{T_1 v}{75}\left(\frac{e^{\mu\theta} - 1}{e^{\mu\theta}}\right) \tag{1.137 (a)}$$

$$H_{\mathrm{kW}} = \frac{P_e v}{102} = \frac{(T_1 - T_2)v}{102} = \frac{T_1 v}{102}\left(\frac{e^{\mu\theta} - 1}{e^{\mu\theta}}\right) \tag{1.137 (b)}$$

구름 베어링의 수명 계산식

① 구름 베어링의 수명 계산식

구름 베어링에서는 계산 수명 L_n(단위 10^6 회전), 베어링 하중 P[kg], 기본 동정격 하중 C[kg] 사이의 관계는 다음과 같다.

$$L_n = \left(\frac{C}{P}\right)^r \times 10^6 \,[\text{rev}] \quad \text{또는} \quad P = \frac{C\sqrt[r]{10^6}}{\sqrt[r]{L_n}}\,[\text{kg}] \tag{1.138}$$

r은 베어링의 내외륜과 전동체의 접촉 상태에서 결정되는 정수이다.

축 회전수는 rpm으로 주어지나 수명은 실제로는 시간이므로

$$\frac{L_n}{10^6} = \left(\frac{C}{P}\right)^r$$

$$\text{볼 베어링}: r = 3, \quad \text{롤러 베어링}: r = \frac{10}{3} \tag{1.139}$$

단, C를 100만 회전이라 규정하였으므로 L_n의 단위는 10^6이다. L_h를 수명 시간이라 하면 L_n과의 관계는

$$L_h = \frac{L_n}{60n} \tag{1.140}$$

이다.

그런데 $10^6 = 33.3\,\text{rpm} \times 500\,\text{hr} \times 60\,\text{min}$ 이므로

$$L_h = \frac{1}{60n}\left(\frac{C}{P}\right)^r \times 10^6 = \frac{1}{60n}\left(\frac{C}{P}\right)^r \times 500 \times 33.3 \times 60$$

$$\therefore L_h = 500\left(\frac{C}{P}\right)^r \frac{33.3}{n} \tag{1.141}$$

한편 $L_n = 500 f_h{}^r$ 이라 하며 f_h를 수명 계수라 한다. 식 (1.141)과 f_h에서

$$f_h = \frac{C}{P} \sqrt[r]{\frac{33.3}{n}} \tag{1.142}$$

이다.

한편 $f_n = \sqrt[r]{\dfrac{33.3}{n}}$ 을 속도 계수라 칭하고, 이것을 식 (1.142)에 대입하면

$$f_h = f_n \frac{C}{P} \tag{1.143}$$

이다.

수명 시간은 속도 계수 f_n 과 수명 계수 f_h 의 관계에서 구해진다.

볼 베어링에서는

$$L_h = 500 \left(\frac{33.3}{n} \right) \left(\frac{C}{P} \right)^3 = 500 f_n \left(\frac{C}{P} \right)^3 = 500 f_h{}^3 \tag{1.144}$$

이며, 구름 베어링에서는

$$L_h = 500 \left(\frac{33.3}{n} \right) \left(\frac{C}{P} \right)^{10/3} = 500 f_h{}^{10/3} = 500 f_n \left(\frac{C}{P} \right)^{10/3} \tag{1.145}$$

이다.

Section 32 플랜지 커플링(flange coupling)

1 개요

큰 축과 고속도 정밀 회전축에 적당하고 공장 전동축 또는 일반 기계의 커플링으로 사용되며 주철 또는 주강 단조강 등으로 만들고 축에 플랜지를 때려 박고 키로 고정하고 리머 볼트로 두 플랜지를 죈다. 때로는 열박음(shrink fit)을 하기도 한다. 일반적으로 큰 하중에 사용되며 보통급과 상급이 있다.

2 강도 계산

볼트를 죄면 마찰 저항에 의한 비틀림 모멘트가 발생한다.

$$T_1 = z \mu Q \frac{D_f}{2} \tag{1.146}$$

플랜지 커플링에 체결된 z 개의 볼트의 단면이 전단을 받으므로

$$T_2 = z \frac{\pi}{4} \delta^2 \tau_B \frac{D_B}{8} \tau_B D_B \tag{1.147}$$

$$T = T_1 + T_2$$

$$\therefore \ \frac{\pi}{16} d^3 \tau = z \mu Q \frac{D_f}{2} + z \frac{\pi}{4} \delta^2 \tau_B \frac{D_B}{2} \tag{1.148}$$

여기서, T : 보통급에서 최대 저항 비틀림 모멘트(kg · cm)

T_1 : 마찰 저항에 의해 생기는 비틀림 모멘트(kg · cm)

T_2 : 전단 비틀림 모멘트(kg · cm), D_f : 마찰면의 평균 직경(cm)

D_B : 볼트 중심 간 거리(cm), δ : 볼트의 지름, μ : 마찰 계수

Z : 볼트의 수, τ_B : 볼트의 전단 응력

상급 플랜지는 주로 볼트의 전단 강도에 의하여 비틀림 모멘트를 전달한다.

$$\frac{\pi}{16}d^2\tau = \frac{z\pi\delta^2\tau_B D_B}{8} \tag{1.149}$$

마찰력에 의한 비틀림 모멘트 $T = zQ\mu R_f$

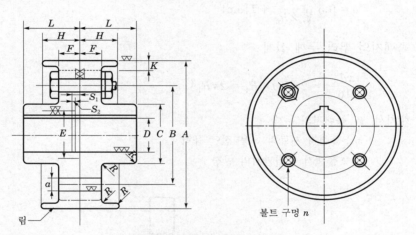

[그림 1-41] 조립식 플랜지 커플링

축의 전달 비틀림 모멘트 $T = \dfrac{\pi}{16}d^3\tau_s$ 볼트의 체결력 $Q = 0.85P_s$ 라고 하고, 다만 P_s

는 탄성 한계 하중, σ_s 는 단순 항복 인장 응력, 허용 체결 응력, $\sigma_a = \dfrac{\sigma_s}{1.3}$ 라 하면

$$Q = 0.85P_s = 0.85 \times 0.75 \times \frac{\pi}{4}\delta^2\sigma_s$$

$$\fallingdotseq 0.64 \times \frac{\pi}{4}\delta^2\sigma_s = 0.64 \times \frac{\pi}{4}\delta^2 \times 1.3\sigma_a = 0.83 \times \frac{\pi}{4}\delta^2\sigma_a$$

비틀림 모멘트

$$T = \mu zQR_f = \frac{\pi}{16}d^3\tau_s a = \frac{\pi}{16}d^3\frac{\sigma_a}{2} = \mu zR_f \times 0.83 \times \frac{\pi}{4}\delta^2\sigma_a$$

$$\delta^2 = 0.15\frac{d^3}{\mu ZR_f}$$

$$D_f = 2R_f$$

$$볼트의\ 지름\ \ \delta = 0.55 \sqrt{\frac{d^3}{\mu Z D_f}} \tag{1.150}$$

리머 볼트의 전단 저항에 의한 비틀림 모멘트는

$$T = \frac{\pi}{4} \delta^2 \tau_{aB} Z R_B = \frac{\pi}{16} d^3 \tau_s$$

$$\delta = 0.5 \sqrt{\frac{d^3}{Z R_B}} \ \ (\tau_{aB} = \tau_s) \tag{1.151}$$

볼트의 지름이 작은 경우에는 다음과 같이 쓸 수 있다.

$$\delta = 0.5 \sqrt{\frac{d^3}{Z R_b}} + 1 \,[\mathrm{cm}]$$

플랜지의 뿌리 두께 설계

$$\frac{\pi d^3}{16} \tau = 2\pi R_1 \, t \tau_f R_1 = 2\pi R_1^2 \, r \tau_f \tag{1.152}$$

여기서, t : 플랜지의 두께

$\quad\quad\quad \tau_f$: 플랜지 재료의 허용 전단 응력

$\quad\quad\quad R_1$: 플랜지 뿌리까지의 반경

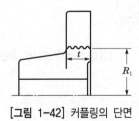

[그림 1-42] 커플링의 단면

Section 33 축의 진동(vibration of shafts)

① 개요

축은 급격한 변위를 받으면 이를 회복시키려고 탄성 변형 에너지가 발생한다. 이 에너지는 운동에너지로 되어 축의 중심을 번갈아 반복하여 변형한다. 이 반복 주기가 축 자체의 휨 또는 비틀림의 고유 진동수와 일치하든지 그 차이가 극히 적을 때는 공진이 생

기고 진폭이 증가하여 축은 탄성 한도를 넘어 파괴된다. 이와 같은 축의 회전수를 위험 속도(critical speed)라 한다.

회전축의 진동 요소는 신축, 휨, 비틀림 등 세 가지이나 신축에 의한 진동은 위험성이 적어 고려하지 않아도 무방하다. 회전축의 상용 회전수는 고유 진동수의 25% 이내에 가까이 오지 않도록 한다.

② 축의 진동

(1) 휨 진동

• 단면이 고르지 않은 경우의 위험 속도

[그림 1-43]에 도시한 바와 같이 중량 W_1, W_2, W_3, … 등 회전체가 축에 고정되어 있다. 이 회전체의 정적 휨을 δ_1, δ_2, δ_3, …라 하며 굽혀지고 있을 때 축에 저장된 탄성 변형 에너지 E_p는

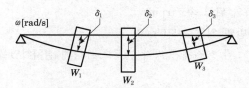

[그림 1-43] 회전축의 위험 속도

$$E_p = \frac{W_1 \delta_1}{2} + \frac{W_2 \delta_2}{2} + \frac{W_3 \delta_3}{2} + \cdots \tag{1.153}$$

이다.

휨의 진동이 단현 운동(單弦運動)을 한다면 회전체의 임의 시간 t에 있어서의 세로 변위는 다음과 같이 주어진다.

$$X_1 = \delta_1 \cos \omega t$$

$$X_2 = \delta_2 \cos \omega t$$

$$X_3 = \delta_3 \cos \omega t$$

횡진동의 최대 속도는 축이 중앙에 위치할 때이고 이 위치에서 축의 변형은 없고 탄성 변형 에너지도 0이다. 축이 갖고 있는 에너지는 모두 운동에너지로 되어 있다.

$$E_k = \frac{\omega^2}{2g} (W_1 \delta_1 + W_2 \delta_2 + W_3 \delta_3 + \cdots) \tag{1.154}$$

에너지의 손실이 없다면 $E_p = E_k$이므로 등식으로 놓고 이항하여 ω를 구하면 다음과 같다.

$$\omega = \sqrt{\frac{g\left(W_1\delta_1 + W_2\delta_2 + W_3\delta_3 + \cdots\right)}{W_1{\delta_1}^2 + W_2{\delta_2}^2\, W_3{\delta_3}^2 + \cdots}} \tag{1.155}$$

축의 휨의 위험 속도 $N_{cr}\,[\text{rpm}]$은 다음과 같이 주어진다.

$$N_{cr} = \frac{30}{\pi}\sqrt{\frac{g\left(W_1\delta_1 + W_2\delta_2 + \cdots\right)}{W_1{\delta_1}^2 + W_2{\delta_2}^2 + \cdots}} \fallingdotseq 300\sqrt{\frac{\sum W\delta}{\sum W\delta^2}} \tag{1.156}$$

각 하중점의 정적 휨(statical deflection)이 구해지면 위 식에서 위험 속도를 계산할 수 있다. 이것을 Rayleigh법이라 한다. 던커레이는 실험식으로 자중을 고려하여 다음 식을 발표했다. 이 식을 던커레이 실험 공식이라 한다.

$$\frac{1}{{N_{cr}}^2} = \frac{1}{{N_o}^2} + \frac{1}{{N_1}^2} + \frac{1}{{N_2}^2} + \cdots \tag{1.157}$$

여기서, N_{cr} : 축의 위험 속도(rpm)

      N_o : 축만의 위험 속도(rpm)

      N_1, N_2 : 각 회전체가 각각 단독으로 축에 설치하였을 경우의 회전 속도(rpm)

(2) 한 개의 회전체를 갖고 있는 축의 위험 속도

축의 자중을 무시하면 위험 회전수는 다음과 같다.

$$N_{cr} = \frac{60}{2\pi}\omega_c = \frac{60}{2\pi}\sqrt{\frac{k}{m}} = \frac{30}{\pi}\sqrt{\frac{g}{\delta}} \fallingdotseq 300\sqrt{\frac{1}{\delta}} \tag{1.158}$$

여기서, W : 1개의 회전체의 무게(kg)

      m : 1개의 회전체의 질량 $= W/g\,[\text{kg}\cdot\text{s}^2/\text{cm}]$

      δ : 축의 정적인 휨(cm)

      k : 축의 스프링 상수 $= W/g\,[\text{kg/cm}]$

      N_{cr} : 회전축의 위험 속도(rpm)

(a) 레이디얼 하중　　　　　　　　　　(b) 추력 하중

[그림 1-44] 축의 위험 속도

Section 34 축 설계 시 고려 사항

① 강도(strength)

정하중, 충격 하중, 반복 하중 등의 하중 상태에 충분한 강도를 갖게 하고 특히 키 홈, 원주 홈, 단달림축 등에 의한 집중 응력을 고려하여야 한다.

② 변형(deflection)

① 휨 변형(bending deflection) : 적당한 베어링의 틈새, 기어 물림 상태의 정확성, 베어링의 압력의 균형 등이 유지되도록 변형을 제한하여야 한다.
② 비틀림각 변형 : 내연 기관의 캠 샤프트처럼 정확한 시간에 정확하게 작동할 수 있도록 축의 비틀림각의 변형이 제한되어야 한다.

③ 진동(vibration)

격렬한 진동은 불균형인 기어, 풀리, 디스크(disk), 또 다른 회전체에 의한 축의 원심력에 의하여 발생하거나 굽힘 진동이나 비틀림 진동에 의하여 공진이 생겨 파괴가 되므로 고속 회전축에 대하여서는 진동의 요인에 대하여 주의하여야 한다.

④ 열응력(thermal stress)

제트 엔진, 증기 터빈의 회전축과 같이 고온 상태에서 사용되는 축에 있어서는 열 응력, 열팽창 등에 주의하여 설계한다.

⑤ 부식(corrosion)

선반의 프로펠러 축(marinee propeller shaft), 수차 축(water turbine shaft), 펌프 축(pump shaft) 등과 같이 항상 액체 중에서 접촉하고 있는 축은 전기적·화학적 또는 그 합병 작용에 의하여 부식하므로 주의하여야 한다.

Section 35 **나사의 풀림 방지**

❶ 개요

체결용 나사의 리드각은 나사면의 마찰각보다 작게 취하여 자립 잠김 조건이 만족되도록 설계되어 있으므로, 축방향 하중이 걸려도 쉽게 나사가 회전하는 일은 없다. 그러나 실제의 경우 운전 중 진동이나 충격이 기계에 가해지면 볼트가 풀려 기계의 위험을 일으키는 경우가 많다.

❷ 나사의 풀림 방지

나사의 풀림 방지는 [그림 1-45]와 같다.

① 로크너트(locknut)를 사용하여 볼트와 너트 사이에 생기는 나사의 마찰력을 크게 하도록 한다.

② 스프링 와셔나 고무 와셔를 중간에 끼워 축방향의 힘을 유지시키도록 한다.

③ 볼트에 구멍을 뚫던가 볼트와 너트에 같은 구멍을 뚫어 핀을 꽂음으로써 너트가 빠져 나오지 못하도록 한다.

④ 홈붙이 너트에 분할 핀을 끼워 너트가 돌지 못하도록 한다.

⑤ 특수 와셔를 사용하여 너트가 돌지 못하도록 한다.

⑥ 멈춤 나사를 사용하여 볼트의 나사부를 고정하도록 한다.

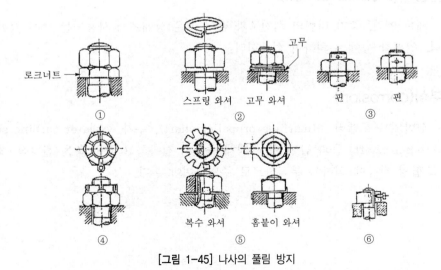

[그림 1-45] 나사의 풀림 방지

Section 36 키의 종류

키의 종류는 다음과 같다.

(1) 안장 키(saddle key)

축에는 홈을 파지 않고 보스에만 1/100 정도 기울기의 홈을 파고 이 홈 속에 키를 박는 것으로 키의 한면은 축의 원호에 잘 맞도록 가공하고 이 축이 saddly key면에 접촉 압력을 생기게 하고 이 마찰 저항에 의하여 원주에 작용하는 힘을 전달시키는 키이다.

(2) 묻힘 키(sunk key)

축의 길이 방향으로 절삭된 키 홈에 키를 미리 묻어 놓고 그 위에 보스를 축방향으로부터 활동시켜서 축과 보스를 체결하는 키이다.

(3) 드라이빙 키(driving key)

먼저 한쪽 경사 1/100의 키 홈을 절삭한 보스(boss)를 키 홈을 판축에 끼워 맞추고 축방향으로부터 driving key를 때려 박아서 축과 pully 등을 고정시키는 키이다.

(4) 접선 키(tangential key)

축의 바깥 둘레 접선 방향에 전달하는 힘이 작용하고 있으므로 이 방향에 힘이 생기도록 해 놓으면 유리할 것이다. 접선 키는 이 요구에 합당한 키로서 아주 큰 회전력 또는 힘의 방향이 변화하는 곳에 사용된다.

(5) 페더 키(feather key)

보스가 축과 더불어 회전하는 동시에 축방향으로 미끄러져 움직일 수 있도록 되어 있는 키이다. 페더 키에는 기울기가 없고 평행으로 한다.

(6) 스플라인(spline)

큰 토크를 축에서 보스에 전달시키려면 1개의 키만으로 전달시키는 것은 불가능하므로 수십 개의 키를 같은 간격으로 축과 일체로 깎아낸 것이 spline이다. 보스에도 spline축과 끼워 맞춰지는 홈을 판다.

① 각형 spline : 이에 비틀림 및 테이퍼가 없고 홈수(잇수)는 6, 8, 10의 3종류가 있으며 대경과 소경과의 차, 즉 치면의 접촉 면적을 바꿔서 경하중용과 중하중용의 2종류로 분류하고 끼워맞춤 정도에 따라서 축방향으로 미끄러지게 하는 활동용과 축방향으로 고정하는 고정용으로 구별된다.

② 인벌류트 spline : 치형이나 피치의 정도를 높이기가 쉬우므로 회전력을 원활하게 전달

할 수 있고, 회전력이 작동하면 자동적으로 동심이 된다. 축의 이뿌리 강도가 크고 동력 전달 능력이 크다.

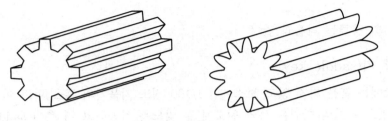

[그림 1-46] spline

(7) 평 키(flat key)

안장 키보다 큰 토크를 전달한다.

(8) 반달 키(woodruff key)

키 홈이 깊어 축을 약화, 강도를 고려하지 않는 축에 사용한다.

(9) 둥근 키

분해가 필요하지 않은 경하중용에 사용한다.

(10) 세레이션

축과 구멍을 결합하기 위해서 사용되는 것이며 삼각치 세레이션과 인벌류트 세레이션이 있지만 치에 비틀림이 없고 피치를 잘게 하고 치수를 많게 해서 결합의 위상을 정밀하게 조절할 수 있다. 종류로는 삼각치 세레이션, 인벌류트 세레이션, 맞대기 세레이션이 있다.

Section 37 기어의 종류

기어의 종류는 다음과 같다.

❶ 평행 축 기어

(1) 평 기어(spur gear)

가장 단순하고 일반적인 형태의 기어다. [그림 1-47] (a)와 같이 평 기어는 평행인 축

간의 운동을 전달하는 데 사용되며 축 중심과 평행한 이(齒)를 가지고 있다. 평 기어에 관한 중요 관심 부분은 기어 형상과 기어에 관한 용어, 기어에 미치는 힘의 해석, 기어이의 굽힘 강도와 기어 이의 표면 내구성이다.

(2) 헬리컬 기어(helical gear)

피치면은 평 기어와 같은 원통이나 두께에 걸쳐 이가 기어축과 각을 이루고 경사(helix)져 있는 기어이다. 직선 헬릭스가 보편적이나 고하중, 고속의 경우 스파이럴 헬리컬 기어가 사용된다.

(3) 헤링본 기어(herringbone gear)

평 기어에서 이에 작용하는 힘은 오직 기어축에 수직으로만 미친다. 반면에 헬리컬 기어에서는 기어축에 평행한 힘의 성분인 추력(thrust)이 작용한다. 전달되는 힘이 크면 이 축방향 성분의 힘이 매우 커지므로 베어링쪽에 추력을 지지할 대책이 필요하다. 그러나 반대 방향의 헬릭스 각을 잇는 2개의 기어를 사용하므로 이러한 효과를 제거할 수 있다. 기어 폭에 걸쳐 폭의 반대편에 한 방향의 헬릭스 각으로 절삭하고 나머지를 반대 방향으로 절삭한 헬리컬 기어를 헤링본 기어라 한다.

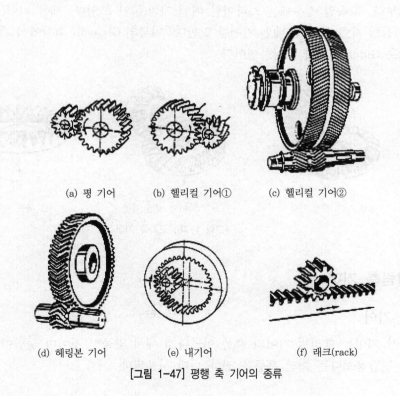

(a) 평 기어   (b) 헬리컬 기어①   (c) 헬리컬 기어②

(d) 헤링본 기어   (e) 내기어   (f) 래크(rack)

[그림 1-47] 평행 축 기어의 종류

(4) 내기어(internal gear)

원통 또는 원추의 내면에 이를 절삭한 기어로 작은 기어인 피니언과 회전 방향이 동일하다. 내기어는 기어 장치의 소형화나 복잡한 속도비를 얻기 위한 장치에 적합하다.

반면에 외기어와 비교하여 간섭에 따른 제약이 많으므로 주로 유성 기구(遊星機構)에 이용되고 있다.

(5) 래크(rack)

내기어를 절단해 펴면 피치원 반지름이 무한대로 된다. 래크와 물리는 작은 기어를 피니언이라 하며 회전 운동을 직선 왕복 운동으로 전환하는 데 사용된다. 래크와 피니언의 맞물림은 치형과 기어 절삭의 기본으로서 중요하다.

② 교차축 기어

[그림 1-48]에 표시한 베벨 기어는 두 축 교차점을 정점으로 굴림 접촉 원추면이 피치면인 직선 베벨 기어(a)가 가장 널리 쓰인다. 두 축의 교차각(원추각)은 보통 직각이지만 임의의 각도인 경우도 있다.

고부하, 고속일 경우에는 스파이럴 베벨 기어(b)가 쓰인다. 제롤 기어(zerol gear)(c)는 비틀림 각이 영(0)인 베벨 기어를 말한다. 미국의 Gleason 회사에서 개발한 것이므로 명칭은 Glearol 회사의 상품명이다.

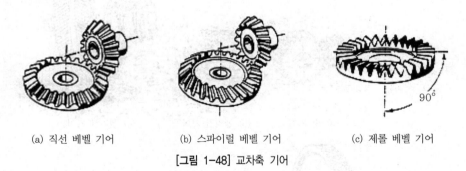

(a) 직선 베벨 기어   (b) 스파이럴 베벨 기어   (c) 제롤 베벨 기어

[그림 1-48] 교차축 기어

③ 엇갈림축 기어

(1) 나사 기어

나사 기어는 헬리컬 기어의 축을 어긋나게 해서 맞물린 것이며 물림이 점접촉이므로 동력 전달용보다는 회전 운동을 전하는 데 사용된다.

(2) 하이포이드 기어(hypoid gear)

베벨 기어와 유사한 형으로 되어 있으나 교차축 간에 동력을 전달하는 데 사용된다. 이의 접촉점이 양 기어축의 법선상에 있지 않고 오프셋(offset)되어 있는 점은 자동차의 최종 감속 기어로 사용하여 차의 지상으로부터의 높이를 낮게 할 수 있다.

(3) 웜 기어

웜 기어는 보통 직각축 간에 높은 감속비로 회전을 전달하는 데 사용되며, 원통 나사를 웜(작은 기어)으로 하는 웜 기어(d)가 보통이지만 고부하의 경우는 맞물림률이 큰 스파이럴 웜 기어(c)가 쓰인다.

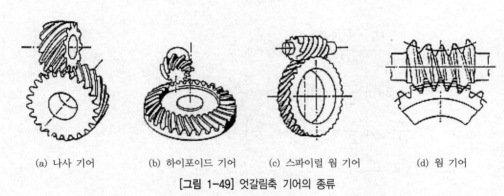

(a) 나사 기어	(b) 하이포이드 기어	(c) 스파이럴 웜 기어	(d) 웜 기어

[그림 1-49] 엇갈림축 기어의 종류

체인 속도 변동률과 진동원인 및 중심거리

❶ 속도 변동률

sprocket wheel이 일정한 각속도로 회전하면 정다각형 wheel에 벨트를 감은 것과 같아 체인은 빨라지기도 하고 늦어지기도 한다.

$$R_{\max} = \frac{D_p}{2}$$

$$\therefore R_{\max} = \frac{D_p}{2} \cos \frac{\pi}{Z}$$

여기서, D_p : 피치원 직경(pitch diameter)

각속도 ω 는

$$v_{\max} = R_{\max}\omega = \frac{D_p\omega}{2}$$

$$v_{\min} = R_{\min}\omega = \left(\frac{D_p}{2}\cos\frac{\pi}{Z}\right)\omega \tag{1.159}$$

ω 가 일정한 가운데 chain 속도는 $v_{\max}$ 와 $v_{\min}$ 과의 사이에서 끊임없이 주기적으로 변화한다.

$$속도\ 변동률\quad \lambda = \frac{v_{\max} - v_{\min}}{v_{\max}} \tag{1.160}$$

$$\lambda = \frac{D_p - D_p\cos\dfrac{\pi}{Z}}{D_p} = 1 - \cos\frac{\pi}{Z}$$

$$= 2\sin^2\frac{\pi}{2Z} \fallingdotseq 2\left(\frac{\pi^2}{2^2Z^2}\right) \fallingdotseq \frac{\pi^2}{2Z^2}$$

$$\frac{p}{D} = \sin\frac{\pi}{Z} \fallingdotseq \frac{\pi}{Z}\left(\frac{\pi}{Z} = \frac{p}{Z}\right)$$

$$\lambda = \frac{p^2}{2D^2}$$

여기서, D : 스프라켓 직경, p : 체인의 피치

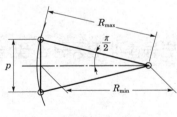

[그림 1-50] 속도 변동률

❷ 소음 진동의 원인

속도 변동률 λ 를 작게 하려면 잇수 및 스프라켓 직경 D를 크게 하거나 체인의 피치 p를 작게 하면 된다. 피치가 작은 체인은 중량도 작으므로 원심력의 점에서도 피치가 큰 체인보다 고속 운전을 할 수 있다.

❸ 체인의 최대 속도, 최소 및 최대 중심 거리

(1) 최대 속도 제한

$$v_{max} = \frac{2Z}{\sqrt{p}}[\text{m/sec}]$$ (1.161)

여기서, Z : 구동 스프로킷 휠의 잇수

p : 체인의 피치(mm)

보통 $v_{max} \leqq 5\text{m/sec}$로서 2~5m/sec가 적당하다.

(2) 최소 및 최대 중심 거리

① 최소 중심 거리

$$C_{min} = 30p$$

여기서, p : 체인의 피치(mm)

② 최대 중심 거리

$$C_{max} = 80p\,(C_{max} = 4.6\text{m})$$

보통 $C = (40~50)p$ 정도의 범위가 적당하다.

③ 회전비

최대 7 : 1, 보통 회전비는 5 : 1 정도가 적당하다.

Section 39 **유니버설 조인트의 등속 조건과 종류**

❶ 등속 조건

[그림 1-51]과 같이 구동축과 피동축의 접촉점이 항상 굴절각의 2등분선상에 위치하므로 등속 회전할 수 있다.

등속 자재 이음은 구조가 복잡하고 가격이 비싸지만 드라이브 라인(drive line)의 각도가 크게 변화할 때도 동력 전달 효율이 높은 장점이 있다.

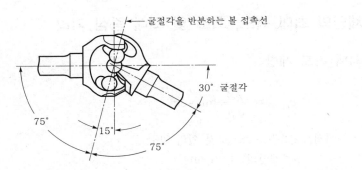

[그림 1-51] 등속의 조건(예 : bendix universal joint)

❷ 유니버설 조인트의 종류

(1) double spider joint(이중 십자형 자재 이음)

2개의 십자축을 중심 yoke로 결합시킨 형식으로, 굴절각은 47°까지 가능하며 축방향 길이 변화가 필요할 경우 양단의 축에 slip 이음을 추가하면 된다. 전륜 구동차축에 사용된다.

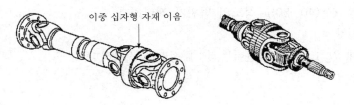

[그림 1-52] 이중 십자형 자재 이음

(2) tripod joint

추진축과 후진축의 자재 이음으로 사용되며, 굴절각은 약 22°, 길이 방향 전위 약 30mm 까지 가능하다.

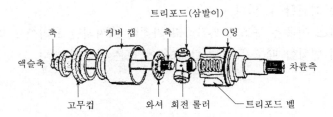

[그림 1-53] 트리포드 조인트

(3) double offset universal joint

cage에 끼워진 ball이 하우징 내면 직선상 rail에서 섭동할 수 있도록 되어 있으며, 굴절각은 약 20°까지, 축방향 길이 변화는 약 30mm까지 가능하다.

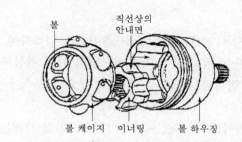

[그림 1-54] 더블 오프셋 조인트(DOJ)

(4) ball type universal joint

cage에 끼워진 동력 전달용 ball이 하우징 내의 안내면에 설치되며, 굴절각은 47°까지 가능하다. 주로 전륜 구동 차량에서 구동축의 차륜측 자재 이음으로 사용되며, 축방향 길이 변화가 가능한 형식은 굴절각 20° 정도로 제한한다.

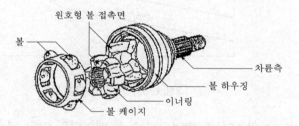

[그림 1-55] 구형 자재 이음(축방향 전위 불가능형)

(5) 등각속 유니버설 커플링

중간축을 양축 간에 설치하여 양축이 중간축과 이루는 경사각을 서로 일정하게 하면 각속비는 항상 1이 된다.

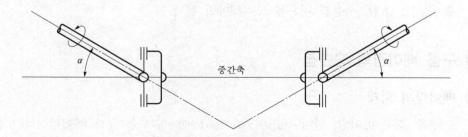

[그림 1-56] 등각속 유니버설 커플링

Section 40 구름 베어링의 장단점

1 개요

구름 베어링에서 기동(起動) 마찰은 동(動)마찰과 비교하여 거의 2배에 이르나 출발시 금속과 금속의 접촉을 유발하는 미끄럼 베어링의 기동 마찰과 비교하면 무시할 만하다. 볼과 롤러 베어링은 적절한 속도에서 아주 잘 맞으나 고속에서는 윤활된 미끄럼 베어링이 마찰이 적다.

볼 베어링, 롤러 베어링, 미끄럼 베어링의 속도-마찰 관계는 [그림 1-57]에 나타낸 것과 같다.

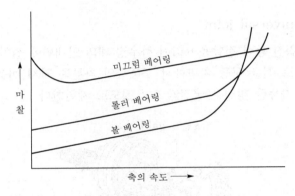

[그림 1-57] 베어링의 마찰 비교

그림에서 알 수 있듯이 볼 베어링과 롤러 베어링의 마찰 계수는 하중과 속도에 따라 아주 큰 값을 제외하고는 변동이 작기 때문에 볼 베어링과 롤러 베어링은 부하가 걸린 상태에서 출발과 정지가 빈번한 기계에 아주 적합하다.

구름 베어링의 설계는 지정된 공간상의 치수에 맞도록 설계되어야 하고 일정한 특성을 가지고 있는 하중을 허용해야 하며, 지정된 조건에서 작동될 때 수명을 만족하도록 설계되어야 한다. 따라서 피로 하중, 마찰, 열, 부식 저항, 운동학적 문제, 재료 특성, 윤활, 공차, 조립, 사용과 비용을 고려해야만 한다.

2 구름 베어링의 장단점

(1) 베어링의 형태

구름-접촉 베어링, 반마찰(anti-friction) 베어링 또는 구름 베어링이라는 용어는 모두 하중을 기계 부품 요소에 전달하는 데 미끄럼 접촉보다는 구름 접촉 요소를 통하여 이루어진다는 의미에서 같은 뜻으로 사용된다. 구름 베어링의 장점과 단점을 열거하면 다음과 같다.

1) 장점

① 고속을 제외하고 마찰이 작다.

② 윤활을 작게 하고 보수의 필요성이 낮다.

③ 비교적 정밀한 축의 중심 정렬(alignment)을 유지할 수 있다.

④ 미끄럼 베어링보다 축방향 공간은 작게 차지하나 원주 방향은 보다 큰 공간을 차지하게 된다.

⑤ 큰 하중을 전달할 수 있다.

⑥ 베어링 형식에 따라 축방향과 원주 방향 하중을 모두 지지할 수 있다.

⑦ 교체가 쉽다.

⑧ 국제적으로 규격이 표준화되어 있으므로 기계 설계자는 설계할 필요가 없고 적절한 선택을 하면 된다. 베어링 카탈로그로부터 베어링의 선택은 비교적 쉬운 편이다.

2) 단점

① 미끄럼 베어링보다 소음이 크다.

② 베어링을 설치하는 데 보다 큰 비용이 들고 적절한 규정이 필요하다.

③ 피로 파괴를 일으키므로 제한된 수명을 가지고 있다.

④ 베어링의 파괴는 경고 없이 일어나므로 기계에 손상을 입힐 수 있다.

Section 41

마찰 클러치(friction clutch)의 종류별 설계방법과 특성

1 개요

마찰 클러치는 원동축과 종동축에 붙어 있는 마찰면을 서로 밀어대어 마찰면에 발생하는 마찰력에 의하여 동력을 전달하는 것으로서 축방향의 힘을 가감하여 마찰면에 미끄럼이 발생하면서 원활히 종동축의 회전 속도를 원동축의 회전 속도와 같게 한다. 과부하가 작용하는 경우에는 미끄러져서 종동축에 어느 정도 이상의 비틀림 모멘트가 전달되지 않으므로 안전 장치도 될 수 있고 운전 중에 착탈이 가능한 특징이 있다.

마찰면은 원판과 원뿔면 등 2가지가 있다. 원판 클러치는 단판 마찰 클러치와 다판 마찰 클러치가 있다. 마찰 클러치를 설계할 때는 마찰 계수, 마찰 클러치의 크기, 열발산, 내마모성, 단속의 용이도, 균형 상태, 접촉면에 밀어붙이는 힘, 단속할 때의 외력 등을 고려해야 한다. 그리고 마찰 재료로서는 경질 목재, 소가죽, 석면 직물, 코르크 등을 사용한다.

❷ 원판 클러치(disk clutch)

원동축과 종동축이 각각 1개 및 2개 이상의 원판을 가지고 이것을 서로 밀착시켜 그 마찰력에 의하여 비틀림 모멘트를 전달시킨다. 조작 방식은 [그림 1-58]을 참고한다.

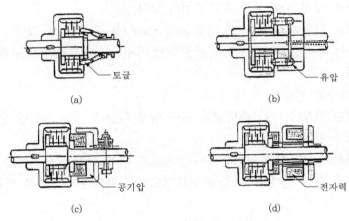

(a)　　토글

(b)　　유압

(c)　　공기압

(d)　　전자력

[그림 1-58] 원판 기구의 조작 방식

■ 원판 클러치의 설계

① 마모량이 일정한 경우($pR = C$)

기호는 다음과 같다.

T : 회전 비틀림 모멘트(kgf · cm)

P : 축방향의 힘(kg)

D_1 : 원판의 내경(cm)($=2R_1$)

μ : 마찰 계수

D_2 : 원판의 외경(cm)($=2R_2$)

D : 마찰면의 평균 지름(cm)($=2R$)

Z : 접촉면의 수

H : 전달 마력(PS)

b : 접촉면의 폭(cm)

p : 접촉면압(kgf/cm^2)

n : 회전수(rpm)

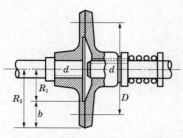

[그림 1-59] 단판 클러치

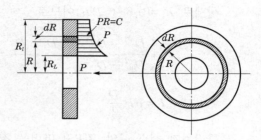

[그림 1-60] 원판 클러치의 설계

원판을 밀어붙이는 힘 P는

$$P = \int_{R_1}^{R_2} 2\pi p R dR = \int_{R_1}^{R_2} 2\pi c dR = 2\pi c (R_2 - R_1)$$

$$\therefore \ c = \frac{P}{2\pi(R_2 - R_1)} \tag{1.162}$$

원판의 전달 토크 T는 마찰 계수를 μ라 하면

$$T = \int_{R_1}^{R_2} \pi(2\pi p R dR)R = \int_{R_1}^{R_2} 2\pi\mu c p R dR = \pi\mu c (R_2{}^2 - R_1{}^2) \tag{1.163}$$

앞의 식에 식 (1.162)을 대입하고 $R = \dfrac{R_1 + R_2}{2}$이면 토크는

$$T = \mu P\left(\frac{R_1 + R_2}{2}\right) = \mu P R = \mu P \frac{D}{2} = \mu P\left(\frac{D_1 + D_2}{4}\right) \tag{1.164}$$

식 (1.164)에 $P = \dfrac{\pi}{4}(D_2{}^2 - D_1{}^2)p$를 대입하면

$$T = \mu \frac{\pi}{4} p(D_2{}^2 - D_1{}^2)\left(\frac{D_1 + D_2}{4}\right)$$

② 압력 P가 일정하게 분포되는 경우

마찰면의 강성이 매우 크면 초기 마모에 있어서 압력이 접촉면에 고르게 분포되어 P는 일정하게 된다.

$$P = \pi\left(\frac{D_2{}^2 - D_1{}^2}{4}\right)p$$

$$T = 2\pi\mu \int_{\frac{D_1}{2}}^{\frac{D_2}{2}} p R^2 dR = \frac{2}{3}\pi\mu\left[\left(\frac{D_2}{2}\right)^3 - \left(\frac{D_1}{2}\right)^3\right]p \tag{1.165}$$

$$T = \mu\frac{4}{3}\left(\frac{D_2{}^3 - D_1{}^3}{D_2{}^2 - D_1{}^2}\right)p = \frac{4}{3}\left(\frac{D_2{}^3 - D_1{}^3}{D_2{}^2 - D_1{}^2}\right)\mu p \tag{1.166}$$

실제로 $R_1 = (0.6 \sim 0.7) R_2$ 이므로

$$\frac{4}{3}\left(\frac{D_2{}^3 - D_1{}^3}{D_2{}^2 - D_1{}^2}\right) \fallingdotseq \frac{D_1 + D_2}{4} = \frac{D}{2} \tag{1.167}$$

$$T = \mu P \frac{D}{2} \tag{1.168}$$

클러치가 $n[\text{rpm}]$의 $H[\text{PS}]$ 마력을 전달한다면

$$\frac{\mu PD}{2} = 71,620 \frac{H}{n}$$

$$H = \frac{\mu PDn}{143,240} \tag{1.169}$$

마찰 계수가 Z라면

$$T = \mu ZP \frac{D}{2}$$

$$H = \frac{\mu ZPDn}{143,240} \tag{1.170}$$

이상과 같이 기본 설계 공식은

$$P = \frac{2T}{\mu DZ}, \quad P = \mu Dbp_a, \quad H = \frac{\mu Zbp_a nD^2}{143,240} \tag{1.171}$$

❸ 원추 클러치

외원추(outer-cone)는 구동축이며 축에 고정되어 있고, 내원추(inner-cone)는 종동축이며 축상에 미끄럼 키에 의하여 좌우로 미끄러질 수 있도록 조립되어 있다. 내원추에 밀어대면 원뿔 표면에는 압력이 발생하고 이 압력에 의하여 마찰 동력이 전달된다.

Q : 원뿔면 상의 전압력
α : 원뿔각의 반각
P : 축방향으로 클러치를 넣기 위하여 가해지는 힘
μ_a : 마찰 계수의 허용치
μ_c : 밀어박는 방향에 있어서의 마찰 계수
T : 클러치가 전달해야 되는 회전 모멘트
D : 원추 마찰면의 평균 직경
P' : 클러치를 때기 위하여 필요로 하는 힘

■ 기본 설계

$$P = P_1 + P_2 = Q \sin \alpha + \mu_c Q \cos \alpha$$
$$= Q(\sin \alpha + \mu_c \cos \alpha) \tag{1.172}$$

$$= \frac{2T'}{D}\left(\frac{\sin \alpha + \mu_c Q \cos \alpha}{\mu_a}\right) \tag{1.173}$$

$$P' = Q(\sin \alpha - \mu_c \cos \alpha) = \frac{2T'}{D}\left(\frac{\sin \alpha - \mu_c Q \cos \alpha}{\mu_a}\right)[\text{kg}] \tag{1.174}$$

$$T' = \frac{\mu_a Q D}{2} = 71,620$$

$$\frac{R}{n} = \frac{P\mu_a D}{2(\sin \alpha + \mu_c \cos \alpha)}[\text{kg/cm}^2] \tag{1.175}$$

$$Q' = \frac{143,240H}{n\mu_a D}[\text{kg}] \tag{1.176}$$

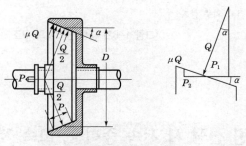

[그림 1-61] 원추 클러치

마찰면이 원추가 되고 클러치를 작동시킬 때 마찰면은 반경 방향, 즉 축심을 향하여 움직이게 된다. 전동 능력이 비교적 크고 저속 중하중용으로 많이 쓰인다. block clutch, split ring clutch, band clutch 등이 그 대표적이다.

❹ 전자 클러치(electro magnetic clutch)

일종의 마찰 클러치로서, 마찰면에 주는 압력을 기계력에 의하지 않고 전자력을 이용한다. 전자 코일을 여자 또는 소자시킴으로서 용이하게 단속이 가능한 클러치로 레버 조작의 필요가 없고 스위치 한 개로 작동이 가능하다.

클러치 조합이나 필요한 조건을 고려하여 사용하면 중부하 기동, 급속 기동 정지, 유중 사용도 가능하며 기계적 클러치에서는 얻을 수 없는 많은 이점이 있다. 그 장점은 다음과 같다.

① 클러치 단속이 전기적으로 용이하다.

② 전류의 가감으로 접촉을 서서히 원활히 하는게 가능하다.

③ 원격 제어(remote control)가 용이하고 조작이 간단하다.

④ 자동화할 수 있다.

⑤ 고속화가 가능하다.

⑥ 조형화가 가능하다.

⑦ 전단 토크에 비해 소비 전력이 작다.

⑧ 부속 설비(토글, 유압, 공기압의 배관, 밸브)가 필요치 않다.

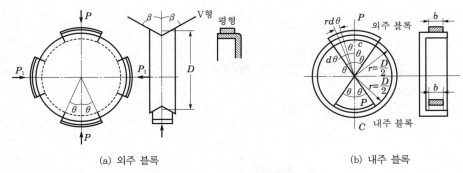

(a) 외주 블록   (b) 내주 블록

[그림 1-62] 블록 클러치의 구조

Section 42   베어링 선정 시 저속 중하중, 고속 저하중의 특징과 페트로프의 법칙

1 개요

bearing 하중에 의해 전동면에 영구 변형이 생기고 이 변형 때문에 bearing의 원활한 회전이 저해되어 사용이 불가능할 때가 있다.

특히 느린 회전 속도에서 사용되는 bearing에서는 정격 수명 L_h[hr]이 큰 것이라 해도 bearing의 크기에 대한 bearing 하중은 커지고, 정격 수명보다 오히려 하중때문에 생기는 영구 변형의 크기가 문제이다.

2 베어링 선정 시 저속 중하중, 고속 저하중의 특징

① 저속 중하중 : 최대 점등가 하중 P_o에 계수 f_e를 곱해서 이것보다 C_o가 큰 bearing을 선택한다.

$$C_o > P_o f_e (f_e : 1 \sim 1.75)$$

② 고속 저하중 : 최대 점등가 하중 P_o에 계수 f_e를 곱해서 이것보다 C_o가 큰 bearing을 선택한다.

$$C_o > P_o f_e (f_e : 0.5)$$

❸ 구름 베어링 평균 하중

변동 하중(저하중 ↔ 고하중)을 정격 수명을 부여할 수 있는 일정한 크기의 하중으로 환산해서 정격 수명을 산출한다.

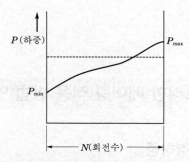

[그림 1-63] 평균 하중과 변동 하중의 관계

$$P_m = \left(\frac{P_1' N_1 + P_2' N_2 + P_3' N_3 + \cdots}{N_1 + N_2 + N_3 + \cdots} \right)^{\frac{1}{r}} = \left(\frac{\sum P_n' N_n}{N} \right)^{\frac{1}{r}}$$

이때 볼베어링 : $r=3$, 롤러 베어링 : $r = \dfrac{10}{3}$

$$P_m (\text{평균 하중}) \approx \frac{P_{\min}}{3} + \frac{2 P_{\max}}{3}$$

여기서, $P_{\min}$: 최소 하중, $P_{\max}$: 최대 하중

$$P_m = \left(\int_0^N P' dN / N \right)^{\frac{1}{r}}$$

평균 하중으로 선정한다.

$$dN = 150,000 (\text{roller bearing})$$

여기서, d : 축 안지름
N : 회전수(rpm)

4 **미끄럼 베어링에서 페트로프의 법칙**

$$\mu = \frac{\pi^2 \eta N r}{30 p \delta}$$

여기서, η : 점성계수(Pa.5), r : 축의 반경, δ : 축과 원통의 틈새
N : 원주속도, p : 유체의 마찰력

① 회전 속도가 빠를수록 유막은 두껍게 된다.
② 저속 중하중은 유막의 파괴가 쉽다.
③ 고속 저하중은 완전 유막 윤활이 가능하다.
④ 고속 저하중 때에는 요동 가능한 여러 개의 패드로 축을 지지한 필매틱(filmatic) 베어링을 사용한다.

Section 43 하중을 고려한 베어링 적용 방법 및 선정 방법

1 구름 베어링의 정격하중

(1) 동정격하중

① 기본 동(動)정격하중 : 내륜을 회전시켜 외륜을 정지시킨 조건으로 동일 호칭 번호의 베어링을 각각 운전했을 때 정격 수명이 100만 회전이 되는 방향과 크기가 변동하지 않는 하중
② 동(動)등가하중 : 방향과 크기가 변동하지 않는 하중이며 실제의 하중 및 회전 조건인 때와 같은 수명을 부여하는 하중

(2) 정정격하중

① 정지 하중 : 회전하지 않는 베어링에 가해지는 일정 방향의 하중
② 기본 정정격하중 : 최대 응력을 받고 있는 접촉부에서 전동체의 영구 변형량과 궤도륜의 영구 변형량과의 합계가 전동체 직경의 0.0001배가 되는 정지 하중
③ 정등가하중 : 실제의 하중 조건하에서 생기는 최대의 영구 변형량과 같은 영구 변형량을 최대 응력을 받는 전동체와 궤도륜과의 접촉부에 생기게 하는 정지 하중

(3) 등가하중 계산식

① 동등가하중 : 레이디얼 하중(F_r) 및 스러스트 하중(F_a)을 동시에 받는 베어링의 동등가하중(P)

레이디얼 베어링 $P = XVF_r + YF_a$

여기서, X : 레이디얼 계수

V : 회전 계수

Y : 스러스트 계수

② **정등가하중** : 레이디얼 하중(F_r) 및 스러스트 하중(F_a)을 동시에 받는 베어링의 레이디얼 정등가하중(P_o)

$$P_o = X_o F_r + Y_o F_a$$

❷ 베어링에 가해지는 하중과 선정 방법

설계상의 기초가 되는 베어링에 가해지는 하중의 종류와 크기를 정확하게 구하고 윤활 방법을 잘 선택하는 것이 중요하다.

보통 계산으로 구한 하중에 대해 경험적인 기계 계수로서 진동의 대소에 따른 계수 1~3, 벨트 장력을 고려한 계수 2~5, 기어 정도의 양부에 따라 생기는 진동에 대한 계수 1.05~1.3을 각각 곱하여 베어링에 가해지는 하중으로 한다.

(1) 평균 하중(P_m)

하중이 시간적으로 주기적 변화가 있을 때에는 동등가하중의 평균 하중으로 환산해서 쓴다. 변화하는 동등가하중의 최댓값을 P_{max} , 최솟값을 P_{min} 으로 하면 평균 하중은

$$P_m = \frac{2P_{max} + P_{min}}{3}$$

이 된다.

(2) 베어링 선정

베어링을 선정할 때는 베어링 특성(하중, 속도, 소음, 진동 특성)을 살리고 베어링에 가해지는 하중을 되도록 바르게 구해서 설계상 필요하고 충분한 베어링 수명을 얻게끔 베어링 주요 치수를 고려해서 동정격하중이 적정한 베어링을 선정하며, 베어링이 회전하지 않을 때 또는 10rpm 이하로 회전할 때에는 정정격하중으로 계산하여 적당한 베어링을 선정한다.

Section 44 오일리스 베어링(oilless bearing)

1 개요

외부로부터 윤활유의 공급 없이 사용되고 있는 오일리스 베어링은 최근에는 사용 범위가 넓어지고 있으며 단순히 급유를 하지 않은 의미로부터 특수한 조건에서도 사용 가능한 베어링이라는 내용으로 변화하였다.

이것은 최근까지 오일리스 베어링이라는 말이 함유 베어링을 가리켰고, 급속계의 소결 함유 베어링이 양적인 면에서 주류를 차지했으나 함유 주철의 발명, 자기 윤활성 플라스틱의 응용, 고체 윤활계를 이용한 베어링의 발전 등이 지금까지 이미지를 완전히 변모시켰기 때문이다.

2 다공질 오일리스 베어링

(1) 분말 소결 함유 베어링

분말 소결 함유 베어링은 오일리스 베어링으로 사용된 역사도 길고 각종의 재질의 것이 시판되고 있다. 용도는 소형의 전동기 및 관련 동력 전달 기기에 다량으로 사용되어 급유할 수 없는 특징을 가지고 있는 가전 기기류에 알맞은 베어링이다.

(2) 함유 주철 베어링

함유 주철 베어링은 주철을 열처리하여 다공질화한 것으로 함유량은 분말 소결 베어링보다 약간 적으나 대형 제품을 제작 가능한 이점이 있다. 베어링의 성능은 저속 높은 하중 영역에 적합하다.

(3) 함유 플라스틱 베어링

함유 페놀 수지 베어링은 열경화성 플라스틱 재료로서 1935년대부터 본격적으로 베어링에 사용되기 시작한 페놀 수지를 성형할 때 다공질화하여 윤활유를 침투시킨 것이다. 대형 성형 제품을 제작 가능하며 비교적 열악한 환경에서 사용할 수 있는 것이 특징이다. 플라스틱계의 함유 베어링은 이 밖에 폴리아세탈, 폴리아미드계의 베어링이 있다.

3 다층형 오일리스 베어링

기본적으로는 자기 윤활성 플라스틱 베어링을 개량한 것으로 플라스틱의 단점인 백메탈을 보강하여 고부하 조건에서 사용할 수 있도록 성능을 향상시킨 것이다. 플라스틱계 베어링의 공통된 문제점인 내열 온도가 금속계와 비교하여 낮고 열전도성이 나쁘고 또한 기계적 강도가 낮아 다층형 구조로 하여 결점을 개량한 것이다.

④ 플라스틱 베어링

자기 윤활성을 가지고 있는 플라스틱을 그대로 성형하여 베어링 재료로 사용한다.

Section 45 베어링 윤활 방법

베어링의 윤활 방법은 다음과 같다.

① 손 급유

기름 깔때기로 적당한 시기에 수시로 급유하는 것으로서 경하중·저속도의 간단한 베어링에만 사용된다. 가정에서 쓰이는 재봉틀의 급유도 이 방식에 속한다.

② 적하 급유

오일 컵으로부터 구멍, 바늘 등을 통하여 시간적으로 대략 일정량을 자동적으로 적하시켜서 급유하는 방법이며, 주로 4~5m/s까지의 경하중용으로 사용된다.

③ 패드 급유

기름통 속에 모세관 작용을 하는 패드를 넣어 스프링에 의하여 축에 밀어붙여서 급유 도포하는 방법이며, 철도 차륜의 베어링에 이용된다.

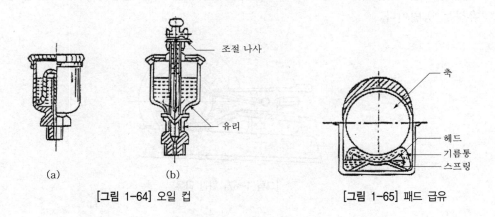

(a)   (b)

[그림 1-64] 오일 컵   [그림 1-65] 패드 급유

④ 침지 급유

베어링을 기름 속에 담그는 방법이며, 베어링 주위를 밀폐시켜야 하므로 수평형 베어링에는 부적당하고 수직형 스러스트 베어링이나 기어 박스 속의 베어링 등에 사용된다.

⑤ 오일링 급유

수평형 베어링에 사용되는 방법으로서 베어링 저부에 기름을 넣고, 저널에 오일링을 걸어두면, 축의 회전과 더불어 오일링도 회전하여 기름을 저널의 윗부분으로 공급하는 것이다. 오일링의 재료로는 주철, 황동, 아연 등이 사용된다.

오일링의 비례 치수는 대략 다음과 같다.

① 링의 안지름 : $D = 1.2d + 30$mm

② 링의 두께 : $t = 3 \sim 6$mm

③ 링의 폭 : $B = 0.1d + 6$mm (여기서, d : 저널의 지름(mm))

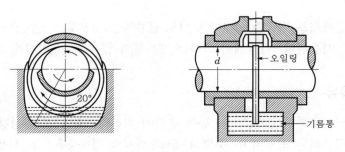

[그림 1-66] 오일링 급유

⑥ 튀김 급유

내연 기관에 있어서 크랭크 축이 회전할 때 기름을 튀겨 실린더나 피스턴 핀 등에 급유하는 방법이다.

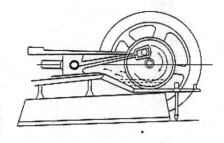

[그림 1-67] 튀김 급유

⑦ 순환 급유

이 급유법에는 중력을 이용하는 방법(중력 급유)과 강제 압력에 의한 방법(강제 급유)이 있다. 중력 급유는 어느 높이에 있는 유조로부터 분배관을 통하여 기름을 아래로 흐르게 하여 각 베어링에 급유하는 것이며 베어링에서 배출된 기름은 아래 부분에 모여, 펌프에 의하여 처음의 유조로 되돌려진다.

또 강제 급유는 기어 펌프, 플런저 펌프 등에 의하여 유조의 기름을 압송 공급하는 것이며, 베어링에서 배출된 기름은 다시 처음의 펌프로 되돌아와서 순환 급유된다. 강제 급유는 고속 내연 기관, 증기 터빈 등의 고속 고압의 베어링에 급유하는 방법으로서 유온이 상당히 높아지므로 보통 기름 냉각 장치를 설치한다.

⑧ 그리스 급유

베어링의 기름 구멍에 그리스 컵을 끼우고, 이 컵 속에 그리스를 채워 넣고, 덮개를 나사 박음으로써 그리스에 압력을 주어 베어링부의 온도 상승에 의해 녹아서 베어링면에 흘러 들어가도록 한 것이다. 주로 저속의 베어링에 사용된다.

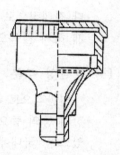

[그림 1-68] 그리스 급유

Section 46   초정밀 가공 기계 설계 시 고려 사항

① 개요

초정밀가공은 형상정도와 표면조도를 모두 만족시키기 위해 가공 정밀도의 한계를 추구하는 최고의 가공정밀도를 갖는 가공법이라 할 수 있다. 2000년대 들어서는 1nm 전후의 가공정밀도를 보이고 있으나, 절삭가공이라는 관점에서 보면 원자의 격자 간 간격인 0.3nm까지가 최대 한계라고 볼 수 있다.

② 초정밀 가공 기계 설계 시 고려 사항

(1) 기구 부분

기계 부분의 운동은 그 목적에 따라 여러 종류가 있지만, 어느 정도의 힘이 가해지고,

어느 정도의 속도로 운동하는가에 의하여 여러 가지의 기구 가운데 가장 유리한 것을 선택하거나 전체적으로 개량하여 충분한 능력을 발휘하도록 결정할 필요가 있다.

(2) 각부의 강도 부분

기계의 각 부분은 사용 중에 여러 종류의 힘을 받는다. 따라서 그 받는 힘에 대하여 충분한 강도를 가져야 하므로 충분한 안전율을 고려하여 재료 및 치수를 결정하며, 돌발적인 사고에 대해서도 어느 정도까지는 안전하여야 한다. 이러한 문제에 관해서는 재료역학·기계역학 등에 의하여 적절한 결정을 하며, 충분한 내구력을 갖추도록 할 필요가 있다.

(3) 경제성 부분

기계의 부품은 재료의 취급 방법, 가공법의 적절성 등에 따라서 동일 성능의 것을 보다 경제적으로 얻을 수 있다. 또한 다듬질 정도, 사용 재료 등도 필요 이상으로 고급스럽게 하지 않음으로써, 전체의 성능을 저하시키지 않고 경비 절감을 이룰 필요가 있다.

(4) 호환성 부분

일반적으로 기계 설계에서는 전체 기계에 공통적 요소가 되는 기어, 나사 부품, 전동 장치 등의 중요한 부품에 대해서는 다량 생산을 목적으로 그 실용품의 규격을 통일하고 있으며, 국내에서는 한국산업규격(KS)이 제정되어 있다. 따라서 설계에 의한 계산 치수보다는 최근의 KS 규격을 사용할 필요가 있다. 특수 주문품을 극소수 제작하는 경우 외에는 가능한 한 KS 규격을 따르는 것이 기술적·경제적 측면에서 유리하며, 더욱 호환성을 갖추는 것이다.

Section 47　비틀림 전단 볼트(torque shear bolt)에 대하여 기술하고, 고장력 볼트에 비하여 좋은 점

1 개요

최근 구조물이 거대화되는 추세에 따라 콘크리트 건물에 비해 자중이 적고 강성이 큰 강구조물이 많이 건설되고 있다. 작은 건물들도 건설 공기가 짧고, 건축 비용이 경제적이므로 조립식 건축물이 늘어나고 있는 추세이다. 고장력 볼트에 대해서는 KS B 1010에 규정되어 있지만, torque shear bolt에 대해서는 KS나 JIS 등에도 규정되어 있지 않으며, 일반적으로 Torque Shear(이하 T/S) 볼트는 고장력 볼트와 기계적 성질이 동일한 것으로 간주되어 사용하고 있다.

❷ 비틀림 전단 볼트(T/S : Torque Shear bolt)에 대하여 기술하고, 고장력 볼트에 비하여 좋은 점

비틀림 전단 볼트(torque shear bolt)는 머리모양이 둥그렇고 자리면 지름이 크므로, 머리 아래에 와셔를 사용하지 않으며, 끝단에 토크 조임을 위한 핀(pin tail) 부위가 있는 것이 고장력 볼트와 다르다.

[그림 1-69] 시어 볼트

비틀림 전단 볼트(torque shear bolt)는 고장력 볼트와 같이 마찰 접합용으로 사용하기 위해 개발되었으며 고장력 볼트의 경우 체결을 위한 절차가 복잡하지만 비틀림 전단 볼트(torque shear bolt)는 현장에서 보다 편리하고 정확한 시공을 위해 개발된 제품이다. 볼트의 몸체와 pin tail 사이의 파단 홈(notch)이 비틀림 파단될 때까지 조이면 소정의 체결 축력을 얻을 수 있게 개발된 제품이다. 따라서 현장에서 체결된 후 파단 핀이 떨어져 나가 있는 모습을 확인함으로써 정확히 시공된 것을 쉽게 확인할 수 있어 편리하다.

[표 1-11] T/S 볼트의 종류

세트의 종류	세트 구성 부품의 기계적 성질 등급		
	볼트	너트	와셔
1종	S10T	F10(F8)	F35

S10T의 S는 for Structrural joints의 약자로, 고장력 볼트와 구분하기 위해 사용되는 기호이고, 10은 인장 강도 $100 \text{kgf/mm}^2 = 10 \text{tonf/cm}^2$의 10이다. T는 Tensile strength의 약자이다.

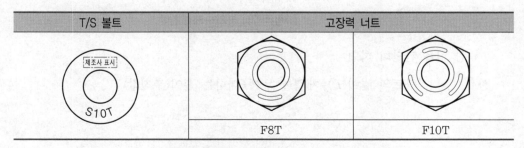

T/S 볼트	고장력 너트	
제조사 표시 / S10T	F8T	F10T

[그림 1-70] 볼트, 너트의 강도 등급 표시

와셔에는 기계적 성질의 등급을 표시하지 않는다.

비틀림 전단 볼트(torque shear bolt)의 기계적 성질과 인장하중은 다음과 같다.

[표 1-12] T/S 볼트의 기계적 성질

등 급	항복 강도 (kgf/mm^2)	인장 강도 (kgf/mm^2)	연신율 (%)	단면 수축률 (%)
S10T	90 이상	100~120	1.2	40 이상

[표 1-13] T/S 볼트의 인장 하중(kgf)

등 급	호칭경				경 도
	M16	M20	M22	M24	
S10T	15,700	24,500	30,300	35,300	H$_{RC}$ 27~38

적정한 볼트 길이의 선정은 매우 중요하므로 체결부 두께를 고려하여 적정 길이를 신중히 선정하여야 한다.

실제 시중에서 구할 수 있는 T/S 볼트의 길이는 5mm 단위로 공급되므로 아래의 선정 요령에 의해 선정된 길이에 가장 가까운 것을 선택하여 사용하면 된다.

$$L = G + T + H + 3P$$

여기서, L : 볼트의 길이, G : 체결물의 두께, T : 와셔의 두께

H : 너트의 두께, P : 볼트의 피치

볼트 체결 후 너트 위로 나오는 볼트의 길이를 여유 길이라 하며, 보통 나사산 3개 정도의 길이로 한다.

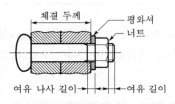

[그림 1-71] 볼트의 체결 길이

위 식을 간단히 하면

볼트의 길이(L)=체결물 두께+더하는 길이(추천값)

볼트의 체결 방법(torque법, 항복점 체결법, 소성 역회전 각법)

1 개요

KS B 0140-1991 나사의 조임 통칙에는 볼트, 너트의 조합에 의한 나사 조임의 뜻, 조임의 기초 및 대표적인 조임 관리 방법에 대한 일반 사항에 대해 규정되어 있다. 이 규격에서 나사 조임의 의의에 대해서 "나사 체결체의 신뢰성을 확보하기 위하여 설계 단계에서 나사 체결체로서의 기능을 충분히 발휘하는 볼트·너트의 시방, 조임력 등을 사용 실적 및 강도 계산에 의하여 결정하고 조임 작업 단계에서는 지시된 초기 조임력을 충실히 실현하는 것이 중요하다. 그것을 위하여는 조임 방법의 특성을 충분히 이해하고 조임 지표의 관리를 정확히 할 필요가 있다"라고 설명하고 있다.

2 볼트의 체결 방법(torque법, 항복점 체결법, 소성 역회전각법)

볼트의 체결 방법은 다음과 같다.

(1) 토크법 조임

토크법은 조임 토크와 조임력의 선형 관계를 이용한 조임 관리 방법이다. 이 방법은 조임 토크 T_f만을 관리하기 때문에 특수한 조임 용구를 필요로 하지 않는 작업성이 우수하고 간편한 방법이다. 그러나 조임 토크의 90% 전후는 나사면 및 자리면의 마찰에 의하여 소비되기 때문에 초기 조임력의 편차는 조임 작업 시의 마찰 특성의 관리 정도에 따라 크게 변한다. 종래의 토크법에서는 체결 시의 장력이 항복점 하중의 70%가 권장되었으나 신토크법에서는 약 80% 정도를 권장한다. 공구는 플레이트형, 다이얼형, 프리셋형 및 단능형 수동식 토크 렌치 또는 이것과 동등 이상의 성능을 가진 수동식 혹은 동력식 렌치를 사용한다.

(2) 회전각법 조임

회전각법은 볼트 머리부와 너트의 상대 회전각(조임 회전각 θ_f)을 지표로 하여 초기 조임력을 관리하는 방법으로 탄성역 조임과 소성역 조임의 양쪽에 사용할 수 있다.

$\theta_f - F_f$ 곡선의 기울기가 급한 경우는 회전각의 설정 오차에 의한 조임력의 편차가 커지므로 탄성역 조임은 피체결 부재 및 볼트의 강성이 높은 경우에는 불리하게 된다. 한편, 소성역 조임에서는 초기 조임력의 편차는 주로 조일 때의 볼트의 항복점 F_{fy}에 의존하고 회전각 오차의 영향을 받기 어렵고 그 볼트의 능력을 최대한으로 이용할 수 있다

(보다 높은 조임력을 얻을 수 있다)는 이점이 있으나 볼트의 나사부 또는 원통부가 소성 변형을 일으키기 때문에 볼트의 연신성이 작은 경우 및 볼트를 다시 사용하는 경우에는 주의를 요한다.

공구는 회전각의 검출에는 각도 분할 눈금판(분도기), 전기적인 검출기 등을 사용하지만 소성역 조임인 경우는 볼트 머리부 또는 너트의 모양을 이용한 육안에 의한 각도 관리가 가능한 경우도 있다.

(3) 토크 기울기법 조임

토크 기울기법 조임은 $\theta_f - F_f$ 곡선의 기울기$\left(\dfrac{dT_f}{d\theta_f}\right)$를 검출하고 그 값의 변화를 지표로 하여 초기 조임력을 관리하는 방법으로 보통은 그 볼트의 항복 조임 축력이 초기 조임력의 목표치가 된다.

이 조임은 일반적으로 초기 조임력의 편차를 작게 하고, 그 볼트의 능력을 최대한으로 이용할 경우에 사용한다. 다만, 초기 조임력의 값을 관리하기 위해서는 소성역의 회전각 법인 경우와 같이 볼트의 항복점 또는 내구력에 대하여 충분한 관리할 필요가 있다. 또 소성역의 회전각법 조임과 비교하여 볼트의 연신성 및 재사용성에 문제가 있는 일은 적으나 조임 용구가 복잡해지는 것은 피할 수 없다.

공구는 조일 때 조임 토크 및 회전각을 동시에 검출하고 다시 그들의 기울기를 계산하여 비교할 필요가 있으므로 전기적인 검출기, 마이크로 컴퓨터 등의 연산 장치를 내장한 용구가 필요하다.

(4) 항복 조임 축력 및 항복 조임 토크값

항복 조임 축력 및 항복 조임 토크값은 나사 부품 자신의 인자에 따른 값과 나사 부품의 사용 조건에 관한 인자에 의하여 영향을 받는다. 이 중 나사 부품 자신의 인자에 따른 값은 KS 규격에 따른 나사 형상은 나사 규격에 따라 일정한 값이 계산된다. 사용조건은 천차만별이기 때문에 어느 한 가지 값으로 고정하는 것은 불가능하다. 사용조건 인자는 윤활 상태, 체결 부재 표면 상태, 체결 속도, 체결력 등이 된다.

사용조건에 따라 나사면과 자리면의 마찰 계수값이 변하나 일반적인 사용 환경 조건에서는 마찰 계수값이 약 0.12 정도를 적용한다. KS 규격에서 마찰 계수가 약 0.12일 경우의 항복 조임 축력과 항복 조임 토크값을 인용한 것은 다음 [표 1-14]와 같다.

[표 1-14] 마찰계수가 0.12일 경우 보통 나사의 항복 조임 축력 및 항복 조임 토크, 체결 기준 토크

구분	항복 조임 축력(kN)			항복 조임 토크(N·m)			체결 기준 토크(N·m)		
강도등급	8.8	10.9	12.9	8.8	10.9	12.9	8.8	10.9	12.9
M 4	4.5	6.6	7.8	3.2	4.7	5.5	2.7	3.8	4.4
M 5	7.4	10.9	12.7	6.3	9.3	10.9	5.0	7.4	8.7
M 6	10.4	15.3	17.9	10.9	16.0	18.7	8.7	12.8	15.0
M 8	19.1	28.1	32.9	26.4	38.8	45.4	21.1	31.0	36.3
M 10	30.5	44.7	52.4	52.0	76.3	89.3	41.6	61.0	71.4
M 12	44.4	65.2	76.3	89.5	132	154	71.6	106	123
M 16	84.1	124	145	222	327	382	178	262	307
M 20	135	193	225	448	638	746	358	510	597
M 24	195	278	325	772	1,100	1,290	618	880	1,032
M 30	312	444	519	1,550	2,210	2,580	1,240	1,768	2,064
M 36	456	649	759	2,700	3,850	4,500	2,162	3,080	3,600

Section 49 기계 설비의 여러 강구조물(steel structure)에 대한 설계 해석 방법

① 개요

일반 건축 구조물의 구조적 특성에 대하여 보다 효과적으로 모형화·해석·설계할 수 있는 방법을 결정하고 그 결과에 의해서 건축 구조물을 초기 설계 단계에서 구조 해석, 설계, 물량 산출까지의 과정을 일괄 처리할 수 있는 통합 시스템을 구축하여 강구조물의 적합성을 채택하여 안전성을 확보하는 것이다.

② 기계 설비의 여러 강구조물(steel structure)에 대한 설계 해석 방법

(1) 구조효율의 한계

구조효율의 한계는 항복점 응력, 최대 소성강도, 처짐 한계, 좌굴 및 불안정, 피로와 취성파괴가 영향을 미친다.

(2) 기계 설비의 여러 강구조물(steel structure)에 대한 설계 해석 방법

1) 허용응력도 설계

응력이 탄성의 범위 내에 있을 때에는 후크의 법칙을 따르고, 중첩의 원리가 성립된다. 부재의 단면은 주어진 설계하중 조건에 의해 계산된 부재응력이 구조체의 어느 점에서도 정해진 허용 응력도를 넘지 않는다. 탄성설계는 강재설계의 근간을 이루고 있으며 안정성에서는 신뢰성이 높다. 그러나 구조체의 각 부재와 형태에 대하여 균일한 과하중 지지능력을 반영시키지 못해 경제적이지는 못하다.

2) 소성 설계법

강재의 연성에 의한 소성힌지 개념을 도입하여 최종적인 구조물의 붕괴가 일어나기까지 구조효율을 최대한으로 반영시키는 설계법으로, 극한하중은 예상되는 작용하중에 하중계수를 도입한다.

3) 한계상태 설계법

하중저항계수 설계법(LRFD)이라고도 하며, 구조부재의 한계상태와 신뢰성에 대한 확률론적 결정을 고려하여 다중 하중계수와 저항계수를 적용하여 설계하는 방법이다.

우리나라는 1998년부터 강구조설계에 적용할 수 있으며 종래의 허용응력도 설계법도 사용할 수 있고, 구조 부재가 저항할 수 있는 부재력과 하중에 의하여 작용되는 부재의 크기가 더 이상 기능을 발휘하지 못하는 상태를 말한다.

하중계수와 저항계수는 확률론적 수학모델을 사용하여 구한다.

Section 50

방진 장치에 사용되는 방진 스프링의 종류 및 특성

1 개요

기계가 정지상태에서 운전, 또는 운전에서 정지의 과정에서는 강제진동수가 계(system)의 고유진동수와 일치되어 공진을 일으키며, 이로 인해 기계 자신이 크게 운동한다. 경과시간이 짧은 소형 기계에서는 거의 문제가 되지 않으나 서서히 운전·정지하는 대형기계에서는 충분히 검토할 필요가 있다. 진폭이 커질 경우에는 댐퍼(damper)를 설치하여 진폭을 제한할 필요가 있다. 필요한 경우에는 동흡진에 의한 진동저감방안을 검토한다.

❷ 방진 장치에 사용되는 방진 스프링의 종류 및 특성

스프링 재료에는 각기 특징이 있기 때문에 그 특징을 분석한 후에 재료를 선정할 필요가 있으며 실무적으로 시스템의 고유진동수와 재료와의 관계는 [표 1-15]와 같다.

[표 1-15] 방진재별 시스템의 적정 고유진동수

방진재	적정 고유진동수(Hz)
공기 스프링	1~3
밀폐식 공기 스프링	1~10
금속코일 스프링	2~6
重版 스프링	2~5
전단형 방진고무	4 이상
압축형 방진고무	6 이상

[표 1-16] 고유진동수로부터 다음 식에 의해 방진스프링 상수를 구하여 기계장치에 적용한다.

$$f_r = \frac{1}{2\pi} \sqrt{\frac{K_T}{M}}$$

여기서, f_r : 시스템의 고유진동수, M : 기계의 질량[kg], K_T : 시스템의 스프링상수

[표 1-16] 호칭경별 길이 선정 자료

호칭경	와셔의 두께 (T)	너트의 높이 (H)	볼트의 피치 (P)	체결물 두께에 더하는 길이	
				계산값	추천값
M16	4.5	16	2.0	26.5	25
M20	4.5	20	2.5	32.0	30
M22	6.0	22	2.5	35.5	35
M24	6.0	24	3.0	39.0	40

위 식에 의해 계산된 볼트의 길이보다 더 긴 볼트를 사용할 경우 여유 나사 길이가 너무 짧아 볼트의 몸통에서 나사산이 시작되는 부위에 응력이 집중되어 볼트의 연성이 저하되고, 내피로 강도가 급격히 저하된다.

Section 51 축(shaft)의 동력을 전달하는 키(key) 가운데 성크 키 (sunk key)의 폭(b)과 높이(h) 그리고 축에 파야 하는 키 홈의 깊이(t) 유도

1 개요

묻힘 키 혹은 성크 키는 가장 널리 사용하며 생긴 형태에 따라서 3종류가 있으며 경사키는 기울기가 1/100이고 평행 키, 비녀 키가 있으며, 조립방법에 따라 드라이빙 키는 축과 보스를 맞추고 키를 때려 박는 것이며 셋트 키는 축과 키를 맞추고 보스를 때려 박는 것이다.

2 성크 키의 강도

전단력 작용 시

$$\tau = \frac{W}{A} = \frac{W}{bl} = \frac{2T}{bld}[\text{kgf/mm}^2],\ \ (b \fallingdotseq \frac{d}{4},\ l \fallingdotseq 1.5d)$$

축의 전단력과 키의 전단력이 같다고 가정하면

$$T = \tau\frac{\pi d^3}{16} = \tau bl\frac{d}{2} = 974,000\frac{H[\text{kW}]}{N} = 716,200\frac{H[\text{PS}]}{N}$$

압축력 작용 시

$$\sigma = \frac{W}{A} = \frac{W}{\dfrac{h}{2}l} = \frac{4T}{hld}[\text{kgf/mm}^2]$$

축의 전단력과 키의 압축 응력이 같다고 가정하면

$$T = \tau\frac{\pi d^3}{16} = \sigma b\frac{h}{2}\frac{d}{2}$$

건설기계의 바퀴가 유성 기어열에서 고정과 회전에 의한 회전속도 계산

1 문제와 풀이

(1) 문제

건설기계의 바퀴가 유성 기어열로 구동된다. 유성 기어열의 태양 기어(sun gear)가 외부로부터 동력을 받으며 회전 속도가 500rpm이고, 태양 기어 잇수가 30, 유성 기어 잇수가 27, 링 기어 잇수가 87, 모듈이 4일 때 다음 물음에 답하시오.
① 링 기어가 고정되어 있고, 캐리어(암)가 움직이며 바퀴를 회전시킬 때 바퀴의 회전 속도
② 캐리어가 고정되어 있고 링 기어가 움직이며 바퀴를 회전시킬 때 바퀴의 회전 속도

(2) 풀이

① 태양 기어가 500rpm으로 회전하므로 먼저 기어비를 계산하면 태양 기어가 30, 유성 기어가 27이므로 속도비는 27/30에서 0.9이고 회전수는 500×0.9=450rpm이다. 따라서 바퀴의 회전 속도 피치원 지름을 기준으로 해야 하므로 27×4×450=0.81m/s의 속도로 회전한다.

② 태양 기어가 500rpm으로 회전하므로 먼저 기어비를 계산하면 태양 기어가 30, 링 기어 87이므로 속도 비는 87/30에서 2.9이고 회전수는 500×2.9=1,450rpm이다. 따라서 바퀴의 회전 속도 피치원 지름을 기준으로 해야 하므로 87×4×1,450=8.41m/s의 속도로 회전한다.

유성 기어 장치

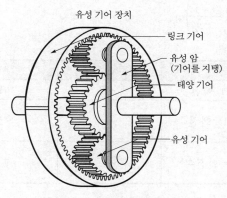

[그림 1-72] 유성 기어의 구조

② 유성 기어 장치의 원리

기어축을 고정하는 암(반자 : carrier)이 다른 기어축의 둘레를 회전할 수 있도록 한 기어 장치를 유성 기어 장치라 한다. [그림 1-73]에서 고정 중심을 갖는 기어 A를 태양 기어(sun gear) 이동 중심의 주위를 회전(자전 및 공전)하는 기어 B를 유성 기어(planet gear)라 한다.

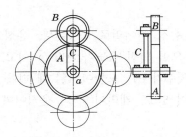

[그림 1-73] 유성 기어 장치

기어 A를 고정하고 암 C가 축심 O_1을 중심으로 하여 시계 방향(+방향)으로 1회전하는 동안 기어 B의 회전은 다음과 같다.

① 전체를 일체로 하여 +방향으로 1회전하면 A, B, C는 각각 1회전한다.

② 암을 고정하고 기어 A를 −방향으로 1회전시키면 기어 B는 $+\dfrac{z_1}{z_2}\times 1$회전한다.

③ ①과 ②를 합하면 기어 A의 회전은 O이 되고, 암 C는 +1회전한 것이 되며 기어 B의 정미 회전수는 $1+\dfrac{z_1}{z_2}\times 1$이 된다.

따라서 암 C가 n_e[rpm]으로 회전할 때 기어 B의 회전수 n_2는 다음과 같다.

$$n_2 = \left(1 + \frac{z_1}{z_2}\right)n_e$$

	C	A	B
전체 고정(+1) 회전	+1	+1	+1
암 고정 $A(-1)$ 회전	0	−1	$+\dfrac{z_1}{z_2}\times 1$
정미 회전수(합 회전수)	+1	0	$\left(1+\dfrac{z_1}{z_2}\right)\times 1$

Section 53 저널 베어링을 설계하고자 할 경우 오일의 주요한 특징

1 개요

베어링(bearing)은 축과 하우징 사이의 상대 운동을 원활하게 하며 축으로부터 전달되는 하중을 지지한다. 하중을 지지하는 방향에는 반경방향 하중과 축방향 하중이 있으며 합성 하중도 있다. 베어링과 만나는 축 부분을 저널(journal)이라 한다. 베어링 부분에서 하우징과 축이 상대 운동을 일으키며, 이때 유막의 전단이나 구름 요소의 변형 등에 의해 열이 발생하고 동력 손실이 수반된다.

베어링은 축과의 접촉 방식에 따라 구름 베어링(rolling bearing)과 미끄럼 베어링(sliding bearing)으로 분류한다. 구름 베어링에서는 전동체에서 구름 마찰이 일어나고, 미끄럼 베어링에서는 축과 베어링 사이의 윤활유에 의하여 유막이 형성되어 미끄럼 마찰이 일어난다.

[표 1-17] 미끄럼 베어링과 구름 베어링의 비교

항목 \ 종류	미끄럼 베어링	구름 베어링
기동 토크	유막 형성이 늦은 경우 크다.	기동 토크가 적다.
충격 흡수	유막에 의한 감쇠력이 우수하다.	감쇠력이 작아 충격 흡수력이 작다.
간편성	제작 시 전문 지식이 필요하다.	설치가 간편하다.
강성	작다.	크다.
운전 속도	공진 속도를 지나 운전할 수 있다.	공진 속도 이내에서 운전하여야 한다.
고온	윤활유의 점도가 감소한다.	전동체의 열팽창으로 고온 시 냉각장치가 필요하다.
규격화	자가 제작하는 경우가 많다.	표준형 양산품이다. 호환성이 높다.

2 미끄럼 베어링

미끄럼 베어링은 축(저널)과 베어링 사이에 윤활유의 유막이 형성되어 미끄럼에 의한 상대 운동을 지지한다. 축과 저널의 형상은 하중의 지지방향(반경방향/축방향/조합)에 따라 다양한 형상의 조합이 가능하다.

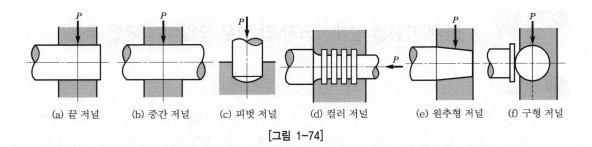

(a) 끝 저널   (b) 중간 저널   (c) 피벗 저널   (d) 컬러 저널   (e) 원추형 저널   (f) 구형 저널

[그림 1-74]

축과 베어링 사이의 압력 유지 방법에 따라 정압 베어링(hydrostatic bearing)과 동압 베어링(hydrodynamic bearing)으로 구분하며 정압 베어링은 동압 베어링에 비하여 회전 정밀도가 우수하다. 축과 베어링 사이에서 작용하는 유체의 종류에 따라 기름 베어링(oil bearing)과 공기 베어링(air bearing)으로 구분하고, 기름 베어링의 내경 형태에 따라 진원형 베어링(cylindrical bearing)과 다활면 베어링(multi lobe bearing)으로 구분한다.

③ 오일의 주요 특징

미끄럼 베어링은 특징은 다음과 같다.

① 고하중, 저속 운동을 하는 기계 요소에 널리 사용되고 있으며, 특히 기름을 윤활제로 한 기름 베어링은 그 응용 예가 많다.

② 큰 흡수성과 내충격성을 가지면서 큰 하중에도 견딜 수 있으며, 장수명 · 저소음의 장점을 가지고 있다. 미끄럼 베어링은 베어링과 저널 사이에 형성되는 얇은 유막을 통해 하중을 지탱할 수 있다. 유체 윤활 베어링(hydrodynamic bearing)은 축과 베어링면의 상대 미끄럼 운동에 의해 쐐기 모양의 유로로 점성 펌프 작용이라고 할 수 있는 쐐기형 유막 작용에 의해 주위의 기름이 밀려들어가 유막에 압력이 발생하며, 하중을 지탱한다. 이와 같이 외부 장치에 의해 압력을 부가하지 않고 베어링 표면의 형상과 운동에 의한 쐐기 효과(wedge effect)로 인해 압력이 발생하게 되는데, 동압 유체 베어링은 이를 이용하여 작용 하중을 지지할 수 있다. 유체 윤활 베어링의 윤활 상태는 축과 베어링면이 유막에 의해 완전히 분리된 유체 윤활 상태와 미끄럼면이 부분적으로 접촉하고 있는 경계 윤활 상태로 구분되고 있다. 경하중 · 저속 회전용의 베어링용으로서 사용되고 있는 함유 베어링이나 플라스틱 베어링 등은 경계 윤활 상태에서도 운전되고 있지만, 대부분의 유체 윤활 베어링의 경우 유체 윤활 상태에서 운전되고 있다. 유체 윤활 베어링 적용 시 발생되는 문제점은 윤활유가 액체 상태를 유지하다가 고온, 저압 상태에서 가스(gas)나 증기(vapor)가 발생되어 공동(air cavity)이 생기는 캐비테이션(cavitation) 현상이 발생한다는 것이다. 캐비테이션은 발생 원인에 따라 두 가지로 나눌 수 있다. 첫 번째는 유체의 온도가 포화 증기 온도 이상으로 올라가면 윤활유가 증기로 변해서 공동이 형성되는 증기 캐비테이션(vapor cavitation)이며,

두 번째는 유체 윤활유에 포함되어 있는 8~12% 정도의 용해된 공기가 유체의 압력이 캐비테이션 압력으로 떨어지면서 윤활유 밖으로 배출되어 공동을 형성하는 가스 캐비테이션이다.

Section 54 브레이크 설계상 주의사항

1 개요

브레이크는 차량의 감속 및 제동 작용을 하는 장치로서 승객의 안전과 관련된 가장 중요한 사항 중의 하나이다. 브레이크는 차량 제동 시 감속도에 따른 제동력을 요구하며 현재 엔진, 서스펜션 기능의 진보, 도로 환경의 정비와 더불어 차량이 고속화됨에 따라 브레이크에 요구되는 성능은 더욱 많아지고 있다. 그러한 요구 성능의 증가와 더불어서 브레이크는 경량화 · 저소음 등의 기술적 문제 등의 해결도 요구된다.

브레이크는 드럼 브레이크(drum brake)와 디스크 브레이크(disc brake)로 크게 구분된다. 디스크 브레이크는 승용차에서 주로 사용되며, 드럼 브레이크는 중 · 대형 상용 차량에서 사용된다. 디스크 브레이크는 회전하는 원형의 디스크를 패드(pad)가 양쪽에서 밀착하여 제동력을 발생하는 구조이며, 드럼 브레이크는 밀폐형 내부 확장식(Internal expansion type)으로 2개의 브레이크 슈(shoe)가 확장하여 드럼에 접촉함으로써 제동력이 발생한다.

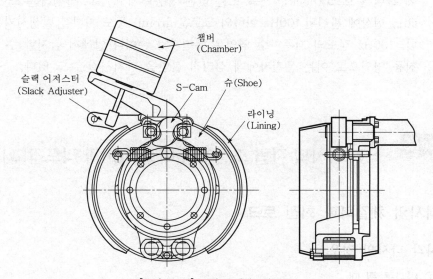

[그림 1-75] 드럼 브레이크의 구조

2 브레이크 작동에 의한 설계상 주의 사항

급격하게 증가하는 자동차와 더불어 교통 사고의 지속적인 증가는 자동차의 제동 시스템, 즉 브레이크 계통에 대한 중요성을 크게 인식시키는 계기가 되고 있다. 자동차 엔진의 고출력화, 경량화, 고속화 추세에 따라서 제동 장치는 더욱 가혹한 상태에서 운전되어야만 하고, 더욱이 최근에는 제동 거리를 대폭적으로 단축한 브레이크 개발에 많은 연구를 하고 있다.

① 디스크 브레이크는 디스크와 패드 사이의 마찰력을 이용하여 움직이는 장치의 운동 속도를 가능한 빠른 시간 내에 감소시키거나 정지시키는 데 그 목적이 있다. 정상 주행 상태하에서 브레이크는 제동과 주행을 반복하게 되며, 제동이 반복해서 일어날 때마다 디스크는 마찰에 의한 열 발생과 전도와 대류에 의한 방열 과정을 반복하게 되므로 열 발생을 최소화해야 한다.

② 자동차가 이동할 때 발생된 운동에너지는 대부분 마찰열의 형태로 브레이크의 디스크에 전달되어 결과적으로는 디스크와 패드의 접촉면 사이의 온도를 급격하게 상승시키게 되므로 온도에 따른 열의 발산 방법을 충분히 고려해야 한다. 이와 같은 디스크와 패드 사이의 마찰은 브레이크 마찰면에서의 마멸, 열 크랙 및 열 변형 등의 열적 문제를 발생시키고 브레이크의 제동력을 불균일하게 변화시킨다. 이것이 디스크에 미소한 진동을 발생시키는 원인이 되고 브레이크 시스템의 수명 단축이나 고장을 일으키는 원인으로 작용한다.

③ 위와 같은 열적 요인에 의해 발생하는 약 100~1,000Hz의 저주파수 강체 진동 구간을 저더(judder)라고 하며, 일반적으로 브레이크의 제작 공차(manufacturing tolerance)에 관련된 노크(knock), 저속 또는 낮은 제동력에서 주로 발생하는 스틱 슬립(stick slip) 현상에 관련된 100Hz 이하의 그로운(groan) 등도 저더를 발생시키는 원인이 된다. 100Hz 정도의 저주파수 영역은 운전자가 손이나 발에서 감지할 수 있을 정도의 진동 영역으로 이는 운전자에게 심리적 불안을 야기시킬 수도 있다.

Section 55

삼각 나사의 자립 조건에서 마찰각(ρ)과 리드각(α)의 관계

1 나사의 체결력과 회전 토크

(1) 사각 나사의 경우

① 나사를 죌 때

여기서, Q : 축방향의 하중(kg), P : 나사의 체결력(kg)

　　　α : 리드각(lead angle), ρ : 마찰각(friction angle)

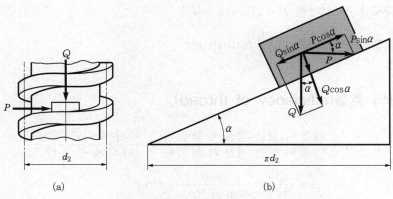

[그림 1-76] 나사면에 작용하는 힘

　㉠ 경사면에 수직한 힘= $Q\cos\alpha + P\sin\alpha$

　㉡ 경사면에 평행한 힘= $P\cos\alpha - Q\sin\alpha$

　㉢ 마찰 계수 $\mu = \tan\rho$ 라면

$$P = Q\tan(\alpha + \rho)$$

② 나사를 풀 때

$$P' = Q\tan(\rho - \alpha)$$

③ 나사를 체결할 때 비틀림 모멘트

$$T = P\frac{d_e}{2}$$

$$T = Q\tan(\alpha + \rho)\frac{d_e}{2} = Q\frac{d_e}{2} \times \frac{p + \pi d_e \mu}{\pi d_e - p\rho}$$

④ 나사의 자립 상태(self locking)

$$\alpha \leq \rho$$

(2) 삼각 나사의 경우

① 마찰 저항력 : 축방향의 하중 Q 에 대하여 나사의 면에 작용하는 수직력은 나사산의 각

을 β 라 할 때 $\dfrac{Q}{\cos\dfrac{\beta}{2}}$ 가 된다.

$$\left(\frac{\mu}{\cos\frac{\beta}{2}}\right)Q = \mu' Q$$

② 나사를 돌리는 힘 $P = Q\tan(\alpha + \rho')$

③ 비틀림 모멘트 $T = Q\frac{d_e}{2}tan(\alpha + \rho')$

2 나사의 효율(efficiency of thread)

$$\eta = \frac{\text{마찰이 없는 경우의 회전력}}{\text{마찰이 있는 경우의 회전력}} = \frac{\text{나사에 이룬 일량}}{\text{나사에 준 일량}}$$

$$= \frac{P_0}{P} = \frac{Qp}{2\pi T} = \frac{\tan\alpha}{\tan(\alpha + \rho)} = f(\alpha)$$

삼각나사의 경우는

$$\eta = \frac{\tan\alpha}{\tan(\alpha + \rho')}$$

자립나사의 최대 효율($\alpha = \rho$일 때)은

$$\eta = \frac{\tan\alpha}{\tan(\alpha + \rho)} = \frac{\tan\alpha}{\tan 2\alpha} = \frac{1}{2} - \frac{1}{2}\tan^2\alpha = \frac{1}{2}(1 - \tan^2\alpha) < \frac{1}{2}$$

∴ 자립나사의 최대 효율은 항상 50%보다 작다.

클러치(clutch)

1 맞물림 클러치(claw clutch)

(1) 맞물림 클러치 뿌리부에 생기는 전단 저항

$$T = zA_1\tau_c R_m = zA_1\tau_c\left(\frac{D_2 + D_1}{4}\right)$$

$$\tau_c = \frac{4T}{(D_2 + D_1)A_1 z} = \frac{32T}{\pi(D_2 + D_1)(D_2{}^2 - D_1{}^2)}$$

여기서, z : claw의 수, τ_c : claw의 허용 전단 응력(kg/mm^2)

R_m : claw의 중앙부의 평균 반지름$= \dfrac{D_2 + D_1}{4}$

A_1 : claw의 밑면적$= \dfrac{\pi}{4 \times 2z}(D_2{}^2 - D_1{}^2) = \dfrac{\pi(D_2{}^2 - D_1{}^2)}{8z}$

(2) 맞물림 클러치 사이의 접촉 면압에 의한 저항

$$T = zA_2 p_m R_m$$

$$= \frac{1}{8}(D_2{}^2 - D_1{}^2)hz p_m$$

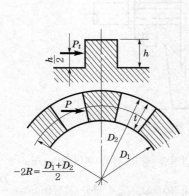

[그림 1-77] 맞물림 클러치의 토크

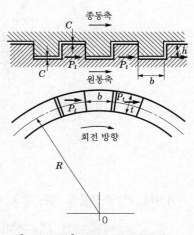

[그림 1-78] 맞물림 클러치의 강도

$$p_m = \frac{8T}{(D_2{}^2 - D_1{}^2)hz}$$

여기서, p_m : 접촉면의 허용 압력(kg/mm^2), A_2 : claw의 접촉 면적(m^2)$= \left(\dfrac{D_2 - D_1}{2}\right)h$

h : claw의 높이(mm), R_m : 평균 반지름(mm)$= \dfrac{D_2 + D_1}{4}$

(3) 굽힘 강도에 의한 저항

$$\sigma_t = \frac{P_t h}{\dfrac{tb^2}{6}} = \frac{6P_t h}{tb^2}$$

$$T = zP_t R_m = zP_t\left(\frac{D_2 + D_1}{4}\right)$$

$$\sigma_t = \frac{6P_t h}{tb^2} = \frac{24\,Thz}{(D_2 - D_1)tb^2}$$

여기서, t : claw의 두께(mm), b : claw의 폭(mm), P_t : 접선력(kg)

② 원판 클러치(disc clutch)

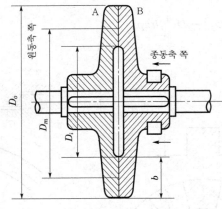

[그림 1-79] 원판 클러치

여기서, P : 축방향에 미는 힘(kg), p : 단위 면적당 평균 접촉 면압력(kg/mm^2)

μ : 마찰 계수, D_o : 외경(mm), D_i : 내경(mm), D_m : 평균 지름(mm)= $\dfrac{D_o + D_i}{2}$

R_m : 평균 반지름(mm)= $\dfrac{D_o + D_i}{4}$, b : 접촉면의 폭(mm)= $\dfrac{D_o - D_i}{2}$

(1) 단판 클러치에서 전달할 수 있는 토크

$$T = \mu P \frac{D_m}{2} = \mu P R_m$$

$$P = \pi D_m bp = 2\pi R_m bp$$

$$T = 2\pi \mu R_m^2\, bp$$

(2) 다판 클러치에서 전달할 수 있는 토크

$$T = \mu P R_m\, z$$

여기서, z : 접촉면의 수 = 마찰판의 수-1

❸ 원추 클러치

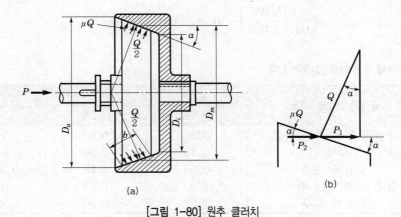

[그림 1-80] 원추 클러치

(1) 축방향에 미는 힘

$$P = Q(\sin\alpha + \mu\cos\alpha)$$

(2) 접촉면에 수직으로 작용하는 힘

$$Q = \frac{P}{\sin\alpha + \mu\cos\alpha}$$

(3) 마찰 저항 모멘트

$$T = \mu Q R_m = \mu\left(\frac{P}{\sin\alpha + \mu\cos\alpha}\right)R_m$$

$$P = \frac{T}{\mu R_m}(\sin\alpha + \mu\cos\alpha)$$

(4) 접촉면의 폭

$$b = \frac{D_o - D_i}{2\sin\alpha}$$

(5) 접촉면의 평균 압력

$$p = \frac{Q}{\pi D_m b} = \frac{T}{2\pi\mu R_m{}^2 b}$$

(6) 마찰 클러치의 압력·속도 계수

$$pv = p\left(\frac{\pi D_m N}{60 \times 1,000}\right) \leqq 0.2\text{kg/mm}^2 \cdot \text{m/sec}$$

[표 1-18] 마찰계수와 접촉면 압력

클러치 접촉면 재료	μ		$p(\text{kg/mm}^2)$
	건 조	윤 활	
주철과 주철 또는 청동	0.20	0.10	0.03~0.05
주철과 강	0.30	0.10	0.03~0.04
주철과 가죽	0.50	0.15	0.007~0.0085
강과 석면 또는 파이버	0.35~0.45	0.25	0.02~0.04
주철과 목재	0.35	0.30	0.018~0.036

Section 57　각 기어의 설계

❶ 스퍼 기어(spur gear)의 강도 설계

동력 전달용 기어는 이 뿌리부에 발생하는 휨 응력에 의한 이의 손실과 잇면의 마멸 및 피팅(pitting, 점부식) 등에 의해 파손된다. 따라서 이의 강도 설계는 굽힘 강도, 면압 강도, 윤활유 변질에 따른 부식, 마멸, 순간 온도 상승에 대해서는 스코링 강도 등을 검토해야 한다.

(1) 굽힘 강도

표면 경화한 기어, 특히 모듈이 작은 기어에 대하여 과부하가 작용할 경우에는 주로 이의 굽힘 강도를 기준으로 하여 기어를 설계한다. 기본 설계식으로 미국의 루이스 (Wilfred Lewis)식이 널리 쓰이고 있다.

루이스식은 다음 조건에 의해서 유도된다.

① 맞물림률은 1로 가정한다.

② 전달 토크에 의한 하중이 한 개의 이에 작용한다.

③ 전하중이 이 끝에 작용한다.

④ 이의 모양은 이 뿌리의 이 뿌리 곡선에 내접하는 포물선을 가로 단면으로 하는 균일 강도의 외팔보로 생각한다.

굽힘 모멘트$(M) = F'l = F_n \cos \beta l = \sigma_b Z$에서

단면 계수 $Z = \dfrac{bs^2}{6}$이므로

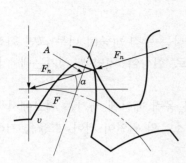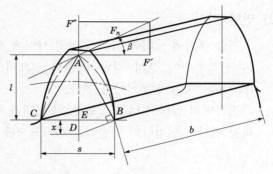

[그림 1-81] 이의 굽힘 강도

$$F \frac{\cos \beta}{\cos \alpha} \times l = \sigma_b \frac{bs^2}{6}$$

$$F = \sigma_b b \frac{2}{3} mx \frac{\cos \alpha}{\cos \beta}$$

$$= \sigma_b bmy$$

여기서, σ_b : 굽힘 응력(kg/mm^2), b : 이 너비(mm), m : 모듈

y : 치형 계수, σ_0 : 기어 재료의 허용 굽힘 응력(kg/mm^2)

이라면

$$\sigma_0 = f_v f_w \sigma_b$$

여기서, f_v : 속도 계수, f_w : 하중 계수

속도 계수 f_v는 보통 다음 식으로 주어진다.

보통 기어, 저속용$(v = 0.5 \sim 10\text{m/s})$

$$f_v = \frac{3.05}{3.05 + v}$$

정밀 기어, 중속용$(v = 5 \sim 20\text{m/s})$

$$f_v = \frac{6.1}{6.1 + v}$$

고정밀 기어, 고속용$(v = 20 \sim 50\text{m/s})$

$$f_v = \frac{5.55}{5.55 + \sqrt{v}}$$

비금속 기어

$$f_v = \frac{0.75}{1+v} + 0.25$$

(2) 면압 기어

전달 동력에 의하여 기어의 잇면 사이에 작용하는 수직 하중이 너무 크면 회전과 더불어 반복응력이 생겨 심한 마멸을 일으켜 피로 현상이 잇면에 생기는데 이를 피팅(pitting) 또는 점부식이라 한다.

접촉면의 압력이 너무 크면 이의 마멸과 반복 응력 때문에 생기는 피로에서 기인되는 피팅 현상이 일어나며 잇면이 손상되고 진동과 소음의 원인이 되어, 효율을 저하시킨다.

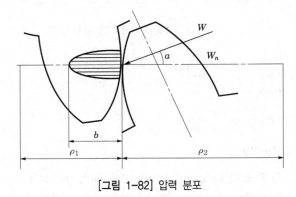

[그림 1-82] 압력 분포

접촉면 압력 계산식으로는 헤르츠(Hertz)의 공식을 사용한다.

$$\sigma_c{}^2 = \frac{0.35 F_n \left(\dfrac{1}{\rho_1} + \dfrac{1}{\rho_2} \right)}{b \left(\dfrac{1}{E_1} + \dfrac{1}{E_2} \right)} \tag{1}$$

피치점에 있어서 곡률 반지름

$$\rho_1 = \frac{D_1}{2} \sin\alpha, \ \rho_2 = \frac{D_2}{2} \sin\alpha \tag{2}$$

치면에 수직으로 작용하는 힘이 F_n [kg]이라면 수평 분력은

$$F = F_n \cos\alpha \tag{3}$$

식 (1), (2)를 (3)에 대입·정리하고, 속도 계수 f_v를 고려하면

$$F = k f_v b m \left(\frac{2 z_1 z_2}{z_1 + z_2} \right)$$

여기서, $k = \dfrac{\sigma_c{}^2 \sin 2\alpha}{2.8\left(\dfrac{1}{E_1} + \dfrac{1}{E_2}\right)}$

(3) 기어의 전달 동력

$$H_{\mathrm{PS}} = \frac{Fv}{75}\,[\mathrm{PS}]$$

$$H_{\mathrm{kW}} = \frac{Fv}{102}\,[\mathrm{kW}]$$

여기서, F : 기어를 회전시키는 힘(kg), v : 피치 원주상의 원주 속도(m/s)

② 헬리컬 기어(helical gear)의 강도 설계

(1) 헬리컬 기어의 치형

이의 줄이 나선으로 되어 있는 원통 기어를 헬리컬 기어라 하고, 나선과 피치 원통의 모선이 이루는 각을 나선각(helix angle)이라 하며 추력을 방지하기 위하여 7~15°로 사용한다.

헬리컬 기어는 이의 물림이 나선을 따라 연속적으로 변화한 이가 동시에 맞물림하는 것이므로 스퍼 기어에 비하여 맞물림이 훨씬 원활하게 진행되며, 잇면의 마멸로 균일하므로 같은 크기의 피치원이라도 큰 치형을 창성할 수가 있고, 크기에 비하여 큰 동력을 전달할 수 있다. 소음이나 진동이 적기 때문에 고속 회전에 적합하나 축방향으로 추력이 발생하는 결점이 있다. 이러한 결점을 없애기 위하여 더블 헬리컬 기어(또는 헬링본 기어, herringbone gear)를 사용한다.

헬리컬 기어의 정면 압력각 정면 모듈을 표준값으로 하는 축직각 방식과 이직각 압력각, 이직각 모듈을 표준값으로 하는 이직각 방식이 있다.

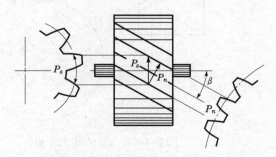

[그림 1-83] 축직각 방식과 이직각 방식

① 원주 피치

$$p_n = p_s \cos \beta \ \text{또는} \ p_s = \frac{p_n}{\cos \beta}$$

여기서, p_n : 이직각 피치, p_s : 축직각 피치

② 모듈

$$m_n = m_s \cos \beta \ \text{또는} \ m_s = \frac{m_n}{\cos \beta}$$

여기서, m_n : 직각 모듈, m_s : 축직각 모듈

③ 피치원 지름

$$D_s = m_s Z_s = \frac{m_n}{\cos \beta} Z_s$$

④ 바깥 지름

$$D_k = D_s + 2m_n = Z_s m_s + 2m_n$$
$$= \frac{Z_s m_n}{\cos \beta} + 2m_n = \left(\frac{Z_s}{\cos \beta} + 2 \right) m_n$$

⑤ 중심 거리

$$C = \frac{D_{s1} + D_{s2}}{2} = \left(\frac{Z_{s1} + Z_{s2}}{2 \cos \beta} \right) m_n$$

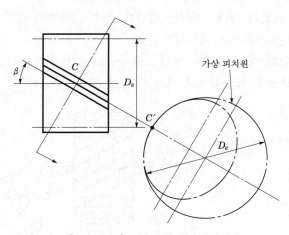

[그림 1-84] 상당 스퍼 기어 잇수

⑥ 상당 스퍼 기어 잇수

$$Z_e = \frac{Z_s}{\cos^3\beta}$$

⑦ 상당 스퍼 기어의 피치원 지름

$$D_e = 2R = \frac{D_s}{\cos^2\beta}$$

여기서, R : 곡률 반지름

$$R = \frac{a^2}{b} = \frac{D_s}{2\cos^2\beta}$$

피치원 가까이에서는 R을 피치원 반지름으로 하는 가상 스퍼 기어가 맞물고 있는 것으로 생각하여 상당 스퍼 기어라 한다.

⑧ 이직각 압력각

$$\tan\alpha_n = \tan\alpha_s\cos\beta$$

⑨ 언더컷 한계 잇수

$$Z \geqq \frac{2}{\sin^2\alpha_n}\cos^3\beta$$

(2) 강도 계산

피치원상의 접선력 $P = P_n\cos\beta$
추력(thrust) $P_t = P\tan\beta$

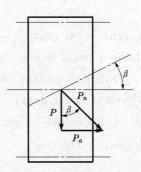

[그림 1-85] 헬리컬 기어의 작용하는 힘

① 굽힘 강도 : 스퍼 기어에서 $P = f_v f_w \sigma_b b m y$에 가해지는 하중을 P_n, 치폭을 $\frac{b}{\cos\beta}$,

원주 피치는 $p_n = \pi m_n$, 치형 계수는 상당 스퍼 기어의 잇수에 해당하는 치형 계수 y_e를 사용하면

$$P = f_v f_w \sigma_b b m_n y_e$$

② 면압 강도

$$P = f_v \frac{C_w}{\cos^2\beta} k m_s \left(\frac{2Z_{s1}Z_{s2}}{Z_{s1}+Z_{s2}} \right)$$

여기서, C_w는 수정 계수로 보통 기어는 0.75 정도, 고급 치차는 1에 가깝다.

❸ 베벨 기어(bevel gear)의 강도 설계

(1) 베벨 기어의 형식

서로 교차하는 두 축각의 동력 전달용으로 쓰이는 기어로서 원추면상에 방사선으로 이를 깎으면 우산꼭지 모양의 기어가 생기며 이를 베벨 기어 또는 원추형 기어, 우산 기어라고도 한다.

① 축각과 원뿔각에 따른 분류
  ㉠ 보통 베벨 기어(general bevel gear)
  ㉡ 마이터 베벨 기어(miter bevel gear)
  ㉢ 예각 베벨 기어(acute bevel gear)
  ㉣ 둔각 베벨 기어(obtuse bevel gear)
  ㉤ 크라운 베벨 기어(crown bevel gear)
  ㉥ 내접 베벨 기어(internal bevel gear)
② 이의 곡선에 따른 분류
  ㉠ 직선 베벨 기어(straight bevel gear)
  ㉡ 헬리컬 베벨 기어(helical bevel gear)
  ㉢ 더블 헬리컬 베벨 기어(double helical bevel gear)
  ㉣ 스파이럴 베벨 기어(spiral bevel gear)
  ㉤ 인벌류트 곡선 베벨 기어(involute bevel gear)
  ㉥ 원호 곡선 베벨 기어(arc bevel gear)

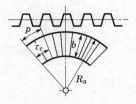

(a) 직선 베벨 기어

(b) 스파이럴 베벨기어

(c) 헬리컬 베벨 기어

(d) 인벌류트 베벨 기어

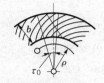

(e) 더블 헬리컬 베벨 기어

(f) 원호 곡선 베벨 기어

[그림 1-86] 베벨 기어의 형식

(2) 베벨 기어의 기본 치수

① 속도비

$$i = \frac{N_2}{N_1} = \frac{D_1}{D_2} = \frac{Z_1}{Z_2} = \frac{\sin\alpha_1}{\sin\alpha_2}$$

② 바깥 지름

$$D_0 = D + 2a\cos\alpha = (Z + 2\cos\alpha)m$$

③ 원추 거리

$$A = \frac{D}{2\sin\alpha} = \frac{mZ}{2\sin\alpha}$$

④ 피치 원추각

$$\tan\alpha_1 = \frac{\sin\phi}{\dfrac{Z_2}{Z_1} + \cos\phi} = \frac{\sin\phi}{\dfrac{1}{i} + \cos\phi}$$

$$\tan\alpha_2 = \frac{\sin\phi}{\dfrac{Z_1}{Z_2} + \cos\phi} = \frac{\sin\phi}{i + \cos\phi}$$

$\alpha_1 = \alpha_2 = 45°$ 일 때$(\phi = 90°)$ 마이터 기어(miter gear)라 한다.

⑤ 상당 스퍼 기어 잇수(등가 잇수)

$$Z_e = \frac{Z}{\cos\alpha}$$

(3) 베벨 기어의 강도 계산

① 굽힘 강도

$$P = f_v\, \sigma_b\, b\, m\, y_e\, \frac{A-b}{A}$$

여기서, A : 외단 원추 거리(mm), b : 치폭(mm)

② 면압 강도

$$P = 1.67b\sqrt{D_1}\, f_m\, f_s$$

여기서, D_1 : 피니언의 피치원 지름(mm), f_m : 베벨 기어 재료의 계수

$\quad\quad\quad f_s$: 사용 기계에 의한 계수

④ 웜 기어의 강도 설계

웜 기어(worm gear)는 나사 기어(screw gear)의 일종으로 서로 직각이지만 같은 평면 위에 있지 않는 두 축 사이를 전동하는 것이다. 이 경우 나사 모양의 기어를 웜(worm), 상대편 기어를 웜 휠(worm wheel)이라 하는데 공작 기계, 분할 기구, 감속기 등에 널리 사용된다.

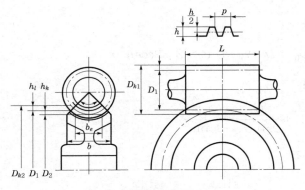

[그림 1-87] 웜 기어

(1) 웜 기어의 장점

① 큰 감속비를 쉽게 얻을 수 있다.
② 부하 용량이 크다.
③ 역회전을 방지할 수 있다.
④ 소음과 진동이 적다.
⑤ 소형이면서 무게가 가볍다.

(2) 웜 기어의 단점

① 잇면의 미끄럼이 크고, 리드각이 작으면 전동 효율이 낮다.
② 웜 휠은 연삭할 수 없다.
③ 교환성이 없다.
④ 잇면의 맞부딪힘이 있기 때문에 조정이 필요하다.
⑤ 웜 휠이 공작에는 특수 공구가 필요하고, 정도 측정이 곤란하다.
⑥ 웜 휠의 재료 값이 비싸다.
⑦ 웜과 웜 휠에 추력(thrust) 하중이 생긴다.

(3) 웜 기어의 응력

① 속도비

$$i = \frac{N_2}{N_1} = \frac{n}{Z} = \frac{\text{웜의 줄수}}{\text{웜 휠의 잇수}}$$

$$= \frac{L}{\pi D_2} = \frac{D_1}{D_2}\tan\beta$$

여기서, N_1, N_2 : 웜, 웜 휠의 회전수(rpm), n : 웜의 줄수 $n = \frac{L}{p}$

Z : 웜 휠의 잇수 $z = \frac{\pi D_2}{p}$, β : 웜의 리드각($^\circ$), $\tan\beta = \frac{L}{\pi D_1}$

D_1, D_2 : 피치원 지름(mm), L : 웜의 리드(mm)

② 중심 거리

$$C = \frac{D_1 + D_2}{2}$$

③ 웜 기어의 효율

$$\eta = \frac{\tan\beta}{\tan(\beta + \rho)}$$

여기서, β : 웜의 리드각, ρ : 마찰각

④ 굽힘 강도

$$P = f_v\,\sigma_b\,p_n\,by = f_v\,\sigma_b\,p_s\cos\beta\,by$$

여기서, σ_b : 허용 굽힘 응력(kg/mm²), p_n : 웜의 이직각 피치(mm)

p_s : 웜의 축직각 피치(mm), b : 웜 휠의 너비(mm), y : 치형 계수

[표 1-19] 웜 기어의 압력각(α)과 치형 계수(y)

압력각	치형 계수
14.5°	0.100
20°	0.125
25°	0.150
30°	0.175

[표 1-20] 웜 휠의 허용 휨 응력(σ_b) (단위 : kgf/mm²)

재료	하중 일정 방향	정·역회전
주철	8.5	5.5
기어용 청동	17	11
안티몬 청동	10.5	7
합성 수지	3	2

⑤ 마멸에 대한 강도 : 정하중의 경우 버킹엄(Backingham)의 실험식

$$P = \phi D_2 b_e K$$

여기서, ϕ : 리드각 보정 계수, D_2 : 웜 휠의 피치원 지름(mm), b_e : 유효 너비(mm)

동적인 하중이 작용할 때

$$P = 0.76 f_v k t_m D_2$$

여기서, f_v : 마멸에 대한 속도 계수, t_m : 마멸에 대한 운전 시간 계수

⑥ 발열에 대한 강도 : 웜 기어의 발열 현상은 기어의 재료, 치형, 공작의 정밀도, 윤활의 상태와 냉각 장치 등 여러 가지 조건에 의하여 영향을 받는다.

$$P = C b_e p_s$$

여기서, C : 상수, b_e : 웜 기어의 이 너비(mm), p_s : 축직각 방식의 웜 피치(mm)

C값에 대해서는 쿠츠바흐(Kutzbach)의 실험식을 사용한다.

$$C = \frac{40}{1 + 0.5 v_s}(\text{주철과 주철})$$

$$C = \frac{60}{1 + 0.5 v_s}(\text{강철과 인청동})$$

여기서, v_s : 미끄럼 속도(m/sec), v_w : 웜의 원주 속도(m/sec), β : 비틀림각

$$v_s = \frac{v_w}{\cos \beta}$$

$$v_w = \frac{\pi DN}{60 \times 1,000}$$

전자 클러치(electro magnetic clutch)와 브레이크

1 전자 클러치

클러치는 동심축상에 있는 구동측으로부터 종동에 기계적 접속에 의해 동력을 전달하거나 차단하는 기능을 가진 요소 장치이다.

2 브레이크

브레이크는 운동체와 정지체와의 기계적 접속에 의해 운동체를 감속하거나 정지 또는 정지 상태를 유지하는 요소 장치이다.

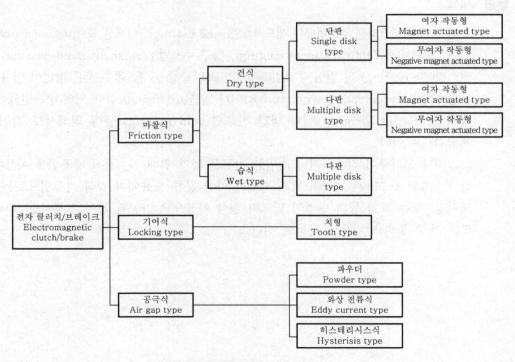

[그림 1-88] 전자 클러치와 브레이크의 분류

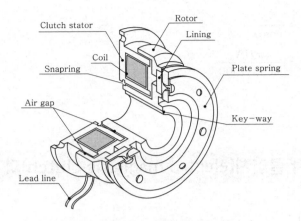

[그림 1-89] 전자 클러치의 내부 구조

Section 59 기어 가공 방법 중 절삭 가공법의 종류

1 개요

기어 이를 제작하는 주조법에는 샌드캐스팅(sand casting), 인젝션 몰딩(injection molding), 인베스트먼트 주조법(investment casting), 영구 주조법(permanent mold casting), 다이 캐스팅(die casting) 및 원심 주조법(centrifugal casting) 등 매우 많은 방법이 있다. 또한 분말 야금(powder-metallurgy process)이나 압출(extrusion) 등에 의해서도 만들어진다. 냉간 성형(cold forming)이나 냉간 전조법(cold rolling) 등에 의해서도 기어 이를 제작할 수 있다.

그러나 고하중이 작용하거나 정밀한 치형을 얻기 위해서는 절삭 가공법을 이용하여야 한다. [그림 1-90]은 기어의 제조 방법에 따른 분류 도표이며 절삭 가공법으로는 밀링, 셰이핑, 또는 호빙 등의 방법이 있으며 절삭 가공으로 가공된 기어는 셰이빙, 그라인딩 또는 래핑 등의 방법으로 다듬어 진다.

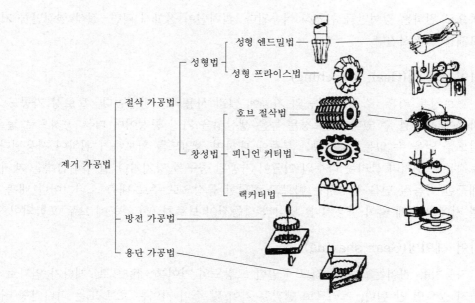

[그림 1-90] 기어의 제조 방법에 따른 분류

❷ 기어 절삭 가공법의 종류

(1) 기어 밀링(Gear milling)

가장 간단한 치절삭법으로 치홈과 같은 윤곽을 지닌 커터로 한 홈을 깎았으면 기어 소재를 색인하여 다음 치홈을 절삭해 나가는 방법이다. 기어 밀링은 스퍼 기어와 헬리컬 기어의 황삭과 마무리 공정에 적용될 수 있다. 기어 밀링은 다양한 용도로 적용될 수 있으나 실제로는 특별한 치형을 가진 소량 생산품이나 교체 기어용에 한정되어 사용된다. 기어 크기와 기계의 용량에 따라서 표준 밀링기는 자동이나 수동의 색인 기구와 함께 사용한다.

(2) 기어 호빙(Gear hobbing)

호브를 사용한 창성 절삭 가공법은 극히 생산성이 높고 또 높은 가공 정밀도가 얻어지므로 가장 일반적으로 채용되고 있는 기어 제작법이다. 이렇게 호브를 사용하여 창성 절삭 가공법을 할 목적의 공작 기계는 호브반이라 하고 있고 호브반이 발명된 이후 다른 기어 제조법을 압도하고 널리 보급이 되었다.

(3) 기어 셰이핑(Gear shaping)

호빙과 같이 셰이핑은 창성 공정이다. 사용되는 툴은 호빙의 웜(worm)형 공구 대신에 피니언(pinion)형 공구가 사용된다. 피니언 커터가 수직축을 따라 왕복하면서 기어 모재

쪽으로 원하는 깊이만큼 천천히 이송된다. 피치원이 접하게 되면, 절삭 행정만큼 커터와 모재를 회전시킨다.

(4) 기어 브로칭(Gear broaching)

브로칭은 키홈, 스프라인 등의 가공에 널리 사용되는 방법이다. 브로칭 가공도 기어 가공에 사용될 수 있다. 브로칭은 높은 생산성을 가진 공정이며 다른 공정으로 높은 정밀도를 얻을 수 없는 소량 생산 부품에 대하여 정밀도를 확보하기 위하여 사용된다. 브로칭은 브로치라 불리는 다수의 이빨이 가공된 공구를 당기거나 밀어서 금속을 제거하여 매끈한 다듬질 면을 생성하는 빠르고 정확한 공정으로 주로 내측 스퍼기어나 내측 헬리컬 기어 가공에 많이 사용된다. 황삭과 다듬질이 브로치 1회 가공에 모두 포함되어 있다.

(5) 기어 셰이빙(Gear shaving)

자동차용 기어는 소음이 적고 균일한 고정도의 기어를 대량으로, 게다가 염가로 생산하지 않으면 안 된다. 그러므로 헬리컬 기어 및 스퍼 기어는 호브 또는 피니언형 커터로 되도록 고정 밀도로 치절삭한 다음, 다듬질 가공 중 가장 생산성이 높은 셰이빙 가공으로 더욱 정밀도를 높여 치면을 매끈하게 하고 열처리 후에는 호닝 다듬질을 한다. 셰이빙은 관리를 철저히 하면 연삭 다듬질에 비해 비교도 안될 정도의 짧은 시간에 아무나 쉽게 할 수 있는 작업으로, 연삭 기어에 맞먹는 높은 정밀도의 기어를 싼값으로 생산할 수 있다.

(6) 기어 호닝(Gear honing)

열처리 후 셰이빙 가공과 거의 같은 방법으로 커터 대신에 헬리컬 기어형의 호닝 툴을 이용하여 소음의 발생 원인이 되는 생산 공정 중에 생긴 흠집이나 버(bur)를 한 개당 20~30초란 짧은 시간에 제거하는 것이다. 치면도 매끈해지나 연삭 다듬질과 달리 치형 및 리드 오차를 개선하는 효과는 적다.

(7) 기어 그라인딩(Gear grinding)

2개의 접시형 숫돌이 가상랙의 치면을 형성하고, 연삭 기어는 맞물림 운동을 하여 치형을 창성한다. 이 맞물림 운동은 창성원의 지름에 상당하는 원통(피치블록)과 여기에 감은 강철띠에 의해서 주어진다. 창성원에 피치원을 사용하면 작업에 필요한 여러 계산이 간단해진다. 마그(Maag) 연삭은 숫돌에 각도를 주어 연삭하는 방법으로 보통 연삭이라 하며 각도가 없으면 제로 연삭이라 한다.

홈 마찰차의 상당 마찰 계수

1 개요

홈 마찰차(grooved friction wheel)는 정확하게 구름접촉을 하는 곳은 홈의 평균지름에 해당하는 곳 한 점뿐이고, 다른 곳에서는 미끄럼이 생긴다. 결국, 홈 마찰차는 홈의 깊이가 깊을수록 속도가 클수록 마멸이나 소음이 심해지므로 홈의 깊이는 되도록 작게 하는 것이 좋다. 홈 마찰차의 상당마찰계수 μ'은 원통 마찰차의 마찰계수 μ에서 홈의 각도 α를 적용하면 상당마찰계수를 유도할 수가 있다.

2 홈 마찰차(grooved friction wheel)

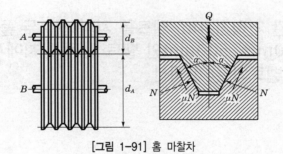

[그림 1-91] 홈 마찰차

① 두 바퀴의 미는 힘(kg)

$$Q = 2N(\sin\alpha + \mu\cos\alpha)$$

② 수직력(kg) : 두 차를 밀어붙여 홈의 벽에 수직으로 작용하는 힘

$$N = \frac{Q}{2(\sin\alpha + \mu\cos\alpha)}$$

③ 회전력으로 작용하는 마찰력

$$P' = 2\mu N = \left(\frac{\mu}{\sin\alpha + \mu\cos\alpha}\right)Q = \mu' Q$$

④ 유효 마찰 계수(등가, 상당마찰계수)

$$\mu' = \frac{\mu}{\sin\alpha + \mu\cos\alpha} > \mu$$

⑤ 홈의 깊이와 수 : 홈의 깊이를 h, 홈의 수를 z, 마찰차가 접촉하는 전체 길이를 l이라 하면

$$h = 0.94 \sqrt{\mu' Q}$$

$$l = 2z \frac{h}{\cos \alpha} \fallingdotseq 2zh$$

$$z = \frac{l}{2h} = \frac{N}{2hp}$$

⑥ 홈 마찰차와 원통 마찰차의 최대 토크 비

$$T' : T = P' : P = \frac{\mu}{\sin \alpha + \mu \cos \alpha} : \mu = \mu' : \mu$$

예를 들면 $2\alpha = 30 \sim 40$, $\mu = 0.1$일 때 토크 비는 $T' : T = 2.8 : 1$로 약 3배의 큰 동력을 전달할 수 있다.

Section 61 축간 거리가 4m, 벨트를 지지하는 두 풀리의 지름이 각각 200mm, 500mm인 벨트 전동 장치에서 십자 걸기로 할 때 벨트의 길이 계산

1 평행 걸기

$$L = 2C + \frac{\pi}{2}(D_A + D_B) + \frac{(D_B - D_A)^2}{4C}$$

2 십자 걸기

$$L = 2C + \frac{\pi}{2}(D_A + D_B) + \frac{(D_B + D_A)^2}{4C}$$

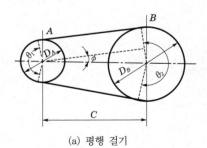
(a) 평행 걸기

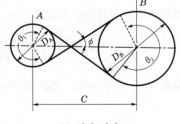
(b) 십자 걸기

③ 풀이

축간 거리가 4m, 벨트를 지지하는 두 풀리의 지름이 각각 200mm, 500mm이므로

$$L = 2C + \frac{\pi}{2}(D_A + D_B) + \frac{(D_B + D_A)^2}{4C}$$

주어진 공식에서

C : 4,000mm

D_A : 200mm

D_B : 500mm이므로

십자 걸기 벨트의 전체 길이는

$$L = 2 \times 4,000 + \frac{\pi}{2} \times (200 + 500) + \frac{(500 + 200)^2}{4 \times 4,000}$$
$$= 8,000 + 1,099 + 30.6 = 9,129.6 \text{mm}$$

Section 62

플라이 휠(fly wheel)을 설계할 때, 동일한 관성 모멘트를 갖게 하면서 중량을 감소시키는 방법으로 플라이 휠의 폭을 증가시키는 것보다 플라이 휠의 지름을 증가시키는 것이 효과적이라는 것을 수식으로 증명

① 개요

플라이 휠은 기관을 운전하여 정상 상태가 되면 원동기와 구동되는 기계의 평균 회전력은 같게 되나 순간에 대하여 생각해 보면 기관의 회전력은 시시각각으로 변화하고 또한 구동되는 기계의 저항도 일정하지 않으므로 기관의 회전력과 외부의 저항과는 평형하지 않는다. 전자가 크면 기관의 회전력은 가속되고, 작으면 감속된다. 플라이 휠(fly wheel)은 이것을 완화하는 역할을 하는 것으로서 여분의 에너지가 있으면 약간 회전이 증가하여 운동에너지로서 이것을 저장하고, 부족할 때는 약간 회전이 느려져서 에너지를 공급한다. 플라이 휠이 클수록 약간의 회전 변화로 많은 에너지를 저축할 수 있으므로 회전 변동은 작게 되나 필요 이상으로 크게 하면 중량이 증가하고 박용 기관에서는 정지·역전을 빨리 할 수 없게 된다. 거기에 더하여 축계 비틀림 진동의 고유 진동수를 낮게 하여 문제를 야기시킬 수도 있다.

2 플라이 휠의 폭과 지름의 상관 관계

플라이 휠 효과(fly wheel effect)는 D를 플라이 휠의 외경, M을 질량, g를 중력의 속도라 하면 그 외주(外周)에 전 질량이 모였을 때의 관성 모멘트 $MD^2/4$의 $4g$배, 즉 MD^2g를 말한다. 따라서 폭을 증가하면 질량은 커지지만 관성 모멘트를 증가시키는 것은 플라이 휠의 외경인 D가 제곱에 비례하므로 D를 증가시키는 것이 더 효과적이다.

Section 63 웜과 웜 휠을 이용한 역회전 방지 방법을 수식으로 설명

1 웜 기어의 효율

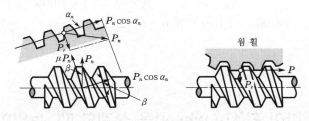

$$효율 \; \eta = \frac{T'}{T} = \frac{\tan\beta}{\tan(\beta+\rho')}$$

$$\mu' = \frac{\mu}{\cos\alpha_n} = \tan\rho'$$

여기서, α : 치직각 압력각, β : 웜의 리드각

효율을 높이기 위해서는 μ를 작게 하거나 β를 크게 하며 웜의 줄 수를 여러 개로 한다. β값이 30° 이상이 되면 효율의 증가는 거의 없으므로 3줄 이상은 사용하지 않으며 리드각 β를 크게 하면 이의 간섭이 일어나므로 이것을 방지하기 위하여 압력각을 되도록 크게 잡는다.

보통 쓰이는 리드각과 압력각의 관계는 [표 1-21]과 같다.

[표 1-21] 웜의 리드각과 압력각

리드각(β)	압력각(α_n)
15° 까지	14.5°
25° 까지	20°
35° 까지	25°
35° 까지	30°

② 웜 기어의 효율과 역회전 조건

웜 휠을 구동 기어로 하여 웜을 회전시킬 경우에는 마찰각이 음이 되므로 효율 η'는

$$\eta' = \frac{\tan(\beta - \rho')}{\tan\beta}$$

여기서 $\beta \le \rho'$일 경우에는 $\eta' \le 0$, 즉 자동 체결로 되기 때문에 웜 휠로 웜을 회전시킬 수는 없으며 이 원리를 이용하여 역전 방지용 기구로 사용한다.

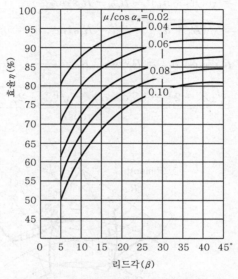

[그림 1-92] 리드각과 웜 기어의 효율 관계

Section 64

기어에서 물림률(contact ratio)

① 개요

이상적인 물림률은 접촉점의 수가 변화하는 순간 회전력에 충격이 가해져 진동과 소음이 발생한다. 또한, 접촉이 시작되거나 끝나는 부분이 이 끝부분이므로 이 끝이 날카롭지 않은 것이 좋으며, 물림률이 정확히 2가 되면 좋지만 역학적으로 구현하기 어렵기 때문에 헬리컬 기어를 많이 사용한다. 압력각이 작고 잇수가 많으면 물림률이 커지고, 압력각이 20°에서는 물림률이 2가 될 수 없으며, 압력각이 14.5°일 때 잇수가 70개에서 물림률이 2가 된다.

❷ 물림률의 역학

$$\text{물림길이 } l = \overline{ab} = \overline{aP} + \overline{bP}$$

여기서, $\overline{aP}$: 접근길이, $\overline{bP}$: 퇴거길이

$$\text{물림률 } \varepsilon = \frac{\text{물림 길이}}{\text{법선 피치}} = \frac{\overline{ab}}{P_n} = 1.2 \sim 1.8$$

$$\therefore \overline{aP} = \sqrt{(R_2 + h_k)^2 - R_{g2}^2} - R_2 \sin\alpha$$

$$\therefore \overline{bP} = \sqrt{(R_1 + h_k)^2 - R_{g1}^2} - R_1 \sin\alpha, \ h_k = m(\text{표준 치차})$$

$$R_{g1} = R_1 \cos\alpha, \ R_{g2} = R_2 \cos\alpha, \ R_1 = \frac{Z_1 m}{2}, \ R_2 = \frac{Z_2 m}{2}$$

$$\therefore \varepsilon = \frac{\sqrt{(Z_1 + 2)^2 - (Z_1 \cos\alpha)^2} + \sqrt{(Z_2 + 2)^2 - (Z_2 \cos\alpha)^2}}{2\pi\cos\alpha} - \frac{(Z_1 + Z_2)\sin\alpha}{2\pi\cos\alpha}$$

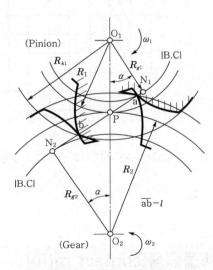

[그림 1-93] 물림률의 원리

Section 65

미끄럼 베어링(sliding bearing)에서 오일 휩(oil whip)의 정의와 방지법

1 정의

오일 휩은 미끄럼 베어링을 이용한 고속의 회전 기계에 많이 발생하는 진동으로, 매우 심한 진동이 일어나고 베어링을 소손하는 경우도 있다. 이것은 베어링의 유막 작용에 의해 발생되는 회전축의 자려진동이며, 특징은 다음과 같다.

① 발생하기 시작하는 회전수는 로터(rotor) 1차 위험 속도의 2배 이상이다.
② 진동수는 로터의 위험 속도(회전수에 대한 최저차의 고유 진동수)와 동등하다.
③ 축의 흔들리는 방향은 회전 방향과 일치한다.
④ 발생 회전수와 소멸 회전수는 회전수의 상승 시와 하강 시에 달라진다.
⑤ 진동이 한번 발생되면 회전수를 상승시켜도 감소하지 않는다.
⑥ 돌발적으로 발생·소멸한다.

2 방지법

오일 휩을 방지할 수 있는 방법은 다음과 같다.

① 베어링 중앙에 홈을 만들거나 얼라이먼트의 조정 등으로 베어링의 면압을 증가시킨다.
② 기름의 종류를 바꾸거나 유량을 낮추고 온도를 높이는 등 유막의 점성을 낮춘다.
③ 2원호, 다원호, 틸팅패드 베어링 등 오일 휩을 일으키기 어려운 베어링으로 바꾼다.

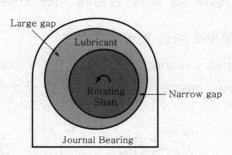

[그림 1-94] 미끄럼 베어링의 운동 상태

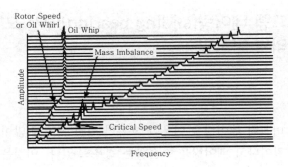

[그림 1-95] 오일 휩의 발생에 따른 주파수와 진폭 변화

Section 66 | 베어링의 접촉 상태 및 하중 방향에 따른 분류

❶ 개요

베어링은 기계 장치에 반드시 필요한 기계 요소로서, 운동하는 부분에 마찰력을 감소시켜 기계 장치의 효율과 동력 감소를 최소화한다. 접촉 상태는 선접촉, 점접촉, 면접촉 3가지로 분류하는데, 선접촉은 롤러 베어링, 점접촉은 볼 베어링, 면접촉은 슬라이딩 베어링이 해당되며, 하중·운동 상태에 따라 적용한다.

❷ 베어링의 접촉 상태 및 하중 방향에 따른 분류

(1) 축과 베어링의 접촉에 따른 베어링의 분류

① 미끄럼 베어링(sliding bearing) : 저널과 베어링이 서로 미끄럼에 의해 접촉한다.
② 구름 베어링(rolling bearing) : 볼, 롤러에 의해 구름 접촉하는 것이다.

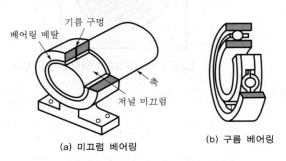

[그림 1-96] 미끄럼 베어링과 구름 베어링

(2) 작용 하중의 방향에 따른 베어링의 분류

① 레이디얼 베어링(radial bearing) : 축 선에 직각으로 작용하는 하중을 받쳐 준다. 미끄럼 베어링에선 저널 베어링이라 부른다[그림 1-97 (a)].

② 스러스트 베어링(thrust bearing) : 축 선과 같은 방향으로 작용하는 하중을 받쳐 준다[그림 1-97 (b)].

③ 테이퍼 베어링(taper bearing) : 레이디얼과 스러스트 하중을 동시에 받는 축에 적용한다[그림 1-97 (c)].

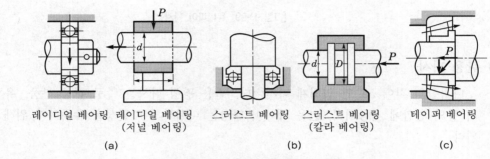

레이디얼 베어링 레이디얼 베어링   스러스트 베어링   스러스트 베어링   테이퍼 베어링
　　　　　　　　(저널 베어링)　　　　　　　　　　　　　　(칼라 베어링)

(a)　　　　　　　　　　　　　　(b)　　　　　　　　　(c)

[그림 1-97] 작용 하중에 따른 베어링

Section 67 삼각나사의 종류와 표시법

1 삼각나사의 종류와 용도

나사산의 모양에 따라 구분한 나사의 종류와 용도는 다음과 같다.

(1) 미터 나사

나사의 지름과 피치를 mm로 표시한 미터계 나사이고, 나사산의 각이 60°이다. 항공기, 자동차, 정밀기계, 공작기계 등의 조립에 사용된다.

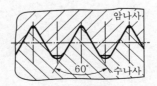

암나사

60°　수나사

[그림 1-98] 미터 나사

(2) 유니파이 나사

미국, 영국, 캐나다 3국의 협정에 의해 지정된 나사로서 ABC 나사라고도 한다. 나사 산의 각이 60°인 인치계 나사이다. 항공기용, 계측기용 정밀 조립에 사용된다.

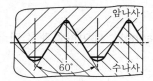

[그림 1-99] 유니파이 나사

(3) 관용 나사

나사산의 각이 55°인 인치계 나사이다. 관용 평행 나사는 주로 관용 부품, 유체 기기 등의 결합에 사용되며, 관용 테이퍼 나사는 나사부의 기밀성을 유지하기 위해 사용된다.

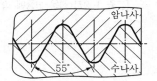

[그림 1-100] 관용 나사

❷ 나사의 표시 방법

① 일반적으로 한 줄, 오른나사를 많이 사용하기 때문에 나사산의 줄 수와 감김 방향을 표시하지 않는다.
② 나사의 등급도 생략하고 나사의 호칭만으로 표시하는 경우가 많다.
③ 미터 보통 나사는 바깥지름에 따라 피치가 정해져 있고, 관용 나사는 바깥지름에 따라 나사산의 수가 정해져 있기 때문에 원칙적으로 피치와 나사산의 수를 표시하지 않는다.

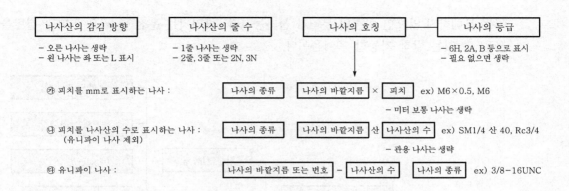

㉮ 피치를 mm로 표시하는 나사 : [나사의 종류] [나사의 바깥지름] × [피치] ex) M6×0.5, M6

　　　　　　　　　　　　　　　　　　　　　　　　　　　－ 미터 보통 나사는 생략

㉯ 피치를 나사산의 수로 표시하는 나사 : [나사의 종류] [나사의 바깥지름] 산 [나사산의 수] ex) SM1/4 산 40, Rc3/4
　　(유니파이 나사 제외)
　　　　　　　　　　　　　　　　　　　　　　　　　　　－ 관용 나사는 생략

㉰ 유니파이 나사 : [나사의 바깥지름 또는 번호] － [나사산의 수] [나사의 종류] ex) 3/8-16UNC

[표 1-22] 나사의 종류와 규격

구 분		나사의 종류		나사의 종류 기호	나사의 호칭에 대한 표시	관련 규칙
일반용	ISO 규격에 있는 나사	미터 보통 나사		M	M8	KS B 0201
		미터 가는 나사			M8×1	KS B 0204
		미니어처 나사		S	S05	KS B 0228
		유니파이 보통 나사		UNC	3/8-16UNC	KS B 0203
		유니파이 가는 나사		UNF	No.8-36UNF	KS B 0206
		미터 사다리꼴 나사		Tr	Tr102	KS B 0229
		관용 테이퍼 나사	테이퍼 수나사	R	R3/4	KS B 0222
			테이퍼 암나사	Rc	Rc3/4	
			평행 암나사	Rp	Rp3/4	
	ISO 규격에 없는 나사	관용 평행 나사		G	G1/2	KS B 0221
		30° 사다리꼴 나사		TM	TM18	KS B 0227
		관용 테이퍼 나사	테이퍼 나사	PT	PT7	KS B 0222
			평행 암나사	PS	PS7	
		관용 평행 나사		PF	PF7	KS B 0221

영구 축이음의 분류와 설계 시 고려 사항

❶ 개요

축이음(shaft coupling)은 축과 축을 연결하는 기계 요소로 커플링(coupling)과 클러치(clutch)가 있다. 커플링은 운전 중에 결합을 끊을 수 없는 영구 축이음으로 장착한 후에는 분해하지 않으면 연결의 분리가 불가능하다. 클러치는 운전 중 필요에 따라 결합을 끊을 수 있는 탈착 가능한 축이음이다.

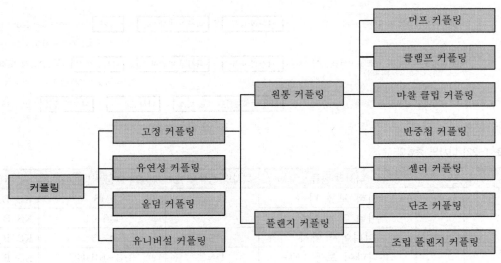

[그림 1-101] 커플링의 분류 및 종류

❷ 영구 축이음(coupling)의 분류

(1) 고정 커플링(fixed coupling)

일직선 위에 있는 두 축을 볼트 또는 키를 사용하여 결합하고, 두 축 사이의 상호 이동을 전혀 할 수 없는 구조의 커플링으로 원통 커플링, 플랜지 커플링이 있다. 원통 커플링(cylindrical coupling)은 커플링 중에서 구조가 가장 간단하고 두 축의 중심을 맞춤, 접촉부에 원통 보스를 끼워서 키나 마찰력으로 동력을 전달하며, 종류에 머프 커플링, 마찰 원통 커플링, 셀러 커플링, 반중첩 커플링, 분할 원통 커플링 등이 있다.

① 분할 원통 커플링(split muff coupling 또는 clamp coupling) : 축 지름 200mm까지이고 볼트는 보통 6개를 사용하며, 클램프 커플링이라고도 하며 긴 전동축의 연결에 적합하다. 전달 토크가 작을 때는 볼트로 결합하고 마찰력으로 축에 고정하며, 토크가 매우 크므로 미끄럼 키로 보완하여 사용한다. 축을 중심으로 상하로 분해가 가능하고 축을 축방향으로 밀지 않고도 설치가 가능하며, 축과 커플링 사이의 압력에 의해 마찰력이 발생하여 이 마찰력으로 동력을 전달한다.

② 머프 커플링(muff coupling) : 축 지름과 하중이 매우 작을 때 사용하며, 가장 간단한 방법으로 인장력이 작용하는 축에는 사용하기 곤란하며, 슬리브 커플링(sleeve coupling)이라고도 한다. 미끄럼 키의 머리부가 노출될 경우 안전 커버를 사용한다.

③ 마찰원통 커플링(friction clip coupling) : 분할 원통은 중앙에서 양 끝으로 $\frac{1}{20} \sim \frac{1}{30}$의 테이퍼로 큰 토크의 전달에는 부적당하고, 설치 및 분해가 용이하고 축의 임의의 위치에 고정 가능하며, 긴 전동축의 연결에 편리하다.

④ 반중첩 커플링(half lap coupling) : 주로 축방향으로 인장력이 작용하는 경우에 사용한다.

⑤ 셀러 커플링 : 머프 커플링을 개량한 테이퍼 슬리브 커플링으로 주철제 바깥 원통의 내면의 기울기가 $\frac{1}{6.5} \sim \frac{1}{10}$인 원추형이며, 중앙으로 갈수록 지름이 점점 감소한다.

(2) 유연성 커플링(flexible coupling)

일직선 위의 두 축의 연결, 두 축 사이에는 약간의 이동이 가능하고 축의 신축, 탄성 변형 등에 의한 축 중심의 불일치를 완화시키고 원활한 운전이 가능하다.

(3) 올덤 커플링(Oldham coupling)

두 축이 평행, 두 축 사이의 거리가 매우 가까울 때의 축이음이다.

(4) 유니버설 조인트(universal joint 또는 Hooke joint)

두 축의 중심선이 어느 각도로 교차하고 중심선 각도가 운전 중 약간 변화하더라도 자유로운 운동을 전달한다.

❷ 축이음 설계의 고려 사항

커플링 설계에서 고려할 사항은 다음과 같다.
① 회전 및 중량의 균형 등을 고려할 것
② 중심을 정확히 맞출 것
③ 조립, 분해 및 설치 작업 등이 용이할 것
④ 경량·소형으로 할 것
⑤ 진동에 강한 구조일 것
⑥ 전동 능력이 클 것
⑦ 가능하면 회전면에 돌기물이 없도록 할 것
⑧ 윤활 등이 불필요할 것
⑨ 전달 토크의 특성을 충분히 고려한 구조로 할 것
⑩ 가격이 저렴할 것

Section 69 나사표기법에 의거하여 표기된 '2N M20×1.5'

1 개요

나사표기법은 다음과 같다.
① 나사방향은 표기하지 않으면 오른 나사, 왼 나사의 경우 '왼' 혹은 'L'이라 표기한다.
② 줄수는 표기하지 않으면 1줄, 2줄이면 '2N' 혹은 '2줄'이라 표기한다.
③ 나사의 호칭은 여러 가지 방식이 있다.
④ 나사의 등급은 필요 없으면 생략한다.

2 나사표기법에 의거하여 표기된 '2N M20×1.5'

2N M20×1.5의 표기방법은 다음과 같다.
① 오른나사이다.
② 2N은 두줄이다.
③ M20×1.5에서 바깥지름 20mm×피치 1.5mm이다.
④ M은 나사의 종류(미터나사)
⑤ 피치는 미터 보통 나사인 경우 생략, 미터 가는 나사인 경우 표기한다.

Section 70 미끄럼 베어링의 구비조건

1 개요

베어링은 축과 하우징 사이의 상대운동을 원활하게 하며 축으로부터 전달되는 하중을 지지하며 베어링 분류는 내부의 접촉방식에 따라 구름 베어링과 미끄럼 베어링이 있으며 축하중을 지지하는 방향에 따라 레이디얼 베어링과 스러스트 베어링이 있다.

2 미끄럼 베어링의 구비조건

미끄럼 베어링의 구비조건은 다음과 같다.
① 마모가 적고 내구성이 클 것   ② 충격하중에 강할 것
③ 강도와 강성이 클 것   ④ 내식성이 좋을 것
⑤ 가공이 쉬울 것   ⑥ 열변형이 적고 열전도율이 좋을 것

Section 71

큰 축 하중을 받는 부재의 운동에 이용되는 나사 종류 4가지

1 개요

운동용 나사는 큰 축 하중을 받는 부재의 운동에 이용되는 나사로, 사각나사, 사다리 꼴나사, 톱니나사, 둥근나사 등이 있다.

2 축 하중을 받는 부재의 운동에 이용되는 나사 종류 4가지

(1) 사각나사(四角螺絲, square thread)

나사산의 형태가 정방형(正方形, square)에 가까운 나사로 마찰이 작고 축방향으로 커다란 힘을 전달할 수가 있다. 사각나사는 나사효율이 가장 좋지만, 공작이 곤란한 결점이 있으므로 고정밀도를 요하는 것은 제작비가 비싸지는 단점이 있다. 나사프레스 등의 동력전달용, 선반의 리드나사 등의 이동용으로 이용된다.

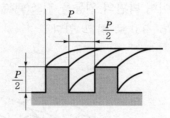

[그림 1-102] 사각나사

(2) 사다리꼴나사(台型螺絲, trapezoidal thread)

효율은 사각나사보다 떨어지지만, 제작이 사각나사보다 용이하고 강도도 높아 대개는 이 사다리꼴나사가 이용된다. 나사산의 각도가 30°인 미터계 나사와 29°인 인치계 나사의 2종류가 있다.

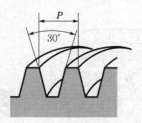

[그림 1-103] 사다리꼴 나사

(3) 톱니나사(buttress thread)

나사산의 형태가 톱니형으로 축방향의 힘이 한 방향으로만 작용하는 경우에 사용하는 것으로, 힘이 걸리는 쪽에는 수직에 가까운 3° 경사의 사각나사의 형태를, 반대쪽에는 30° 경사의 삼각나사로 하여 양자의 장점(사각나사의 단점인 나사의 뿌리부의 강도를 높임)을 살린 나사이다.

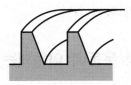

[그림 1-104] 톱니나사

(4) 둥근나사(round thread)

나사의 산과 골을 반지름이 같은 크기의 원호로 연결한 모양의 나사로 먼지, 모래, 녹가루 등이 나사산에 들어갈 염려가 있는 경우에 사용된다. 전구와 소켓의 접촉부에 붙이는 나사의 형태가 둥근나사이며 박판의 원통을 전조(轉造)하여 만든 것으로 원호의 접촉점의 접선이 이루는 각도는 75~93°로 하고 있다.

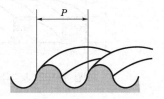

[그림 1-105] 둥근나사

(5) 볼나사

나사 축과 너트 사이에 많은 강구를 넣어 힘을 전달하는 나사로, 마찰과 백래시가 적어 정밀 공작기계의 이송 나사로 많이 사용한다.

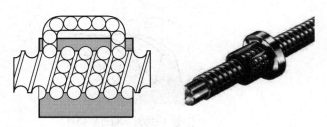

[그림 1-106] 볼나사

Section 72 구름베어링 설계 시 틈새(clearance)의 필요성과 선정방법

1 구름베어링 설계 시 틈새(clearance)의 필요성

베어링의 틈새는 외부의 찬 공기 외륜의 압축(또는 작은 팽창, 하우징조립), 내륜의 팽창(억지끼워맞춤, 열) 상승된 온도로 인한 보정을 위해 필요하며 베어링의 내부 틈새(Internal Clearance) 범위는 규정보다 작은 틈새이다.

2 구름베어링 설계 시 선정방법

기본적으로 베어링의 선정은 기계제작 업체의 설계에 좌우되지만 선정 시 고려사항은 다음과 같다.
① 사용조건, 환경조건의 확인(구조, 운전조건, 환경)
② 베어링형식(공간, 방향, 속도, 배열)
③ 베어링치수(수명, 등가하중 관련계수)
④ 베어링 정밀도(회전축, 토크의 변동)
⑤ 베어링 틈새(끼워맞춤, 내외륜온도차, 예압)
⑥ 케이지형식(재료, 윤활, 진동, 충격)
⑦ 윤활방법, 윤활제, 밀봉방법

Section 73 리벳 조인트(Riveted Joint) 효율 중 강판효율과 리벳효율

1 개요

리벳 조인트(Riveted Joint)는 구조물을 결합하는 방법으로 반영구적인 상태를 유지하며 건설 분야에서 교량을 건설하거나 산업시설의 플랜트분야에서 적용하고 있으며 구조물에 적용 시 리벳의 피치와 크기를 충분히 검토하여 안정성을 확보해야 하며 리벳이음의 강도에 대한 구멍이 없는 판의 강도의 비를 리벳이음의 효율이라 한다.

❷ 리벳 조인트(Riveted Joint) 효율 중 강판효율과 리벳효율

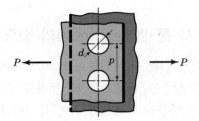

[그림 1-107] 리벳의 효율

리벳이음의 강도에 대한 구멍이 없는 판의 강도의 비를 리벳이음의 효율이라 한다. [그림 1-107]과 같이 리벳의 지름이 d인 판의 1피치 내의 효율은 다음과 같다.

① 판의 효율

$$\eta_p = \frac{리벳구멍 \ 뚫린 \ 판의 \ 강도}{리벳구멍 \ 없는 \ 판의 \ 강도}$$
$$= \frac{(p-d)t\sigma_a}{p\,t\sigma_a} = \frac{p-d}{p} = 1 - \frac{d}{p}$$

② 리벳의 효율

$$\eta_p = \frac{리벳의 \ 강도}{리벳구멍 \ 없는 \ 판의 \ 강도}$$
$$= \frac{\dfrac{\pi d^2}{4}\tau_a \times 1.8\alpha_z Z}{p\,t\sigma_a}$$

③ 복합효율 : [그림 1-108]을 검토하면

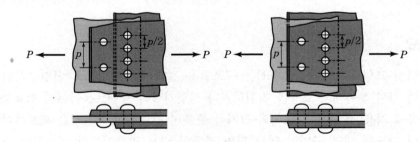

[그림 1-108] 리벳의 복합효율

$$한쪽 \ 덮개판 \ \ \eta_{c1} = \frac{p-2d}{p} + \frac{\dfrac{\pi d^2}{4}\tau_a}{p\,t\sigma_a}$$

$$양쪽 \ 덮개판 \ \eta_{c1} = \frac{p - 2d}{p} + \frac{1.8 \frac{\pi d^2}{4} \tau_a}{p \, t \, \sigma_a}$$

이상의 ①, ②, ③의 효율 중에서 가장 작은 쪽이 리벳이음효율이 된다.

Section 74 강성(剛性, stiffness)을 고려하는 축지름 설계(비틀림과 굽힘강성)

① 개요

강성에는 처짐이나 비틀림에 대해 저항하는 세기를 강성이라 하며, 굽힘강성과 비틀림 강성이 있다. 굽힘 하중을 받는 축은 처짐이, 비틀림 하중을 받는 축은 비틀림 각이 어느 한도를 넘으면 진동의 원인이 되므로 변형이 한도 이내가 되도록 해야 한다.

② 강성을 고려하는 축지름 설계(비틀림과 굽힘강성)

(1) 비틀림 강성

비틀림 모멘트를 받는 축의 경우, 강도 면에서는 충분하다고 하더라도 탄성적으로 발생하는 비틀림 변형에 의해 축에 비틀림 진동을 유발할 수 있으므로 강성을 평가하여야만 한다. [그림 1-109]와 같이 축이 비틀림모멘트 T를 받으면 mn선분이 mn'선분으로 각 θ, 길이 S만큼 비틀림 변형을 일으키게 된다.

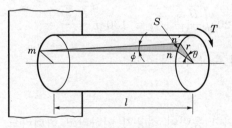

[그림 1-109] 축의 비틀림변형

이 구조에서 전단 변형률 γ는 $\gamma = \dfrac{S}{l} = \dfrac{r\theta}{l}$ 이고, 전단응력은 전단변형률에 비례하므로,

$$\tau = G\gamma$$

여기서, G는 전단탄성계수이다. 따라서

$$\tau = G\frac{r\theta}{l}\,[\mathrm{kgf/mm^2}]$$

또한, $\tau = \dfrac{Tr}{I_p}$ 이므로, 위 식과의 관계로부터

$$\theta = \frac{Tl}{G\,I_p}\,[\mathrm{rad}]$$

이를 도(degree; °)로 변환하면

$$\theta = \frac{180}{\pi}\frac{Tl}{G\,I_p}\,[°]$$

여기에, $I_p = \dfrac{\pi d^4}{32}$ 을 대입하여 강성도의 식을 유도하면

$$\theta = \frac{180}{\pi}\frac{Tl}{G\,I_p} = \frac{180}{\pi}\frac{Tl}{G\,\dfrac{\pi d^4}{32}}\,[°] \leq \theta_a\,[°]$$

$$\therefore\ d = \sqrt[4]{\frac{32\times180\,l\,T}{\pi^2\,G\theta_a\,[°]}}$$

여기서 $\theta_a\,[°]$는 허용비틀림각이다. 바하(Bach)는 실험적인 검증을 거쳐 축 길이 1m당 $\theta = 1/4°$ 이내로 제한하도록 축 지름을 설계하는 것이 바람직하다고 하였으며, 이로부터 연강의 전단탄성계수 G의 값의 평균치인 $G = 8,300\,\mathrm{kgf/mm^2}$, $l = 1,000\,\mathrm{mm}$, 비틀림모멘트 $T = 716,200\,\dfrac{H_{ps}}{N} = 974,000\,\dfrac{H_{kW}}{N}$, $\theta° = 1/4$을 위 식에 대입하여 다음과 같은 대표적인 공식을 제창하였다.

$$d \fallingdotseq 120\sqrt[4]{\frac{H_{PS}}{N}}\ ,\quad d \fallingdotseq 130\sqrt[4]{\frac{H_{kW}}{N}}$$

이 식을 바하의 축공식이라 한다.

(2) 굽힘강성

비틀림강성에 의한 응력이 허용치 이하라고 하더라도, 처짐량이 너무 크면 베어링의 편마모가 발생하거나, 기어의 접촉 등이 나빠져서 축으로서의 제 기능을 달성할 수가 없다. 따라서 축의 굽힘변형에 대해서도 어떠한 제한을 둘 필요가 있다. [표 1-23]에 축 길이에 대한 처짐량의 제한값을 나타낸다. 그러나 굽힘에 대한 강성은 축 길이, 즉 베어링 간의 간격을 조절함으로써 제한이 가능하므로 대개의 경우 비틀림 강성을 평가하는 선에서 설계를 마무리한다.

[표 1-23] 처짐량의 허용치

축의 종류	처짐량(δ)
공장용 전동축	1/1,200 이하
기어를 장착한 전동축	1/3,000 이하
로우터축(원판형)	1/6,000~1/8,000
로우터축(원통형)	1/8,000~1/40,000

Section 75 베어링 설계 시 고려해야 할 사항

1 개요

수명, 높은 신뢰도, 그리고 경제성은 베어링을 선정하는 데 있어 추구되는 주된 목표이다. 이 목표를 달성하기 위하여 설계자는 베어링에 영향을 미치는 인자와 베어링이 만족시켜야 하는 요건을 충분히 검토해야 한다. 베어링 선정 시 적합한 베어링의 종류뿐 아니라 내부 설계 및 배열 등이 선정되어야 하고 주변 부품, 즉 축과 하우징, 체결부품, 밀봉, 윤활 등이 베어링의 영향인자로서 고려되어야 한다.

베어링을 선정하기 위해서는 일반적으로 다음과 같은 절차를 따른다. 먼저, 모든 영향인자들에 대해 가능한 한 정확하게 조사해야 한다. 그 후에 베어링의 종류, 배열, 크기가 여러 측면으로 검토되어서 몇 가지 선택대상 중에서 결정된다. 마지막으로 베어링의 데이터(주요 치수, 공차, 베어링틈새, 케이지, 규격)와 관련 부위(끼워맞춤, 고정방식, 실링), 그리고 윤활에 대한 사항을 도면에 표시한다. 또한 설치와 유지 보수에 대해서도 미리 고려해야 한다. 가장 경제적인 베어링을 선정하기 위해서는 베어링 규격에 영향인자들을 고려하는 선택의 정도를 전체적인 비용상승과 비교해야 한다.

2 설계변수

설계변수는 다음과 같다.
① 기계, 장치와 베어링 위치(개략도)
② 운전조건(하중, 속도, 설치공간, 온도, 주변조건, 축배치, 접촉부의 강성)
③ 요구조건(수명, 정밀도, 소음, 마찰과 운전온도, 윤활과 유지 보수, 설치와 해체)
④ 경제적 데이터(가격, 수량, 납기)

특수한 부분 처리 시에 사용되는 단면도(section drawing)의 종류와 용도

① 개요

　　단면은 기본 중심선에서 절단한 면으로 표시하는 것을 원칙으로 한다. 그러나 물체의 모양에 따라 여러 가지로 단면을 그릴 때가 있다. 일반적으로 사용되는 절단법에는 다음과 같은 것들이 있다.

② 단면도의 종류 및 용도

(1) 온단법

　　물체를 두 개로 절단하여 투상도 전체를 단면으로 표시한 것을 온단면이라 한다. 이때 절단면은 투상도에 평행하고 기본 중심선을 지나는 것이 원칙이지만, 모양에 따라 반드시 기본 중심선을 지나지 않아도 좋다. 온단면에서는 다음을 따른다.

① 단면이 기본 중심선을 지나는 경우에는 절단선을 생략한다.
② 숨은선은 필요한 것만 기입한다.
③ 절단면 앞쪽으로 보이는 선은 이해에 도움이 되지 않을 경우 생략한다.

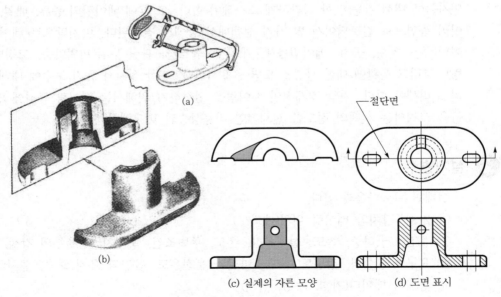

(a)

(b)

(c) 실제의 자른 모양　　　(d) 도면 표시

[그림 1-110] 기본 중심선의 온단면도

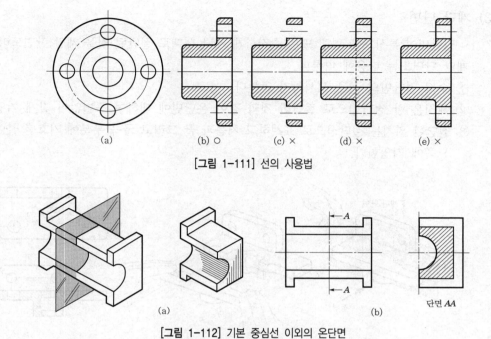

[그림 1-111] 선의 사용법

[그림 1-112] 기본 중심선 이외의 온단면

(2) 한쪽 단면

상하 또는 좌우가 대칭인 물체의 1/4를 제거하여 외형도의 절반과 온단면도의 절반을 조합하여 동시에 표시한 것을 한쪽 단면도, 또는 반 단면도라 한다. 한쪽 단면도는 다음을 따른다.

① 대칭축의 상하 또는 좌우의 어느 쪽의 면을 절단하여도 좋다.

② 외형도, 단면도의 숨은선은 가능한 한 생략한다.

③ 절단면은 기입하지 않는다.

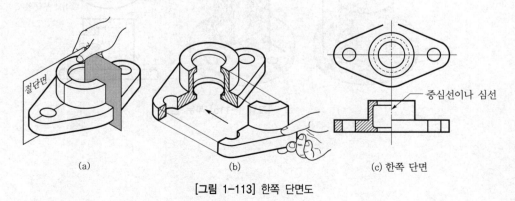

[그림 1-113] 한쪽 단면도

(3) 계단 단면

절단면이 투상도에 평행 또는 수직하게 계단 형태로 절단된 것을 계단 단면도라 한다. 계단 단면도는 다음에 따른다.

① 수직 절단면의 선은 표시하지 않는다.

② 해칭은 한 절단면으로 절단한 것과 같이 온단면에 대하여 구별없이 같게 기입한다.

③ 절단한 위치는 절단선으로 표시하고 처음과 끝 그리고 굴곡 부분에 기호를 붙여 단면 도쪽에 기입한다.

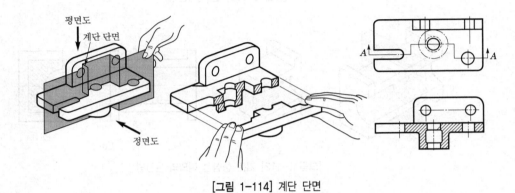

[그림 1-114] 계단 단면

(4) 부분 단면

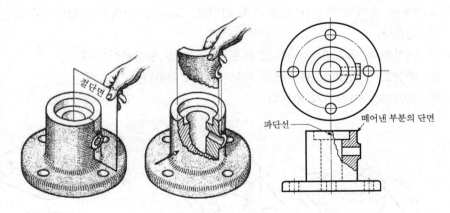

[그림 1-115] 부분 단면

물체에서 단면을 필요로 하는 임의의 부분에서 일부분만 떼어내어 나타낼 수가 잇다. 이것을 부분 단면도라 한다. 이때 파단한 곳은 자유 실선의 파단선으로 표시하고 프리핸드로 외형선의 1/2 굵기로 그리며, 이 단면도는 다음과 같은 경우에 적용된다.
① 단면으로 표시할 범위가 작은 경우 [그림 1-116 (a)]
② 키, 핀, 나사 등과 같이 원칙적으로 길이 방향으로 절단하지 않는 것을 특별히 표시하는 경우 [그림 1-116 (b), (d)]
③ 단면의 경계가 혼동되기 쉬운 경우 [그림 1-116 (e), (f)]

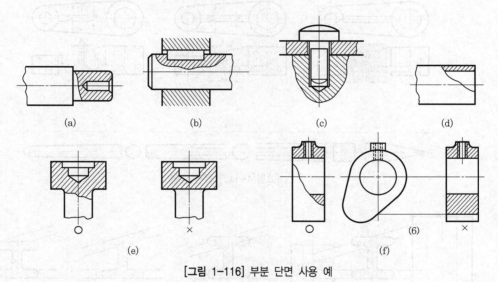

[그림 1-116] 부분 단면 사용 예

(5) 회전 단면

핸들이나 바퀴의 암, 리브, 혹 축 등의 단면은 일반 투상법으로는 표시하기 어렵다[그림 1-117 (a)]. 이러한 경우는 축에 수직한 단면으로 절단하여 이 면에 그려진 그림을 90° 회전하여 그린다. 이것을 회전 단면도라 한다.

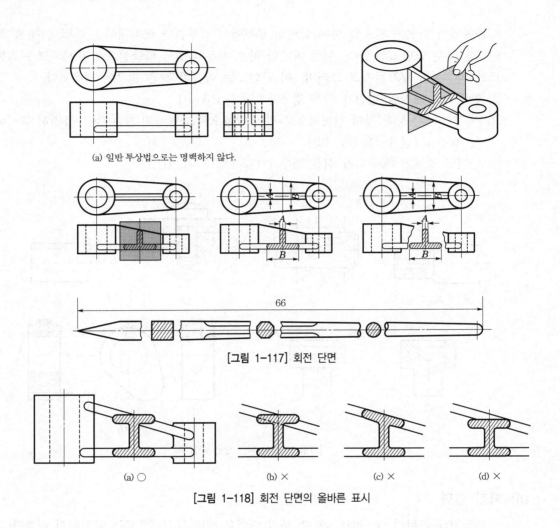

(a) 일반 투상법으로는 명백하지 않다.

[그림 1-117] 회전 단면

(a) ○   (b) ×   (c) ×   (d) ×

[그림 1-118] 회전 단면의 올바른 표시

(6) 인출 회전 단면

도면 내에 회전 단면을 그릴 여유가 없거나, 그려 넣으면 단면이 보기 어려운 경우에는 절단선과 연장선의 임의의 위치에 단면 모양을 인출하여 그린다. 이것을 인출 회전 단면도라 한다. 임의의 위치에 도시하는 경우에는 절단 위치를 절단선으로 표시하고 기호를 "단면 AA"와 같이 기입한다[그림 1-119 (a)]. 이 도면은 주 도면과 다른 척도로 도시할 수가 있다.

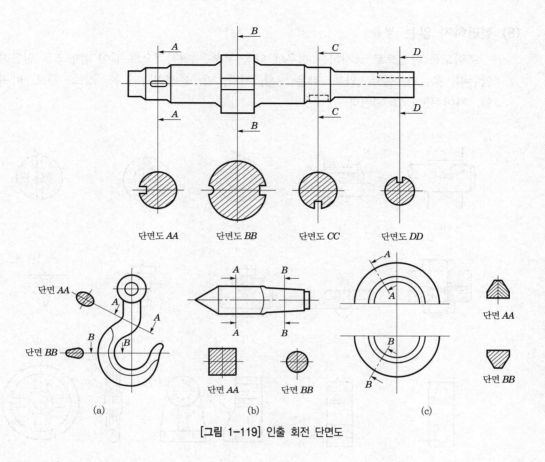

단면도 *AA*   단면도 *BB*   단면도 *CC*   단면도 *DD*

단면 *AA*

단면 *BB*

단면 *AA*

단면 *BB*

단면 *AA*   단면 *BB*

(a)   (b)   (c)

[그림 1-119] 인출 회전 단면도

(7) 얇은 단면

패킹, 얇은 판, 형강 등과 같이 단면이 얇은 경우에는 굵게 그린 한 개의 실선 정도의 두께가 되는 얇은 선도 있다. 이런 단면이 인접하는 경우에는 단면을 표시하는 선 사이를 실제보다 좀더 띄어 그린다[그림 1-120 (a)]. 또한 한 선으로 표시하여 오독의 염려가 있을 경우에는 지시선으로 표시한다[그림 1-120 (b)].

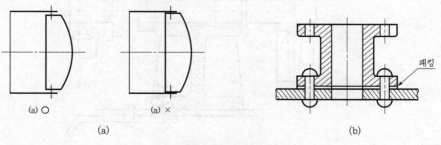

패킹

(a) ○   (a) ×

(a)   (b)

[그림 1-120] 얇은 단면

(8) 절단하지 않는 부품

조립도를 단면으로 표시하는 경우에 다음 부품은 원칙적으로 길이 방향으로 절단하지 않는다. 축, 핀, 볼트, 와셔, 작은 나사, 리벳, 키, 볼베어링의 볼, 리브, 웨브, 바퀴의 암, 기어 등이 그 예이다.

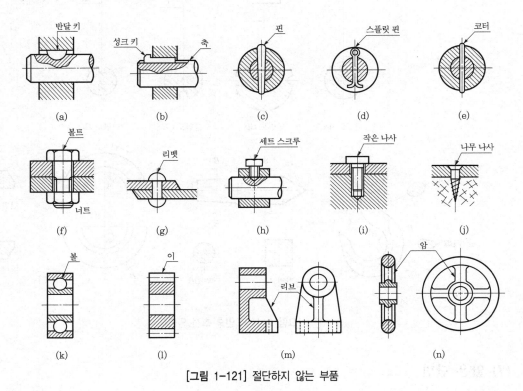

[그림 1-121] 절단하지 않는 부품

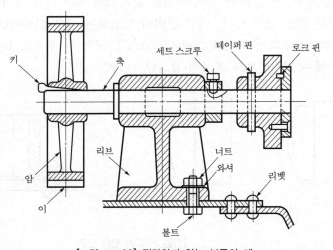

[그림 1-122] 절단하지 않는 부품의 예

(9) 특수한 경우의 단면 표시법

리브, 웨브, 스포크 등의 부품은 절단하게 되면 형상이 불명확하게 되거나 오독할 염려가 있다. [그림 1-123]의 (e)와 같이 절단하여 그리면 본체의 두께가 분명하게 나타나지 않으므로 리브는 절단하지 않는다.

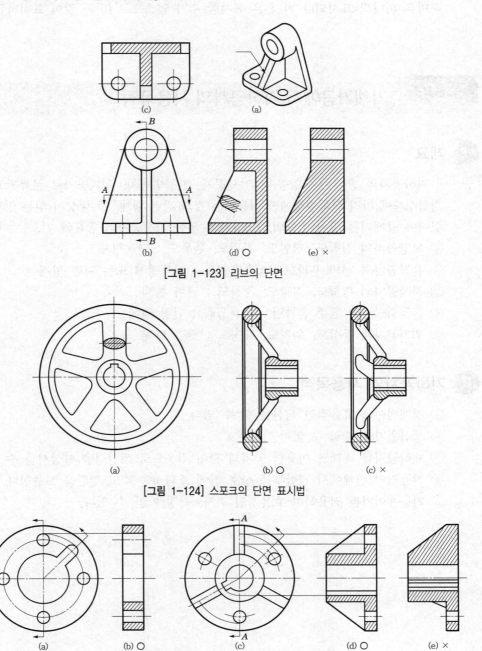

[그림 1-123] 리브의 단면

[그림 1-124] 스포크의 단면 표시법

[그림 1-125] 회전 단면법을 이용한 특수한 형상의 단면도

[그림 1-125]와 같이 플랜지에 슬롯, 리브, 키 홈 등 여러 가지가 복합적으로 표시된 도면은 한 방향으로 절단하면 그 형상을 모두 나타낼 수가 없다. 이 경우에는 부분적으로 회전 절단법을 이용하면 명확히 표시할 수 있다. (c)는 플랜지에 세 개의 리브와 세 개의 볼트 구멍, 키 홈 등을 포함하고 있다. 이것을 AA 단면으로 절단하면 리브와 볼트 구멍은 하나씩 표시되나 키 홈은 표시할 수가 없으므로 (d)와 같이 표시하면 된다.

Section 77 기계가공에서 기하공차의 사용목적

1 개요

기하공차의 종류는 모양공차, 자세공차, 흔들림공차, 위치공차로 분류되고 기능이나 결합상태에 따라 단독형체에만 적용되는 것과 관련 형체, 즉 대상이 되는 형체의 기준이 있어야 규제되는 것이 있으며, KS규격에 의한 기하공차의 종류와 기호는 다음과 같다.

① 모양공차의 진직도, 평면도, 진원도, 원통도 : 단독형체
② 윤곽공차의 선의 윤곽도, 면의 윤곽도 : 단독형체 또는 관련 형체
③ 자세공차의 평행도, 직각도, 경사도 : 관련 형체
④ 흔들림공차의 원주 흔들림, 온 흔들림 : 관련 형체
⑤ 위치공차의 동심도, 위치도, 대칭도 : 관련 형체

2 기하공차의 사용목적

① 경제적이고 효율적인 생산을 할 수 있다.
② 생산원가를 줄일 수 있다.
③ 제작공차를 최대로 이용한 공차의 확대 적용으로 생산성을 향상시킬 수 있다.
④ 기능적인 관계에서 결합부품 상호 간에 호환성을 주고 결합을 보증한다.
⑤ 기능게이지를 적용하여 효율적인 검사, 측정을 할 수 있다.

Section 78
축이음 중 플렉시블 커플링(Flexible Coupling)의 특징과 용도

1 개요

축이음은 모터나 발전기 등에 설치된 축과 축을 이어주는 역할을 하는 기계요소이다. 축이음은 수리 보수와 교환 등이 편리하도록 해준다. 또 다른 축으로 이동하는 충격 하중의 감소와 과부하에 대한 보호, 회전체 진동의 감소 등을 위해 사용된다. 축이음은 커플링과 클러치로 구분되며 설계를 할 때에는 축이음의 구조와 축과의 고정방법, 허용 회전수 등을 감안해 기계에 가장 적합한 형식의 축이음을 선택해야 한다.

[그림 1-126] 플렉시블 커플링(Flexible Coupling)

2 축이음 중 플렉시블 커플링(Flexible Coupling)의 특징과 용도

축이음 중 플렉시블 커플링의 특징과 용도는 다음과 같다.
① 일직선상에 있는 축을 고무나 가죽을 사용하여 진동을 완화할 수 있게 한다.
② 회전축의 이동이 자유로운 커플링이다.
③ 두 축 중심이 약간 어긋나도 축의 수축 및 팽창을 이용하여 커플링의 균형을 유지한다.
④ 두 축의 중심선을 정확히 맞추기 어려운 경우에 주로 사용한다.
⑤ 축이음에 유연성이 있어서 충격과 진동 등을 감소시켜준다.
⑥ 베어링에 무리를 주지 않고 소음이 발생하지 않는 조용한 커플링이다.

MEMO

CHAPTER 02 재료역학 및 기계재료

[재료역학]

Section 1 **사용 응력**

① 개요

인장 시험 선도는 그 재료의 기계적 성질에 관한 유용한 자료를 제공하고 있다. 즉 이 선도로부터 그 재료의 비례 한도, 항복점 및 최후 강도 등을 알아낼 수 있으며, 그 값들을 알면 하나하나의 공학 문제에서 안전 응력(safe stress)이라고 생각되는 한 응력의 값을 결정할 수 있다. 이 응력을 보통 사용 응력(working stress)이라고 한다.

강철에 대한 사용 응력의 크기를 선정할 때 유의해야 할 것은, 그 재료는 비례 한도 이하의 응력에서는 완전 탄성체로 볼 수 있으나, 그 한도를 넘으면 변형의 일부가 하중이 제거된 뒤에도 영구 변형(permanent set)으로 남게 된다는 사실이다. 그러므로 구조물 내 탄성역 내에 머물게 하고 영구 변형의 가능성을 배제하기 위하여, 사용 응력을 그 재료의 비례 한도보다 충분히 낮게 잡는 것이 보통이다.

② 사용 응력

비례 한도를 결정하는 시험에는 만능재료시험기(UTM)를 사용하며 시험에서 비례 한도의 값은 어느 정도까지는 계측치의 정밀도의 영향을 받으므로 사용 응력의 크기를 결정하는 기준으로서 그 재료의 항복점 또는 최후 강도를 잡는 것이 보통이다. 즉, 항복점 응력 σ_{yp} 또는 최후 강도 σ_{ult}를 적당한 상수 n 또는 n_1으로 나눔으로써 사용 응력 σ_w 의 값을 다음과 같이 결정한다.

$$\sigma_w = \frac{\sigma_{yp}}{n} \text{ 또는 } \sigma_w = \frac{\sigma_{ult}}{n_1} \tag{2.1}$$

이 식의 n과 n_1을 안전계수(factor of safety)라고 한다. 구조용 강철에 있어서는 항복점을 사용 응력 결정의 기준으로 삼는 것이 합리적인데, 그 이유는 응력이 항복점에 달하면 공학적 구조물에서는 허용할 수 없는 영구 변형이 일어날 수 있기 때문이다. 이때, 그 구조물의 정하중만을 받는다면 안전계수를 $n=2$로 잡아 신중한 사용 응력의 값을 얻을 수 있다.

그러나 기계의 부분품이 흔히 받는 것과 같은 급격히 작용하는 하중 또는 변화하는 하중이 걸리는 경우에는 더 큰 안전계수가 필요할 것이다. 한편 강철, 콘크리트 및 각종 석재 등과 같은 취성 재료와 목재 같은 재료에 있어서는, 최후 강도를 사용 응력 결정의 기준으로 삼는 것이 보통이다.

타당한 안전 계수의 값은 그 구조물에 걸릴 외력의 추정의 정밀도와 그 구조물의 각 부재 속에 일어날 응력의 계산의 정밀도, 그리고 사용될 재료의 균질도 등을 고려하여 선정되어야 한다.

Section 2 극한 설계

① 개요

균일 응력을 받는 단순 인장 부재와 단순 압축 부재들로 이루어진 구조물은 붕괴 하중을 결정하고 그 $1/n$배에 해당하는 값을 사용 하중으로서 지정한다면, 그 구조물은 완전한 파괴에 대한 진정한 안전 계수 n을 가지게 된다. 극한 설계(limit design) 또는 소성 해석(plastic analysis)이라고 불리는 이 원리를 사용함으로써 일반적으로 더욱 효율적이고 경제적인 설계를 할 수 있기 때문에 구조 기술자들 사이에서 호평을 받으면서 사용되고 있다.

② 극한 설계

이 해석법에 있어서는, 보통 [그림 2-1]에 보인 것과 같이 이상화하는 것이 일례로 되어 있다. 즉, 강철에서는 응력과 변형도 사이의 비례 관계가 항복점까지 유지되고, 그 점을 넘으면 재료의 항복이 끝없이 계속 된다고 가정한다.

이와 같이 이상화된 재료는, 그 응력이 항복점보다 낮은 범위에서는 완전 탄성체이고, 그 응력이 항복점에 오면 완전 소성체로 된다. 여기서는 재료의 항복점이 인장과 압축에 대하여 동일한 값을 갖는다고 가정한다. 보통의 구조용 강철에 대해서는 그 항복점을 $2,800\text{kg/cm}^2$로 잡을 수 있다.

[그림 2-1] 변형률과 항복 응력의 관계

Section 3 응력-변형률 선도

1 응력-변형률 선도

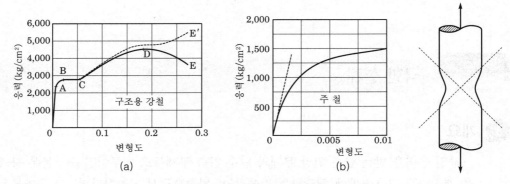

[그림 2-2] 응력과 변형률 선도(연강)

(1) 점 O-A : 비례 한도(proportional limit) σ_P

응력과 변형률이 비례 관계를 가지는 최대 응력을 말한다. 응력(stress)이 변형률 (strain)에 비례한다.

(2) 점 B, C : 항복점(yield point) σ_{yp}

응력이 탄성 한도를 지나면 곡선으로 되면서 σ가 커지다가 점 B에 도달하면 응력을 증가시키지 않아도 변형(소성 변형)이 갑자기 커진다. 이 점을 항복점이라 한다. B를 상 항복점, C를 하항복점이라 하고 보통은 하항복점을 항복점이라 한다.

(3) 점 D : 최후 강도 또는 인장 강도 σ_u

항복점을 지나면 재료는 경화(hardening) 현상이 일어나면서 다시 곡선을 그리다가 점 D에 이르러 응력의 최대값이 되며 이후는 그냥 늘어나다가 점 E에서 파단된다.

재료가 소성 변형을 받아도 큰 응력에 견딜 수 있는 성질을 가공 경화(work-hardening) 라 한다.

허용 응력(σ_a)과 안전율(n)

1 허용 응력

기계 혹은 구조물의 각 부재에 실제로 생기는 응력은 그 기계나 구조물의 안전을 위해서는 탄성 한도 이하의 값이어야 한다. 이러한 제한 내에서 각 부재에 실제로 생겨도 무방하거나 의도적으로 고려하는 응력을 허용 응력(allowable stress) 또는 사용 응력(working stress)이라고 한다.

허용 응력은 부재에 생겨도 안전할 수 있는 최대 응력이다.

① 연성 재료 : $\sigma_w = \dfrac{\sigma_{yp}}{n}$ (σ_{yp} : yielding point stress)

이때 $n = 2, 3, 4$

② 취성 재료 : $\sigma_w = \dfrac{\sigma_u}{n}$ (σ_u : ultimate stress)

2 안전율(n)

(1) 안전율(n)

허용 응력을 정하는 기본 사항은 재료의 인장 강도, 항복점, 피로 강도, 크리프 강도 등인데 이런 재료의 강도를 기준 강도(응력)라 하고, 이 기준 강도와 허용 응력과의 비를 안전율이라 한다.

$$안전율 = \frac{기준\ 강도(응력)}{허용(사용)\ 응력} > 1$$

(2) 안전율 고려 시 영향 인자

① 하중의 크기
② 하중의 종류(정하중, 반복 하중, 교번 하중)
③ 온도(열팽창)
④ 부식 분위기(주위 환경)
⑤ 재료 강도의 불균일
⑥ 치수 효과(조립 시 압축과 팽창에 기인)
⑦ 노치 효과(응력 집중)
⑧ 열처리 및 표면 다듬질(경도 불균일, 거칠기에 따른 미소한 응력 집중)
⑨ 마모(편마모에 따른 강도 약화)

금속 재료의 피로

① 개요

기계의 부분 중에는 변동하는 응력을 받는 것도 많으므로, 그런 응력 상태에서의 재료의 강도를 알 필요가 있다. 응력 상태가 반복되는 경우 또는 응력의 부호가 바뀌는 경우에는 정적 하중하에서의 최후 강도보다 낮은 응력에서 그 재료의 파괴가 일어난다. 이런 경우의 파괴 응력은 그 응력의 반복 횟수의 증가에 따라 감소한다. 이와 같이 반복 응력의 작용하에서 재료의 저항력이 감소하는 현상을 피로(fatigue)라고 하며, 그런 응력을 작용시키는 재료 시험을 피로 시험(endurance test)이라고 한다.

② 금속 재료의 피로

반복 응력 상태에서 최대 응력($\sigma_{\max}$)과 최소 응력($\sigma_{\min}$)의 대수적 차를 응력의 변역(range of stress)이라고 한다. 이 변역과 최대 응력을 지정하면 한 주기 내에서의 응력 상태는 완전히 결정된다. 한편, 이 경우의 평균 응력은 다음과 같다.

$$R = \sigma_{\max} - \sigma_{\min} \tag{2.2}$$

$$\sigma_m = \frac{1}{2}(\sigma_{\max} + \sigma_{\min}) \tag{2.3}$$

교번 응력(reversed stress)이라고 불리는 특별한 응력 상태에서는 $\sigma_{\min} = -\sigma_{\max}$이므로, $R = 2\sigma_{\max}$, $\sigma_m = 0$으로 된다. 주기적으로 변동하는 모든 응력 상태는 교번 응력과 일정한 평균 응력을 중첩하여 얻을 수 있다. 그러므로 변동하는 응력 상태에서의 최대 응력과 최소 응력은 다음과 같이 표시된다.

$$\sigma_{\max} = \sigma_m + \frac{R}{2}, \quad \sigma_{\min} = \sigma_m - \frac{R}{2} \tag{2.4}$$

피로 시험에서 하중을 작용시키는 방법은 여러 가지가 있으며, 그 시험편에 직접 인장, 직접 압축, 굽힘, 비틀림, 또는 조합 작용을 줄 수 있다. 이 중에서 가장 간단한 것은 교번 굽힘 작용을 주는 것이다. [그림 2-3]은 미국에서 흔히 사용되는 외팔보 모양의 피로 시험편을 나타낸다.

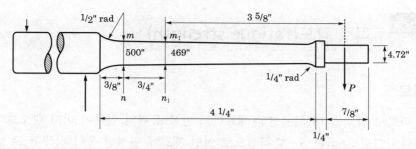

[그림 2-3] 피로 시험편

[그림 2-4]의 (a)에 보인 곡선은 여러 개의 연강 시험편을 하중 P의 여러 가지 값에서 시험하여 얻은 결과이다. 이 선도에서는 최대 응력 σ_{max}를 그 시험편의 파단에 소요된 반복 횟수 n의 함수로 표시하고 있다.

이 선도를 보면 처음에는 σ_{max}가 n의 증가에 따라 빨리 감소하지만, n이 400만을 넘으면 σ_{max}는 거의 변화하지 않고, 곡선은 점근적으로 수평선 $\sigma_{max}=1,900\text{kg/cm}^2$에 접근한다. 이와 같은 접근선에 대응하는 응력치를 그 재료의 피로 한도(endurance limit)라고 한다.

근래에는 피로 시험의 결과를 표시하는 선도에서 σ_{max}를 $\log n$에 대한 곡선으로 그리는 것이 관례로 되어 있다. 그와 같이 하면, 피로 한도는 그 곡선 상에서 뚜렷한 부러진 점으로 나타난다. [그림 2-4] (b)는 그런 곡선의 한 예이다.

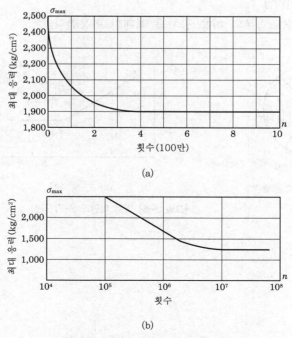

[그림 2-4] 반복 횟수와 최대 응력의 관계

Section 6 피로 강도(fatigue strength)

① 개요

피로로 파괴될 때에는 연성 재료라도 반복 응력의 진폭이 비례 한도보다 작아도 파괴된다. [그림 2-5]는 $S-N$ 곡선으로 어떤 재료에 일정한 응력 진폭 σ_a로 반복 횟수(피로 수명) N번 반복시켰을 때 파괴되는 것을 나타내는 것으로 탄소강의 경우 약 10^7회에서 (a)와 같이 곡선의 수평 부분이 뚜렷이 나타난다. 이때의 응력을 피로 한도(fatigue limit)라 한다.

② 피로 강도

$S-N$ 곡선의 경사부의 응력 진폭을 시간 강도라 하고 시간 강도에는 그 반복 횟수 N을 기록할 필요가 있다. 피로 한도와 시간 강도를 총칭해서 피로 강도라 하며 재료의 피로 강도에 영향을 미치는 요인은 다음과 같다.

① 치수 효과(재료의 치수가 클수록 피로 한도는 낮다.)
② 표면 효과(재료 표면의 거칠기 값이 클수록 피로 한도가 커진다.)
③ 노치 효과(표면 효과와 관계되며 표면의 거칠기 값의 산과 골의 편차가 크면 피로 한도가 커진다.)
④ 압입 효과(조립부의 허용 공차를 최대한 이용한다.)

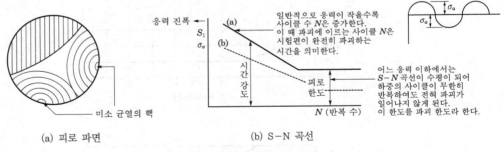

(a) 피로 파면　　　　　(b) S−N 곡선

[그림 2-5] 피로 파면과 S−N 곡선

응력 집중(concentration of stress)

1 개요

인장 혹은 압축을 받는 부재가 그 단면이 갑자기 변하는 부분이 있으면 그곳에 상당히 큰 응력이 발생한다. 이 현상을 응력 집중이라 한다. 즉 기계 및 구조물에서는 구조상 부득이하게 홈, 구멍, 나사, 돌기자국 등 단면의 치수와 형상이 급격히 변화하는 부분이 있게 마련이다. 이것들은 모두 노치(notch)라고 한다.

2 응력 집중

일반적으로 노치 근방에 생기는 응력은 노치를 고려하지 않은 공칭 응력보다 매우 큰 응력이 분포되며 [그림 2-6]에 이것과 공칭 응력 $\dfrac{P}{A}$와의 비를 응력 집중 계수 σ_k라고 한다.

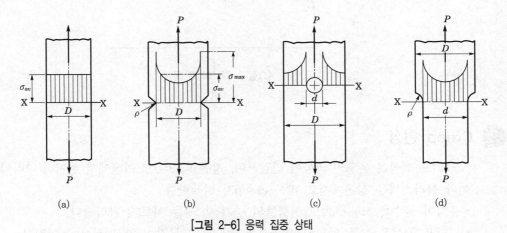

[그림 2-6] 응력 집중 상태

응력 집중 계수(factor of stress concentration) $\sigma_k = \dfrac{\sigma_{\max}}{\sigma_{av}}\left(=\dfrac{\tau_{\max}}{\tau_{av}}\right)$

부재 내부에 구멍이 있어도 응력 집중이 일어나며 노치의 모양, 크기에 따라 σ_k값이 달라진다. 이 응력 집중은 정하중일 때 연성 재료에서는 별 문제가 되지 않으나 취성 재료에서는 그 영향이 크다. 또한 반복 하중을 받는 경우에는 노치에 의해 발생하며 의외로 많은 피로 파괴의 사고가 발생한다.

Section 8

Creep 현상

1 개요

재료(원동기 장치, 화학 공장, 유도탄, 증기 원동기, 정유 공장 등)가 어느 온도 이내에서 일정 하중을 받으면서 장시간에 걸쳐 방치해 두면 재료의 응력이 일정함에도 불구하고 그 변형률은 시간의 경과에 따라 증대한다. 이러한 현상을 creep라 하고, 이의 변형률을 creep strain이라 한다.

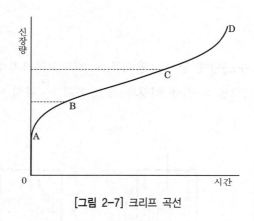

[그림 2-7] 크리프 곡선

2 Creep 현상

크리프 현상은 온도의 영향에 민감하며, 강은 약 350℃ 이상에서 현저히 나타나고, 동이나 플라스틱은 상온에서도 많은 creep가 발생한다.

- 응력이 클수록 creep 속도(변형률의 증가 속도)는 빠르게 나타난다.
- 크리프 곡선은 보통 파괴될 때까지 [그림 2-7]과 같이 3단계로 나누어진다.

① OA : 하중을 가한 순간 늘어난 초기 변형률(탄성 신장)

② AB(Ⅰ기) : 천이 크리프(transient creep)라 하며 가공 경화 때문에 변형률 속도가 감소하면서 늘어나는 영역

③ BC(Ⅱ기) : 정상(steady) 크리프라 하며 곡선의 경사가 거의 일정하고, 가공 경화와 그 온도에서의 풀림 효과가 비슷해서 변형률 속도가 일정한 단계

④ CD(Ⅲ기) : 가속 크리프의 영역이며 재료 내의 미소 균열의 성장 소성 변형에 의한 단면적 감소에 따른 응력 증가 등의 원인으로 크리프 속도는 시간과 함께 가속된다.

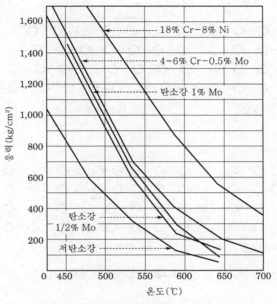

[그림 2-8] 각종 재료의 온도와 응력 관계

또한, [그림 2-8]은 온도 영역 내에서 몇 가지 합금강의 사용 응력, 즉 크리프 강도를 나타내지만 이 값은 입자의 크기, 열처리, 변형 경화에 따라 변화하므로 주의하면서 사용해야 한다.

Section 9 금속 재료의 기계적 성질(루더 밴드/가공 경화/바우싱거 효과/잔류 응력/응력 이완/탄성 여효)

(1) 루더 밴드(Luder's band)

연강의 $\sigma - \varepsilon$ 선도에서 응력이 상항복점에 도달하면 변형이 갑자기 커지기 시작하며 재료 내에 응력이 집중되고 있는 부분에 국부적인 소성 변형이 생기기 시작한다.

이러한 소성 변형은 각 결정이 가지고 있는 특유한 결정면에 따라 생기는 미끄럼(slip) 현상에 기인하며, 시험편 표면을 잘 연마하면 표면에 45° 경사된 방향으로 가늘고 흐린 불규칙한 줄이 나타난다. 이 선을 루더 밴드 또는 미끄럼대(slip band)라 하여 하항복점에서 시험편 전체에 퍼진다. 또한 [그림 2-9]는 결정의 변형 관계를 나타낸다.

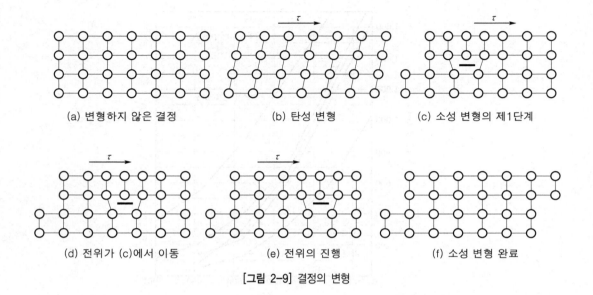

| (a) 변형하지 않은 결정 | (b) 탄성 변형 | (c) 소성 변형의 제1단계 |
| (d) 전위가 (c)에서 이동 | (e) 전위의 진행 | (f) 소성 변형 완료 |

[그림 2-9] 결정의 변형

(2) 가공 경화

상온에서 소성 변형을 받는 금속의 대부분은 변형이 증가함에 따라 변형 저항도 증가한다. 변형 저항은 재료를 영구히 변형시키는 데 필요한 단축 인장 또는 압축 항복 응력이다. 이것을 유동 응력(flow stress)이라 하고, 금속은 냉간에서 받은 소성일에 따라 변형 저항이 증가하는 성질을 가공 경화성(work hardenability)이라고 하며 가공 경화가 소성 가공에서 중요한 이유는 다음과 같다.

① 가공 후의 제품이 견고해진다.
② 힘과 변형의 관계에서 증가율뿐 아니라 양상이 다르다.
③ 변형할 수 있는 한계가 가공 경화성에 따라 다르다.

(3) 바우싱거 효과(Bauschinger effect)

J. Bauschinger가 1886년 철의 다결정에 대하여 발견하여 이 이름이 붙여졌다. 철·비철을 불문하고 다결정 금속에 방향이 다른 외력을 가하였을 때 항복점 변화가 나타나는 것을 바우싱거 효과(Bauschinger effect)라고 한다.

바우싱거 효과는 재료에 사전에 인장 하중을 주었는가, 압축 하중을 주었는가에 따라 크게 영향을 받는다. [그림 2-10]에서 시험편에 미리 연신을 주어 이것을 더욱 연신을 하려면 높은 응력이 필요하며, 한편 미리 압축을 시켜주면 연신할 때 항복점은 매우 낮아진다.

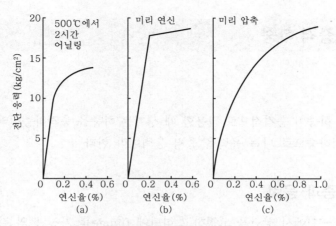

[그림 2-10] 다결정 황동의 바우싱거의 효과

(4) 잔류 응력(residual stress)

잔류 응력은 다음과 같은 환경에서 발생한다.

① 하중을 가하다가 제거하면 각 결정 방위가 변형 전의 상태로 복귀되어 방해를 받기 때문에, 결정마다 다른 초기의 잔류 응력이 생겨 결정 내에 응력이 남게 되는 경우

② 열처리 시에 재료 표면과 내부와의 온도가 불균일해서 생기는 것(예로서, 냉각 속도에 차이가 있을 때 냉각이 빠른 표면은 먼저 수축되지만 내부는 수축이 방해되어 결국 인장 응력이 생긴다)

③ 변태로 인한 체적 변화 때문에 생기는 것 등

이 잔류 응력과 가공 경화를 없애려면 풀림(annealing) 처리를 해 준다.

(5) 응력 이완(stress relaxation)

이는 크리프와 일정한 관계가 있는 현상으로 변형률을 일정하게 유지하도록 하중을 주었을 때 응력이 시간과 더불어 감소되는 현상을 말한다. 고온에서 사용하는 스프링, 고정용 볼트 등에서 생기는 현상이며, 패킹이 느슨해지는 원인은 고온에서 조임 볼트의 죄는 힘이 감소하기 때문이다.

(6) 탄성 여효(elastic after-effect)

항복 응력에 가깝기는 하나 탄성 범위에 있는 응력으로 부가한 후 이것을 제거하면 변형이 바로 없어지지 않고, 일단 잔류 변형이 나타나고 시간이 경과함에 따라 변형이 서서히 소멸하는 현상을 볼 수 있다. 이것을 탄성 여효(elastic after-effect)라고 한다. 결정의 일부에 소성 변형이 생기는 것이 그 원인이다.

충격 하중

1 개요

재료에 하중이 충격적으로 작용할 때 생기는 하중을 충격하중이라 하며, 그 때의 단면적을 충격하중으로 나눈 응력을 충격 응력이라 한다.

2 충격 하중과 응력

[그림 2-11]에서 상단을 고정하고 하단에 flange를 가진 봉의 길이를 l, 단면적을 A라 하고, 중량이 W인 추를 높이 h에서 낙하시켜 flange B에 충돌하여 봉에 충격을 주었다면 최대 신장이 λ일 때 추는 $W(h+\lambda)$의 일을 한다.

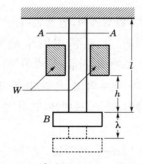

[그림 2-11] 충격 하중에 의한 응력

이 일량이 봉 내에 변형 에너지로 저축된다고 가정하면

$$W(h+\lambda) = \frac{1}{2}P\lambda \tag{2.5}$$

또한

$$W(h+\lambda) = \frac{1}{2}\sigma A\lambda \tag{2.6}$$

$\varepsilon = \dfrac{\sigma}{E} = \dfrac{\lambda}{l}$의 관계식을 대입하면

$$\frac{1}{2}\sigma A\,\frac{\sigma l}{E} = W\left(h + \frac{\sigma l}{E}\right) \tag{2.7}$$

σ의 값을 구하면($\sigma > 0$인 경우) 다음과 같다.

$$\sigma = \frac{W}{A}\left(1 + \sqrt{1 + \frac{2EAh}{Wl}}\right) \tag{2.8}$$

지금, 봉에 정하중 W가 가해졌을 때 인장 응력을 σ_o, 신장을 λ_o로 하면

$$\sigma_o = \frac{W}{A}, \quad \lambda_o = \frac{Wl}{AE} = \frac{\sigma_o l}{E}$$

이 σ_o, λ_o를 사용하여 충격 응력 σ를 고쳐쓰면

$$\sigma = \frac{W}{A}\left(1 + \sqrt{1 + \frac{2h}{\lambda_o}}\right) \tag{2.9}$$

여기서, $1 + \sqrt{1 + \frac{2h}{\lambda_o}}$ 를 충격 계수(impact factor)라 한다.

예제

그림과 같이 강선의 한 끝에 달려 있는 중량 50kg의 물체가 갑자기 튕겼다. 자유낙하 후에 강선이 받는 최대 충격 응력을 구하여라. (단, 강선의 탄성 계수 $E=$ 2.1×10⁴kg/mm², 강선의 직경 $d=$2mm이며, 강선의 길이 $l=$1,000mm, 낙하 높이 $h=$100mm이다.)

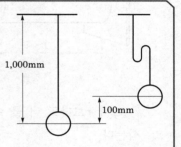

풀이 정하중의 응력

$$\sigma_{st} = \frac{W}{\frac{\pi d^2}{4}} = \frac{50}{\frac{\pi \times 2^2}{4}} = 15.92 \text{kgf/mm}^2$$

정하중 시 늘어난 길이

$$\lambda_o = \frac{Pl}{AE} = \sigma_{st}\frac{l}{E} = 15.92 \times \frac{1,000}{2.1 \times 10^4} = 0.758 \text{mm}$$

충격 계수 $\left(1 + \sqrt{1 + \frac{2h}{\lambda_o}}\right) = \left(1 + \sqrt{1 + \frac{2 \times 120}{0.758}}\right) = 17.274$

충격 시의 응력

$$\sigma = \sigma_{st}\left(1 + \sqrt{1 + \frac{2h}{\lambda_o}}\right) = 15.92 \times 17.274 = 275 \text{kgf/mm}^2$$

충격 시 늘어난 길이

$$\lambda = \lambda_o\left(1 + \sqrt{1 + \frac{2h}{\lambda_o}}\right) = 0.758 \times 17.274 = 13.1 \text{mm}$$

굽힘과 비틀림으로 인한 조합응력

1 굽힘과 비틀림을 같이 받는 보

비틀림 모멘트 T와 굽힘 모멘트 M을 동시에 받을 때 최대 전단 응력 $\tau_{\max}$와 최대 굽힘 응력 $\sigma_{\max}$는 고정단 단면의 위 표면에 생긴다.

$$\sigma_x = \frac{M}{I}y = \frac{32M}{\pi d^3} = \frac{M}{Z}, \quad Z = \frac{16T}{\pi d^3} = \frac{T}{2Z}$$

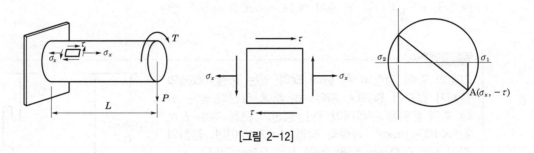

[그림 2-12]

σ_x나 τ보다도 더 클 수 있는 최대 주응력 σ_2와 주전단 응력 $\tau_{\max}$를 설계의 기준으로 삼는다.

$$\sigma_1 = \frac{\sigma_x}{2} + \sqrt{\left(\frac{\sigma_x}{2}\right)^2 + \tau^2} = \frac{\left(M + \sqrt{M^2 + T^2}\right)}{2Z}$$

$$\tau_{\max} = \sqrt{\left(\frac{\sigma_x}{2}\right)^2 + \tau^2} = \frac{\sqrt{M^2 + T^2}}{2Z}$$

$M_e = \dfrac{M + \sqrt{M^2 + T^2}}{2}$ 이라 놓으면 $\sigma_1 = \dfrac{M_e}{Z}$ 가 된다.

여기서, M_e를 상당 굽힘 모멘트(equivalemt bending moment) $T_e = \sqrt{M^2 + T^2}$ 이라 놓으면 $\tau_{\max} = \dfrac{T_e}{Z_P}$ 가 된다.

여기서, T_e : 등가 비틀림 모멘트(equivalent twisting moment)

예제

그림과 같은 풀리(pulley)의 직경이 800mm, 무게가 50kg이고 벨트의 장력은 100kg, 50kg이다. 허용 굽힘 응력이 5kg/mm², 허용 벨트 응력이 4kg/mm²일 때 축의 직경을 구하여라.

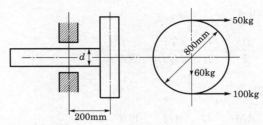

풀이 $P = \sqrt{150^2 + 60^2} = 10\sqrt{261} = 161.5\text{kg}$

$M = 161 \times 20 = 3,200\text{kg} \cdot \text{cm}$

$T = (100 - 50) \times \dfrac{80}{2} = 2,000\text{kg} \cdot \text{cm}$

$T_e = \sqrt{M^2 + T^2} = \sqrt{3,200^2 + 2,000^2} = 3773.6\text{kg} \cdot \text{cm}$

$M_e = \dfrac{1}{2}(M + \sqrt{M^2 + T^2}) = \dfrac{1}{2} \times (3,200 + \sqrt{3,200^2 + 2,000^2}) = 3486.8\text{kg} \cdot \text{cm}$

$\sigma_x = \dfrac{M_e}{I}y = \dfrac{M_e}{\pi d^4}\dfrac{64}{} \times \dfrac{d}{2}$

$d^3 = \dfrac{32M_e}{\pi\sigma_a} \qquad \therefore \ d = \sqrt[3]{\dfrac{32 \times 3,500}{\pi \times 500}} = 4.2\text{cm}$ ⋯⋯⋯⋯⋯⋯⋯⋯⋯⋯⋯ ㉠

$\tau_a = \dfrac{T}{I_P}r = \dfrac{T \times 32d}{\pi d^4 \ 2}$

$d^3 = \dfrac{16T}{\pi\tau_a}$

$\therefore \ d = \sqrt[3]{\dfrac{16 \times 3,800}{\pi \times 400}} = 3.64\text{cm}$ ⋯⋯⋯⋯⋯⋯⋯⋯⋯⋯⋯⋯⋯ ㉡

$\therefore$ ㉠과 ㉡ 중 최댓값 $d = 4.2\text{cm}$

Section 12 | 탄성 변형 에너지법

① 변형 에너지

① 인장(압축)의 변형 에너지

$$U = \frac{P\delta}{2} = \frac{P}{2} \times \frac{Pl}{AE} = \frac{P^2 l}{2AE}$$

② 순수 전단

$$U = \frac{F\delta}{2} = \frac{F}{2} \times \frac{Fl}{GA} = \frac{F^2 l}{2GA}$$

③ 비틀림(torsion)

$$U = \frac{T\phi}{2} = \frac{T}{2} \times \frac{Tl}{2GI_P} = \frac{T^2 l}{2GI_P}$$

④ 굽힘(bending)

$$U = \frac{M\theta}{2} = \frac{M}{2} \times \frac{Ml}{EI} = \frac{M^2 l}{2EI}$$

2 인장, 압축, 굽힘, 비틀림

① 인장, 압축

$$U = \int \frac{P^2 dx}{2AE} \longrightarrow \frac{\partial U}{\partial P} = \delta$$

② 굽힘

$$U = \int \frac{M^2 dx}{2EI} \longrightarrow \frac{\partial U}{\partial M} = \theta$$

③ 비틀림

$$U = \int \frac{T^2 dx}{2GI_P} \longrightarrow \frac{\partial U}{\partial T} = \varphi$$

Section 13

탄성 에너지식

1 탄성 에너지식

인장(압축) 전단, 비틀림, 굽힘 등에서 외부 에너지(U_{ex})는 그 전부가 내부 에너지로 저장된다(물론 탄성 한도 이하이며, 작은 에너지 손실은 무시한다).

U_{ex}=내부 에너지(U)로 성립한다. 물체 s가 P_1, P_2, P_3, $\cdots$, P_n의 정하중을 받을 때 반력은 x_1, x_2, x_3, $\cdots$, x_n 변위가 δ_1, δ_2, δ_3, $\cdots$, δ_n이라 할 때 변형 에너지는 다음과 같다.

$$U = \frac{1}{2}P_1\delta_1 + \frac{1}{2}P_2\delta_2 + \frac{1}{2}P_3\delta_3 + \cdots + \frac{1}{2}P_n\delta_n = \frac{1}{2}\sum_{i=1}^{n}P_i\delta_i$$

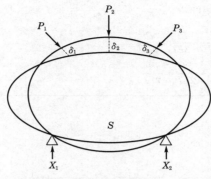

[그림 2-13]

① δ는 각각의 하중에 의하여 생긴 것이다.

② 힘의 작용 순서에 관계없이 최종적으로 내부에 저장된 에너지값은 같다.

③ 반력은 변위가 없으므로 일(work)을 하지 않는다.

　이때 δ는 일반 변위로서 신장량(δ), 비틀림각(ϕ), 굽힘 기울기(θ), 전단 변위(γ)를 포괄하는 말이다.

※ 대칭 단면보에서의 전단력의 영향을 무시할 수 있다.

$$y_B = \int_0^l \frac{MM_1}{EI}dx \ \leftarrow M_1 = \frac{\partial M}{\partial P}$$

$$\theta_B = \int_0^l \frac{MM_1}{EI}dx \ \leftarrow M_1 = \frac{\partial M}{\partial M_o}$$

여기서, M_o : B점에 작용된 모멘트

예제

에너지 method를 이용하여 처짐 y_B와 θ_B를 구하여라.

풀이 $M = -M_o - P_o x$

$$y_B = \int_0^l \frac{-(M_o + Px)}{EI}(-x)dx \ \leftarrow M_1 = \frac{\partial M}{\partial P} = (-x)$$

$$= \frac{M_o l^2}{2EI} + \frac{Pl^3}{3EI}$$

$$\theta_B = \int_0^l \frac{-(M_o + Px)}{EI}(-1) \ \leftarrow M_1 = \frac{\partial M}{\partial M_o} = (-1)$$

$$= \frac{M_o l}{EI} + \frac{Pl^2}{2EI}$$

예제

에너지 method를 이용하여 처짐 y_B와 θ_B를 구하여라.

풀이 가상일의 정리를 이용하여 위 문제에서 M_o가 가상으로 존재한다고 푼 뒤에 결과식에 M_o를 "0"으로 두면 된다.

$$y_B = \frac{M_o l^2}{2EI} + \frac{Pl^3}{3EI} = \frac{Pl^3}{3EI}$$

$$\theta_B = \frac{M_o l}{EI} + \frac{Pl^2}{2EI} = \frac{Pl^2}{2EI}$$

Section 14 카스틸리아노(castigliano)의 정리

1 카스틸리아노(castigliano)의 정리

공간 내에서 완전히 구속된 탄성체 또는 [그림 2-14]에서 구조물 AB가 외력 P_1, P_2, P_3, …을 받는 경우를 생각해 보자. 재료가 Hooke의 법칙을 따르고, 그 변형량들이 미소하다면 보통 외력의 작용점의 변위는 외력의 1차 함수로 되고, 따라서 중첩의 원리가 적용된다. 이 때 외력들을 받는 계 속에 저장되는 변형 에너지는 외력에 의해서 이루어지는 일과 같고 저장되는 변형 에너지는

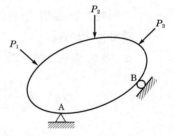

[그림 2-14]

$$U = \frac{1}{2}\left(P_1 \delta_1 + P_2 \delta_2 + P_3 \delta_3 + \cdots\right) \tag{2.10}$$

이며, 변형 에너지 U가 계 속에 저장된 뒤에 그들 중 하중 P_n을 dP_n만큼 증가시켰다면 에너지 증가량은

$$U + \frac{\partial U}{\partial P_n}dP_n \tag{2.11}$$

하중 dP_n의 작용점에도 δ_n만큼의 변위가 일어나므로 최후 상태에서의 변형 에너지량은

$$U + dP_n \delta_n \tag{2.12}$$

식 (2.11)과 식 (2.12)의 두 에너지량은 같아야 하므로

$$U + \frac{\partial U}{\partial P_n} dP_n = U + dP_n \delta_n$$

$$\therefore \quad \delta_n = \frac{\partial U}{\partial P_n} \tag{2.13}$$

이것이 Castigliano의 정리의 일반형이다.

Section 15 **최소일의 원리**

1 최소일의 원리

Castigliano의 제2 정리에 의하면, 어떤 구조물의 변형 에너지를 구조물에 작용하는 한 외력에 관해서 1차 편미분한 것은 하중의 작용점에서 하중 방향으로 생기는 변형과 같다. 즉,

$$\delta_n = \frac{\partial U}{\partial P_n} \tag{2.14}$$

위의 정리가 구조물의 해석에 어떻게 사용되는가를 보이기 위해서 [그림 2-15]와 같은 보를 생각하고 임의의 미지 반력(예를 들어, R_1) 작용점의 변형은 0이라는 것을 생각하면

$$\frac{\partial U}{\partial R_1} = 0 \tag{2.15}$$

다시 말해 부정정 구조물에서 여력은 그 계의 변형 에너지를 최소로 하는 값이라는 것을 알 수 있다. 이런 방법, 즉 부정정 구조물을 해석하는 절차를 최소일의 원리라 한다.

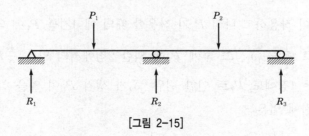

[그림 2-15]

예제

그림과 같은 균일 단면 부재가 상단과 하단에서 고정되어 있으며 3분점인 B점에서 P의 하중을 받고 있다. 상단과 하단에서의 반력을 구하여라.

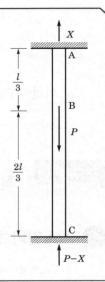

풀이 변형 일치법에 의해서 풀 수 있다.

즉, AB의 신장량을 BC의 압축 변형과 등치함으로써

$$\frac{X}{AE} \times \frac{l}{3} = \frac{P-X}{AE} \times \frac{2l}{3}, \quad X = \frac{2}{3}P$$

또는 최소일의 원리로부터

$$\frac{\partial}{\partial X}\left[\frac{X^3}{2AE} \times \frac{l}{3} + \frac{(P-X)^2}{2AE} \times \frac{2l}{3}\right] = 0$$

$$X = \frac{2}{3}P$$

Section 16 상반 정리(Maxwells theorm)

1 상반 정리(Maxwells theorm)

탄성체 S에 제1군의 하중과 제2군의 하중이 작용한다고 하자.

P_1에 의한 1, 2의 점의 변위를 $_1\delta_1$, $_1\delta_2$
P_2에 의한 1, 2의 점의 변위를 $_2\delta_1$, $_2\delta_2$
하중↙ ↘자리

먼저 P_1이 작용하고 나서 P_2가 작용할 때의 에너지를 P_1에 의한 1점에서의 변위 $_1\delta_1$이 생기므로 $\frac{1}{2}P_1 {_1\delta_1}$, 그 후에 P_2에 의한 2점에서의 일은 $\frac{1}{2}P_2 {_2\delta_2}$, 또한 P_1이 이미 선착해 있는 1점에도 P_2로 인한 변위 $_2\delta_2$가 생겨 P_1이 일을 하게 된다.

따라서 전체 일은

$$U = \frac{1}{2}P_1 {_1\delta_1} + \frac{1}{2}P_2 {_2\delta_2} + \frac{1}{2}P_1 {_2\delta_1} \tag{2.16)(a}$$

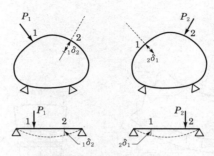

[그림 2-16] 상반 정리 설명도

다음은 P_2가 작용하고 나서 P_1이 작용할 때의 에너지는 P_2에 의한 2점에서의 변위 $_2\delta_2$에 의한 일은 $\frac{1}{2}P_2{_2}\delta_2$, 그 후에 P_1에 의한 1점에서의 일은 $\frac{1}{2}P_1{_1}\delta_1$, 또한 P_2가 이미 선착한 2점에는 P_1에 의한 변위 $_1\delta_2$가 생겨 P_2가 일을 하게 된다. 그 일은 $P_2{_1}\delta_2$이다. 전체 에너지는

$$U = \frac{1}{2}P_2{_2}\delta_2 + \frac{1}{2}P_1{_1}\delta_1 + \frac{1}{2}P_2{_1}\delta_2 \tag{2.16}(b)$$

탄성체 내에 저장되는 에너지는 힘의 순서와 관계없이 최종 상태가 같은 것이므로

$$P_1{_2}\delta_1 = P_2{_1}\delta_2$$

상반 정리(Maxwells law) $\begin{cases} P_1 = P_2 \longrightarrow _1\delta_2 = _2\delta_1 \\ P_1 = 1 \longrightarrow _2\delta_1 = P_2{_1}\delta_2 \end{cases}$

<h2>Section 17 탄성 곡선의 미분 방정식</h2>

① 보 속의 굽힘 응력

[그림 2-17]에서 변형이 일어난 후 인접 단면 GB와 G′D는 O점에서 만나게 된다. 그들이 이루는 각을 $d\theta$라고 하고, 보의 중립축의 곡률을 $\frac{1}{\rho}$이라고 하면 $d\theta = \frac{dx}{\rho}$의 관계가 성립한다. 그림에서 중립면으로부터 거리 y만큼 떨어진 곳에 임의의 섬유 토막의 길이 EF $= yd\theta$만큼 늘어나며 EF $= dx$이므로 변형도는

$$\varepsilon = \frac{yd\theta}{dx} = \frac{y}{\rho} \tag{2.17}$$

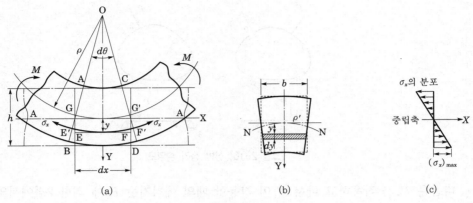

[그림 2-17] 보의 굽힘 응력

섬유 속의 응력은

$$\sigma_x = \varepsilon E = \frac{E}{\rho} y \tag{2.18}$$

또한 [그림 2-18]에서 y만큼 떨어진 곳에 면적 요소를 dA라고 하면

$$\sigma_x\, dA = \frac{E}{\rho} y\, dA \tag{2.19}$$

$\sigma_x\, dA$를 그 단면의 면적 전체에 걸쳐 적분하면

$$\frac{E}{\rho} \int y\, dA = 0 \tag{2.20}$$

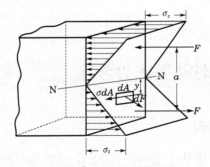

[그림 2-18] 보 속의 저항 모멘트

$\sigma_x\, dA$의 그 단면의 중립축에 관한 모멘트는 $dM = y\sigma_x\, dA$와 같으므로

$$M = \int_A y\sigma_x\, dA = \frac{E}{\rho} \int_A y^2 dA \tag{2.21}$$

여기서, $\displaystyle\int_A y^2 dA = I$ (2차 모멘트 : moment of inertia)이며 식 (2.21)은

$$\frac{1}{\rho} = \frac{M}{EI} \text{ : 굽힘 강성 계수(flexural rigidity)} \tag{2.22}$$

[그림 2-19]에서 $ds = \rho d\theta$의 관계를 얻을 수 있고 다음 식으로 나타낼 수가 있다.

$$\frac{d\theta}{ds} = \frac{1}{\rho} \tag{2.23}$$

또한 근사적으로 $ds \approx dx$, $\theta \approx \dfrac{dy}{dx}$로 볼 수 있으므로

$$\left|\frac{d^2 y}{dx^2}\right| = \frac{1}{\rho} \tag{2.24}$$

식 (2.22)와 식 (2.24)를 결합하면

$$\frac{d^2 y}{dx^2} = \pm\frac{M}{EI} \text{(탄성 곡선의 미분 방정식)} \tag{2.25}$$

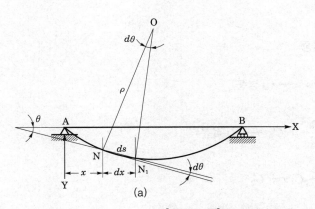
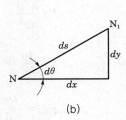

[그림 2-19] 보의 탄성 곡선

보의 처짐(deflection of beam)

탄성선의 미분 방정식을 적분하면 보의 처짐각 및 처짐을 구할 수 있다.

$$EIy = -\int dx = \delta \ : \ \text{처짐}$$

$$EI\frac{dy}{dx} = -\int M dx = \theta \ : \ \text{처짐각}$$

$$EI\frac{d^2 y}{dx^2} = -\int W dx dx = -M \ : \ \text{굽힘 모멘트}$$

$$EI\frac{d^3 y}{dx^3} = -\frac{dM}{dx} = -F \ : \ \text{전단력}$$

$$EI\frac{d^4 y}{dx^4} = -\frac{d^2 M}{dx^2} = -\frac{dF}{dx} = -w \ : \ \text{하중 및 힘의 세기}$$

❶ 외팔보의 처짐

① 자유단에서의 집중 하중

$$EI\frac{d^2 y}{dx^2} = Px \quad \longrightarrow \ (\text{적분})$$

$$EI\frac{dy}{dx} = \frac{Px^2}{2} + C_1 \quad \longrightarrow \ (\text{적분})$$

$$EIy = \frac{Px^3}{6} + C_1 x + C_2$$

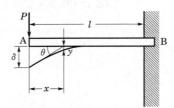

[그림 2-20] 자유단에 집중 하중을 받는 외팔보의 처짐

(경계 조건)
$$\begin{cases} \dfrac{dy}{dx} = 0, \;\; C_1 = -\dfrac{Pl^2}{2} \\[2mm] \text{at} \;\; x = l \\[2mm] y = 0, \;\; C_2 = \dfrac{Pl^3}{3} \end{cases}$$

$$\frac{dy}{dx} = \frac{P}{2EI}(x^2 - l^2) \tag{2.26}$$

$$y = \frac{P}{6EI}(x^3 - 3l^2 x + 2l^3) \tag{2.27}$$

$$\left(\frac{dy}{dx}\right)_{\max} = \theta = -\frac{Pl^2}{2EI} \tag{2.28}$$

$$y_{\max} = \delta = \frac{Pl^3}{3EI} \tag{2.29}$$

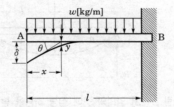

[그림 2-21] 균일 분포 하중을 받는 외팔보의 처짐

② 균일 분포 하중

$$EI\frac{d^2 y}{dx^2} = -M = -w_o \frac{x^2}{2} \longrightarrow (\text{적분})$$

$$EI\frac{dy}{dx} = \frac{w_o x^3}{6} + C_1 \longrightarrow (\text{적분})$$

$$EIy = \frac{w_o x^4}{24} + C_1 x + C_2$$

(경계 조건)
$$\begin{cases} \dfrac{dy}{dx} = 0, \;\; C_1 = \dfrac{-wl^3}{6} \\[2mm] \text{at} \;\; x = l \\[2mm] y = 0, \;\; C_2 = \dfrac{wl^4}{8} \end{cases}$$

$$\frac{dy}{dx} = \frac{w}{6EI}(x^3 - l^3) \tag{2.30}$$

$$y = \frac{w}{24EI}(x^4 - 4l^3x + 3l^4) \tag{2.31}$$

$x = 0$에서 $\dfrac{dy}{dx}$, y 의 값이 최대가 된다.

$$\left(\frac{dy}{dx}\right)_{\max} = \theta = -\frac{wl^3}{6EI} \tag{2.32}$$

$$y_{\max} = \delta = \frac{wl^4}{8EI} \tag{2.33}$$

② 단순보에서의 처짐

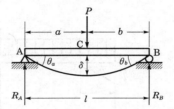

[그림 2-22] 임의의 곳에 집중 하중을 받는 단순보의 처짐

① 집중 하중을 받는 경우

$$0 < x < \frac{l}{2}, \quad \frac{d^2y}{dx^2} = -\frac{M}{EI} = -\frac{P}{2EI}x \quad \text{(경계 조건)}$$

적분
$$\begin{cases} y = 0 \text{ at } x = 0 \\ \dfrac{dy}{dx} = -\dfrac{P}{4EI}x^3 + C_1 \\ \dfrac{dy}{dx} = 0 \text{ at } x = \dfrac{l}{2} \end{cases}$$

적분 $y = \dfrac{-P}{12EI}x^3 + C_1 x + C_2, \quad C_1 = \dfrac{P}{4EI} \times \dfrac{l^2}{4} = \dfrac{Pl^2}{16EI}, \quad C_2 = 0$

$$\frac{dy}{dx} = -\frac{P}{4EI}x^2 + \frac{Pl^2}{16EI} \tag{2.34}$$

$$y = -\frac{P}{12EI}x^3 + \frac{Pl^2}{16EI}x \tag{2.35}$$

$$\left(\frac{dy}{dx}\right)_{\max,\,x=0} = \theta = \frac{Pl^2}{16EI} \tag{2.36}$$

$$y_{\max,\,x=0} = \delta = \frac{Pl^3}{48EI} \tag{2.37}$$

② 분포 하중

$$V = -wx + \frac{w}{2}l, \quad M = \frac{xl}{2}x - \frac{wx^2}{2}$$

$$\frac{d^2y}{dx^2} = -\frac{M}{EI} = \frac{1}{EI}\left(-\frac{wl}{2}x + \frac{wx^2}{2}\right)$$

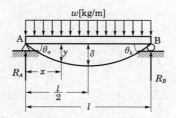

[그림 2-23] 균일 분포 하중을 받는 단순보의 처짐

(경계 조건)
$$\begin{cases} \dfrac{dy}{dx} = 0 \ \text{at} \ x = \dfrac{l}{2} \\[2mm] \dfrac{dy}{dx} = \dfrac{1}{EI}\left(-\dfrac{wl}{4}x^2 + \dfrac{wx^3}{6}\right) + C_1 \end{cases}$$
$$y = 0 \ \text{at} \ x = 0$$

$$y = \frac{1}{EI}\left(-\frac{wl}{12}x^3 + \frac{w}{24}x^4\right) + C_1 x + C_2$$

$$C_1 = \frac{wl^3}{24EI}, \ \ C_2 = 0$$

$$\frac{dy}{dx} = \frac{w}{24EI}(4x^3 - 6lx^2 + l^3) \tag{2.38}$$

$$y = \frac{w\,x}{24EI}(x^3 - 2lx^2 + l^3) \tag{2.39}$$

$$\left(\frac{dy}{dx}\right)_{\max} = \theta = \frac{wl^3}{24EI} \tag{2.40}$$

$$y_{\max,\,x=l/2} = \delta = \frac{5wl^4}{384EI} \tag{2.41}$$

예제

단순 지지보 AB가 그림과 같은 삼각형으로 분포하는 횡하중을 받고 있다. 이 분포 하중의 세기는 B에서 최대치 w_o에 달한다. 최대 굽힘 모멘트가 걸리는 단면의 위치 x와 그 크기를 구하여라.

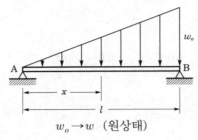

$w_o \rightarrow w$ (원상태)

풀이 $R_A + R_B = wl\dfrac{1}{2}$

$R_B l = w\dfrac{l}{2} \cdot \dfrac{2l}{3}$

$\therefore R_B = \dfrac{wl}{3},\ R_A = \dfrac{wl}{6}$

$V = R_A - w\dfrac{x}{l}x\dfrac{1}{2} = \dfrac{wx}{6} - \dfrac{w}{2l}x^2$

$M = R_A x - w\dfrac{x}{l}\dfrac{x}{2} \times \dfrac{x}{3} = \dfrac{wl}{6}x - \dfrac{w}{6l}x^3$

※ 최대 굽힘 모멘트가 걸리기. 위해서는 전단력 V가 "0"이 되는 x값이다.

$V = 0\ ;\ \dfrac{wx}{6} - \dfrac{w}{2l}x^2 = 0$

$\therefore x = \dfrac{2}{6}l = \dfrac{1}{3}l$

$M_{\max} = M_{x=l/3} = \dfrac{wl}{6} \times \dfrac{1}{3}l - \dfrac{w}{6l}\left(\dfrac{l}{3}\right)^3 = \dfrac{4}{81}wl^2$

예제

외팔보에 균일 분포 하중이 작용할 때 자유단에서의 처짐량 $\delta = 6\mathrm{cm}$, 자유단에서의 처짐 곡선의 기울기가 $\theta = 1.14°$일 때 이 보의 길이를 구하여라. (단, $E = 2.1 \times 10^4 \mathrm{kg/cm^2}$이다.)

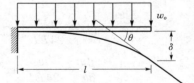

풀이 $\theta = 1.14° = \dfrac{w_o l^3}{6EI}$ ....①

$y_{\max} = \delta = \dfrac{w_o l^4}{8EI} = 6\mathrm{cm}$ ....②

식 ① $\dfrac{w_o l^3}{EI} = 6 \times 1.14 \times \dfrac{\pi}{180} = 0.119$

$\delta = \dfrac{1}{3}\left(\dfrac{w_o l^3}{EI}\right)l = 6$

$$\therefore l = \frac{48}{\dfrac{w_o l^3}{EI}} = 403.36 \text{cm}$$

예제

다음 그림의 보의 처짐과 반력을 구하여라.

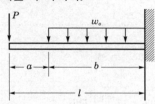

풀이 F.B.D

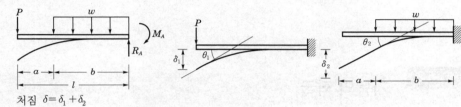

처짐 $\delta = \delta_1 + \delta_2$

$$R_a = wb + P, \quad M_A = Pl + w_o b\frac{b}{2}$$

$$\delta_1 = \frac{Pl^3}{3EI}, \quad \delta_2 = \frac{w_o b^4}{8EI} + \frac{w_o b^3}{6EI}a$$

$$\therefore \ \delta = \delta_1 + \delta_2 = \frac{Pl^3}{3EI} + \frac{w_o b^4}{8EI} + \frac{w_o b^3}{6EI}a$$

Section 19 비틀림 강성(torsional stiffness)

비틀림 강성은 다음과 같다.

$$\theta = \frac{Tl}{GI_P}$$

↳ angle of twist $\quad T$: torsion stiffness(강성)
중실축 $\qquad\qquad\qquad$ 중공축

$$\frac{T}{\theta} = \frac{GI_P}{l} = \frac{G\pi D^4}{32l} = \frac{G\pi(D_o^4 - D_i^4)}{32l}$$

예제

지름 80mm의 중실축과 비틀림 강도가 같고 내외경 비가 X=0.8인 중공축의 바깥 지름을 구하여라. (단, 재질은 같다.)

풀이 $\dfrac{G}{l}\dfrac{\pi D^4}{32} = \dfrac{G}{l}\dfrac{\pi(D_o{}^4 - D_i{}^4)}{32}$

$\qquad D^4 = D_o{}^4 - D_i{}^4$ .... ①

$\qquad \dfrac{D_i}{D_o} = 0.8$ .... ②

식 ①, ②에서 $D_o{}^4 - 0.8 D_o{}^4 = 80^4$

$\qquad 0.5904 D_o{}^4 = 80^4$

$\qquad \therefore D_o = 91.26\,\text{mm}, \quad D_i = 73.01\,\text{mm}$

Section 20 기둥의 좌굴

1 개요

단면의 크기에 비하여 길이가 긴 봉에 압축 하중이 작용할 때 이를 기둥(column)이라 하고 길이가 길면 재질의 불균질, 기둥의 중심선과 하중 방향이 일치하지 않을 때, 기둥의 중심선이 곧은 직선이 아닐 때 등의 원인에 의하여 굽힘이 발생하게 된다.

이와 같이 축압축력에 의하여 굽힘되어 파괴되는 현상을 좌굴(buckling)이라 하고 이때 하중의 크기를 좌굴 하중이라고 한다.

2 기둥의 좌굴

(1) 세장비(slenderness ratio) : λ

기둥의 길이 l과 최소 단면 2차 반경 k와의 비 l/k은 기둥의 변곡되는 정도를 비교하는 것 외에도 대단히 중요한 값

$$\lambda = \frac{l}{k}$$
$\llcorner$ 세장비

$$k = \sqrt{\frac{I}{A}}$$
$\llcorner$ 최소 단면
  2차 반경

- $\lambda < 30$: 단주(short column)
- $30 < \lambda < 150$: 중간주(medium column)
- $\lambda > 150$: 장주(long column)

- l : 최소 단면 2차 모멘트(cm^4)
- A : 단면적(cm^2)

(2) 좌굴 하중(오일러의 공식) : P_B

$$P_B = n\pi^2 \frac{EI}{l^2}$$

여기서, E : 종탄성 계수(kgf/cm^2)

　　　　I : 최소 단면의 단면 2차 모멘트(cm^4)

　　　　l : 기둥의 길이(cm)

　　　　A : 장주의 절단 면적(cm^2)

　　　　n : 고정 계수 ← n이 클수록 강한 기둥

③ 고정 계수 : n

자유단
$n = \frac{1}{4}$

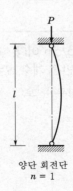

양단 회전단
$n = 1$

회전단 고정단
$n = 2$

양단 고정단
$n = 4$

[그림 2-24] 기둥의 고정 계수

80mm×60mm인 직사각형 단면의 연강제 기둥에서 양단 고정단일 때의 좌굴 하중을 구하여라. (단, $E=2.1\times10^4 \text{kg/mm}^2$, 기둥 길이는 2m)

풀이 $l=2\text{m}$, $E=2.1\times10^4\text{kg/mm}^2$, $A=4,800\text{mm}^2$

① 고정 계수 : n

    $n=4 \leftarrow$ 양단 고정보

② 세장비 : λ

$$I_x = \frac{bh^3}{12} = \frac{80\times60^3}{12} = 1,440,000\text{mm}^2$$

$$< I_y = \frac{60\times80^3}{12} = 2,560,000\text{mm}^2 \quad \therefore \ I=I_x$$

$$k = \sqrt{\frac{I}{A}} = \sqrt{\frac{1,440,000}{4,800}} = 17.32\text{mm}$$

최소 단면 2차 반경

$$\lambda = \frac{l}{k} = \frac{2,000}{17.32} = 115.5$$

③ 좌굴 하중 : P_B

$$P_B = n\pi^2\frac{EI}{l^2} = 4\times\pi^2\times\frac{2.1\times10^4\times1,440,000}{2,000^2} = 298456.8\text{kgf/mm}^2$$

④ 좌굴 응력 : σ_B

$$\sigma_B = \frac{P_B}{A} = \frac{298456.8}{4,800} = 62.18\text{kg}_f/\text{mm}^2$$

실린더(cylinder)의 최고 압력이 7,000kg/cm²이다. 길이가 1.5m의 연강제의 연봉(connecting rod)의 직경을 구하여라. (단, 안전 계수 $S=20$, $E=2.2\times10^6\text{kg/cm}^2$이다.)

풀이 직경을 d라고 하면 연봉은 양단 회전의 장주이므로

$$P_s = \frac{P_B}{S} = \frac{n\pi^2\dfrac{EI}{l^2}}{S} = \frac{n\pi^2 EI}{Sl^2} \quad (n=1)$$

$$\therefore \ I = \frac{P_s S l^2}{\pi^2 E}$$

$P_s = 7,000\text{kg/cm}^2$, $I=\dfrac{\pi d^4}{64}$, $S=20$, $l=150\text{cm}$, $E=2.2\times10^6\text{kg/cm}^2$이므로

$$\frac{\pi d^4}{64} = \frac{7,000\times20\times150^2}{\pi^2\times2.2\times10^6} = \frac{3.15\times10^9}{21.7\times10^6} = 145.16$$

$$A = \frac{\pi}{4}d^2 = \frac{\pi}{4}\times7.37^2 = 42.66\text{cm}^2$$

$$I = \frac{\pi d^4}{64} = \frac{3.14 \times 7.37^4}{6} = 144.75 \text{cm}^4$$

$$K = \sqrt{\frac{I}{A}} = \sqrt{\frac{144.75}{42.66}} = 1.84 \text{cm}$$

$$\lambda = \frac{l}{K} = \frac{150}{1.84} = 81.52$$

※ λ 한계는 102이므로 오일러 공식을 적용하지 못한다.

$$\therefore \ d = 7.37 \text{cm}$$

[표 2-1] 세장비의 값

재 료	주 철	연 철	연 강	경 강	목 재
$\lambda = \dfrac{l}{K}$	70	115	102	95	56

예제

양단이 힌지로 된 강철 봉 원형 단면의 직경 $d = 10 \text{cm}$가 축방향에 압축 응력을 받고 있을 때 이 보의 길이 l과 임계 응력(좌굴 응력)을 구하여라. (단, 세장비 $\lambda = 100$으로 보고, $E = 2.1 \times 10^6 \text{kg/cm}^2$이다.)

풀이 ① 고정 계수 : n

$$n = 1 \leftarrow \text{양단 힌지}$$

② 세장비 : λ

$$\lambda = \frac{l}{k} = \frac{l}{2.5} = 100 \quad \therefore \ l = 250 \text{cm}$$

$$k = \sqrt{\frac{I}{A}} = \sqrt{\frac{\pi d^4}{64} \times \frac{4}{\pi d^2}} = \sqrt{\frac{d^2}{16}} = \frac{d}{4} = 2.5 \text{cm}$$

③ 임계 하중(좌굴 하중) : P_B

$$P_B = n\pi^2 \frac{EI}{l^2} = 1 \times \pi^2 \times \frac{2.1 \times 10^6}{250^2} \times \frac{\pi \times 10^4}{64} = 162,783 \text{kgf}$$

④ 좌굴 응력 : σ_B

$$\sigma_B = \frac{P_B}{A} = \frac{162,783 \times 4}{\pi \times 10^2} = 2072.6 \text{kgf/cm}^2$$

예제

직경 $d = 20\text{cm}$인 원형 단면의 기둥 길이를 $L_1 = 12\text{cm} \times 20\text{cm}$인 4각형 단면의 기둥의 길이를 L_2라 하고 세장비가 같다고 하면 두 기둥의 길이의 비 L_1/L_2을 구하여라.

풀이 ① 원형 단면의 최소 2차 단면 반경 K_1

$$K_1 = \sqrt{\frac{I}{A}} = \sqrt{\frac{\pi d^4}{64} \times \frac{4}{\pi d^2}} = \frac{d}{4} = \frac{20}{4} = 5\text{cm}$$

② 사각형 단면의 최소 2차 단면 반경 K_2

$$K_2 = \sqrt{\frac{I_y}{A}} \leftarrow I\text{가 최솟값이어야 하므로 } I_x > I_y$$

$$= \sqrt{\frac{hb^3}{12.6h}} = \frac{b}{\sqrt{12}} = \frac{12}{\sqrt{12}} = \sqrt{12}$$

세장비가 같다고 했으므로

$$\lambda_1 = \frac{L_1}{K_1}$$

$$\lambda_1 = \lambda_2 \rightarrow \frac{L_1}{K_1} = \frac{L_2}{K_2}$$

$$\lambda_2 = \frac{L_2}{K_2} \quad \therefore \frac{L_1}{L_2} = \frac{K_1}{K_2} = \frac{5}{\sqrt{12}} = 1.44$$

예제

그림에서 보인 지주가 자체 하중과 상단에 압축력 P를 지지해야 한다면, 지주의 체적을 최소로 하기 위한 지주의 원형 단면의 반경 r과 높이 h를 구하여라.
(단, 허용 압축 응력은 σc, 재료의 비중량은 γ이다.)

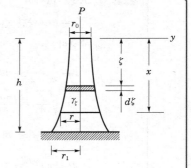

풀이 $A_o = \dfrac{P}{\sigma_c}$

상단에서 ζ만큼 떨어진 위치에서의 단면적 A_ζ $A_\zeta = \dfrac{P + W_\zeta}{\sigma_c}$: W_ζ는 $x = 0$과 $x = \zeta$ 사이의 단면 사이의 지주의 자중 $\zeta + d\zeta$ 거리의 필요 단면적은 A_ζ에다 미소 요소의 자중으로 인한 dA_ζ를 더하여 구한다.

$$A\zeta + d\zeta = A_\zeta + dA_\zeta = \frac{P + W_\zeta}{\sigma_o} + \frac{\gamma A_\zeta d\zeta}{\sigma_c}$$

$$dA_\zeta = \frac{\gamma A_\zeta d\zeta}{\sigma_c} \rightarrow \frac{dA_\zeta}{A_\zeta} = \frac{\gamma d\zeta}{\sigma_c}$$

$\zeta = 0$과 $\zeta = x$ 사이의 단면적에 대해 적용하면

$$\int_{A_o}^{A} \frac{dA_\zeta}{A_\zeta} = \frac{\gamma}{\sigma_c} \int_{o}^{x} d\zeta$$

$$\ln \frac{A_x}{A_o} = \frac{\gamma}{\sigma_c} x$$

$$A_x = A_o \exp(\gamma x / \sigma_c)$$

하단부, $A_h = A_o \exp\left(\frac{\gamma h}{\sigma_c}\right)$

예제

정사각형 단면의 길이 $L = 4$m인 장주가 양단에 힌지로 되어 $P_s = 6{,}000$kg의 압축 하중을 받을 때 좌굴에 대한 안전 계수 $S = 10$으로 하면 단면의 한 변 길이는 몇 cm 로 하면 되겠는가? (단, $E = 1 \times 10^3$kg/mm^{2}로서 오일러의 공식으로 계산하여라.)

풀이 $P_B = P_s S = 6{,}000 \times 10 = 60{,}000$kg

$$P_B = n\pi^2 \frac{EI}{l^2}$$

$$I = \frac{P_B l^2}{n\pi^2 E} \leftarrow n = 1 \quad \because \text{양단 힌지}$$

$$= \frac{60{,}000 \times 400^2}{1 \times \pi \times 1 \times 10^5} = 9726.8 \text{cm}^4$$

$$I = \frac{A^4}{12}$$

$$\therefore a = \sqrt[4]{12I} = \sqrt[4]{12 \times 9726.8} = 18.5 \text{cm}$$

예제

길이 100m의 강선을 100.12m의 길이의 2점 사이에 고정했을 때 강선에 발생하는 인장 응력은 얼마이며, 또한 이 상태로부터 온도가 60℃ 상승하면 응력은 얼마로 변 하는지 구하여라. (단, 강선의 종탄성 계수 $E = 208{,}000$MPa, 선팽창 계수 $a = 12 \times 10^{-6}$/℃로 한다.)

풀이 $Pl = 100$m $\longleftrightarrow P$

$$\delta = \frac{Pl}{AE} = \sigma_1 = \frac{l}{E}$$

여기서, δ : 늘어난 길이

$$\therefore \sigma_1 = \frac{E\delta}{l} = \frac{208 \times 10^3 \text{N/m}^2 \times 0.12 \text{m}}{100 \text{m}} = 249.6 \text{N/m}^2$$

온도 증가에 의한 열응력 σ_2

$$\sigma_2 = E\alpha\Delta T = 208 \times 10^3 \times 12 \times 10^{-6} \times 60°$$
$$= 149.76 \text{N/m}^2$$

$$\sigma = \sigma_1 - \sigma_2 = 249.6 - 149.76 = 100 \text{N/m}^2$$

여기서, σ : 전체 응력
  σ_1 : P에 의한 응력
  σ_2 : 열응력

Section 21 철강 재료의 브리넬 경도(H_B)와 인장 강도(σ_{UTS})와 피로 한도(σ_{FL})와의 관계(단위 : SI, MPa)

① 개요

철강 재료의 브리넬 경도는 1/16인치의 볼을 활용하여 경도를 측정하여 재질의 단단한 정도를 비교 분석하며 인장 강도는 만능재료 시험기를 통하여 강도의 상태를 파악하며 피로 한도는 구조물의 결과물이 어떤 상황에서 하중을 받고 있는 것에 따라 구조물의 수명에 영향을 준다.

② 철강 재료의 계산에 의한 기계적 성질

① 담금질 경도 : 탄소강과 기계 구조용 강에 적용, $H_{RC}=30+50\times C\%$

② 피로 강도의 추정 : 피로 강도(kgf/mm^2)=1/2×인장 강도

③ 경도의 환산 : 경도 환산값 참조

$$H_S \fallingdotseq H_{RC}+15$$
$$H_S \fallingdotseq H_B/10+13$$
$$H_B \fallingdotseq H_V$$

④ C%의 추정 : SS재 탄소강, 탄소강 주강에 적용 : C%=인장 강도−20/100

⑤ 화염 담금질의 표면 경도 : $H_{RC}=C\%\times100+15$

Section 22 관성 반경(단면 2차 반경) K를 설명

① 단면 계수(Modulus of section)

도형의 도심을 지나는 축에 관한 단면 2차 모멘트 I를 그 축에서 도형의 끝단까지의 거리를 나눈 것을 단면 계수라 부르며 단위는 cm^3, m^3이다. [그림 2-25]에 있어서 위 가장자리에 대한 단면 계수 Z_1는

$$Z_1 = \frac{I_X}{e_1}$$

아래 가장자리에 대한 단면 계수 Z_2는

$$Z_2 = \frac{I_X}{e_2}$$

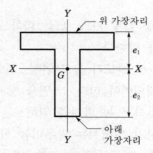

[그림 2-25] 단면 계수

2 회전 반경(Radius of gyration)

도형의 도심을 지나는 축에 관한 단면 2차 모멘트 I를 그 도형의 면적 A로 나누어서 제곱근을 구한 것을 회전 반경이라고 부르며 단위는 cm, m이고 다음 식으로 표시한다.

$$K = \sqrt{\frac{I}{A}} \, [\text{cm}]$$

X축에 대한 회전반경 K_X는

$$K_X = \sqrt{\frac{I_X}{A}} \, [\text{cm}]$$

Y에 대한 회전반경 K_Y는

$$K_Y = \sqrt{\frac{I_Y}{A}} \, [\text{cm}]$$

회전 반경은 압축을 받는 부재(주)에 대하여 필요하다.

Section 23 압력 용기에 작용하는 응력(σ)과 용기 두께(t)의 산출식

1 압력 용기의 설계

압력 용기란 보일러, 공기 및 가스 탱크, 화학 공업용 반응 탱크, 내연 기관, 수압기 등의 고압용 유체 용기를 말한다.

압력 용기의 재료는 탄성 한도가 높고 연성, 전성 및 인성에 견디는 재질로서 용기의 사용 목적에 의하여 선택되어야 한다. 마멸을 방지하기 위해서 특수 주철을 사용하고, 화학적 반응으로 인한 부식과 녹 방지를 위해서는 청동을 사용한다. 또 무게를 가볍게 하고 열전도율을 좋게 하기 위해서는 알루미늄 합금을 사용하는 것이 일반적이다. 즉, 압력 용기의 재질은 영구 변형, 온도의 고저, 내용물의 화학적 반응을 충분히 고려하여야 한다. 압력 용기를 사용할 때 고려 사항은 다음과 같다.

① 압력 변화가 주기적으로 반복되며, 급격하게 높아질 경우에 따른 재질의 선택 및 강도를 충분히 고려한다.
② 온도가 고온에서 저온으로 또는 반대 현상에 따른 대책이 마련되어야 한다.
③ 내마멸성 및 내식성 있는 재료를 선택한다.
④ 재질은 탄성 한계가 높고, 강인한 것이 좋으며, 열전도율이 높고, 무게가 가벼워야 한다.
⑤ 영구적으로 이음하는 곳은 단접, 용접, 납땜 등을 해야 한다.
⑥ 규격과 기준이 있는 것은 이에 따른다.
⑦ 압력 시험은 반드시 규정에 따라 시행한다.
⑧ 수압 시험은 최고 사용 압력의 1.2~2배로 증가시켜 시험한다.

2 원통의 강도

(1) 내압을 받는 얇은 관

① 원주 방향의 강도 : 원통의 길이 l[mm]를 취하여 상하로 파괴될 때의 강도를 계산하면

$$\frac{pDl}{100} = 2tl\,\sigma_{t1}$$

$$\sigma_{t1} = \frac{pD}{2t \times 100}[\text{kg/mm}^2]$$

$$\therefore\ t = \frac{pD}{200\sigma_{t1}}[\text{mm}]$$

여기서, σ_{t1} : 원주 방향의 응력(kg/mm²), t : 강판의 두께(mm), D : 원통의 안지름(mm),
p : 내부 사용 압력(kg/cm²), l : 원통의 길이(mm)

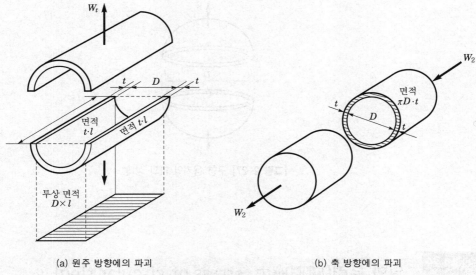

(a) 원주 방향에의 파괴   (b) 축 방향에의 파괴

[그림 2-26] 원통의 파괴

② 축 방향의 강도

$$\frac{p}{100} \times \frac{\pi D^2}{4} = \pi Dt\sigma_{t2}$$

$$\therefore \; \sigma_{t2} = \frac{pD}{400t} [\text{kg/mm}^2]$$

축방향의 응력 σ_{t2}는 원주 방향의 응력 σ_{t1}의 $\frac{1}{2}$이므로 설계할 때에는 σ_{t1}을 기준으로 한다. 일반적으로 압력 용기는 내부 유체에 의하여 부식되므로 부식 여유 C[mm]와 이음 효율 η를 고려하면

$$\therefore \; t = \frac{pD}{200\sigma_t \eta} + C [\text{mm}]$$

(2) 얇은 두께의 구형 용기

구형 용기의 강도는 원통 강도의 축 방향의 강도와 같은 양으로 생각되므로

$$\sigma_t = \frac{pD}{400t} [\text{kg/mm}^2]$$

$$t = \frac{pD}{400\sigma_t} [\text{mm}]$$

위의 식은 보통 내압 50kg/cm^2 이하의 경우에 적용된다.

이음 효율 η는 이음매가 없는 관 $\eta = 1.0$, 용접관 $\eta = 0.8 \sim 0.85$, 리벳 이음관 $\eta = 0.57 \sim 0.63$ 정도를 사용한다.

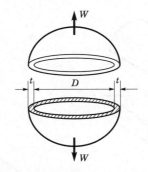

[그림 2-27] 구형 용기의 파괴 상태

Section 24 원환 응력(圓環應力, stress of circular ring)

1 개요

풀리(Pulley) 및 플라이휠(Fly wheel) 등은 축의 둘레를 회전하는 얇은 회전 원환, 얇은 원통에 내압을 받는 경우와 마찬가지로 원심력이 원환에 작용하여 단면에 후프 응력이 발생한다.

2 원환 응력(圓環應力, stress of circular ring)

원환의 평균 반경을 r, 두께를 t, 단위 체적당의 중량을 γ라 하고 폭 1cm, 길이 1cm의 미소 면적을 고려한다면 그 부분의 중량은 $1 \times 1 \times t \times \gamma$, 즉 $W = \gamma t$이다.

이것이 v (cm/sec)의 원주 속도에서 회전하고 있을 때 원심력 P는

$$P = \frac{Wv^2}{gr} = \frac{\gamma t v^2}{gr} = \frac{\gamma t r \omega^2}{g} \quad\text{............................} \quad (1)$$

여기서, $v = \omega r$, ω : 각속도

다음 얇은 회전 원환에 작용하는 인장 응력, 즉 원심 응력(Centrifugal stress) 또는 후프 응력(Hoop stress)은

$$\sigma_t = \frac{Pd}{2t} = \frac{\dfrac{\gamma t v^2}{gr} \times 2r}{2t} = \frac{\gamma v^2}{g} = \frac{\gamma}{g} r^2 \omega^2$$

또 원환의 부분 회전수를 N이라 하면

$$v = \frac{2\pi r N}{60}, \ N = \frac{60\omega}{2\pi}$$

이므로

$$\sigma_t = \frac{\gamma v^2}{g} = \frac{\gamma}{g}\left(\frac{2\pi r N}{60}\right)^2 = \frac{\pi^2 \gamma}{900 g} r^2 N^2$$

또는

$$v = \sqrt{\frac{g \sigma_t}{\gamma}}$$

$$\therefore \ N = \frac{30}{\pi r} \sqrt{\frac{g \sigma_t}{\gamma}}$$

Section 25 **건설 공사 현장의 받침보를 원형 및 사각형보다 H형 및 I형 단면보를 사용하는 이유**

1 여러 가지 보 형상의 상대 효율

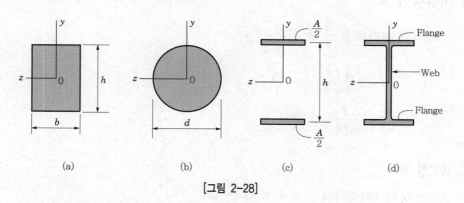

[그림 2-28]

보의 효율은 재료가 중립축에서 멀리 분포하면 유리하다.

(1) 직사각형 보

높이가 높을수록 유리하다.

$$Z = \frac{bh^2}{6} = \frac{Ah}{6} = 0.167Ah$$

(2) 정사각형과 원형 단면의 비교

① 원과 같은 단면적의 정사각형

$$h = \frac{d}{2}\sqrt{\pi}$$

② 정사각형

$$Z_s = \frac{h^3}{6} = \frac{\pi\sqrt{\pi}\,d^3}{48} = 0.116d^3$$

③ 원

$$Z_c = \frac{\pi d^3}{32} = 0.0982d^3$$

$$\frac{Z_s}{Z_c} = 1.18$$

(3) 이상적인 보

면적의 절반을 $\pm\dfrac{h}{2}$ 에 위치시킨다.

$$I = 2\frac{A}{2}\left(\frac{h}{2}\right)^2 = \frac{Ah^2}{4}$$

$$Z = \frac{I}{h/2} = 0.5Ah$$

(4) WF형 보

① $S \sim 0.35Ah$(직사각형 보에 비해 큰 값)
② 보통 폭이 넓기 때문에 직사각형 보에 비해 측면 좌굴에 강하다.
③ 웹이 너무 얇으면 국부 좌굴의 가능성 및 과다 전단 응력을 받는다.

Section 26 건설기계의 파괴(fracture)에 따른 파괴 양상(Mode Ⅰ, Mode Ⅱ, Mode Ⅲ) (용접부)

1 개요

미시적으로 살펴보면 파괴는 균열(crack) 생성과 균열의 전파(propagation)의 두 단계로 이루어진다.

균열의 전파 방식에 의해 결정은 균열이 천천히 진전하면 안정적이고 이 경우 파괴 발생까지 상당한 소성 변형량이 필요하며 응력(stress)과 진전(propagation)은 없으며, 균열이 빠르게 진전되면 불안정하고 미소한 소성변형이 발생하며 작용 응력이 증가하지 않아도 진전이 가능하다.

2 건설기계의 파괴(fracture)에 따른 파괴 양상(Mode Ⅰ, Mode Ⅱ, Mode Ⅲ)(용접부)

점용접에서 너깃의 가장자리를 중심으로 용접이 되지 않은 박판 사이의 공간 부분을 환상(環狀) 균열로 취급한다.

환상 균열에 대한 균열의 파괴 모드와 하중, 모멘트 관계는 다음과 같다.

① 모드 Ⅰ(열림 모드 : opening mode) : P, M
② 모드 Ⅱ(전단 모드 : shear mode) : Q_x
③ 모드 Ⅲ(찢겨짐 모드 : tearing mode) : Q_y

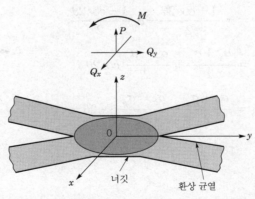

[그림 2-29] 점용접에 대한 환상 균열 및 균열 모드

Section 27

Section 27 · 재료의 2축 응력 상태에서 주응력(principal stress)과 최대 전단 응력

1 개요

재료의 2축 응력 상태에서 주응력(principal stress)과 최대 전단 응력은 구조물의 설계 시 응력 상태에 따른 구조물의 변화를 검토하여 반영하기 위함이며 수직응력과 전단 응력을 도출하며 모어의 응력원을 통하여 x방향의 σ_x와 y방향의 σ_y에 대한 역학관계를 알 수가 있다.

2 평면 응력(2축 응력)

(1) θ만큼 경사진 단면에 대한 수직 응력(법선 응력)

$$\cos\theta = \frac{A_x}{A_n} \to A_x = A_n\cos\theta$$

$$\sin\theta = \frac{A_y}{A_n} \to A_y = A_n\sin\theta$$

$$\sigma_n A_n = \sigma_x A_x\cos\theta + \sigma_y A_y\sin\theta$$

$$= \sigma_x A_n\cos^2\theta + \sigma_y A_n\sin^2\theta$$

$$\to \sigma_n = \sigma_x\cos^2\theta + \sigma_y\sin^2\theta$$

$$= \sigma_x\frac{1+\cos2\theta}{2} + \sigma_y\frac{1-\cos2\theta}{2}$$

$$= \frac{\sigma_x+\sigma_y}{2} + \frac{\sigma_x-\sigma_y}{2}\cos2\theta$$

$$\therefore \sigma_n = \frac{\sigma_x+\sigma_y}{2} + \frac{\sigma_x-\sigma_y}{2}\cos2\theta$$

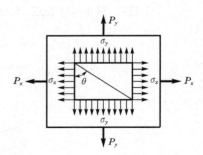

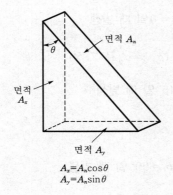
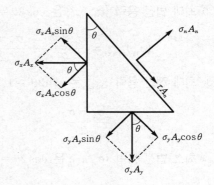

$$A_x = A_n \cos\theta$$
$$A_y = A_n \sin\theta$$

(2) θ만큼 경사진 면에 대한 전단 응력(접선 응력)

$$\tau A_n = \sigma_x A_x \sin\theta - \sigma_y A_y \cos\theta$$
$$= \sigma_x A_n \sin\theta\cos\theta - \sigma_y A_n \sin\theta\cos\theta$$
$$\rightarrow \tau = (\sigma_x - \sigma_y)\sin\theta\cos\theta$$
$$= \frac{\sigma_x - \sigma_y}{2}\sin2\theta$$
$$\therefore \ \tau = \frac{\sigma_x - \sigma_y}{2}\sin2\theta$$

① 공액 법선 응력($\sigma_n{}'$)과 공액 전단 응력(τ')

θ 대신에 $90 + \theta$를 대입하면

$$\sigma_n{}' = \frac{1}{2}(\sigma_x + \sigma_y) + \frac{1}{2}(\sigma_x - \sigma_y)\cos2(90 + \theta)$$
$$= \frac{1}{2}(\sigma_x + \sigma_y) + \frac{1}{2}(\sigma_x - \sigma_y)\cos(180 + 2\theta)$$
$$= \frac{1}{2}(\sigma_x + \sigma_y) - \frac{1}{2}(\sigma_x - \sigma_y)\cos2\theta$$
$$\tau' = \frac{1}{2}(\sigma_x - \sigma_y)\sin2(90 + \theta)$$
$$= \frac{1}{2}(\sigma_x - \sigma_y)\sin(180 + 2\theta)$$
$$= -\frac{1}{2}(\sigma_x - \sigma_y)\sin2\theta$$

따라서

$$\left. \begin{array}{l} \sigma_n + \sigma_n{}' = \sigma_x + \sigma_y \\ \tau = -\tau' \end{array} \right\}$$

② 최대 법선 응력 $(\sigma_n)_{\max}$은 $\cos 2\theta = 1$, 즉 $\theta = 0$일 때 발생

$$(\sigma_n)_{\max} = \frac{\sigma_x + \sigma_y}{2} + \frac{\sigma_x - \sigma_y}{2} = \sigma_x \,(\sigma_x > \sigma_y \text{로 가정})$$

③ 최대 전단 응력 $\tau_{\max}$은 $\sin 2\theta = 1$, 즉 $\theta = 45°$일 때 발생

$$\tau_{\max} = \frac{\sigma_x - \sigma_y}{2}$$

④ 최소 법선 응력 $(\sigma_n)_{\min}$은 $\cos 2\theta = -1$, 즉 $\theta = 90°$일 때 발생

$$(\sigma_n)_{\min} = \frac{\sigma_x + \sigma_y}{2} - \frac{\sigma_x - \sigma_y}{2} = \sigma_y$$

⑤ 최소 전단 응력 $\tau_{\min}$은 $\sin 2\theta = -1$, 즉 $\theta = 45° + 90°$인 면에서 발생

$$\tau_{\min} = -\frac{\sigma_x - \sigma_y}{2}$$

만약 $(\sigma_n)_{\max} + (\sigma_n)_{\min} = \sigma_x + \sigma_y \Rightarrow$ 공액 법선 응력

$\tau_{\max} = -\tau_{\min} \Rightarrow$ 공액 전단 응력

※ 주면 : 전단 응력이 발생치 않고($\tau = 0$) 최대·최소 법선 응력만이 존재하는 면
※ 주응력 : 주면에서의 최대·최소의 법선 응력

(3) 2축 응력에서 모어의 응력원(Mohr's stress circle)

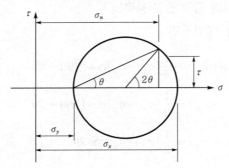

① 원의 반지름 : $\dfrac{\sigma_x - \sigma_y}{2}$

② 원점에서 원의 중심까지 거리 : $\dfrac{\sigma_x + \sigma_y}{2}$

③ 법선 응력 $\sigma_n = \dfrac{\sigma_x + \sigma_y}{2} + \dfrac{\sigma_z - \sigma_y}{2} \cos 2\theta$

④ 전단 응력 $\tau = \dfrac{\sigma_x - \sigma_y}{2} \sin 2\theta$

Section 28 강도(strength)와 강성(stiffness)

1 강도(strength)

재료의 고유한 역학적 성질이다. 강도는 재료의 탄성 한도, 소성 한계, 파단 및 파괴 상태 등의 한계값이며 실제적인 성질인 True strength와 공학적 편의에 의한 공칭 강도로 구분할 수 있으며, 단위는 응력 단위이다. 일반적으로 재료마다 인장, 압축, 전단에 저항하는 강도는 다르다.

2 강성(stiffness)

단위 변형을 일으키는 힘이며 기하학적 강성과 재료의 강성의 곱의 형태로 표현된다. 구조물의 거동에 따라(압축, 인장, 휨, 전단 등) 기하학적 강성값이 다르게 된다.

기하학적 강성은 예를 들어 축방향 인장은 단면적/길이, 휨에 대해서는 단면 2차 모멘트/길이가 적용된다. 재료의 강성은 통상 E(탄성 계수)값을 사용하며 일반적으로 사용되는 구조용 재료는 강도가 클수록 탄성 계수값이 커지게 된다.

Section 29 기계 부품이 파손될 때 나타나는 파괴 양식(연성 파괴, 취성 파괴, 피로 파괴)

1 개요

금속 피로 현상이란 정적인 하중의 작용하에서 나타나는 현상과는 구별되는 것으로 반복 하중이나 또는 시간의 변화에 따라 변화하는 하중 상태에서 나타나는 재료 거동 현상이다.

금속 피로가 기계나 구조물에서 문제가 되는 요인은 피로에 의한 파괴 현상이 일반적인 개념으로 도출된 안전 설계 응력 이하에서도 발생한다는 것인데, 실제 산업 현장에서 발생하는 파손 사고의 약 95% 이상이 금속 피로 현상에 의한 피로 파괴라고 한다.

피로에 대한 정의를 단순하게 표현하면 피로 현상이란 변화하는 하중이나 변형 등에 영향을 받고 있는 재료 내의 어떤 지점이나 영역 등에 발생하는 영구적이고 구조적인 변화가 '국부적으로 진행'되는 과정이라고 표현할 수 있다.

② 기계 부품이 파손될 때 나타나는 파괴 양식(연성 파괴, 취성 파괴, 피로 파괴)

(1) 연성 파괴

연강은 실온에서 정적 하중을 가하면 커다란 소성 변형을 일으킨 후 파단, 즉 소성 변형을 동반한 파괴이다. 실용상 취성 파괴보다 안전하며, 3단계는 다음과 같다.
① 국부 수축이 일어나서 공동이 형성되는 단계
② 이 공동이 성장·합체하여 균열이 생기는 단계
③ 균열이 인장축과 45°를 이루는 방향에서 표면까지 전파하여 최종 파단하는 단계

(2) 취성 파괴

균열이 발생하면 거시적인 소성 변형 없이 매우 빠른 속도로 전파하여 일어나는 파괴로, 기계 및 구조물 설계에 있어서 위험하며 FCC 금속보다 BCC 금속에서 일어나기 쉽다.

(3) 피로 파괴

피로 파괴 현상은 미시적으로 파괴 인성의 개념을 도입하여 균열의 전파 거동이 이론적으로 잘 정리되어 있으며, 특정 부위의 재료 물성을 정확히 알면 그의 피로 수명까지도 예측할 수 있는 단계까지 발전되어 있다. 그러나 실제 제품들에 있어서는 실험실에서 실험하는 재료와 같이 균일하지 않을 뿐만 아니라, 응력 상태도 일축(uni-axial) 상태가 아닌 다축 상태가 많다. 더욱이 잔류 응력이 중첩되어 있는 경우도 있으며, 형상 인자도 수학적으로 단순히 modelling 할 수 없는 복잡한 경우가 대부분이기 때문에 이론적인 해석이 전반적인 추세를 짐작하는 데는 도움을 줄 수 있으나 정확한 정량 해석을 하는 데는 역시 부족하다.

피로 파괴가 발생한 파면은 beach mark 혹은 shell mark와 같은 특징적인 부위가 관찰됨으로써 식별하기 쉬우나 저주기(low cycle) 피로 파면은 취성 파괴와 비슷하여 식별하기 매우 곤란하다. 그리고 피로 파괴 현상에 접했을 때는 재료 자체의 문제뿐만 아니라 형상 및 하중 조건 등을 종합적으로 검토해야만 비로소 그 원인과 방지 대책을 규명할 수 있음에 유의해야 한다.

Section 30 단순보에서 반력계산

1 문제

그림과 같은 단순보에서 A 지점의 수직반력을 구하면 얼마인가?

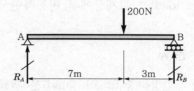

2 풀이

$$\sum M \text{ at } B = 0 : \ \circlearrowleft, \ -R_A \times 10 + 200 \times 3 = 0 \ \rightarrow \ R_A = \frac{600}{10} = 60\text{N}$$

$$\text{또} \ \sum F_y = 0 \ ; \ \uparrow_+, \ R_A + R_B - 200 = 0 \ \rightarrow \ R_B = 200 - R_A = 200 - 60 = 140\text{N}$$

Section 31 하중의 종류

1 분포 방식에 따른 분류

① 분포하중(distributed load) : 어떠한 범위(영역)에 걸쳐서 작용하는 하중이다.
② 집중하중(concentrated load) : 대단히 작은 영역, 즉 1점에 집중적으로 작용하는 하중이다.

2 변화 상태에 따른 분류

(1) 정하중(static load)

① 사하중(dead load) : 자중과 같이 크기와 방향이 항상 일정한 하중이다.
② 점가하중(gradually increased load) : 극히 천천히 일정한 크기까지 동일 방향으로 증가하는 하중이다.

(2) 동하중(dynamic load, 활하중)

① 반복하중(repeated load) : 한쪽 방향으로 일정하게 반복되는 하중으로 엘리베이터의 상승과 하강의 상태가 좋은 예이다.

② 교번하중(alternated load) : 하중의 크기와 방향이 교대로 변화하는 하중으로 복동 증기기관의 운동상태가 좋은 예이다.

③ 충격하중(impulsive load) : 짧은 시간에 순간적으로 작용하는 하중이다.

④ 이동하중(travelling load) : 물체상에서 이동하면서 작용하는 하중이다.

③ 작용 상태에 따른 분류

① 축하중(axial load) : 인장하중(tensile load)은 재료를 잡아 늘이는 하중이며 압축하중(compressive load)은 재료를 밀어 줄어들게 하는 하중이다.

② 전단하중(shearing load) : 재료를 가위로 잘라내는 듯한 하중이다.

③ 비틀림하중(twisting load) : 비틀림 모멘트를 일으키는 하중이다.

④ 굽힘하중(bending load) : 재료를 굽혀 휘어지게 하는 하중이다.

Section 32 재료의 항복강도와 오프셋(Offset) 방법에 의한 항복강도 결정

① 개요

재료의 성질에는 '탄성(elasticity)'과 '소성(plasticity)'이 있다. 탄성이란 외력을 가했을 때 변형이 생겼다가 외력을 제거하면 본래의 형태로 되돌아오는 성질이며, 소성이란 탄성과는 반대되는 성질로 외력에 의해 변형이 생긴 후 외력이 제거되어도 다시 본래의 형태로 돌아오지 않는 성질을 말한다. 재료의 탄성한계를 넘어선 것이기 때문인데 탄성영역에서 소성영역으로 넘어가는 지점을 항복점이라 한다.

② 항복점을 결정하는 방법

항복점(yield point)이란 재료에 인장응력(tensile stress)을 가할 때 얻어지는 stress-strain curve에서 탄성한도(elastic limit)가 종료되고 소성변형(plastic deformation)이 시작되는 지점(strain)을 말한다.

탄성지역에서는 strain과 stress가 비례하므로 stress-strain curve에서 strain 0인 지점에서 출발하여 직선이 유지되는 구간의 끝에 해당하는 strain을 비례한도라고 한다.

하지만 stress-stain curve를 얻어 보면, 그 직선이 유지되는 구간의 끝을 어디로 잡아야 할지 불확실한 경우가 대부분이다. 따라서 이를 보완해 주기 위해서 항복점을 잡을 때 보통 0.2% offset 방법을 많이 사용한다. 이것은 stain이 0인 지점이 아니라 0.2%인 곳에서 출발하여 stress-strain curve의 처음 직선부분과 평행하게 직선을 그어서 stress-strain curve와 만나는 지점을 항복적으로 잡는 방법을 말한다. 탄성한도는 비례한도를 의미하기도 하고 0.2% offset법으로 잡은 항복점의 strain을 말한다.

Section 33 원형단면의 기둥에 하중이 편심으로 작용할 때 A점에서의 응력 σ_A가 0MPa이 되는 편심량(e)과 최대 압축응력 σ_B [MPa]

1 원형단면의 기둥에 하중이 편심으로 작용 시 편심량(e)과 최대 압축응력 σ_B[MPa]

응력의 관계는

$$\sigma = -\left(\frac{P}{A} + \frac{M}{Z}\right) = -\left(\frac{P}{A} + \frac{Pay}{I}\right)\left(\text{단}, \ M = Pa, \ Z = \frac{I}{y}\right) \rightarrow \sigma = -\frac{P}{A}\left(1 + \frac{ay}{k^2}\right)$$

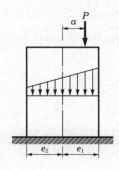 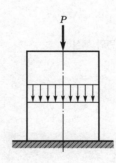 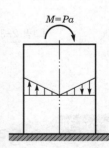

$$\therefore \ \sigma_{\max} = -\frac{P}{A}\left(1 + \frac{ae_1}{k^2}\right) : \text{압축응력}$$

$$\sigma_{\min} = -\frac{P}{A}\left(1 - \frac{ae_2}{k^2}\right) : \text{인장응력}$$

단, 압축응력 또는 인장응력 시 $\left(\dfrac{ae_2}{k^2} < 1 \ \text{또는} \ \dfrac{ae_2}{k^2} < 1\right)$

압축응력만 일어나고 인장응력은 발생하지 않는 단면의 범위, 즉 인장에는 약한 콘크리트, 벽돌, 주철 등은 반드시 핵심 내에 압축하중을 가해야만 안전하다.

(1) 직사각형 단면의 핵심

$$a = \frac{k^2}{y} = \frac{h^2/12}{h/2} = \frac{h}{6}$$

$$a = \frac{k^2}{y} = \frac{b^2/12}{b/2} = \frac{b}{6}$$

(2) 원형 단면의 핵심

$$a = \frac{k^2}{y} = \frac{d^2/16}{d/2} = \frac{d}{8} = \frac{r}{4}$$

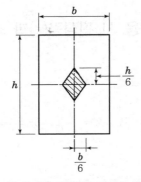

[그림 2-30] 직사각형 단면의 핵심

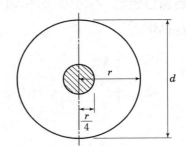

[그림 2-31] 원형 단면의 핵심

Section 34 열응력

1 개요

모든 물체들은 온도가 상승하여 가열되면 팽창하게 되고, 온도가 내려가 냉각되면 수축하게 된다. 이때 물체가 어떤 구속도 받지 않는다면 온도의 변화에 따라서 자유롭게 팽창하고 수축할 것이다. 그러나 물체에 어떤 구속을 해서 자유로운 변화를 저지하게 되면 온도의 변화로 인하여 발생된 힘은 물체 내부에 저항력을 발생시키게 된다. 이 저항력을 단위 면적에 대하여 표시한 것을 열응력(thermal stress ; σ)이라고 한다.

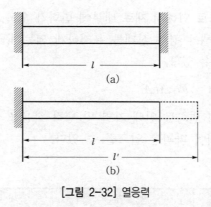

[그림 2-32] 열응력

2 열응력

[그림 2-32] (a)와 같이 봉의 양쪽 끝을 고정하고 가열하게 되면 봉은 늘어나려 할 것이고, 양쪽 끝에서는 고정되어 있어 이를 저지하려는 압축력이 작용하게 되므로 재료 내부에서는 압축 응력이 발생하게 된다. 이와 반대로 온도가 내려가게 되면 봉은 줄어들려 할 것이고, 고정단에서는 이를 저지하게 되므로 재료 내부에서는 인장 응력이 발생하게 된다.

[그림 2-32] (b)는 봉의 한쪽 끝은 고정하고 다른 쪽은 자유롭게 한 후 온도를 상승시키게 되면 봉은 자유단쪽으로 늘어나게 된다. 이 때 봉의 가열하기 전의 길이를 l, 가열한 후의 늘어난 길이를 l', 온도는 t_1에서 $t_2[\text{℃}]$로 상승되었다면 이때 발생된 신장량 λ는 다음과 같이 표현된다.

$$\lambda = l' - l = \alpha(t_2 - t_1)l = \alpha \Delta t l$$

여기서, α는 물체의 길이가 온도 1℃의 상승에 따라 신장된 길이와 그 본래 길이와의 비를 나타내는 선팽창 계수(coefficient of linear expansion)이다.

따라서 온도의 변화에 따른 열변형률 ε은 다음과 같이 표현된다.

$$\varepsilon = \frac{\lambda}{l} = \frac{\alpha \Delta t l}{l} = \alpha \Delta t$$

또 열응력은 훅의 법칙에 의하여

$$\sigma = E\varepsilon = E\alpha \Delta t$$

로 표시되며, 온도의 변화로 인하여 발생되는 변형률이나 응력이 모두 봉의 길이나 단면적에는 무관함을 알 수 있다. 또 열응력은 위험한 경우가 많으므로 반드시 재료의 사용응력(σ_W) 이내가 되도록 온도의 변화를 제한하여야 한다.

한편 온도의 변화로 인해서 재료 내부에 변화가 오고, 또한 고정단에서는 이에 대응되는 어떤 힘이 작용해야 평형 상태를 유지하게 되는데, 이때의 고정단에 발생되는 힘은 다음과 같이 구할 수 있다.

$$W = \sigma A = E\alpha \Delta t A$$

또 물체에 온도의 변화로 인해 가열 및 냉각 작용을 계속 반복하게 되면 재료에 피로 현상이 나타나게 되어 파괴를 일으킬 수 있다.

[표 2-2] 선팽창 계수

재 료	선팽창 계수	재 료	선팽창 계수
도자기	0.0000036	동	0.0000160
백금	0.0000086	황동	0.0000189
한란계 유리	0.0000090	은	0.0000194
주철	0.0000100	주석	0.0000209
안티몬	0.0000113	알루미늄	0.0000222
연철	0.0000117	아연	0.0000253
연강	0.0000122	납	0.0000283
니켈	0.0000125	에보나이트	0.0000770
순금	0.0000142		

일반적으로 열응력의 영향을 많이 받는 증기기관, 보일러, 엔진 등의 부품에서는 온도의 변화에 따른 변형을 되도록 구속하지 않도록 설계해야 한다. 예를 들어 증기 배관에서는 루프(loop) 모양으로 하던가 신축 이음(expansion joint)을 사용하는 것이 좋다.

Section 35

푸아송의 비

1 개요

탄성체에 인장 또는 압축과 같은 외력이 작용하게 되면 축방향으로 신장되거나 수축하게 되는 동시에, 이에 수직인 가로 방향에서는 이와 반대로 수축하거나 신장하게 된다. 이때 발생되는 가로 변형률 ε'과 세로 변형률 ε과의 비를 푸아송의 비(Poisson's ration ; ν)라고 하며, 이 값은 탄성 한계 내의 동일 재료에서는 일정하다.

② 푸아송의 비

$$\nu = \frac{1}{m} = \frac{\varepsilon'}{\varepsilon} = \frac{\lambda/d}{\delta/l} = \frac{\lambda l}{\delta d}$$

위 식에서 m은 푸아송의 수(Poisson's number)라고 한다. 금속들의 실험 결과를 보면 푸아송의 비는 대개 0.25~0.35의 범위 내에 있음을 알 수 있다.

또 어떤 재료에 대한 푸아송의 비를 알게 되면 인장 또는 압축을 받은 물체의 면적 및 체적의 변화도 해석할 수 있다.

즉, [그림 2-33]과 같이 인장 하중이 작용하는 직육면체에서 하중 방향의 변형률을 ε이라 하면 길이는 $\alpha + \delta = \alpha + \alpha\varepsilon = \alpha(1+\varepsilon)$로 늘어나게 되고, 폭은 $b - \lambda = b - b\varepsilon = b(1-\varepsilon') = b(1-\nu\varepsilon)$로 줄어들게 된다. 두께 역시 $c(1-\nu\varepsilon)$로 줄어든다.

[표 2-3]

재 료	m	v	재 료	m	v
유리	4.1	0.244	구리	2.0	0.333
주철	3.7	0.270	셀룰로이드	2.5	0.400
연철	3.6	0.278	납	2.32	0.430
연강	3.3	0.303	고무	2.00	0.500
황동	3.0	0.333			

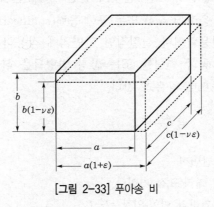

[그림 2-33] 푸아송 비

따라서 체적의 변화는 이들을 모두 곱해 주면 $a(1+\varepsilon) \times b(1-\nu\varepsilon) \times c(1-\nu\varepsilon)$이 되고, 이를 하중이 작용하기 전의 체적과 비교하면 그 비가 $(1+\varepsilon)(1-\nu\varepsilon)^2$이 되며, 여기서 고차의 미소항들을 무시하면 $(\varepsilon-2\nu\varepsilon)$로 되어 체적이 $(1-2\nu)\varepsilon$의 비로 증가함을 알 수 있다. 이것은 체적의 변화량을 원체적과 비교한 것이 되므로 단위 체적 변화율(unit volume change)로 볼 수 있다. 즉,

$$\frac{\Delta V}{V} = (1-2\nu)\varepsilon$$

이다.

여기서, $\Delta V > 0$ 이어야 하므로 $(1-2\nu)\varepsilon > 0$ 이 되며, 따라서 $\nu < \dfrac{1}{2}$ 이 성립되어야 한다. 또 이 식에서 푸아송의 수 m 은 항상 2보다 크다는 것도 알 수 있다.

한편 참고로 면적의 변화비는 $(1-\nu\varepsilon)$ 에서 고차항을 무시하고 정리하면 $(1-2\nu)\varepsilon$ 이 되며, 인장 하중이 작용하는 경우의 면적은 $2\nu\varepsilon$ 의 비로 감소함을 알 수 있다.

또 압축 하중이 작용하는 경우를 생각하면, 인장 하중이 작용하는 경우와는 반대 현상이 발생하게 되어 면적은 $2\nu\varepsilon$ 의 비로 증가하며, 체적은 $(1-2\nu)\varepsilon$ 의 비로 감소하게 된다.

Section 36 공칭 응력과 진응력

1 공칭 응력

인장 시험에서 인장 응력은 단위 면적당 하중, 즉 $\dfrac{F}{A}$ 이다. 여기서 인장 시험 동안에 응력은 증가하고 시편의 단면적은 감소하기 때문에 단면적 A 를 어떤 값을 적용하느냐가 문제가 된다. 보통 단면적 A 는 원래의 단면적 A_0 가 사용된다.

이 응력을 단순히 응력(stress) 또는 공학 응력(engineering stress), 공칭 응력이라 한다. 이러한 명칭들은 진응력이나 실질적인 단면적에 작용하는 하중과 구별할 수 있다.

유사한 형태로서 공학 변형률 또는 공칭 변형률은 하중을 받기 전의 초기 길이 l_0 에 대한 길이의 변화량으로 다음과 같다.

$$\sigma = \frac{F}{A_0}, \quad \varepsilon = \frac{\Delta l}{l_0}$$

여기서, A_0 : 초기 단면적

　　　　l_0 : 게이지 거리(표점 거리)

　　　　Δl : 표점 거리의 변화(인장)$= l - l_0$

2 진응력

진응력은 단순히 하중을 순간적인 현재의 단면적으로 나눈 값을 말한다. 즉,

$$\sigma_t = \frac{F}{A}$$

진응력은 인장 시험에서 하중이 가해졌을 때의 봉의 지름 또는 단면적의 크기를 측정함으로써 얻어진다.

진응력은 시편이 가장 좁은 영역에서 측정되기 때문에, 진변형률도 마찬가지로 그 영역에서의 변형률을 고려하는 것이 바람직하다. 또한, 직선 시편에 대한 변형률 증분은 길이의 변화량을 그 순간의 길이로 나눈 값과 같다.

Section 37 유효 응력 확대 계수(stress intensity factor)

1 개요

파괴 역학은 실제 이용되는 모든 재료가 미세한 균열을 갖고 있다는 가정에서 접근한다. 취성 파괴가 일어나는 것은 원래 있었던 한두 개의 균열이 순간적으로 전파되도록 하중이나 환경(주로 온도) 조건이 갖추어지는 데 원인이 있다. 피로 하중이 작용하면 초기 균열이 점진적으로 성장해서 전체 파괴를 일으키는 임계 크기(critical size)에 도달한다.

균열 끝의 반지름은 0이므로 이론적으로 균열 끝의 응력 집중 계수는 무한대가 된다. 만약 재료가 약간의 연성을 갖는다면 균열 끝의 작은 영역에는 항복이 일어나서 응력의 재분포가 발생한다.

따라서 유효 응력 집중 계수는 무한대보다 현저히 작아지고 작용 응력에 따라 그 크기는 변한다. 그러므로 응력 집중보다는 균열 끝의 유효 국부 응력의 척도로서 응력 확대 계수(stress intensity factor) K를 평가한다.

2 유효 응력 확대 계수

평가된 K는 재료의 균열 전파에 필요한 K의 임계값(inmiting value)과 비교하게 된다. 이 임계값은 재료의 특성값으로 파괴 인성값(fracture toughness) 또는 임계 응력 확대 계수(critical stress intensity factor) K_C라 한다.

현재 널리 이용되고 있는 K와 K_{IC}는 인장 하중에 대한 Ⅰ형(mode I)이라 한다. 따라서 K_I 나 K_{IC}로 표시를 하고 Ⅱ형과 Ⅲ형은 전단 하중과 관계가 있다. 여기서는 Ⅰ형에 국한한다.

가장 유용한 K_{IC}는 균열 끝의 재료가 평면 변형률(plane strain) 상태를 갖는 두꺼운 것이어야 한다. 균열을 에워싸고 있는 저응력의 재료는 균열 끝의 푸아송비 수축에 저항해서 $\sigma_3 \approx 0$이 두께 방향으로 발생한다.

아주 얇은 재료의 균열 끝 재료는 두께 방향으로 수축이 자유스러워 $\sigma_3 \approx 0$이 되어 평면 응력이 된다. σ_3가 인장인 평면 변형률 인장 하중의 경우 전단 항복에 의한 균열 끝의 응력 재분포는 일어나지 않는다. 이런 이유로 평면 변형률 K_{IC}는 평면 응력의 것보다 낮은 값을 갖는다. 실제 두께에 대한 K_{IC}를 알지 못하는 경우 평면 변형률 K_{IC}값이 여러 계산에 사용된다.

(1) 얇은 판

[그림 2-34] (a)에 두께를 관통하는 길이 $2c$의 균열을 가진 얇은 판을 나타내고 있다. 균열길이가 관 너비에 비해서 작고 순단면(net area) $t(2w-2c)$를 기준으로 한 응력 $\dfrac{P}{A}$가 항복 강도보다 작으면 균열 끝의 응력 확대 계수는 대략 다음과 같다.

$$K_{IC} = 1.8\sqrt{c}\,\sigma_g$$

여기서, σ_g는 총단면(gross section) 인장 응력 $P/2wt$이다. K_I가 K_{IC}에 도달되면 급속한 파괴가 일어난다. 얇은 판의 경우 평면 응력 K_{IC} 것이 바람직하다. 모든 변수들이 다음과 같은 관계를 만족시키면 파괴가 일어난다.

$$K_{IC} = 1.8\sqrt{c}\,\sigma_g$$

[그림 2-34] (b)와 같이 판의 가장자리에 균열이 있는 경우는 상수를 약간 크게 함으로써 사용할 수 있다.

따라서 [그림 2-34] (b)의 파괴 수준은 대략 다음과 같다.

$$K_{IC} = 2.0\sqrt{c}\,\sigma_g$$

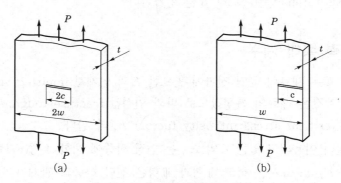

[그림 2-34] 얇은 판의 관통 균열

체적변형률과 길이변형률의 관계

1 개요

재료분야에서 변형률(strain, ε)은 외부에서 인장이나 압축에 의한 하중를 가할 때 단위 길이당 변형량(늘음량 또는 줄음량)을 의미한다.

2 체적변형률과 길이변형률의 관계

(1) 종변형률(세로 변형률, ε)

① 인장 종변형률 : $\varepsilon_t = \dfrac{l' - l}{l} = \dfrac{\delta}{l}(+)$

② 압축 종변형률 : $\varepsilon_c = \dfrac{l' - l}{l} = \dfrac{-\delta}{l}(-)$

∴ 종변형률 $\varepsilon = \dfrac{\delta}{l}$ ※ $\delta(\varepsilon)$의 부호는 인장 시 (+), 압축 시 (−)

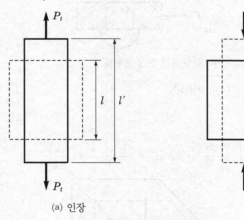

(a) 인장   (b) 압축

[그림 2-35] 종변형률

(2) 횡변형률(가로 변형률, ε')

① 인장 횡변형률 : $\varepsilon_t' = \dfrac{-(d' - d)}{d} = \dfrac{-\Delta d}{d} = \dfrac{\delta'}{d}(-)$

② 압축 횡변형률 : $\varepsilon_c' = \dfrac{d' - d}{d} = \dfrac{\Delta d}{d} = \dfrac{\delta'}{d}(+)$

∴ 횡변형률 $\varepsilon' = \dfrac{\delta'}{d}$ ※ $\delta'(\varepsilon')$의 부호는 인장 시 (−), 압축 시 (+)

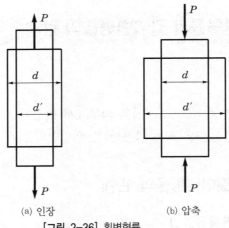

(a) 인장 (b) 압축

[그림 2-36] 횡변형률

(3) 전단 변형률(γ)

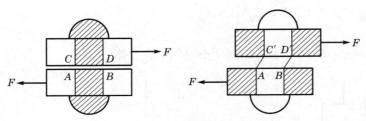

[그림 2-37] 전단 변형률

① 전단 변형률 : $\nu = \dfrac{\delta_s}{l} = \tan \phi [\text{rad}]$

(4) 체적 변형률(ε_ν)

① 체적 변형률 $= \dfrac{\text{체적의 변화량}}{\text{처음 체적}} \rightarrow \varepsilon_\nu = \dfrac{V'-V}{V} = \dfrac{\Delta V}{V}$

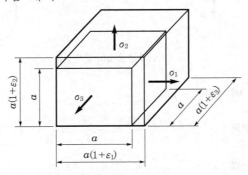

[그림 2-38] 체적 변형률

처음 체적 : $V = a^3$

나중 체적 : $V' = a^3(1+\varepsilon_1)(1+\varepsilon_2)(1+\varepsilon_3) = a^3(1+\varepsilon_1+\varepsilon_2+\varepsilon_1\varepsilon_2)(1+\varepsilon_3)$

$= a^3(1+\varepsilon_1+\varepsilon_2+\varepsilon_3+\varepsilon_1\varepsilon_3+\varepsilon_2\varepsilon_3+\varepsilon_1\varepsilon_2\varepsilon_3) = a^3(1+\varepsilon_1+\varepsilon_2+\varepsilon_3)$

체적 변화량 : $\Delta V = V' - V = a^3(1 + \varepsilon_1 + \varepsilon_2 + \varepsilon_3) - a^3 = a^3(\varepsilon_1 + \varepsilon_2 + \varepsilon_3)$

$\therefore$ 체적 변형률은 $\varepsilon_\nu = \dfrac{\Delta V}{V} = \dfrac{a^3(1 + \varepsilon_1 + \varepsilon_2 + \varepsilon_3) - a^3}{a^3} = \varepsilon_1 + \varepsilon_2 + \varepsilon_3$

※ 등방성 재료일 경우 : $\varepsilon_\nu = \pm 3\varepsilon$ [ε_ν의 부호는 인장 시 (+) , 압축 시 (−)]

Section 39 단면계수, 회전반경과 극단면계수

1 단면계수(Z)

단면계수 $= \dfrac{\text{도심축에 관한 단면 2차 모멘트}}{\text{도심에서 끝단까지의 거리}}$

$Z_1 = \dfrac{I_G}{e_1},\ Z_2 = \dfrac{I_G}{e_2}$

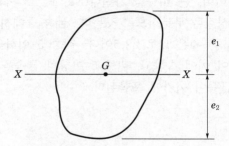

[그림 2-39] 단면에서의 도심

대칭인 단면은 단면계수가 하나만 존재, 대칭이 아닐 때는 두 개가 존재한다.

2 극단면계수(Z_P)

극단면계수 $= \dfrac{\text{도심측에 관한 단면 2차 극 모멘트}}{\text{도심에서 끝단까지의 거리}}$

$Z_P = \dfrac{I_P}{e} = \dfrac{I_P}{r}$

3 회전 반경(K)

회전반경 $= \sqrt{\dfrac{\text{관성 모멘트(단면 2차 모멘트)}}{\text{단면적}}}$

$K = \dfrac{\sqrt{I_G}}{A}$

[금속 재료]

금속의 특성과 순철의 변태

❶ 금속의 특성

금속은 다음과 같은 공통적인 특성을 가지고 있다.
① 고체 상태에서 결정 구조를 갖는다(체심 입방 격자, 면심 입방 격자, 조밀 육방 격자).
② 전기의 양도체이다.
③ 열의 전도성이 크다.
④ 전성과 연성이 크다.
⑤ 금속 광택을 갖는다.
⑥ 상온에서 고체이며, 큰 비중을 가진다(Na, K, Li 예외).
▶ 금속은 이상의 성질을 부분적으로 갖는다. 금속 중에서 비중이 제일 작은 것은 Li으로 0.53이고, 제일 큰 것은 Ir로 22.5이다. 비중 5 이하의 금속을 경금속이라 하며 Al, Mg, Ti, Be 등이 이에 속하고, 비중 5 이상의 금속을 중금속이라 하며 Cu, Fe, Pb, Ni 등 대부분 금속이 여기에 포함된다.

❷ 순철의 변태

순철을 상온부터 가열하면 910℃(A_3)에서 돌연히 원자 배열이 변화하여 체심 입방 격자였던 결정의 상태가 면심 입방 격자가 된다. 또 온도를 더욱 높이면 1,410℃(A_4)에서 다시 처음의 체심 입방 격자가 되고 1,530℃에서 융해되어 용액이 된다.

이와 같이 고체 상태에서 결정형이 변하는 것은 변태라고 하고 [그림 2-40]과 같이 910℃의 변태점을 A_3 변태점, 1,410℃의 변태점을 A_4 변태점이라 한다.
▶ A_3 변태점 이하의 철(체심 입방 격자)을 α철, $A_3 \sim A_4$ 변태점까지의 철(면심 입방 격자)을 γ철, A_4 변태점 이상의 철(체심 입방 격자)을 δ철이라 한다. 또한, 철은 상온에서는 자성을 가지나 770℃에서 자성을 잃는다. 이 자기적 변태는 A_2 변태점이라 하며 $A_2 \sim A_3$ 변태점까지의 철을 β철이라 한다.

이와 같이 순철의 변태에는 결정형이 변하는 동소 변태와 결정형은 변하지 않으며 자기적 변화를 하는 자기 변태가 있다. α철과 β철은 동소 변태가 아니므로 기계적 성질은 변하지 않는다.

Section 2   Fe-C계 상태도

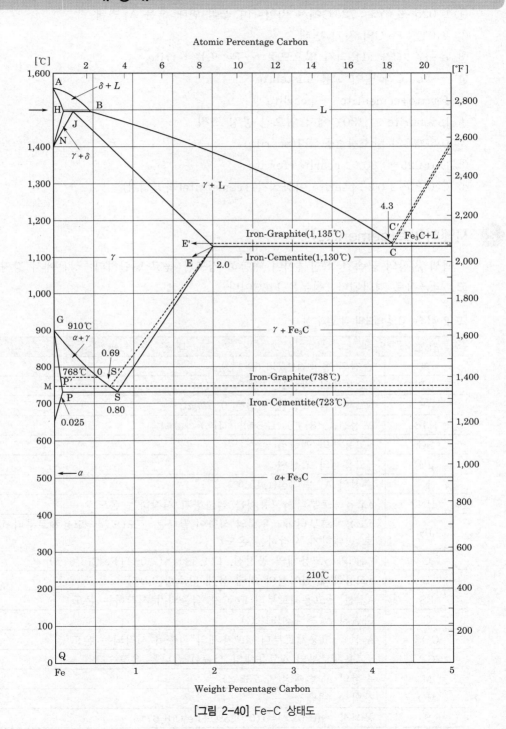

[그림 2-40] Fe-C 상태도

① 탄소강

① 0.025~6.67% : 723℃에서 일어나며 공석 변태 혹은 A_1 변태

② 210℃ : Fe_3C의 자기 변태

③ α-Fe : C가 고용되지 않으므로 α-Fe 또는 ferrite

④ γ-Fe : C가 많이 고용 austenite

⑤ ferrite+cementite → pearlite

⑥ ledeburite : 1,130℃에서 일으킨 공정 조직

⑦ 0.80%C의 탄소강 : 공석강(pearite)

⑧ C 0.025~0.80% : pearite+ferrite

⑨ C 0.80~2.0% : pearite(아공석강)+cementite(과공석강)

② 시멘타이트(cementite)

백색 침상의 금속간 화합물이며 대단히 경도가 높고 단단하다. 상온에서 강자성체이고, 담금질로 경화된다. 성분은 Fe_3C이다.

[표 2-4] Fe-C 상태도의 각 점과 선

기 호	내 용
A	순철의 용융점(1536.5±1℃)
AB	δ고용체의 액상선, B점은 0.51%C
AH	δ고용체의 고상선, H점은 0.077%C
HJB	포정선(1,487℃), L(B%)+δ(H%)=γ(J%)
BC	γ고용체의 액상선
JE	γ고용체의 고상선
N	순철의 A_4 변태점(1,401℃)
HN	δ고용체로부터 γ고용체를 석출하기 시작하는 온도
JN	δ고용체로부터 γ고용체의 석출이 끝나는 온도(또는 γ고용체로부터 δ고용체로 변태하기 시작하는 온도)
C	Fe_3C와 γ고용체의 공정점, L(4.3%)=γ(2.0%)+Fe_3C(6.67%)
E	γ고용체에 있어서의 최대 용해 탄소량(2.0%)
ES	A_{cm}선, γ고용체로부터 Fe_3C가 석출되기 시작하는 온도
G	순철의 A_3 변태점(910℃)
GOS	A_3선, γ고용체로부터 α고용체의 석출이 시작되는 온도
GP	γ고용체로부터 α고용체의 석출이 끝나는 온도
M	순철의 A_2 변태점(약 768℃)
MO	강의 A_2 변태점
S	공석점, γ(0.08%)=α(0.025%)+Fe_3C(6.67%)

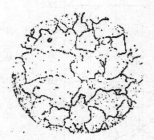

[그림 2-41] ferrite(x65)

[그림 2-42] 아공석강(x65)

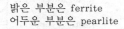

밝은 부분은 ferrite
어두운 부분은 pearlite

[그림 2-43] 과공석강(x660)

[그림 2-44] austenite(x330)

[그림 2-45] 구상 cementite(x660)

[그림 2-46] pearlite(x660)

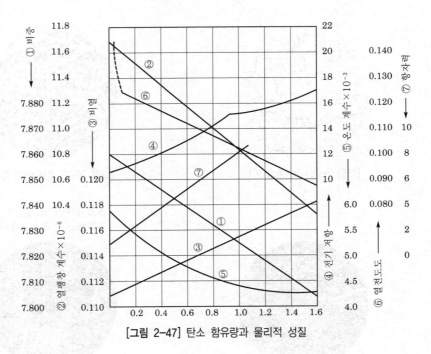

[그림 2-47] 탄소 함유량과 물리적 성질

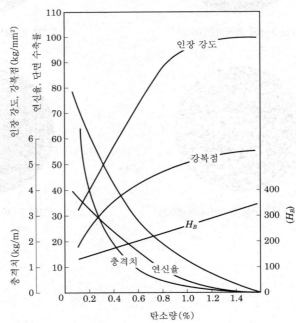

[그림 2-48] 표준 상태의 탄소강의 기계적 성질

[표 2-5] 상태도의 명칭과 결정구

기 호	명 칭	결정구
α	α-ferrite	B.C.C.(Body-Centered Cubic lattice) F.C.C.(Face-Centered Cubic lattice)
γ	austenite	B.C.C. 금속간 화합물
δ	δ-ferrite	α와 Fe_3C의 기계적 혼합
Fe_3C+C	cementite 또는 탄화철	γ와 Fe_3C의 기계적 혼합
$\alpha+Fe_3C$	pearlite	
$\gamma+Fe_3C$	ledeburite	

③ 펄라이트(pearlite)

S점은 특별히 중요하다. γ고용체로부터 α고용체로의 상변화가 이루어지는 최저 온도를 가리킨다. 오스테나이트로부터 A_1 변태점에서 페라이트와 시멘타이트를 동시에 석출하며 펄라이트라 불리는 층상의 미세한 조직을 석출하는 것을 공기 변태(eutectoid)라 하며, 펄라이트는 끈기가 있고 ferrite와 cementite의 중간의 성질을 가진다. S점을 공석점이라 한다.

④ 레데부라이트(ledeburite)

순철의 경우 1,135℃에서 용액으로부터 나오는 오스테나이트와 cementite와의 공정 조직이다.

철-탄소합금에서 탄소 함량 2%까지를 강, 2%를 초과하는 것을 주철이라 한다.

Section 3 표준 상태의 탄소강의 성질

① 물리적 성질과 내식성

탄소강은 표준 상태에서 α-Fe과 Fe_3C의 혼합물이므로 여러 가지 성질이 이들 물질에 따라 변화한다([그림 2-47] 참조). 비중, 팽창 계수, 온도 계수, 열전도 등은 탄소량에 따라 감소하고, 비열, 전기 저항, 항자력 등은 증가하나 내식성은 감소한다.

2 기계적 성질

탄소강의 종탄성 계수 E는 20,000~22,000kg/mm², 횡탄성 계수 G는 7,700~8,450 kg/mm², Poisson비 ν=0.28이며 C의 함유량에 영향을 받지 않는다.

인장 강도는 공석점까지 선형이나 다음부터는 증가하지 않으며 경도는 C나 Fe_3C에 따라 증가하며, 또한 연신율, 단면 수축률, 충격치 등이 급격히 저하한다.

3 C 이외의 원소가 강의 성질에 미치는 영향

① Mn : 망간을 제강 원료로 사용한 선철 중에도 있고 또 제강할 때에 탈산, 탈황제로 첨가되며 강에 남아있다. 탄소강에는 0.25~1.0%이며 망간은 ① 강의 변태점을 낮추어 담금 효과를 증대시키고, ② 결정립 성장을 억제하고 ③ 강의 경도와 강도 및 점성을 증대시킨다.

② Si : 규소는 철 중에 있던 것과 저장할 때 진정제로 첨가하여 남아있다. 탄소강에는 Killed강의 경우 0.2~0.35%, Rimmed강에는 0.1% 정도 함유하며 ferrite를 고용하고 인장 강도, 탄성 한계, 경도는 증대시키고, 연신율 충격치는 감소시킨다.

③ P : 인은 편석을 일으키기 쉬우므로 조절에 주의를 요하며 강도 및 경도를 증가시키고 연신율과 상온에서의 충격치를 매우 감소시키며, 상온 가공에서 균열을 일으키기 쉽다. 이와 같이 상온 또는 그 이하의 온도에서의 취성을 상온 취성(cold shortness)이라고 한다.

[표 2-6] 강의 입도와 성질

성 질	거친 입자	고운 입자
담금 경화능	大	小
열처리 후 같은 경도의 취성	小	大
담금 변형, 균열	大	小
담금 내부 응력	大	小
잔류 austenite	多	小
인장 강도	같거나 낮음	같거나 높음
항복점	낮음	높음
연신율, 단면 수축률	小	大
크리프 강도	고온에서 大, 저온에서 小	저온에서 大, 고온에서 大
충격치	小	大
감쇠능	大	小
피로 강도	小	大
고온 가공성	양호	불량
상온 가공성	불량	양호
기계 절삭성	양호	불량

열처리(담금질, 뜨임, 풀림, 불림, 서브제로처리, 염욕처리)

열처리는 주로 강의 기계적 성질을 조절하는 것을 목적으로 하나 내식성이나 전기적 성질의 향상을 위해 적용한다.

1 강의 담금질(quenching) : 경도

강의 경도를 높이기 위하여 행하는 것이며, 아공석강의 경우는 A_{c3} 이상으로, 또 과공석강의 경우는 A_{c1}보다 약간 고온으로 각각 가열하여 급랭하면 경하고 여린 마텐자이트가 생긴다. 이와 같이 급랭하여 조직을 경화시키는 것을 담금질이라 한다.

아공석강은 상온에서는 ferrite가 석출한 혼합 조직이나 이것을 austenite 상태에서 급랭하면 cementite를 석출할 시간이 없으므로 결정 입자만이 α철과 같은 체심 입방 격자로 변하고 탄소를 과포화로 고용한 상태가 된다. 이것을 마텐자이트(martensite)라 한다.

마텐자이트는 철의 정상 상태가 아니고 단지 중간철이 산물로 존재하므로 불안정하며 경도는 매우 높다.

① 담금 균열(quenching crack)의 방지법
  ㉠ 불필요하게 빠른 냉각을 피할 것
  ㉡ 임계 냉각 속도를 낮추는 성분의 강을 선택할 것
  ㉢ 물품의 두께를 같게 할 것
  ㉣ 결정 입자를 작게 만들 것
  ㉤ 표면의 스케일을 제거하여 열의 방출을 균일하게 할 것
  ㉥ 담금질 후 잔유 austenite를 오래 두지 말고 빠르게 템퍼링 또는 심랭 처리할 것
② 질량 효과(mass effect) : 같은 재질을 같은 열처리 조건에 따라 급랭한다 하더라도 물건의 크기에 따라 내부의 변화하는 상태는 달라진다. 이와 같이 내부의 열이 표면까지 도달하는 데 시간이 걸려 충분한 냉각을 얻을 수 없는 질량에 의한 열처리의 차이를 질량 효과(mass effect)라 한다.
③ 경화능 : 둥근 봉을 담금질할 때 내부까지 완전히 경화되는 한계 지름(critical diameter, D-value)과 냉각 배수(severity of quench, H-value)를 가지고 논한다.

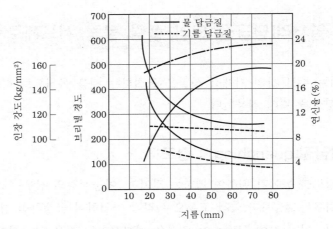

[그림 2-49] 탄소강(0.45%C)의 담금 질량 효과

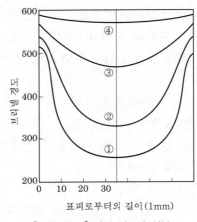

[그림 2-50] 담금 경도와 성분

② 강의 템퍼링(tempering ; 뜨임, 인성)

강을 담금질하여 얻은 마텐자이트 조직은 경도는 크나, 불안정한 조직이며 전연성이 없고 여리다. 따라서 날과 같은 경도와 인성을 필요로 하는 경우의 재료로서는 부적당하다. 이와 같이 담금질 강의 불안정한 마텐자이트 조직에 인성을 주기 위한 과정이다. 즉 담금질 강을 그 재료의 사용 목적에 따라 A_{c1} 이하의 적당한 온도로 가열하여 물, 기름, 공기 등에 따라 적당한 속도로 냉각하는 것이다.

③ 강의 어닐링(annealing ; 풀림, 연화)

강을 가열한 후 노 내 혹은 재 속에서 냉각시킨 것으로서 강의 조직을 미세화하여 내부 응력을 제거하여 적절히 연화된 조직으로 만드는 과정이다.

강의 내부 응력을 제거하여 연화시키기 위하여 아공석강의 경우는 A_{c3} 이상의 온도로, 과공석강의 경우는 A_{c1} 변태점 이상의 온도로 가열하여 충분한 시간을 유지한 다음 냉각하는 과정이다.

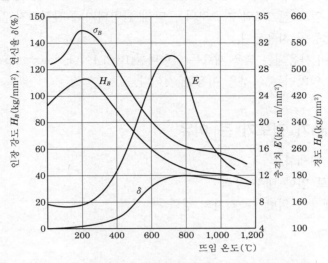

[그림 2-51] 0.50% 탄소강의 템퍼링에 의한 기계적 성질의 변화

④ 강의 노멀라이징(normalizing ; 표준 조직)

어닐링에 기인하는 큰 입도와 과도한 연화를 피하기 위하여 이 작업을 한다. 강을 오스테나이트의 범위(A_{c3}보다 50~100℃ 높은 온도)까지 가열하고 완전한 오스테나이트로 공기 중에서 냉각하는 과정이다.

normalizing을 행함으로써 강의 스트레인이나 내부 응력을 제거할 수 있고 미세한 표준 조직으로 할 수 있다.

⑤ Sub-Zero 처리

0℃ 이하의 온도, 즉 Sub-Zero 온도에서 냉각시키는 것으로 경화된 강 중의 잔류 austenite를 martensite화하는 열처리이다.

Sub-Zero 처리를 하면 공구강의 경도 증가 및 성능 향상을 할 수 있고, gauge 혹은 bearing 등의 정밀 기계 부분품의 조직을 안정하게 하며 시효에 의한 형상 및 치수의 변화를 방지할 수 있다. 또한 특수 침탄상의 침탄출을 완전히 martensite로 변화시켜 표면 경화의 목적을 달성할 수 있고, stainless강에는 우수한 기계적 성질을 부여하는 등 넓은 적용 범위를 갖는다.

⑥ 염욕 열처리

열처리해야 할 제품은 전기로, 가스로, 중유로 등으로 대기 중에서 가열하는 경우 강 제품에 산화·탈탄 현상이 발생한다. 이것과는 달리 요구되는 균일 온도 유지는 염의 조성 조절로 얻고 전기로와 가스로와는 달리 산화되거나 침식되지 않으므로 공구강, 정밀 기계 부품 등에 사용된다.

가장 많이 사용되는 염욕 재료는 염화바륨($BaCl_2$)이다. martempering, marquenching 등의 항온 열처리는 이것을 이용한 것이다.

⑦ martensite가 경도가 큰 이유

① 결점의 미세화
② 급랭으로 인한 내부 응력
③ 탄소 원자에 의한 Fe 격자의 강화

Section 5 강의 표면 경화법

① 개요

기계 부품은 사용 목적에 따라서 치차, 캠, 클러치 등과 같이 충격에 대한 강도(끈기)와 표면의 높은 경도를 동시에 필요로 하는 것이 있다. 이와 같은 경우에 재료의 표면만을 강하게 하여 내마멸성을 증대시키고, 내부는 적당한 끈기있는 상태로 하여 충격에 대한 저항을 크게 하는 열처리법이 사용된다. 이것을 표면 경화법(表面硬化法, surface hardening)이라 한다.

표면 경화법을 대별하면 다음의 5종류가 된다.
① 강의 침탄(浸炭)·케이스하드닝법
② 강의 질화(窒化)법
③ 강의 청화(靑化)법
④ 화염(火炎) 담금질법
⑤ 고주파 담금질법

❷ 금속 침투법의 종류

금속 침투법의 종류는 다음과 같다.

(1) 침탄 · 케이스하드닝법

1) 침탄법

재료의 표면에 탄소를 침투시켜 표면부터 차례로 과공석강, 공석강, 아공석강의 층을 만드는 방법을 침탄법(浸炭法, carburizing)이라 한다. 침탄법에는 가스 침탄법과 고체 침탄법이 있다.

가스 침탄법(浸炭法, gas carburization)은 탄소량이 적은 강에서 소요의 형상으로 만들고, 침탄할 부분만을 남겨 나머지 부분은 동도금하든가 점토, 규산나트륨, 식염, 산화철분말, 석면 등의 침탄 방지제를 도포하든가 하여, 이를 침탄로 속에 넣고 침탄제(浸炭劑 : 메탄, 에탄, 프로판 등의 가스)를 보내어 그 속에서 가열한다. 이와 같이 하면 침탄성 가스는 고온의 강재에 접촉하여 분해하고, 활성 탄소를 석출하여 필요한 부분만이 침탄되고 동도금한 부분 또는 침탄 방지제를 바른 부분은 침탄되지 않은 채로 남는다.

고체 침탄법(固體浸炭法, pack carburization)은 침탄하려는 재료와 침탄제를 밀폐한 철제 용기 속에 넣고 이것을 다시 그대로 로 내에 넣어 가열하는 방법이다. 침탄제로서는 목탄에 탄산바륨을 가한 것을 주로 사용하고, 철제 용기에 넣은 뒤 틈새를 점토로 메워 막는다. 가열 온도는 900~950℃, 가열 시간은 5~6시간이다. 침탄제의 공격에 존재하는 공기가 목탄과 반응하여 CO와 CO_2를 발생하고, CO가 강재 표면에 분해하여 탄소를 석출하면 이 탄소는 활성이 커서 강재 속으로 용해 침입한다. 고체 침탄법에 의한 침탄층의 깊이는 침탄 시간, 침탄제의 종류, 그 밖의 요소에 따라 변화한다. 보통 침탄층 깊이는 2~3mm, 표피의 탄소 함유량은 0.9% 정도이다. [그림 2-52]는 침탄 온도 및 시간과 침탄층 두께와의 관계를 표시한다.

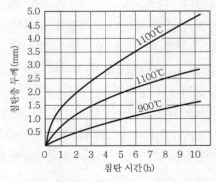

[그림 2-52] 침탄층과 침탄 시간의 관계

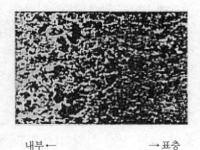

내부←   →표층

[그림 2-53] 침탄 조직

2) 케이스하드닝법

침탄을 행한 재료는 그대로 제품으로 사용하는 일은 적고, 일반적으로 침탄 후 다시 2회 담금질을 하여 비로소 제품으로 사용한다. 이 경우의 열처리를 케이스하드닝(case hardening)이라고 한다. 침탄을 한 재료의 중심부는 장시간 가열했기 때문에 결정립이 조대해진다. 따라서 이 재료에 끈기를 주기 위하여 조대화한 결정립을 미세하게 할 목적으로 재료를 920~930℃로 가열한 후 물로 담금질한다. 이것이 1차 담금질이다. 1차 담금질을 한 재료는 다시 표면의 침탄층의 경도를 높이기 위하여 760~780℃로 가열하여 물로 담금질을 한다. 이것이 2차 담금질이다. 최후로 스트레인을 제거하기 위하여 유중에서 100~110℃로 약 30분간 끓이고 공중에 방랭하면 완전한 제품이 된다. [그림 2-48]은 케이스하드닝 후의 강의 조직을 나타내며 치밀한 층이 표층이고 중심부가 될수록 조직이 조대하다. 이 경우 고온으로 가열하여도 결정립이 조대해지지 않는 재료, 즉 니켈을 함유하는 표면 경화 용강은 내부 결정립을 미세화시킬 필요가 없으므로 2차 담금질만을 한다. 표면 경화 용강이라 불리우는 강은 침탄, 케이스하드닝에 적합한 강이란 뜻이며 침탄강이라고도 부른다.

(2) 질화법

강을 암모니아(NH₃), 기류(氣流) 중에서 가열하여 질소를 침투시키는 표면 경화법을 질화(窒化)라 한다. 알루미늄, 몰리브덴, 바나듐, 크롬 등 가운데 2종 이상의 원소를 함유하는 강을 질화 용강(窒化用鋼)이라 한다. 질화 용강은 질화(nitriding)로 표면에 질화철(FeN)의 층, 즉 질화층을 만든다. 질화층은 고온이 되어도 연화하지 않고, 매우 경하며 내식성도 크다. 또 침탄의 경우와 달리 담금질할 필요가 없고, 질화에 있어서의 열처리 온도가 낮으므로 변형을 일으키는 일이 없다. 따라서 질화 후는 그대로 제품으로 사용된다.

질화는 비교적 간단하여 다음과 같은 조작으로 행한다. 먼저 질화 용강을 소르바이트 조직으로 하기 위하여 담금질·템퍼링한다. 다음으로 재료의 질화할 필요가 없는 부분에 방질도금을 하고 이것을 기밀한 질화 상자에 넣는다. [그림 2-54]와 같은 자동 온도 조절 장치를 갖춘 전기로 내의 가열실 내에 이 질화 상자를 넣고, 이 질화 상자에 암모니아 가스를 통하게 하여, 약 520℃ 정도의 온도를 유지하며 50~100시간 질화한다. 그 후 로 내에서 서냉하여 150℃ 정도까지 냉각되고, 암모니아 가스의 공급을 실온까지 낮추면 작업은 끝난다. 질화 시간을 길게 하거나 질화 온도를 높게 하면 질화층이 두꺼워지며 질화층 두께는 보통 0.7mm 이내이다. 그러나 [그림 2-55]에서 보듯이 질화 시간의 길이는 최고 경도와는 관계가 없으며, 질화 온도를 높게 하면 최고 경도는 저하된다.

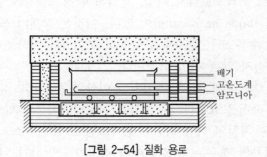

[그림 2-54] 질화 용로

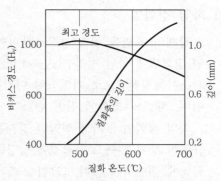

[그림 2-55] 질화에 의한 최고 경도와 경화층의 깊이
(질화 시간 : 50시간)

(3) 청화법

시안화칼륨(KCN) 또는 시안화나트륨(NaCN)을 철제 도가니에 넣고, 가스로 등에서
일정 온도로 가열하여 용해한 것 속에 강재를 소정의 시간만큼 담근 후, 수중 또는 유중
에서 급랭하면 강재의 표면층은 담금질이 되어 경도가 증가한다. 이러한 표면 강화법을
청화법(靑化法, cyaniding, 시안화법)이라 한다.

이때 강재의 표면이 경화되는 것은 시안화칼륨 또는 시안화나트륨이 가열에 의해
탄소로 분해하여 이 때문에 강재의 표면에 침탄과 질화가 동시에 행하여진다. 이 방
법을 침탄 질화법이라고도 한다. [그림 2-56]은 시안화나트륨 50%, 탄산나트륨 50%
의 혼합염을 사용하여, 연강에 이 경화법을 실시하였을 때의 처리 시간과 경화층의
깊이와의 관계를 표시한 것이다.

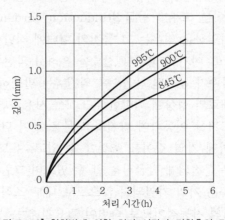

[그림 2-56] 청화법에 의한 처리 시간과 경화층의 깊이

(4) 화염 경화법

강재의 표면을 급속히 오스테나이트 조직으로까지 가열, 냉각하여 경도를 높이는 표면 경화법에 화염 경화법(火炎硬化法, flame hardening)이 있다. 이것은 강재의 표면을 산소아세틸렌염으로 가열하여 여기에 수류 또는 분사수를 급격히 부어 담금질하는 방법이며, 재료의 조성에 전연 변화가 생기지 않는 것이 특징이다.

화염 경화법에 가장 적합한 강재는 C 0.4~0.7%의 것이며 그 이상의 탄소량의 경우는 균열이 생기기 쉽고 담금질에 상당한 숙련을 요한다. 또 고합금강은 일반적으로 화염 담금질에 적합하지 않다. [그림 2-57]은 치차의 화염 담금질을, [그림 2-58]은 스프로킷(쇄차)의 화염 담금질을 표시한다. 치차의 경우는 치형을 따라 경도가 균일하기 위해서는 치면을 따라 토치의 이동 속도를 끝으로 갈수록 빠르게 한다.

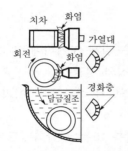

[그림 2-57] 치차의 화염 담금질

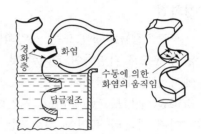

[그림 2-58] 스프로킷의 화염 담금질

(5) 고주파 담금질

고주파 전류로 와전류를 일으켜서 이때의 열로 화염 담금질법과 같은 원리의 담금질을 할 수가 있다. 이를 고주파 담금질(induction hardening)이라 한다.

소재의 표면을 가열하는 경우는 그 물건의 형태에 적합한 유도자(가열 코일)를 담금질하는 곳 근처에 놓고, 여기에 고주파 전류를 흘려서 과전류(過電流)를 발생시킨다. 이때 흐르는 전류의 주파수가 높으면 높을수록 와전류는 발생하기 쉽다. 담금질을 능률적으로 행하기 위해서는 재료의 형상에 적합한 유도자를 사용하면 된다. 긴 부품의 표면 전체를 경화시킬 때는 유도자를 이동하여 가열하고 물을 부어 담금질한다. 이 경화법은 주파수를 조절하여 용이하게 가열 깊이를 조절할 수 있고, 유도자의 적절한 설계로 경화시킬 부분의 형상에 매우 근접되게 담금질을 할 수 있으며[그림 2-59], 가열이 매우 급속하여 경화층 내부의 금속은 거의 가열되지 않으므로 내부 조직에 영향을 끼치지 않아 열변형도 없고, 조작이 거의 자동적이므로 숙련이 필요치 않는 등의 장점을 가진다. 장치가 고가이나 상기한 장점들이 이를 보상하고도 남는다.

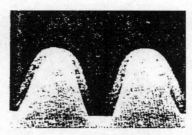

[그림 2-59] 고주파 담금질을 한 치차의 치형 단면

구조용 강의 Ni, Cr, Mn, Si, Mo, S의 역할

[표 2-7] 각종 원소의 특징

원소명	독특한 특성
Ni	취성 증가
Zn	대기 부식 방지
Cr	내식성
Mn	소입성 향상
Mo, W	고온도 인장 강도 및 강도 유지
Si	전자적 성능, 산에 대한 내식성
Al	고온 산화 방지

[표 2-8] 각종 원소의 공통성

원소명	공통 특성
Ti, Cr, W, Mo, V	탄화물 생성성
Mo, W ,Cr, Mn, Ni, Si	소뇨 저항성
Al, V, Ti, Zr, Cr	austenite(결정 입자 성장 방지)
Cr, Ni, Mn, Mo, W, Si	소입 심도
P, Si, Mn, Ni, Cr, W, Mo	ferrite 강화성

(1) Ni

① 성질 : 인성을 증가시키고 저온에서의 충격치를 크게 한다.

② 용도 : 자동차, 비행기, 교량제, 포신 재료 및 차축 등에 사용된다.

(2) Cr

① 성질 : Cr은 자경성을 갖고 있으며 내식성이 우수하다. 또한 담금질성을 개선하는 효과가 Ni보다 우수하다.

② 용도 : 줄, 톱에 많이 쓰이며 단접이 곤란하다.

(3) Mn

① 성질 : 신도(伸度)를 감소시키지 않고 강도를 증가시킨다. 주조성이 좋다.

② 용도 : Ni-Cr, Ni강에 비하여 기계적 성질이 떨어지나 염가인 점에서 교량재 및 철재로 사용한다. 또한 소입성 향상에 가장 효과적인 원소이다.

(4) Si

질산, 염산, 묽은 황산에 대한 내식성이 우수하다. 경도, 탄성 한계, 인장력을 높이며 신도, 충격치를 감소시킨다.

(5) Mo

Mo은 약 400℃ 부근까지의 고온 강도를 개선하는 효과가 있다. 또한 고온 가공에서도 결정 입자의 조대화는 거의 없으며 인성도 양호하다.

(6) S(황)

인장력, 신도, 충격치를 감소시킨다.

Section 7 탄소강관과 스테인리스 강관의 사용상 특성과 용접성

① 탄소강

탄소강의 용접성은 탄소 함유량에 좌우된다. C < 0.3%의 저탄소강은 용접 후에도 열 영향을 받는 변질부의 경도는 그다지 상승하지 않고, 용접은 용이하다. 그러나 고탄소강(0.45%<C<1.7%)에서는 경화되어 취성이 현저하게 증가하여 균열을 발생하기 쉽다. 이것은 급열, 급랭에 의한 조직 변화가 원인이 되므로 미리 예열하여 급열, 급랭을 피하는 것이 필요하다.

탄소 함유량이 낮은 저탄소강은 아크, 가스, 저항 용접이 모두 용이하다.

② 스테인리스 강

강에 Cr 혹은 Cr+Ni을 적당량 첨가하여 녹슬지 않도록 한 것으로 Cr강은 Cr의 함유량이 많을수록 내식성이 강하고, Cr-Ni강은 내열 내식성이 고크롬강에 비하여 일반적으로 양호하다.

대표적인 것은 13% Cr강과 18% Cr+8% Ni강이다. 이 강에는 피복 아크, 불활성 가스 아크, 원자 수소, 서머지드 아크 용접이 널리 사용된다.

Section 8
금속의 경화기구

금속의 경화기구의 목적은 가장 알맞은 강도와 인성을 얻는 것이다.

① 고용체 경화

일반적으로 금속 원소의 원자의 크기는 모체가 되는 원소에 크기가 다른 원소를 고용시키면 그 주위의 결점 원자를 뒤틀리게 한다. 이 뒤틀린 격자면은 같은 크기의 원자가 배열한 것보다, 격자를 움직이는 데 더 많은 에너지를 필요로 하고 그만큼 강하게 된다.

② 석출 경화(시효 경화)

현재로서 재료 강화의 가장 중요한 수단으로 시효 처리를 이용하여 재료의 강화와 특수성질을 갖게 하는 방법으로, 이러한 시효 경화는 실내 온도에서 시간이 지남에 따라 재료가 강화된다. 비평형 조직을 가진 고체 재료가 열적 활성화를 받으면 평형 상태에 접근하기 때문에 그 재료의 여러 성질이 시간에 따라 변화하는 현상이다.

③ 가공 경화

고체 재료에 그 탄성 한도 이상의 응력을 일으키게 하면 소성 변형을 일으키는 것은 그 물질을 구성하는 원자, 분자의 상호 간에 그 위치를 변화시키는 결과이다. 그리고 금속 재료에서는 한번 어떤 방향으로 소성 변형을 받으면, 같은 방향으로 소성 변형을 일으키는 데 대하여 저항력이 증대하여 간다. 이것은 탄성 한도의 상승이나 경도의 증가로 나타난다. 이 현상을 가공 경화(work hardening)라 한다.

Section 9 주조법(casting process)의 종류 및 특징

1 모래 주조법(sand casting)

주형 재료로 주물사가 이용되며 주위에 주물사를 다져 넣고 모형을 분리한 후 주입구를 통하여 용융 금속을 부어 넣는다.

2 셸 몰드 주조법(shell molding process)

주물사와 열경화성 수지 접착제의 혼합물을 금속 모형 주위에 채우고 250~300℃에서 10분 정도 처리 후 주형을 분리하고 다시 300~350℃에서 소결시키면 셸 모양의 주형을 얻게 된다.

3 원심 주조법(centrifugal casting process)

금속 혹은 모래 주형을 회전시키면서 용융 금속을 주입하면 경도와 강도가 큰 중공 원통형의 주물을 제작하는 데 이용된다. 이때 불순물은 밀도차에 의하여 안으로 분리된다.

4 인베스트먼트 주조법(investment molding process)

제작하려는 제품과 고형의 모형을 양초 혹은 합성수지로 만들고 이 모형의 둘레에 유동성이 있는 주형재에 침지한 다음, 건조 가열로 주형을 굳히고 양초나 합성수지는 용해시켜 주형 밖으로 흘려 배출하여 주형을 완성한다.

5 다이 캐스팅(die casting)

금속 주형 혹은 다이에 용융 금속을 가압하여 표면이 매끈하고, 정밀하며, 큰 강도를 갖는 주물을 만든다. 대량 생산에 많이 쓰이며 아연 합금, 동 합금, 주석 합금, 알루미늄 합금 등 비철 금속의 주조에 특히 많이 사용된다.

특수강

탄소강의 성질을 개선하기 위하여 목적에 따라 탄소강에 니켈, 크롬, 텅스텐, 망간, 몰리브덴 등의 금속 원소를 하나 이상 첨가하면 특수강이 된다.

① 구조용 특수강

① 니켈강 : 탄소강에 니켈을 가하면 인장 강도와 경도가 증가하여 연신율이 감소한다.
② 니켈·크롬강 : 니켈강에 크롬을 가하면 그 성질이 개선되며, 충격과 진동을 받는 부분에 많이 사용된다.
③ 크롬·몰리브덴강 : 니켈을 절약하기 위하여 고안된 것으로 니켈·크롬강의 대용으로 사용된다. 성질에 큰 차이가 없으며 용접에 좋다.
④ 망간강 : 탄소강에 비하여 성질이 우수하며 또 가격도 싸서 건축, 교량, 선박 등 광범위하게 사용된다.
⑤ 망간·크롬강 : 니켈·크롬강보다는 떨어지나 정적인 경우에 기계적 성질은 별로 떨어지지 않으며, 고가인 니켈 대신 사용된다.
⑥ 표면 경화강 : 기어, 캠, 클러치 등과 같이 마모와 충격에 동시에 견뎌야 하는 것은 내부에는 인성을, 표면에는 경도를 갖게 하는 것이 좋으며 이것을 위해 강의 표면을 경화한다.

② 특수 목적용 특수강

① 스프링강(강+Cr+Mn+Si) : 스프링 제작을 냉간 가공과 열간 가공에 의한 것이 있으며, 후자의 경우에는 특수강을 사용한다. 여기에는 Si, Mn, Cr이 함유된다.
② 베어링강(강+Cr) : 탄소 1% 내외의 크롬강이 보통이며 여기에 다른 원소를 약간 첨가한다.
③ 스테인리스강[강+Cr(11%)+Ni(8%)] : 강에 녹이 발생하는 결점을 없애기 위한 것으로 크롬(12~15%)과 니켈(7~9%)을 주성분으로 한다. 보통강에 비하여 내식성이 매우 크다.
④ 자석강
⑤ 절삭용 특수강(고속도강)(강+W) : 텅스텐을 첨가 주성분으로 한 강으로 때로는 Mo을 첨가한다. 적당한 열처리를 하면 현저히 경화하며 고속으로 절삭하여 공구 날의 온도가 올라가더라도 절삭력이 떨어지지 않는다.
⑥ 전기용강(강+Si) : 저탄소강에 규소 4.5% 이하를 가한 규소강은 전기적 성질이 양호하며 발전기, 변압기 등의 철심 재료로 사용된다.

Section 11 조력 발전 철강 구조물에 사용되는 해수 부식 방지

1 개요

조력 발전이란 조석이 발생하는 하구나 만을 방조제로 막아 해수를 가두고 수차 발전기를 설치하여 외해와 조지 내의 해수를 가두고 수위차를 이용하여 발전하는 방식으로서 해양 에너지에 의한 발전 방식 중에서 가장 먼저 개발되었다. 조력 발전 철강 구조물은 해수에 염분이 많아 금속이 산화되어 부식되기 쉽다. 따라서 구조물에 강도가 약해지고 수명이 단축되므로 부식을 방지하는 대책을 강구해야 한다.

2 전기에 의한 부식 방지법

(1) 개요

피방식체인 금속에 외부에서 인위적으로 전류(방식 전류)를 유입시키면 전위가 높은 음극부에 전류가 유입되어 음극부의 전위가 차차 저하되다가 양극부의 전위에 가까워져서 결국 음극부의 전위와 양극부의 전위가 같아진다. 그 결과 금속 표면에 형성된 부식 전류가 자연히 소멸되고 부식이 정지되어 피방식체인 금속은 완전한 방식 상태에 이르게 된다. 이러한 원리를 응용한 방법을 전기 방식법이라 하며, 방식 전류의 공급 방식에 따라 희생 양극법과 외부 전원법 두 가지 형태로 대별된다.

(2) 부식 방지법의 종류

① 희생 양극법 : 피방식체보다 저전위의 금속을 피방식체에 직접 또는 도선으로 연결시키면 양 금속 간에는 전지 반응이 형성되고 저전위의 금속에서 금속 이온이 용출되며 피방식체로 전류가 흐르게 된다. 이때 저전위의 금속은 피방식체 대신 희생적으로 소모되어 피방식체의 부식은 완전히 정지하게 되는데 이러한 전기 방식법을 희생 양극법 또는 유전 양극법이라 한다.

② 외부 전원법 : 피방식체가 놓여 있는 전해질(해수, 담수, 토양 등)에 양극을 설치하고 여기에 외부에서 별도로 공급되는 직류 전원의 (+)극을, 피방식체에 (-)극을 연결하여 피방식체에 방식 전류를 공급하는 방법을 외부 전원법이라 하며, 직류 전원 장치로는 일반적으로 정류기를 사용한다.

③ 부식 모니터링 : 철의 부식은 배관 및 구조물의 수명과 안전에 직접적인 영향을 주는 요소로서 인명 피해와 엄청난 경제적인 손실을 초래하고 있다. 따라서 이러한 경제적인 손실을 막고자, 오늘날 철의 부식을 모니터링(온도, 입력, 부식 환경 등)을 할 수 있는 제품이 개발되었다.

④ 해양 생성물 부착 방지 장치 : Antomatic system은 선박 내부, 유정 도착 장치, 해안 산업, 그리고 발전소의 해수 순환 시스템에 각종 해조류의 생성을 방지하고 완벽하게 제거하는 시스템이다.

Section 12 양극 산화법(annodizing)

1 정의

금속(부품)을 양극에 걸고 희석산의 액에서 전해하면, 양극에서 발생하는 산소에 의해서 알루미늄면이 산화되어 소지금속과 대단한 밀착력을 갖는 산화피막(산화알미늄, Al_2O_3)이 형성된다.

양극산화(Ano-dizing)란 양극(Anode)과 산화(Oxidizing)의 합성어로 전기도금에서 부품을 음극에 걸고 도금하는 것과는 차이가 있다. 양극산화의 가장 대표적인 소재는 Al이고 그 외에 Mg, Zn, Ti, Ta, Hf, Nb의 금속 소재상에도 아노다이징 처리를 하고 있다. 최근에는 마그네슘과 티탄 소재상의 아노다이징 처리도 점차 그 용도가 늘어 가고 있다.

2 양극 산화법(annodizing)의 종류 및 특징

(1) 양극산화법의 종류

양극산화처리법의 종류는 양극전압을 인가하였을 때 산화피막의 형성에 필요한 금속 양이온(cation) 및 산소를 포함한 음이온(anion)이 산화피막을 통과하여 흐르는 방법에 따라 구분된다. 산화피막의 파손이 일어나지 않고 이온이 인가된 전기장에 의해 산화피막 내부를 이동하여 피막을 성장시키는 전통적인 방법은 "아노다이징(anodizing)"이라 불려왔다. 한편, 산화피막의 유전체 파손을 통하여 아크를 발생시키면서 이온들의 이동이 일어나 피막의 성장이 일어날 경우 플라즈마전해산화(PEO, Plasma Electrolytic Oxidation)이라 부른다.

양극산화피막의 종류는 [그림 2-60]과 같이 분류될 수 있으며, 종류별 피막의 구조는 [그림 2-61]과 같이 나타낼 수 있다

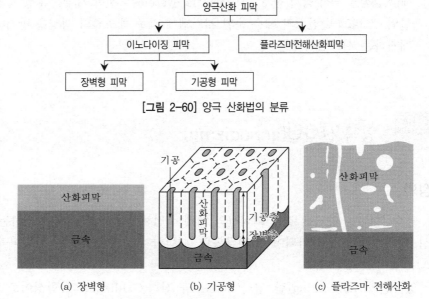

[그림 2-60] 양극 산화법의 분류

[그림 2-61] 양극 산화법의 종류별 피막구조

(2) 아노다이징의 특성

1) 아노다이징(양극산화)피막은 내식성이 우수한 치밀한 산화물이다.

아노다이징에 의해 생성된 비정질의 산화알미늄 피막을 약산성의 뜨거운 물이나 끓는 탈이온수 혹은 고온의 중크롬산나트륨액 혹은 아세트산니켈의 액에서 실링하면 최대의 내식성을 발휘한다.

2) 장식성 외관을 개선한다.

아노다이징은 광택을 내며 광택 수준은 처리 전 금속소재의 조건의 좌우된다.

3) 아노다이징은 상당히 단단하여 내마모성이 우수하다.

하드아노다이징(경질양극산화)는 두께가 25~100μm 이상까지 두껍게 피막을 올릴 수 있다.

4) 도장밀착력의 향상

단단히 밀착되어 있는 양극피막은 모든 페인트 시스템에서 화학적으로 활성표면을 제공하며 황산욕에서 처리한 양극피막은 무색으로 다음의 투명한 표면처리에 하지로 적당하다.

5) 본딩성능의 개선

인산법이나 크롬산법에 의한 엷은 양극피막은 본딩성과 내구성능을 개선하며 항공기의 기체구조에 넓게 이용하고 있다.

6) 윤활성의 개선

하드 아노다이징 후에 수동으로 연마나 호닝으로 표면을 부드럽게 하고 테프론 코팅을 하면 완벽한 윤활성능을 발휘한다.

Section 13 응력 부식 균열과 방지법

1 응력 부식 균열(SCC : Stress Corrosion Cracking)

응력 부식 균열(stress corrosion cracking)은 재료, 환경, 응력 이 3개가 특정 조건을 만족하는 경우에만 발생한다. 금속 재료가 인장 응력의 작용하에서 환경의 영향으로 취화해 파괴하는 현상을 말한다.

일반 금속이나 배관 작업 시 힘을 가해서 굽힌 부분, 인장 또는 압축 응력을 받아 균열이 생긴 부분에서 발생한다. 이러한 부분은 전해액 중에서 활성화되어 비응력 부분에 비해 양극 반응을 나타낸다. 내식성이 우수한 재료는 표면에 부동태 막이 형성되어 있지만 그 피막이 외적 요인에 의해 국부적으로 파괴되어 공식(pitting) 또는 응력 부식 균열의 기점으로 된다. 국부적으로 응력 집중이 증대되어 내부의 용액은 SCC 전파에 기여하여 균열이 진전하여 간다.

이처럼 피막의 생성과 파괴가 어떠한 조건하에서만 생겨 균열이 진행된다. 표면 피막의 보호성이 불충분하면 전문 부식으로 되어 응력 부식 균열은 발생하지 않는다. 따라서 응력 부식 균열은 내식성이 좋은 재료에만 발생한다. 어떠한 환경에서 균열 저항성이 큰 재료라도 다른 환경에서는 응력 부식 균열이 발생할 가능성이 충분히 있다. 즉, 어떠한 재료라도 응력 부식 균열을 일으킬 수 있는 환경이 존재한다.

응력 부식 균열은 전기 화학적 현상으로 수소 취성 균열과는 구별된다. 이의 구분은 [그림 2-62]에 분극에 따른 파단 시간의 변화를 나타낸다.

(a)는 음극 분극에 의해 파단 시간이 짧아지므로 수소 취성 균열(Hydrogen Embrittlement ; HE)이며, (b)는 역으로 양극 분극에 의해 수명이 짧아지는 경우로 활성 경로형 응력 부식 균열(Active Path Corrosion ; APC)이다.

(c), (d)는 2개의 현상이 혼재하는 경우이다. (c)에서는 부식 전위보다 귀(貴)하게 하면 수명이 짧아지므로 APC이며, (d)의 경우는 부식 전위보다 비(卑)하게 함에 따라 수명이 짧아지므로 HE이다.

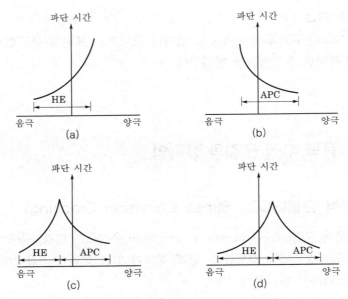

[그림 2-62] 응력 부식 균열과 수소 취성 균열

❷ 부식 방지법

금속의 부식 현상을 막을 수 있는 물질을 투입하여 방식 효과를 얻는 방법으로 부식 억제제의 사용이다. 배관에 가장 흔히 사용되는 금속 재료인 탄소강의 경우 일반적으로 중성의 수중 환경에서 1년에 약 5mm 정도가 부식에 의해 깎여 나가게 되는데, 여기에 적절한 부식 억제제가 사용되면 그 부식 깊이를 100분의 1 정도로 줄어들게 할 수 있다.

작용 형태에 따라 분류할 수 있는데 금속의 표면을 급속히 산화시켜 전기 화학적으로 부동태를 만들어 주는 페시베이터(passivator)형과 자기 자신이 방식 피막의 주체가 되는 흡착 피막형이 있다.

이들 방식제는 물속의 금속 이온과 결합하여 피막을 이루는 경우도 있고 스스로가 금속 표면에 흡착하여 피막을 이루는 경우도 있다.

또 다른 형태로는, 부식의 원인이 되는 용존 산소를 제거해 주어서 간접적으로 부식을 방지시켜 주는 용존 산소 제거형도 또 다른 형태의 부식 억제제라고 할 수 있다. 이들은 산소와 급격히 반응하여 다른 안전한 물질로 변하고 시스템을 무산소 상태로 만들어 부식 작용을 어렵게 한다. 어떠한 형태의 부식 억제제든지 최소한의 양으로 최대의 효과를 얻을 수 있는 억제제가 가장 좋은 것이며 이러한 목적을 위하여 상용화된 부식 억제제 상품은 대개 2종 이상의 부식 억제제로 이루어져 있다. 최근의 제품 개발은 환경 친화적이고 독성이 적은 제품을 지향하고 있다.

Section 14 베어링 메탈(Bearing Metal)의 조건을 6가지 이상 나열하고, 화이트 메탈(White Metal)의 장단점 및 종류

1 개요

베어링으로 사용되는 것에는 화이트 메탈, Cu-Pb 합금, Sn 청동, Al 합금, 주철, Cd 합금, 소결 합금 등이 있으며 합성수지, 나이론 등의 유기 물질도 있다.

베어링 합금은 상당한 경도와 인성, 항압력이 요구되고 하중에 잘 견뎌야 하며 마찰 계수가 작아야 한다. 또 비열 및 열전도율이 크고 주조성과 내식성이 우수해야 하며, 소착(seizing)에 대한 저항력이 커야 한다.

2 베어링 합금의 종류

(1) 화이트 메탈(white metal)

화이트 메탈에는 Sn계와 Pb계가 있는데, Sn-Sb-Cu계의 배빗 메탈(babbit metal)이 Sn계 중에 가장 중요한 합금이다.

배빗 메탈의 화학 조성은 75~90% Sn, 3~15% Sb, 3~10% Cu 등이며, Sn의 일부를 Pb으로 첨가한 것도 있다. 배빗 메탈에 Sn 함유량이 많으면 성능은 우수하지만 값이 비싸기 때문에 Pb을 주로 하는 베어링 메탈이 개발되었는데, 이름은 앤티프릭션 메탈(antifriction metal)이다. 화학 조성은 Pb에 5~20% Sn, 10~20% Sb이면 Cu를 2% 첨가한 것도 사용된다.

Pb계 베어링 합금은 경도가 낮아서 내마멸성과 내충격성이 떨어지고, 온도가 상승하면 축에 녹아 붙을 가능성이 있으나 값이 싸서 비교적 많이 사용된다.

(2) Cu계 베어링 합금

Cu계 베어링 합금에는 포금(gun metal), P 청동, Pb 청동계의 켈밋(kelmet) 및 Al계 청동 등이 있다. 이들 합금 중에서 Al 청동은 강도와 내식성이 우수하나, 축에 대한 적응성은 켈밋이 양호하다. 켈밋은 주로 항공기, 자동차용의 고속 베어링으로 적합하며, 성능은 배빗 메탈에 비하여 150배 정도의 내구력을 가지고 있다.

(3) Al계 베어링 합금

이 합금은 고강도로 마찰 저항과 열전도율이 크고 균일한 조직을 얻을 수 있어 내연기관의 엔진 안에서 크랭크축의 지지와 크랭크축의 커넥팅 로드(connecting rod)를 연결시켜 주기 위한 미끄럼 베어링으로 사용된다.

고속, 고하중 베어링 합금에는 5.5~7.0% Sn, 0.7~1.3% Ni 및 나머지 Al로 된 것이 사용된다.

미국에서는 Cu-Pb-Sn계 베어링 재료의 단점을 보완한 8.5% Pb, 4% Si, 1.5% Sn, 1% Cu 및 85% Al를 함유하는 Al-Pb계 합금을 급랭하여 분말 야금법으로 제조한 새로운 합금을 개발하였다.

(4) Cd계 베어링 합금

Cd에 Ni, Ag, Cu 및 Mg 등을 소량 첨가한 것은 피로 강도와 고온에서 경도가 화이트 메탈보다 크므로 하중이 큰 고속 베어링에 사용된다.

이 합금에는 0.5~1.0% Ag, 0.2~0.3% Cu, 0.5~2.0% Ni, 0.2~0.4% Mg 등이 함유되어 있다.

(5) 오일리스 베어링(oilless bearing)

이 합금은 분말 야금에 의하여 제조된 소결 베어링 합금으로 분말상 Cu(5~100μCu)에 약 Sn 10% 분말과 흑연 2% 분말을 혼합하고 윤활제 또는 휘발성 물질을 가한 후 가압 성형하여 환원 기류 중에서 400℃로 예비 소결하고 다음에 800℃로 소결한다. 이렇게 하여 얻어진 합금은 기름을 품게 되므로, 자동차, 전기, 시계, 방적 기계 등의 급유가 어려운 부분의 베어링용으로 사용되며, 강도는 낮고 마멸이 적다.

Section 15 KS 재료 기호 표시법

1 개요

재료기호는 도면에 부품의 재료를 표시할 때에는 탄소강, 주철, 황동 등의 재질명을 도면에 기입하지 않고 한국 산업 규격(KS)으로 제정되어 있는 재료 기호를 나타내게 되면, 재질을 표시하는 기호와 규격명 또는 제품명, 재료의 종류, 재료의 최저 인장 강도, 제조법, 열처리 상황 등을 표기한다.

2 재료 기호의 표시법

재료 기호는 주로 세 부분으로 구성되어 나타내며 그 내용은 다음과 같다.

(1) 처음 부분의 기호

재질을 표시하는 기호로서 영어의 머리문자 또는 원소기호를 사용하며 [표 2-9]와 같다.

[표 2-9] 처음 부분의 기호

기호	재질	비고	기호	재질	비고
Al	알루미늄	aluminium	F	철	ferrum
AlBr	알루미늄 청동	aluminium bronze	MS	연강	mild steel
Br	청동	bronze	NiCu	니켈 구리 합금	nickel-copper alloy
Bs	황동	bross	PB	인 청동	phosphor bronze
Cu	구리 구리합금	copper	S	강	steel
HBs	고강도 황동	highstrenth brass	SM	기계 구조용강	machine structure steel
HMn	고망간	high manganese	WM	화이트 메탈	white metal

(2) 중간 부분의 기호

규격명 또는 제품명을 표시하는 기호로서 영어 또는 로마 글자의 머리자를 쓰고 판, 관, 봉, 선, 주조품, 단조품 등의 제품을 모양별 종류나 용도를 표시하며 [표 2-10]과 같다.

[표 2-10] 중간 부분의 기호

기 호	제품명 또는 규격명	기 호	제품명 또는 규격명
B	봉(bar)	MC	가단 철주품(malleable iron casting)
BC	청동 주물	NC	니켈 크롬강(nickel chromium)
BsC	황동 주물	NCM	니켈 크롬 몰리브덴강
C	주조품(casting)	P	판(plate)
CD	구상 흑연 주철	FS	일반 구조용강
CP	냉간 압연 연간판	PW	피아노선(piano wire)
Cr	크롬강(chromium)	S	일반 구조용 압연재
CS	냉간 압연 강대	SW	강선(steel wire)
DC	다이캐스팅(die casting)	T	관(tube)
F	단조품(forging)	TB	고탄소 크롬 베어링관
G	고압 가스 용기	TC	탄소 공구강
HP	열간 압연 연강판	TKM	기계 구조용 탄소 강관
HR	열간 압연	THG	고압가스 용기에 이음매 없는 강관
HS	열간 압연 강대	W	선(wire)
K	공구강	WR	선재(wire rod)
KH	고속도 공구강	WS	용접 구조용 압연강

(3) 끝 부분의 기호

재료의 종류를 나타내는 기호로서 재료의 최저 인장 강도 또는 재료의 종별 번호를 나타내는 숫자가 사용된다. 필요에 따라서 재료 기호 끝 부분에 재료의 경(硬), 연(軟), 열처리 상황, 제조법 등을 첨가하여 나타낼 수도 있으며 [표 2-11]과 같다.

[표 2-11] 끝 부분의 기호

기 호	기호의 의미	보 기	기 호	기호의 의미	보 기
1	1종	SHP 1	5A	5종 A	SPS 5A
2	2종	SHP 2	34	최저 인장 강도 또는 항복점	WMC 34
A	A종	SWS 41 A			SG 26
B	B종	SWS 41 B	C	탄소함량(0.10-0.15%)	SM 12C

(4) 끝 부분에 덧붙이는 기호

끝 부분에 덧붙이는 기호는 조질도, 표면 마무리, 열처리, 기타를 부여하며 [표 2-12]와 같다.

[표 2-12] 끝 부분에 덧붙이는 기호

구 분	기 호	기호의 의미	구 분	기 호	기호의 의미
조질도 기호	A	어닐링한 상태	열처리 기호	N	노멀라이징
	H	경질		Q	웅칭, 템퍼링
	1/2H	1/2 경질		SR	시험편에만 노멀라이징
	S	표준 조절		TN	시험편에 용접후 열처리
표면 마무리 기호	D	무광택 마무리	기 타	CF	원심력 주강관
	B	광택 마무리		K	킬드강
				CR	제어 압연한 강관
				R	압연한 그대로의 강판

Section 16 복합 재료(Composite Materials)

1 개요

두 가지 이상의 재료가 조합되어 물리적·화학적으로 서로 다른 상(phase)을 형성하면서 보다 유효한 기능을 발현하는 재료를 의미하며 복합 재료는 강화재의 구조에 따라 섬유 강화 복합 재료(fibrous composite), 입자 강화 복합 재료(particulate composite)로 구분되고, 강화하는 재료(matrix : 기지 재료)에 따라 고분자 복합 재료(polymer matrix composite), 금속 복합 재료(metal matrix composite), 세라믹 복합 재료(ceramic matrix composite)로 나누어진다. 이 중에서 섬유 강화의 개념과 고분자 기지 재료를 조합한 섬유 강화 고분자 복합 재료(Fiber Reinforced Plastics ; FRP)가 현대 복합 재료의 중추적인 역할을 하고 있다. FRP의 개념은 철근콘크리트에 비유되기도 한다.

② 복합 재료의 특성 및 용도

고분자 기지 재료의 강도를 1이라 하면 유리 섬유와 탄소 섬유는 각각 25~40이며, 강성(stiffness)은 고분자 재료에 비해 유리 섬유가 20배 이상이고 탄소 섬유는 70배를 상회한다. 이와 같은 물성은 강철보다 우수하고 무게는 금속에 비해 가벼우므로, 더욱 가벼운 고분자 기지 재료와 조합되는 FRP는 '강철보다 강하고 알루미늄보다 가벼운' 이상적인 경량 구조재가 된다. 유리 섬유 강화 고분자 복합 재료(GFRP)와 탄소 섬유 강화 고분자 복합 재료(CFRP)로 대표되는 이 재료들은 테니스 라켓, 골프채 등과 같은 스포츠 용품과 선박, 고속 전철, 항공기 등의 필수 구조 재료로 이용되고 있다.

금속이나 세라믹을 기지 재료로 하는 복합 재료에서는 재료의 경량화와 고강도화를 목적으로 탄소 섬유, 실리콘 카바이드 섬유, 알루미나 섬유 등이 강화 섬유로 이용되고 있으며, 이들은 고분자 복합 재료가 적용될 수 없는 고온용 특수 용도에 사용된다.

Section 17 부식의 종류

① 개요

부식(corrosion)이란 금속이 어떠한 환경에서 화학적 반응에 의해 손상되는 현상으로 모든 금속 합금은 특정 환경에서는 내식성을 띠지만 다른 환경에서는 부식에 대해 민감하다. 일반적으로 모든 환경에서 내식적인 공업용 금속 재료는 거의 존재하지 않을 것이다. 부식은 부식 환경에 따라 습식(wet corrosion)과 건식(dry corrosion)으로 대별되며 다시 전면 부식(general corrosion)과 국부 부식(localized corrosion)으로 분류된다. 전면 부식의 부식 속도는 mm/yr 또는 $g/m^2/hr$ 등으로 표시되며 내식 재료로서 사용 여부의 평가 기준으로서 일반적으로 0.1mm/yr 이하의 부식 속도를 갖는 재료가 내식 재료로서 사용 가능하다. 특히, 부식에 의해 금속이 용출하여 제품을 오염시키는 경우 재료 선정에 주의해야 한다. 그러나 전면 부식은 그 부식 속도로부터 수명 예측이 가능하고 부식에 관한 지식이 있다면 대책은 비교적 용이하다. 반면, 국부 부식은 전혀 예측할 수 없기 때문에 문제가 되고 있다. 국부 부식은 다음과 같이 분류할 수 있다.
① 공식(孔蝕, pitting)

② 틈부식(crevice corrosion)

③ 이종 금속 접촉 부식(galvanic corrosion) ; 전지 작용 부식

④ 입계 부식(intergranular corrosion)

⑤ 응력 부식 균열(stress corrosion cracking)

⑥ 수소 유기 균열(hydrogen induced cracking)

⑦ 수소 침식(hydrogen attack)

⑧ 부식 피로(corrosion fatigue)

⑨ 난류 부식(erosion corrosion)

　　㉠ 캐비테이션 손상(cavitation damage)

　　㉡ 충격 부식(impingement attack)

　　㉢ 찰과 부식(fretting corrosion)

⑩ 선택 부식(selective leaching)

　　㉠ 탈아연 현상(dezincification)

　　㉡ 흑연화 부식(graphitization)

❷ 부식의 전기 화학

　　금속 재료를 수용액 중에 넣으면 금속 표면의 불균일성 때문에 anode부(양극, 陽極)와 cathode 부(음극, 陰極)가 형성되어 국부 전지 작용에 의해 부식이 진행된다. anode 부에서는 금속이 이온으로 용출하고 cathode부에서는 전자를 받아 수소 발생 반응(또는 산수 환원 반응)이 일어나 전하적(電荷的)으로는 양쪽이 균형을 이루게 된다. 이 경우, anode부에서 일어나는 반응을 산화반응 cathode에서 일어나는 반응을 환원반응이라 한다. 또한, 이러한 분극(分極)의 위치가 변화함에 따라 금속은 전면 부식 형태로 된다. Fe를 염산 중에 넣으면 심하게 반응하여 수소를 발생한다. 즉

$$Fe \rightarrow Fe^{2+} + 2e^- \ : \ anode \ 반응$$

$$2H^+ + 2e^- \rightarrow H_2 \ : \ cathode \ 반응$$

그러나 용액 중에 용존산소가 존재하면 cathode반응으로서 $2H^+ + 1/2O_2 + 2e^- \rightarrow H_2O$로 되는 산소환원반응이 일어난다. 탈기(脫氣)한 알카리용액 중에서는 $H_2O + e^- \rightarrow 1/2H_2 + OH^-$로 되는 반응이 일어나며 용존산소를 함유하는 알카리용액 중에서는 $H_2O + 1/2O_2 + 2e^- \rightarrow 2OH^-$로 되는 cathode 반응이 일어난다.

(1) 속도론

　　금속 재료의 부식이 있는 환경에서는 어느 정도의 속도로 부식이 진행하는 지가 중요하다. 일반적으로 금속의 부식량(W)은 다음과 같이 표시된다(Faraday 법칙).

$$W = kIt \,[\text{g}]$$

여기서, I : 전류(A), t : 시간(hr), k : 상수

산용액 중에서 Fe를 분극하면 anode 분극 곡선과 cathode 분극 곡선이 얻어진다. 이 두 개의 분극 곡선의 교점(交点)을 부식 전위(corrosion potential) 또는 자연 전극 전위(natural potential, open circuit potential)이라 하며 이곳에서의 전류를 부식 전류 밀도(corrosion current density)라 한다. 그리고 Faraday법칙에 부식 속도(R)은 다음과 같이 나타낸다.

$$R = \frac{0.13ie}{\rho}$$

여기서, i : 전류 밀도($\mu\text{A/cm}^2$), e : 금속의 그램 당량 수(g), ρ : 금속의 밀도(g/cm^3)

(2) 평형론

Pourbaix 등은 금속이 용액 중에서 용출하는 경우의 평형 전위를 계산하여 부식 반응의 여부를 결정하는 기준으로 한다. 철-수소의 pourbaix diagram을 나타내는 반응은 각각 다음과 같다.

① $Fe = Fe^{2+} + 2e^-$

② $Fe^{2+} = Fe^{3+} + e^-$

이들 반응은 pH에 관계없으나 다음 반응은 pH에 의존한다.

③ $3Fe + 4H_2O = Fe_3O_4 + 8H^+ + 8e^-$

④ $3Fe^{2+} + 4H_2O = F_3O_4 + 8H^+ + 2e^-$

⑤ $2Fe^{2+} + 3H_2O = Fe_2O_3 + 6H^+ + 2e^-$

수소 전극 반응 ⓐ는

$$H_2 = 2H^+ + 2e^-$$

산소 전극 반응 ⓑ는

$2H_2O = 4H^+ + O_2 + 4e^-$ 로 나타난다.

❸ 부식의 종류

(1) 공식(孔蝕, pitting)

일반적으로 스테인리스강 및 티타늄 등과 같이 표면에 생성하는 부동태막에 의해 내식성이 유지되는 금속 및 합금의 경우, 표면의 일부가 파괴되어 새로운 표면이 노출되면 그 일부가 용해하여 국부적으로 부식이 진행한다. 이러한 부식 형태를 공식(pitting)이라 한다.

공식 기구(孔蝕機構)로 중성 용액 중에서 이온(Cl^- 등)이 표면의 부동태막에 작용하여 피막을 파괴함에 의해 공식이 발생하며 조직, 개재물 등 불균일한 부분이 공식의 기점으로 되기 쉽다. 공식에는 개방형과 밀폐형이 있다. 개방형 공식은 식공(蝕孔, pit)내의 용액은 외부로 유출되기 쉬우며 내면은 재부동태화하며 공식이 정지하기 쉽다. 밀폐형 공식은 외부로부터 Cl^- 이온이 식공 내부로 침입, 농축하여 용액의 pH는 저하하고 공식은 성장하여 가는 형태이다. 공식의 전파는 다음 반응에 따른다.

$$\text{anode 반응} : M \rightarrow M^+ + e^-$$
$$\text{cathode 반응} : O_2 + 2H_2O + 4e^- \rightarrow 4OH^-$$

이러한 반응이 진행하면 식공 내에서 M^+ 이온이 증가하므로 전기적 중심이 유지되기 위해서는 외부로부터 Cl^- 이온이 침입하여 $M+Cl^-$가 형성된다. 이 염(鹽)은 가수(加水)분해하여 HCl로 된다.

$$HCl + H_2O \rightarrow MOH + HCl$$

따라서 식공 내의 pH는 저하하여 1.3~1.5까지도 되어 공식은 성장하여 가는 것이다.

(2) 틈 부식(Crevice corrosion)

실제 환경에서 스테인리스강 표면에 이물질이 부착되든가 또는 구조상의 틈부분(볼트 틈 등)은 다른 곳에 비해 현저히 부식되는데 이러한 현상을 틈 부식이라 한다. 공식(孔蝕)과 유사한 현상이지만 공식은 비커 중의 시험편에서 발생하는 데 비해 틈 부식은 실제 환경에서 생기므로 실용면에서 중요한 의미가 있다.

〈틈 부식의 기구〉

① 금속의 용해에 의해 틈 내부에 금속 이론 농축하여 틈 내외의 이온 농도 차에 의해 형성되는 농도차 전지 작용(濃度差電池作用)에 의해 부식된다(Cu 합금).

② 틈 내외의 산소 농담 전지 작용(酸素濃淡電池作用)에 의해 부식된다(스테인리스강). 즉 부동태화하고 있는 스테인리스강의 일부 불균질한 부분이 용해하면 이 틈 내부에서는 anode 반응($M \rightarrow M^+ + e^-$)과 cathode 반응($O_2 + 2H_2O + 4e^- \rightarrow 4OH^-$)이 진행하고 어느 시간을 경과하면 틈 내의 산소는 소비되어 cathode 반응이 억제되며 OH^-의 생성이 감소한다. 따라서 틈 내부의 이온량이 감소하여 전기적 균형이 깨어진다. 계(系)로서는 전기적 중성이 유지될 필요가 있으므로 외부로부터 Cl^- 이온이 침입하여 금속염(M^+, Cl^-)을 형성한다. 이 염(鹽)은 가수(加水)분해하여 $MCl + H_2O \rightarrow MOH + HCl$의 반응에 의해 염산이 생겨 pH가 저하하여 부식이 성장하기 쉬운 조건이 된다. pH의 저하는 원소의 종류에 따라 다르지만 Cr^{3+}, Fe^{3+} 이온에 따라 1~2 정도까지 될 수 있다.

(3) 이종 금속 접촉 부식(galvanic corrosion) : 전지 작용 부식

2종의 금속을 서로 접촉시켜 부식 환경에 두면 전위가 낮은 쪽의 금속이 anode로 되어 비교적 빠르게 부식된다. 이와 같은 이종(異種) 금속의 접촉에 의한 부식을 이종 금속 접촉 부식 또는 전지 작용 부식이라 한다.

전지 작용 부식의 원인은 anode로 되는 금속이 이것과 접촉한 cathode로 되는 금속에 의해 전자(電子)를 빨아 올리기 때문에 두 금속이 금속 접촉하고 있어 그 사이에서 전자를 교환할 수 있다는 것이 조건이다.

(4) 부식 전위열(腐蝕電位列, galvanic series)

이종 금속이 접촉했을 경우에 어느 금속이 anode로 되어 부식되는가는 그 환경 중에서의 그들 금속의 부식 전위에 의해 판단한다. 부식 전위는 부식 환경에 따라 다르지만 금속 및 합금을 해수 중에서의 부식 전위의 순서로 중성에 가까운 대부분의 용액의 경우에도 이용할 수 있다. 이와 같이 부식 전위의 순서로 금속 및 합금을 나열한 것을 부식 전위열(galvanic series)이라 한다.

2종 금속의 위치가 떨어져 있을수록 전위차는 커져 부식을 가속시킬 가능성이 크다. 그러나 전위차는 부식 가속의 경향을 나타낼 뿐이며 실제의 부식 속도를 나타낸다고는 할 수 없다.

(5) 입계 부식

오스테나이트계 스테인리스강을 500~800℃로 가열시키면 결정 입계에 탄화물($Cr_{23}C_6$)가 생성하고 인접 부분의 Cr량은 감소하여 Cr 결핍증(Cr depleted area)이 형성된다. 이러한 상태를 만드는 것을 예민화 처리(sensitization treatment)라 한다. 이렇게 처리된 강을 산성 용액 중에 침지하면 Cr 결핍층이 현저히 부식되어 떨어져 나간다. 이러한 것을 입계 부식(intergranular corrosion)이라 한다.

예민화 처리에 의해 생성하는 Cr 결핍층의 Cr 농도는 약 5% 정도까지 저하하며 그 폭은 2,000~3,000 Å이다. Cr량이 12% 이상 함유되어 있는 스테인리스강은 부동태화하고 있으므로 내식성이 우수하지만 그 이하의 Cr 농도 부분은 부식되기 쉬워지므로 입계 부식이 생긴다. 비예민화 스테인리스강은 일반적으로 입계 부식이 생기지 않으나 Ni, P, Si 등이 함유된 스테인리스강은 끓는 HNO_3 용액 중에 Cr^{6+} 이온이 함유되어 있는 경우 입계 부식이 생긴다.

(6) 응력 부식 균열(SCC)

응력 부식 균열(Stress Corrosion Cracking)은 재료, 환경, 응력 이 3개가 특정 조건을 만족하는 경우에만 발생한다. 일반적으로 내식성이 우수한 재료는 표면에 부동태막이 형성되어 있지만 그 피막이 외적 요인에 의해 국부적으로 파괴되어 공식(pitting) 또는 응력 부식 균열의 기점으로 된다. 국부적으로 응력 집중이 증대되어 내부의 용액은 SCC 전파에 기여하여 균열이 진전하여 간다. 이처럼 피막의 생성과 파괴가 어떠한 조건하에서만 생겨 균열은 진행한다. 표면 피막의 보호성이 불충분하면 전문 부식으로 되어 응력 부식 균열은 발생하지 않는다. 따라서 응력 부식 균열은 내식성이 좋은 재료에만 발생한다. 어떠한 환경에서 균열 저항성이 큰 재료라도 다른 환경에서는 응력 부식 균열이 발생할 가능성이 충분히 있다. 즉, 어떠한 재료라도 응력 부식 균열을 일으킬 수 있는 환경이 존재한다.

응력 부식 균열은 전기 화학적 현상으로 수소 취성 균열과는 구별된다.

(7) 수소 취성 및 수소 균열

수소 취성은 전위를 고정시켜 소성 변형을 곤란하게 하는 원자상 수소(原子狀水素)에 의해 생기는 금속의 취성이다. 재료 내부에 공동(空洞, cavity)이 있으면 그 표면에서 접촉 반응에 의해 분자상 수소를 발생시켜 고압의 기포를 형성하게 된다. 이와 같은 브리스터(blister)는 스테인리스강에서 종종 볼 수 있다. 수소에 의해 취화된 강에 어느 임계값 이상의 인장 응력이 가하여지면 수소 균열이 발생한다. 이러한 임계 응력은 수소 함유량이 증가함에 따라 저하하며 때로는 필요한 인장 응력이 수소 자체에 의해 생기고 수소 균열은 외부 부하에 관계없이 생긴다.

원자상 수소는 금속 자체의 부식 또는 보다 비(卑)한 금속과의 접촉에 의해 생긴다. 또한 수소는 산세(酸洗), 음극 청정(cathode cleaning), 전기 도금과 같은 공업적 공정에서 금속 중으로 녹아 들어간다. 강의 수소 취성은 Bi, Pb, S, Te, Se, As와 같은 원소가 존재할수록 더 잘 일어나게 된다. 그 이유는 이들 원소들이 H+H=H_2의 반응을 방해하여 강 표면에 원자상 수소 농도를 높게 하여 주기 때문이다. 황화수소(H_2S)는 석유 공업에서 부식 균열의 원인으로 된다. 수소 균열은 탄소강에서 생기며 특히 고장력 저합금강, 마르텐사이트계 및 페라이트계 스테인리스강 및 수소화물(hydride)을 만드는 금속에서 현저히 발생한다. 마르텐사이트 구조인 고장력 저합금강의 경우 약간 높은 온도, 즉 250℃ 대신에 400℃에서 템퍼링하면 수소 취성 감수성을 저하시킬 수 있다. 비교적 고온에서 템퍼링하면 $Fe_{24}C$와 같은 조성을 갖으며 수소를 간단히 흡수하는 특수한 템퍼링 탄화물인 소탄화물로부터 일반적인 시멘타이트가 생성한다. 수소 취성은 음극 분극에 의해 SCC와 실험적으로 구별할 수 있다. 이는 음극 분극이 수소 발생에 의해 수소 취성을 조장하지만 SCC는 억제하기 때문이다.

(8) 부식 피로

부식 피로는 부식에 의한 침식과 주기적 응력, 즉 빠르게 반복되는 인장 및 압축 응력과의 상호 작용에 의해 생긴다. 주기적 응력의 어느 임계값, 즉 피로 한계 이상에서만 생기는 순수한 기계적 피로와는 대조적으로 부식 피로는 매우 작은 응력에서도 생긴다.

부식 피로는 SCC와는 대조적으로 이온과 금속의 특수한 조합에 관계없이 거의 모든 수용액에서 생긴다. 부식 피로의 기구는 금속 표면의 결정입 내에 있는 슬립선이 돌출해 있고 산화물이 없는 냉간 가공한 금속의 노출과 관계가 있다고 생각된다. 금속의 이러한 부분이 양극(anode)으로 되어 부식 홈을 만들면 이것이 차차 입내 균열로 발전된다.

부식 피로는 음극 방식(예 아연 피복)에 의해 양극을 불활성으로 하든지 부식 억제제(예 크롬산염)에 의해 부동태화시킴에 의해 방지할 수 있다. 강, 특히 Ti 합금강의 경우는 질화에 의한 표면 경화가 부식 피로에 유효하다.

(9) 이로전 부식(Erosion, 난류 부식)

이로전 부식은 난류(亂流)와 관계가 있으므로 난류 부식이라고도 부른다. 금속 표면에 충돌하는 액체의 분출에 의해 일어나는 경우에는 충격 부식(impingement corrosion)이라 한다. 난류는 부식 매체의 공급 및 금속 표면으로부터의 용액을 통하여 부식 생성물의 물질 이동을 증가시킨다. 그리고 순수한 기계적 인자, 즉 금속과 액체 간의 난류도 커지는 전단 응력에 의해 금속표면으로부터 부식 생성물이 떨어져 나가는 경우도 있다. 특수한 경우에는 이로전 부식의 이러한 기계적 요소는 기포 및 모래와 같이 부유하는 고체 입자에 의해 강해진다.

이로전 부식에 의한 국부 침식은 일반적으로 부식 생성물이 없는 밝은 표면을 나타낸다. 부식공(pit)은 액체의 흐름 방향으로 깎여져 있으며 그 단면은 액체의 흐름을 방해하도록 오목하게 된 표면을 나타낸다. 때로는 이들 부식공은 말이 상류를 향해 달려가면서 남기는 말굽 형상을 나타낸다. 난류 침식은 동관의 황동제 부분으로 되어 있는 물의 순환 장치에서 잘 생긴다. 이것은 일반적으로 난류의 원인으로 되는 요철(돌출부 및 굽은 부분) 때문에 일어난다.

(10) 캐비테이션 부식(cavitation corrosion)

캐비테이션 부식은 액체의 빠른 유속(流速)과 부식 작용이 서로 복합적으로 작용해서 생기는 것이다. 캐비테이션(空洞)이란 유속 v가 매우 커서 베르누이 법칙($P + \rho v^2/2 =$ 일정)에 의한 정압 P가 액체의 증기압보다도 낮아질 때, 액체 중에 기포가 생기는 것을 말한다. 이들 기포가 금속 표면에서 터지면 강한 충격 작용이 생겨 부동태 산화 피막이 깨지고 소지 금속도 손상을 입게 된다. 또한 노출되어 냉간 가공된 금속은 부식되며 이들 과정이 반복된다.

플라스틱 및 세라믹의 캐비테이션 침식은 순수한 기계적 작용(cavitation erosion)이지만 수중의 금속의 경우에는 항상 부식 요소가 포함된다고 생각된다. 이는 다음의 사실로서 알 수 있다.

캐비테이션 부식은

① 음극 방식에 의해 방지할 수 있다.

② 부식 억제제에 의해 저감된다.

③ 연수(軟水)보다도 경수(硬水)에서 촉진된다.

(11) 찰과 부식(fretting corrosion)

찰과 부식은 접촉면에 수직 압력이 작용하고 윤활제가 없으면 진동 등에 의해 서로 움직이고 있는 2개의 고체, 이 중 한 개 또는 2개가 금속인 계면에서 일어난다. 한쪽 표면의 요철이 다른 표면의 산화물층을 벗겨내며 노출된 금속은 다시 산화되고 새로 생성한 산화물은 다시 떨어져 나간다. 이러한 과정에서 습기(수분)는 필요하지 않고 산소가 필요하다. 습기는 오히려 침식을 지연시키는 효과가 있는데 이는 수화된 산화물이 산화물보다도 부드러우므로 윤활 작용을 하기 때문이다. 따라서 찰과 부식의 기구는 전기 화학적이라기 보다는 순수한 화학적이라 할 수 있다. 부식 생성물이 수산화물이 아니라 산화물(강의 경우, Fe_2O_3)이라는 것이 찰과 부식의 특징이다.

Section 18
일반 구조용 압연 강재(Mild Steel ; SS 400)에 대하여 최대(1,400℃)와 최소(-200℃) 온도 범위에서 온도 변화에 따른 응력 분포 상황

❶ 구조용 강재의 규격

구조용 강재는 한국산업규격 KS D 3503(일반 구조용 압연 강재), KS D 3515(용접 구조용 압연 강재) 및 KS D 3529(용접 구조용 내후성 압연 강재) 규격에 적합한 것이라야 한다. 일반 구조용 강재는 0.12~0.2% 정도의 탄소를 함유하는 연강(mild steel)과 반연강(semi mild steel)으로 구분되며 보통 압연 강재의 대부분을 차지한다. 연강은 전로 또는 염기성 평로에서 만들어 지며 제강과 가공이 용이하고 또 동시에 큰 강도와 상당한 연성을 갖는다. [표 2-13]은 주요 구조용 강재에 사용되는 관련 규격에 관한 것이며 [표 2-14]는 강재 종류별 원소 함유량에 대한 규준 값을 나타내고 있다.

[표 2-13] 주요 구조용 강재 규격

번 호	명 칭	강 종
KS D 3503	일반 구조용 압연 강재	SS 400(SS 41)
KS D 3515	용접 구조용 압연 강재	SMS 400(SWS 41) A, B, C SMS 490(SWS 50) A, B, C SMS 490(SWS 41) YA, YB SMS 520(SWS 53) B, C SMS 570(SWS 58)
KS D 3529	용접 구조용 내후성 열간 압연 강재	SMA 400(SWS 41) AW, AP SMA 400(SWS 41) BW, BP SMA 400(SWS 41) CW, CP
KS D 4108	용접 구조용 원심력 주강관	SMA 490(SWS 50)−CF

[표 2-14] 강재 종류별 화학적 성분

강종＼화학성분(%)		C	Sn	Mn	P	S	Cu	Cr	Ni	기 타
SS 400		−	−	−	0.050 이하	0.050 이하	−	−	−	−
SM 400	A	0.23 이하	−	25×C 이상	0.035 이하	0.035 이하	−	−	−	−
	B	0.20 이하	0.36 이하	0.6~1.40	0.035 이하	0.035 이하	−	−	−	−
	C	0.18 이하	0.35 이하	1.40 이하	0.035 이하	0.035 이하	−	−	−	−

[표 2-15] 강재의 기계적 성질

강종	인장 시험								충격 시험		
	항복점 또는 내력(kgf/mm^2) (N/mm^2)				인장 강도 (kgf/mm^2) (N/mm^2)	연신율			기호	시험 온도(℃)	샤르피 흡수 에너지 ($kgf·m$) (J)
	강재의 두께(mm)					강재의 두께(mm)	시험편	연산율(%)			
	16 이하	16 초과 40 이하	40 초과 75 이하 (SMA는 50 이하)	75 초과 100 이하							
SS 400	25 이상 (245 이상)	24 이상 (235 이상)	22 이상 (215 이상)	22 이상 (215 이상)	41~52 (400 ~510)	16 이하	1A호	17 이상	−	−	−
						16 초과 50 이하	1A호	21 이상			
						40 초과	4호	23 이상			

2 온도에 대한 특성

① 상온~100℃ : 강도 불변
② 200~250℃ : 연신율 최소, 청열 취성 현상
   청열 취성(blue brittle)은 탄소강의 표면에 생기는 산화막이 푸른색을 띠게 되고 취성
   적으로 되는 210~360℃의 온도 범위로 이 온도에서는 강재의 휨가공을 피해야 한다.
③ 250~300℃ : 인장 강도 최대
④ 500℃ : 강도 1/2, 크리프 증가
⑤ 600℃ : 강도 1/3
⑥ 900℃ : 강도 0

강도 강성과 온도와의 관계는 다음 그림과 같다.(F_u, F_y, E 상온에서의 인장 강도, 항복
강도, 강성)

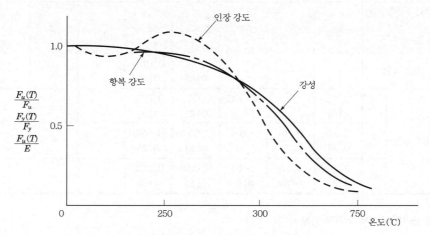

[그림 2-63] 강도 강성과 온도와의 관계
(F_u, F_y, E 상온에서의 인장 강도, 항복 강도, 강성)

Section 19

KS 규격 등에서 정의하는 철강 재료(Ferrous Materials), 비철 금속 재료(Non-Ferrous Materials) 종류와 재료 선정 방안

1 개요

공업용 철강 재료는 화학적으로 순수한 Fe가 아니고 Fe를 주성분으로 하여 각종의 성

분, 즉 C, Si, Mn, P, S 등을 함유하고 있으며 이러한 성분들은 철강의 성질에 중요한 영향을 준다. 비철금속(non-ferrous metal)은 철 및 철을 주성분으로 한 합금(철강재료) 이외의 모든 금속을 가리키는 말하며 화학적 분류로는 Fe 이외의 모든 금속원소를 가리키는 명칭으로도 쓰인다.

2 KS 규격 등에서 정의하는 철강 재료(Ferrous Materials), 비철 금속 재료(Non-Ferrous Materials) 종류와 재료 선정 방안

(1) 철강 재료(Ferrous Materials)

공업용 철강 재료는 화학적으로 순수한 Fe가 아니고 Fe를 주성분으로 하여 각종의 성분, 즉 C, Si, Mn, P, S 등을 품고 있으며 이러한 성분들은 철강의 성질에 중요한 영향을 준다. 금속 조직학상으로는 C 2.0 이하를 강, C 2.0 이상을 주철로 규정하고 있으나 C 1.3~2.5%의 범위는 실용성이 적으므로 공업적인 생산은 별로 하지 않으며 주철의 탄소 함량은 보통 2.5~4.5% 범위에 있다. 또 앞에서 설명한 철강 중에 5성분 외에 특수한 성질을 얻기 위해서 특수 원소, 즉 Ni, Cr, W, Mo 등을 철강 중에 부가하거나 또는 위에 적은 5원소에 속하는 것이라도 특수한 성질의 부여를 목적으로 함유량을 많게 하는 것이 있다. 예를 들면 Si를 많이 품은 규소강, Mn을 많이 품은 내마모강 등에 특수강(special steel) 또는 합금강(alloy steel)이라 하고 이에 대하여 보통 강을 탄소강(carbon steel)이라 하고 철광석 제련의 산물, 제강, 그 밖에 원료로서 쓰일 때 선철(pig iron)이라 부른다.

(2) 비철 금속 재료(Non-ferrous metal)

철 이외의 금속은 그 금속이 가지고 있는 특성을 활용하여 선박 또는 기계 재료로서 널리 사용되고 있다. 주된 금속은 Cu, Al, Pb, Sn이다.

① 구리(Cu, Copper) : 구리(Cu)는 인류가 가장 오랜 옛날부터 사용한 금속으로 철 다음 가는 중요한 금속이다. 열 및 전기의 전도율이 높으므로 그 방면의 용도가 많으며 대단히 중요한 금속이지만 강도가 낮아 구조용 재료로는 부적합하다. 그러나 아연, 주석 또는 기타의 금속을 합성한 황동 및 청동 등은 철강재에 비하여 내식성이 크고 또 기계적 성질도 우수하므로 공업상 중요한 지위를 점유하고 있다. Cu는 열의 전도도가 보통 금속 중 가장 높으며 비자성체이고 전기의 전도율은 Ag 다음으로 높아 실용 금속 재료 중 가장 전기전도가 양호하다. Cu는 탄산가스를 포함하고 있는 공기 중에 폭로하면 녹청(綠靑)이라 부르는 유독한 염기성 탄산동이 생기지만 철강처럼 빨리 또 깊이 침식되지는 않는다. Cu는 청수에는 침식되지 않으나 해수에는 빨리 부식되어 염기성 산염화물을 만든다. 산 및 알칼리 용액에는 침식된다. 회황산 및 염산에는 서서히 용해하나 농황산 및 초산에는 쉽게 용해한다. 그러나 보통의 강재에 비하여 Cu와 그 합금은 대기 중에서의 내구성, 내산성, 내해수성 등이 우수하다. 황동(黃銅,

Brass)은 놋으로도 불리며 구리와 아연으로 된 황색의 합금이다. 실용에 제공되는 것은 아연 40% 이하의 합금이다. 실용 합금으로는 30%Zn의 73 황동(70/30 Brass)과 40% Zn의 64 황동(60/40 Brass)의 두 종류가 있다. 황동은 가공성이 양호하므로 선박에서의 이용 범위가 넓다. 판, 관, 봉 및 선재로서, 또 주물로도 이용된다. 청동에 비하여 값이 저렴하므로 정밀한 주물을 만들 수 있다. 선박에서 목선 외판의 피복판, 베륨, 선의 밸브, 콕, 펌프 등에 널리 사용된다.

② 알루미늄(Al) : 일반적으로 경금속이라고 할 때는 알루미늄, 마그네슘, 베륨, 티타늄의 네 금속을 말하며, 알루미늄은 대표적인 경금속으로 비중은 2.7이며 은백색의 질이 약한 금속이다. 그러나 타 금속을 첨가한 경합금은 질이 상당히 우수하고, 특히 내식성, 인성 및 저온 충격 특성이 우수하여 구조물의 경량화 측면에서 아주 유리하여 선박, 항공기, 자동차, 전철 객차체 등 기타 기계 부속품의 재료로 널리 사용된다. 순 Al은 내식성이 강하나 질이 약하므로 강도를 필요로 하지 않는 의장품, 가구, 장식품 등에 사용된다. Mg을 2.0~5.7% 함유하는 Al 합금판은 내식성이 강하며 또 질이 강하므로 외부 구조, 주물 등에 사용된다. 그러나 알루미늄 합금 구조의 경우 낮은 재료 강성과 취약한 용접 이음부 강도 때문에 적용에 어려움이 있으며, slot부와 같은 불연속부나 용접 비드에 의한 언더컷과 같은 노치 및 용접 이음부의 토부와 같은 응력 집중부에서 피로 균열이 발생하기 쉽고, 실제로 이로 인한 구조손상 사례가 자주 발생한다. 또한 고력(高力) Al 합금은 가벼우면서도 강도를 요하는 부분에 사용되는 Al 합금으로 가장 널리 사용되고 있는 것은 두랄루민(duralumin)이다. 이는 Cu 4.0%, Mg 0.5%, Mu 0.5%, Si 0.3~0.6%를 함유하고 있다.

③ 납(Pb, Plumbum, Lead) : Pb는 비중이 11.4로 일반 금속 중 가장 무겁다. 유연하며 전성이 크므로 얇은 판이나 관을 만들 수 있으나 연성과 인장 강력이 낮아 $(1.25kg/mm^2)$ 가는 선재는 만들 수 없다. 초산 등의 유기산에는 잘 침식되나 희염산 및 80% 이하의 황산 등의 강산류와 해수에 대해서는 내식성이 크다. 용도는 Gas, 수도 및 변소용 관, 전선 피복용, 축전지, 산류의 용기 및 화이트 메탈의 합금용 등이다.

㈜ White metal은 납(Pb) 또는 주석(Sn) 등 백색 연금속을 주체로 하고 Zn, Sb, Cu 등을 적당히 함유한 베어링 금속을 총칭한다. Bearing용의 합금은 경도 및 강도가 크며 마찰 계수가 작아 내마모성이 커야 하며 열은 잘 전달하며 주조하기 쉽고 내식성이 있어야 한다.

④ 주석(Sn, Stannum, tin) : Sn은 은백색의 연한 금속으로 비중은 7.3이다. 융점이 낮고(232℃) 전성이 크며 내식성이 커서 대기 중에서는 산화하지 않는다. 유기산에는 강하지만 희박한 산류 또는 알칼리에는 서서히 침식되고 강한 산류에는 용이하게 용해 침식된다. 주석은 순수한 상태로는 박지로서 포장용에 사용되고 기구나 관 등의 도금 재료로 사용되지만 청동, 활자 합금, 화이트 메탈 등의 합금의 재료로 많이 사용된다.

⑤ 아연(Zn, Zinc) : Zn은 황동, 화이트 메탈 및 다른 여러 합금 재료로 널리 쓰이는 금속이다. 아연은 건조한 공기 중에서는 거의 산화하지 않으나 습기와 탄산가스를 함유하는 공기 중에서는 표면에 백색의 엷은 염기성 탄산염의 막을 형성하여 내부의 산화를 방지한다. 아연은 희박한 산류에는 용이하게 용해하여 수소를 발생시킨다. 알칼리에도 침식되고 해수에는 서서히 침식된다. 아연 철강 및 구리에 대하여 전기적 양성이 강하므로 이들 금속의 부식의 방지에 사용된다. 선미 골재의 주위에 부착하는 아연판은 이 성질을 이용한 것이다. 아연은 합금 재료 이외에도 도금 재료로서 널리 사용된다. 아연은 연강의 피복용으로 우수하여 선체 구조 중 특히 부식이 심한 부분의 도금에 사용된다. 아연의 산화물은 도료의 원료로 널리 사용되고 있다.

(3) 재료 선정 방안

철강 재료와 비철 금속 재료의 선정은 사용되는 조건과 환경에 따라 달라질 수가 있으며, 다음과 같은 재료의 기계적 성질, 물리적 성질, 화학적 성질을 충분히 검토하여 선정해야 한다.
① 충분한 강도 유무(구조물)
② 내마모성과 내마멸성 유무(열처리 상태)
③ 기계적 성질(인장 강도, 항복점, 연신율 상태)
④ 화학적 성질(분위기, 온도, 습도 관계)
⑤ 운동 상태의 유무
이 외에도 용도에 따라 재료의 선정 방안은 금속의 적용성에 따라 달라질 수 있다.

Section 20
스테인리스강의 종류 및 특징과 스테인리스강에 첨가하는 주요 원소 및 역할

❶ 스테인리스강의 종류와 주요 원소

스테인리스강은 철(Fe)에 약 12wt% 이상의 Cr(크롬) 성분을 넣어서 녹이 잘 슬지 않도록 만들어진 강으로, 필요에 따라 탄소(C), 니켈(Ni), 규소(Si), 망간(Mn), 몰리브덴(Mo) 등을 소량씩 포함하고 있는 복잡한 성분을 함유한 특수강이다. 이렇게 만들어진 스테인스강은 철(Fe)을 주성분으로 하면서 보통강이 가지고 있지 않은 여러 가지 특성, 즉 표면이 미려하고, 내식성이 우수하며, 열에 잘 견디며, 도장, 도색 등의 표면처리를 하지 않고도 다양한 용도에 사용할 수 있는 철강재이다.

대표적으로 13Cr, 18Cr, 18Cr-8 Ni강이 있으며, 주성분인 Cr이 강의 표면에 매우 얇은 Cr_2O_2층(20~30μm)을 형성하여 금속 기지 내로 침입하는 산소를 차단시켜서 부동태 피막의 역할을 하므로 녹이 잘 슬지 않도록 하는 특성을 가지고 있다. 그러나 크롬 및 기타 성분의 함유량에 따라 기계적 성질, 열처리 특성 등에 현저한 변화가 있으며 또한 녹이 슬지 않는 정도에도 큰 차이가 있다. 최근에는 다양한 용도에 적합한 성분, 특성이 다른 스테인리스강이 만들어지고 있으며, 이들 스테인리스강은 함유된 성분 또는 특성상(금속 내부 조직의 차이)으로 보아 몇 가지 계통으로 분류할 수 있다. 보통 같은 계통에 속하는 것은 비교적 유사한 특징을 가지고 있으며, 다른 계통에 속하는 것은 스테인리스강이라도 그 성질, 특성에는 대단히 큰 차이가 있다. 현재 사용되고 있는 스테인리스강을 금속 조직상 크게 분류하면 마르텐사이트계, 오스테나이트계, 세라이트계와 석출 경화형이 있다.

[표 2-16] 주성분에 따른 스테인리스강의 분류

주성분에 의한 분류					금속 조직상으로 본 분류
구 분	명 칭	대표적 강종	강 종	조 성	
크롬계	13Cr계	STS 410	51종	13% Cr	마르텐사이트계
	18Cr계	STS 430	24종	18% Cr	페라이트계
크롬-니켈계	18Cr-8Ni계	STS 304	27종	18% Cr-8% Ni	오스테나이트계
		STS 316	32종	18% Cr-8% Ni -2.5% Mo	
	16Cr-7Ni -1Al	STS 631	–	16% Cr-7% Ni -1% Al	석출 경화형

❷ 스테인리스강의 특징

스테인리스강에 녹이 잘 발생하지 않는 것은 스테인리스강 자체에 녹이 슬지 않는 것이 아니라 그 표면에 생기는 산화피막이 안정되어 보통 강의 결점인 산화 현상(녹 발생)을 방지하는 작용을 하게 되는 것이다. [표 2-17]에서 보는 것과 같이 스테인리스강에 얇은 산화막이 형성됨으로써 공기 중에 존재하는 산소 및 산화물의 침입을 방지하여 더 이상의 산화를 진행시키지 않는다. 이러한 현상을 부동태(Passivity)라고 하는데, 이것은 전기 화학적으로 녹슬기 쉬운 금속이 어떤 환경 중에서 보호 피막 형성으로 녹슬기 어렵게 된 상태이다.

[표 2-17] 스테인리스강의 부동태

구 분	형 상	특 징
스테인리스강	Cr₂O₂ 철의 원자+크롬의 원자 스테인리스강	① 피막이 얇고 치밀하여 외부 산소의 침투가 어렵다. ② 酸, 고온, 방사선 등 가혹한 환경에서는 피막이 파괴되어 녹 발생 가능
일반 탄소강	Fe-Oxide층 철(Fe)	① 피막이 두껍고 다공질이기 대문에 외부 산소의 침투가 용이 ② 일반적인 대기 환경에는 쉽게 녹이 발생하며, 근본적으로 녹 발생을 방지할 수 없다.

스테인리스강에서는 이러한 산화 피막이 철과 크롬의 복합 산물인 $FeO-Cr_2O_2$ 혹은 $(Fe, Ni) CrO_4$의 형태로 나타나는데 이 피막이 소지 금속과 밀착력이 강하고 또한 피막의 두께가 얇기 때문에 육안으로 식별이 불가능하며, 이로 인해 표면은 훌륭한 내식성을 가지게 되는 것이다. 이같은 부동태를 만드는 것은 [표 2-17]에 나타난 것과 같이 크롬(Cr)의 함량에 따라 변화하고 최소 12% 이상이 되어야만 어느 정도 내식성을 나타나게 되므로, 일반적으로 크롬(Cr)이 12% 이상 함유되어야만 스테인리스강이라 분류된다.

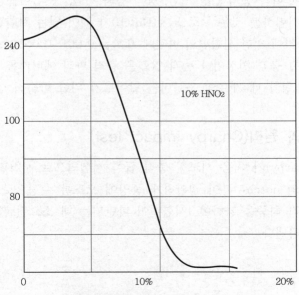

[그림 2-64] 크롬 함량과 부식도의 관계

스테인리스강이란 영문으로 stain과 less의 합성어로 녹이 발생하지 않는다가 아니라, 녹이 슬기 어렵다라고 해석되는 것도 스테인리스강을 이해하는 데 중요한 의미가 있다.

이러한 스테인리스강은 산화성 분위기에서는 보호 피막이 파괴될 수 있고, 환경에 따라 그 부식도가 각각 특이한 성질이 있으므로 다양하게 개발된 스테인리스강의 올바른 강종의 선택과 사용 방법이 요구된다. 만약 재료의 선택이 올바르다고 하더라도 취급 시 표면 산화막을 파괴하는 원인이나 부착물, 약품 등에 의하여 부식이 촉진될 수도 있으므로 스테인리스강의 올바른 인식이 필요하다.

Section 21 충격 시험

① 개요

재료의 충격력에 대한 저항, 즉 시험편을 충격적으로 파단할 때 충격으로 인한 흡수 에너지의 크기를 구하여 재료의 인성과 취성의 정도를 판정하는 시험이다. 특히 구조용 철강의 저온취성, Ni-Cr강의 뜨임취성 등의 성질을 알 수 있는 가장 간단한 시험이다. 이와 같은 충격 시험에는 한 번의 충격으로 시험편을 파괴하고 시험편이 파괴될 때의 흡수되는 에너지 크기를 구하여 재료의 끈질긴 성질의 기준으로 삼는다. 충격 시험은 충격 하중을 가하는 방법에 따라 충격 인장 시험, 충격 압축 시험, 충격 비틀림 시험 등으로 구분하며, 공업적으로 시험하는 것은 주로 노치(Notch)가 되어 있는 시험편을 사용하는 충격 굽힘 시험이다. 충격에 의한 시험편의 파괴에 요하는 0.001~0.00005초 정도의 시험으로 충격 굽힘을 제외한 충격 인장이나 충격 압력은 충격 파괴 에너지를 구하기 위한 시험법으로 주로 고속 변형할 때 재료의 구성비를 알아보기 위한 학술적 연구의 시험이다.

② 충격 시험의 원리(Charpy impact test)

샤르피(Charpy)가 처음 시도한 충격 굽힘 시험법으로 시험편을 양단 힌지로 고정한 다음 시험편의 notch부분이 정확하게 중앙에 오도록 수평으로 놓는다. 이때 시험편의 중앙점에 충격 하중을 가하여, 시험편이 파단되는 데 소요된 흡수 에너지 $E[\text{kgf/m}]$로 충격치를 나타낸다.

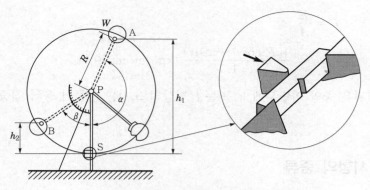

[그림 2-65] Charpy 충격 시험의 원리

여기서, W : 해머의 무게(kgf)

α : 해머를 들어올렸을 때의 초기 각도

β : 시험편을 절단하고 상승했을 때의 각도

R : 축 중심 O로부터 해머의 중심 G까지의 거리(m)

A : 노치부의 원래의 단면적

h_1 : 끌어올린 위치

h_2 : 해머가 시험편을 통과한 올라간 위치

[그림 2-65]와 같이 핸들을 돌려서 해머를 α 각도의 위치에 고정시키고 펜듈럼 해머의 날이 시험편의 노치 부분에 오도록 시험편을 바른 위치에 놓은 다음, 해머를 낙하시켜서 시험편을 파괴시키고 해머가 각도 β 만큼 올라가게 한다. 이때 파괴되는 데 소모된 에너지 $E[\text{kg} \cdot \text{m}]$는 다음과 같다. 단, 회전축의 공기 저항에 의한 마찰은 무시한다.

$$E = Wh_1 - Wh_2, \quad Wh_1 = WR(1 - \cos\alpha), \quad Wh_2 = WR(1 - \cos\beta)$$

따라서, 소모된 에너지 $E = WR(\cos\beta - \cos\alpha)$이다.

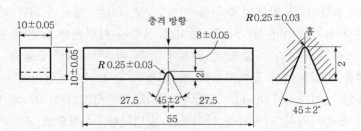

[그림 2-66] 충격 위치와 충격시편(KS B 0809 제4호)

샤르피 충격치 U는 시험편을 절단하는 데 필요한 에너지 $E[\text{kg} \cdot \text{m}]$를 노치부의 원 단면적$[\text{cm}^2]$으로 나눈 값으로 표시된다. 노치부의 단면적으로 나눈 것은 단지 충격치에 대한 규약이며, 단위 면적당 흡수 에너지의 개념은 갖지 않는다. 다시 말해 충격치 U는

$$U = \frac{E}{A}$$

$$\therefore \ U = \frac{WR(\cos\beta - \cos\alpha)}{A} \ [\text{kg} \cdot \text{m/cm}^2] \text{이다.}$$

시험편은 중앙 파단부에 V 또는 U형상의 노치를 만들어 응력 집중 효과를 나타내게 된다.

③ 충격 시험의 종류

(1) 하중이 작용하는 방식에 따른 분류

충격 인장, 충격 압축, 충격 굽힘, 충격 비틀림 시험

(2) 충격 횟수에 따른 분류

① 단일 충격 시험 : 단지 1회의 충격력으로 시편을 파괴하는 것으로 이때 측정하는 것은 재료를 파괴하는 데 필요한 일의 양, 즉 재료가 흡수한 에너지이다. 이것으로 재료의 인성 또는 취성을 판단한다.

② 반복 충격 시험 : 일정한 중량의 하중으로 시편에 반복 타격을 가하여 파괴까지의 타격 수로서 재료의 성질을 판단하는 것으로 피로 시험과 다소 유사하나, 피로 시험에 비하여 반복 횟수가 적다. 또한 1회의 타격으로 재료에 영구 변형이 생기는 일도 있어 완전히 피로 시험과 다르다.

(3) 분류

① 충격 인장 시험 : 충격 인장 시험기에는 시편에 충격력을 가할 때 낙하 중추를 이용한 것과 펜듈럼 해머를 사용한 것 등이 있다. [그림 2-67]의 (a)는 낙하 중추형, (b)는 질량이 큰 척부의 관성을 이용한 것, (c)는 해머에 의한 타격, (d)는 보통 샤르피 시험기를 이용한 것으로 해머의 뒤쪽에 시험편을 그림과 같이 나사로 고정한다. 그리고 해머가 가장 낮은 위치에 왔을 때 이 해머의 운동을 정지시킴으로써 시험편을 인장하여서 끊어지도록 하는 것이다. (e)는 질량이 큰 플라이휠의 관성을 이용한 것이다. 이 바퀴를 소정의 속도로 회전시켜 전기적으로 타격날을 플라이휠에서 돌출시켜서 시험편을 타격하는 방법이다. 소형으로 고속의 타격을 줄 수 있는 것이 특징이다.

이 중에서 (a), (c)는 고온 및 저온 시험용에 이용하고, (d)는 쉽게 흡수 에너지를 구할 수 있는 점에서 우수하다.

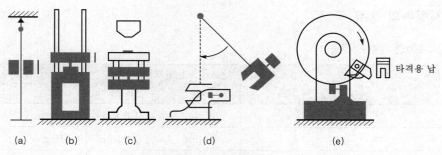

[그림 2-67] 충격 인장 시험기 원리도

② **충격 압축 시험** : 연성 재료를 압축하면 단면적 증가에 의해 파괴가 어려우며, 단면 마찰, 만곡, 좌굴 등이 문제되므로 충격 압축 파괴 시험은 학술 연구용으로는 거의 사용되지 않는다. 단, 실용적인 가공성 시험으로서는 희망 온도로 유지한 시험편을 해머로 타격하는 정도의 조작으로 시험을 완료한다는 편리함이 있어서 종종 사용된다.

③ **충격 굽힘 시험**

　㉠ 충격 굽힘 시험은 현재 실제 문제로서 가장 널리 사용되는 충격 시험으로서 보통 충격 시험이라고 하면 충격 굽힘 시험을 의미한다. 충격 굽힘에는 시편에 노치가 있는 것과 노치가 없는 것이 있다. 노치가 없는 것은 레일, 차축 등의 실물 시험에 사용된다.

　㉡ 충격 굽힘 시험기는 낙하식 시험기를 사용한다(해머의 무게를 일정하게 하고 시험 재료가 파단하기까지의 타격수 또는 소정의 굴곡도에 도달할 때까지의 타격수를 측정).

　㉢ 충격 굽힘 시험의 종류

　　ⓐ 단일 충격 시험 : 샤르피 충격 시험기, 아이조드 충격 시험기, 길레이 충격 시험기, 올센 충격 시험기

　　ⓑ 반복 충격 시험기 : 마쯔무라 반복 충격 시험기

❹ 충격 시험의 시험편

(1) 시험편에 사용되는 용어의 정의

① **높이(Height)** : 충격 시험 때 충격 방향으로의 시험편의 크기
② **너비(Width)** : 충격 날 끝을 따라 접촉하는 방향으로의 시험편의 크기
③ **길이(Length)** : 높이와 너비에 직각 방향으로의 시험편의 크기

(2) 시험편의 종류

[표 2-18] 시험편의 종류

명칭		V 노치 시험편		U 노치 시험편	
		규격	허용차	규격	허용차
길이		55mm	±0.60mm	55mm	±0.60mm
높이		10mm	±0.05mm	10mm	±0.05mm
• 너비		10mm	±0.05mm	10mm	±0.05mm
• 너비(축소 시험편의 경우)		7.5mm	±0.05mm	7.5mm	±0.05mm
• 너비(축소 시험편의 경우)		5mm	±0.05mm	5mm	±0.05mm
• 너비(축소 시험편의 경우)		2.5mm	±0.05mm	2.5mm	±0.05mm
V 노치 각도 / U 노치 나비		45°	±2°	2mm	±0.14mm
노치 아래 높이		8mm	±0.05mm	8mm	±0.05mm
		–	–	5mm	±0.05mm
노치 바닥 반지름		0.25mm	±0.025mm	1mm	±0.07mm
노치 대칭 평면과 단면과의 거리		27.5mm	±0.4mm	27.5mm	±0.4mm
		27.5mm	±0.165mm	27.5mm	±0.165mm
길이 방향과 노치 대칭면과의 각도		90°	±2°	90°	±2°
단면을 제외한 인접면 사이의 각도		90°	±2°	90°	±2°

① **형상 및 치수** : 시험편은 길이가 55mm, 높이 및 너비가 10mm인 정사각형의 단면을 가지며, V 노치(Notch) 또는 U 노치를 가지고 있어야 한다.

② 재료의 사정에 의해 표준 치수의 시험편 채취가 불가능한 경우에는 너비가 7.5mm, 5mm 또는 2.5mm의 축소 시험편으로 하여도 좋다.

(3) 시험편 제작 시 주의 사항

① 가공에 의한 연화나 경화의 영향이 가능한 일어나지 않도록 기계 가공한다.

② 열처리한 재료의 평가를 위한 시험편은 열처리 후에 기계 가공한다.

③ 시험편의 단면을 제외한 4면은 평활하여야 한다. 또, 노치 바닥의 다듬질은 매끄러워야 하며 해로운 절삭 흠 등이 있어서는 안 된다.

④ 시험편의 기호, 번호 등은 시험에 영향을 미치지 않는 부위에 표시한다.

❺ 충격 시험기의 원리

(1) 샤르피 충격 시험기

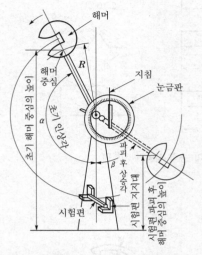

[그림 2-68] 샤르피 충격 시험기의 원리도

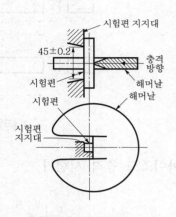

[그림 2-69] 시편(시험편) 지지대와 해머

① **샤르피 충격 시험기** : 샤르피 충격 시험기는 양쪽 단을 지지하고 중앙부를 해머로 충격을 가하는 방법이다.

$$E = WR(\cos\beta - \cos\alpha)$$

여기서, α : 해머의 지상 각도, β : 파단 후의 진상각, W : 해머의 중량
R : 회전 중심에서 중심까지의 거리, E : 흡수 에너지

② **샤르피 충격 시험기의 원리** : 해머의 초기 위치를 α각 만큼 올려놓은 후 해머를 떨어뜨려 시편을 파단시키면, 파단 후 해머가 최대 상승 위치에 도달했을 때, 즉 β각에 위치했을 때 지시 바늘은 고정되고 해머는 다시 반대 방향으로 감속하면서 진자 운동을 하다가 서서히 멈추게 된다.

③ **샤르피 충격 시험기의 시험편** : 시편은 KS B 0809에서 1호부터 5호까지 5가지로 규정하고 있다. 시편의 폭은 재료의 치수에 따라 10mm 미만으로 변경할 수 있으며, 이때 시편의 폭은 명기해야 한다. 노치부는 노치 감도(Notch Sensitivity)의 영향을 줄이기 위해 밀링 가공으로 정밀하게 하여야 한다.

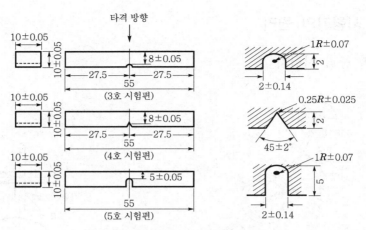

[그림 2-70] 샤르피 충격 시험기 시험편

(2) 아이조드 충격 시험기

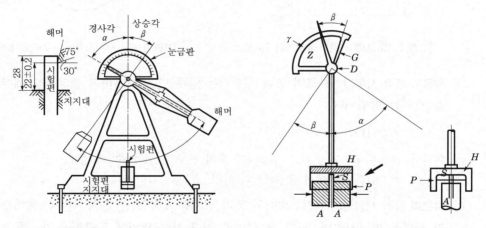

[그림 2-71] 아이조드 충격 시험기의 원리도 1   [그림 2-72] 아이조드 충격 시험기의 원리도 2

① 아이조드 충격 시험기 : 아이조드 충격 시험기는 한쪽 단만을 고정하고 다른 쪽 끝에 충격을 가하는 방법이다.

② 아이조드 충격 시험기의 시험편

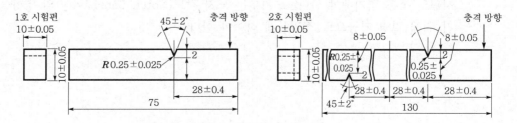

[그림 2-73] 아이조드 충격 시험기의 시험편

Section 22 | 체적 효율(Volumetric efficiency)과 충진 효율(Charging efficiency)

1 체적 효율(Volumetric efficiency)

실제로 실린더로 흡입된 공기의 양을 그때의 대기 상태의 체적으로 환산하여 행정 체적으로 나눈 값이다. 엔진에서 실린더 내로 흡입된 신기의 체적은 바로 앞의 사이클에서 완전히 배출되지 못한 잔류 가스의 압력이나 온도, 가열된 연소실에 의해 온도가 올라가므로 일반적으로 행정 체적보다 작은 값이 된다. 결국, 체적 효율은 기관 구조와 운전 조건에 따른 효율을 나타낸다.

2 충진 효율(Charging efficiency)

실제로 실린더로 흡입된 공기의 양을 표준 상태의 대기 조건(760mmHg, 15℃)으로 환산하여 행정 체적으로 나눈 값이다. 엔진이 운전되는 대기 조건, 즉 고도나 온도가 변하면 공기의 비중량이 변하므로 신기의 절대량이 달라져서 출력이 달라지게 된다. 이 값은 직접적으로 평균 유효압에 비례하고, 운전하는 대기 상태가 표준 상태일 때는 체적 효율과 동일하다. 결국, 충진 효율은 표준 대기 상태를 기준으로 한 기관의 성능 척도가 된다.

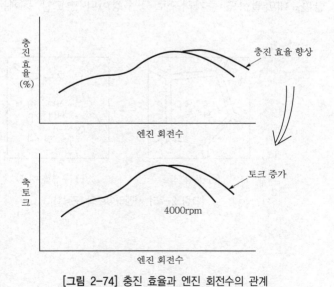

[그림 2-74] 충진 효율과 엔진 회전수의 관계

철강 재료의 구상화(spheroidizing) 열처리

1 개요

과공석강에 있어서 펄라이트 중의 층상 시멘타이트 또는 시멘타이트인 탄화물을 [그림 2-75]와 같이 구상화하여 페라이트 바탕에 구상의 탄화물이 분포된 조직으로 하는 처리를 구상화 풀림(spheroidizing annealing)이라 한다.

2 철강 재료의 구상화(spheroidizing) 열처리

[그림 2-75] (a)와 같이 구상화 풀림이 안 된 상태에서 탄화물이 그대로 존재하게 되면 경도가 매우 높아져 기계 가공성이 나빠지고, 또 담금질할 때 변형이나 균열이 생기기 쉽다. 이러한 탄화물 조직을 구상화하기 위해서는 A_1 변태점 바로 아래의 온도에서 일정 시간을 유지하거나 A_1점 근처에서 가열과 냉각을 반복한 다음 서냉한다.

또, 일단 담금질하여 마텐자이트 조직으로 한 다음 A_1점 바로 아래 온도에서 뜨임(tempering)을 하면 비교적 용이하게 구상화 처리를 할 수 있다. 구상화 처리는 시멘타이트가 미세하게 분리되면서 계면 장력의 작용으로 구상화된다. 시멘타이트를 구상화하면 경도와 강도는 감소하나, 강인성은 증가하고 가공성도 양호해지며, 담금질도 균일하게 된다. 한편, 내마멸성도 증가하므로 공구강이나 면도날 등에는 구상화 풀림 처리를 실시한다.

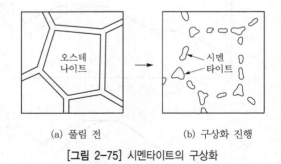

(a) 풀림 전   (b) 구상화 진행

[그림 2-75] 시멘타이트의 구상화

Section 24 내압을 받는 원통(후프 응력)

1 내압을 받는 얇은 원통

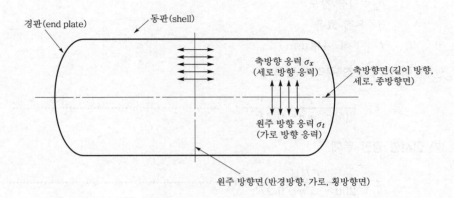

경판(end plate)   동판(shell)

축방향 응력 σ_x
(세로 방향 응력)

축방향면(길이 방향,
세로, 종방향면)

원주 방향 응력 σ_t
(가로 방향 응력)

원주 방향면(반경방향, 가로, 횡방향면)

(1) 동판 강도

축방향 응력에 의한 힘＝압력에 의한 힘

$$\pi d t \sigma_z = \frac{\pi d^2}{4} P$$

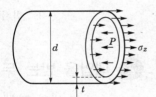

① 세로 방향 응력

$$\rightarrow \sigma_z = \frac{Pd}{4t} \quad \text{...} \ ⓐ$$

원주 방향 응력($\sigma_y = \sigma_t$)에 의한 힘＝압력(P)에 의한 힘

$$2tl\sigma_t = dlP$$

② 가로 방향 응력(원주 방향 응력)

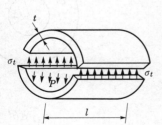

$$\rightarrow \sigma_t = \frac{Pd}{2t} \quad \text{.......................} \ ⓑ$$

식 ⓐ와 ⓑ로부터

$$\sigma_t = 2\sigma_z$$

(원주 방향 응력이 축방향 응력보다 2배 크게 작용)

(2) 동판의 두께

$$t = \frac{Pd}{2\sigma_a} = \frac{Pd}{2\sigma_a\eta} = \frac{PdS}{2\sigma_u\eta} + C = \frac{Pd}{200\sigma_u\,x\,\eta} + C \quad\cdots\cdots\cdots\cdots\cdots\cdots\ \text{ⓒ}$$

여기서, x : 안전율의 역수

σ_u : 인장 강도

η : 용접 효율

C : 부식 여유(mm)

① 압력 용기 구조 규격(수정식)

$$t = \frac{Pd}{200\sigma_u\,x\,\eta - 0.2P} + C \quad\cdots\cdots\cdots\cdots\cdots\cdots\cdots\cdots\cdots\cdots\ \text{ⓓ}$$

② 접시형 경판 두께

$$t = \frac{PRW}{200\sigma_u\,x\,\eta - 0.2P} + C \quad\cdots\cdots\cdots\cdots\cdots\cdots\cdots\cdots\ \text{ⓔ}$$

여기서, R : 곡률 반경

P : 최고 사용 압력

W : 접시형 형상에 의한 계수

❷ 내압을 받는 두꺼운 원통

반경 방향 힘의 평형 $\sum F = 0$

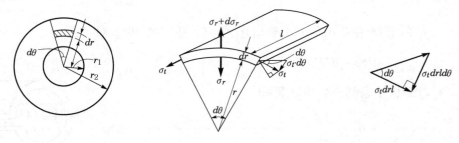

$$\sigma_r\,rd\theta l + \sigma_t\,dr\,ld\theta = (\sigma_r + d\sigma_r)(r + dr)d\theta l$$

$$\rightarrow (\sigma_t - \sigma_r)\,dr = r\,d\sigma_r$$

$$\sigma_t - \sigma_r = \frac{r\,d\sigma_r}{dr} \quad\cdots\cdots\cdots\cdots\cdots\cdots\cdots\cdots\cdots\cdots\cdots\ \text{ⓕ}$$

원통의 길이 방향 변형률 ε_l 은 일정하므로

$$\varepsilon_l = -\frac{\nu\sigma_r}{E} - \frac{\nu\sigma_t}{E} = C$$

$$\to \sigma_r + \sigma_t = k \implies \sigma_t = k - \sigma_r \quad\cdots\cdots\cdots\cdots\cdots\cdots\cdots\cdots\cdots\cdots ⓖ$$

식 ⓖ를 ⓕ에 대입하면

$$k - 2\sigma_r = \frac{r\,d\sigma_r}{dr}$$

$$\to k = 2\sigma_r + \frac{r\,d\sigma_r}{dr}$$

$$kr = 2\sigma_r r + \frac{r^2 d\sigma_r}{dr} = \frac{2d\sigma_r dr + r^2 d\sigma_r}{dr} = \frac{d(r^2\sigma_r)}{dr} \quad\cdots\cdots\cdots\cdots ⓗ$$

식 ⓗ를 양변 적분하면

$$d(r^2\sigma_r) = kr\,dr \to \int d(r^2\sigma_r) = k\int r\,dr$$

$$\to r^2\sigma_r = \frac{kr^2}{2} + c \quad\cdots\cdots\cdots\cdots\cdots\cdots\cdots\cdots\cdots\cdots\cdots\cdots ⓘ$$

경계 조건(boundary condition)으로부터 적분 상수 c를 찾는다. 즉,

$$r = r_1 일 \ 때 \ \sigma_r = -P$$

$$\to r_1^2(-P) = \frac{kr_1^2}{2} + c \implies c = -\frac{kr_1^2}{2} - r_1^2 P$$

$$r = r_2 일 \ 때 \ \sigma_r = 0$$

$$\to 0 = \frac{kr_2^2}{2} + c \implies c = -\frac{kr_2^2}{2}$$

$$\therefore \ \frac{kr_1^2}{2} + r_1^2 P = \frac{kr_2^2}{2} \implies \frac{k}{2}(r_2^2 - r_1^2) = r_1^2 P$$

$$\left.\begin{array}{l} k = \dfrac{2r_1^2 P}{r_2^2 - r_1^2} \\[4mm] c = -\dfrac{r_1^2 r_2^2 P}{r_2^2 - r_1^2} \end{array}\right\} \quad\cdots\cdots\cdots\cdots\cdots\cdots\cdots\cdots\cdots\cdots ⓙ$$

식 ⓙ를 ⓘ에 대입하면

$$r^2\sigma_r = \frac{Pr_1^2 r^2}{r_2^2 - r_1^2} - \frac{Pr_1^2 r_2^2}{r_2^2 - r_1^2} = \frac{Pr_1^2(r^2 - r_2^2)}{r_2^2 - r_1^2} \quad\cdots\cdots\cdots\cdots ⓚ$$

① 반경 방향 응력 : 식 ⓚ로부터

$$\sigma_r = \frac{Pr_1^2(r^2 - r_2^2)}{r^2(r_2^2 - r_1^2)} = \frac{-Pr_1^2(r_2^2 - r^2)}{r^2(r_2^2 - r_1^2)} < 0 : (압축) \quad \text{·······} \quad ①$$

② 원주 방향 응력

$$\sigma_t = k - \sigma_r = \frac{2r_1^2 P}{r_2^2 - r_1^2} + \frac{Pr_1^2(r_2^2 - r^2)}{r^2(r_2^2 - r_1^2)} = \frac{Pr_1^2(r_2^2 + r_1^2)}{r^2(r_2^2 - r_1^2)} > 0 : (인장) \quad ⓜ$$

또한,

$$\left. \begin{array}{l} (\sigma_t)_{\max} = (\sigma_t)_{r = r_1} = \dfrac{Pr_1^2(r_2^2 + r_1^2)}{r_1^2(r_2^2 - r_1^2)} = \dfrac{P(r_2^2 + r_1^2)}{r_2^2 - r_1^2} \\[3mm] (\sigma_t)_{\min} = (\sigma_t)_{r = r_2} = \dfrac{Pr_1^2(r_2^2 + r_2^2)}{r_2^2(r_2^2 - r_1^2)} = \dfrac{2Pr_1^2}{r_2^2 - r_1^2} \end{array} \right\} \quad \text{·········} \quad ⓝ$$

$$\left. \begin{array}{l} (\sigma_r)_{\max} = (\sigma_r)_{r = r_1} = \dfrac{-Pr_1^2(r_2^2 - r_1^2)}{r_1^2(r_2^2 - r_1^2)} = -P \\[3mm] (\sigma_r)_{\min} = (\sigma_r)_{r = r_2} = \dfrac{-Pr_1^2(r_2^2 - r_2^2)}{r_2^2(r_2^2 - r_1^2)} = 0 \end{array} \right\} \quad \text{·········} \quad ⓞ$$

또 $(\sigma_t)_{\max} = \dfrac{P(r_2^2 + r_1^2)}{r_2^2 - r_1^2} \rightarrow (\sigma_t)_{\max}\left\{ \left(\dfrac{r_2}{r_1}\right)^2 - 1 \right\} = P\left\{ \left(\dfrac{r_2}{r_1}\right)^2 + 1 \right\}$

$$\therefore \frac{r_2}{r_1} = \sqrt{\frac{(\sigma_t)_{\max} + P}{(\sigma_t)_{\max} - P}} \quad \text{·······························} \quad ⓟ$$

❸ 얇은 회전 원환

① 원심력

$$F = m r w^2 = \frac{W}{g} r w^2 = \frac{\gamma A t}{g} r w^2$$

② 단위 면적당 원심력

$$p = \frac{F}{A} = \frac{\gamma t r w^2}{g}$$

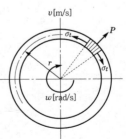

③ 원주 방향 응력

$$\sigma_t = \frac{pr}{t} = \frac{\gamma}{g} r^2 w^2 = \frac{\gamma}{g} v^2 \quad \left(단, \ v = \frac{\pi d N}{60} = \frac{2\pi r N}{60} \right) \quad \text{·········} \quad ⓠ$$

$$\therefore \ \sigma_t = \frac{\gamma}{g}\left(\frac{2\pi r N}{60}\right)^2 = \frac{\pi^2 \gamma r^2 N^2}{900g} \ \cdots\cdots\cdots\cdots\cdots\cdots\cdots\cdots\cdots\cdots\cdots\cdots\cdots ⓡ$$

④ 원환의 회전수

$$N = \frac{30}{\pi r}\sqrt{\frac{g\,\sigma_t}{\gamma}} \ \cdots\cdots\cdots\cdots\cdots\cdots\cdots\cdots\cdots\cdots\cdots\cdots\cdots\cdots\cdots\cdots\cdots ⓢ$$

Section 25 금속 재료(예 탄소강)의 코크싱(coaxing)

1 개요

자기력은 입자들을 서로 끌어당기고 밀어 내도록 하며 정육면체 입자들이 그들의 모서리에 정렬되게 한다. 반대로 반데르발스 힘은 큐브들이 서로 가까이 위치하도록 끌어당기고, 또한 서로 배열될 수 있도록 코크싱 효과(coaxing effect)를 생성한다. 이런 힘들이 매우 작은 큐브 위에 작용할 때 단계적 정렬에 의하여 나선형 구조를 생성한다.

2 금속 재료(예 탄소강)의 코크싱(coaxing)

피로 한도가 있는 재료인 탄소강, 저합금강, 오스테나이트강은 피로 한도가 발생하는 응력 이하로 반복해서 응력을 가하면 피로 한도가 향상된다. 이와 같이 반복해서 주는 응력으로 인하여 피로 현상이 진전되지 않고 더욱 경화하는 현상을 코크싱 효과라 한다.

Section 26 금속 재료의 경도(hardness) 시험 방법의 종류별 특징

1 개요

경도 시험은 재료의 경도값을 알고자 하거나 경도값으로부터 강도를 추정하고 싶은 경우 또는 경도값으로부터 시편의 가공 상태나 열처리 상태를 비교하고 싶은 경우에 행하기도 한다. 단순하게 재료의 경도값을 알고자 하는 경우에는 별 문제가 없으며 적절한 시험 방법을 선택하면 된다. 그러나 경도값으로부터 강도를 추정하는 경우 침탄 처리와 같이 표면 처리된 시편이나 가공 경화가 많이 발생한 시편은 경도값으로부터 강도를 추정할 수 없다.

또한, 경도값으로부터 시편의 가공 상태나 열처리 상태 등을 알고자 하는 경우에는 그에 따라 적절한 경도 측정 방법이나 순서를 결정해야 한다. 이러한 경우에는 대개 압입자를 바꾸거나 하중을 바꾸어서 2회 이상 경도값을 측정해야 정확한 데이터를 얻을 수 있다.

② 경도(hardness) 시험 방법의 종류별 특징

(1) 브리넬 경도(Brnell hardness) 시험 방법

구형의 압입자를 일정한 하중으로 시편에 압입함으로써 경도값을 측정하는 방법이다. 이 방법은 압입자의 크기뿐만 아니라 통상 시험 하중도 다른 경도 시험법에 비해 크기 때문에 얇은 부품, 특히 표면만의 경도를 알고자 하는 경우에는 적합하지 않으며 주물 제품 등 비교적 불균일하고 현상이 큰 재료의 경도 측정에 주로 사용된다. [그림 2-76] 은 브리넬 경도 시험기이다.

이 시험법은 여타의 압입 경도 시험과 마찬가지로 부하 속도([그림 2-77])와 하중 유지 시간([그림 2-78])에 따라 경도값이 달라지게 되므로 이를 고려해야 한다.

특히 하중 유지 시간의 경우에는 그 변화에 따라 경도값도 많이 달라지므로 대체로 10~15초를 그 표준 조건으로 잡고 있다. 또한, 시편 표면의 압입 자국을 정확하게 측정하기 위해서는 경도 시험의 전 과정으로 반드시 마무리 작업을 거쳐야 한다.

브리넬 경도 시험(Brnell hardness tester)은 지름이 D[mm]인 강구(鋼球) 압자를 재료에 일정한 시험 하중으로 시편에 압연시켜 시험기로서 P[kg]으로 눌렀을 때 지름이 D[mm]이고, 깊이가 h[mm]인 우묵한 자국이 생겼다고 하면, 브리넬 경도 H.B $= P/\pi Dh$ 로 표시된다.

[그림 2-76] 브리넬 경도 시험기

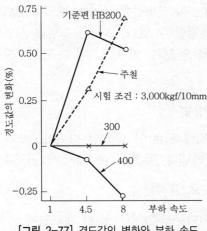

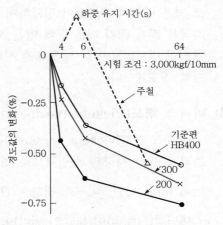

[그림 2-77] 경도값의 변화와 부하 속도   [그림 2-78] 경도값의 변화와 하중 유지 시간

(2) 로크웰 경도 시험 방법

경도 측정에 널리 쓰이는 또 다른 방법은 로크웰 경도계를 이용하는 것이다. 이 방법은 브리넬 경도계와 몇 가지 다른 점이 있으며 주로 두 단계로 그 측정이 이루어진다.

첫 단계에서 압입자에 미리 10kg의 초하중(primary load)을 걸어주어 시편에 접촉시켜 표면상에 존재할지도 모를 결함에 의한 영향을 없앤다.

두 번째 단계에서 압입자에 주하중(major load)을 더 걸어주어 압입 자국이 더 깊어지게 한다. 그 후 주하중을 제거하고 초하중과 주하중에 의한 압입 자국 길이의 차이로써 경도를 평가한다. 압입 깊이의 차이가 자동적으로 다이얼 게이지에 나타나 금속의 경도를 표시한다. 로크웰 경도 측정에서 하중은 추에 의해 부가되며 다이얼 게이지로부터 직접 경도값을 읽을 수 있다. 여러 하중 조건에 따라 각기 다른 종류의 압입자가 사용되므

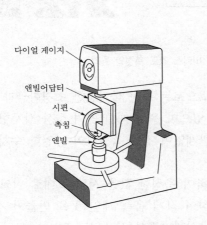

[그림 2-79] 여러 로크웰 경도계

로 넓은 범위의 경도값이 정확하게 측정된다. 이 시험법은 브리넬 경도 시험법보다 압입 자국을 적게 내기 때문에 더 얇은 시편을 측정할 수 있다. 그러나 그만큼 시편의 표면이 브리넬 경도법보다 더 평평해야 정확한 값을 얻을 수 있다. [그림 2-79]는 전형적인 로크웰 경도계이다.

(3) 비커스 경도(Vickers hardness) 시험 방법

비커스 경도(Vickers hardness)는 대면각(對面角)이 136° 인 다이아몬드의 사각뿔을 눌러서 생긴 자국의 표면적으로 경도를 나타낸다. 누르는 하중을 P [kg], 표면적을 S [mm²]라고 하면, 비커스 경도는 $H_V \geq \dfrac{P}{S}$ 로 표시된다.

대면각(對面角)이 136° 인 피라미드형 다이아몬드 압자(壓子)를 재료면에 살짝 대어 눌러 피트(pit, 들어간 부분)를 만들고, 하중(荷重)을 제거한 후 남은 영구 피트의 표면적(表面積)으로 하중을 나눈 값으로 나타내는 경도를 비커스 경도라 한다([그림 2-80] (a), (b)).

비커스 경도는 하중을 P [kg], 피트의 대각선의 길이를 d [mm]라 하면, 비커스 굳기는 $H_V = \dfrac{1.854P}{d^2}$ 가 된다.

피트가 닮은꼴이 되므로 하중의 크기에 관계없이 굳기의 수치가 일정해지는 것이 특징이다. 피트는 아주 작기 때문에 시험면의 경도 분포를 구하거나 금속 조직의 작은 부분의 굳기를 구할 때에도 사용된다.

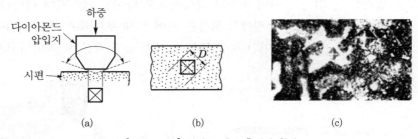

[그림 2-80] 비커스 경도 측정의 원리

이 경도 시험기는 브리넬 경도 시험법으로는 측정 불가능한 초경합금과 같이 매우 단단한 재료의 정밀한 경도를 측정할 수 있으며 움푹 패인 곳이 항상 상사형이 되므로 재료가 균일하기만 하다면 시험 하중에 관계없이 경도 측정값이 동일한 수치가 되는 상사의 법칙이 성립된다.

따라서 이 방법은 다른 하중을 사용하여 측정한 값을 서로 그대로 비교할 수 있다는 장점이 있다. 또한, 작은 하중을 이용하여 작게 움푹 패인 곳을 만들어 경도를 측정하는 것이 가능하므로 미소(micro) 경도 시험기로서 사용되고 있다. [그림 2-80] (c)는 미소 경도 시험기로 만든 움푹 패인 곳을 현미경으로 본 것이며, 시험 하중은 대체로 25gf~1kgf 정도이다. 얇은 판, 얇은 층, 가는 선, 보석, 금속 조직 등의 측정에 편리하다.

하중의 크기를 아주 작게 하면 제품의 면에서 직접 굳기를 측정할 수가 있으며 하중 1kg 이하에서 사용할 수 있는 시험기를 특히 미소 경도 시험기라고 한다.

수십 g 이하의 작은 하중(荷重)을 사용하는 경도 시험기로서 경도는 하중을 바꾸면 다른 수치가 나오지만, 정사각뿔 모양의 다이아몬드 압자(壓子)를 갖춘 비커스 경도 시험기는 하중이 작든 크든 거의 같은 결과가 얻어지므로 많이 사용된다.

(4) 기타 경도 측정법

쇼어 경도(Shore hardness)는 선단에 다이아몬드를 끼운 추를 떨어뜨려 충돌해서 튀어 오른 높이로 굳기를 나타내는 방법인데, 취급이 비교적 간단하고 오목하게 패이는 일이 거의 없다.

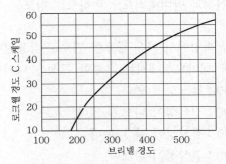

[그림 2-81] 브리넬 경도와 로크웰 경도의 관계

[그림 2-82] 쇼어 경도계

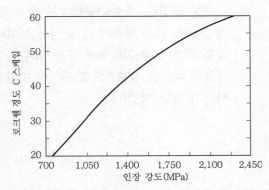

[그림 2-83] 인장 강도와 로크웰 경도의 관계

로크웰이나 브리넬 그 밖의 경도계에 올려놓지 못하는 크고 불규칙한 모양의 시편 경도를 측정하고자 하는 경우 쇼어 경도계와 같은 반발 경도계를 이용하여 경도를 측정할 수 있다.

최근에는 반발 경도계가 인기를 많이 잃었지만 적절히 사용한다면 매우 유용한 방법이다. 단, 반발 경도계를 성공적으로 쓸 수 있는가의 여부는 사용자의 기술에 크게 좌우되는데 그 이유는 계기가 수직으로 놓여져 추가 튀어 오를 때 관 내벽과의 마찰 없이 튀어 오른 높이가 올바른 값이 되기 때문이다.

이 방법은 시편의 크기와 모양에 관계없이 실용적으로 시험할 수 있고 시편 표면을 손상시키지 않는다는 장점이 있다. 지금까지 간단히 기술된 경도 시험법들은 실제 작업 현장이나 연구실 등에서 주로 사용되는 방법들이다. 경도계로부터 얻은 대부분의 값들은 해당되는 정밀도로 다른 경도값으로 환산할 수 있다([그림 2-81] 참고).

또한, 경도값은 항복 강도값과도 연관성이 있다. [그림 2-83]에 그것을 나타내었다. 이것은 100% 맞는 것은 아니지만 상당히 비례적으로 변화되며 항복 강도 역시 연신율이나 단면 감소율 등의 연성과 반비례적으로 변하므로 경도는 이들 특성을 예측하는 변수로도 작용될 수 있다.

경도는 기계 가공 작업에서 매우 중요한 변수로 작용된다. 브리넬 경도가 높을수록 절삭성이 나쁜 반면에 내마모성에서는 우수한 특성을 나타낸다.

① 브리넬 경도 250 : 절삭성이 좋다.
② 브리넬 경도 300 : 절삭성이 나쁘지 않다.
③ 브리넬 경도 350 : 절삭성이 좀 나쁘다.
④ 브리넬 경도 400 : 절삭성이 나쁘다.
⑤ 브리넬 경도 400 이상 : 절삭성이 매우 나쁘다.

이런 연관성이 유용한 이유는 경도 시험 장치가 인장 시험 장치에 비해 쉽게 구할 수 있고 크기 작아 운반이 쉽기 때문이다.

경도 시험은 기계 가공한 시편을 요구하지도 않고 실제 시험도 인장 시험보다 빠르며 저렴하다. 많은 경우에 경도 시험은 비파괴적으로 가능하나 인장 시험의 경우는 시편 제작을 위하여 부품의 전부 또는 일부를 파괴하여야 한다. 따라서 경도 시험은 강의 인장 성질을 빠르고 경제적으로 평가하며 완성 부품의 경우는 비파괴적으로 인장 성질을 평가하는 유일한 방법이다.

Section 27 기계 재료의 피로 수명을 향상시키기 위한 표면 처리 방법

1 개요

방향이 변동하는 응력을 오랫동안 주면 마침내 파괴되는 현상을 피로(fatigue)라 한다. 피로로 인한 파열의 발생은 모두 초기에 시작하여 전 수명의 극히 수% 정도에서 일어난다. 또 피로수명은 주위의 분위기에 영향을 받고 산화나 부식은 피로 수명을 심하게 저하시킨다. 반대로 침탄이나 질화 등의 표면 처리는 피로 수명을 연장시킨다. 피로 파괴의 원인이 되는 micro crack의 발생은 공격자 전위의 집적, 재료의 이력, 비금속 개재물 등이 원인이 된다.

2 재료의 표면 처리로 피로 수명을 연장시키는 방법

강의 표면 처리법(Section 5. 참조)

Section 28 강재와 주강재의 차이점

1 강재

(1) 정의

강재는 95% 이상의 철분과 함께 탄소, 크롬, 망간, 몰리브덴, 니켈 등의 부가물을 함유하고 있는 금속이다. 강재는 철광석을 채굴·제련하여 만드는 데 사용면에서 내구성과 전성이 크고 경제적이다. 재료의 성질면에서는 강도가 높고 불연성이며, 용접성과 인성이 뛰어난 재료이다. 제조 가공 시 강재의 역학적인 성질에 영향을 끼치는 요인으로는 강재의 화학 성분, 열 처리 및 잔류 응력 등이 있으며 가공 후 강재 사용 시에 영향을 끼치는 요인들은 부재 형태, 온도 및 작용 하중의 가력 속도 등을 들 수 있다.

(2) 강재의 종류 및 특징

① 성분에 따른 강재의 종류와 특징

  ㉠ 선철 : 철광석에서 뽑아낸 것으로 Fe 이외에 C, Si, Mn, P, S 등의 불순물이 많이 포함되어 있다.

ⓛ 순철 : 전기 분해로 얻은 전기철은 철 함유량이 99.9% 이상이며 특수 용도에만 쓰이고 그 성질은 다음과 같다.

ⓐ 물리적 성질 : 단면은 은회색, 비중은 7.87, 용융점은 1,535℃, 비점은 2,450℃, 비열은 0℃~100℃ 범위에서 0.11, 열팽창계수는 0.00001115, 열전도율은 0.172 kcal/m · h · ℃, 경도는 4~5, 인장강도는 18~25kg/mm², 신율은 40~50% 정도이다.

ⓑ 화학적 성질 : 대기 중에서 산화되어 Fe_2O_3로 되고 가열하면 산화 작용이 더욱 빠르다. 수분에 접하면 $Fe(OH)_3$가 되고 바닷물에서는 $FeCl_3$ 등으로 변하고 산류에는 침식이 심하나, 알칼리에는 저항성이 있어 철근콘크리트에 쓰는 철근은 침식이 되지 않는다.

(3) 강철(鋼鐵 : steel)

① 제법

㉠ 평로법(平爐法) : 선철괴와 파철을 평로에 넣고 가열 · 용융하여 C, Si 등의 성분을 산화염에 의하여 산화 반응으로 제거하고 탈산제와 기타 소요 성분을 첨가하여 8~10시간의 제강 작업이 끝난다.

㉡ 강괴(鋼塊) : 제강로에서 용융된 강철은 일정한 주형에 의하여 강괴로 만들어진다. 대략 치수는 높이 1.5~2.4m, 단면은 30~60cm²의 주형(柱形)이다.

㉢ 압연강(壓延鋼) : 강괴를 적열(赤熱)하여 수십 차례나 반복하여 롤러로 압연하여 소요의 강재로 만든다.

㉣ 강재의 종류는 림드강과 킬드강의 2종이 있다. 림드강은 제조 비율이 높고 가격이 저렴한 것으로 강철의 질이 낮다. 일반 구조용 형강 등에 쓰인다. 킬드강은 제조 비율이 낮고, 가격이 높은 것으로 Si, Al, Mn 등의 탈산제를 써서 기포(氣泡)나 편절(偏折) 등이 없어 강질이 좋다.

② 강의 분류

㉠ 제법상 분류 : 평로강(平爐鋼), 전로강(電爐鋼), 베세머강(Bessemer steel), 도가니강 등이 있다.

ⓐ 평로 염기성강은 석회석으로 인, 유황, 등을 제거하고 비교적 염가로 구조용강, 궤조강, 강판 등으로 생산한다.

ⓑ 평로 산소강은 석회석을 쓰지 않고도 인 등을 제거할 수 있는 원료를 써야 하므로 고가 생산이 된다.

ⓒ 베세머강은 산성강, 염기성강 등이 있으나, 중요 구조 강재로는 쓰지 않는다.

ⓓ 산성 전기로에서는 주조용 강을 만들고 염기성 전기로에서는 염기성 강을 만들어 우수한 강재의 제조가 가능하다.

ⓛ 화학 성분상 분류

ⓐ 탄소강 : 탄소 함유량에 따라 그 성질이 달라진다. 일반 탄소강의 탄소 함유량 범위는 0.05~1.5% 정도이다. 탄소함유량에 따라 저탄소강(0.05~0.3%), 중탄소강(0.3~0.6%), 고탄소강(0.6~1.5%) 등의 종류가 있다. 주조용 강은 탄소 함유량 0.2~0.3% 정도의 것이 표준 상태의 것이고, 탄소 함유량이 0.4~1.5%의 것은 열처리 후에만 쓸 수 있다. 따라서 큰 부재에는 쓸 수 없다.

ⓑ 니켈강 : 니켈 함유량이 1.5~5% 정도, 탄소 함유량은 0.25~0.35% 정도의 것인데 신율(伸率)이 줄지 않고 인장강도, 탄성한계, 경도 등이 높다.

ⓒ 크롬강 : 크롬 함유량이 2%, 탄소 함유량이 0.18%의 것으로 경도가 높다.

ⓓ 니켈 · 크롬강 : 인장강도가 크고 인성이 큰 특수강이며 stainless steel로 녹슬지 않는 공구 등에 사용된다.

❷ 주강재

용융한 탄소강 또는 합금강을 주조 방법에 의하여 제조한 재료이다.

(1) 주강의 성질과 조직

① 주강의 특성

㉠ 주강은 주철보다 응고 수축이 크다.

㉡ 주철보다 기계적 성질이 우수하다.

㉢ 단조, 압연품에 비하여 방향성이 없다.

㉣ 용접에 의한 보수가 용이하다.

② 주강의 조직 : 0.8% C 이하는 페라이트와 펄라이트 조직이고 0.8% C 이상은 펄라이트와 유리 시멘타이트 조직이다.

③ 주강의 열처리

㉠ 풀림 : 조직 미세화 및 응력을 제거한다.

㉡ 담금질 : 합금 첨가에 대한 효과를 개선한다.

㉢ 뜨임 : 담금질 재료에 인성을 부여한다.

(2) 주강의 종류와 용도

① 보통 주강 : 탄소 주강이라고도 하며 Si, Mn을 0.5% 이내로 한다.

② 합금 주강 : 보통 주강에 합금 원소를 첨가한 주강

㉠ 니켈 주강 : 저탄소강에 1.0~3.5% Ni를 첨가하여 연신율 저하를 막고, 강도와 인성을 증가시킨다.

㉡ 크롬 주강 : 3% 이하의 Cr을 첨가하여 강도와 내마멸성을 향상시킨다.

ⓒ 니켈-크롬 주강 : 인장강도, 연성, 내충격성이 우수하다.

ⓔ 망간 주강 : 하드필드 강으로 인성이 높고, 내마멸성이 매우 우수하다.

Section 29 강(steel)에 포함된 Si, Mn, P, S, Cu의 원소가 강에 미치는 영향

1 개요

탄소강은 제선이나 제강 과정에서 각종 원소가 첨가되어 탄소강 중에 존재하는데 C, Si, Mn, P, S 등의 5대 원소는 대부분 포함하며, 이 밖에도 Cu, Ni, Cr, Al 등이나 O_2, N_2, H_2 등의 가스와 비금속 개재물 등이 포함되어 있어 탄소강의 기계적 성질에 많은 영향을 미치고 있다.

2 탄소강 중에 함유된 각 성분의 영향

(1) 규소(Si)

인장 강도, 경도를 증가시키지만, 연신율, 충격치, 가단성, 전성을 감소시킨다(0.10~0.35% 정도 포함).

(2) 망간(Mn)

강도, 경도, 인성을 증가시키고 유황의 해를 제거하며, 강의 고온 가공을 쉽게 한다.

(3) 인(P)

경도와 강도, 취성을 증가시켜 상온 메짐의 원인이 된다. 또, 가공 시 균열을 일으킬 염려가 있지만, 주물의 경우는 기포를 줄이는 작용을 한다.

(4) 유황(S)

인장 강도, 변율, 충격치를 저하시키며 강도, 경도, 인성을 증가시킨다. 적열 메짐의 원인이 되며 용접성을 나쁘게 하지만, 망간과 결합하여 절삭성을 좋게 하는 경우도 있다.

(5) 수소(H_2)

수소는 강에 좋은 영향을 주지 않으며, 헤어 크랙(hair crack)의 원인으로서 내부 균열을 일으킨다.

(6) 구리(Cu)

인장 강도, 탄성 한도를 높이며, 부식에 대한 영향을 증가시킨다. 그러나 압연 가공 시 균열이 일어날 수 있다.

바우싱거 효과(Bauschinger effect)

1 개요

물체에 힘을 점진적으로 작용시키면 비례 한도(proportional limit)라 불리는 응력값까지 물체의 늘어난 변형률(strain)과 내부 저항력인 응력(stress)은 비례 관계에 있게 된다. 그리고 이 지점보다 더 큰 힘을 가하게 되면 항복점(yielding point)이라 불리는 응력값에 도달하여 힘을 제거하여도 물체는 어느 정도 영구적인 변형을 일으킨다.

2 바우싱거 효과(Bauschinger effect)

이론적으로 항복값은 물체가 잡아당기는 힘을 받을 때나 압축시키는 힘을 받는 두 가지 경우에 동일한 크기여야 한다. 하지만 물체에 항복점을 초과하여 하중을 가한 다음 역으로 압축시키는 교번 하중을 받는 경우, 압축 하중에 의한 항복은 이론적인 항복값보다 낮은 압축 응력에서 발생한다. 이러한 현상을 바우싱거 효과라고 부른다. 따라서 물체는 인장과 압축을 반복해서 받게 되면 보다 낮은 하중에서도 영구적인 변형을 일으킬 뿐만 아니라 쉽게 파괴될 수 있다.

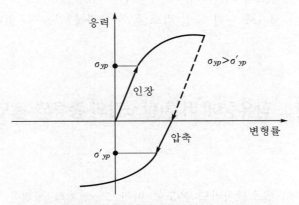

[그림 2-84] 재료의 인장과 압축을 통한 히스테리시스 루프

심랭(sub-zero) 열처리를 하지 않을 경우 재료의 체적 또는 길이의 변화가 발생하는 원인

1 정의

심랭 처리(sub-zero treatment)란 담금질 처리 시 잔류하는 오스테나이트를 완전히 마텐자이트로 변태시키기 위하여 영하의 온도에서 열처리하는 것을 말한다.

2 심랭(sub-zero) 열처리를 하지 않을 경우 재료의 체적 또는 길이의 변화가 발생하는 원인

소입된 강(鋼)은 마텐자이트 중에 10~30% 정도의 잔류 오스테나이트가 존재하고 있어 경도 저하 및 시효 균열과 변형의 원인이 되어 치수 불안정이 나타날 수 있으므로 심랭 처리(sub-zero treatment)를 한다.

3 심랭(sub-zero) 열처리의 효과

심랭(sub-zero) 열처리는 금속의 물리적 성질을 향상시키기 위하여 영하의 온도에서 실행하는 저온 처리를 말하며, 주로 액체 질소를 냉각제로 사용하고 그 효과는 다음과 같다.
① 금속의 잔류 오스테나이트 조직을 마텐자이트 조직으로 변화시킨다.
② 금속 열처리 후 조직 내의 잔류 응력을 제거하고 내부 응력을 안정화시킨다.
③ 미세 조직의 균일화로 인장력 및 기계적 안정성이 증가된다.
④ 내마모성, 내부식성, 내침식성이 증가한다.
⑤ 시효 변형 감소에 의한 치수의 안정화가 이루어진다.
⑥ 내부 응력 제거로 응력 균열 감소 등의 효과를 얻을 수 있다.

탄소 함유량에 따른 탄소강의 종류와 용도 및 열처리 방법

1 개요

동일 성분의 탄소강이라도 온도에 따라 그 기계적 성질은 매우 달라지는데 탄소가 0.25%인 강을 예로 들면, 0~500℃ 사이에서 일어나는 성질 변화는 탄성 계수, 탄성한계, 항복점 등은 온도의 상승에 따라 감소하고, 인장 강도는 200~300℃까지 상승하여

최대가 되며, 연신율과 단면 수축률은 온도상승에 따라 감소하여 인장 강도가 최대가 되는 점에서 최솟값을 나타내고 다시 커진다. 충격값은 200~300℃에서 가장 작으며, 탄소강은 온도에 따라 메짐성(brittleness)이 나타난다.

② 탄소 함유량에 따른 탄소강의 종류와 용도 및 열처리 방법

(1) 탄소강의 종류와 용도

1) 0.15% C 이하의 저탄소강

탄소량이 적어 담금질 뜨임에 의한 개선이 어려워 냉간 가공을 하여 강도를 높여 사용할 때가 많다. 대상강(帶狀鋼), 박강판, 강선 등에는 냉간 가공성이 좋으며 규소 함유량이 적은 저탄소강이 사용된다.

2) 0.16~0.25% C 탄소강

강도에 대한 요구보다도 절삭 가공성을 중요시하는 것으로, 0.15% C 정도의 것은 냉간 가공용 강으로 널리 사용되며, 0.25% C 정도의 것은 볼트, 너트, 핀 등 그 용도는 매우 다양하다. 엷은 탄소강 관재로는 0.15~0.25% C 정도가 많이 사용된다.

3) 0.25~0.35% C 탄소강

이 범위의 탄소강은 단조, 주조, 절삭 가공, 용접 등 어떠한 경우라도 사용이 용이하며, 조질에 의해 재질을 개선할 수도 있다. 담금질, 뜨임을 하면 대단히 강인해지며 차축, 기타 일반 기계 부품에서는 압연이나 단조 후 풀림이나 불림을 행하므로 열간 가공에 의해서 조대화나 불균일하게 된 결정입자를 균일 미세화해서 그대로 절삭 가공만을 하여 사용한다.

4) 0.35~0.45% C 탄소강

비교적 대형의 단조품에서 강도가 부족하거나 또는 조질 후 비교적 큰 강도를 요구할 때 사용된다. 즉, 차축, 크랭크축 등 강인성을 요하는 부품에 적합하다. 탄소량이 많은 편이라 용접이 곤란하다.

5) 0.45~0.60% C 탄소강

메짐성이 있고 담금질성은 크나 담금질 균열이 생기기 쉽다. 열균열이 생기기 쉽고 인성도 불충분하다. 이 범위의 탄소강은 비교적 용도가 적다.

6) 0.6% C 이상의 고탄소강

구조용재로서 0.6% C 이상의 고탄소강을 사용하는 일은 거의 없으나 공구강, 핀, 차륜, 레일, 스프링 등과 같은 내마모성, 고항복점을 요구하는 물품에 사용된다.

(2) 탄소 함유량에 따른 열처리 방법

기계 구조용 탄소강의 열처리는 다음과 같다.

① SM30C 이상의 탄소강은 질량 효과가 비교적 작아 작은 물건에는 용도에 적합한 담금질, 뜨임을 한다. 그러나 살이 두껍고 지름이 큰 부품의 경우 충분한 열처리 효과를 기대할 수 없으므로 이 같은 부품에는 기계구조용 합금강을 사용하거나, 특히 높은 강도를 필요로 하는 경우에는 SM40C 이상의 탄소강을 불림해서 사용한다.

② SM45C~SM55C는 담금질성이 좋으며, 뜨임에 의해 강도, 경도 및 인성을 요하는 기계요소부품에 널리 이용된다.

③ SM45C, SM50C는 고주파나 화염 담금질용으로도 사용되며 이 경우 표면 경화 처리 전에 미리 불림하는 것이 원칙이나 특히 중심부의 강인성을 요구할 때는 담금질 및 템퍼링을 한다.

④ 절삭 작업은 H_B 190~230 정도의 경도 범위일 때 가장 쉬우므로 중탄소강은 절삭 전에 풀림을 하고, 저탄소강은 풀림 상태에서는 너무 부드러워 변형이 생기는 일이 있으므로 불림하는 것이 좋다.

Section 33 강구조물 도장 작업에서 표면 처리 방법과 도장 절차

1 개요

표면 전처리의 정도는 도장 효과를 얻는 데 있어서 제일 중요한 요인이므로 모든 피도물은 사용될 도료가 요구하는 정도까지 표면 처리를 하여야 한다. 표면 처리 방법은 적용된 도장 사양이나 가능한 전처리 장비에 따라 선택하여야 하며, 도장 사양에 표면 처리에 대한 특별한 언급이 없다면 SSPC 탈청 처리 기준 SP 10 혹은 이와 동등한 기준으로 연마재 세정이 필요하다.

[표 2-19] 세정 조정 등급

구분	SIS 055900	SSPC	BS 4232	NACE
나금속 브라스트 세정	Sa 3	SP 5	1급	No.1
준나금속 브라스트 세정	Sa 2 1/2	SP 10	2급	No.2
일반 브라스트 세정	Sa 2	SP 6	3급	No.3
동력 공구 세정	St 3	SP 3	–	–
수공구 세정	St 2	SP 2	–	–
용제 세정	–	SP 1	–	–
산세정	–	SP 8	–	–

- SIS 055900 : 스웨덴규격협회
- BS 4232 : 영국규격협회
- SSPC : 철강구조물도장협회(미국)
- NACE : 국제부식기사협회(미국)

② 표면 처리 등급

① 완전 나금속 브라스트 세정(White metal blast cleaning, SIS 055900 Sa 3, SSPC-SP 5) : 금속 표면에 부착된 모든 유분, 흑피, 녹, 오물 및 기타 오염물을 완전히 제거한 상태를 말하며, 완전한 금속성 빛깔을 띠어야 한다. 이와 같이 전처리된 표면은 빠른 시간 이내에 전처리 도료 또는 하도로 도장하여야 한다.

② 준나금속 브라스트 세정(Near white metal blast cleaning, SIS 055900 Sa 2 1/2, SSPC-SP 10) : 금속 표면에 부착된 모든 유분, 흑피, 녹, 오물 및 기타 오염물을 거의 완전히(95% 이상) 제거한 상태이며, 제거되지 못한 이물질에 의해 미세한 얼룩이나 변색은 있으나 일정한 금속 빛깔을 띠어야 한다.

③ 동력 공구 세정(Power tool cleaning, SIS 055900 ST 3, SSPC SP 3) : 극히 완전한 스크레이핑(경금속 스크레이퍼 사용)과 와이어 브러싱으로 표면을 처리하는 방법으로 우선 스크레이핑은 한쪽 방향으로만 행하고, 그 다음 직각 방향으로 향한 후 표면을 세게 와이어 브러싱한다. 느슨한 흑피와 녹 등은 완전히 제거되어야 하며, 마지막으로 표면을 진공청소기나 깨끗한 솔로 닦은 후 표면에 금속 광택이 나도록 한다. 이 방법으로 처리된 표면은 가능한 한 빨리 기초 도장이 되어야 한다. 최초 도장은 3시간 이내에 이루어져야 하고 금속 표면의 온도가 이슬점보다 3℃ 이상이어야 하며, 녹이 발생하기 전에 도장되어야 한다.

③ 강구조물 도장 작업에서 표면 처리 방법과 도장 절차

표면 처리 작업 시 유의 사항은 다음과 같다.

① 모든 도료는 적절하게 피도물에 도장이 되어야 최대의 도장 효과를 얻을 수 있으며, 모든 피도물은 사용될 도료가 요구되는 정도의 표면 처리를 반드시 해주어야 한다.

② 브라스트 세정은 피도물에 기름, 용접 찌꺼기, 먼지, 기타 오염 물질을 제거한 후에 실시하여야 한다.

③ 표면 처리의 정도는 도장 사양에 명시된 규격 이상으로 처리되어야 하며, 만일 처리된 것이 이에 미치지 않는다면 재작업하여 규격에 맞도록 표면 처리를 해야 한다.

④ 브라스트 세정 후 표면은 부드러운 솔이나 압축 공기 또는 진공 청소 방법에 의해 표면에 남아 있는 이물질을 제거해야 하며, 특히 구석진 곳, 후미진 곳의 이물질을 깨끗이 제거해야 한다.

⑤ 브라스트 세정 후 적어도 3시간 이내에 도장하여야 하며, 만일 표면에 재발청이 되었다면 도장 전 다시 브라스트 세정하여야 한다.

⑥ Sand blasting에 사용되는 모래는 건조하고 염분이 오염되어 있지 않는 것으로 사용해야 하고 모래의 입자는 0.7~1.2mm가 적당하며 석영의 함량이 부피비로 95% 이상이어야 좋다.

⑦ 다음과 같은 조건하에서는 브라스트 세정 작업을 하여서는 안 된다.
  ㉠ 주위에 건조가 되지 않은 도장물이 있는 경우
  ㉡ 비나 눈이 오거나 안개, 습도가 높은 날씨일 경우
  ㉢ 표면에 심하게 녹이 발생되어 심하게 쇠비듬이 형성되어 있을 때(이때에는 scraping, chipping과 같은 power tool cleaning 후에 행한다)

⑧ 브라스트 세정 작업은 대기 오염 방지를 위해 실내에서 실시한다.

⑨ 상대습도 80% 이상인 때에는 브라스팅 작업을 중지한다.

Section 34 밀러지수(Miller Index)

1 개요

결정 내의 면이나 방향을 나타내는 지수로 면을 나타내는 데는 그 면의 연장이 결정축(육방정·3방정계에서는 4축, 기타는 3축)과 교차하는 점의 원점에서의 거리(x, y, z)를 단위포길이(a, b, c)단위로 나눈 수의 역수(a/x, b/y, c/z) 중에서 최소 정수비의 조(組)로 일반적으로 (h, k, l)로 나타낸다. 즉 $a/x : b/y : c/z = h : k : l$이다. 이것을 격자면의 밀러지수라고 한다. 만일 x, y, z의 부호가 다른 경우에는 부호를 문자 위에 바(bar)로 나타낸다. 4축의 경우도 마찬가지로 (h, k, i, l)로 나타내는데, 이 경우 h, k, i는 독립이 아니라 $h+k=-i$의 관계가 있으므로 i를 생략하여 (hk, $\cdot l$)로 쓰는 경우도 있다. (h, k, i, l)을 밀러-브라베지수라고 하는 경우가 있다.

2 밀러지수(Miller Index)

결정 내에서 등가인 면은 (h, k, l) 등의 절대값이 같고 보호가 다른 조합으로 되어 있다. 이들을 정리하여 {h, k, l} 또는 2중의 (( ))로 나타내는 경우가 있다.

방향을 나타내는 데는 그 방향과 평행인 원점을 지나는 벡터를 생각하여 단위포길이(a, b, c)단위의 성분이 가장 간단한 정수비의 조로 나타낸다. 일반적으로 [u, v, w]로 나타낸다. 부호는 문자 위의 바(bar)로 나타낸다. 등가인 방향을 정리하여 나타내는데 〈u, v, w〉 또는 2중의 《 》를 사용한다. 4축의 경우는 면과 마찬가지로 4숫자 [u, v, u, v, t, w]로 나타내는데, 이들은 독립이 아니다.

(1) 면과 방향

① Miller 면지수 : x, y, z축 교차점 역수표시 $(111), (100), (110)$ 등
② Miller 방향지수 : 3방향 vector성분으로 표시 $[111], [100], [110]$ 등
　여기서, $(111)\perp[111]$, $(100)\perp[100]$, $(110)\perp[110]$이다.
　입방격자에서 ( )면, [ ] 방향으로 이 둘의 숫자가 같으면 그 방향은 그 면에 수직이다.

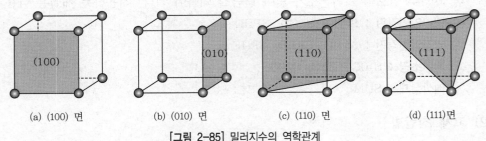

|(a) (100) 면|(b) (010) 면|(c) (110) 면|(d) (111)면|

[그림 2-85] 밀러지수의 역학관계

Section 35
표면경화법 중 침탄법(carburizing)

❶ 개요

　침탄열처리(침탄법)이란 침탄처리는 저탄소강의 표면에 탄소를 침투시켜 표면만 고탄소강으로 만드는 공정으로 표면은 딱딱하게, 내부는 무르게 하여 기계적 성질(강하면서 부러지지 않는 성질)을 얻기 위한 방법이다. 침탄 후에 QT를 하면 고탄소의 표면층만 경화되므로 내마모성이 큰 표면층과 인성이 큰 중심부를 갖는 침탄부품이 얻어진다.

　이와 같이 제품을 만들기 위하여 저탄소 재료로 손쉽게 절삭가공한 후 표면에서 탄소를 확산시켜서 표면에 고탄소의 합금층을 만드는 조작을 침탄이라 한다. 조작 방법은 위와 같은 침탄제와 촉진제를 상자에 넣어 550℃ 이상으로 가열하면 용해되어 액체로 된다. 이 용액을 약 600~900℃로 가열시킨 다음 용액 중에 강재를 침지시키면 침탄과 질화가 동시에 진행되어서 탄소(C)와 질소(N)가 강재 중에 침입하게 되며 침탄보다 질화(저탄소강 표면에 질소투입)가 더 고경도이다.

❷ 침탄열처리(침탄법)의 종류

　종류는 침탄질화, 고체침탄, 액체침탄, 기체침탄이 있으며 다음과 같다.

(1) 침탄질화 열처리(Cyanding)

침탄질화는 가공성이 좋은 연강, 저탄소강(~02.%C) 또는 압연 강판재를 가공한 후 그 표면층에 탄소 및 질소를 확산 침투시키고, 그 후에는 담금질하여 표면을 경화시키는 처리법이다.

강의 내부는 유연한 조직이 그대로 있기 때문에 인성이 높고, 표면층은 높은 내마모성을 유지할 수 있으며 처리온도가 낮아 담금질 왜곡이 적다. 적용하는 재질은 다음과 같다.

① 냉간압연강판 : SPCC, SPCD, SPHE

② 열간압연강판 : SPHC, SPHD, SPHE

③ 저탄소강 : S10C, S15C, S20C

④ 쾌삭장재 : SUM

(2) 고체 침탄법

고온에서 금속이나 비금속을 주강의 표면에 확산 침투시킴으로써 표면에 합금층을 생성시키는 방법이다. 철제의 침탄상자에 목탄 등의 고체침탄제와 부품을 장입하고 내화점토로 밀봉한 후 900~950℃ 정도에서 가열 침탄 후 퀜칭하는 방법이다. 최근에는 양산성과 탄소농도 조절 등의 특성 저하로 사용되지 않고 있다. 침탄 촉진제는 목탄이 60~70% 탄산바륨 20~30% 탄산나트륨 10% 이하 성분이 주로 사용되며, 침탄 부품 가운데 전면 침탄이 아니라 어느 한 부분만을 침탄할 때도 있다. 고체침탄법의 최대 결점은 침탄 시간이 길어 보통 0.1mm 침탄깊이를 얻는 데 1시간 정도가 필요하다.

(3) 액체침탄법

NaCN을 주성분으로 하여 중성염이나 탄산염을 첨가한 침탄제로 된 용액 속에 침탄할 재료를 담구어 침탄시키는 방법이다. 실제로는 침탄과 질화가 동시에 이루어지기 때문에 액체침탄질화법이라 부르기도 한다. 이 방법은 얇은 침탄층을 원할 때 사용한다.

(4) 가스침탄법

고체침탄법이 지닌 단점을 보완하기 위해 사용되는 것이 가스침탄법이다. 가스침탄법은 고체침탄법에 비해 열효율이 높고 공정도 간단하여 널리 사용되고 있다. 가스 침탄제로는 일산화탄소와 메탄, 에탄, 프로판, 천연가스 등 탄화수소계 가스가 주로 사용되고 가스 침탄은 고체 침탄에 비해 전반적으로 침탄 시간이 짧게 걸린다. 또한 온도 가열을 고주파를 이용하면 침탄 시간을 현저하게 단축시킬 수 있다. 가열에 의해 온도가 950~1,050℃까지 유지되고 침탄깊이를 0.8~1.0mm로 할 때, 약 30~40분간 이 온도를 지속함으로 침탄이 충분하게 이루어진다.

Section 36 기계설비에 사용되는 금속재료 선정 시 고려해야 할 성질

1 개요

재료를 선택하는 것은 설계요구 조건을 조사하고 사용될 수 있는 재료 특성 사이에 가장 잘 부합되는 재료를 찾는 것이다. 구조물의 환경과 하중조건, 제작방법과 후처리 등을 검토하여 재료를 선정해야 한다.

2 기계설비에 사용되는 금속재료 선정 시 고려해야 할 성질

기계나 구조물의 요소는 외부로부터 여러 종류의 힘을 받는다. 이와 같은 하중에 충분히 견딜 수 있는 강도를 가지고 있고, 결코 파손되지 않는 재료를 선택해야 한다.

(1) 탄성계수

탄성 한도 내에서 인장 또는 압축의 경우, 수직 응력 σ와 그 방향의 세로 변형률 ε과의 비를 탄성계수 또는 종탄성계수, 영률(Young's modulus)이라 하고 E로 표시한다. 길이 l, 단면적 A의 재료에 축 방향 하중 P를 가했을 때, 늘음 또는 줄음을 λ라 하면

$$\sigma = \frac{P}{A}, \quad \varepsilon = \frac{\lambda}{l}, \quad E = \frac{\sigma}{\varepsilon} = \frac{Pl}{A\lambda} = \frac{\sigma l}{\lambda}$$

강의 탄성계수(E)값은 약 $2.1 \times 10^6 \text{kgf/cm}^2$이다.

(2) 전단 탄성계수

전단 응력 τ와 전단 변형률 γ와의 비를 전단 탄성계수(modulus of rigidity) 또는 횡 탄성계수라 하고 기호 G로 표시한다. 떨어진 거리 l, 단면적 A인 재료에 P_s의 전단 하중을 가했을 때 미끄럼 변형량 λ_s와 전단각 ϕ가 생겼다고 하면

$$G = \frac{\tau}{\gamma} = \frac{P_s l}{A\lambda_s} = \frac{P_s}{A\phi}$$

(3) Poisson의 비

탄성한도 이내에서 부재에 축 방향으로 하중을 가하면 축 방향 병형과 가로 방향 변형이 발생한다. 이때 가로 방향 변형률의 축 방향 변형률의 비를 푸아송 비(Poisson's ratio)라 하며, 기호 ν로 표시하고 푸아송 비의 역수 m을 푸아송 수(Poisson's number)라 한다.

$$\nu = \frac{\text{가로방향의 변형율}}{\text{축 방향의 변형율}} = \frac{1}{m}$$

$$E = \frac{2G(m+1)}{m}, \ G = \frac{mE}{2(m+1)}, \ m = \frac{2G}{E-2G}$$

[표 2-20] 푸아송 비

재질	ν
연강, 경강, 주강	0.23~0.30
주철	0.20~0.29
구리, 황동, 아연	0.33
알루미늄	0.34

(4) 열응력

기계 요소를 팽창이나 수축이 자유롭게 일어나지 못하도록 구속하면, 재료 내부에는 팽창과 수축에 대한 길이만큼 압축과 인장을 가한 경우와 같은 응력이 발생하게 된다. 양끝을 고정시킨 막대의 온도를 t_1에서 t_2[℃]로 올렸을 때, 만일 막대가 자유로이 늘어날 수 있다면 막대의 길이 l은 l'으로 된다고 가정하면 열응력은 다음과 같다.

$$\lambda = l' - l = l\alpha(t_2 = t_1)$$

$$\sigma = -E\varepsilon = -E\left(\frac{\lambda}{l}\right) = -E\alpha(t_2 - t_1)$$

여기서, α : 선팽창계수

(5) 허용응력

설계할 때 실제의 사용 상태를 면밀히 조사하여 그 상태에서 발생하는 응력이 탄성한도 이내의 안전한 응력이 되도록 재료를 선정해야 한다. 실제로 기계나 구조물을 안전하게 오랜 시간 사용할 때 각 재료에 작용하고 있는 응력을 사용 응력(working stress)이라 하며, 안전성을 생각하여 제한한 탄성 한도 이하의 응력, 즉 재료를 사용하는 데 있어서 허용할 수 있는 최대 응력을 허용 응력(allowable stress)이라 한다.

[표 2-21] 철강에 대한 허용 응력

구분	응력	인장	압축	굽힘	비틀림	전단
연강 (C 0.25%)	정 하중	90~150	90~150	90~150	70~120	60~120
	반복 하중	60~100	60~100	60~100	48~80	40~80
	양진 하중	30~50	–	30~50	20~40	20~40
중 경강 (C 0.25%)	정 하중	120~180	120~180	120~180	96~140	90~140
	반복 하중	80~120	80~120	80~120	64~96	60~96
	양진 하중	40~60	–	40~60	32~48	30~48

Section 37 강재의 도장공사 시 표면처리 방법

1 원판의 표면처리 기준

원판의 표면처리 기준은 다음과 같다.

① 가능한 한 자동 전처리 라인(line)에서 실시해야 한다.
② 표면처리 작업은 반드시 블라스트 세정 방법으로 해야 한다.
③ 표면처리 정밀도는 표면처리 등급으로 SSPC-SP10 이상이어야 한다.
④ 표면처리된 강판의 표면조도는 25~75μm이어야 한다.
⑤ 연마재의 종류 및 크기는 목표로 하는 표면조도에 따라 선택되어야 한다.
⑥ 안개 및 고습도 조건에서는 제습기 등을 사용하여 규정조건이 되도록 한다.

2 표면처리 방법

(1) 표면의 기계적인 표면처리

① 강교량 도장은 기계적인 표면처리 방법으로 처리해야 한다.
② 기계적인 표면처리 방법 중 블라스트 세정으로 처리하는 것을 기본으로 한다.
③ 특별히 허용되는 경우에는 동력공구 방법으로 표면처리를 실시할 수도 있다.

(2) 블라스트 세정에 의한 표면처리

① 원판 표면처리 및 제품 표면처리는 원칙적으로 블라스트 세정으로 실시한다.
② 연마재 및 장비의 선택은 표면처리 기준을 만족할 수 있는 수준이어야 한다.
③ 표면처리 시 기계 및 공구에 의한 표면처리 기준은 표면처리 규격요약(SSPC 및 NACE 규격), 표면처리 규격요약(ISO 8501-1)과 같다.
④ 블라스트 세정에 의한 표면처리 작업 시 사용된 연마재는 전부 수거하여 환경오염이 최소화되도록 해야 한다.

Section 38 재료를 물리적, 화학적, 기계적 가공의 성질에 대하여 설명하고, 재료 선택 시 고려사항

1 재료를 물리적, 화학적, 기계적 가공의 성질

(1) 개요

재료의 물리적 성질에는 비중, 용융점, 열팽창 계수, 열 전도율, 선팽창 계수 등이 있으며, 화학적인 성질에는 부식성, 내산성 등이 있다.

(2) 물리적 성질과 화학적 성질

1) 물리적 성질

① **비중** : 어떤 물질의 밀도를 그와 같은 체적의 4℃인 물의 무게와의 비이다.

② **용융점** : 녹는점으로 Fe 1,538℃, W 3,410℃, Na 97.8℃이다.

③ **열팽창 계수** : 금속은 일반적으로 온도가 상승하면 팽창한다. 즉, 단위 길이의 금속이 1℃ 높아졌을 때 늘어난 길이와 본래의 길이의 비를 열팽창 계수라고 한다. 연강의 열팽창 계수는 11.22×10^{-6}, 주철은 9.2×10^{-6} 정도이다. 열팽창 계수가 큰 것은 Zn〉Pb〉Mg 순이고, 작은 것은 Mo〉W〉Ir 순이다.

④ **열전도율** : 길이 1cm에 대하여 1℃의 온도차가 있을 때, 1cm^{2}의 단면적에 1초 동안에 흐르는 열량을 말하며, 전기 및 열의 전도율이 큰 순서는 Ag〉Cu〉Au〉Al〉Mg〉Zn〉Ni〉Fe〉Pb 순이다.

2) 화학적인 성질

① **부식성** : 금속이 산소, 물, 이산화탄소 등에 의하여 화학적으로 부식되는 성질을 부식성이라고 하며, 부식성은 이온화 경향이 큰 것일수록 크며, Ni, Cr 등을 함유한 것은 부식이 잘 되지 않는다.

② **내산성** : 산에 견디는 힘을 말한다.

(3) 기계적 성질

기계적 성질이란 기계적 시험을 했을 때 금속 재료에 나타나는 성질로서 다음과 같다.

① **인장 강도** : 외력(인장력)에 견디는 힘으로 단위는 [kg/mm^2]이다. 또, 전단 강도, 압축 강도가 있다.

② **전성과 연성** : 전성은 펴지는 성질이며, 연성은 늘어나는 성질인데, 이 두 성질을 **전연성**이라고 한다.

연성이 큰 순서로 나열하면 Au〉Ag〉Al〉Cu〉Pt〉Pb〉Zn〉Fe〉Ni이며, 전성이 큰 순서로 나열하면 Au〉Ag〉Pt〉Al〉Fe〉Ni〉Cu〉Zn이다.

③ **인성** : 재료의 질긴 성질로서 충격력에 견디는 성질이다.

④ **취성** : 잘 부서지거나 깨지는 성질로서 인성의 반대되는 성질이다.

⑤ **탄성** : 외력을 가하면 변형되고 외력을 제거하면 변형이 제거되는 성질로서 스프링은 탄성이 좋은 것이다.

⑥ **가단성** : 변형되는 성질로 단조, 압연, 인발 등이 이에 속한다.

⑦ **가주성** : 가열에 의하여 유동성이 좋아지는 성질을 말한다.

⑧ **피로** : 재료의 파괴력보다 작은 힘으로 계속 반복하여 작용시켰을 때 재료가 파괴되는데, 이와 같이 파괴하중보다 작은 힘에 파괴되는 것을 피로라 하며, 이때의 하중을 피로하중이라 한다.

⑨ **크리프** : 재료를 고온으로 가열한 상태에서의 인장 강도, 경도 등을 말한다. 즉, 고온에서의 기계적 성질이다.

❷ 재료 선택 시 고려사항

기계재료는 크게 금속 재료와 비금속 재료로 구분할 수 있다. 일반적으로 기계재료가 갖추어야 할 조건은 다음과 같다.

① 원료가 풍부하며 쉽게 정제할 수 있는 것

② 선, 판, 봉 등으로 가공하기 쉬울 것

③ 상온에서 가공하기 쉬울 것

④ 가열 및 융해하면 소정의 모양으로 성형이 가능할 것

⑤ 재질을 손상시키지 않고 접합할 수 있을 것

⑥ 충분한 강도와 경도가 있을 것

⑦ 자연 환경과 약품에 대한 저항성이 크고, 가능한 한 외관이 아름다울 것

⑧ 사용 목적에 따라 전기와 열에 적당한 성질을 갖고 있을 것

⑨ 재생이 가능할 것

이상의 성질을 만족시키는 것으로 금속 재료와 최근에 사용되는 합성수지가 있다.

금속 재료의 물리적 성질이나 화학적 성질, 그리고 기계적 성질 등을 잘 연구하면 기계의 수명이나 정밀도 등을 향상시킬 수 있다.

Section 39 항온열처리 종류와 각각의 특성

1 개요

항온열처리(Isothermal Heat Treatment)는 변태점 이상으로 가열한 강을 보통의 열처리와 같이 연속적으로 냉각하지 않고 염욕 중에 담금질하여 그 온도로 일정한 시간 동안 항온 유지하였다가 냉각하는 열처리를 항온열처리라 하다. 담금질과 뜨임을 같이할 수 있고, 담금질의 균열을 방지할 수 있어 경도와 인성이 동시에 요구되는 공구강, 합금강의 열처리에 사용된다.

2 항온열처리 종류와 각각의 특성

항온열처리 종류는 다음과 같다.

(1) 등온풀림(Isothermal annealing)

풀림온도로 가열한 강재를 S곡선의 코(nose) 부근의 온도(600~650℃)에서 항온변태 시킨 후 공랭한다. 공구강, 특수강, 기타 자경성이 강한 특수강의 풀림에 적합하다.

(2) 항온 담금질(Isothermal quenching)

1) 오스템퍼링(austempering)

오스테나이트 상태에서 A_r'와 A_r''(M_s점) 변태점 사이의 온도에서 염욕에 담금질한 후 과냉한 오스테나이트가 변태 완료할 때까지 항온으로 유지하여 베이나이트를 충분히 석출시킨 후 공랭하는 열처리로서 베이나이트 조직이 되며 뜨임이 필요 없고 담금질 균열이나 변형이 잘 생기지 않는다.

2) 마르템퍼(martempering)

담금질 온도로 가열한 강재를 M_s와 M_f점 사이의 염욕(100~200℃)에 담금질하여 과냉 오스테나이트의 변태가 거의 완료할 때까지 항온 유지한 후에 꺼내어 공랭하는 열처리로서 마텐자이트와 베이나이트의 혼합조직이며, 경도와 인성이 크다.

3) 마르퀜칭(marquenching)

담금질 온도까지 가열된 강을 A_r''(M_s점)보다 다소 높은 온도의 염욕에 담금질한 후 마텐자이트로 변태를 시켜서 담금질 균열과 변형을 방지하는 방법으로 복잡하고, 변형이 많은 강재에 적합하다.

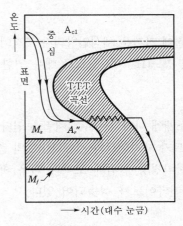

[그림 2-86] 오스템퍼링

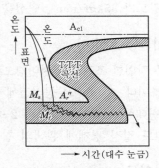

[그림 2-87] 마르템퍼링

4) M_s 퀜칭(M_s quenching)

담금질 온도로 가열한 강재를 M_s점보다 약간 낮은 온도의 염욕에 넣어 강의 내외부가 동일 온도로 될 때까지 항온 유지한 후 꺼내어 물 또는 기름 중에 급랭하는 방법이다.

5) 패턴팅

패턴팅은 시간 담금질을 응용한 방법이며 피아노선 등을 냉간가공할 때 이 방법이 쓰인다. 패턴팅은 재료의 조직을 소르바이트 모양의 펄라이트 조직으로 만들어 인장강도를 부여하기 위한 것으로서 냉간가공 전에 한다. 고탄소강의 경우에는 900~950℃의 오스테나이트 조직으로 만든 후 400~550℃의 염욕 속에 넣어 담금질한다.

Section 40 탄소강의 조직과 특성

1 개요

탄소강에 나타나는 조직의 비율은 탄소의 양에 따라 달라진다. 탄소강의 표준 조직이란 강종에 따라 A_3점, 또는 A_{cm}점보다 30~50℃ 높은 온도로 강을 가열하여 오스테나이트 단일상으로 한 후, 대기 중에서 냉각했을 때 나타나는 조직을 말한다. 그러므로 표준 조직에 의해 탄소량의 추정이 가능하다.

2 탄소강의 조직과 특성

(1) 오스테나이트(austenite)

이 조직은 γ고용체 조직으로 면심입방격자이며, 최대 2.0% C까지 고용하고, A_1(723℃) 변태점 이상 가열했을 때 얻을 수 있는 조직으로서 비자성체이며 전기저항이 크다.

(2) 페라이트(ferrite)

α철에 탄소를 미량 함유한 고용체로 거의 순철에 가까운 체심입방격자 조직이다. 따라서 인장 강도가 35kgf/mm^2, 연신율 40%, 브리넬 경도(H$_B$) 80 정도로 매우 연한 조직이다.

(3) 펄라이트(pearlite)

매우 강인한 조직으로 현미경으로 보면 진주조개에 나타나는 무늬처럼 보인다 해서 붙여진 이름이다. 이 조직은 공석점에서 오스테나이트가 페라이트와 시멘타이트의 충상의 조직으로 변태한 조직이다. [그림 2-88]과 같이 현미경상에 검게 보이나 더욱 확대해 보면 펄라이트 결정 경계에 흰색의 침상 조직인 시멘타이트가 석출되어 있다.

(4) 시멘타이트(cementite)

Fe$_3$C로 나타내며 6.67%의 C와 Fe의 금속 간 화합물로서 백색의 침상 조직이며, 경도가 매우 높고, 취성이 많은 조직으로, 인장 강도 3.5kgf/mm^2 이하, 연신율 0, 브리넬 경도(H$_B$) 800이며, 210℃ 이하에서 강자성체이다.

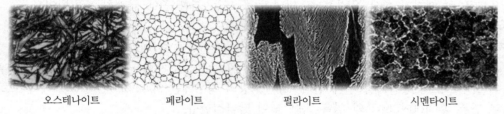

오스테나이트   페라이트   펄라이트   시멘타이트

[그림 2-88] 탄소강의 조직

Section 41   오스테나이트계 스테인리스강은 자성을 띠지 않으나 현장에서는 자성을 갖게 되는 경우가 발생하는 이유

1 개요

스테인리스 중 가장 널리 사용되는 오스테나이트(Austenite)계는 크롬과 니켈 성분을 포함하여 성형성, 용접성, 내식성이 우수하다. 대표 강종은 304강이며, Mo, Ti, Cu 등 합금성분을 추가하여 316L, 321, 304J1 등 특수용도에 적합한 강종이 개발되어 있다. 주로 주방기기, 건축자재, 화학설비 등에 사용된다.

② **오스테나이트계 스테인리스강은 자성을 띠지 않으나 현장에서는 자성을 갖게 되는 경우가 발생하는 이유**

　오스테나이트계 스테인레스 주강(SUS 304, 316)에 자성이 생기는 이유는 단조, 용접, 절곡, 절삭 등으로 인해 오스테나이트 조직이 마텐자이트 조직으로 변태하기 때문이다. 마텐자이트 조직은 자성을 가지고 있기 때문에 자석에 붙게 된다. 금속 가공 과정에서의 모든 변태 과정이 그렇듯이 변태가 일어나기 위해서는 변태 활성화 에너지를 극복할 수 있는 에너지가 주어져야 한다. 일반적으로 변태에너지는 열에너지 형태로 주어지는 경우가 많지만 원재료의 용융, 단조, 열처리 등 그 에너지원이 소성변형에 의해 발생하는 내부응력으로, 이와 같이 응력에 의한 변태를 응력유기 혹은 변형유기 변태라고 한다. 벤딩이나 인발하는 경우에도 발생하며 용접이나 프레스 가공과 같이 심한 소성변형을 일으켜야 하는 경우에도 변태로 인한 자성의 발생은 피할 수 없는 현상이다.

Section 42 **석탄, 석유, 천연가스 등을 인공적으로 합성시켜 얻어진 고분자 물질인 합성수지의 종류, 특성 및 주요 성질**

① **개요**

　플라스틱(plastics)이란 어떤 온도범위에서 가소성(plasticity)을 유지하는 물질을 말한다. 가소성이란 어떤 물질의 상태가 유동체도 아니고 탄성체도 아니며 어떤 외력을 제거하여도 다시 원형으로 돌아가지 않고 변형된 상태로 남아 있는 성질을 말한다. 합성수지(synthetic resins)는 석탄, 섬유, 천연가스 등의 원료를 합성시켜 얻어진 고분자 물질을 말하고 합성수지가 가소성이 풍부한 성질이 있으므로 플라스틱과 동일 개념으로 쓰인다.

② **합성수지의 종류, 특성 및 주요 성질**

　합성수지의 종류와 특징, 주요 성질은 다음과 같다.

(1) 열가소성수지(thermoplastic resin)

　열가소성수지는 고형상에 열을 가하면 연화 또는 용융하여 가소성 또는 점성이 생기고 이것을 냉각하면 다시 고형상되는 성질의 수지를 말한다.

[표 2-22] 열가소성수지

종류	특징	용도
아크릴수지	투광성이 크고 착색이 자유롭다.	채광판, 유리대용품
염화비닐수지	강도, 전기절연성, 내약품성이 양호하고, 고온, 저온에 약함.	바닥용타일, 시트, 조인트재료, 파이프, 접착제, 도료
초산비닐수지	무색투명, 접착성 양호, 내열성이 부족	도료, 접착제, 비닐론원료
비닐아세탈수지	무색투명, 밀착성이 양호	안전유리 중간막, 접착제, 도료
메틸메타크릴수지	무색투명, 강인, 내약품성이 상당히 크다.	방풍유리, 광조장식, 조명기구
스티롤수지 (폴리스티렌)	무색투명, 전기절연성, 내수성, 내약품성이 크다.	창유리, 파이프, 발포보온판, 벽용 타일, 채광용
폴리에틸렌수지	물보다 가볍고, 내약품성, 전기절연성, 내수성이 양호하다.	건축용 성형품, 방수필름, 벽재, 발포보온관
폴리아미드수지 (나일론)	강인하고 잘 미끄러지며, 내마모성이 큼.	건축물 장식용품
셀룰로이드	투명, 가공성이 양호하나 내열성이 없다.	대용 유리, 수통파이트

(2) 열경화성수지(thermosetting resin)

열경화성수지는 고형체로 된 후 열을 가하여도 연화되지 않는 수지로서 강도나 열경화점이 높다.

[표 2-23] 열경화성수지

종류	특징	용도
페놀수지	강도, 전기 절연성, 내산성, 내열성, 내수성 모두 양호하나 내 알카리성이 약함.	벽, 닥트, 파이프, 발포보온관, 접착제, 배전판
요소수지	대체로 페놀수지의 성질과 유사하나 무색으로 착색이 자유롭고 내수성이 약간 약함.	마감재, 조작재, 가구재, 도료, 접착제
멜라민수지	요소수지와 같으나 경도가 크고 내수성은 약함.	마감재, 가구재, 전기부품
알키드수지	접착성이 좋고 내후성이 양호, 전기적 성능이 우수	도료, 접착제
불포화폴리에스텔수지	전기절연성, 내열성, 내약품성이 양호	파이프, 도료, 욕조, 접착제
실리콘수지	열절연성이 크고 내약품성, 전기적 성능이 우수	방수피막, 발포보온판, 접착제
에폭시수지	금속의 접착성이 크고 내약품성, 내열성 우수	금속도료 및 접착제
우레탄수지	열절연성이 크고 내약품성, 내열성이 우수	보온보냉제, 접착제, 도료
규소수지	내열성, 전기절연성 및 발수성이 양호	전기부품, 기름발수제
프란수지	내약품성, 접착성이 양호. 흑색임.	금속도료, 금속접착제

Section 43 건설기계 재료 중 엔지니어링 세라믹스(Engineering Ceramics)

1 개요

엔지니어링 세라믹스(Engineering Ceramics or Structural ceramics)는 세라믹스 중에서 기계적, 열적, 화학적 성질을 이용하는 세라믹스로 자동차 엔진 부품, 산업용 기계부품, 내열. 내화학용 부품, 생체재료 등에 사용하며 전자 세라믹스를 제외한 전 세라믹스의 총칭(구조용 세라믹스)이다.

2 엔지니어링 세라믹스

(1) 특성

엔지니어링 세라믹스의 특성은 다음과 같다.
① 강도와 경도가 높아서 내마모성이 우수하다.
② 내열성이 커서 융점 및 분해온도가 높다.
③ 열충격 저항성이 크므로 저열팽창 계수 및 열전도율이 높다.
④ 가볍고 내식성이 크므로 화학적으로 안정하다.
⑤ 인성이 작아서 신뢰성이 낮다.

(2) 엔지니어링 세라믹스의 종류

1) 산화물계 재료
  ① 고강도, 내식성 세라믹스 : 알루미나
  ② 고인성 세라믹스 : 지르코니아
  ③ 저열팽창성 세라믹스 : 스포듀민, 코디어라이트, Al_2TiO_5

2) 비산화물계 재료
  ① 고온 고강도 재료 : Si_3N_4, SiAlON, SiC
  ② 고경도 재료 : B_4C, c-BN, TiN, Diamond
  ③ 고열전도성 재료 : AlN

MEMO

CHAPTER 03

용접공학

용접의 장단점

① 개요

최근 기계나 구조물에 구성되고 있는 공업 재료의 약 90%가 철강이며, 그 중 약 80%가 압연재 혹은 주물이며, 이들의 결합은 거의 용접에 의존한다. 그러므로 용접의 장단점을 잘 살펴 적용 범위를 확실히 하는 것이 좋다.

② 용접의 장단점

(1) 장점

① 용접 구조물은 균질하고 강도가 높으며, 절삭 칩(chip)이 적으므로 재료의 중량을 절약할 수 있다.
② 이음의 형상을 자유롭게 선택할 수 있으며, 구조를 간단하게 하고 재료의 두께에 제한이 없다.
③ 기밀과 수밀성이 우수하다.
④ 주물에 비하여 신뢰도가 높으며, 이음의 효율을 100% 정도로 높일 수 있다.
⑤ 주물 제작 과정과 같이 주형이 필요하지 않으므로 적은 수의 제품이더라도 제작이 능률적이다.
⑥ 용접 준비와 작업이 비교적 간단하며, 작업의 자동화가 용이하다.

(2) 단점

① 용접부가 단시간에 금속적 변화를 받음으로써 변질하여 취성(脆性 ; brittleness)의 악영향을 일으키므로, 적당한 열처리를 하여 이 취성의 성질을 여리게 해야 한다.
② 용접부는 열영향에 의하여 변형 수축되므로, 용접한 재료에 내부 응력이 생겨 균열(crack) 등의 위험이 발생하게 된다. 그러므로 용접부의 변형 수축은 풀림(annealing)의 열처리를 하여 잔류 응력을 제거하도록 해야 한다.
③ 용접 구조에서 구조물은 모두 한 덩어리로 되어 있으므로 균열이 발생하였을 때에는 균열이 퍼져나가 전체가 쪼개질 위험이 있다. 한 예로 전용 접선(全鎔接船)이 행상에서 반으로 쪼개진 일이 있었다. 그러므로 균열 전파의 방지를 위한 설계가 필요하다.
④ 용접공의 기술에 의하여 결합부의 강도가 좌우되므로 숙련된 기술이 필요하다.

⑤ 기공(氣孔 ; blow hole), 균열 등의 여러 가지 용접 결함이 발생하기 쉬우므로 이들의 검사를 철처히 해야 한다.

⑥ 용접부는 응력 집중에 민감하고 구조용 강재는 저온에서 취성 파괴의 위험성이 발생하기 쉬우므로 각별한 주의가 필요하다.

Section 2 용접 방법의 3가지

1 융접(融接 ; fusion welding)

연소가스 혹은 아크(arc) 등의 열원을 사용하여 접합 부재를 용융시켜서 접합하는 것. 용융, 반용융 상태로 하여 2개 혹은 2개 이상의 재료를 접합하는 것이다.

① 아크 용접(arc welding) : 모재와 모재, 전극과 모재 혹은 전극과 전극 사이에 아크를 발생시켜서 그 열로서 융접하는 방법

② 가스 용접(gas welding) : 가연성 gas를 연소시켜서 융접하는 방법

③ 테르밋 용접(thermit welding) : 산화철과 알루미늄과의 혼합 분말을 점화하여 이때 발생하는 화학열을 이용하여 융접하는 방법

④ 전자 빔 용접 : 전자 빔을 이용하여 융접하는 방법

⑤ 일렉트로 슬래그 용접(electro-slag welding) : 후판(厚板) 용접의 일종으로서 전극-슬래그-모재 등 사이에 전류를 통하면 처음에는 아크가 발생하나, 슬래그가 용해하여 아크는 없어지고 슬래그가 고온으로 되어 융접이 되는 방법

⑥ 플라즈마 용접(plasma welding) : 플라즈마의 열에너지로서 융접하는 방법

⑦ 일렉트로 가스 용접

⑧ 레이저 용접

⑨ 전착 용접

⑩ 저온 용접

2 압접(壓接 ; pressure welding)

가열된 접하부에 기계적 압력을 가하여 접합하는 것

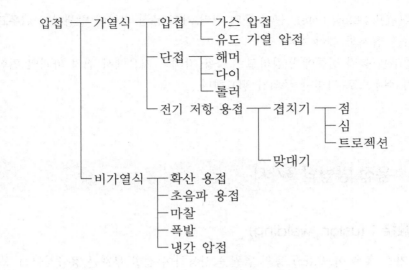

(1) 가스 압접(gas pressure welding)

가스의 연소, 열 등으로 접합부를 가열하여 압접하는 방법

(2) 전기 저항 용접

① 맞대기 용접 : 모재와 모재를 겹쳐 놓은 상태에서 전류를 통하여 저항 용접하는 것
② 점 용접 : 모재를 겹쳐 놓은 상태에서 접착할 부분의 작은 면적에 전극을 가압하여 저항 용접하는 것
③ 시임 용접 : 열을 판재를 겹쳐 놓고 롤러 상태의 전극을 가압하면서 연속적으로 전기 저항 용접하는 것
④ 프로젝션 용접 : 돌기 부분을 만들어 전류를 집중시켜 압력을 가한 용접

(3) 단접(鍛接)

접착부를 가열로 중에서 용융 직전까지 가열한 것을 해머 혹은 프레스로 가압하여 접합하는 방법

(4) 냉간 압접(cold pressure welding)

상온에서 금속판, 금속선 혹은 봉재 등을 압접할 때에 가열, 통전(通電) 용제(flux) 등을 사용한 화학 반응을 사용하지 않고 기계적으로 압접하는 방법이다. 가열하지 않고 상온에서 단순히 가압만의 조작으로 상호 간의 확산을 일으키며 압접하는 방법이다.

(5) 고주파 용접(high frequency welding)

고주파 전류의 표피 효과와 근접 효과를 이용하여 금속을 가열하여 압접하는 방법으로, 유도가열 용접법과 통전 가열 용접법이 있다.

(6) 초음파 용접(ultrsonic welding)

접합하고자 하는 소재에 초음파(18kHz 이상) 횡진동을 주어 그 진동 에너지에 의해 접촉부의 원자가 서로 확산되어 접합하는 방법

(7) 마찰 용접(friction welding)

접촉면의 고속 회전에 의한 마찰열을 이용하여 압접하는 방법

(8) 폭발 압접(explosive welding)

2장의 금속판을 화약의 폭발에 의해서 생기는 순간적인 큰 압력을 이용하여 금속을 압접하는 방법

(9) 저항 용접

용접하려고 하는 재료를 서로 접촉시켜 놓고 이것에 전류를 통하면 저항열로 접합면의 온도가 높아졌을 때 가압하여 용접

(10) 점 용접

2개 또는 그 이상의 금속을 두 전극 사이에 끼워놓고 전류를 통해서 용접

(11) 프로젝션 용접

제품의 한쪽 또는 양쪽에 작은 돌기(projection)를 만들어 이 부분에 용접 전류를 집중시켜 압접하는 방법

(12) 심 용접(seam welding)

원판상의 롤러 전극 사이에 2장의 판을 끼워서 가압 통전하여 용접하는 방법으로, 통전 방법에는 단속, 연속, 맥동 통전법이 있다.

(13) 업셋 용접(upset welding)

단면 모재를 서로 맞대어 가압하여 전류를 통해서 용접하는 방법

(14) 플래시 용접(flash welding)

(15) 퍼커션 용접(percussion welding)

콘덴서에 미리 축적된 에너지를 금속의 접촉면을 통하여 매우 짧은 시간(1/1,000초)에 급속히 방전시켜 용접하는 방법

③ 납접

두 물체 사이에 용가제를 첨가하여 간접적으로 접합

(1) 경납접(brazing)

용융점이 450℃ 이상의 경납(hard solder)을 사용하여 접합하는 방법

(2) 연납접(soldering)

땜납인 연납(soft solder)을 사용하여 접합하는 방법

Section 3 ## 아크 용접의 종류와 특성

① 아크 용접의 종류

```
┌비소모 전극──┬비피복 아크 용접 ──── 탄소 아크 용접
│            └피복 아크 용접 ──┬── 원자 수소 용접
│                             └── 불활성 가스 텅스텐 아크 용접(TIG)
└소모 전극───┬비피복 아크 용접 ─┬─ 금속 아크 용접
             │                 └─ 자동 아크 용접
             └피복 아크 용접 ──┬── 피복 금속 아크 용접
                              ├── 서브머지드 아크 용접
                              ├── 불활성 가스 금속 아크 용접(MIG)
                              └── 탄산가스 아크 용접
```

(1) 피복제(flux)

① 발생한 가스는 산소와 질소의 침입 보호
② 산화(oxidation)·질화(nitrizing) 탈산 작용
③ 용착 금속의 급랭 방지
④ 기계적 성질 향상
⑤ 아크의 안정성

(2) 극성 효과

① 정극성(DCSP : Direct Current Straight Polarity) : 모재(+), 용접봉(−)
② 역극성(DCRP : Direct Current Reversed Polarity) : 모재(−), 용접봉(+)

(3) 용융지 깊이에 영향을 주는 인자

전류량, 극성, 아크 길이의 안정성, 전극의 기울기, 용접봉의 지름, 운봉 속도

❷ 아크 용접의 특성

(1) 탄소 아크 용접

탄소봉 혹은 흑연봉을 하나의 전극으로 하고 모재를 나머지 전극으로 하여 그 사이에 아크를 발생시켜 아크 열을 이용하여 용접한 부분을 용융시키고 여기에 보충 금속을 첨가하여 용접하는 방법

(2) 원자 수소 용접법(atomic hydrogen welding)

2개의 텅스텐 전극 간에 아크를 발생시키고, 수소가스를 아크에 분출시켜 아크를 덮으며 용접하는 일종의 실드 아크 용접이다. 용접부는 환원성 수소가스에 덮인 채 용접되어, 대기의 영향에 의한 산화·질화 등이 없고 용접부의 기계적 성질이 양호하다.

(3) 불활성 가스 텅스텐 아크 용접(TIG)(특수용접 참조)

(4) 불활성 가스 금속 아크 용접(MIG)(특수용접 참조)

(5) 금속 아크 용접(metal arc welding)

전극으로서 첨가제를 겸한 금속 용접봉을 사용하는 아크 용접

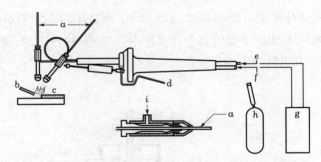

여기서, a : 텅스텐 전극, b : 용접봉, c : 수소 분할 아크, d : 홀더 전극 조정보
e : 전원 도선, f : 수소 입구, g : 전원, h : 수소 실린더, i : 수소 공급 입구

[그림 3-1] 원자 수소 아크 용접

(6) 자동 아크 용접

전극봉을 기계 장치로 보급함으로써 아크 길이를 일정하게 유지하여 안정된 작업을 이루는 것으로 장점은 다음과 같다.

① 용접 속도가 3~6배 향상된다.

② 아크가 안정되어 우수한 용접부를 얻는다.

③ 작업자의 기능에 관계없이 능률적 작업이 가능하다.

④ 다량 생산 및 생산비 저하가 가능하다.

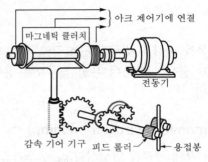

[그림 3-2] 자동 아크 용접 장치

(7) 피복 금속 아크 용접

피복제가 있는 금속 아크 용접으로 금속이 용융되어 두 물체를 용융 접합시키고 피복제는 슬래그로 남아 용접부를 덮는다.

(8) 서브머지드 아크 용접(특수용접 참조)

(9) 탄산가스 아크 용접법(CO₂-gas shield arc welding)

MIG 용접에서의 고가의 불활성 가스 대신, 비교적 저렴한 탄산가스를 실드 가스로 사용한 용접법으로 MIG 용접의 고능률성을 살리고 경제적이므로 철강 구조물의 고속 용접을 목적으로 개발된 것이다.

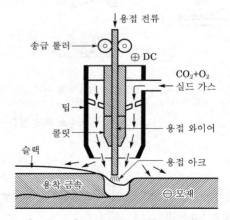

[그림 3-3] 탄산가스 아크 용접의 원리

Section 4 **아크 용접기의 종류와 특성**

1 개요

아크 용접은 비교적 적은 전류로 높은 열에너지를 일부분에 집중시킬 수 있다. 아크 용접법은 전원의 종류에 따라 교류 아크 용접법과 직류 아크 용접법으로 구분한다. 초기에는 직류 전원을 사용했으나 현재는 피복 용접봉의 출현으로 교류 전원에 의한 용접이 가능하게 되었다. 교류 용접기는 효율이 좋고, 가격도 싸며, 보수와 취급이 쉬워 널리 사용되고 있다.

2 직류 아크 용접

(1) 종류

① **정전압형 직류 용접기** : 부하가 변동하여도 전압이 일정한 형식으로 발전기의 용량이 충분하면 많은 용접을 동시에 할 수 있다.

② **정전류형 직류 용접기** : 전류는 항상 일정한 형식으로, 아크 전압이 자주 변해도 아크 전류는 일정하여 아크가 안정적이다.

③ **정전력형 직류 용접기** : 정전압형의 결점을 보충하기 위하여 전류가 증가하였을 때 자동적으로 전압이 강하하도록 설계된 것으로 일정한 전력을 갖게 된다.

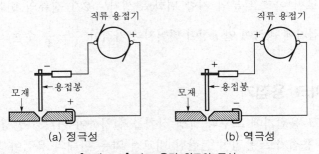

[그림 3-4] 아크 용접 회로와 극성

(2) 원리

전기 회로에 2개의 금속 혹은 탄소 단자를 서로 접촉시키고 이것을 당겨 간격이 생기게 하면 아크를 발생하면서 고열이 생긴다. 이 열을 이용한 용접이 아크 용접법(arc welding)이다. 이때 고열로 인하여 단자의 일부가 기화(氣化)되고, 전기 통로가 되어 전류는 계속 흐르게 된다. 이때 발생하는 열로서 금속을 용융시킬 수 있다. 이때 열은 3,000℃ 이상이다.

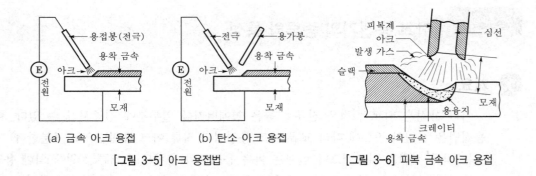

(a) 금속 아크 용접   (b) 탄소 아크 용접

[그림 3-5] 아크 용접법   [그림 3-6] 피복 금속 아크 용접

(3) 아크

용접봉과 모재 사이에 직류 전압을 걸어서 양쪽을 한 번 접촉하였다가 약간 떼면, 청백색의 강렬한 빛의 아크가 발생한다. 이 아크를 통하여 큰 전류(약 50~200A)가 흐르는데, 이 전류는 금속 증기와 그 주위의 각종 기체 분자가 해리(解離)하며 정전기를 가지는 양이온과 부전기(負電氣)를 가지는 전자(electron)로 분리되어, 이들이 정과 부의 전극으로 고속도로 이동하는 결과 아크 전류가 발생한다.

③ 교류 아크 용접기(AC arc welding)

교류 아크 용접기는 용접할 때 단계적으로 2차 전압이 떨어지는 특성을 갖도록 설계되어 있다. 그러므로 아크를 안정시키기 위하여 회로에 리액턴스 코일을 넣어 리액턴스를 크게 함으로써 아크 부분의 저항 변화로 생기는 2차 전류의 변화를 작게 하고 있다.

직류 용접기에 비하여 안정성이 떨어지나 가격이 $\frac{1}{3} \sim \frac{1}{4}$ 수준으로 많이 사용하고 있다.

④ 고주파 아크 용접기

교류 아크 용접기에 고주파 발생 장치를 설치하여 여기서 발생된 고주파 전류로 용접하며 보통 용접기로 용접이 곤란한 비교적 얇은 판재의 용접이 가능하고, Cu, Al 등도 효과적으로 용접할 수 있다.

⑤ 자동 아크 용접기

용접봉을 기계 장치로써 이송하고 아크의 길이를 일정하게 하는 동시에 안정적인 작업을 하기 위하여 사용되며, 장점은 다음과 같다.
① 용접 속도가 수동식에 비하여 3~6배 빠르다.

② 아크가 안정되어 용접이 우수하다.
③ 작업자에 관계없이 작업이 능률적이다.
④ 대량 생산으로 생산비가 싸다.

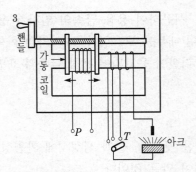

[그림 3-7] 가동 코일식 교류 아크 용접기

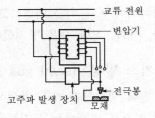

[그림 3-8] 고주파 아크 용접기

Section 5

피복제의 작용과 형식

❶ 작용

① 용융 금속 보호
② 아크를 안정시킴
③ 용융 금속을 정련(精鍊)
④ 용착 금속의 급랭을 방지
⑤ 용착 금속에 필요한 원소를 보충

❷ 형식

(1) 가스 발생식 용접봉(gas shield type)

고온에서 가스를 발생하는 물질을 피복제 중에 첨가하여 용접할 때 발생하는 환원성 가스 혹은 불활성 가스 등으로 용접 부분을 덮어 용융 금속의 변질을 방지하는 용접봉으로 특징은 다음과 같다.
① 전자세(全姿勢)의 용접에 적당하다.
② 용착 금속 위에 덮인 슬랙을 쉽게 제거할 수 있다.
③ 안정적인 아크를 얻는다.

④ 용접 속도가 빠르고 작업성이 좋다.

⑤ 스패터는 슬랙 생성식보다 많으나 주의하면 적게 할 수 있다.

(2) 슬랙 생성식 용접봉(slag shield type)

피복제에 슬랙화하는 물질을 주성분으로 사용하여 용융 금속의 입자가 용접봉으로부터 모재에 이동되는 사이에 슬랙을 형성하여 내부를 보호한다. 대기와의 화학 반응을 저지하여 용착 금속을 정련하고 또한 냉각과 더불어 응고되어 용착 금속의 표면을 덮어 급랭, 산화, 질화 등을 방지한다.

(3) 반가스 발생식(semi gas shield type)

슬랙 생성식과 가스 발생식의 특징을 합한 것으로, 슬랙 생성식에 환원성 가스, 불활성 가스를 발생하는 유기물을 소량 첨가하여 만든 것이다.

Section 6 **아크 용접부의 조직(HAZ)**

❶ 열응력

아크 열에 의해 용접봉은 용해, 과열, 산화, 기화 등의 작용을 받게 된다.

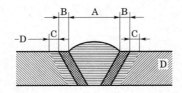

여기서, A : 용착 금속(1,500℃ 이상)
B : 융합부(1,400~1,500℃)
C : 변질부(1,400℃ 이하)
D : 원질부(모재)

[그림 3-9] 용접 부분의 명칭

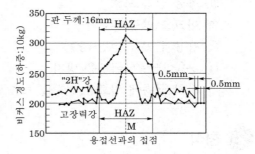

[그림 3-10] 열영향부의 경도

용접부의 조직은 다음과 같다.

① A. 용착 금속 : 용접봉이 용접되어 형성된 부분

② B. 융합부 : 모재와 용접봉이 융합된 부분

③ C. 변질부 : 용접부와 인접되어 있어 입상(粒狀)의 큰 조직으로 변질된 부분

④ D. 원질부 : 용접부에서 떨어져 있어 용접의 영향을 받지 않는 부분

2 조직

　[그림 3-11]은 0.31% 탄소강판을 용접한 현미경 조직으로 과열부 중에서 융합부에 가까운 부분은 용융할 때의 고온의 영향을 받아 페라이트(F)는 오오스테나이트(A)의 경계에 석출되며 약한 결점이 있다.

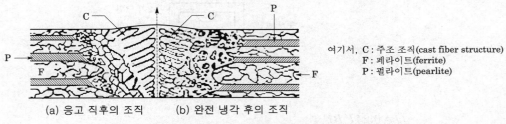

(a) 응고 직후의 조직　　(b) 완전 냉각 후의 조직

여기서, C : 주조 조직(cast fiber structure)
　　　　F : 페라이트(ferrite)
　　　　P : 펄라이트(pearlite)

[그림 3-11] 연강판의 아크 용접한 조직 변화와 용접부의 주조 조직

Section 7　**전기 저항 용접법**

1 개요

　전기 도체에 전류를 흐르게 하면 저항 때문에 도체 내에 열이 발생하며, 양 도체가 접촉하는 부분의 전기 저항은 각 도체의 고유 저항보다 크다. 따라서 통전에 따라 양 도체의 접촉부의 온도가 높아지고 접촉부의 금속이 용융하게 된다. 이때 전류를 끊고 외부로부터 압력을 가하여 양 도체를 서로 밀어붙이면 밀착하여 일체가 된다.

2 전기 저항 용접법의 종류

(1) 맞대기 저항 용접법(butt resistance welding)

　금속의 선, 봉, 판의 단면을 맞대고 접합하는 방법으로 전류를 통하기 전에 강하게 맞대어 놓고, 여기에 대전류를 흘려서 접촉 부근을 저항열로 가열하여 용접 온도에 달했을 때, 강압으로 밀어붙여 소성 변형을 일으켜 융합시키는 방법이며 이때 저항열은 줄(Joule)의 법칙에 의해 다음과 같다.

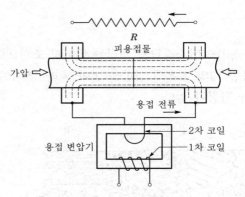

[그림 3-12] 저항 용접의 원리

$$Q = 0.24 I^2 R t$$

여기서, Q : 저항열(kcal)

R : 저항(Ω)

I : 전류(A)

t : 통전 시간(sec)

강, 동, 알루미늄 등에서 신선(伸線) 작업, 선재의 접합에 사용 계산한다.

(2) 점 용접법(spot welding)

판의 점접합을 행하는 용접이다. 리벳 이음과 같이 판에 구멍을 뚫지 않고 접합할 수 있는 것이 특징이다.

[그림 3-13]과 같이 전극 사이에 2매의 판을 끼우고 가압하여 전류를 통하게 하며 그 접촉부의 저항 발열로 가압부를 융합시키는 방법이다.

• 저항 용접에 미치는 요인

① 용접 전류

② 통전 시간

③ 가압력

④ 모재 표면의 상태

⑤ 전극의 재질 및 형상

⑥ 용접 피치

이 중에서 가장 영향을 많이 미치는 용접 전류, 통전 시간, 가압력을 저항 용접의 3대 요소라 한다.

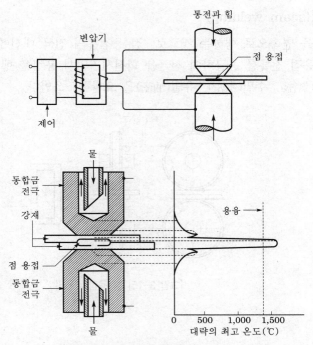

[그림 3-13] 점 용접의 원리와 온도 분포

(3) 프로젝션 용접법(projection welding)

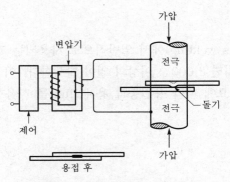

[그림 3-14] 프로젝션 용접의 원리

　용접할 금속판의 한쪽 혹은 양쪽에 돌기(projection) 부분을 만들어 이 부분에 용접 전류를 집중시켜 압전하는 방법이며 강판, 청동, 스테인리스강, 니켈 합금 등의 용접에 적합하고 알루미늄 합금, 아연, 아연판, 또는 강-황동, 강-청동 등의 금속 용접도 가능하다.

(4) 심 용접법(seam welding)

점 용접을 연속으로 행하는 것으로, 점 용접봉의 전극 대신에 원판형의 롤러 전극을 사용하며 용접 전류를 공급하여 전극을 회전시키면서 용접을 행하는 것이다. 주로 접합부가 기밀(氣密), 수밀(水密), 유밀(油密)을 요할 때 쓰인다.

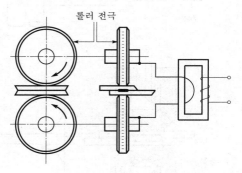

[그림 3-15] 심 용접의 원리

Section 8

가스 용접

1 개요

가스 용접법(gas welding)에서 일반적으로 사용되는 것으로 산소와 아세틸렌 가스를 혼합하여 연소시키면 3,000℃ 이상의 열이 발생한다. 이 열로 금속의 일부를 녹여 접합하는 방법으로 필요에 따라 용접봉과 용제(flux)를 사용한다.

2 장단점과 용도

(1) 장점

① 각종 금속에 대한 용융 범위가 넓다.
② 작업이 쉽다.
③ 가열 조작이 비교적 자유롭다.
④ 운반이 편리하다.
⑤ 설비비가 싸다.

(2) 단점

① 열효율이 낮다.

② 재질의 산화 및 탄화의 우려가 있다.

③ 폭발의 위험이 있다.

④ 가열 시간이 많아 기계적 강도가 저하된다.

⑤ 소모비가 많이 든다.

(3) 용도

① 열에 대한 민감성 때문에 균열 발생의 우려가 있는 금속

② 얇은 판, 판재

③ 비철 금속

④ 용융점, 증발점이 낮은 금속의 용접에 사용된다.

Section 9 가스 절단의 원리

❶ 원리

일정 온도 이상(약 800~1,000℃)으로 가열한 철선은 산소 중에서 연소한다. 즉 가스 용접에서 강재를 용접하는 도중에 토치의 가스 조절 밸브를 닫아 가스를 정지시키고, 적열 상태의 강철에 순도(純度)가 높은 산소만을 고압으로 분출하면 격렬한 산화작용이 발생한다.

$$\text{Fe} + 2\text{O}_2 \rightarrow \underset{\text{산화철}}{\text{Fe}_3\text{O}_4} + 226.9\,\text{kcal}$$

발열 반응에 의해서 발생되는 열량은 다음 절단부의 예열에 도움이 된다. 이때 생긴 산화철은 분류(噴流)로서 제거된다.

이런 상태에 있는 토치를 서서히 이동시키면 토치가 이동된 부분에는 넓이 2~4mm 정도의 홈이 생긴다. 이 현상을 이용하여 토치를 사용하면 강철을 절단할 수 있다. 절단 시의 철강의 화학반응은 다음과 같다.

$$\text{Fe} + \frac{1}{2}\text{O}_2 = \text{Fe O} + 64.0\,\text{kcal}$$

$$2\text{Fe} + \frac{3}{2}\text{O}_2 = \text{F}_2\text{O}_3 + 190.7\,\text{kcal}$$

$$3Fe + 2O_2 = F_3O_4 + 266.9kcal(철판이 두꺼울수록 산소가 많이 필요하다.)$$

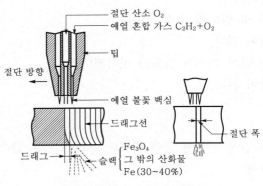

[그림 3-16] 가스 절단의 원리

특수 용접

1 개요

특수 용접의 종류는 다음과 같다.
① 불활성 가스 아크 용접법
② 원자 수소 용접법
③ 서브머지드 아크 용접법
④ 테르밋 용접법
⑤ 일렉트로 슬래그 용접법
⑥ 고주파 용접법
⑦ 초음파 용접법
⑧ 전자 빔 용접법
⑨ 마찰 압접법
⑩ 냉간 압접

조선, 차량 등의 일정한 조건의 용접물을 장시간 연속적으로 작업할 때에는 용접을 기계화·자동화함으로써 경제적으로 유리하게 작업할 수 있다.

2 불활성 가스 용접의 특성 및 용접성

특수 용접부를 공기와 차단한 상태에서 용접하기 위하여 특수 토치에서 불활성 가스가 전극봉 지지기를 통하여 용접부에 공급되면서 용접하는 방법. 불활성 가스에는 아르곤(Ar)이나 헬륨(He)이 사용되며 전극으로는 텅스텐봉 또는 금속봉이 사용된다.

(1) 불활성 가스 텅스텐 아크 용접(TIG 용접)

① 원리 : 텅스텐봉을 전극으로 사용하며 가스 용접과 비슷한 조작 방법으로 용가제 (filler metal)를 아크로 융해하면서 용접한다. 이 방법은 텅스텐을 거의 소모하지 않는다.

　㉠ TIG 용접에서는 교류(AC)나 직류(DC)가 사용되며 그 극성은 용접 결과에 큰 영향을 끼친다.

$$정극성 \rightarrow 전극(-),\ 모재(+)\ /\ 역극성 \rightarrow 전극(+),\ 모재(-)$$

　㉡ 직류 정극성(正極性)에서는 음극을 가진 전자가 모재를 세게 충격시킴으로써 깊은 용입을 일으키며, 전극은 크게 가열되지 않는다. 그러나 역극성(逆極性)에서는 전극은 적열하게 가열되고, 모재의 용입은 넓고 얇아진다.

② 특성 : 아르곤을 사용한 역극성에서는 아르곤 이온이 모재 표면(음극)을 충격하여 산화막을 제거하는 청정 작용이 있어 알루미늄이나 마그네슘 용접에 적합하다.

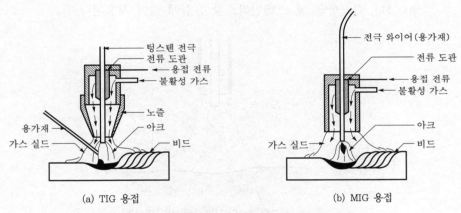

(a) TIG 용접　　　　　　　　　　　　　　(b) MIG 용접

[그림 3-17] 불활성 가스 아크 용접법의 형식

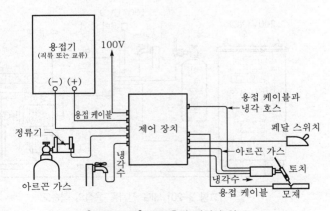

[그림 3-18] TIG 용접 장치의 약도

(2) 불활성 가스 금속 아크 용접법(MIG 용접)

① 원리 : 용접봉인 전극 와이어를 연속적으로 보내어 아크를 발생시키는 방법으로 소모식 불활성 가스 아크 용접법이라고도 한다.

ⓐ MIG 용접용 전원은 직류식으로 와이어를 정극(+)으로 하는 역극성이 채용된다.

ⓑ MIG 용접법은 전원이 정전압 특성의 직류 아크 용접기로, 가는 와이어를 써서 전류 밀도를 높이고(TIG의 약 2배) 와이어의 송급은 일정 속도 방식으로 하는 특징이 있다.

ⓒ 금속 용접봉 아크를 사용할 때는 3mm 이상의 두께를 갖는 판재 용접에 적합하고 자동적으로 용접봉을 피드하는 것이 필요하다.

② 특징

ⓐ 보통 아크 용접보다 고가이나 용재를 사용할 필요가 없다.

ⓑ 용접부의 부식 및 열집중에 의한 균열과 잔류 응력이 적고, 기계적 성질이 변하지 않는 장점이 있다.

ⓒ Al, Mg, Cu 합금 및 스테인리스강 용접에 많이 사용된다.

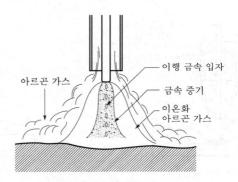

[그림 3-19] MIG 용접 아크의 상태

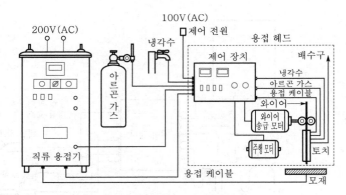

[그림 3-20] MIG 전자동 용접의 접속도

❸ 서브머지드 아크 용접(submerged arc welding)

(1) 원리

분말의 용제를 용접 부위에 살포하여 그 속에 심선의 끝을 파묻은 상태에서 모재와의 사이에서 아크를 발생시켜 그 아크의 열로 용제, 심선, 모재를 녹여 용접하는 방법

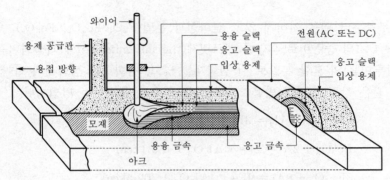

[그림 3-21] 서브머지드 용접의 아크 상태와 용착 상황

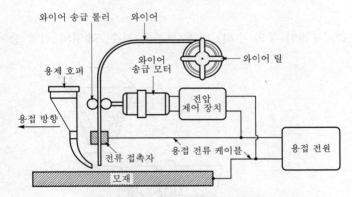

[그림 3-22] 서브머지드 아크 용접의 원리

(2) 특징

비교적 좁은 장소 내에 급속한 고열의 발생을 가능하게 하고 또한 용접부의 급랭을 효과적으로 방지할 수 있어 용접부의 기계적 성질이 양호하다. 보통의 아크 손 용접의 수배의 전류를 사용하므로 심선의 용융 속도가 매우 크고, 아크는 전극 와이어 끝에서 집중적으로 발생하므로 용입이 깊으며, 비교적 두꺼운 판도 홈을 마련하지 않고 맞대기 용접을 할 수 있다.

(3) 용도

주로 연강, 저합금강, 스테인리스강 등의 구조용 압연 강재의 용접에서 비교적 긴 용

접선을 가지는 두꺼운 판의 대형 구조물 분야에까지 많이 이용되는 중요한 용접법이며, 비철 금속에서는 동합금이나 내열 합금 등에도 이용될 때가 있다.

④ 테르밋 용접법(thermit welding)

(1) 원리

외부로부터 열을 가하지 않고 산화철과 분말(FeO, Fe_2O_2, Fe_3O_4), 알루미늄 분말을 약 3~4 : 1의 중량비로 혼합한 테르밋제(thermit mixture)에 과산화바륨과 마그네슘(또는 알루미늄)의 혼합 분말로 된 점화제를 넣고, 점화하면 점화제의 화학 반응에 의해 다음과 같은 강렬한 발열 반응(2,800℃)을 일으켜 용접하는 방법이다.

$$3FeO_3 + 2Al_2 = 3Fe + Al_2O_3$$

$$Fe_2O_3 + 2Al = 2Fe + Al_2O_3 + 189.1kcal$$

$$3Fe_3O_4 + 8Al = 9Fe + 4Al_2O_3 + 702.5kcal$$

(2) 용도

기어, 축, 프레임 등의 수리, 마멸 부분의 보수, 레일의 접합 등에 이용된다.

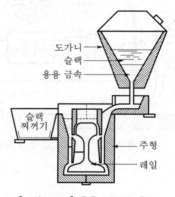

도가니
슬랙
용융 금속

슬랙
찌꺼기

주형
레일

[그림 3-23] 용융 테르밋 용접

⑤ 일렉트로 슬래그 용접법(electro-slag welding)

(1) 원리

서브머지드 아크 용접법의 고능률 용접법으로도 다층 용접이 필요한 극히 두꺼운 판의 단층 용접을 목적으로 개발된 자동 용접법이며, 용융 슬래그 내에 흐르는 전류의 저항열을 열원으로 이용한다. 전기저항 발열은 처음부터 일어나는 것이 아니고 용제 공급 장치로부터 미끄럼판과 모재 사이에 공급된 가루 모양의 용제 속으로 전류를 통하면 순간적으로 아크가 발생한다. 이 아크 열에 의하여 용제와 용융된 전극 와이어, 그리고 모재의 용융 금속이 반응을 해서 전기 저항이 큰 용융 슬랙을 형성한다. 이때 아크는 소멸되고 즉시 전기저항열에 의하여 용접이 진행된다. 전극 직경은 2.5~3.2mm 정도이고 피용접물의 두께에 따라서 1~3개를 사용한다.

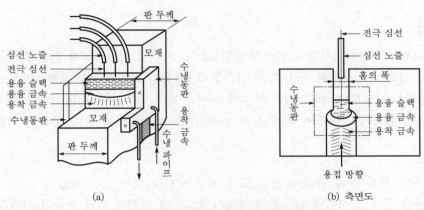

(a)   (b) 측면도

[그림 3-24] 일렉트로 슬래그 용접의 원리

(2) 용도

모재의 용입을 균일하게 하기 위해 전극을 판두께 방향으로 요동시킨다. 이와 같이 복수의 전극 와이어를 사용하여 기계적 요동을 병행함으로써 극도로 두꺼운 부분의 맞대기 용접을 가능하게 하는 것이 이 용접법의 가장 큰 특징이다.

⑥ 고주파 용접법

(1) 원리

고주파 전류의 표피효과(表皮效果)와 근접효과(近接效果)를 이용하여 가열하여 압접하는 방법

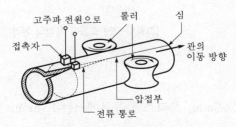

[그림 3-25] 고주파 저항 압접법

(2) 용도

이 용접법은 주로 파이프 등 중공(中空) 단면재의 고속도 맞대기 용접에 매우 유효하게 이용된다.

❼ 초음파 용접법

(1) 원리

[그림 3-26]에서처럼 팁(tip)과 앤빌(anvil) 사이에 접합하고자 하는 소재를 끼워 가압하여 서로 접촉시켜서 팁을 짧은 시간(1~7초) 동안 작동시키면 접촉자면은 마찰에 의해 마찰열이 발생한다. 이 가압과 마찰에 의해서 소재 접촉면의 피막(산화막)이 파괴되어 순수한 금속끼리 접촉되며 원자 간의 인력(引力)이 작용하여 금속 접합이 이루어진다.

(2) 특징

① 저항 용접 등과 달리 용접 온도가 매우 낮다(Al에서 200~300℃).
② 용융 주조 조직이나 합금층의 형성이 없고, 열 영향에 의한 성능의 쇠화가 거의 없으며 냉간 압접과 같은 큰 가압력도 필요 없다.
③ 압력에 의한 손상이 극히 경미하다.

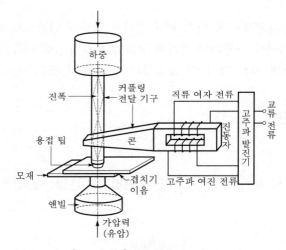

[그림 3-26] 초음파 용접의 원리

(3) 용도

금속에서는 0.01~2mm, 플라스틱 종류에서는 1~5mm 정도로 주로 얇은 판의 접합에 이용된다.

8 전자 빔 용접법(electron beam welding)

(1) 원리

이 용접법은 고진공 중에서 고속의 전자 빔을 접합부에 대고 그 충격 발열을 이용하여 행하는 용접법이다.

용접법은 [그림 3-27]과 같이 고진공(高眞空) $10^{-4} \sim 10^{-6}$mmHg에서 적열(赤熱)된 필라멘트에서 전자 빔을 접합부에 조사(照射)하여 그 충격열을 이용하여 용융 용접하는 방법이다.

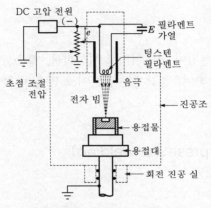

[그림 3-27] 전자 빔 용접법의 원리

(2) 특징

전자 빔 용접 장치는 통상 아크 용접 장치에 비하여 20배 정도 고가이나, 용접에 필요한 시간이 길기 때문에 용융 금속에 가스가 침입하지 않으므로 기공이 없고, 산화물도 없으며 매우 우수한 용접부를 얻을 수 있다. 따라서 대기 중에서 용접이 곤란한 Ti, Zr, Ta, Ma 등의 활성 금속이나 Si, Ge 같은 반도체 재료의 용접에 사용된다.

9 마찰 압접 용접법(friction pressure welding)

(1) 원리

접촉면의 고속 회전에 의한 마찰열을 이용하여 압접하는 방법이며, [그림 3-28]과 같이 부재의 한 쪽을 고정하고 나머지는 이에 가압 접촉시키면 접촉면은 마찰열로 급격히 온도가 상승하므로 적당한 압접 온도에 달하였을 때, 강압을 가하며 업셋(upset)시키고 동시에 회전을 정지하고 압접을 완료한다.

보통 컨벤셔널형(conventional type)이라 하며 그 밖에 플라이휠형(flywheel type)도 있다.

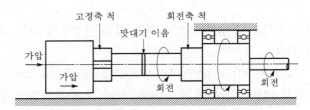

[그림 3-28] 컨벤셔널형 마찰 압접의 원리

(2) 특징

마찰로 접합면의 청정이 이루어지므로(산화물, 불순물은 전단 작용으로 제거된다.) 용접 결과는 매우 양호하며, 철강제는 물론이고 많은 비철 금속, 이종 금속의 접합이 가능하다.

⑩ 냉간 압접(cold prsseure welding)

(1) 원리

실온 혹은 그에 가까운 온도에서 소성 변형을 일으켜 상대 금속의 청정한 면과 면을 접근시키면 두 면 사이에서 원자 간에 인력이 작용하여 상대 속편의 접합이 가능하다.

(2) 특징

철강 재료의 압접은 곤란하고, 주로 Al, Cu를 비롯한 비철 금속에 적용되고 Al+Cu, Cu+Ag, Cu+Ni 등의 이종 금속 간의 압접도 용이하다.

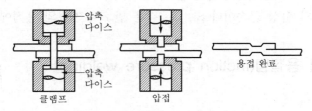

[그림 3-29] 겹치기 냉간 압접법

Section 11　아크 용접과 산소 용접의 비교

1. 아크 용접

2개의 금속을 접합시키는 방법에는 여러 가지가 있다. 그 중 가장 많이 사용하는 방법으로, 전기 회로에 2개의 금속 혹은 탄소 단자를 서로 접촉시키고, 이것을 당겨 간격이 생기게 하면, 아크를 발생하면서 고열이 발생한다. 아크열의 발생 온도는 대단히 높아 약 6,000℃가 된다.

아크 용접은 가스 용접에 비하여 열원의 온도가 훨씬 높고 열에너지의 집중이 좋으므로 능률적이며, 중구조물이나 고속 용접에 적합하다. 가열 범위가 좁아지므로 강도가 증가되고 용접 변형을 줄일 수 있다는 장점이 있다.

2. 산소 용접법

연료 가스와 공기 또는 산소의 연소에 의한 열을 이용하여 금속을 용융 접합하는 방법으로 가스 용접 혹은 플래임(flame) 용접이라 하며, 가스는 아세틸렌과 산소가 가장 많이 사용되므로 가스 용접을 산소-아세틸렌 가스 용접이라고도 한다.

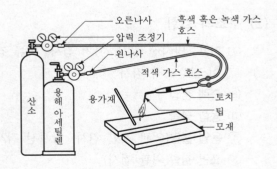

(b) 산소 아세틸렌 용접 장치　　　　(b) 산소 아세틸렌 용접 장치

[그림 3-30] 산소-아세틸렌 용접 장치

(1) 장점

① 각종 금속에 대한 용융 범위가 넓다.
② 작업이 쉽다.
③ 가열 조절이 비교적 자유롭다.

④ 운반이 편리하다.

⑤ 설비비가 싸다.

(2) 용도

열에 대한 민감성 때문에 균열 발생의 염려가 있는 금속, 얇은 판, 판재, 비철 합금, 특히 용융점, 증발점이 낮은 금속의 용접에 사용된다.

Section 12 용접 결함의 발생 원인과 방지책

1 개요

용접 결함은 치수 결함, 구조의 결함, 성질의 결함으로 나뉜다.

(1) 치수 결함

① 스트레인에 의한 결함

② 치수 불량

③ 형상 불량

(2) 구조의 결함

① 기공 : 방사선 검사, 자기 검사, 와류 검사, 초음파 검사, 파단 검사, 현미경 검사, 마이크로 조직 검사

② 슬랙 혼입

③ 융합 불량

④ 용입 불량(외관 육안 검사, 방사선 검사, 굽힘 시험)

⑤ 표면 결함(외관 검사)

⑥ 언더 컷 : 외관 육안 검사, 방사선 검사, 초음파 검사, 현미경 검사

⑦ 균열 : 마이크로 조직 검사, 자기 검사, 침투 검사, 형광 검사, 굽힘 시험

(3) 성질의 결함

① 기계적 성질

㉠ 인장 강도 부족 : 기계적 성질

㉡ 항복 강도 부족 : 기계적 성질

㉢ 연성 부족 : 기계적 성질

ⓡ 경도 부족 : 기계적 성질

ⓜ 피로 강도 부족 : 기계적 성질

ⓗ 충격에 의한 파괴 : 기계적 성질

ⓢ 화학 성분 부적당 : 화학 분석 시험

ⓞ 내식성 불량 : 부식 시험

② 화학적 성질

2 용접 결함의 발생 원인과 방지책

(1) 치수상 결함

금속은 일반적으로 가열하면 열팽창이 생기고 냉각하면 수축하는 성질이 있어 모재가 변형되는 결함이 생긴다.

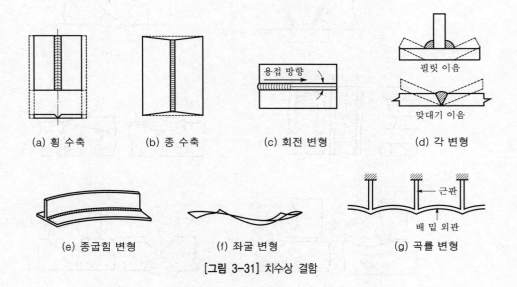

(a) 횡 수축   (b) 종 수축   (c) 회전 변형   (d) 각 변형

(e) 종굽힘 변형   (f) 좌굴 변형   (g) 곡률 변형

[그림 3-31] 치수상 결함

(2) 구조의 결함

1) 기공

용착 금속 중에 남아 있는 가스의 구멍으로 주로 습기, 공기, 용접면의 상태에 따라 수소, 산소, 질소 등의 침입이 원인이 되는 경우가 많다. 이것을 제거하기 위해서는 용접 기술의 향상과 용접 조건을 좋게 함으로써 해결될 수 있다.

2) 슬랙 혼입(slag inclusion)

용착 금속 혹은 모재와의 접합부 중에 슬랙 혹은 불순물이 함유되는 경우 방지책으로
는 용접봉의 비딩(beading) 방법, 접합부의 청정, 용접 전류 등에 주의할 필요가 있다.

3) 접합 불량(용입 불량)

용접 속도가 너무 빠르거나, 용접 전류가 너무 낮을 때는 용접 부분이 적합한 온도에
도달하지 않은 상태에서는 용착 금속의 접합이 불연속으로 되는 결함이 있다.

4) 오버 랩(over lap)

용접 속도가 느릴 때 발생하는 것으로 모재와 충분히 융합되지 않은 상태로 모재면에
덮여 있는 상태이다.

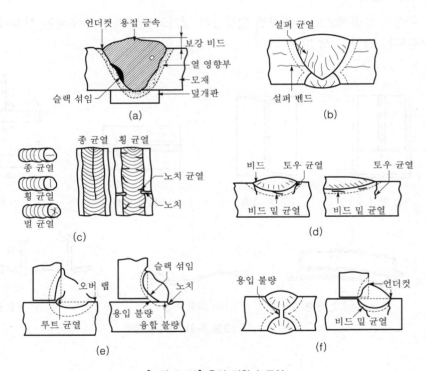

[그림 3-32] 용접 결함과 균열

5) 언더컷(under cut)

용접 전류가 과다하고 고속도일 때 발생하는 결함으로 모재면의 용해된 부분에 용융
금속이 가득하지 않으면 모재와 용착 금속의 경계에 오목한 부분이 생긴다.

6) 균열(crack)

가장 좋지 못한 결함이다. 결함 원인은 크게 금속학적 요인과 역학적인 요인으로 구분
된다.

① 금속학적 요인

㉠ 열영향에 따른 모재의 연성 저하

㉡ 용융 시 확산된 수소(H_2)의 영향에 의하여 취화(脆化)되는 경우

㉢ 인(P), 황(S) 등의 유해한 불순물의 영향

② 역학적인 요인

㉠ 용접 시의 가열, 냉각 시의 열응력

㉡ 강의 변태에 의한 체적 변화

(3) 성질상 결함

용접부는 국부적인 가열로 융합되어 접합부를 형성하므로 모재의 성질, 즉 기계적, 화학적, 물리적인 성질에 대하여 요구 조건에 만족하지 못하는 경우의 성질상 결함이 있다.

Section 13 비파괴 검사

❶ 개요

시험 재료 혹은 제품의 재질과 형상 치수에 변화를 주지 않고 그 재료의 안전성을 조사하는 방법을 비파괴 검사(Non Destructive Testing or Inspection : NDT 혹은 NDI)라 하며 압연 재료, 주조품, 용접물 등에 널리 이용된다.

❷ 비파괴 검사

(1) 자력(磁力) 결함 검사법

철강과 같은 자성(磁性) 재료에 기공, 균열, 불순물의 혼입 등으로 자력선에 불연속성이 있으면 누설 자속 변화가 일어나는 현상을 이용하여 결함을 검출하는 방법이다.

1) 자기(磁氣) 분말 검사

자력이 통하는 용접된 철강 제품에 미세 철분을 뿌려 재질 내부 결함이 있는 곳에 미세 철분이 집중되는 성질을 이용하여 결함을 찾아내는 검사법이다.

2) 탐색 코일 방법

누설 자속이 있는 부분에 탐색 코일을 접근시켜 유기된 전압을 측정하는 방법이다.

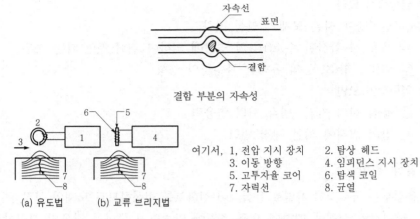

결함 부분의 자속성

여기서, 1. 전압 지시 장치　　2. 탐상 헤드
　　　　 3. 이동 방향　　　　4. 임피던스 지시 장치
　　　　 5. 고투자율 코어　　6. 탐색 코일
　　　　 7. 자력선　　　　　 8. 균열

(a) 유도법　　(b) 교류 브리지법

[그림 3-33] 자기 탐상법

(2) 형광 검사법

용접 균열부에 침투할 수 있는 형광 물질에 용접 균열부를 침지시켜 건조한 후 자외선 아래에서 시험하면 균열부는 형광으로 인하여 광휘의 빛을 발하게 하여 결함을 찾아내는 방법이다.

(3) 초음파 검사법(supersonic test)

고주파 전자의 파동을 시편에 적용시켜 반사되는 반응을 검사함으로써 결함의 유무를 판정하는 방법이다.

① 반사식
② 투과식
③ 공진식

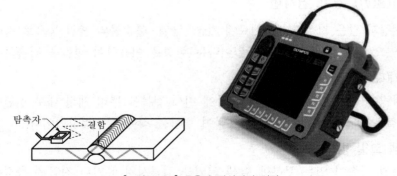

[그림 3-34] 초음파 탐상기의 외관

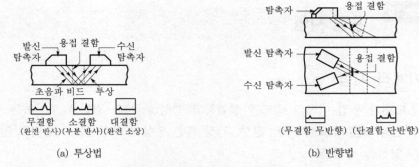

[그림 3-35] 초음파 탐상법의 종류

(4) 방사선 투과 검사

X선, γ선 등의 방사선을 용접부에 투과시켜 그 반대쪽에 비치한 필름을 감광(感光)시켜 결함을 찾아내는 검사법. X선 및 γ선이 투과할 때 다른 물체가 있거나 동일 물질이라도 밀도가 다른 부분이 있으면 흡수율이 달라지는 성질을 이용한 방법으로, 형상의 변화, 두께의 대소, 표면 상태의 불량 등에도 불구하고 사용할 수 있으며 신뢰도가 아주 높아 많이 사용한다.

(5) 누출 검사

정수압, 공기압에 의한 방법으로 기밀·수밀 검사에 적용되는 방법이다.

(6) 와류 검사

금속 내에 유기되는 와류 전류의 작용을 이용한 것으로 금속의 표면이나 표면에 가까운 내부 결함의 검사에 적용하여 금속 내에 유기되는 와류 전류(eddy current)의 작용을 이용한다.

(7) 외관 검사

렌즈, 반사경, 현미경 혹은 게이지를 검사하는 방법으로 작은 결함 검사, 수치의 적부검사에 사용되는 검사법이다.

Section 14 용접 시험

① 기계적 시험

모재와 용접 이음의 강도를 실험하고 연성(軟性)과 결함을 조사하는 것

① 인장 시험(tension test) : 판상, 관상 혹은 봉상의 시험편을 시험기로 인장하여 강도 및 연성을 측정한다.

② 굽힘 시험(bending test) : 용접부의 연성과 안전성을 조사하기 위하여 사용되는 시험편이다.

③ 경도 시험(hardness test) : 브리넬 경도, 로크웰 경도, 비커스 경도, 쇼어 경도 시험기가 사용된다.

④ 충격 시험(impact test) : 재료의 충격과 취성을 시험한다.

⑤ 피로 시험(fatigue test) : 재료의 피로 한도 혹은 내구 한도로 시험하여, 시간 강도를 구한다.

② 물리적 시험

① 물성 시험 : 비중, 점성, 표면 장력, 탄성 등

② 열특성 시험 : 팽창, 비열, 열전도 등

③ 전기, 자기 특성 시험 : 저항, 기전력 등

③ 화학적 시험

① 화학 분석 시험 : 용접봉과 심선, 모재, 용착 금속의 화학 조성 분석, 불순물 함유량 조사

② 부식 시험(corrosion test) : 구조물의 내식성 조사

③ 함유 수소 시험(hydrogen test) : 수소량 측정

④ 야금학적 시험

① 육안 조직 시험 : 용입 상태, 열 영향부의 범위, 결함 분포 상황 등

② 현미경 조직 시험 : 용입 상태, 열 영향부의 범위, 결함 분포 상황 등

③ 파면 시험(fracture test) : 용접 금속과 모재의 파면 검사

⑤ 용접성 시험

① 노치 취성 시험, ② 용접 경화성 시험, ③ 용접 연성 시험, ④ 용접 균열 시험

Section 15 각종 금속의 용접(스테인리스강, 알루미늄, 고장력강, 구리합금, 탄소강, 주철)

① 스테인리스강(stainless steel)

철에 크롬 등을 첨가시킨 합금강으로 내식성, 내산성, 내열성 및 기계적 성질이 우수하며 여러 방면에 많이 사용되고 있다.

① 스테인리스강은 특수강 중에서 비교적 용접하기 쉬운 합금강으로 피복 아크 용접, 서브머지드 아크 용접, 불활성 가스 아크 용접과, 저항 용접 등이 이용되고 있다.

② 스테인리스강 용접에는 피복 아크 용접이 가장 일반적이며 용접봉은 원칙적으로 모재와 같은 재질을 사용한다.

③ 스테인리스강의 용접에서는 연강에 비해 약간 낮은 전류를 사용하며 또 변형을 막기 위해 얇은 판에는 적당한 지그와 고정구를 써야 한다. 가접도 여러 번 하면 좋다.

② 알루미늄과 그 합금

알루미늄과 그 합금은 내식성이 좋고 강도도 높으며 비중이 약 2.7로서 연강의 1/3 정도의 가벼운 합금이다. 알루미늄 합금은 불활성 아크 용접을 사용하면 비교적 쉽게 용접할 수 있으나 용접 금속 내의 기공 발생, 슬랙의 섞임, 혹은 텅스텐의 섞임, 용접 균열, 열 영향부의 연화와 내식성의 저하 등 여러 가지 결함을 유발시킬 수 있으므로 세심한 주의가 요구된다.

③ 고장력강

고장력강은 인장 강도를 높이기 위하여 Mn, Si, Ni, Cr, Mo, Ti 등을 첨가한 것으로 인장 강도 $50 \sim 100 \text{kg/mm}^2$ 정도의 것이 있다. 고장력강의 용접은 연강에 사용되는 용접법이 그대로 이용된다. 그러나 연강에 비하여 열영향부의 경화가 현저하므로 이런 점에 대하여 주의할 필요가 있으며 후열과 예열을 병용하여야 한다.

④ 구리와 그 합금

구리는 전기 및 열의 양도체이기 때문에 전기 재료로 많이 사용되고 있으며, 공기나 바닷물에 대한 내식성이 우수하고 오래 전부터 다방면의 내식성 물품에 이용된다.

① 동합금의 용접부 열은 열전도가 아주 높으므로 급속히 방산(放散)되기 때문에 가스 용접과 전기 아크 용접으로 좋은 용입을 얻기 위해서는 반드시 예열이 필요하고 열영향부의 넓이가 연강보다 현저히 크다.

② 불활성 가스 아크 용접 및 피복 아크 용접이 많이 사용된다.

    ㉠ 연강 : 탄소량이 적으므로 충분한 용접 가능

    ㉡ 경강 : 800~900℃로 가열되면 담금질 효과를 받아서 고경도 취성 과다, 균열 발생, 급랭, 급열→모재 가열 예열→서냉 위한 후열-풀림(잔류 응력 제거)

5 탄소강

탄소강은 주로 탄소(C) 함유량에 의해 강도가 좌우되며, 용접성도 탄소량으로 정해진다. 일반적으로 연강(軟鋼)이라고 하는 저탄소강(C<0.3%)은 보통 용접성이 좋고 가장 많이 사용된다.

중탄소강(C=0.3~0.5%)은 용접이 곤란하고, 고탄소강(C=0.45~2.0%)은 균열이나 기공이 많아져서 용접이 매우 곤란하다. 이들의 용접은 경화(硬化)를 연하게 하고 균열을 방지할 목적으로 높은 예열이나 후열을 사용하여야 한다.

6 주철

주철은 강에 비해 용용점이 낮으며, 주조 그대로는 가단성이 없고 또한 실온에서 대부분 연성이 없는 것이 보통이다. 주철의 용접은 주로 결함 부분의 보수와 파괴된 주물의 수리지만, 주물은 취성 재료이므로 용접이 매우 곤란하다.

Section 16 금속의 용접성(weldability)

1 개요

용접의 난이도를 나타내는 것이며, 모재가 기존의 용접법에 의하여 바라는 강도를 가지는 용접부를 얻는 것이 어느 정도 가능한가를 나타내는 것이라고 할 수 있다.

예컨대, Al은 아크 용접이 곤란하지만 불활성 가스 용접은 극히 용이하며, 고탄소강이나 저합금강은 가스 실드 용접봉을 사용하면 균열을 발생하던 것이 저수소형 용접봉에 의하면 이런 결점을 없앨 수 있다.

② 금속의 용접성

모재의 용접성을 판정하는 기준은 용접으로 생긴 모재 변질부의 경화도 혹은 균열 발생, 용착부의 균열, 기포, 불순물 혼입, 용입 불량 등의 결함의 유무에 따라 판정하지만, 강재의 경우는 균열 발생의 난이도에 의하여 모재의 용접성을 논하고 있다.

Section 17 용접 시 안전 작업

① 아크 용접의 안전 작업

아크 용접 작업자는 눈에 대한 장해, 화상, 감전 등의 재해를 받기가 아주 쉽다. 재해 요소는 다음과 같은 것들이 있다.

① 감전 : 몸에 땀이 흐를 때, 의복에 물이 묻어 있을 때, 발 아래 물이 있을 때, 용접기의 절연이 불량할 때, 볼트의 통전부에 접촉했을 때
② 아크 광선
③ 중독성 가스
④ 슬랙의 비산(非散)

② 가스 용접의 안전 작업

가스 용접의 재해는 폭발, 화재, 화상, 중독 등이 있는데, 이 중에서 가장 위험한 것이 폭발이다. 아세틸렌 가스는 공기 혹은 산소와 혼합해서 매우 위험한 폭발성 혼합 가스를 만든다. 이 때문에 사용 중에 여러 가지 원인으로 폭발이 일어나기 쉽다.

Section 18 용접 이음의 설계 시 주의 사항

① 설계 시 주의 사항

용접 이음의 설계 시 주의 사항은 다음과 같다.

① 용착 금속의 중심(重心)에 해당하는 직선이 모재의 중심선과 일치해야 한다. 이것은 가용착부에 생기는 저항력의 합력이 하중 방향의 직선과 일치하도록 하여 응력을 단순화하고 하중이 균일하게 걸리도록 하기 위한 것이다.

② 열집중에 의한 재질 변화를 적게 하기 위해 용접부가 집중적으로 모이지 않도록 한다.

③ 작업 자세는 하향이 가장 편하고 좋은 결과가 얻어진다.

④ 맞대기 용접이 가장 좋은 결과를 얻을 수 있고 신뢰도가 좋다.

⑤ 용착부에 큰 우력(隅力)이 걸리지 않도록 한다.

⑥ 비틀림에 의해 일어나는 용접부의 변형이나 균열을 피하기 위하여 용접 순서와 비틀림을 방지하는 방법을 택한다.

Section 19 **용접 와이어에 탈산제 첨가 방법**

1 용접 와이어에 탈산제 첨가 방법

용접 와이어에 탈산제를 첨가하는 방법은 다음과 같은 것들이 있다.

① 용접 와이어 속에 망간, 규소를 합금 형태로 첨가한다. 이렇게 첨가한 것은 속이 단단한 모양을 하므로 솔리드 와이어(solid wire)라 한다.

② 용접 와이어 속을 비워 분말 형태의 탈산제를 넣는다. 이 와이어는 복합 와이어(flux cored wire)라 한다.

③ 자성을 가진 분말 용제를 탄산가스 기류에 섞어 첨가한다. 그러면 용접봉 주위에 부착되어 마치 피복 아크 용접봉처럼 되어 작용하게 되는데, 이 방법을 유니언 아크(union arc) 용접법이라 한다.

Section 20 **용접에 의한 잔류 응력의 발생원인과 방지대책**

1 잔류 응력의 발생 이유

용접열로 가열된 모재의 냉각 및 용착강의 응고 냉각에 의한 수축이 자유로이 이루어질 때 위치에 따라 그 차이가 있으면 용접 변형이 발생한다.

용접 변형이 발생하지 않도록 하면 용접부는 외부로부터 구속받은 상태가 되어 잔류 응력이 발생한다.

2 응력의 영향

① 재료의 인성이 빈약한 경우에는 파단 강도가 심히 저하된다.
② 뒤틀림의 발생은 제품의 정밀도를 저하 및 외관을 손상시킨다.
③ 박판에는 뒤틀림이 발생하고, 후판에는 잔류 응력이 발생한다.

3 대책

① 모재에 줄 수 있는 열량을 될 수 있으면 적게 한다.
② 열량을 한 곳에 집중시키지 말아야 한다.
③ 홈의 형상이나 용접 순서 등을 사전에 잘 고려한다.
④ 용착 방법의 채택
⑤ 응력 제거 열처리
　　㉠ 피닝법 : 치핑 해머로 비드 표면을 연속적으로 가볍게 때려서 소성 변형시켜 잔류
　　　　응력을 경감시킨다.
　　㉡ 응력 제거 소둔법 : A1 변태점 이하에서 단시간(1~2시간) 유지하면 크리프(creep)
　　　　에 의한 소성 변형으로 잔류 응력이 소실된다.
　　㉢ 저온 응력 경감법 : 가스 화염으로 비교적 낮은 온도(150~200℃)로 가열한 후 곧
　　　　수냉하는 방법으로 주로 용접선 방향의 인장 응력을 완화한다.

Section 21 용접에서 열영향부 HAZ(Heat Affected Zone)

1 개요

용접 열영향부는 용접열에 의해 금속조직이나 성질의 변화를 받은 모재의 부분을 의미한다.

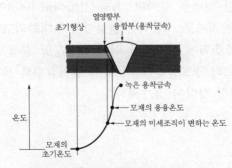

[그림 3-36] 용접 열영향부의 세부 특성

2 용접 열영향부의 세부 특성

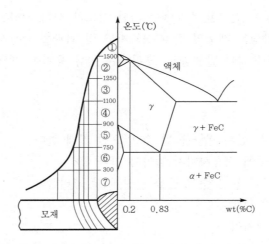

① **용착금속** : 완전하게 용융한 다음 응고한 부분이며, 수지상 결정조직이 되어 있다.

② **조립역** : 과열로 인하여 조질화된 부분으로, 경화되기 쉽고 균열 등이 생성된다.

③ **혼립역** : 조립과 세립의 중간이며 성질도 중간을 띤다.

④ **세립역** : 용접열에 의한 오스테나이트화 후 급랭으로 미세 마르텐사이트와 베이나이트 조직이다. 경도, 연성 및 인성이 양호하다.

⑤ **입상 펄라이트역(부분 변태역)** : 펄라이트만 변태 또는 구상화. 서냉 시에는 인성이 양호하지만 급랭일 때는 가끔 마르텐사이트가 발생되어 인성이 저하된다.

⑥ **취화역** : 열응력 및 석출에 의해 취화구역으로 현미경 조직상으로는 변화가 없다.

⑦ **모재부** : 열영향을 받지 않는 모재 부위를 의미한다.

3 기계적 특성

① 강의 열영향부는 본드(bond)에서 멀어짐에 따라 최고 가열온도가 낮아지며, 냉각속도가 늦어지므로 조직에 차가 나타나서 기계적 성질이 변화하며 본드는 HAZ에서 용접금속과 인접한 영역을 말하며, 용융선(fusion line)이라고도 한다.

② 본드부는 용융점 직하로 가열되어 결정립이 조대화되고 이에 충격인성이 저하됨과 동시에 용접 후 급랭되어 경화되기 쉬워 용접균열 발생 가능성이 높다.

③ 본드부에서 최고의 경도를 가지며 이후 멀어질수록 세립화가 되어 경도가 약해지며 인성 등의 기계적 성질이 양호해진다.

Section 22 용접할 때 보강 용접 살의 높이(mm)

1 개요

용접은 구조물을 결합하는 영구적인 방법으로 용접부의 결함 유무는 외관으로 판단하기 어려우며 비파괴검사법인 방사선시험으로 검사 시 용접부의 그 보강 용접살이 모재의 표면과 동일하여야 한다. 다만, 보강 용접살의 중앙에서 높이가 [표 3-1]을 적용할 때는 모재의 표면과 동일하지 않아도 된다.

2 용접할 때 보강 용접 살의 높이(mm)

용접부는 그 보강 용접 살은 다음 [표 3-1]의 수치 이상이어야 한다.

[표 3-1] 보강 용접살의 높이

모재의 두께(mm)	보강 용접 살의 높이(mm)
12 이하	1.5
12 초과 25 이하	2.5
25 초과	3.0

Section 23 고장력 볼트의 접합 종류 및 검사 방법

1 개요

고장력 볼트는 접합 부위의 소요강도 확보와 응력 상태가 타 접합공법보다 우수하여, 소음과 공해의 최소화방안으로 많이 사용되고 있다. 고장력 볼트 조임방법은 1차조임, 금매김, 본조임의 순서대로 하며, 표준 볼트장력을 얻을 수 있어야 한다.

2 고장력 볼트의 접합 종류 및 검사 방법

(1) 고장력 볼트의 접합 종류

1) 마찰접합

마찰접합은 고력볼트의 강력한 체결력에 의해 부재 간의 마찰력을 이용하는 접합형식으로 응력전달방법은 볼트축의 직각방향이므로 전단형 접합방법에 속하며, 따라서 마찰접합은 응력의 흐름이 원활하며 접합부의 강성이 높다. 볼트접합의 경우는 구멍 주변에 집중응력이 생기지만, 마찰접합은 부재의 접합면에서 응력이 전달되기 때문에 국부적인 응력집중현상이 생길 염려가 없다.

2) 인장접합

인장접합의 특징은 충분한 축력에 의하여 체결된 접합부에 인장외력이 작용할 때 부재 간 압축력과 인장력이 평형상태를 이루기 때문에 부가되는 축력은 미소하게 된다. 따라서 접합부의 변형은 극히 적고, 강성이 대단히 크며, 조립시공 시 편리한 경우가 있다.

3) 지압접합

볼트의 전단저항력과 볼트의 모재 간의 지압저항력에 의하여 응력을 전달한다.

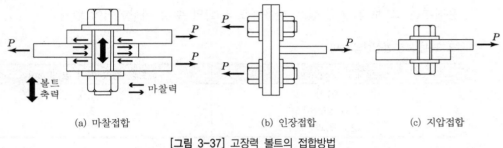

| (a) 마찰접합 | (b) 인장접합 | (c) 지압접합 |

[그림 3-37] 고장력 볼트의 접합방법

(2) 조임검사

1) Torque control법(torque 관리법)

① 본조임 완료 후 모든 볼트에 대해서 1차 조임 후에 표시한 금매김에 의해 너트의 회전량을 육안으로 검사한다.

② 너트의 회전량이 현저하게 차이가 나는 볼트군은 torque wrench를 사용하여 추가 조임에 따른 torque값의 적부를 검사한다.

③ 반입검사 때에 얻어진 평균 torque값의 ±10% 이내의 것을 합격으로 한다.

④ 평균 torque값 범위를 넘어서 조여진 볼트는 교체한다.

⑤ 조임을 잊어버리거나 조임부족이 인정된 볼트군은 볼트 검사 및 소요 torque값까지 추가로 조인다.

2) 너트 회전법

① 본조임 완료 후 모든 볼트에 대해서 1차 조임 후에 표시한 금매김에 의해 너트의 회전량을 육안으로 검사한다.

② 1차 조임 후, 2차 조임 시 너트의 회전량이 120±30°의 범위에 있는 것을 합격으로 한다.

③ 합격 범위를 넘어서 조여진 볼트는 교체한다.

④ 너트의 회전량이 부족한 너트는 소요 너트 회전량까지 추가로 조인다.

Section 24 용접 모양과 용접 기호 표시법

1 필릿 용접(1)

[표 3-2]

필릿(fillet)	기 호	◺	직각 2등변 삼각형을 그린다.
용접부	실 형		기호 표시
화살표쪽 또는 앞쪽			
화살표 반대쪽 또는 맞은편쪽			
양쪽			
다리 길이 6mm			
부등 다리인 경우, 작은 다리의 치수를 앞에, 큰 다리의 치수를 뒤에 그리고, 괄호로 묶는다. 이 경우, 부등 다리의 방향을 알 수 있도록 표시한다.			
용접 길이 500mm			

용접부	실 형	기호 표시
양쪽 다리 길이 6mm		
양쪽 다리 길이가 다른 경우		
한쪽 연속 용접 한쪽 단속 용접 양쪽 다리 길이 6mm 단속 용접 용접 길이 50mm 용접 수 3 피치 250mm		측면도에서는 표시되지 않는다.

② 필릿 용접(2)

[표 3-3]

필 릿	단 속	기 호	병 렬	$L(n)-P$	직각 2등변 삼각형에서 L(용접 길이), n(용접 수), P(피치)를 기입한다.
			지그재그	$L(n)-P$	양쪽 필릿이 같을 경우 기호를 사용해도 좋다.

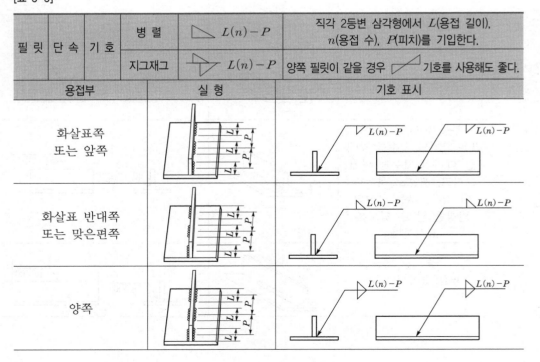

용접부	실 형	기호 표시
화살표쪽 또는 앞쪽		$L(n)-P$　　$L(n)-P$
화살표 반대쪽 또는 맞은편쪽		$L(n)-P$　　$L(n)-P$
양쪽		$L(n)-P$　　$L(n)-P$

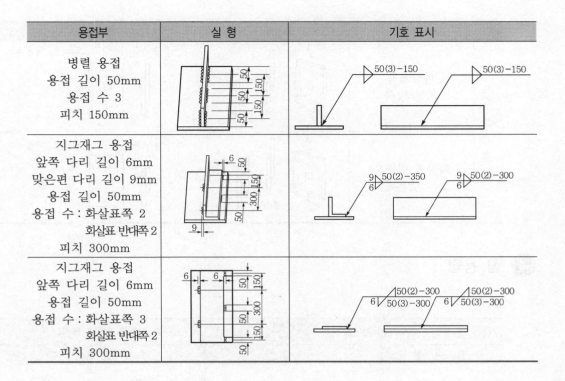

용접부	실 형	기호 표시
병렬 용접 용접 길이 50mm 용접 수 3 피치 150mm		▷50(3)-150 ▷50(3)-150
지그재그 용접 앞쪽 다리 길이 6mm 맞은편 다리 길이 9mm 용접 길이 50mm 용접 수 : 화살표쪽 2 　　　　화살표 반대쪽 2 피치 300mm		$\frac{9}{6}$▷50(2)-350 $\frac{9}{6}$▷50(2)-300
지그재그 용접 앞쪽 다리 길이 6mm 용접 길이 50mm 용접 수 : 화살표쪽 3 　　　　화살표 반대쪽 2 피치 300mm		6▷50(2)-300 6▷50(2)-300 6▷50(3)-300 6▷50(3)-300

❸ 점 용접과 프로젝션 용접

[표 3-4]

점, 프로젝션	기 호	✕	기선에 90°로 교차하는 직선을 그리고 이것과 45°로 교차하는 2개의 직선을 그린다.
용접부		**실 형**	**기호 표시**
점 용 접	화살표 쪽 또는 앞쪽에 면이 평탄한 전극을 사용하는 경우 피치 75mm 점수 2		✳(2)-75 ✳(2)-75
	화살표 반대쪽 또는 맞은편쪽에 평탄한 전극을 사용하는 경우 피치 25mm 점수 5		✳(5) ✳(5)-25

	용접부	실 형	기호 표시
프로젝션용접	화살표쪽 또는 앞쪽		프로젝션 용접 / 프로젝션 용접
	화살표 반대쪽 또는 맞은편쪽		프로젝션 용접 / 프로젝션 용접

❹ 심 용접

[표 3-5]

심	기 호	✳✳	스폿의 기호를 2개 나열한다.
용접부	**실 형**		**기호 표시**
심 용접			

❺ 용접부의 표면 모양

[표 3-6]

용접부의 표면 모양	평 탄	기 호	──	
	볼 록		⌒	
	오 목		⌣	
용접부	**실 형**			**기호 표시**
맞대기 용접, 필릿 용접의 표면 모양이 평탄한 경우				

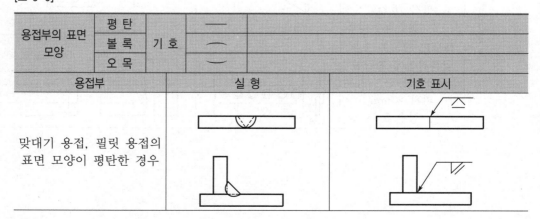

용접부	실 형	기호 표시
맞대기 용접, 필릿 용접의 표면 모양이 볼록한 경우		
필릿 용접의 표면 모양이 오목한 경우		

⑥ 용접부의 다듬질 기호

[표 3-7]

용접부의 다듬질 방법	치 핑	기 호	C	
	연 삭		G	그라인더 다듬질
	절 삭		M	기계 다듬
용접부	실 형		기호 표시	
맞대기 용접부를 치핑 다듬질하는 경우	이 부분을 치핑 다듬질			
부동 다리 필릿 용접물을 연삭 다듬질로 2mm 오목하게 하는 경우	이 부분을 연삭 다듬질		(12×20) G 오목 2	
원관의 맞대기 용접부를 절삭 다듬질하는 경우, 전체 둘레 용접이지만 보조 기호를 생략한 보기	이 부분을 절삭 다듬질		60 M	

Section 25 용접 구조 설계에서 파괴 손상의 종류와 파괴 원인

1 개요

구조물이 파괴되어 손상되었을 때 파괴 손상의 원인을 살펴보면 일반적으로 단순하지 않고 여러 원인들이 혼합되어 있는 것이 많다.

손상의 종류는 크게 3가지로 구분한다.

① 재료 불량

② 시공 불량

③ 설계 불량

2 용접 파괴의 종류 및 특성

(1) 취성 파괴

용접 부위가 저온, 충격 하중 또는 노치에 응력이 집중되기 때문에 파괴되는 현상으로 취성 파괴의 특징은 다음과 같다.

① 저온일수록 일어나기 쉽다.

② 파면은 보통 연성 파면과 다른 결정 모양의 벽 파단면을 나타내며, 파괴 방향은 거의 파면에 대하여 수직이고, 산맥 모양으로 나타난다.

③ 파괴가 발생하는 것은 구조상의 불연속부, 용접 균열, 용입 부족, 슬래그 혼입, 언더 컷 등의 용접 결함부, 가스 절단의 언저리, 아크 스트라이크에 의한 경화부 등의 재질상의 불균일에 의해서 생기는 일이 많다.

④ 항복점 이하의 낮은 응력에서도 신속하게 불안전 상태로 전파된다.

(2) 피로 파괴

재료가 반복 응력을 받았을 때 인장 강도 또는 항복점에 도달하지 않는 하중에서도 파괴되는 것을 피로 파괴라 하며, 이러한 피로 파괴는 특히 용접부의 불량과 같은 결함이 재료에 큰 영향을 미친다. 용접 이음은 용융 부분, 변질하는 부분을 통해 불연속성을 일으키기 쉬우므로 피로 한계는 모재보다 일반적으로 좋다.

납땜 중 연납땜과 경납땜

1 개요

납땜은 모재를 녹이지 않고 용재의 화학적 결합력과 물리적 점착력을 이용하여 금속을 용접하는 방법이다. 접합하고자 하는 금속보다 녹는점이 낮은 별도의 금속 또는 합금을 녹인 상태에서 모재의 금속과 알맞게 접합하는 것, 즉 납을 사용하여 이 납을 녹임으로써 모재의 금속편을 접합하는 조작을 말한다. 납땜은 낮은 온도(427℃)에서 녹는 납을 사용하는 연납땜(soldering)과 그 이상의 고온에서 녹는 재료인 인동납(BCuP₂), 은납, 양은납 등을 사용하는 경납땜으로 구분한다. 일반적으로는 연납땜을 납땜, 경납땜을 브레이징(brazing)으로 부른다. 보통의 철은 납땜이 어려우며, 납과 쉽게 결합할 수 있는 아연으로 도금된 함석이나 비금속판의 용접에 주로 사용한다.

2 연납땜(Soldering)과 경납땜(Brazing)

납땜은 접합하려고 하는 금속을 용융시키지 않고 이들 금속 사이에 모재보다 용융점이 낮은 땜납(solder)을 용융 첨가하여 접합하는 방법이다.

땜납의 대부분은 합금으로 되어 있으나 단재 금속도 사용된다. 땜납은 모재보다 용융점이 낮아야 하고, 표면장력이 적어 모재 표면에 잘 퍼지며 유동성이 좋아서 틈을 잘 메울 수 있는 것이어야 한다. 그 외에도 사용 목적에 따라 강인성, 내식성, 내마멸성, 전기 전도도, 색채 조화, 화학적 성질 등이 요구된다.

피접합 물질은 저용점의 금속부터 3,000℃ 이상의 용점을 가진 금속, 비금속 또는 반도체 등 여러 가지가 있으며, 땜납은 융점이 50~1,400℃ 정도의 것이 사용되고 있다. 납땜은 땜납의 융점이 450℃ 이하일 때 이를 연납땜(soldering)이라 하고, 450℃ 이상일 때 경납땜(brazing)이라고 한다. 미국에서는 융점이 427℃(800℉)를 한계로 한다. 일반적으로 용접용 땜납으로는 경납을 사용한다.

납땜은 분자 간의 흡인력에 의한 결합이므로 본드(bond) 결합이라고도 하며, 이 결합을 만족하게 하기 위하여 피접착 금속의 접착 표면을 깨끗이 하고 산화를 방지하며 불순물을 제거하기 위해 여러 가지 용제(flux)를 사용한다.

용접 열영향부(Heat Affected Zone)의 재질 개선 방법

❶ 개요

용접 열영향부(HAZ : Heat Affected Zone)는 용접부의 바깥쪽에 열영향부가 형성되며 용접 열에 의해 모재가 열처리를 받는 것과 같은 현상으로 HAZ는 용융점에서부터 광범위한 열 영향을 받는 곳으로 이로 인하여 내부적인 조직의 변화가 발생하여 재질을 개선할 필요가 있으며 관련된 인자인 용접입열, HAZ의 열 사이클, 예열, 전류응력 제거에 대해서 살펴본다.

❷ 용접 열영향부(Heat Affected Zone)의 재질 개선 방법

(1) 용접 입열

용접부에 외부로부터 가해지는 열량을 용접 입열이라 한다. 피복 아크 용접에 있어서 아크가 용접의 단위 길이 1cm당 발생하는 전기적 열에너지 H는 아크 전압 및 전류, 용접 속도에 의하여 다음과 같이 주어지며 실제로는 피복제가 분해하면서 발생하는 화학적인 열에너지가 가산된다.

$$H = \frac{60\sec/\min \times E[\text{V}] \times I[\text{A}]}{V[\text{cm}/\min]}$$

용접 입열이 충분하지 못하면 용융 불량, 용입 불량 등의 용접 결함뿐 아니라 심할 경우에는 모재가 녹지 않아 용접이 되지 않을 때도 있다. 즉 이 용접 입열의 몇 %가 모재에 흡수되는가 하는 비율을 아크의 열효율이라고 한다. 아크의 길이가 길면 에너지 손실이 많아져 열효율이 낮아진다. 모재에 흡수되는 열량은 용접 입열의 약 75~85%가 된다.

(2) 열영향부의 열 사이클

탄소강의 용접부는 용접 금속, 열영향부 및 열영향을 받지 않는 모재 부분으로 구성된다. 용접 금속은 한번 용융한 금속이 응고한 부분으로 주조 조직을 나타내며 모재와는 명확히 구별되며 용접 금속과 모재와의 경계를 본드(bond)라고 한다. 강에서는 본드 주변의 수 mm의 모재 부분은 마크로 부식에 의하여 모재로부터 식별될 수 있기 때문에 이것을 열영향부(HAZ : Heat Affected Zone)라고 한다. 이 부분은 거의 A_{c1}점 이상으로 가열되었기 때문에 현미경 조직과 기계적 성질이 현저히 변한 상태를 나타낸다. 용접 중 모재가 가열될 때 용접 금속에 접하는 모재의 각 점은 용착 금속으로부터 거리에 따라서 여러 가지 온도로 급열, 급랭하게 되는데 이와 같은 온도 변화를 열 사이클이라 한다.

[그림 3-38]은 열 사이클의 실제 예로서 두께 20mm인 연강판의 표면에 4mm의 피복 용접봉으로 긴 비드를 놓았을 때 각 점에 있어서의 열 사이클을 나타낸 것이다.

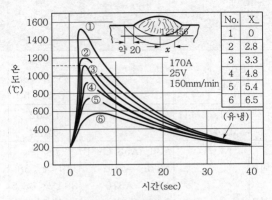

[그림 3-38] 아크 용접에 의한 열 사이클

최고 온도가 1,100℃인 곳은 불과 4초 정도의 짧은 시간에 1,100℃로 가열되고 600℃로 냉각되는 데는 12초 정도가 걸린다. 또한 4.8mm 지점까지는 800℃ 이상 온도까지 도달함을 볼 수 있다.

(3) 예열

예열의 목적은 용접부의 냉각 속도를 늦추어 열영향부의 경도를 낮추고 인성을 증가시킴과 동시에 수소의 방출을 용이하게 하여 저온 균열을 방지하는 데 있다. 또한 용접부의 기계적 성질을 향상시키고 경화 조직의 석출을 방지시키며 변형과 잔류 응력의 완화에도 큰 목적을 가진다. 예열은 도시가스, 산소-아세틸렌가스, 산소-프로판가스 등의 토치나 고정식 버너를 이용한다. 고탄소강, 저합금강, 주철 등과 같이 급랭에 의하여 경화하고 균열이 생기기 쉬운 재료는 재질에 따라서 50~350℃의 예열을 행한다.

연강에서도 판두께 25mm 이상에서는 0℃ 이하에서 용접하게 되면 저온 균열이 발생하기 쉬우므로 이음부의 양쪽에 약 100mm 폭을 50~75℃로 가열하는 것이 좋다. 예열의 온도 측정은 용접선에서 30~50mm 떨어진 곳을 온도 초크나 표면 온도계로 측정하는 것이 일반적이다.

[표 3-8]은 40K강에서 강도로교 및 미국의 ASTM, AWS의 시방서에 규정된 예열 온도 및 층간 유지 온도를 나타낸 것으로 저수소계 용접봉을 쓸 때는 예열 온도가 낮아도 됨을 알 수 있다.

[표 3-8] 40K강의 예열 및 층간 유지 온도

| 규격 | 적용강종 | | 후판 | 용접 방법 | |
	KS	ASTM		저수소계 이외의 용접봉을 이용한 피복 아크 용접	저수소계 용접봉을 이용한 피복 아크 용접
강도로교	SB41 SM41		$t<25$ $25\leq t<38$ $38\leq t\leq 50$	예열 안함 $45\sim60℃$ –	예열 안함 – $40\sim60℃$
	SB41, SM41 SMA41		$t<32$ $32\geq t$	예열 안함 $\geq50℃$	예열 안함 $\geq50℃$
AWS (미국 용접 학회) ASIC (미국 강구조 협회)		A36, A53 Gr B A375, A500 A501, A570 Gr D,E	$t\leq19$ $19<t\leq38$ $38<t\leq63.5$ $63.5<t$	예열 안함 $\geq65℃$ $\geq110℃$ $\geq150℃$	예열 안함 $\geq20℃$ $\geq65℃$ $\geq110℃$

(4) 용접부 잔류 응력 제거

잔류 응력의 일반적인 경감 방법은 다음과 같다.

① 응력 제거 어닐링 : 금속은 고온이 되면 항복점이 현저하게 감소되며, 항복점 이하에서도 응력을 걸어 방치하면 응력을 감소하는 방향으로 크리프하여 소성 변형이 생긴다. 즉 잔류 응력이 있는 용접물에서는 인장 응력 부분과 압축 응력 부분이 서로 당기고 있으므로 이것을 적당한 고온으로 유지하면 크리프에 대한 소성 변형으로 잔류 응력이 거의 소멸되게 된다.

[표 3-9]는 연강의 고온에서의 기계적 성질을 나타낸 것으로 약 550~650℃ 정도에서 항복점이 현저하게 저하되는 것을 알 수 있다.

[표 3-9] 연강의 고온에서의 기계적 성질

온도(℃)	항복점(kgf/mm²)	인장 강도(kgf/mm²)	연신율(%)
20	27.4	42.1	48
150	25.6	47.1	28
260	22.5	47.4	29
370	18.2	41.8	36
480	13.7	28.8	45
590	8.8	14.8	57
700	4.2	7.2	69

[그림 3-39]는 0.24% 9mm의 탄소강 환봉의 양단에 일정한 인장 응력을 가한 후 각각 550, 650, 750℃에서 유지 시간을 변화시켜 이때 응력이 완화되는 현상을 나타낸

것으로 유지 시간이 길면 길수록 응력이 급속히 감소하는 현상을 볼 수 있다. 즉, 최초의 응력이 반감하기까지의 시간은 550℃의 경우는 약 75분, 650℃에서는 약 12분, 750℃에서는 약 3분 정도 유지하면 된다. 탄소강의 응력 제거 어닐링 온도와 유지 시간은 [표 3-10]과 같다.

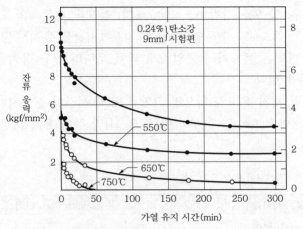

[그림 3-39] 연강봉의 응력 완화에 미치는 온도와 유지 시간과의 관계

[표 3-10] 탄소강의 응력 제거 어닐링 온도와 유지 시간

탄소강	온도(℃)	유지 시간(h) (판두께 25mm당)
C 0.35% 이하, 19mm 미만	보통 응력 제거 불필요	
C 0.35% 이하, 19mm 미만	590~680	1
C 0.35% 이하, 19mm 미만	보통 응력 제거 불필요	
C 0.35% 이하, 19mm 미만	590~680	1
저온 사용 목적의 특수 킬드강	590~680	1

② **노내 응력제거법** : 용접물 전체를 노내에 넣는 것을 원칙으로 한다. 용접물의 노내 출입 온도는 300℃를 넘어서는 안 되며 300℃ 이상의 온도에서 가열 또는 냉각할 때의 속도 R[℃/h]은 다음 식을 만족시켜야 한다.

$$R \leq 200 \times \frac{25}{t}[℃/h]$$

여기서 t[mm]는 가열부의 용접 최대 두께를 의미한다. 만약 25mm의 두께일 때는 1시간당 200℃보다 낮은 속도로 가열하거나 냉각해야 한다는 것이다. 제품에 따라서는 온도를 많이 높일 수 없는 때가 있는데 이럴 때에는 유지 시간을 길게 하면 된다. 판두께가 25mm인 탄소강의 경우에는 일단 600℃로 가열 후 10℃ 내리는 데 20분씩 길게 잡으면 된다. 일반 구조용 압연 강재 및 용접 구조용 압연 강재의 경우 노내 및 국부 어닐링 시 유지 온도는 625±25℃, 유지 시간은 두께 25mm에 대하여 1시간으로 하고 있다.

③ **국부 응력 제거법** : 제품이 너무 크거나 노내에 넣을 수 없는 대형 용접 구조물은 노내 어닐링을 할 수 없으므로 용접부 주위를 가열하여 응력을 제거한다. 이 방법은 용접 선의 좌우 양측을 각각 약 250mm의 범위나 판두께의 12배 이상의 범위까지를 625±25℃ 온도로, 판두께 25mm인 경우 1시간을 유지시킨 후 서냉하는 것이다. 그 러나 이 방법은 온도가 불균일하게 되어 오히려 잔류 응력을 유발할 수가 있으므로 주의하여야 한다.

한편, 응력 제거 온도가 낮으면 그만큼 유지 시간이 길어져야 하는데, 미국의 ASME 의 규정 등에서 탄소강에 대하여 [표 3-11]과 같이 유지 시간을 연장하도록 규정하고 있다.

[표 3-11] 탄소강에서의 연장 유지 시간

유지 시간(℃)	두께 25mm에 대하여 필요한 유지 시간(h)
600	1
570	2
540	3
510	4

④ **저온 응력 완화법** : [그림 3-40]과 같이 용접선의 양측을 정속도로 이동하는 가스 불꽃 에 의해 폭 약 150mm에 걸쳐 150~200℃로 가열한 후 즉시 수냉함으로써 용접선 방 향의 인장 응력을 완화시키는 방법이다. 이 방법은 미국의 린데사에서 연구한 것으로 린데법이라고도 한다.

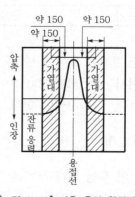

[그림 3-40] 저온 응력 완화법

⑤ **피닝법** : 용접부를 구면상의 선단을 갖는 특수한 피닝 해머로 연속적으로 타격하여 표

면층에 소성 변형을 주는 조작이라고 할 수 있으며 용착 금속부의 인장 응력을 연화시키는 데 효과가 있다.

피닝은 잔류 응력의 완화 이외에 용접 변형의 경감이나 용착 금속의 균열 방지 등을 위해서도 가끔 쓰인다. 잔류 응력을 완화시키는 데에는 고온에서 하는 것보다 실온으로 냉각한 다음에 하는 것이 효과적이며, 다층 용접에서는 최종 층에만 하면 충분하다. 또한 잔류 응력 제거의 목적에서 보면 피닝을 용착 금속 부분뿐만 아니라 그 좌우의 모재 부분에도 어느 정도(폭 약 50mm) 하는 것이 효과적이다. 그러나 피닝의 효과는 표면 근처밖에 미치지는 못해 판 두께가 두꺼운 것은 내부 응력이 완화되기 힘들며, 용접부를 가공 경화시켜 연성을 해치는 결점이 있다.

한편, 피닝은 용착 금속에 균열이 있을 경우에는 오히려 균열을 예리하게 확대시키는 결과를 가져올 수 있으므로 함부로 적용되어서는 곤란하다는 의견도 있다.

Section 28 용접 구조물의 피로 강도를 향상시키기 위해서 취할 수 있는 방법

1 개요

용접 구조물은 건설 분야에서 가장 많이 사용하는 결합 방법이며 강도와 결합력에 대해서 볼트와 너트, 리벳과는 많은 차이를 보여준다. 또한, 용접은 재료를 절약하며 현장의 여건에 능동적으로 대처하여 작업의 효율성을 부여하므로 많이 적용하고 있다. 그렇지만 강력한 빛이 발생하기 때문에 안전에 대한 충분한 교육과 안전용구를 갖추고 작업해야 한다.

2 용접 구조물의 피로 강도의 향상 방법

① 냉간 가공 또는 야금적 변태 등에 따라 기계적인 강도를 높인다.
② 표면 가공 또는 표면 처리, 다듬질 등에 의한 단면이 급변하는 부분을 피한다.
③ 열 또는 기계적 방법으로 잔류 응력을 완화시킨다.
④ 가능한 응력 집중부에는 용접 이음부를 설계하지 않는다.
⑤ 국부 항복법 등에 의하여 외력과 반대 방향 부호의 응력을 잔류시킨다.
⑥ 덧붙이 크기를 가능한 최소화시킨다.
⑦ 뒷면 용접으로 완전 용입이 되도록 한다.
⑧ 용접 결함이 없는 완전 용입이 되도록 한다.

Section 29

용접부에서 저온 균열의 원인과 방지 대책

① 저온 균열의 특징

용접 작업 후 실온 근처로 냉각된 뒤에 시간의 경과에 따라 발생하는 균열로서, 다음과 같은 특징을 나타낸다.

① 200℃ 이하의 저온에서 발생한다.

② 주로 철강 재료의 용접 금속 및 HAZ의 경화부에서 발생한다.

③ 저강도강의 경우 주로 HAZ에서 발생하나 고강도강일수록 용접 금속에서의 발생 빈도가 증가한다.

이러한 저온 균열은 용접부의 확산성 수소량, 구속 응력의 크기, 조직의 강도(경화도)에 크게 의존하며 이 중 한 가지 이상이 억제되면 균열의 발생이 억제된다.

② 발생 기구에 따른 종류

① 수소 농도와 구속 응력에 의한 지연 균열(delayed cracking)형 저온 균열

② 냉각 중 발생하는 조직의 경화와 변태 응력에 의한 담금질 균열(quenching cracking)형 저온 균열

[그림 3-41]은 저온 균열의 발생 위치 및 균열의 형태를 나타낸 그림으로, 거의 모든 위치에 다양한 형태로 발생함을 알 수 있다.

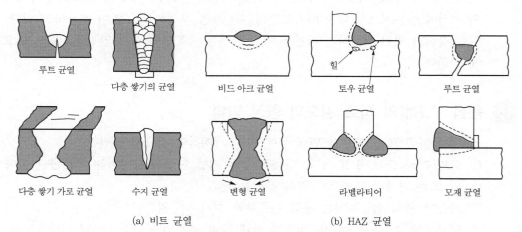

루트 균열 다층 쌓기의 균열 비드 아크 균열 토우 균열 루트 균열

힐

다층 쌓기 가로 균열 수지 균열 변형 균열 라멜라티어 모재 균열

(a) 비트 균열   (b) HAZ 균열

[그림 3-41] 저온 균열의 발생 위치 및 형태

③ 지연균열(Delayed cracking)형 저온 균열

(1) 지연균열(Delayed cracking)형 저온 균열의 특징

잔류 응력과 확산성 수소 농도에 민감한 지연균열(Delayed cracking)형 저온 균열의 특징은 다음과 같다.

① 실온 부근의 온도(약 200℃ 이하)로 냉각한 후에 주로 발생한다.

② 용접 후 일정 시간이 경과한 후에 발생하며, 발생 시간은 구속 응력에 반비례하여 구속이 큰 경우 균열 발생 시간이 짧게 걸린다.

③ 저·중합금 고장력강의 HAZ 경화부에서 주로 발생하나 용접 금속에서도 일부 발생한다.

④ 이러한 지연균열(Delayed cracking)형 균열이 저온 균열의 대부분을 차지한다.

⑤ 균열 발생의 지배 요인은 소재의 강도로서, 용접부의 강도, 경화능이 클수록 발생하기 쉬우며, 용접 금속 중의 확산성 수소 농도에 민감하고 구속된 용접부의 루트부 등 응력 집중부에서 발생하기 쉽다.

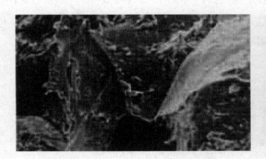
(a) HT50강의 HAZ 균열 입계 파면

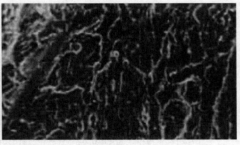
(b) (a)의 입내 파면

(c) HY130의 HAZ의 균열 입계 파면

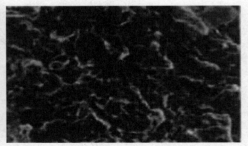
(d) (c)의 입내 파면

[그림 3-42] HT50강의 HAZ 및 HY130 용접 금속의 균열 입계·입내 파면

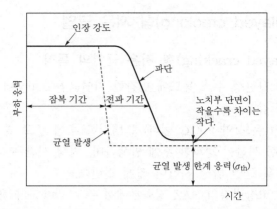

[그림 3-43] 수소를 첨가한 강의 노치 시험편에 일정 응력을 부가한 경우의 지연 파괴

(2) 저온 균열 감수성 지수

저온 균열은 국부 응력, 국부 수소 농도 및 그 부분의 금속 조직에 의존하므로 이러한 인자를 고려한 여러 가지 저온 균열 감수성 평가 지수가 제안되었다. 그 중 한 가지 예가 다음과 같고 식으로부터 탄소당량(P_{cm})이 높을수록, 확산성 수소량이 많을수록, 피용접재의 두께가 두꺼워 냉각 속도가 빨라질수록 P_w값이 증가함을 알 수 있다.

$$P_w = P_{cm} + \frac{HD}{54} + \frac{h}{600}$$

$$\left(단, \ P_{cm} = C + \frac{Si}{30} + \frac{Mn}{20} + \frac{Cu}{20} + \frac{Ni}{60} + \frac{Cr}{20} + \frac{Mo}{15} + \frac{V}{10} + 5B \right)$$

여기서, HD : 확산성 수소량(ml/100gr), h : 피용접재의 판두께(mm)

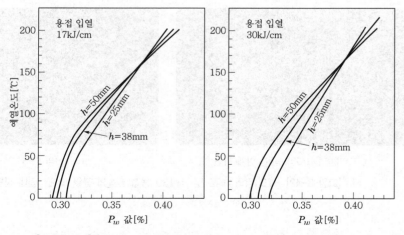

[그림 3-44] 일본 강구조협회 용접 균열 연구반 보고서에 의한 인용 그림

앞의 [그림 3-44]는 저온 균열을 방지하기 위한 최저 예열 온도 추정 곡선으로서, P_w 값의 증가에 따라 균열 방지를 위한 높은 예열 온도가 요구되며, 동일한 P_w값일 경우 두께가 두꺼울수록, 용접 입열량이 작을수록 용접부의 냉각 속도가 빨라져 균열의 발생 감수성이 증가하므로 더욱 높은 예열 온도가 요구됨을 알 수 있다.

A (mm)	h_o (mm)	b (mm)	각 패스마다의 $\sum A \Delta t$[cm]
55	6.8	10	0.066
100		14	0.060

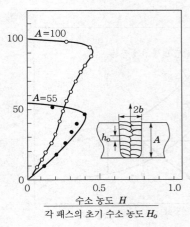

(a) 두꺼운 강관의 연속 다층 용접에 의한 용접 금속관의 두께 방향의 수소 농도 분포 $2\frac{1}{2}$ Cr-1Mo 강의 SWA (용접 입열 40kJ/cm, 예열 패스간 온도 200℃)에서 최종 패스 용접 후 200℃로 냉각할 때 급랭하여 측정

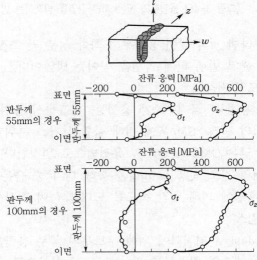

(b) 매우 두꺼운 강관($2\frac{1}{2}$ Cr-1Mo 강)의 다층 용접에 의한 용접부의 잔류 응력

[그림 3-45] 2.25Cr-1Mo 후판강 연속 다층 용접법에 의한 용접부 단면의 수소 농도 분포와 잔류 응력 분포

(3) 균열 방지 방안

① 기본적인 접근 방법 : 저온 균열 발생의 3대 요소인 용접부 강도, 확산성 수소 농도 및 구속 응력 중 한 가지 이상을 저감시킴으로써 발생을 효과적으로 억제할 수 있다. 예로서 [그림 3-46]과 같이 용접부 상태가 국부 구속 응력과 수소 농도값이 균열 발생 한계 곡선인 A선 위쪽에 위치한 P점일 경우 균열이 발생하게 된다. 이의 방지 수단으로 다음 세 가지가 있다.

㉠ 그림의 화살표 ①과 같이 국부 수소 농도를 낮추는 방법이 있다.

㉡ 국부 구속 응력을 ②와 같이 줄이는 방법이 있다. ②'는 이 두 가지를 동시에 적용하는 경우이다.

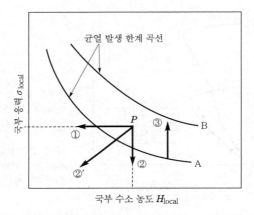

[그림 3-46] 용접부의 저온 지연 균열을 방지하는 방법의 모식도

㉢ ③으로 나타낸 것과 같이 용접부의 화학 성분 및 조직을 변경시켜 균열 민감도를 변화시켜 균열 발생 한계 곡선을 높이는 방안이다.

② 국부 수소 농도의 저감

㉠ 저수소계 용접봉, 극저수소계 용접봉, 난흡습성 용접봉에 사용한다.

㉡ 용접 방법의 변경 : SMAW에 비해 불활성 가스 분위기하에서 용접함으로써 흡장 수소량이 낮은 GMAW, GTAW 용접법으로 변경한다.

㉢ 용접 자재의 건조 및 Cleaning을 통해 대기 중 습분의 흡착을 억제한다.

㉣ 예열 및 후열에 의해 냉각 속도를 느리게 하여 확산성 수소를 방출시킨다.

③ 국부 응력의 감소

㉠ Welding design 최적화에 의해 루트부의 국부 응력을 저감시킨다.

㉡ 응력 집중 계수의 최소화를 위한 Groove 형상으로 설계하여야 한다.

㉢ 저강도 용접 재료의 채용 : 모재보다 강도 레벨이 약간 낮은 용접 재료를 사용하면 다른 조건이 같더라도 용접 루트부의 국부 구속 응력과 국부 수소 농도가 동시에 감소한다.

④ 균열 감수성이 낮은 재료의 선택

㉠ 균열 발생 한계 곡선의 높이는 균열 발생점의 금속 조직에 의해 결정된다. 따라서 탄소당량이 낮은 강종일수록 균열 발생 한계 곡선이 높아져 저온 균열 저항성이 높아진다.

㉡ 조질 고장력강에서 주로 사용되는 탄소 당량식은 다음과 같다.

$$P_{CM}[\%] = C + \frac{Si}{30} + \frac{Mn}{20} + \frac{Cu}{20} + \frac{Ni}{60}$$

④ 담금질 균열(Quenching crack)형 저온 균열

(1) 담금질 균열(Quenching crack)형 저온 균열의 특징

중 · 고 탄소강이나 그 합금강을 용접하는 경우, 냉각 도중 약 100℃ 전후에서 마텐자이트 변태에 의한 균열이 발생하는 경우가 있다. 이것을 Quenching crack형 저온 균열이라 한다. 이러한 균열의 특징은 다음과 같다.

① 수소와 무관하며 Quenching crack과 유사한 형태의 균열이다.

② 중 · 고 탄소강, 중 · 고 탄소합금강의 HAZ 조립역에서 주로 발생한다.

③ 용접 후 냉각 시 마텐자이트 변태 직후 발생하며, 변태에 의한 체적 변화에 따른 내부 응력에 기인한다.

④ [그림 3-47]에서와 같이 구 오스테나이트 입계를 따른 명료한 입계 파괴 형태를 나타낸다.

⑤ P 등 불순물에 의한 구 오스테나이트 입계 취화와 입내 경화에 기인한다.

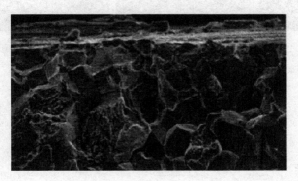

[그림 3-47] Quenching crack형 저온 균열의 파면(SNCM 8강)

(2) 담금질형 저온 균열의 방지책

① Ms점 이상으로 예열을 실시하고 가열 냉각 속도를 느리게 한다.

② 용접 직후에 후열을 실시한다.

③ 구속을 낮게 한다.

④ 저강도의 용접봉을 사용한다.

⑤ 수소량이 적은 용접봉을 사용한다.

5 라멜라 티어링(Lamellar tearing)

(1) 라멜라 티어링(Lamellar tearing)의 특징

① 후판의 판두께 방향으로 구속이 걸리는 다층 용접 시 주로 발생한다.

② 압연면에 평행하게 계단상으로 균열이 발생하며 그림과 같이 평행부(terrace)와 수직부(wall)로 구성되어 있다.

③ 모재(열연 강판) 제조 시의 압연에 의해 연신된 MnS계 개재물에 의해 조장된다.

(2) 방지책

① 모재의 S 함량을 감소하여 층상의 MnS 생성을 억제한다.

② 판두께 방향의 구속도가 최소가 되게 그림과 같이 용접 개선 및 시공 용접 설계를 한다.

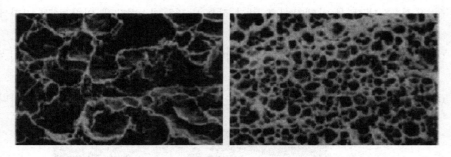

(a) 테라스부의 MnS의 개재물   (b) 철부의 딤플

[그림 3-48] 라멜라 티어링의 특징

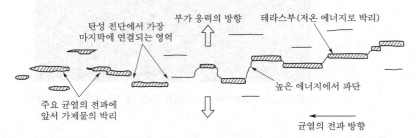

[그림 3-49] 라멜라 티어링(Lamellar tearing)의 발생 과정 모식도와 파면

Section 30 용접 이음에서 충격 강도와 피로 강도

① 용접 결함이 용접 강도에 미치는 영향

용접 결함에는 구조상 결함과 치수상 결함, 성질상 결함으로 나눌 수 있는데 구조상 결함에는 기공(porosity), 슬래그 섞임(slag inclusion), 융합 불량(lack of fusion), 용입 불량(lack of penetration), 언더컷(under cut), 오버랩(over lap), 균열(crack) 등이 있으며, 이들 결함이 용접 강도에 미치는 영향은 그 형태에 따라 크게 달라진다([그림 3-50] 참조).

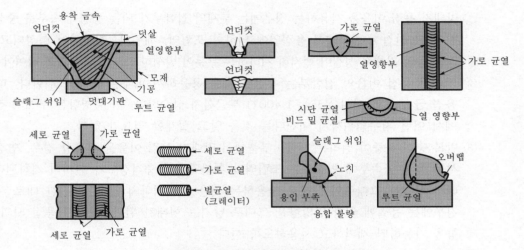

[그림 3-50] 용접부의 각종 용접 결함의 종류

일반적으로 언더컷이나 기공은 용접부 강도에 미치는 영향은 작지만 그 양이 많아지면 강도를 크게 저하시킨다. 균열은 용접 이음 강도를 현저하게 저하시킨다. 용접부의 결함은 피로 강도, 충격 강도, 인장 강도의 순으로 영향이 크다. 용접 결함부는 다른 부분에 비해 단면 변화나 결함의 영향으로 응력 집중 현상이 크기 때문이며, 응력 집중률이 커지면 평균 응력(σ_n)이 낮아도 최대 공칭 응력(σ_{max})이 높아지기 때문에 구조물에서는 위험하다.

여기서 응력 집중이란 용접부의 결함, 기계 부품의 홈 및 구멍과 같은 모양의 변화가 있으면 [그림 3-51]과 같이 그 부분에서 국부적으로 응력이 증가하는 현상이다. 결함의 크기는 1~5급으로 분류하는데 1급은 결함이 없는 것이고, 5급은 결함이 많음을 뜻한다. 피로 강도에서 2급 이하의 결함이 되면 나쁜 영향이 나타나며, 1~3급은 결함이 없거나, 적은 기공 또는 슬래그 섞임이 있으며, 4급 이하에서는 용입 부족, 융합 불량, 균열 등이 포함된다.

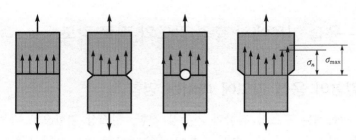

[그림 3-51] 단면 변화와 응력 집중

② 용접 이음의 열영향과 충격 강도의 관계

① 맞대기 용접 이음을 사용하는 경우에는 부재의 접합부가 되는 용접 금속부를 중심으로 하여 그 인접 주변부에서 용접열에 의하여 조립역, 세립역, 취화역이 형성되고 충격 강도 등의 기계적 성질이 현저히 저하하는 부분이 발생하므로 대응 설계를 하여야 한다.

② 맞대기 용접 이음의 접합부는 용접 금속을 용융하여 메우는 형태를 취한다. 따라서 용접 금속 용입 시의 온도는 1,400℃ 부근까지 상승한다. 이 열영향은 부재의 접합부에서 어떤 치수범위까지 미친다는 것을 알고 설계할 필요가 있다.

③ 반복 충격 하중이 걸리는 제품·부품에서 맞대기 용접 이음을 사용할 경우, 연강재에서는 용접 금속부에 인접하는 조립역과 취화역에서 충격강도가 현저히 저하된다. 따라서 용접한 그대로의 상태로 사용하는 것은 바람직하지 않다. 용접한 대로 사용할 경우에는 용접에 의한 열영향을 그대로 남기는 형태가 된다. 따라서 용접 시의 열영향을 가능하면 제거하고 사용하도록 한다.

④ 용접 시의 열영향을 제거하는 통상적인 방법으로서는 용접 후 풀림 처리를 하여 조립역과 취화역의 기계적 성질 저하 부분을 개선한 다음 사용하는 것이 바람직하다.

③ 플랜지 용접 접합 부분의 응력 집중 방지

① 필렛 용접에 한하지 않고 맞대기 용접·에너지 용접에서도 용접부 주변에는 반드시 열영향부가 생기게 마련이다. 나중에 풀림에 의한 용접 시의 잔류 응력 제거와 용접에 의한 부재의 조직 변질부에 대한 개질을 제대로 하지 않으면 피로 강도나 충격 강도 등 기계적 성질이 저하하거나 취화역 부분에 응력이 집중하여 균열 발생에 의한 파손사고 등의 트러블로 이어진다.

② 용접 구조물의 리브와 플랜지의 하중별로 대응하는 가장 좋은 배치와 용접법은 리브와 플랜지를 가급적이면 일부분에 집중시키지 않도록 한다. 일부분으로의 집중을 피하는 것은 하중에 따른 응력의 집중을 피하는 것이 목적이다. 또, 동시에 리브 용접에 수반하는 잔류 응력의 집중을 피한다는 의미도 포함되어 있다. 한편, 리브의 집중 개

소에 있어서의 잔류 내부 응력을 분산시키기 위해서는 용접 후에 풀림 처리를 할 필요가 있다.

④ 용접 후 표면 다듬질과 피로 방지

① 용접 구조물의 설계에서는 구조체의 측면에 함부로 부속품을 용접·고정해서는 안 된다. 구조체의 측면에 부속품을 용접·고정하면 부속품 부분에 직접 하중이 걸리지 않더라도 구조체의 피로 강도가 극단적으로 저하되는 현상을 나타내기 때문이다.

② 부득이하게 부속품을 용접·고정하지 않을 수 없을 때는 용접 후 전체를 다듬질 가공하면 어느 정도 피로 강도의 저하를 억제할 수 있다. 따라서 어쩔 수 없이 구조체 측면에 부속품 설치를 용접으로 할 경우에는 용접 후 구조체 전체를 다듬질 가공하여 용접 비드부가 그대로 표면에 노출되지 않도록 할 필요가 있다. 부속품을 용접·고정하더라도 용접 후에 다듬질 가공을 확실하게 하면 피로 강도의 저하를 60% 정도로 억제할 수 있다.

③ 구조체의 측면에 부속품을 용접·고정할 때에는 원칙적으로 용접 후 다듬질 가공을 하는 설계로 하는 것이 중요하다. 또한, 가능하다면 구조체의 측면에는 부속품을 용접·고정하지 않는 설계로 하는 것이 바람직하다.

Section 31 산소, 질소, 수소가 용접부에 미치는 영향

① 개요

공기(체적비)는 산소(21%), 질소(78%), 아르곤(0.94%), 탄산가스 이외 가스(0.06%)로 이루어져 있으며, 공기 중의 모든 원소 중 산소, 질소, 수소는 용접부에 침투하여 악영향을 미친다.

② 산소, 질소, 수소가 용접부에 미치는 영향

(1) 산소

용접 시 산소는 금속 또는 합금속의 다른 원소와 아주 잘 화합하여 산화물이나 가스를 형성하는데 이를 방지하기 위하여 망간, 규소와 같은 탈산제를 이용하여 용접부에 침투한 산소와 화합하여 가벼운 슬래그를 형성하고 용접 비드 위에 뜨게 하며 탈산제가 없을 경우 산소가 철과 결합하여 산화물을 생성, 용착 금속에 혼입되면 용접부의 기계적 성질을 저하시키고, 철과 결합하지 않은 산소는 냉각 중 합금 원소 탄소와 화합하여 일산화 탄소를 생성하여 용착금속에 함유되어 기공이나 동공을 발생시킨다.

(2) 질소

강을 용접할 때 용접부에 침투 시 취화의 원인 중 하나가 되며, 취화는 용접 금속의 기계적 성질인 연성과 인성이 저하하는 형상을 말한다. 취화된 강은 강도와 경도가 크고 충격에 약하여 구조물로 사용하기 어렵다.

융융철에서 비교적 많은 양의 질소가 녹지만, 상온에서 철 속의 질소 용해도가 아주 저조해 융융금속 중에 다량 용해되어 있는 질소는 냉각 중 질화철의 형태로 석출된다.

이러한 질화철은 항복강도, 인장강도, 경도를 증가시키지만, 강의 연성과 충격 저항을 현저히 감소시키는데, 연성의 감소로 용접 금속 내 또는 인접 부위에 크랙이 용접부 성질에 악영향을 미치며, 용착 금속 내 침투 시 다량의 기공을 형성하기도 한다.

(3) 수소

용접부에 미량의 수소가 침투할 경우 아크가 불규칙해지는 정도이지만 융융금속이 응고할 때 수소를 방출하게 되는데 응고되는 용착 금속 내에 들어가 일부 부위에 모이며 압력과 응력이 발생하게 된다. 압력과 응력으로 인하여 크랙이 발생하여 큰 결함을 초래할 수 있다. 또한, 수소는 또한 은점이나 비드 밑 균열을 발생시킨다.

Section 32

피복아크용접, 가스텅스텐아크용접, 가스금속아크용접, 서브머지드아크용접

❶ 금속 아크 용접법(SMAW : Shielded Metal Arc Welding)

모재와 금속 전극과의 사이에 아크를 발생시켜 그 용접열로 전극과 모재를 융융하여 용착금속을 형성하는 방법으로 교류(AC)와 직류(DC)가 있으나 현재는 주로 교류가 많이 쓰인다.

❷ 서브머지드 용접(SAW : Submerged Arc Welding)

유니언 멜트(union melt)라 부르며, 자동 용접의 일종으로서 용접하기 전에 용접할 부분에 가루용제(composition)를 뿌리고 그 속에서 아크를 발생시켜 용접을 행하는 용접법 때문에 잠호 용접이라고도 한다. 일반 용접 외에 선박, 강관, 압력탱크, 차량 등의 용접에 널리 사용되고 있다([그림 3-52] 참조).

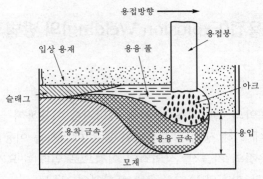

[그림 3-52] 서브머지드 아크 용접

③ 불활성 가스 아크 용접(Shielded inert gas arc welding)

아르곤(Ar) 또는 헬륨(He) 등의 불활성 가스 분위기 속에서 아크를 발생시켜 용접하는 방법을 말한다. 용접부의 산화방지 및 아크가 집중·안정되므로 균일한 용접이 되며 용제를 사용치 않는 것이 특징이다.

(1) TIG 용접(Tungsten Inert Gas)

전극이 텅스텐으로 되어 있으며 전극은 아크만 발생시키므로 피복하지 않은 와이어 (wire) 상태의 용접봉을 별도로 사용한다([그림 3-53] 참조).

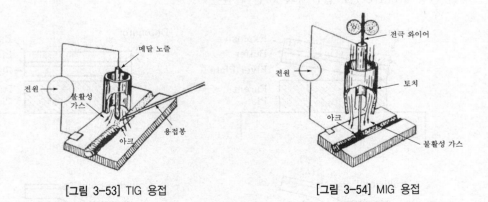

[그림 3-53] TIG 용접　　　　[그림 3-54] MIG 용접

(2) MIG 용접(Metal Inert Gas)

코일 상태의 와이어가 전극과 용접봉을 겸하고 있어 용접봉이 필요치 않다([그림 3-54] 참조).

Section 33 폭발용접(Explosion Welding)의 방법과 특징

1 개요

폭발용접은 화약의 폭발에 의한 충격 에너지를 이용하여 금속을 접합시키는 방법으로서 화약의 폭발에 의해 생기는 순간적인 높은 에너지를 이용하는 접합법이다. 1944년에 처음으로 폭발용접의 기술적, 상업적인 이점으로 인해 수요가 증가하고 있는 실정이다. 적용 예는 거대한 판재의 cladding을 포함하여 cladding nozzle, tube와 tubeplate의 접합, pipe와 pipe의 접합 등에 사용되고 있다.

2 폭발용접(Explosion Welding)의 방법과 특징

(1) 방법

폭발접합은 폭약의 폭발로 발생되는 순간적인 높은 충격에너지를 이용하여 금속을 접합시키는 고상접합(soild state welding)방법의 일종이다. 이 방법의 접합시공 요령은 [그림 3-55]에 나타내면 경사법(inclined arrangement)과 평행법(paralled arrangement)이 있다. 모재(parent plate)와 접합재(flyer plate)를 anvil위에 일정한 간격(stand off) 또는 일정한 각도를 유지하도록 설치하고 폭약의 폭발로부터 접합재의 표면을 보호하기 위하여 완충재(buffer)을 접합재의 표면에 덮는다.

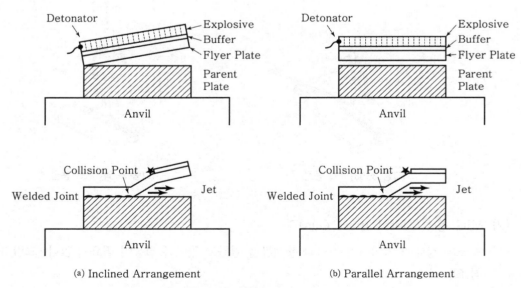

(a) Inclined Arrangement　　(b) Parallel Arrangement

[그림 3-55] 폭발용접의 정렬

그리고 그 위에 적당량의 폭약을 도포한 다음 그 일단에 설치된 뇌관으로 기폭하여 화약을 폭발시키면 접합재가 일정한 각도로 모재에 고속으로 충돌함으로써 모재 표면에서 접합이 이루어지게 된다. 폭발접합의 원리는 폭약의 폭발로 접합재와 모재 사이에서 발생한 jet에 의해 접합표면에 존재하는 오염층이 제거되어 접합에 필요한 표면이 얻어지고 동시에 폭약의 폭발 시 생긴 높은 폭발압력에 의해 접합되기 때문에 폭발접합을 위해서는 금속젯(metal jet)의 발생은 필수적이다.

(2) 폭발압접의 특징

종래의 용접법으로는 용접이 곤란하거나 불가능한 것으로 생각되었던 이종 금속에 대해서는 적용이 가능하고, 용접에 의한 열 영향을 받지 않으며 용접 속도가 대단히 빠르다는 장점이 있다. 또한 용접의 차이가 커서 접합이 곤란한 금속을 폭발용접하면 이음부는 충분한 강도를 가지면서 용이하게 접합할 수 있는 것이 큰 특징이다. 대부분의 금속은 폭발용접이 가능하지만 폭발의 충격에 의해서 균열이 발생되기 쉽고 주철과 같이 취약한 금속 및 Mg을 함유한 알루미늄 합금(순 알루미늄과는 접합 가능함) 등은 이 용접법을 사용하기는 곤란하다. 시공상의 특징으로는 특별한 기계 장치가 필요하지 않고 모재가 판재 혹은 파이프상이면 모재 두께에 제한 받지 않고, 어떠한 형태와도 가능하기 때문에 다품종, 소량생산이 가능하다. 한편 접합 시에 화약을 사용하기 때문에 취급에 있어서 주의를 요하고 큰 폭발음 때문에 용접장소의 제한을 받는다.

Section 34 마찰용접법(friction welding)에 대한 설명과 장점

1 개요

마찰용접(friction welding)은 용접하고자 하는 두 재료를 마찰용접기에 물려 한쪽은 고정시켜두고 다른 한쪽을 고속으로 회전, 마찰시켜 발생된 열로 접촉면 및 주위를 연화시켜 마찰용접 온도에 도달하면 상대 운동을 정지시킨 후 단조 가압하여 2개의 재료를 접합시키는 고상 용접법이다. 상대 운동이 발생하는 속도와 공작물에 가해지는 압력은 두 금속 부품을 접합하는 데 필요한 열의 크기에 따라 달라진다. 일반적인 steel의 경우 900~1,300℃에 도달했을 때 마찰용접을 진행한다.

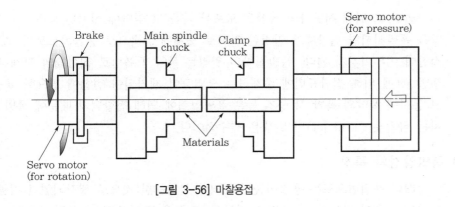

[그림 3-56] 마찰용접

② 마찰용접법에 대한 설명과 장점

(1) 마찰용접의 특징

[그림 3-57] 마찰용접의 원리

① 마찰 열원만으로 두 소재의 심부에서부터 외경까지 완전 접합이다.

② 이종금속외 비철금속의 이종재 접합이 가능하다.

③ 용접재현성, 정밀도가 우수하고 CO_2 배출량이 적다.

④ 스패터나 흄 무방출이다.

⑤ 접합면을 제외한 부분에서 열 생성이 적다.

⑥ 너무 길거나, 부피가 크거나, 무거운 재료는 용접부를 회전시키기 어려워 용접이 불가능하다.

(2) 마찰용접의 종류

① 회전마찰 용접(rotary friction welding) : 압축 축력과 높은 회전 속도를 이용한 마찰 용접법이다.

② 선형마찰 용접(linear friction welding) : 선형 왕복운동을 통해 높은 압축력으로 상대물과 고속 진동을 이용한 마찰 용접법이다.

③ 마찰교반 용접(friction stir welding) : 특수한 tool을 이용하여 마찰로 연화된 금속을 선형으로 이동하며 교반함으로써 결합시키는 용접법이다.

(3) 마찰용접의 프로세스

① 재료의 한쪽을 우측의 고정척에 부착하고, 다른 재료 한쪽은 좌측의 회전척에 부착하여 일정한 회전수로 회전하여 축방향으로 가압하면서 두 재료를 마찰시키며, 마찰부가 적당한 온도로 가열되었을 때 브레이크에 의해 회전척을 급정지시키고 업셋하여 접합을 시행한다.

② 마찰용접의 변수로는 회전수(n), 마찰가열압력(HP), 업셋압력(UP), 마찰가열시간(HT), 업셋시간(UT) 등이 있다.

Section 35 강구조 건축물 용접이음 형태별 초음파탐상검사법

1 개요

건축공사에서는 콘크리트의 비파괴검사와 철골용접부 비파괴검사를 주로 한다.

초음파탐상시험(UT, Ultrasonic Testing)은 시험체에 초음파를 전달하여 내부에 존재하는 결함부로부터 반사한 초음파의 신호를 분석함으로써 시험체 내부의 결함을 검출하는 방법이다.

2 강구조 건축물 용접이음 형태별 초음파탐상검사법

(1) 시험원리

초음파는 탐촉자를 통하여 시험체 내부로 전달되며 동일 매질(시험체)에서는 직진하지만 다른 매질(결함)과 접하는 계면에서는 각 매질의 물리적 상태 및 성질(음향임피던스)의 차이에 의하여 반사 또는 굴절한다. 이 중 반사하는 초음파를 탐촉자가 수신하여 탐상기 CRT상에 펄스신호 형태로 결함지시를 나타내며 이 신호를 분석하여 결함의 위치, 종류, 크기 등을 측정한다.

(2) 적용범위

주로 부재두께 6mm 이상의 맞대기 용접부에 적용한다.

(3) 대상결함

용접부의 내부결함(기공, 슬래그, 용입부족, 균열 등)을 조사한다.

(4) 시험절차

① KS 표준시험편을 이용한 장비보정, 입사점, 굴절각 측정 및 탐상감도 설정 등
② 시험부 표면 요철 및 이물질 제거
③ 시험부 표면 접촉매질 도포(용접부 양측 횡방향에 최소 10cm 이상과 종방향의 시험대상 부위)
④ 부재두께 측정
⑤ 시험부 결함 탐상 실시
⑥ 검출결함 분석 및 평가

(5) 결함등급분류

검출결함에 대한 등급분류는 한국산업규격 KS B 0896(강 용접부의 초음파탐상 시험방법 및 시험결과의 등급분류 방법)에 의거하여 실시하고, 각각의 결함에 대해 1급, 2급, 3급, 4급으로 분류한다. 등급분류 기준은 다음과 같이 시험체 두께에 대한 결함길이의 비로 구분한다.

[표 3-12] KS B 0896(강 용접부의 초음파탐상 시험방법 및 시험결과의 등급분류 방법)

영역	II, III			IV		
두께(mm) 등급	18 이하	18~60	60 이상	18 이하	8~60	60 이상
1급	6 이하	$t/3$ 이하	20 이하	4 이하	$t/4$ 이하	15 이하
2급	9 이하	$t/2$ 이하	30 이하	6 이하	$t/3$ 이하	20 이하
3급	18 이하	t 이하	60 이하	9 이하	$t/2$ 이하	30 이하
4급	3급을 초과하는 것					

Section 36 금속 용접 시 발생하는 균열의 종류

❶ 개요

용접균열(weld crack)은 용접부에 생기는 치명적인 결함으로서 어떠한 작은 균열도 부하가 걸리면 응력이 집중되어 미세한 균열이 점점 성장하고 커지면서 마침내 파괴를 가져오는 것으로, 균열을 발견하면 반드시 그 부분을 파내고 보수용접을 하여야 한다.

② 금속 용접 시 발생하는 균열의 종류

용접 시에 발생되는 균열의 종류는 발생장소, 균열형태, 발생온도 등에 따라 다음과 같이 분류할 수 있다.

(1) 균열의 방향 및 발생장소에 따른 분류

용접선과 동일한 방향으로 발생되는 종균열(세로균열)과 용접선에 직교하는 방향으로 발생되는 횡균열(가로균열)로 분류된다. 발생장소에 따른 분류로서 용접금속(bead) 균열, 열영향부(HAZ) 균열 및 모재 균열로 분류된다.

(2) 발생온도에 따른 분류

고온(hot) 균열, 저온(냉간, cold) 균열, 재열(SR) 균열로 분류되며 이는 균열 발생시기로도 분류할 수 있다.

(3) 크기에 따른 분류

균열이 육안으로 쉽게 관찰되는 macro 균열과 현미경을 이용해야 볼 수 있는 micro 균열로 균열 크기에 따라 분류할 수 있다.

(4) 조직에 따른 분류

균열의 파단면의 형상에 따라 경정립계를 가로질러 균열이 진전하는 입내(trans-granular) 균열과 입계를 따라 전파하는 입계(inter-granular) 균열로 나눌 수 있다.

Section 37

용접절차시방서(WPS, Welding Procedure Specification)

① 개요

WPS(Welding Procedure Specification)란 용접절차시방서를 의미하며 code의 기본 요건에 따라 생산 용접을 달성하기 위한 지침의 제공을 위해 준비되고, 자격이 부여된 문서화된 용접절차서이다. WPS와 관계에 있는 것으로는 용접절차검증서(PQR, Procedure Qulification Record)가 있으며, WPS와 PQR의 목적은 구조물의 제작에 사용하고자 하는 용접부가 적용하고자 하는 용도에 필요한 기계적 성질을 갖추고 있는가를 결정하는 것으로 WPS는 용접사를 위한 지침의 제공을 목적으로 한다.

② 용접절차시방서

WPS는 code에서 요구하는 모든 필수변수, 비필수변수, 그리고 추가 필수변수(필요시)가 포함되거나 언급되며 제조업자 또는 계약자의 필요성에만 부합한다면 어떤 양식이라도 가능하다.

WPS No.는 WPS 관리 번호로서 제조업자의 편의에 따라 부여하면 되며, 많은 양의 WPS를 관리하기 위하여 일정한 기준을 두는 것이 좋다. 일반적으로 Process-P No. SER No. 순으로 작성한다.

(1) Process

용접 방법을 뜻한다. 앞의 두 글자를 사용하며 GTAW의 경우 GT를 사용한다.

(2) P No.

① Solid의 경우 : 용접되는 두 개의 P No.를 연결하여 기록하며 각 P No. 사이에 점을 찍는다.

　예 1.1은 P No.1인 금속과 P No.1인 금속을 용접한다는 의미이다.

② Overlay인 경우 : Overlay되는 모재 P No.를 앞에 적고 뒤에는 숫자 0을 적는다.

　예 1.0

③ Clad의 경우 : Clad 재의 P No.를 먼저 적고 Slash(/)하고, 모재의 P No.를 적는다.

　예 8/1.8/1

④ Dissimilar Joint인 경우 : 서로 다른 모재의 용접 시 낮은 것을 앞에 적는다.

　예 1.4는 P No. 1인 재료와 P No. 4인 재료를 용접한다는 뜻이다.

(3) Ser. No.

Serial Number, 즉 일련번호를 뜻한다.

CHAPTER 04

디젤 기관

원동기의 종류와 특성

① 개요

대부분 건설기계는 열에너지를 기계적 에너지로 변환시켜 동력을 얻을 수 있게 한 기관으로 열기관(heat engin)이라 하고 다시 내연 기관과 외연 기관으로 분류한다. 또한 오늘날 대부분의 건설기계는 내연 기관이다.

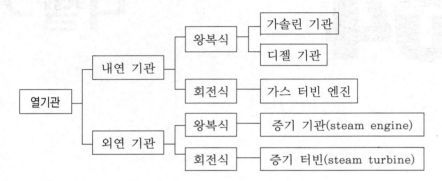

② 원동기의 종류와 특성

(1) 내연 기관(외연 기관과 비교)

1) 장점
　① 구조가 간단하다.
　② 열손실 에너지가 적다.
　③ 원동기의 무게가 적다.
　④ 원동기의 크기와 출력과의 비가 작다.
　⑤ 역전 성능이 좋다.
　⑥ 매연이 비교적 적다.
　⑦ 마력당 중량이 작고 운반성이 좋다.

2) 단점
　① 진동이 크다.
　② 저속에서 회전력이 작다.
　③ 자력으로 기동할 수 없다.
　④ 고급 연료를 사용하여야 한다.
　⑤ 윤활과 냉각에 주의를 요한다.
　⑥ flywheel을 요한다.

3) 분류

① **가솔린 기관** : 전기의 스파크에 의하여 점화하는 전기식 점화 기관으로 가솔린, 벤젠 (benzen), 알코올(alcohol)과 같은 기화성 연료를 사용하며 단위시간당 마력이 커서 항공기, 자동차, 오토바이 등 고속용 기관에 사용한다.

② **디젤 기관(대부분의 건설기계)** : 외부로부터 점화되지 않고 압축열에 의하여 스스로 점화·연소하는 압축 착화 기관이다.

(2) 외연 기관

기관 외부에 따로 설치된 연소 장치에 연료가 공급되어 작동 유체를 가열시키고 여기서 발생한 증기를 실린더로 유입시켜 기관을 작동하는 기관이다.

Section 2 디젤 기관의 특징과 장단점

① 특징

디젤 기관은 실린더 내에 공기를 흡입하여 압축하고 공기의 온도가 높을 때 연료를 무화 상태로 분사시켜, 이 무화 연료가 공기 압축열로 인하여 자기 착화 연소하며, 열역학 표준 사이클은 저속에서는 정압 사이클, 고속의 것은 정적, 정압인 Sabathe 사이클이다. 또한 가솔린 기관과 다른 점은 기화기나 전기 점화 장치가 없고, 연료 펌프와 분사 밸브가 있다.

② 디젤 기관의 장단점

(1) 장점

① 열효율이 높기 때문에 연료의 소비율이 적다(가솔린 25~28%에 대하여 30~35% 정도).

② 운전 경비가 절약된다.

③ 실린더의 지름에 제한을 받지 않는다. 가솔린 기관에 비교하면 실린더의 지름을 제한하여야 하나, 디젤 기관은 제한을 별로 받지 않는다.

④ 회전이 넓은 범위에서 토크의 변화가 적으며, 운전이 용이하다.

⑤ 디젤 기관은 점화 장치에 전기가 필요없기 때문에 고장률이 작다.

⑥ 연료의 인화점이 높아서 화재의 위험이 작으며, 기관의 시동성이 양호하다.

⑦ 일단 기관이 시동되면, 실화가 없다.

⑧ 과급기를 사용하여 성능을 향상시키기가 용이하다.

⑨ 배기 가스가 가솔린 기관보다 유독하지 않다.

(2) 단점

① 폭발 압력이 높기 때문에 기관의 각 부분을 견고하게 할 필요가 있으며 이로 인하여 기관의 중량이 증가한다. 또한 어느 정도의 소음, 진동이 생기게 된다.

② 압축 착화 방식이기 때문에 주로 연료상의 문제에서 연료의 최대 분사량이 제한되는 동시에 고속 회전을 제한받게 되므로 배기량에서는 가솔린 기관보다 출력이 낮은 편이다.

③ 정밀한 연료 분사 장치(분사 펌프, 노즐 등)가 필요하기 때문에 정비면에서 불리하다.

④ 압축비가 높기 때문에 시동 전동기, 축전기(배터리) 등의 용량이 커야 한다.

⑤ 기관의 가격이 고가이다.

Section 3 디젤 기관의 용도

❶ 디젤 기관의 용도

디젤 기관의 용도는 다음과 같다.

(1) 상업용 승용차와 화물차

(2) 농업용 트랙터

(3) 건설 및 토목용 중장비

① 도로 건설 장비

② 모빌, 컴프레서

③ 파워 플랜트

④ 파워 셔블(power shovel)

⑤ 드래그 라인

⑥ 불도저

⑦ 모터 그레이더

⑧ 스크레이퍼(scraper)

⑨ 물펌프

⑩ 발전기

Section 4　디젤 기관과 가솔린 기관의 비교

1 거시적 비교

디젤 기관과 가솔린 기관의 거시적 비교는 다음과 같다.

[표 4-1] 디젤 기관과 가솔린 기관 비교(거시적 비교)

구 분	디젤 기관	가솔린 기관
연료	연료비가 싸며, 인화점, 착화점이 낮다. 또한 안전성이 높고 가격이 염가이다.	인화점이 매우 낮아서 위험하고, 또한 가격이 고가이다.
연료 소비율	160~220g/PSh	190~250g/PSh
압축비	15~23	6~10
정미 열효율	30~34%(높다)	25~28%(낮다)
기본 행정	사바테 사이클	오토 사이클
점화 방법	자연착화 점화 방식이며 예열 장치만이 있으므로 점화 장치에 고장이 적다.	전기점화 장치를 사용하므로 비교적 고장이 많다(약 30%의 고장에 해당).
연료 공급	분사 펌프형	기화기 또는 연료 분사 장치
진동	크다.	작다.
저속 시의 토크	크며, 회전 속도의 높고 낮음을 통하여 평균 유효 압력의 변화가 작으며 토크 변동이 작다.	작다.
무선 방해	적다.	많다.
가속성	나쁘다.	좋다.
마력당 중량	크다(3~4kg/PS).	작다(1~2kg/PS).
열량	139,500kcal/kg	124,500kcal/kg
공해	적다.	많다.
가격	고가	저렴

2 미시적 비교

디젤 기관과 가솔린 기관의 미시적 비교는 다음과 같다.

[표 4-2] 디젤 기관과 가솔린 기관 비교(미시적 비교)

구 분	디젤 기관	가솔린 기관
사용 연료	경유(light oil)	가솔린(gasoline)
착화 방법	자연착화	전기점화
압축비	15~20 : 1	7~10 : 1

구 분	디젤 기관	가솔린 기관
연료 공급	분사	기화기에서 혼합
속도 조절	분사되는 연료의 양	흡입되는 혼합가스 양
열효율	35~40%	20~30%
기관 회전수	1,600~3,200rpm	2,600~5,000rpm
연료 소비율	180~240g/PS/h	200~280g/PS/h
압축 온도	500~550℃	120~140℃
폭발 최대 압력	45~70kg/cm^2	30~35kg/cm^2
배기 가스 온도	900℉	1,300℉
출력당 중량	5~8kg/PS	3.5~4kg/PS
시동 마력	5PS	1PS
실린더 최대 직경	220~230mm	160mm

❸ 기타 비교적 특성

① 디젤 기관은 가솔린 기관보다 연료의 인화점이 높아서 화재의 위험이 작다.
　㉠ 가솔린 기관의 인화점 : −15~−40℃
　㉡ 디젤 기관의 인화점 : 60~70℃
② 디젤 기관은 2사이클이 비교적 유리하고 가솔린은 4사이클이 유리하다.
③ 디젤 기관은 가솔린 기관보다 공해는 적으나 흑연(스모크)을 내는 단점이 있다.
④ 가솔린 기관은 압축 압력이 낮으므로 시동 전동기의 회전력이 낮아도 된다. 약 1PS
정도 축전지 전압은 6~12V, 디젤 기관은 5PS 정도이므로 축전지의 전압도 24V를
주로 이용한다.

Section 5　디젤 기관의 종류

❶ 공기실식(blast air injection system)

대형 선박용의 일부에 사용되며 육상용 경중장비에는 별로 사용되지 않는다.

(1) 장점

① 연료가 고압 공기의 힘으로 분사되기 때문에 실린더 내의 공기와 잘 혼합하여 완전연
소할 수 있다. 따라서 비교적 조잡한 연료도 잘 연소시킬 수 있다.

② 분사 공기 압력은 45~60kg/cm² 정도로 무기 분사식의 분사 압력 200~600kg/cm² 에 비교하여 낮아서 제작이 용이하고 고장이 적다.

③ 냉각 상태의 기관은 시동하기가 용이하다(예열 플러그를 사용 안함).

(2) 단점

① 고압 공기 압축 펌프가 필요하고 이것은 기관 출력의 7%에 해당하여 기관의 출력이 감소한다. 또한 펌프의 고장이 많다.

② 공기 압축 펌프가 있기 때문에 기계 효율이 낮다.

③ 분사 공기가 실린더 내에 분사되면 팽창하여 온도가 낮아지고 착화 지연이 생기기 쉬우며 저부하 시에 기관의 안정성이 나쁘다.

④ 연료의 분사량에 따라서 항상 분사 공기 압력을 가감하는 불편한 점이 있다.

⑤ 부하와 속도에 대한 조정이 복잡하다.

⑥ 소형 고속 디젤 기관으로의 제작이 곤란하다.

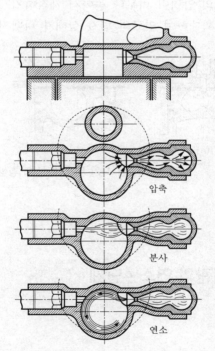

[그림 4-1] Lanova 디젤 기관의 공기실식 연소실

2 무기 분사식(airless injection or solid injection system)

공기 분사실과 비교하여 각종 장점이 있기 때문에 중소형의 각종 디젤 기관에 가장 많이 사용되고 있다.

(1) 장점

① 공기 압축기가 없기 때문에 구조가 간단하다.

② 연료 자체의 압력($200 \sim 600 \text{kg/cm}^2$)으로 분사하기 때문에 분사 밸브가 열릴 때 실린더 내의 냉각 작용이 없으므로 착화 지연 등이 없고 또한 실린더 내의 압축 압력을 낮게 할 수 있다.

③ 기계 효율이 크다(공기 압축 펌프가 없으므로 열효율이 7% 정도 향상된다).

④ 기관의 부하에 따라서 연료를 가감하면 되기 때문에 저속 운전 시 정격 회전의 $\dfrac{1}{4}$ 이하에서도 안정성 있게 운전할 수 있다.

⑤ 소형 고속 기관의 운전이 용이하다.

(2) 단점

① 연료가 미립자로 하기 곤란하여 불완전 연소되기 쉽다.

② 연료 분사 펌프의 압력이 너무나 높아서 제작하기 곤란하다. 또한 고압이기 때문에 분사공이 마모 확대하여 연료의 입자 상태가 나빠지기 쉽다.

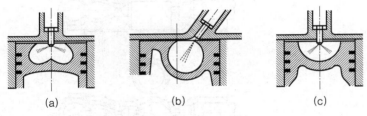

(a)　　　　　　　　(b)　　　　　　　　(c)

[그림 4-2] 무기 분사식의 형식

Section 6

디젤 기관의 연소 4단계

① 개요

디젤 기관의 실린더 내에서의 연소는 연료의 분무 상태에 따라서 변하며 특정한 장소에서 연소가 시작되는 것이 아니고 발화에 가장 적당한 장소에서 시작한다. 일반적으로 분무 중앙 주변에서 발화가 시작된다.

화염이 전파하여 실린더 내의 압력과 온도가 상승하여 다른 부분에서도 연소하게 된다. 연소 과정은 실린더 내의 압력, 온도, 회전수, 잔류 가스 연료 성분 등에 따라서 영향을 받을 뿐 아니라 연료의 분포, 혼합 상태에 따라서 영향을 받는다.

② 디젤 기관의 연소 4단계

[그림 4-3]을 통해서 연소 과정을 설명한다.

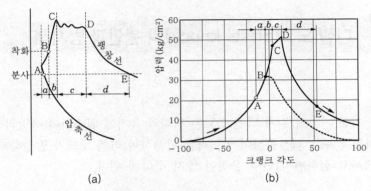

(a)   (b)

[그림 4-3] 디젤 기관의 연소 기관

(1) A-B 기간 : 착화 지연 기간(ignition delay)

착화 지연 기간이라고 하며 A에서 연료가 분사되고 B에서 최초에 연소하기 시작하여 압력이 상승하게 된다. 이 기간은 가열 기간과 착화 온도에서 착화 시기까지의 두 가지로 구분할 수 있다.

착화 기간은 연료의 착화성, 실린더 내의 온도, 압력, 분무 상태와, 공기의 와류 등에 따라서 영향을 받게 된다. 디젤 기관의 착화 지연은 회전수에 따라서 다르나 0.007~0.003초 정도이다.

(2) B-C 기간 : 폭발적 연소 기간

B에서 실린더 내의 각 부분은 연료와 혼합기는 착화 온도까지 도달하였으며, 한 장소에 착화되면 전 부분으로 전파하여 일시에 연소가 시작되고 압력은 B-C와 같이 급격하게 상승하게 된다. C에서는 공기와 잘 혼합된 연료유는 대부분 연소하게 된다.

(3) C-D 기간 : 제어 연소 기간

C에서 연소 잔류된 연료를 공기와 혼합하여 연소하고 다시 새로이 분사된 연료유는 분사와 동시에 연소한다. 이 기간에서는 분사로 인한 연소가 제어되고 연소 속도는 분사율, 혼합 정도, 실린더 내의 공기량에 따라서 영향을 받는다.

(4) D-E 기간 : 후기 연소 기간

D에서 분사가 완료하여도 연료의 일부는 산소와 접촉하지 못하고 팽창과 동시에 산소와 접촉하여 연소하게 된다. 산소와 접촉하지 못한 연료유는 그대로 매연으로 배출하게 된다. 디젤 기관에서는 가급적 이 기간을 짧게 하여야 하므로 ① 분무의 분포, ② 공기와의 혼합이 가장 중요하다.

Section 7 디젤 노크(diesel knock)의 원인과 방지책

1 원인

착화 지연 기간이 길게 되면 연료는 착화와 동시에 연소하여 폭발적인 연소 상태가 되고 압력과 온도는 급상승하여 압력파를 발생하여 디젤 노크가 발생하게 된다. 이때 파음이 발생하고 심하면 기관의 운전이 좋지 못하게 된다.

2 방지책

① 압축비, 흡기의 농도, 흡기 압력의 증가와 상사점 부근에서 분사를 개시한다.
② 착화 지연을 짧게 하고 착화점이 낮은 연료를 사용한다.
③ 분사 시작 시에 공기 압력을 증가시킨다.
④ 냉각수 온도를 높이는 동시에 연소실 특히 분무되는 곳의 온도를 올린다.
⑤ 회전 속도의 저하와 분사물의 저하를 기한다.
⑥ 실린더의 체적을 크게 한다.

[표 4-3] 디젤 노크와 가솔린 노크의 방책

기 관 인 자	가솔린 기관	디젤 기관
연료의 착화 온도		낮게
연료의 착화 지연		짧게
압축비		높게
흡입 온도	반대	높게
흡입 압력		높게
회전 속도		느리게
연소실 벽의 온도		높게
점화 시기		빠르게

③ 노킹의 피해

① 출력이 떨어진다.
② 기관이 과열된다.
③ 기계 소손이 온다.

Section 8 **연료에 관련된 용어 설명(인화점, 연소점, 착화성, 세탄가, 옥탄가)**

① 발열량(calorific value) : kcal/kg

단위 질량의 연료가 완전 연소 시 발생하는 열량을 그 연료의 발열량이라고 한다. 열의 양을 연료의 kg당 kcal로 측정한다.

[표 4-4] 각종 연료의 발열량

연 료	발열량(kcal/kg)	
	고(H_h)	저(H_i)
가솔린	11,300	10,500
등유	11,000	10,300
경유	12,840	10,170
중유	10,500	9,900
에틸알코올(98%)	7,104	6,375
일산화탄소	2,420	

② 비중(specific gravity)

어떤 물체의 질량과 같은 부피 4℃인 물의 질량과의 비를 비중이라 한다. 비중이 작을수록 착화성이 양호하고 응고점이 낮다.

$$비중 = \frac{물체의\ 질량}{물체가\ 갖는\ 부피의\ 물의\ 질량}$$

③ 인화점(flash point)

인화점이란 대기 중에서 가열된 연료의 표면 위에 불꽃 섬광이 생기는 온도로 취급할 때의 안전도를 나타내는 것이며 일반적으로 비중이 낮은 것이 인화점이 낮은 동시에 화재의 위험성이 많다. 디젤 연료는 50~65℃ 이상으로 규정되어 있다.

④ 연소점(fire point)

연료의 온도가 인화점보다 높게 되면 1회의 착화 후 연소가 계속된다. 이 온도를 연소점이라고 한다. 인화점보다 20~30℃ 높은 것이 일반적이다.

[표 4-5] 인화점과 발화점

연 료	인화점(℃)	발화점(℃)
가솔린	-40 이하	300
벤졸	-11	538
등유	30~60	255
경유	50~70	250
중유	60~150	250~380

⑤ 착화성(ignitibility)

착화성은 디젤 연료의 가장 중요한 특성의 하나이며 디젤 기관에서 착화 지연(ignition lag), 디젤 노크와 압력 상승 등으로 나타난다. 즉, 착화성이 좋은 연료를 사용하면 착화 지연이 짧게 되고 따라서 압력 상승은 낮게 되며 운전이 원활하게 된다. 착화성은 표시하는 데 일반적으로 세탄가 혹은 세덴가(cetene number)로 표시한다. 일반적으로 세탄가 혹은 세덴가가 높을수록 착화성이 용이하다.

[그림 4-4] 착화성의 비교

[표 4-6] 각종 연료의 착화점(일정 압력)

연료 종류	일정 압력하에서	
	온도(℃)	압력(기압)
가스	205	27
경유	200	26
휘발유(파라핀계)	228	11.5

착화점은 일정한 기준의 시험기로 측정을 하며 이것에 의하면 경유는 350℃ 전후, 가솔린은 550℃ 전후이다. 또한 동일한 연료에서는 착화점은 압력이 높을수록 낮다. 이 착화성은 디젤 기관의 연소에 매우 큰 관계가 있다.

⑥ 유동점(cloud point : pour point)

유동점이란 연료가 연료 필터를 통하여 흐를 수 있는 혹은 트랜스퍼 펌프(transfer pump)에 의하여 분사 펌프로 이동하는 최저의 온도를 말한다. 연료의 유동점이 높으면 겨울철에 기관의 연료 필터 및 기타 연료 장치를 통하여 연료가 흐르기 어려울 뿐만 아니라 연료의 분무성(spray)으로 불량해진다. 연료의 이동이 정지되는 점을 응고점이라 한다.

⑦ 점도(viscosity)

유체의 흐름에 대하여 저항하는 성질을 말한다. 점도는 일정한 용량의 유체를 흐르게 하는데 소요되는 시간을 관측함으로써 측정된다.

⑧ 휘발성(volatility)

액체의 연료가 증발 상태로 변화하는 능력을 말하며, 액체 연료의 휘발성은 일정한 온도에서 형성되는 공기와 증기와의 비로 표시하고 비교적 낮은 온도에서 쉽게 증류하는 물질을 휘발성이 있다고 한다.

⑨ 세탄가(cetane number)

디젤 기관에서 안티노크성인 연료 자체의 착화성을 세탄($C_{16}H_{34}$)이라 하며 옥탄가와 마찬가지로 CFR 디젤 기관을 사용하고 착화성이 우수한 세탄과 착화성이 나쁜 α-메틸 나프탈렌($C_{11}H_{10}$)을 시험용인 표준 연료와 비교하여 산출한 값이다.

$$세탄가 = \frac{세탄}{세탄 + \alpha - 메틸\ 나프탈렌} 체적 \times 100[\%]$$

예 세탄가 90=세탄 90%+α-메틸 나프탈렌 10%의 혼합 연료 또한 세탄 대신에 세텐 (cetene) $C_{16}H_{32}$를 사용하는데 이때는 세텐가(cetene number)라고 부른다.

⑩ 옥탄가(octane number)

압축비가 높은 엔진은 노킹(knocking)이 발생하기 쉬우므로 안티노크성이 좋은 고옥탄가의 가솔린을 사용할 필요가 있다. 옥탄가란 혼합물 중에 점하고 있는 가장 노크를 일으키기 어려운 이소옥탄(iso-octane)과 가장 노크를 일으키기 쉬운 정헵탄 C_7H_{16}(normal heptane)을 용적 백분율로서 표시한다. 정헵탄의 옥탄가는 0, 이소옥탄의 옥탄가는 100 으로 정하고 있다.

$$옥탄가 = \frac{이소옥탄}{이소옥탄+정헵탄}체적 \times 100[\%]$$

⑪ 연료 소비율과 연료 소비량

연료 소비율은 시간당, 마력당 질량(kg/PSh)으로 표시하고 연료 소비량은 시간당, 마력당 용적(liter/PSh)으로 나타낸다. 이것은 재료의 품질과 엔진 회전수, 압축비 등에 의하여 변동된다.

Section 9 4사이클 기관의 개폐 시기 및 작동 원리

① 흡기 행정

[그림 4-5] (a)와 같이 크랭크 회전에 따라 피스톤이 하강 시 흡기 밸브(suction valve) 가 열리고, 실린더 내의 압력이 대기압보다 낮은 부압(負壓)이 되어 이 부압으로 인하여 가솔린 기관은 혼합기를 기화기(caburator)로부터 실린더 내에 흡입하고 디젤 기관 (diesel engine)은 공기만 실린더 내에 흡기하게 된다. 흡기 밸브는 피스톤이 상승 운동을 조금한 후 닫힌다.

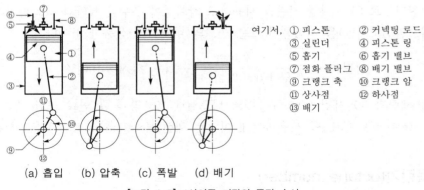

여기서, ① 피스톤 ② 커넥팅 로드
③ 실린더 ④ 피스톤 링
⑤ 흡기 ⑥ 흡기 밸브
⑦ 점화 플러그 ⑧ 배기 밸브
⑨ 크랭크 축 ⑩ 크랭크 암
⑪ 상사점 ⑫ 하사점
⑬ 배기

(a) 흡입 (b) 압축 (c) 폭발 (d) 배기

[그림 4-5] 4사이클 기관의 동작 순서

2 압축 행정

흡기 밸브와 배기 밸브가 다같이 닫혀([그림 4-5] (b) 참조) 피스톤의 상승에 의하여 흡입된 혼합 가스(디젤은 공기)를 압축한다. 즉 혼합기는 피스톤의 상승에 따라 압축되어 상사점에 이르렀을 때에는 그 압력이 높아져 가솔린은 8~11kg/cm², 디젤은 30~35kg/cm² 정도가 된다.

아울러 온도가 높아져 가솔린은 120~140℃, 디젤은 500~550℃이면 자연 착화 온도까지 상승하게 된다.

3 동력 행정(팽창 행정)

팽창 행정이라고도 하며 또 일을 한다하여 일(work) 행정이라고도 한다. 피스톤이 상사점에(top dead center) 도달하기 직전에, 플러그(plug)에 의하여 전기 점화가 되고, 디젤은 연료가 실린더에 분사되면, 고온의 공기에 접촉되어 자연 발화 연소된다. 이때 가솔린 기관은 실린더 내의 압력이 35~45kg/cm²이고, 디젤은 45~70kg/cm² 정도이다. 이로써 크랭크축이 회전하므로 동력을 발생하게 된다. 피스톤이 하사점에 이르기 직전에 배기 밸브가 열려 연소 가스가 배출된다.

4 배기 행정

동력 행정에서 팽창에 의하여 일을 한 가스를 실린더 밖으로 배출하는 행정이다. 피스톤이 하사점에 이르기 직전에 배기 밸브가 열리고 피스톤의 상승에 의해서 팽창된 저압의 가스를 실린더에서 배기 구멍과 배기 다기관을 거쳐 대기 중에 방출하게 된다. 피스톤이 상사점에 이르기 전에 흡기 밸브는 열리기 시작하고 배기 밸브는 상사점을 지난 다음에 닫힌다.

이와 같이 4사이클은 4행정 중 1행정만 일을 하고, 3행정에서는 플라이휠(flywheel)의 관성력에 의해서 회전한다.

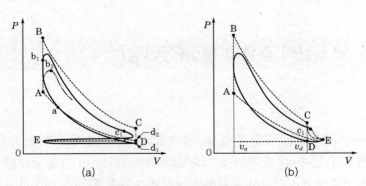

[그림 4-6] 정적 사이클의 실제적 P-V 선도

Section 10   착화 지연의 원인과 방지책

1 개요

착화 지연이 주는 영향 중 큰 것은 분사된 연료유가 일시에 연소하게 되어 압력과 온도가 급속하게 상승하여 실린더 내에 금속적인 꽹음을 발하는 현상(노킹 현상)이다. 따라서 착화 지연 기간을 가급적 짧게 하는 것이 좋다.

2 착화 지연의 원인과 방지책

(1) 원인

이 기간이 짧고 긴 것에 영향을 주는 것은 연료의 착화성, 실린더 내의 압력, 온도, 분무 상태, 공기의 와류 등이다.

(2) 방지책

① 압축비를 높게 하면 압축 온도가 높아지기 때문에 착화 지연은 짧게 된다.
② 연료의 세탄가가 높으면 착화성이 양호하며 착화 지연이 짧게 된다.
③ 분사 시기를 지연시키면 짧게 된다.
④ 공기 와류가 최대일 때에 분사하면 착화 지연이 짧게 된다.
⑤ 과급기를 사용하면 착화 지연이 짧게 된다.
⑥ 흡기, 냉각수 온도, 연소실 온도가 높으면 짧게 된다.
⑦ 운전 속도가 증가하면, 연소실 온도는 상승하고 공기 와류는 증가하기 때문에 착화 지연은 짧게 된다.

Section 11   연소실의 종류와 특징(장단점)

1 개요

자동차 기관으로는 가급적 경량·소형으로, 또한 출력도 크게 하여야 하므로 고속으로 할 필요가 있다. 디젤 기관을 고속으로 회전시키는 데 가장 중요한 것은 매우 짧은 시간 내에 연료를 분사시켜서 무화하는 동시에 이것을 완전히 연소하는 일이다. 이러한 이유로 연소 장치의 기능과 연소실의 형상이 기관 성능을 좌우하는 큰 요소가 된다.

② 연소실의 종류와 특징(장단점)

(1) 개방형 연소실 혹은 직접 분사식

단실식이라고도 하며 일차적으로 피스톤 헤드의 윤곽과 형상에 따라 공기의 운동이 결정된다. 개방형 연소실로서 실린더에 분사되는 연료를 피스톤 헤드 위쪽에 부딪쳐 와류를 일으키고 공기 중에 분사된다.

(a) 반구형 연소실   (b) 쐐기형 연소실   (c) 지붕형 연소실

[그림 4-7] 직접 분사식의 연소실

그리고 공기에 강한 와류를 주는 또 하나의 방법은 흐르는 공기가 밸브 구멍 형상에 따라 분류한다.

흡입 행정에서 실린더로 들어가는 공기는 실린더 헤드에 일정한 방향(각도)을 가진 구멍을 통과함으로써 강한 와류가 일어나고 이 와류는 압축 행정에서 더욱 크게 일어나며, 최대 와류가 일어나고 있을 때 연료는 인젝터를 통하여 4개의 구멍으로 분사되어 와류를 일으키며 공기와 혼합 착화된다.

1) 마스크 밸브(masked valve)

소형 고속 기관에서는 유입 과류만으로 불충분하므로 피스톤의 중앙부 또는 조금 편심된 위치에 연소실을 만들어 압축 행정 중에 이 속에 공기를 밀어 넣어서 과류를 만든다. 2사이클 기관에서는 실린더, 헤드의 편에 연소실을 만든다.

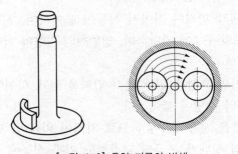

[그림 4-8] 유입 과류의 발생

2) M형 연소실(M type combustion chamber)

피스톤의 상부 표면적을 넓게 함으로써 과류가 크게 일어난다. 철도용 기관이나 상업용 차량부분에서 사용되고 있다. 저속에서도 디젤 노크가 없는 동시에 다른 연소실용을 사용하는 기관보다 연료 소비율이 적다.

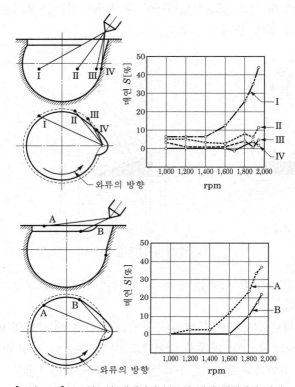

[그림 4-9] M-연소실 내에서의 분무의 배기 매연과의 관계

3) 개방형 연소실의 장·단점

① 장점

ⓐ 연소실의 형상이 간단하고 연소실의 냉각 면적이 작으므로 열효율이 높고 또한 연료 소비율이 작다(110~200g/PS).

ⓑ 연소실의 냉각 면적이 작아서 시동이 용이하며, 시동 시 예열이 필요 없다.

ⓒ 실린더 헤드의 구조가 간단하며, 열변형의 영향이 적어 큰 출력의 기관에 적합하다.

② 단점

ⓐ 연료와 공기의 혼합을 위해 분사 압력을 높게 하여야 한다. 이로 인하여 분사 펌프 노즐 등의 수명이 짧아진다.

ⓑ 다공식 노즐을 사용하여야 하므로 가격이 비싸며, 단공식 노즐보다 고장이 많다.

ⓒ 분사 노즐의 상태가 조금씩 달라져도 기관 성능에 상당한 영향을 준다.

ⓔ 복실식과 비교할 때 공기의 와류가 약하기 때문에 공기 이용률이 나쁘다.

ⓜ 사용 연료의 변화에 민감하다.

ⓗ 기관의 회전 속도, 부하 등의 변화에 대하여 민감하다.

ⓢ 노크 발생 우려가 크다.

(2) 예연소실식(precombustion chamber)

이 형식은 피스톤 헤드 상부에 형성되어 있는 주 연소실 이외에 예연소실을 설치한 것으로서 이 예연소실의 재질은 내열강을 사용하고 냉각 방식에는 습식과 건식이 있다. 기관의 회전이나 부하의 변화에 따르는 성능의 변화가 작고 운전은 비교적 원활하며 노즐의 분출구 끝단은 주 연소실 내에 연료를 균등하게 분포하는 각도로 방사상으로 2~3개 설치하고 그 통로 면적은 피스톤 면적의 0.1~0.4%이다.

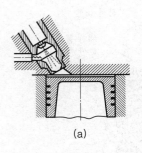 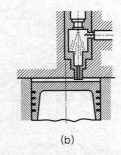 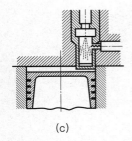

(a)　　　　　　　　　　(b)　　　　　　　　　　(c)

[그림 4-10] 예연소실의 형식

예연소실의 체적은 전 압축 체적의 20~40%이고 주 연소실과 예연소실 사이에는 하나 혹은 그 이상의 통로로 연결된다. 실린더 내에서 공기가 압축되면 공기는 주 연소실에서 좁은 통로를 통하여 예연소실로 들어가므로 여기에서 강한 와류를 일으키게 된다. 연소실 표면적(주 연소실의 표면적+예연소실의 표면적)이 크므로 열손실이 많고 열효율이 낮으나 연소가 원활하게 행하여져서 연료의 선택 범위가 넓다(예연소실의 체적은 전체 연소실 체적의 약 30~40%).

예연소실에 분사된 연료의 일부는 이 곳에서 연소되어 고온·고압의 가스를 발생시키며 이것에 의하여 나머지 연료가 주 연소실에 분출된다. 이때 공기와 잘 혼합하여 완전 연소하며 예연소실에서는 연소가 2단계로 이루어지며, 연료와 공기에 의해 행하여진다.

1) 예연소실의 장점

① 예연소실에서 1차 연소를 시작하여 주 연소실 내에서 2차 연소하므로 연료의 질에 크게 구애되지 않으며 디젤 노크가 적다.

② 연료 분사 압력이 낮으며(100~120kg/cm^2), 분사 시기 등의 변화에 대하여 그다지 영향을 받지 않기 때문에 취급이 용이하다.

③ 공기와 연료와의 혼합이 양호하며 공기 과잉을 적게 취할 수 있다.

④ 예연소실 내의 압력은 80kg/cm^2 정도까지 상승하나 예연소실에 설치한 분사공으로 인하여 주 연소실 내의 가스 압력은 비교적 적다.

⑤ 기관의 회전수나 부하 변동에 따르는 성능의 변화가 적기 때문에 운전은 비교적 원활하다.

2) 예연소실의 단점

① 예연소실을 실린더 헤드에 설치하기 때문에 실린더 헤드의 구조가 복잡하고 열변형의 문제가 있다.

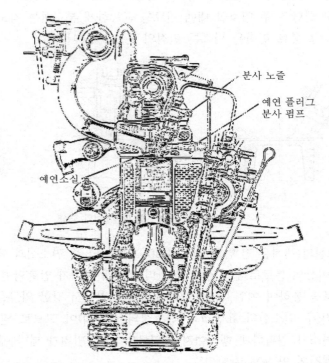

[그림 4-11] 예연소실과 분사 노즐이 1유닛으로 되어 있다(캐터필러 트랙터 Co)

② 압축 행정 시에 예연소실 내의 압력의 상승이 지연되고 예연소실의 냉각 면적이 크기 때문에 시동 시 예열 플러그가 필요하다.

③ 예연소실의 스로틀링 손실과 열손실이 크기 때문에 직접 분사식과 비교하여 연료 소비율이 많다(1PSh당 200~250g).

예연소실 기관은 독일에서 가장 많이 사용하고 우리 나라에서도 4사이클 고속 디젤 기관에 비교적 많이 사용한다.

(3) 와류실식(swirl chamber type : twtulence chamber type)

이 형식은 연소실을 특수한 형상으로 하여 압축 행정 끝에 와류가 생기게 하여 이 와류 중에서 연료를 분사하여 공기와 혼합하는 동시에 완전 연소시킨다. 재질은 실린더 헤드와 일체인 것과 내열강으로 제작하여 조립한 것 등이 있다.

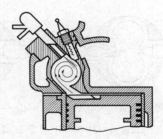

[그림 4-12] waukesha comet 디젤 기관의 와류 연소실

예연소실은 부분적인 연소를 목적으로 하나 이 형식에서는 와류실 내에서 완전 연소하게 한 것으로 와류실 용적을 가급적 크게 하나 피스톤 헤드와 밸브 간에 간격을 두어야 하므로 전 압축용적의 50~80%까지를 한도로 한다. 그러나 흡입 와류는 고속 시에 크고 저속 시는 적으므로 고속 시의 연소는 양호하나 저속 시는 약간 나쁜 결점이 있다. 여기서 와류실 용적을 50% 정도로 하여 흡입 와류와 같이 예연소실적인 설계 방식을 취하여 연소실 내에는 연소 와류에 의한 연소를 촉진하게 한 기관도 있다.

와류실의 통로를 1개 설치하고 통로 면적은 피스톤 면적의 2~3.5%로 예연소실에 비교하여 크고 공기의 유입, 유출 시에 통로가 교축되는 손실이 없다.

(4) 에너지 셀식 연소실(energy cell combustion chamber)

이 연소실은 분리된 구조로 되어 있으며, 기본적으로 예연소실과 와류 연소실의 조합인 연소실로 되어 있다. 이 연소실은 2개의 원형 즉 "8"자와 같은 형의 공간을 실린더 헤드에 형성하고 있다.

[그림 4-13]과 같이 분사 노즐은 에너지 셀의 대향 위치에 설치되어 에너지 셀 속으로 직접 연료를 분사하며, 연소도 여기에서 일어난다.

피스톤이 상사점에 있을 때, 노즐은 연료를 피스톤 운동의 직각 방향으로 에너지 셀을 향하여 분사한다. 이때 연료가 약 1/2 정도 주 연소실에서 연소되고 나머지 연료는 에너지 셀 속에서 혼합·점화하여 주 연소실로 분출한다.

에너지 셀 내에서 연소에 의하여 발생하는 와류는 주연소실 내에 담아 있는 공기와 연료를 혼합하여 점화한다. 이와 같이 이 형식에서는 연소가 3단계로 일어나서 연료를 연소시킨다.

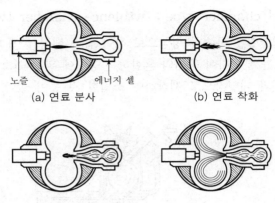

(a) 연료 분사   (b) 연료 착화

(c) 에너지 셀에서의 연소   (d) 주 연소실에서의 연소

[그림 4-13] 에너지 셀 연소실의 연소 과정

1) 에너지 셀식 연소실의 장점

① 큰 압축 와류를 이용하므로 공기 과잉률을 적게 할 수 있으므로 평균 유효 압력을 높게 하고 연료 소비율을 작게 할 수가 있다.

② 기관의 회전을 올릴 수 있다.

③ 핀틀 노즐을 이용하므로 고장이 적다.

2) 에너지 셀식 연소실의 단점

① 실린더 또는 실린더 헤드에 와류실을 설치하기 때문에 구조가 복잡하여 열변형이 생기게 된다.

② 연료에 대한 성질이 예민하고 노크가 생기기 쉽다.

③ 시동 시에 예열이 필요하다(예열 플러그 설치).

(5) 공기실식(air cell chamber type)

주 연소실 이외에 공기실이 있다. 연료는 주 연소실에서 분사되고 피스톤의 하강에 따라서 공기실에서 공기가 분출하여 산소를 공급하는 동시에 와류를 발생시켜서 연소하게 된다.

그러나 동시에 연료의 일부를 공기실에 취급하여 공기의 분출 에너지를 증대시켜서 연소를 촉진시키는 방법을 취하고 있는 실정이다.

1) 공기실식의 장점

① 연소가 완만하여 어느 형식보다 작동이 정숙하다.

② 분사 압력이 $45 \sim 60 \text{kg/cm}^2$로 가장 낮다.

③ 연료를 직접 분사식 모양으로 주 연소실 내에 분사하므로, 시동성이 양호하며 예열 플러그를 사용하지 않는 경우가 많다.

④ 핀틀 노즐을 사용할 수가 있다.

2) 공기실식의 단점

① 연료 분사 시기가 상위하며 작동 상태의 변화가 크며, 취급하기가 까다롭다.
② 후연소의 영향으로 배기 온도가 높다.
③ 연료 소비율이 비교적 많다.
④ 부하 및 회전 속도 변화에 대한 적응력이 와류실 정도이다.

[표 4-7] 각종 연소실 형식의 비교

순번	비교 사항		개방 연소실식 (직접 분사식)	예연소실식	와류실식	공기실식
1	연소실 형상		매우 간단함	복잡함	약간 복잡함	복잡함
2	연소실 가공정		용이	용이	약간 곤란함	곤란함
3	연소실 전주 면적과 용적		소	대	약간 큼	대
4	열손실		소	대	약간 큼	대
5	압축비		낮음 $\varepsilon=13\sim16$ 열손실이 적어서 낮게	높음 $\varepsilon=16\sim20$ 열손실이 많기에 높게	높음 $\varepsilon=15\sim17$	약간 높음 $\varepsilon=13\sim17$
6	기동·난이	보통 예열 플러그 없음	용이	약간 곤란	곤란	약간 곤란
		극한 시 예열 플러그 설치 시	곤란 예열 플러그 부착 장소 없음	용이 좁은 장소에 예열 플러그 설치	용이	약간 곤란 좁은 장소에 예열 플러그 설치 곤란함
7	와류		압축 행정 종료 시	별로 없음	큰 압축 행정 종료 시 극심하게 발행	분사 밸브로 인하여
8	연료의 무화		분사 밸브로 인하여	예연소로 인하여 분사 밸브의 원인이 적다.	분사 밸브로 인하여	분사 밸브로 인하여
9	연료와 공기의 혼합		주로 분사 밸브로 인하여 공기 와류는 약간	예연소실로 인하여 양호함	공기의 와류로 인하여 양호함	공기실에서
10	연료 분사 장치에 영향이 없는 정도		가장 영향이 양호한 성능이 요구됨	가장 영향이 작다.	약간 영향이 있다.	약간 영향이 있다.
11	분사 밸브		가장 복잡한 다공식	핀틀형 가장 간단함	핀틀형	핀틀형 또는 다공형

순번	비교 사항		개방 연소실식 (직접 분사식)	예연소실식	와류실식	공기실식
12	분사 압력		가장 높음 200~700kg/cm²	가장 낮음 70~100kg/cm²	80~150kg/cm²	80~150kg/cm²
13	분사 밸브의 고장 발생 정도		다공식은 직접 고열에 노출되어 고장이 가장 많음			
14	공기 과잉률		1.4~1.7			
15	평균 유효 압력		보통 낮음			
16	연소 압력		약간 높음 80kg/cm²	비교적 낮음 50~60kg/cm²	보통 55~65kg/cm²	상당히 낮음 45~60kg/cm²
17	노크		매우 높음	별로 발생 없음	약간 높음	가장 낮음
18	연료 소 비	기관 설치대 시험	최소 170~230 gr/PS-hr	200~230 gr/PS-hr	190~220 gr/PS-hr	200~230 gr/PS-hr
		노상 시험	최소	매우 적음	약간 낮음	매우 많음
19	매연		나쁨	최량	양호	약간 양호
20	연료 사용 범위		연료 제한	제한 없음	제한 없음	약간 제한
21	회전수		보통 낮음	약간 높음	보통 높음	보통 낮음
22	기관의 유연성		나쁨	가장 좋음	약간 양호	약간 양호
23	자동차 기관으로서의 적합 여부		약간 나쁨	우수	매우 우수	매우 우수

Section 12 동력 전달 장치

① 일반 차량

기관의 회전력을 구동 뒷바퀴까지 전달하는 장치
① 기관 : 동력 발생 장치
② 클러치 : 동력 전달 및 차단하는 장치
　　마찰 클러치(건식, 습식, 원추), 자동 클러치(마찰, 유체, 진공)
③ 변속기 : 변속비를 바꾸면서 구동 회전력을 바꾼다.
　　선택식 변속기, 자동 변속기, 성물림식 변속기

④ 유니버셜 조인트(universal joint) : 각을 통한 회전력 전달(축, 통형, 플렉시블, 등속도 조인트)

⑤ 슬립 이음(slip joint) : 거리의 신축성을 제공

⑥ 프로펠러 축(propeller shaft) : 회전력을 전달

⑦ 감속기 : 최후의 감속

⑧ 차동기 : 좌우 바퀴에 회전력을 알맞게 분배

⑨ 뒤차축 : 차동기의 회전력을 바퀴에 전달

⑩ 바퀴 : 추력을 얻어 차가 달린다.

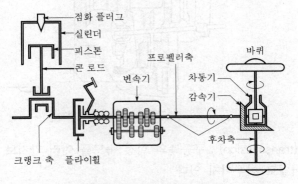

[그림 4-14] 피스톤에서 바퀴까지의 동력 전달 순서

② 중장비

(1) 기관

동력을 발생하는 장치

(2) 동력 전달 장치

① 주 클러치 : 기관과 변속기의 중간에 위치하며 기관에서 발생한 동력을 변속기에 전달하거나 단절하는 작업을 하는 장치

㉠ 마찰 클러치 : 구동축의 원판과 피동축의 원판의 마찰 이용

㉡ 유체 클러치 : 구조가 간단하고, 마멸이 작고, 진동·충격을 전달하지 않으므로 기관에 무리가 없다.

㉢ 진공 클러치

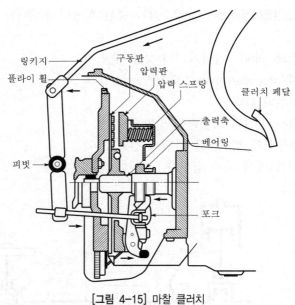

[그림 4-15] 마찰 클러치

② **변속 장치**(transmission) : 구동축의 회전 속도를 여러 가지로 변환하게 하는 장치로서
많은 기어열로 이루어져 있다.

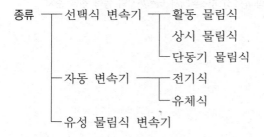

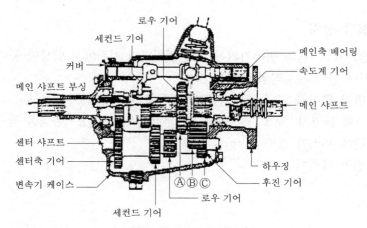

[그림 4-16] 변속기의 물림 상태

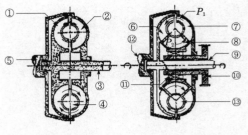

여기서, ① 수동축 날개차
② 구동축 날개차
③ 터빈 축
④, ⑩ 코어 링
⑤, ⑨, ⑫ 크랭크축
⑥ 터빈 혹은 라이너
⑦ 펌프
⑧ 고정자 혹은 가이드 베인
⑪ 프리 휠링 혹은 오버러닝 클러치
⑬ 고정축

(a) 유체 클러치　　(b) 토크 변환기

[그림 4-17] 유체 클러치 및 토크 변환기

㉠ 기어식 변속기 : 주축에 여러 종류의 기어가 있어 종동축의 기어와 접합하여 변속을 얻게 하는 장치

㉡ 유체식 변속기 : 흐름과 임펠러를 이용하여 변속 조작을 자동적으로 연속 변속되도록 한 장치

③ **횡축 장치** : 기관에서 주 클러치와 변속 장치를 거친 동력이 베벨 기어의 기어 장치에서 1/2~1/3로 감속되어 좌우에 직각 방향으로 동력을 전달하는 장치이며 이는 조향 장치에 많이 사용하고 있다.

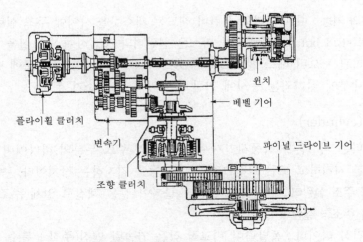

[그림 4-18] 트랜스미션 동력 계통(buldozor)

④ **종감속 장치** : 횡축 장치의 외측에 있으며 횡축 장치에서 전달된 회전 속도를 보통 1~2조의 평기어로서 $\frac{1}{9} \sim \frac{1}{12}$로 감속하여 구동축에 강력히 작용하여 궤도를 회전하게 하는 장치

(3) 조종 장치

① 조향 장치

② 제동 장치

③ 유압 장치

④ 전·후진 변환 장치

(4) 구동 장치

① 최종 감속 장치

② 차동 장치

③ 롤러 혹은 타이어

Section 13 디젤 기관의 본체(구성요소)

1 실린더 헤드와 실린더

(1) 실린더 헤드(cylinder head)

① 구조와 기능 : 디젤 기관의 실린더 헤드는 개스킷을 사이에 두고 실린더 블록에 스터드 볼트(stud bolt)로 체결되어 피스톤 실린더와 조합하여 연소실을 형성한다. 또한 디젤 기관은 오버 헤드 밸브(OHV ; Over Head Valve)이기 때문에 밸브, 밸브 시트 등도 내부에 설치되는 동시에 기관 작동의 중심 장소가 된다.

(2) 실린더(cylinder)

실린더는 피스톤을 작동시키기 위한 기관의 주요 부분의 하나이며 실린더 몸체는 그 실린더를 지지하고 또한 크랭크축과 캠축 등을 지지하는 장치이다. 종류는 다음과 같다.

① 일체 주조 실린더 : 실린더와 실린더 블록이 같은 재질로 일체 주조된 것

② 독립 주조형 실린더

ⓐ 건식 라이너 : 폭발력이 비교적 작은 가솔린 엔진(주철 + 특수 주철)

ⓑ 습식 라이너 : 폭발력이 비교적 큰 디젤 엔진

2 피스톤과 커넥팅 로드 및 베어링

(1) 피스톤(piston)

피스톤은 순간적으로 $90kg/cm^2$ 정도의 최대 폭발 압력을 그 상부에 받게 되며 피스톤 링은 이러한 높은 압력 가스의 누출을 방지하고 330~340℃가 된다. 또한 기관의 고속

회전을 할 때는 8~14m/s의 고속으로 왕복 운동을 하면서 피스톤 핀에서 커넥팅 로드를
경유하여 크랭크축에 회전 운동을 전달한다.

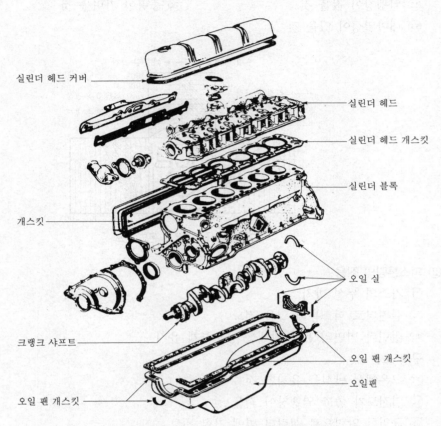

[그림 4-19] 실린더 헤드와 실린더 블록의 분해도

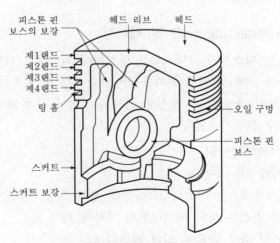

[그림 4-20] 피스톤의 각부 명칭

① 구비 조건

　　㉠ 내폭성이 있을 것　　　　　　㉡ 열전도가 좋을 것

　　㉢ 열팽창이 적을 것　　　　　　㉣ 중량이 가벼울 것

　　㉤ 내마멸성이 있을 것

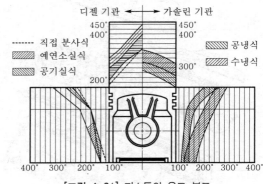

[그림 4-21] 피스톤의 온도 분포

② 피스톤링의 작용

　　㉠ 가스의 누설 방지

　　㉡ 실린더로 피스톤의 열을 전도

　　㉢ 실린더 벽면의 윤활 상태를 양호하게 유지

③ 구비 조건

　　㉠ 고온에서 탄성을 유지할 것

　　㉡ 열전도가 좋고 열팽창이 적을 것

　　㉢ 균일한 압력으로 실린더 벽에 가할 것

　　㉣ 마멸이 적을 것

(2) 커넥팅 로드(connecting rod) 및 베어링

커넥팅 로드는 피스톤과 크랭크축을 연결하여 피스톤의 강력한 왕복 운동을 회전 운동으로 변환하여 크랭크축으로 동력을 전달하는 중요한 일을 한다. 이러한 일을 하기 때문에 매우 큰 힘이 가해지므로 충분한 강도가 있어야 하며 재료는 니켈 크롬강, 크롬 몰리브덴강의 특수강이 사용된다.

• 커넥팅 로드에 작용하는 힘

① 피스톤에 가해지는 폭발력

② 피스톤, 피스톤 핀 및 커넥팅 로드 등의 왕복 운동, 질량에 의한 관성력

③ 피스톤링 및 피스톤 상하 베어링부의 마찰에 의한 힘

④ 커넥팅 로드의 좌우 동요에 의한 벤딩의 힘

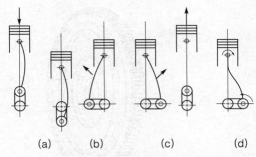

(a)　　　　(b)　　　　(c)　　　　(d)

[그림 4-22] 커넥팅 로드에 작용하는 힘

❸ 크랭크축 및 플라이휠

(1) 크랭크축(crank shaft)

크랭크축은 실린더 내의 폭발력으로 인하여 피스톤의 왕복 운동을 회전 운동으로 변화시키는 기구이다.

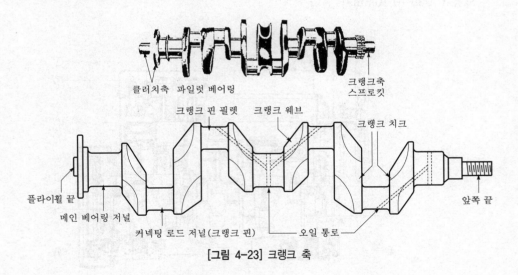

클러치축 파일럿 베어링　　　　　　　크랭크축
스프로킷

크랭크 핀 필렛　　크랭크 웨브　　　　크랭크 치크

플라이휠 끝
메인 베어링 저널　　커넥팅 로드 저널(크랭크 핀)　　오일 통로　　　앞쪽 끝

[그림 4-23] 크랭크 축

(2) 플라이휠(flywheel)

크랭크축은 폭발 행정에서 회전력을 주게 되며 다른 행정에서는 반대로 피스톤을 움직여서 배기·흡입·압축 등의 작용을 하게 되므로 회전 운동에 불균형이 생기기 쉽다. 이 회전 불균형은 실린더 수가 많을수록, 또한 이러한 각 행정을 균형있게 조절하므로 감소시킬 수 있으나 또 다른 방법으로는 크랭크축에 관성력이 큰 플라이휠을 설치하여 보다 원활한 회전을 얻을 수가 있다.

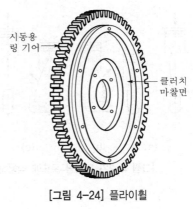

시동용
링 기어

클러치
마찰면

[그림 4-24] 플라이휠

④ 베어링(bearing)

베어링은 크게 나누어 분할형(split type)과 부시형(bush type)으로 나누며 오일층을
사이에 두고 윤활하고 금속부에 발생한 열을 흡수하므로 냉각 작용도 한다. 오일 간격은
보통 0.038~0.10mm가 된다.

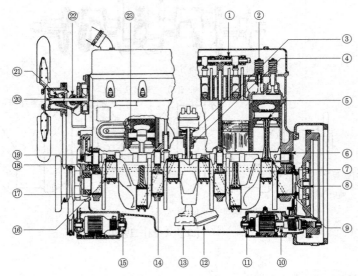

① 로커 암 부싱
② 밸브 가이드 부싱
③ 위 배전기 부싱
④ 아래 배전기 부싱
⑤ 피스톤 핀 부싱
⑥ 캠축 베어링
⑦ 커넥팅 로드 베어링
⑧ 클러치 파일럿 부싱
⑨ 스러스트면이 있는 메인 베어링
⑩ 구동쪽 기동 전동기 부싱
⑪ 정류자쪽 기동 전동기 부싱
⑫ 오일 펌프 부싱
⑬ 배전기 스러스트판
⑭ 중간 메인 베어링
⑮ 발전기 부싱
⑯ 전 부동식 커넥팅 로드 베어링
⑰ 앞 메인 베어링
⑱ 캠축 스러스트판
⑲ 캠축 부싱
⑳ 팬 스러스트판
㉑ 앞 물펌프 부싱
㉒ 뒤 물펌프 부싱
㉓ 피스톤 핀 부싱

[그림 4-25] 엔진의 평면 베어링

5 밸브와 밸브 기구

(1) 밸브(valve)

4행정 기관을 실린더 상부의 연소실에 흡기 구멍과 배기 구멍이 있는데 여기서 각각 흡입 밸브, 배기 밸브가 설치되며 고온 가스에 의하여 과열될 뿐만 아니라 $2,000\text{m/s}^2$에 가까운 가속도를 가지고 밸브 시트에 격심한 충격을 주므로 열과 기계적 응력에 강해야 하며 또한 4에틸렌 첨가의 가솔린이나 디젤 연료에서 발생하는 H_2SO_4, $HCOOH$ 등에 대한 내식성이 큰 재질이 요구된다.

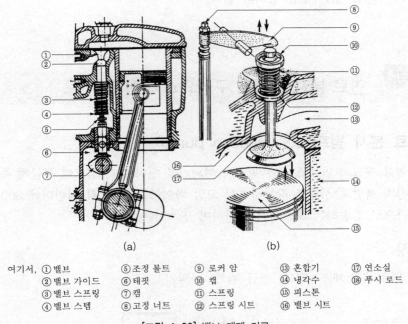

여기서, ① 밸브　⑤ 조정 볼트　⑨ 로커 암　⑬ 혼합기　⑰ 연소실
② 밸브 가이드　⑥ 태핏　⑩ 캡　⑭ 냉각수　⑱ 푸시 로드
③ 밸브 스프링　⑦ 캠　⑪ 스프링　⑮ 피스톤
④ 밸브 스템　⑧ 고정 너트　⑫ 스프링 시트　⑯ 밸브 시트

[그림 4-26] 밸브 개폐 기구

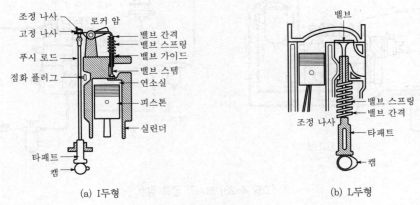

(a) I두형　　　　　　　　(b) L두형

[그림 4-27] 밸브 기구

(2) 밸브 스프링

밸브 스프링은 작동중에 부(負)의 가속도가 작용하여도 밸브가 캠에서 떨어지는 일이 없이 밸브의 동작을 만족하게 행하게 한다. 밸브 스프링의 서징 예방법은 다음과 같다.

① 스프링의 고유 진동수를 높인다.

② 코일을 부등 피치로 한다.

(3) 캠

타패트 또는 롤러 등의 종동자에 의하여 작동되는 푸시 로드, 로커 암 등을 매개로 운동하는 것을 밸브 구동 장치라 한다.

Section 14 연료 분사 장치의 구성요소와 특징

① 연료 분사 펌프(fuel injection pump)

연료 탱크의 연료를 급유 펌프가 여과기를 거쳐 분사 펌프에 공급해 주며 분사 펌프는 엔진의 폭발 순서대로 작동하면서 고압 파이프를 거쳐 각 실린더에 $300\sim700\text{kg/cm}^2$의 압력으로 압송하는 노즐에서 분사하여 연소한다.

(1) 구성

① 연료 공급 계통 : 탱크, 공급 펌프, 여과기

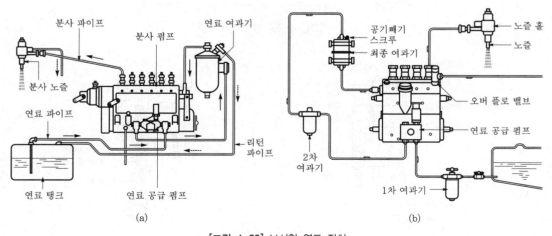

(a)   (b)

[그림 4-28] 보시형 연료 장치

② **연료 압송 계통** : 분사 펌프, 조속기, 분사 시기, 조정 장치로 되어 있다.

③ **연료 분사 계통** : 연료 파이프, 분사 노즐로 구성 기체를 이루고 속도 조절은 가솔린 기관에서는 배전기의 진각 장치로, 디젤 기관은 조속기에서 조절한다.

(2) 구비 조건

① 고압의 연료를 확실하게 토출할 것

② 고압에 대하여 충분한 유밀(油密)인 동시에 작동이 원활, 확실할 것

③ 펌프 내에는 공기나 가스의 체류가 없이 충분히 오일(연료유)로 충전되어 있을 것

④ 스필 밸브, 흡입 밸브, 토출 밸브 등의 각 밸브에 누출없이 밸브의 리프터가 일정할 것

⑤ 분사 개시 시기를 가감할 수 있을 것

⑥ 조속기에서 작동하는 동작으로 연료의 양을 가감할 수 있을 것

- **플런저(plunger)**

  플런저는 플런저 배럴과 1조가 되어 플런저 배럴 안에서 왕복 운동을 하며 연료를 흡입 또는 압축한다.

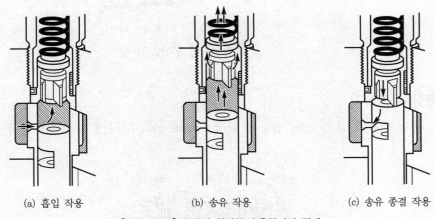

(a) 흡입 작용   (b) 송유 작용   (c) 송유 종결 작용

[그림 4-29] 플런저 위치와 송유량과의 관계

② 캠축(cam shaft)

캠축이 기관에서 구동되어 플런저를 상하 운동시켜 연료를 압송하는 동시에 펌프 하우징축에 설치된 연료 공급 펌프로 구동시킨다.

③ 조속기(governer)

조속기는 기관에 가해지는 부하에 변동이 생겨도 이것에 대응하는 연료량을 가감하여 기관의 회전 속도를 항상 안정된 속도로 유지하기 위한 장치이다.

(1) 공기식 조속기

연료의 분사량을 스로틀 밸브의 열림 변화와 기관 회전 속도에 따라서 얻어지는 부압 변화를 이용하여 자동적으로 조속한다.

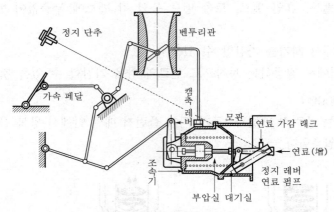

[그림 4-30] 공기식 조속기

(2) 원심식 조속기

분사 펌프의 회전 속도 변화에 따라 fly weight(추)의 원심력을 이용한 것

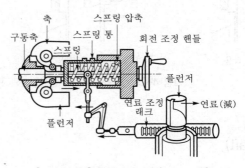

[그림 4-31] 원심식 조속기(hartnell형)

(3) 유압식 조속기

추의 운동을 pilot 밸브에 의하여 유압 피스톤에 전달하고 연료를 가감하는 기구이며 유압은 조속기에 의하여 구동된다.

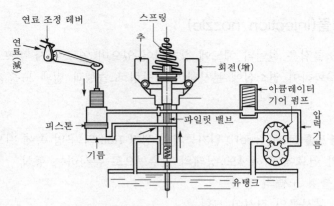

[그림 4-32] 유압식 조속기(woodward형)

4 분사 시기 조정기(injection timer)

연료가 연소실로 분사 후 착화하여 연소가 시작할 때까지는 다소 시간이 필요하다. 이것을 착화 지연 기간이라고 하며, 이것은 기관의 회전 속도가 변하여도 변동이 없어서 고속 회전이 될수록 착화 시기가 크랭크 각도에 의하여 지연된다. 이러한 것은 기관의 출력을 낮게 하므로 기관 회전 속도에 상응하여 연료 분사 시기를 변화시켜 항상 최량의 착화 시기를 유지할 필요가 있으므로 분사 시기 조정기를 사용한다.

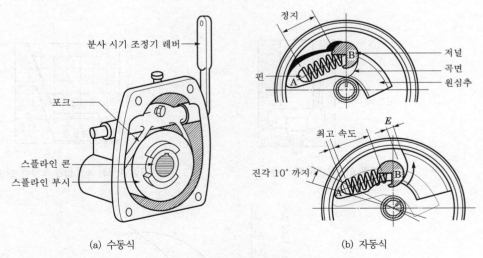

[그림 4-33] 분사 시기 조정기

분사 시기 조정기는 분사 펌프의 캠축에 설치하고 수동으로 조정하는 수동 분사 시기 조정기와 자동적으로 조정할 수 있는 자동 분사 시기 조정기가 있으나 현재는 자동 분사 조정기를 주로 사용한다.

5 분사 노즐(injection nozzle)

분사 노즐집은 실린더 헤드에 장치되어 있으며 연료 분사 펌프로부터 압송된 고압의
연료를 무화하여 연소실에 분사하며 개방형 노즐형과 밀폐 노즐형이 있다.

(1) 종류

① 핀틀형 노즐(pintle type) : 원기둥처럼 생긴 1mm의 구멍 속에 핀으로 된 원기둥에 있어
고압의 연료에 의해 4도 상태의 원추형으로 분사하는 형식
  ㉠ 핀틀형 노즐의 장점
    ⓐ 분사공의 직경이 크다.
    ⓑ 분사 압력이 낮다.
    ⓒ 무화 상태가 양호하다.
    ⓓ 구조가 간단하다.
    ⓔ 분사공의 소재가 잘 된다.
  ㉡ 핀틀형 노즐의 단점
    ⓐ 연료 소비량이 많다.
    ⓑ 다공식에 비해 분무 상태가 나쁘다.
  ㉢ 핀틀형 및 스로틀형 노즐의 니들 밸브 선단형은 분무 상태나 분무 각도에 영향을
    주므로 취급 시에는 손상이 없게 주의를 하여야 한다.

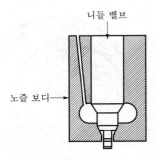

[그림 4-34] 핀틀형 노즐

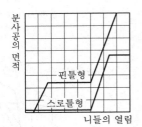

[그림 4-35] 스로틀형 노즐의 성능

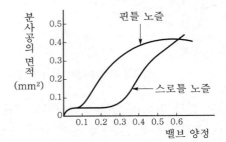

[그림 4-36] 핀틀형과 스로틀형 노즐의 비교

② **스로틀형 노즐** : 핀틀형 노즐의 니들 밸브 선단형을 변형시킨 것으로 장점은 다음과 같다.

㉠ 니들 밸브는 분공에 카본 부착을 방지한다.

㉡ 분사량이 적어 노킹이 적다.

㉢ 분사량이 적어 후연소 기간이 짧다.

㉣ 연료 소비량이 작다.

③ **홀형 노즐(hole type)** : 노즐의 니들 밸브 선단은 밸브 시트와 동일한 원추형으로 핀틀형 노즐과 같이 외부에 노출되지 않으며, 노즐보다는 분공이 있다. 분사 개시 압력은 핀틀형보다 높으며, 직접 분사식 연소실 기관에 사용된다.

⑥ 무기 분사와 공기 분사의 비교

(1) 무기 분사와 공기 분사의 비교

① 공기 압축 압력은 무기는 22~32atm, 공기 분사식은 30~40atm이다.

② 공기 분사는 무화 분사가 용이하나, 무기 분사는 연료의 분사변이 용이하다.

③ 무기 분사식은 지름 0.2~0.5mm이므로 연료의 질에 따라 고장이 발생한다.

④ 공기 분사식은 500rpm 이상 엔진에서는 부적합하다.

⑤ 공기 분사식은 무기 분사식보다 고압축을 요한다.

⑥ 공기 분사식에는 엔진의 속도와 하중의 대소에 따라 공기 압력을 변화하여 시동이 곤란하다.

(2) 무기 분사의 장점

① 압축비가 불필요하다.

② 중량이 가볍고 열효율이 높다.

③ 조속에는 분사량만 가감하므로 취급이 용이하다.

④ 고압 펌프가 필요(연료 분사)하다.

(3) 무기 분사의 단점

① 고압 펌프가 필요(연료 분사)하다.

② 펌프 구조가 복잡하다.

③ 발화 늦음이 크고 노킹이 발생한다.

④ 분사 연료는 질이 좋은 것을 사용해야 한다.

Section 15

연료 분사의 조건

1 개요

실린더 내에 분사된 연료유는 압축 공기의 고열로 인하여 그 표면에서 가열하여 착화
연소한다. 연료의 분사를 착화하기 쉽고, 또한 완전연소하기 좋게 해야 한다. 이러한 분
사 조건으로 무화, 관통력, 분포, 분산 등이 있다.

2 연료 분사의 조건

(1) 무화(霧化 ; atomization)

연료유가 극히 미세하게 분사되어 최소의 입자가 되는 것

(2) 관통력(penetration)

분유가 실린더 내를 돌진하는 상태를 말하며 입자가 커야 유리하나 입자가 가급적 적
은 게 좋으므로 관통력과 상반된 일이 생긴다.

(3) 분포(distribution)

연료의 분포가 불량하면 불완전 연소가 되는 원인이 되며 분무의 확산 각도를 크게 하
면 혼합이 좋게 된다.

(4) 4분산

노즐로부터 원추상으로 진행하는 분무의 원추각으로서 분산의 대소를 표시한다. 분산
을 좋게 하기 위하여 가급적 확산시켜서 도달 거리를 크게 하면 된다. 확산이 클수록 공
기와 연료 입자가 잘 혼합되며 완전연소한다.

Section 16

연료 공급 장치와 연료 여과기

1 개요

디젤 기관에 있어서 연료 공급의 관계통은 연료 탱크의 연료를 연료 공급 펌프로써 흡
입하여 연료 분사 펌프에 송유하는 저압관 계통과 압축된 연료를 각 실린더마다 연료 분
사 밸브에 압송하는 고압 계통으로 되어 있다.

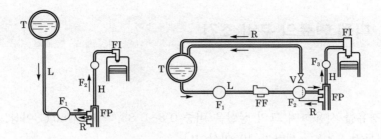

여기서, T : 연료탱크, L : 흡입관, H : 토출(고압)관, $F_1 \cdot F_2 \cdot F_3$: 제 1, 2, 3 여과기,
R : 복리관, FF : 연료 공급 펌프, FR : 연료 분사 펌프, FI : 연료 분사백, V : 배출 밸브

[그림 4-37] 연료관의 배치

[그림 4-37]의 (a)는 육박용 기관(陸舶用機關)의 경우로 중력에 의해 공급되고, (b)는 차량용 또는 이동용 기관에 채용하며 공급 펌프에 의해 기계적으로 분사 펌프에 공급한다.

② 연료 공급 장치와 연료 여과기

(1) 연료 공급 장치

대형, 중형 기관에서는 기어 펌프, 차량용 기관에서는 diaphram pump 또는 왕복 펌프가 많으며, 용량은 분사 펌프 흡입량의 2~3배이고, 토출 압력은 1kg/cm^2 정도이다.

(2) 연료 여과기

연료 여과기(fuel strainer)는 3단으로 사용되며 첫째 여과기는 60~80mesh, 둘째 여과기는 150~200mesh, 셋째 여과기는 여과기의 통과 본체와의 0.03~0.05mm 정도의 틈새를 거쳐 기름이 여과된다.

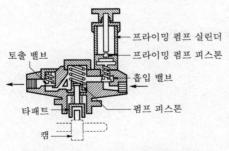

[그림 4-38] 연료 공급 펌프(Bosch형)

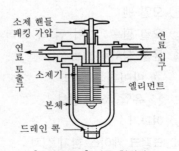

[그림 4-39] 자동 청정기

Section 17 디젤 연료의 구비 조건

1 개요

주로 경유를 사용하며 그의 성질은 비중 0.8~0.88, 인화점 50℃ 이상, 유동점 −20℃ 이하, 비등점 300℃, 세탄가 40 이상이다.

2 디젤 연료의 구비 조건

디젤 연료의 구비 조건은 다음과 같다.
① 착화성이 좋을 것
② 적당한 점도가 있을 것
③ 수분과 혼합물이 없을 것
④ 유황분이 적을 것
⑤ 휘발성이 가솔린보다 작을 것
⑥ 잔류된 함유량이 적을 것

Section 18 윤활 장치 각 부분의 기능

1 개요

윤활 장치는 다음과 같이 구성되어 있다.
① 오일 팬
② 오일 펌프 : 기어 펌프, 로터 펌프, 플런저 펌프
③ 윤활 장치용 밸브
　㉠ 바이패스 밸브
　㉡ 유압 조정 밸브
④ 여과기
⑤ 크랭크 케이스 환기 장치
　㉠ 자연식 환기
　㉡ 강제식 환기

❷ 윤활 장치 각 부분의 기능

(1) 오일 펌프(oil pump)

압송식 윤활법에 사용되는 펌프에는 기어식, 플런저(plunger)식, trocoidal식 등이 있다.

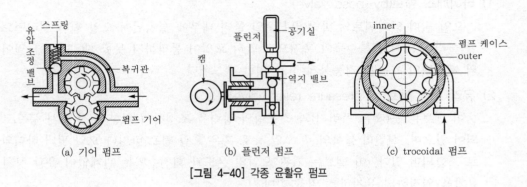

(a) 기어 펌프　　　(b) 플런저 펌프　　　(c) trocoidal 펌프

[그림 4-40] 각종 윤활유 펌프

1) 기어식 펌프(gear pump)

회전에 따라 기어와 케이싱으로 둘러싸인 공간에 기름이 압출되며 이론 송출량 Q [L/min]은 다음과 같다.

$$Q = \frac{\eta_v Vn}{1,000} \text{ [L/min]}$$

여기서, n : 매분 회전수

　　　　η_v : 체적 효율

　　　　V : 틈새 체적 합계

2) 로터리 펌프(rotary pump)

기어의 이가 트로코이드(trochoid) 곡선을 기준으로 한 포물선으로 형성된 내측 기어의 구동으로 인하여 외측 기어로 동일한 방향으로 회전한다. 이러한 회전으로 양 기어의 잇수 사이의 용적이 변화하여 흡입, 토출 작용을 한다. 이 펌프는 구조가 간단하고 효율이 좋기 때문에 널리 사용한다.

3) 플런저 펌프(plunger type pump)

선박용의 저속 기관에 많이 사용되며 마모에 의한 송출 압력의 저하가 비교적 적으나, 송출 압력에 맥동을 일으키고 왕복 속도를 0.5m/s 정도로 제한한다.

이론 송출량 Q[L/min]는

$$Q = \frac{\eta_v \pi d^2 h}{4,000} \text{[L/min]}$$

여기서, d : 플런저 직경(m)

h : 행정(m)

n : 매분 회전 속도(rpm)

(2) 윤활 장치용 밸브(valve)

1) 바이패스 밸브(by-pass valve)

오일 필터 엘리먼트의 바닥이나 오일 쿨러 내부에 설치되어 오일 필터 엘리먼트나 오일 쿨러의 코어가 불순물의 축적으로 막혀 오일이 통과하지 못할 때, 밸브를 열어 오일의 계속적인 흐름을 가능하게 하기 위한 밸브이다.

2) 유압 조정 밸브(oil pressure relief valve)

이 밸브는 볼(혹은 플런저)과 스프링의 장력을 조정하기 위한 조정 나사 등으로 구성되어 있으며, 실린더 블록의 주 오일 통로 혹은 오일 펌프 바디나 오일 필터 바디와 일체로 조합되어 있다. 이 밸브는 기관 오일의 온도와 회전수와는 관계없이 윤활 장치 내의 유압을 일정하게 유지하는 일을 한다.

(3) 오일 여과기(oil filter)

기관 오일 중에는 윤활 시 공기 청정기를 통과하며 흡입된 먼지, 연소의 불완전으로 인한 탄소, 윤활유 자체가 고온 산화에 노출되어 생성되는 슬러지 등이 혼입하여 피스톤 링이나 각 베어링의 습동 부분을 마모시키기 때문에 이것을 방지하여야 한다. 각 부분의 마모량을 최소 한도로 유지하고, 기관의 출력 저하나 수명을 연장하기 위하여 오일 필터를 사용하며 윤활유를 항상 청결하게 할 필요가 있다.

(4) 크랭크 케이스 환기 장치(crank case ventilation)

기관이 작동할 때 크랭크 케이스 안에 혼합 가스 및 연소 가스가 누설되어 엔진 오일을 희석시킨다. 이것을 방지하기 위한 장치가 필요하다.

1) 자연식 환기 장치

엔진 오일을 넣는 주입구를 통해 대기를 흡입하여 환기시킨다.

2) 강제식 환기 장치

환기 장치의 입구를 공기 청정기와 연결하고 출구를 흡기 다기관과 연결한 형식이다.

Section 19 건설기계의 윤활 방법 및 기술 관리상의 문제

1 4행정 기관의 윤활 방식

(1) 비산식(circulating splash system)

① 순환 비산식은 오일 펌프가 있는 형식과 없는 형식이 있는데 오일 펌프가 있는 경우 오일 펌프는 크랭크축 아래쪽에 위치한 스플래시 팬(splash fan)에 오일을 공급한다. 커넥팅 로드는 그 대단부에 주걱이 마련되어 있어 회전하면서 스플래시 팬의 트로프 (troughs)에 오일을 퍼서 오일을 비산하게 된다.

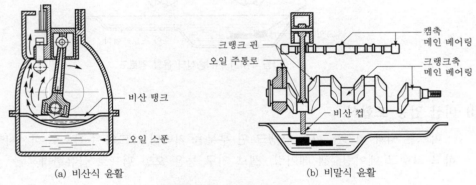

(a) 비산식 윤활   (b) 비말식 윤활

[그림 4-41] 비산식 윤활

② 비산된 오일은 주요 각 부품을 윤활하게 하며 다른 부품은 컬렉팅 트로프(collecting trough) 내에 비산에 의하여 비축된 오일로 윤활되거나 채널(channel) 혹은 오일 회로를 통하여 중력식(gravity fed)으로 급유된다.

③ 실린더의 상부, 즉 피스톤, 피스톤 핀 등을 비산하는 오일보다 오일 증기(oil mist)에 의해 주로 급유된다. 이 오일 증기는 커넥팅 로드의 회전에 의하여 조성된다.

• 연료 여과기

㉠ 연료 여과기(fuel strainer)는 3단으로 사용되며, 첫째 여과기는 60~80mesh, 둘째 여과기는 150~200mesh, 셋째 여과기는 여과기의 통과 본체와의 0.03~0.05mm 정도의 틈새를 거쳐 기름이 여과된다. 오일 팬 내의 소정의 오일 수준을 유지하여야 한다.

㉡ 원활한 비산이 될 수 있도록 적당한 오일을 사용하여야 한다.

(2) 압송식(forced lubrication system)

① 압송식에서 오일을 크랭크축 베어링, 로커 암 축, 오일 및 유압 샌딩 유닛뿐만 아니라 피스톤 핀 베어링까지 오일 펌프에 의하여 압송된 오일에 의하여 윤활된다.

② 피스톤 핀 베어링은 커넥팅 로드의 소단부와 대단부 사이에 뚫린 오일 구멍을 통하여 윤활된다.

③ 피스톤과 실린더 벽과의 윤활은 피스톤 핀 베어링으로부터 유출되는 오일에 의하여 급유되는 형식과 커넥팅 로드 대단부의 비산 구멍을 통하여 비산식으로 윤활되는 형식이 있다.

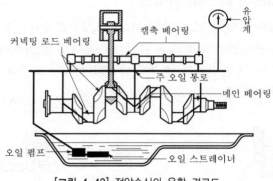

[그림 4-42] 전압송식의 윤활 경로도

(3) 비산 압송 조합식

피스톤 벽과 피스톤 핀과 크랭크 핀 부분을 커넥팅 로드의 주걱으로 비산시켜서 윤활하고 크랭크 베어링, 캠 베어링, 밸브 기구 등은 오일 펌프로 급유한다.

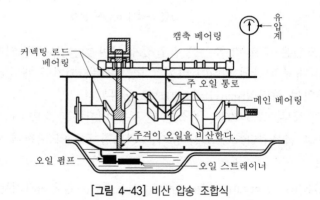

[그림 4-43] 비산 압송 조합식

❷ 윤활 관리

기계의 윤활 관리는 예방 정비 중에서 가장 중요하며 많은 기계 고장이 급유 부족 혹은 부적합한 윤활유의 사용에 그 원인이 있다. 즉 기계 각부의 윤활 작용이 불량하면 정비 이상으로 기계에 큰 영향을 주어 치명적인 고장을 일으키므로 운전원은 물론, 관리자도 주유 작업에 대하여 관심을 가져야 한다. 특히, 기계 대수가 많은 공사 현장에서는 적정한 윤활 관리를 위하여 운전원과 정비공 이외에 주유 작업을 담당하는 요원을 배치할 필요가 있으며 이 경우에 다음과 같은 효과를 얻는다.

① 적극적인 예방 정비의 이행이 가능하므로 기계 수명이 연장된다.

② 책임성 있는 주유 작업이 되므로 예방 정비의 질적 향상이 된다.

③ 전문적인 윤활 관리가 되므로 주유상의 과실이 없다.

④ 급유 방법과 급유량이 정확하므로 윤활유의 낭비를 방지한다.

<table>
<tr><td>Section 20</td><td>윤활유의 목적과 구비 조건 및 열화 방지법</td></tr>
</table>

1 목적

(1) 감마 작용(減摩作用)

금속과 금속 사이에 유막을 형성하며 직접 금속이 서로 접촉하지 못하게 하는 동시에 운동 부분을 원활하게 하여 마찰을 최소한으로 억제하여 마모를 감소시킨다.

(2) 밀봉 작용(密封作用)

피스톤과 피스톤 링 사이에 유막을 형성하여 가스의 누설을 방지하는 동시에 압축 압력을 유지한다.

(3) 냉각 작용

각 마찰은 습동 부분의 발생열을 오일이 흡수하고 이 열을 오일이 오일 팬으로 이송하여 냉각하기 때문에 기계 각 부분의 마찰열을 냉각하는 일을 한다.

(4) 소음 완화 작용

두 금속이 충돌 혹은 습동하여 회전, 습동시에 소음이 발생하며 마모가 촉진하는 일이 생기게 되는 것을 습동 부분을 유연하게 하여 마찰을 감소하는 일을 윤활유가 하게 된다.

(5) 청정 작용

금속과 금속이 마찰하는 부분에 금속이 마모하여 금속 가루가 생기는 것을 오일이 냉각하는 동시에 이것을 오일 팬으로 이송하여 청소하는 작용을 하게 되어 마찰 부분의 습동을 유연하게 한다.

(6) 부식 방지 작용

유막으로 외부의 공기나 수분을 차단함으로써 부식을 방지한다.

2 윤활유의 구비 조건

① 적당한 점도가 있고 유막이 강한 것
② 온도에 따르는 점도 변화가 적고 유성이 클 것
③ 인화점이 높고 발열이나 화염에 인화되지 않을 것
④ 중성이며 베어링이나 메탈을 부식시키지 않을 것
⑤ 사용 중에 변질이 되지 않으며 불순물이 잘 혼합되지 않을 것
⑥ 발생열을 흡수하여 열전도율이 좋을 것
⑦ 내열·내압성이면서 가격이 저렴할 것

3 윤활유 열화(熱火)의 방지법

① 안정도가 좋은 오일을 사용할 것
② 수분 혹은 불순불이 혼합되어 있지 않을 것
③ 일반적으로 사용 온도는 60℃를 초과하지 않을 것
④ 냉각기의 용량을 크게 하고 오일 입구 온도를 35℃ 정도로 유지할 것
⑤ 오일 여과기와 오일 냉각기의 청소를 충분히 할 것

Section 21
디젤 기관의 윤활유

1 개요

내연 기관에 사용된 오일은 운전 상태와 점도에 따라 S.A.E와 A.P.I(미국석유협회)로 분류하며 석유계의 윤활유로서 유효 성분 비점에 따라 분류하여 정제 처리한다.

2 디젤 기관의 윤활유 등급

(1) CA급(DG)

산화 방지제, 방청제, 청정제가 첨가되어 있으며 유황분이 적은 연료를 사용하고 마멸이나 침전물의 영향이 없는 경부하 조건에 사용된다.

(2) CB급(DM)

유황분이 많은 저질의 연료를 사용하여 경부하, 중부하의 운전 조건하에서 운전되는 디젤 기관 및 경부하 운전의 가솔린 기관에 사용된다.

(3) CC급(DM)

중부하, 고부하의 운전 조건하에서 운전되는 저과급의 디젤 기관 및 고부하 조건하에서 운전되는 가솔린 기관에 적용된다.

(4) CD급(DS)

고속, 고출력으로 과열, 가혹한 운전 조건하에서 운전되는 디젤 기관에 사용된다.

[표 4-8] SAE 신분류와 API 구분류와의 관계

SAE 신분류	API 구분류	기관 분류
SA	MC	가솔린 기관
SB	MM	
SC	MS	
SD		
CA	DG	디젤 기관
CB	DM	
CC		
CA	DS	

Section 22 윤활 계통의 고장 원인

❶ 오일 과다 소비

① 압축 압력 부족
  ㉠ 피스톤, 피스톤 링
  ㉡ 실린더의 마모, 손상
② 압축 압력 정상
  ㉠ 밸브 가이드와 밸브 스템의 마모
  ㉡ 밸브 가이드와 실의 파손
  ㉢ 오일 링의 불량
  ㉣ 외부의 불량

② 낮은 유압

① 오일량과 길이 불량
  ㉠ 오일의 점도가 낮다.
  ㉡ 오일의 불량
② 오일량과 길이 적당
  ㉠ 오일 조정기 불량
    ⓐ 스프링의 불량
    ⓑ 조정 불량
  ㉡ 오일 조정기 양호
    ⓐ 오일 여과기의 막힘
    ⓑ 오일 펌프의 불량
    ⓒ 오일 파이프와 파이프 유니언의 누출
    ⓓ 윤활유의 마모

③ 유압이 높음

① 유질 불량 : 오일 점도가 높음
② 유질 적당
  ㉠ 오일 조정기의 스프링의 과도한 강도의 조정
  ㉡ 오일 조정기는 양호, 오일 통로의 막힘

Section 23

흡 · 배기 장치

① 개요

기관에 흡입되는 공기를 깨끗하게 하여 연소실에 공급함으로써 기관 각 부분에 부품의 수명연장과 흡입 능률을 향상시켜서 기관의 발생 마력을 증대하는 동시에 배기 가스의 농도를 희박하게 하며 공해를 감소시키고, 배기 가스를 이용하여 흡입되는 공기를 가열 · 압송하여 연소 효율을 증대시킨다.

❷ 흡 · 배기 장치

(1) 공기 청정기(air cleaner)

① 공기 중에는 먼지, 모래, 알루미나, 카본, 시멘트 등의 먼지가 기관에 유해한 성분으로 남아서 실린더나 피스톤 등에 손상을 주고 기관의 오일을 혼탁하게 하며 윤활 부분의 마모를 빠르게 한다.
② 이것은 기관의 성능 발휘에 필요한 것으로 장기간 사용에 손질이 편리한 것이어야 한다.
③ 종류로는 건식과 습식으로 분류된다.

(2) 흡입 다기관(intace manifold)

기관의 온도가 낮은 경우에는 연료의 혼합이 불량하게 되므로 다기관 내에 기관의 냉각 계통의 온수를 통과시키거나 또는 배기 가스의 열을 이용하여 다기관을 가온되게 하여 연료와 혼입 공기를 잘 혼합하는 구조이다.

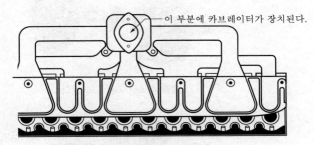

이 부분에 카브레이터가 장치된다.

[그림 4-44] 흡입 다기관

(3) 소음기, 배기 파이프

소음기는 기관의 배기음을 소멸시키고, 배기 파이프는 배기 가스를 소음기나 외부로 인도하는 일을 한다.

1) 소음기

기관의 배기음은 대기 중에 방출되는 고온, 고압(보통 600~800℃, 30~35kg/cm² 정도)의 배기가스가 급격하게 팽창하여 발생되는 것으로 소음기는 배기가스의 온도와 압력을 하강시켜서 외기에 방출하는 구조이다.

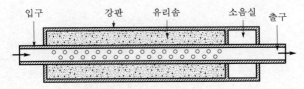

입구   강판   유리솜   소음실   출구

[그림 4-45] 소음기의 구조

2) 배기 파이프

배기가스의 방출 방향이나 소음기 부착 방향에 따라서 배기가스를 유도하는 파이프를 말하며 배기가스의 열을 외부에 발산하는 일을 한다.

(4) 터보 과급기(Turbo-charger)

배기가스에 의하여 구동되는 것으로 실린더 내에서 연소한 가스를 소기할 뿐만 아니라 자연공기보다 더 큰 밀도의 공기를 실린더에 공급함으로써 다음과 같은 역할을 한다.

① 출력이 증가한다.

② 연료 소비율이 향상된다.

③ 냉각 손실이 줄어든다.

④ 압축 온도 상승으로 착화 지연이 짧다.

[그림 4-46] 과급기의 로터

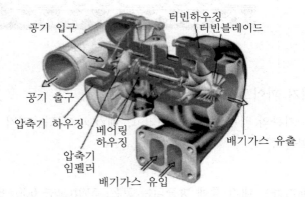

[그림 4-47] 배기 터빈 과급기의 동작

Section 24 냉각 장치

① 개요

작동 중인 기관을 냉각하며 기관의 온도를 알맞게 유지하는 장치로서 연소 기간 중에 실린더 내에서 연소되는 가스의 온도는 2,000~3,000℃까지 도달되면 이 연소열은 실린더 벽, 실린더 헤드, 피스톤, 밸브, 기타 부분에 전달된다.

② 냉각 장치

(1) 종류

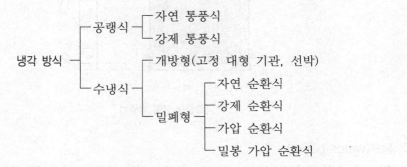

(2) 구조와 기능

수냉식 냉각 장치의 구조는 방열기(radiator), 물 펌프(water pump), 냉각 팬(cooling fan), 정온기(thermostat) 등으로 구성된다.

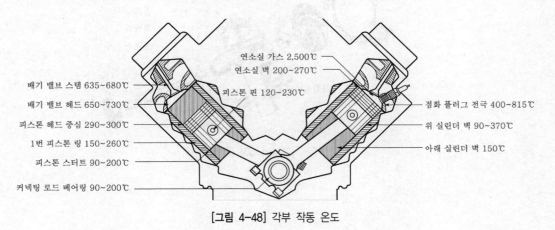

연소실 가스 2,500℃
연소실 벽 200~270℃
배기 밸브 스템 635~680℃
배기 밸브 헤드 650~730℃
피스톤 핀 120~230℃
피스톤 헤드 중심 290~300℃
1번 피스톤 링 150~260℃
피스톤 스커트 90~200℃
커넥팅 로드 베어링 90~200℃
점화 플러그 전극 400~815℃
위 실린더 벽 90~370℃
아래 실린더 벽 150℃

[그림 4-48] 각부 작동 온도

1) 방열기(radiator)

기관에서 발생하는 열을 냉각수로 냉각하는 장치로서 냉각수가 방열이 코어를 통과할 때에 자동차의 속도와 냉각 팬으로 인하여 유입되는 공기로 냉각된다.

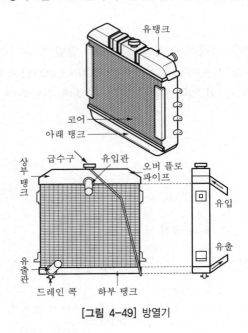

[그림 4-49] 방열기

2) 물 펌프(water pump)

냉각수를 순환시켜서 기관을 냉각하는 장치로서 보통 원심식 물 펌프를 많이 사용하며 배기량이 큰 기관일수록 총 수량이 큰 펌프를 사용한다.

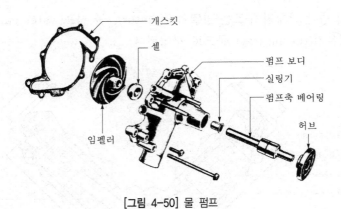

[그림 4-50] 물 펌프

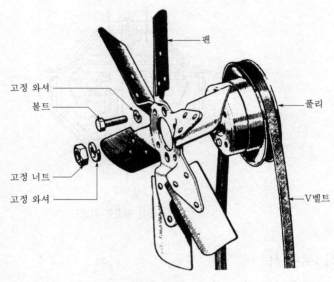

[그림 4-51] 냉각 팬

3) 냉각 팬

팬은 방열기 뒤에 부착하여 회전하고 다량의 공기를 방열기 코어를 통하여 흡입 방열기의 냉각 효율을 올려주며, 팬 벨트(구동 벨트)는 크랭크축의 회전을 크랭크 풀리에서 구동 벨트 풀리, 발전기 풀리로 전달하는 일을 한다.

4) 정온기(thermostat)

냉각수의 온도를 조절하는 장치로 기관의 방열기와 송수로를 냉각수의 온도에 따라 개폐하여 기관의 과열과 과냉을 방지, 냉각수를 적당한 온도로 유지하는 일을 한다. 형식에는 바이메탈형, 벨로스형, 펠릿형(왁스) 등이 있으나 현재는 벨로스형과 펠릿형을 가장 많이 사용하고 있다.

[그림 4-52] 벨로스형 정온기

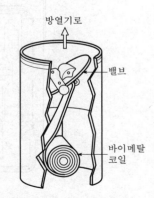

[그림 4-53] 바이메탈 정온기

제4장 디젤 기관　**435**

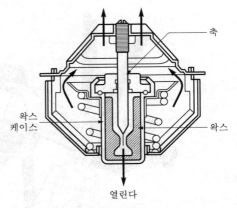

[그림 4-54] 펠릿형 정온기

(3) 냉각 방식 : 수냉식

1) 자연 순환식(natural water circulation system)

냉각수를 자연 대류 현상으로 순환시키므로 냉각 효과가 좋지 못하여 현재 사용하지 않는다.

2) 강제 순환식

물 펌프로 강제 순환하는 형식으로 냉수의 온도 차이가 작으며 기관 냉각을 균일하게 할 수 있다.

3) 가압식(pressure type)

냉각 계통 내를 밀폐하여 냉각수가 가열 팽창할 때의 압력으로 냉각수를 가압하여 냉각수의 비등 온도를 올려 냉각수가 비등하기 어려운 상태로 하여 냉각의 효과를 향상 시키는 방법이다.

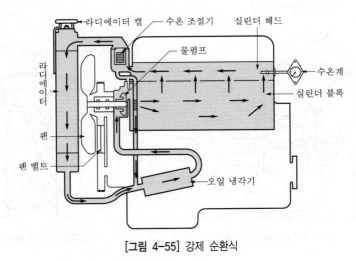

[그림 4-55] 강제 순환식

4) 밀봉 가압식

가압식은 방열기 캡에서 압력을 조절하여 냉각수가 가열 팽창할 때에 오버 플로 파이프에서 팽창한 양 정도의 냉각수만 유출하나 밀봉 가압식 등에서는 방열 캡을 밀봉하여 방열기 이외에 냉각수의 팽창실을 두거나 예비 탱크를 설치하여 냉각수가 외부로 유출하는 것을 막는 구조이다.

Section 25
크랭크축의 절손 원인

1 개요

폭발 압력으로 인하여 단속적으로 큰 힘을 받으며 고속 회전하는 크랭크축은 마찰 부분의 마모, 비틀림, 굽힘 등의 고장이 생기기 쉽다. 이외에 자동차는 발진이나 정지 시에 관성, 클러치의 단속으로 인한 축방향의 운동, 고속 회전으로 인한 원심력 등으로 고장이 발생한다. 이러한 고장 원인은 다음과 같다.

2 크랭크축의 절손 원인

(1) 크랭크축의 굽힘

크랭크 저널이나 저널 베어링이 마모되면 크랭크 핀 부분에 가해지는 폭발 압력으로 인하여 크랭크축이 굽게 된다. 이러한 굽힘은 마모를 촉진하여 더욱 굽힘이 심해진다.

(2) 타원 마모

크랭크 저널이나 크랭크 핀은 폭발 압력이나 압축 압력을 받는 장소가 일정하여 타원에 가까운 형태로 마모된다.

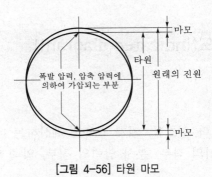

[그림 4-56] 타원 마모

(3) 경사 마모

크랭크축의 굽힘이나 비틀림, 피스톤 핀 구멍의 평형도의 어긋남, 베어링 캡의 비틀림이나 실린더 블록의 비틀림 등의 불량한 상태는 경사 마모가 생기는 원인이 된다. 일반적으로 크랭크 핀 방향에 경사 마모가 발생된다.

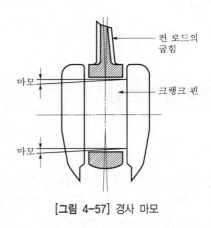

[그림 4-57] 경사 마모

(4) 축방향의 유격

자동차의 관성이나 클러치의 단속으로 인한 크랭크축의 이동으로 축방향의 유격이 크면 커넥팅 로드의 굽힘, 커넥팅 로드 베어링이나 크랭크 핀의 편마모, 피스톤과 실린더의 마모 등이 증대된다.

(5) 일반적인 마모

보통 베어링은 양단을 모따기하고 있으며 크랭크 베어링은 중앙 부분에 오일 홈을 둔것이 많다. 이러한 부분은 마모가 적어서 크랭크 핀 부분이나 저널 부분에서 마모가 별로 없다.

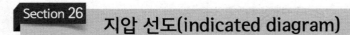

Section 26
지압 선도(indicated diagram)

① 개요

지압도는 지시 마력, 열효율, 기계 효율을 계산하는 데 필요할 뿐만 아니라, 연료 분사 밸브의 개폐 시기의 적부, 분사 압력의 적부, 압축 압력의 고저, 점화 시기의 지연과 빠름, 흡입 배기 밸브의 양부 등을 조사·연구하여 기관을 가장 효율적으로 운전할 수 있게 하는 데 필요하다.

❷ 지압 선도(indicated diagram)

4사이클 기관의 지압도는 [그림 4-58]과 같다.

① a–b : 흡기 행정의 압력 변화를 표시하고, 밸브 및 흡입관 등의 저항으로 대기압보다 낮다.

② b–c : 압축 행정 중의 압력 변화

③ c–d : 폭발

④ d–e–f : 팽창 행정

⑤ e : 배기 밸브 열림

⑥ e–f : 배기

⑦ f–a : 배기 행정으로 압력은 대기압보다 높다.

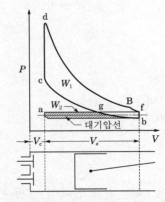

[그림 4-58] 4사이클 디젤 기관의 지압도

Section 27 디젤 기관의 성능(열효율)

❶ 개요

내연 기관에서 열효율(efficiency)이란 일로 변화될 수 있는 열량이다.

2 디젤 기관의 성능(열효율)

(1) 이론적 열효율(theoretical thermal efficiency)

$$\eta_{th} = \frac{A W_{th}}{Q_1} = \frac{Q_1 - Q_2}{Q_1} = 1 - \frac{Q_2}{Q_1}$$

여기서, Q_1 : 사이클에 공급된 열량
Q_2 : 사이클에 손실된 열량
W_{th} : 사이클 중의 이론적인 일

(2) 도시 열효율(indicated thermal efficiency)

도시 열효율이란 실린더 내에서 연소된 가스가 피스톤에 하는 도시 일(indicated work)과 공급된 총 열량과의 비

$$\eta_i = \frac{A W_i}{Q_1} = \frac{\text{도시 일에 상당하는 열량}}{\text{총 공급 열량}}$$

$$= \frac{632.3 N_i}{B H_L}$$

여기서, N_i : 도시 마력(PS)
B : 연료 소비량(kg/h)
H_L : 저위 발열량(kcal/kg)
1PSh=632.3kcal

• $\eta_i < \eta_{th}$의 원인

① 후연소 : 시간적 지연에 의한 최고 압력이 낮게 된다.
② 흡기, 배기에 따르는 펌프 손실
③ 동작 가스의 누출
④ 실린더 벽으로 인한 열의 손실

(3) 정미 열효율(net horse power efficiency)

도시 일 부분에서 운동 부분의 마찰, 밸브 펌프, 기타의 보조 장치를 가동하는 데 필요한 일을 뺀 것이 유효열(W_e)이며 실제로는 기관의 축에서 얻는 동력을 정미 마력(net horse power)이라 하고 정미 마력 열효율이란 이 유효한 일과 총 열량과의 비가 된다.

$$\eta_e = \frac{632.3 N_e}{B H_l} = \frac{\text{유효한 일}}{\text{총 공급 열량}} = \frac{A W_e}{Q_1}$$

여기서, N_e : 정미 마력(PS)

(4) 기계 효율(mechanical efficiency)

축마력(정미 마력)과 도시 마력과의 비

$$\eta_m = \frac{\eta_e}{\eta_i}$$

도시 마력과 정미 마력의 차이는 기계의 마찰 혹은 보조 장치 등의 운전에 소비되는 부분으로 이것을 기계적 손실 마력이라 하며 가장 큰 손실은 피스톤 링의 마찰 손실이다.

(5) 선도 계수(diagram factor)

도시 열효율 η_i와 이론 열효율 η_{th}의 비

$$\eta_d = \frac{\eta_i}{\eta_{th}}$$

Section 28

디젤 사이클(정압 사이클)

1 개요

단열 압축하여 고온·고압으로 만들면 점화하지 않아도 분사된 연료가 자연 착화되며 일정한 압력하에서 연소하게 된다. 이와 같은 기관을 압축 착화 기관이라고 하며 저속 디젤 기관의 기본 사이클이다.

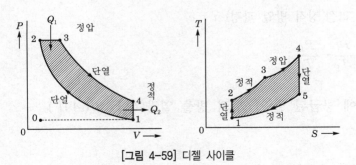

[그림 4-59] 디젤 사이클

② 디젤 사이클(정압 사이클)

(1) 사이클의 구성

1) 1 → 2 과정(단열 압축 과정) $Pv^k = c$

$$\frac{T_2}{T_1} = \left(\frac{v_1}{v_2}\right)^{k-1} = \varepsilon^{k-1}$$

여기서, ε : 압축비(compression ratio)$= \dfrac{v_1}{v_2}$

$$T_2 = T_1\left(\frac{v_1}{v_2}\right)^{k-1} = T_1\varepsilon^{k-1}$$

2) 2 → 3 과정(정압 가열 과정) $P = c$

$$\frac{T_3}{T_2} = \left(\frac{v_3}{v_2}\right)$$

$$T_3 = T_2\left(\frac{v_3}{v_2}\right) = \delta\varepsilon^{k-1}T_1$$

여기서, δ : 체절비, 연료 단절비(fuel cut off ratio)$= \dfrac{v_3}{v_2}$

3) 3 → 4 과정(단열 팽창 과정) $Pv^k = c$

$$\frac{T_4}{T_3} = \left(\frac{v_3}{v_4}\right)^{k-1} = \left(\frac{P_4}{P_3}\right)^{k-1/k}$$

$$T_4 = T_3\left(\frac{v_3}{v_4}\right)^{k-1} = T_3\left(\frac{v_3}{v_2}\frac{v_2}{v_4}\right)^{k-1} = T_1\varepsilon^{k-1}T_1\left(\delta\frac{1}{\varepsilon}\right)^{k-1} = \delta^k T_1$$

4) 4 → 1 과정(정적 방열 과정) $v = c$

$$\frac{P_1}{T_1} = \frac{P_4}{T_4}$$

(2) 사이클에 공급된 열량(Q_1)과 방출 열량(Q_2), 일(AW)

$$Q_1 = GC_p(T_3 - T_2)$$
$$Q_2 = GC_v(T_4 - T_1)$$

$\Leftarrow$

$$dq = du + pdv$$
$$dq = dh - vdp$$
$$C_v = \left(\frac{\partial u}{\partial T}\right)_v, \quad C_p = \left(\frac{\partial h}{\partial T}\right)_P$$

$$AW = Q_1 - Q_2 = GC_P(T_3 - T_2) - GC_V(T_4 - T_1)$$

$$단, \ A = \frac{1}{427} [\text{kcal/kg} \cdot \text{m}]$$

(3) 열효율(η_{thd})

$$\eta_{thd} = 1 - \frac{Q_2}{Q_1} = 1 - \frac{GC_v(T_4 - T_1)}{GC_p(T_3 - T_2)} = 1 - \frac{T_4 - T_1}{k(T_3 - T_1)}$$

$$= 1 - \frac{\delta^k T_1 - T_1}{k(\delta T_1 \varepsilon^{k-1} - T_1 \varepsilon^{k-1})} = 1 - \frac{T_1(\delta^k - 1)}{k T_1 \varepsilon^{k-1}(\delta - 1)}$$

$$= 1 - \frac{\delta^{k-1}}{\varepsilon^{k-1} k(\delta - 1)}$$

여기서, k : 공기 비열비 $= \dfrac{C_p}{C_v}$

(4) 평균 유효 압력(P_m)

① 이론적 평균 유효 압력 P_{mth}

② 도시 평균 유효 압력 P_{mi}

③ 정미 평균 유효 압력 P_{me}

$$P_m = \frac{W}{V_1 - V_2} = \frac{\eta_{thd} Q_1}{A(V_1 - V_2)} = \frac{\eta_{thd} Q_1}{A V_1 \left(1 - \dfrac{V_2}{V_1}\right)}$$

$$= \frac{P_1 Q_1 \eta_{thd}}{GART_1 \left(1 - \dfrac{1}{\varepsilon}\right)} = \frac{P_1 Q_1}{GART_1} \frac{\varepsilon}{\varepsilon - 1} \left[1 - \frac{1}{\varepsilon^{k-1}} \frac{\delta^{k-1}}{k(\delta - 1)}\right]$$

1사이클의 일을 행정 용적으로 나눈 것으로 배기량, 회전 속도가 다른 기관의 성능을 비교할 때에 사용된다.

(5) 연료 소비율 : f_e [kg/PS · h]

$$\eta_e = \frac{632.3 N_e}{H_l f_e}$$

여기서, η_e : 제동 열효율, N_e : 축마력, H_l : 저위 발열량

예제

실린더 지름 120mm, 피스톤 행정 150mm, 회전수 1,600rpm인 건설기계용 4-사이클 6실린더 디젤 기관이 있다. 저발열량이 10,250kcal/kg인 연료를 사용해서 이 기관을 운전하였을 때 연료 소비량이 22kg/h로서 축마력 115PS이었다. 다음을 구하여라.

① 제동 열효율
② 연료 소비율
③ 제동 평균 유효 압력

풀이 $H_l = 10,250$kcal/kg, $B = 22$kg/h, $N_e = 115$PS

① 제동 열효율(η_e)

$$\eta_e = \frac{632.3 N_e}{H_l B} = \frac{623.3}{H_l f_e} = 0.323$$

② 연료 소비율(f_e)

$$\eta_e = \frac{632.3}{H_l f_e} \rightarrow f_e = \frac{632.3}{H_l \eta_e} = \frac{632.3}{10,250 \times 0.322} = 0.19 \text{kg/h}$$

③ 제동 평균 유효 장력(P_m)

$$V_2 - V_1 = n\frac{\pi}{4}d^2 l = 6 \times \frac{\pi}{4} \times 0.12^2 \times 0.15 = 0.01 \text{m}^3$$

$$W = 716,200\frac{H}{N} = 716,200 \times \frac{115}{1,600} = 51.46 \text{kg} \cdot \text{m}$$

일=제동 torque

$$\therefore P_m = \frac{W}{V_2 - V_1} = \frac{51.46}{0.01} = 5,146 \text{kg/m}^2$$

Section 29

피스톤 동력 및 속도

① 개요

크랭크 반지름 r, 각속도 ω와 커넥팅 로드(connecting rod)의 길이를 L이라 하면 피스톤 핀(piston pin) P점에서 크랭크 중심 0까지의 거리 x는 크랭크(crank)가 θ의 위치에 있을 때 피스톤 각과 피스톤의 작용 관계를 살펴보면 다음과 같다.

❷ 피스톤 동력 및 속도

(1) 동력 : P [PS]

$$P = \frac{Fv}{75} \, (F : \mathrm{kgf}, \ v : \mathrm{m/s})$$

$$F = p \frac{\pi d^2}{4}$$

여기서, F : 피스톤력, p : 평균 유효 압력

(2) 피스톤의 속도 : v

$$x = -r\cos\theta + \sqrt{l^2 - r^2\sin^2\theta} = -r\cos\theta + l\left(1 - \frac{r^2}{l^2}\sin^2\theta\right)^{1/2}$$

$\left(1 - \dfrac{r^2}{l^2}\sin^2\theta\right)^{1/2}$ 을 2항 정리를 이용해서 전개하면

$\therefore$ 고차항 생략

$$\left(1 - \frac{r^2}{l^2}\sin^2\theta\right)^{1/2} = 1 - \frac{1}{2}\frac{r^2}{l^2}\sin^2\theta + \cdots$$

$$\therefore \ x = l\left(1 - \frac{1}{2}\frac{r^2}{l^2}\sin^2\theta\right) - r\cos\theta$$

피스톤 속도 $v = \dfrac{dx}{dt} = \dfrac{dx}{d\theta}\dfrac{d\theta}{dt} = \dfrac{dx}{d\theta}\omega$

$$\therefore \ v = r\omega\left(\sin\theta - \frac{1}{2}\frac{r}{l}\sin 2\theta\right) \quad v = r\omega\sin\theta \leftarrow ig\, l \gg r$$

여기서, 행정 $L = 2r$ 이다.

(3) Torque : T

$$T = 716,200\frac{H}{N} \, [\mathrm{kgf \cdot mm}]$$

(4) 가속도 : a

$$a = \frac{du}{dt} = \frac{du}{d\theta}\frac{d\theta}{dt} = r\omega^2\cos\theta \leftarrow ig\, l \gg r$$

예제

다음의 engine이 있다. cylinder 직경 440mm, piston stroke 650mm, 회전수 280rpm, 평균 유효 압력 9.3kg/cm², cylinder 수 8이다. 다음을 구하여라.

① piston 속도

② 발생 동력

③ torque

풀이 D=440mm, $2r$=650mm, N=280rpm, p=9.3kg/cm², n=8개

각속도 $\omega = \dfrac{2\pi}{60} N = \dfrac{2\pi}{60} \times 280 = 29.32 \text{rad/s}$

r=325mm

① 피스톤 속도

$$v = r\omega \left(\sin\theta - \frac{1}{2} \frac{r}{l} \sin 2\theta \right)$$

$$= 0.325 \times 29.32 \left(\sin\theta - \frac{1}{2} \frac{r}{l} \sin 2\theta \right)$$

$$= 9.529 \left(\sin\theta - \frac{1}{2} \frac{r}{l} \sin 2\theta \right) [\text{m/s}]$$

$$v_{\max} = v_{90°} = 9.529 \text{m/s} \leftarrow l \gg r$$

② 발생 동력 : P

$$P = n \frac{Fv}{75}$$

$$F = p \frac{\pi D^2}{4} = 9.3 \times 10^4 \times \frac{\pi \times 0.44^2}{4} = 14,141 \text{kgf}$$

$$P = \frac{8 \times 14,141 \times 9.529}{75} \left(\sin\theta - \frac{1}{2} \frac{r}{l} \sin 2\theta \right)$$

$$= 14372.3 \left(\sin\theta - \frac{1}{2} \frac{r}{l} \sin 2\theta \right)$$

$$P_{\max} = P_{\theta = 90°} = 14372.3 \text{PS}$$

③ torque : T ← 피스톤 한 개의 torque

$$T_{\theta = 90°} = 716,200 \frac{H}{N} = 716,200 \frac{P/\delta}{N} = 716,200 \times \frac{1796.5}{280}$$

$$= 4595286.3 \text{kgf} \cdot \text{mm}$$

Section 30 내연 기관의 압축비

① 정의

[그림 4-60]에서 피스톤이 하사점에 있을 때의 피스톤 상부의 용적 $V+V_c$와 피스톤이 상사점에 있을 때의 연소실의 용적 V_c와의 비를 압축비라고 하며, 압축비 R은

$$R=\frac{V+V_c}{V_c}=\frac{V}{V_c}+1$$

로 나타낸다.

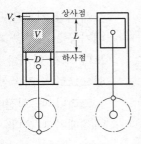

[그림 4-60] 압축비

② 특징

압축비를 높게 하면 열효율이 좋아지므로 출력을 높이거나 연료 소비율을 작게 할 수 있다. 그러나 압축비는 함부로 높여서는 안 되며, 장해가 되는 것이 노킹(knocking)이다. 가솔린 기관의 압축비는 보통 7~11 : 1 정도이고, 디젤 기관의 경우보다 낮다.

Section 31 2행정 기관의 소기 방법

① 2행정 기관의 소기 방법

피스톤이 내려갈 때 소기(흡기) 구멍이 열리면, 크랭크실 안의 혼합기가 이 구멍을 통해 실린더 안으로 흘러 들어간다. 이때 남아 있는 연소 가스를 배기 구멍으로 소기하면서 실린더 안을 채운다.

이와 같은 가스 교환 과정은 피스톤이 하사점을 지나 다시 상승하여 먼저 소기 구멍을 닫고 이어서 배기 구멍을 다시 닫으면 완료한다. 위와 같이 크랭크축 1회전, 즉 2행정으로 1사이클을 구성하는 것을 2행정 사이클 기관(2 strok cycle engine)이라 하며, 줄여서 2사이클 기관이라 한다.

Section 32 | 4사이클 기관과 2사이클 기관의 비교

1 개요

사이클 기관은 구조를 간단히 하기 위해 흡기 밸브와 배기 밸브가 생략되고, 소기공과 배기공을 설치한 기관이다. 소기공과 배기공은 실린더 하단에 설치하고 배기공을 소기공보다 크게 하거나 소기공보다 위에 설치한다. 이 때문에 소기공이 닫혀도 배기공이 열려 있으므로 단락손실이 심하다.

그러나 매 회전마다 폭발하므로 회전력이 균일하고, 같은 크기의 행정 체적에서 출력이 2배가 나온다.

2 4사이클 기관과 2사이클 기관의 비교

4사이클 기관과 2사이클 기관의 장점과 단점을 요약하면 다음과 같다.

(1) 4사이클 기관의 장점

① 연료 소비율이 낮고 열효율이 높다.
② 시동이 용이하다.
③ 행정이 각각이므로 체적 효율이 높다.
④ 저속 및 고속 회전을 할 수 있다.
⑤ 정속전을 할 수 있다.

(2) 4사이클 기관의 단점

① 회전력이 불균일하고 플라이휠이 크다.
② 구조가 복잡하다.
③ 마력당 중량이 무겁다.

(3) 2사이클 기관의 장점

① 매 회전마다 폭발이 일어나므로 출력이 2배이다(실제 1.7~1.8배).
② 밸브가 없으므로 구조가 간단하다.
③ 역회전이 가능하다.
④ 회전력이 균일하여 플라이휠이 작다.

(4) 2사이클 기관의 단점

① 체적 효율이 낮다.

② 소기 펌프가 필요하다.

③ 유효 행정이 작아 유효 일량이 적다.

④ 윤활유 소비량이 많다.

⑤ 소기공, 배기공 때문에 피스톤 링의 파손이 많다.

⑥ 저속과 고속에서 역화가 일어난다.

Section 33
inter cooler

① 개요

inter cooler는 impeller와 흡기 다기관 사이에 설치되어 과급된 공기를 냉각시키는 역할을 한다. impeller에 의해서 과급된 공기는 온도가 상승함과 동시에 공기 밀도의 증대 비율이 감소하여 노킹이 발생되거나 충전 효율이 저하된다. 따라서 이러한 현상을 방지하기 위하여 radiator와 비슷한 구조로 설계하여 냉각 fan에 의하여 공급되는 공기로 냉각시키는 공랭식과 냉각수를 이용하여 냉각시키는 수냉식이 있다.

② inter cooler

(1) 공랭식 inter cooler

냉각 fan에 의해서 공급되는 공기로 과급 공기를 냉각시키는 방식으로 수냉식에 비해서 구조는 간단하지만 냉각 효율이 떨어진다. 따라서 주행 속도가 빠를수록 냉각 효율이 높기 때문에 turbo engine을 사용한 차량에서 사용한다.

(2) 수냉식 inter cooler

radiator의 냉각수를 순환시켜 과급 공기를 냉각시키는 방식으로 흡입 공기 온도가 200℃ 이상인 경우에는 80~90℃의 냉각수로 냉각시킴과 동시에 냉각 fan에 의하여 공급되는 공기를 이용하여 공랭을 겸하고 있다.

공랭식에 비하여 구조는 복잡하지만 저속에서도 냉각 효율이 좋은 특징이 있다.

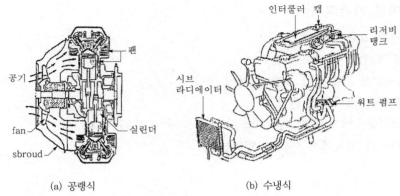

(a) 공랭식   (b) 수냉식

[그림 4-61] 인터쿨러 설치 위치

Section 34 엔진의 성능 평가 방법

① 출력 성능

① 출력
  ㉠ 단위 중량당 마력, 실린더 용적당 마력
  ㉡ 건설기계 실용 정격 마력 적용(실용 최대 마력의 85% 부하에서 10시간 이상 연속
     운전할 수 있는 출력)
② 토크 및 회전 속도(rpm)
③ 열효율
④ 출력 성능 향상 대책
  ㉠ 1실린더의 체적을 증가
  ㉡ 실린더 수를 증가
  ㉢ 회전 속도를 증가
  ㉣ 평균 유효압을 증가

② 경제 성능

① 연료 소비율 : 연료비
② 윤활유 소비량 : 윤활유비
③ 구입비 : 감가상각비
④ 내용연수 : 감가상각비
⑤ 고장률 : 가동률, 수리비

③ 인간 공학적 성능

① 취급성과 시동성
② 운전성 : 안정성
③ 정비성 : 난이성
④ 외관 : design

④ 사회적 성능

① 배기의 공해성 : 매연, 취기(악취), 유독성, 배출열 등
② 소음 및 진동의 공해성

⑤ 형태 성능

① 중량(엔진의 무게) : 경, 중
② 용적(엔진이 점유하는 공간 크기) : 고, 폭, 장

⑥ 내구 성능, 신뢰 성능

사용자측에서 가장 중요시되는 성능으로서 운전 성능이 우열을 지배하는 중요한 요소이다. 신뢰성이 높은 엔진이면 고장 수리, 보수, 점검 등의 노력과 비용을 절약할 수 있고 엔진의 가동률도 높기 때문에 경제성과 사회적인 면에서 중요한 의미를 갖는다.

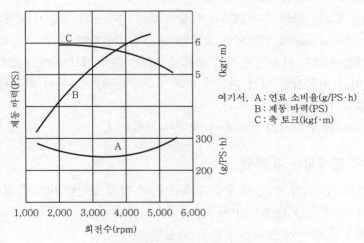

[그림 4-62] 디젤 기관의 성능 곡선

엔진 성능은 각종 기어류, 유압 펌프 등을 통과하면서 출력이 떨어지게 되며 성능의 중요한 기준치는 연료 소비율로 나타내며 소비율이 작을수록 효율적이다.

$$\text{연료 소비율} = \frac{\text{연소된 연료량}}{\text{제동 마력} \times \text{시간}}[\text{g/PS} \cdot \text{hr}]$$

Section 35 내연 기관에서 과열 및 과냉 시 발생되는 문제점

1 개요

내연 기관에서 연소할 때 실린더 내의 온도는 2,000~2,500℃에 이르며 이 열은 기관의 부품에 전도되어 여러 가지 열적 장해를 일으킨다. 이를 방지하기 위하여 냉각이 필요한데 오히려 과한 냉각은 연소가 불량하게 되어 이로 인한 성능에 문제가 발생되므로 항상 적정 온도를 유지하도록 하여야 한다.

2 문제점

(1) 과열 시 발생되는 문제점

① 재료의 강도 저하 : Al 합금은 200℃ 이상에서 연화(상온에서의 1/3 강도)되어 피스톤 링의 홈이 크립(creep)에 의해 변형될 수 있다.
② 상단 피스톤 링의 홈이 200℃ 이상이 되면 윤활유의 성능이 저하되고 분해된 윤활유가 piston ring에 축적되어 고착화 현상이 발생한다.
③ 열변형에 의한 기계적 손실이 생길 수 있다. 흡기 밸브와 배기 밸브 사이의 온도 구배에 따른 반복적인 열적 피로에 따라 valve bridge 부분이 파괴될 수 있다.
④ 윤활유가 열화된다.
⑤ 조기 점화나 노크가 발생하여 출력이 저하된다.

(2) 과냉 시 발생되는 문제점

① 미연소 가스(CO, SO_2)가 수증기(응축수)와 함께 실린더 내로 흡입됨으로써 윤활 불량이나 부식 등을 발생시킨다.
② 윤활유의 점성이 높아져서 마찰 손실이 커진다.
③ 연소 불량으로 열효율이 저하된다.
④ 연료 소비율이 증가된다.
⑤ 베어링부의 마멸을 촉진시킨다.

③ 결론

기관 각부의 과열을 방지하여 부품의 내구성 및 신뢰성을 확보하고 윤활유의 열화와 윤활 성능의 저하를 방지하며, 연소실의 온도를 출력, 연비, 배기 성능 관점에서 최적의 온도로 유지한다.

냉각수의 출구 온도는 70~80℃, 윤활유의 온도는 60~70℃로 유지하는 것이 중요하다.

Section 36 내연 기관의 마력

① 개요

마력이란 기관의 힘(工率)을 나타내는 단위이며 단위 시간에 하는 일의 양을 말한다. 마력에는 불마력과 영마력의 두 가지가 있다.

불마력의 단위 기호는 PS(독일어의 Pferde Starke)를 쓰고, 영마력은 HP(Horse Power)를 쓴다.

1불마력은 75kg의 물건을 1초 동안에 1m 들어올리는 힘을 말하며, 1PS=75kg·m/s이다.

$$1HP=550ft, \quad 1b/s ≒ 1.014PS$$

② 내연 기관의 마력

내연 기관의 마력은 다음과 같다.

① 제동 마력(정미 마력, Brake Horse Power ; BHP) : 실제로 기관 크랭크축에서 발생하여 유효한 일을 할 수 있는 마력

② 도시 마력(지시 마력, Indicated Horse Power ; IHP) : 실린더 내에서 발생한 출력을 폭발 압력에서 직접 측정한 마력

③ 마찰 마력(손실 마력, Friction Horse Power ; FHP) : 기계 마찰 등으로 손실되어 유효한 일을 할 수 없는 마력

$$BHP=IHP-FHP$$

④ 기계 효율 : 기관의 기계 효율은 일반적으로 4사이클 기관이 80~85%, 2사이클 기관이 60~83% 정도다.

$$기계 \ 효율(\eta) = \frac{BHP}{IHP} \times 100\%$$

Section 37 배기가스 발생 기구 및 저감 대책

1 배기가스의 발생 현상

자동차 배기가스의 유해 성분의 발생은 대부분이 연소 문제에 기인하며 이의 개선을 위하여 연소에 관한 연구가 있어 왔으나 연소에 국한되는 문제로의 해결에는 어느 정도 한계 상황에 봉착한 실정으로 인정되기도 하는데, 이는 주로 유해한 CO, HC, NO_x의 배기가스 발생 원인 및 저감 대책이 서로 상반되는 경우가 되기 때문이다.

완전 연소를 시켜 배기가스를 CO_2, HO_2로 배출되도록 한다면 연소 최고 온도가 상승하여 오히려 NO_x의 배출 농도가 증가하는 원인이 되기 때문이다.

일반적으로 배기가스의 농도는 연료-공기의 혼합비에 의하여 가장 크게 변동하며 이에 따른 배기가스의 배출 경향은 다음과 같다.

2 배기가스의 발생 기구

(1) CO 가스

산소가 부족한 상태에서 연소에 의하여 발생하며 CO 가스의 농도에 영향을 주는 인자는 거의 공기비 뿐이다.

일반적으로 기관에서는 아이들링 때나 최고 출력 부근에서 혼합비를 다소 농후하게 하여 운전함으로써 운전의 안전성과 필요한 출력을 확보하지만 CO 농도를 저감하기 위해서는 언제나 희박한 혼합기를 사용할 필요가 있으며 희박한 혼합기를 유효하게 완전 연소시키는 CVCC(복합 와류 조속 연소) 등의 기술이 적용된다.

(2) HC 가스

연료가 완전 연소되지 않고 배출되는 것으로 CO_2 가스와 같이 산소와 충분히 접촉하여 완전연소시킴으로써 저감할 수 있다.

CO를 저감할 목적으로 일방적 희박 혼합기를 공급하면 실화(missfire)하여 HC 가스의 농도가 증가하는 원인이 되므로 희박 혼합기를 실화없이 완전 연소시키는 기술이 요구된다. 또한 연료 탱크 및 실린더에서의 blow-by 가스의 누출에 대한 방지 및 회수 대책도 강구되어야 한다.

(3) NO_x 가스

NO_x는 연소 온도가 높을수록 많이 배출되며 압축비를 높여 열효율을 높일수록 많이 배출된다. 따라서 CO나 HC 가스의 저감 대책이 상반되어 전반적인 배기가스의 저감 대책에

어려움이 있는 것이며 연소 최고 온도를 낮추는 방법은 압축비를 낮추고 점화 시기를 지연시키며 배기가스의 일부를 재순환시켜 재연소시키는 EGR(Exhaust Gas Recirculation) 방식을 채택하며 흡기에 물을 흡입시켜 연소 온도를 낮추기도 하나 어느 경우에도 열효율의 저하는 피할 수 없다.

③ 저감 대책

(1) 연소 개선에 의한 저감 대책

① CO, HC 가스의 저감 대책 : 발생 원인은 공기의 부족이나 미연소 가스의 배출이므로 완전 연소시키는 방향에서의 대책이 강구되어야 한다.

　㉠ 희박 혼합기의 사용 : CVCC(보합 와류 소속 연소) 방식인 희박 혼합기의 연소 방식이 실용화되어 있으나 희박 혼합기의 연소에서는 연소 속도가 느려 출력의 저하와 미연 가스의 배출이 우려되므로 급속 연소 기술을 도입하여 이를 보완할 수 있는데, 급속 연소는 압축 과정에서 혼합기의 온도 압력이 최고 높은 점에서 점화를 시킴으로써 연소 최고 압력과 온도가 높게 되어 엔진 출력의 저하를 막고 연소 시간이 짧기 때문에 희박 연소 시 발생할 수 있는 실화를 줄일 수 있고, 또한 HC 가스의 배출을 억제한다.

　㉡ 기화기 및 연료 공급 계통의 개량 : 자동차 기관의 부하, 속도, 공기 흡입량, 흡기 온도 또는 배기가스 중의 O_2량을 계측하여 연료-공기비를 자동적으로 조절할 수 있는 기화기의 개량이 요구되며 실용화되고 있는 연료 분사 시스템에 의한 전자 제어 연료 분사 방식의 채택이 요구된다.

　㉢ 연소실의 형상 및 흡배기계의 개선 : 연소실 용적에 비하여 표면적이 작은 연소실, 연료의 기화를 촉진하는 뜻에서의 흡입 가스 및 냉각수 온도의 상승을 도모하고 연소 화염의 면적을 크게 하는 연소실을 설계하고 화염 전파 거리를 단축시키는 방향에서의 점화 플러그 위치의 최적화와 연소 가스의 평균 속도와 난류 강도를 증가시켜 화염 전파 시간을 단축시킨다. 또한 흡입 효율의 증가를 위한 DOHC 방식의 밸브 시스템을 채택하거나 밸브 타이밍의 변경 개선이 필요하다.

　㉣ 점화계의 개선 : 자동 점화 시기 조정기의 채택으로 혼합비에 따라 점화 시기가 자동적으로 조정되도록 하여 완전 연소시키며 미연 가스로 배출을 억제한다. 또한, 점화 플러그의 설치 위치를 화염 전파 거리가 짧고, 확실한 점화가 되도록 선정하여 설치한다.

② NO_x 가스의 저감 대책

　㉠ EGR(Exhaust Gas Recirculation)의 채택 : 배기가스 중의 일부를 재순환시켜 흡기계에 다시 도입하여 재연소시킬 경우 연소 최고 온도가 저하하고 NO_x 가스의 배출량 저감에 효과적이다.

ⓛ 희박 또는 과농 혼합기의 이용 : 아주 희박하거나 과농한 혼합기를 사용함으로서 연소 최고 온도를 낮추고 NO_x 가스의 배출을 억제한다.

ⓒ 점화 지연 : 점화 시기를 지연시킴으로써 연소 최고 온도의 저하를 꾀하여 NO_x 가스의 배출을 억제한다.

ⓔ 흡기에 물(H_2O)의 도입 : 흡기에 물(H_2O)을 흡수시켜 물의 증발잠열을 이용하여 연소 최고 온도의 저하를 꾀함으로써 NO_x 가스의 배출을 억제한다.

③ 후처리 방식의 대책

ⓖ 산화 촉매식 : 배기가스를 백금, 파라듐 등의 귀금속계나 니켈, 크롬, 구리 등의 비금속 촉매를 써서 O_2가 많은 분위기를 통과시켜 CO를 CO_2로, HC를 H_2O와 CO_2로 산화시켜 정화한다.

ⓛ 환원 촉매식 : CO 또는 가연물에 의해서 NO_x를 환원시키고 N_x와 CO_2, H_2O로 분해하여 정화시킨다.

ⓒ 산화–환원식 촉매식 : 산화식과 환원식을 병용한 방식이며, 촉매 재료 자체의 고가 및 정화 성능이나 내구성 등의 문제로 항구적인 대책은 못 된다.

ⓔ 서멀 리액터 장치 : 배기가스 중의 CO나 HC 등의 미연 가스와 함께 혼재하고 있는 O_2에 2차 공기를 공급하여 산화 재연소시키는 것이다.

ⓜ 삼원 촉매 방식의 촉매 : 배기계에서 배출된 CO, HC, NO_x의 유해 성분을 하나의 촉매로 정화하고자 하는 것으로서 CO, HC에 대해서는 산화 반응을, NO_x 가스에 대해서는 환원 반응을 유도하는 촉매를 사용한다.

(2) 근본적 배기가스의 저감 대책

대체 에너지의 개발 및 환경 오염 방지의 대책으로서 CNG 기관 자동차, 전기 자동차, 메탄올 자동차, 수소 엔진 자동차 등의 적극적 개발 보급이 요구된다.

① CNG 기관 자동차의 보급 : 기존의 가솔린 기관 자동차에 비하여 배기가스 중의 CO, HC, NO_x의 배출이 현저히 적으며 가솔린 기관과 동등한 출력과 열효율이 높고 완전 연소가 용이하다. 또한, 연료비가 저렴하여 기존의 엔진을 조금만 변경하여 실용화가 가능하며 순수 CNG 기관과 가솔린이나 경유에 섞어 사용하는 방식이 강구된다.

② 전기 자동차의 보급 : 소음과 배기가스 등의 환경 공해 문제를 획기적으로 개선하며 대체 에너지 자동차로서도 가장 효과적인 전기 자동차의 보급이 시급하며, 현재로서는 자동차의 주행 성능에 결정적인 역할을 하는 축전지의 성능과 가격 경제성이 문제시되고 있다.

③ 메탄올, 수소 엔진 자동차의 보급 : 메탄올 및 수소 엔진 자동차도 배기가스에 의한 오염을 개선할 수 있는 방안이 되나 메탄올 엔진의 경우 연소 가스의 부식에 의한 내구성, 그리고 수소 엔진의 경우 연료의 저장 수송 등의 어려운 난제가 남아 있다.

Section 38 차량용 ABS(Antilock Braking System)의 원리

1 개요

ABS는 브레이크 페달을 밟았을 때 바퀴가 잠겨 미끄러지는 것을 방지해 제동 시 차의 방향이 뒤틀리는 것을 막아주고 최적의 제동거리를 유지해주는 전자제어 브레이크장치다. 에어백과 함께 큰 사고를 막아주는 중요한 안전장치다.

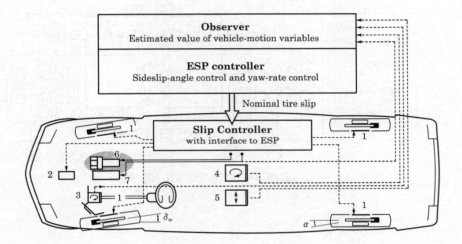

1. Wheel speed sensors
2. Brake pressure sensors
3. Streering wheel angle sensor
4. Yaw rate sensor
5. Lateral acceleration sensor
6. Pressure modulation
7. Engine management
8. Sensor Signal for ESP

[그림 4-63] Structure of ESP(Electronic Stability Program) system

2 차량용 ABS(Antilock Braking System)의 원리

ABS는 바퀴의 속도를 정확히 감지하는 감지기(센서)와 전자제어장치(ECU), 유압을 조절해주는 모듈레이터 등으로 구성된다. 브레이크를 밟았을 때 센서는 순간적으로 바퀴의 회전속도를 감지해 차량 내부에 장착되어 있는 ECU로 측정된 속도에 대한 정보를 보내는 역할을 한다. 그러면 ECU는 이 속도를 계산해 적정한 유압을 모듈레이터로 보내 브레이크를 컨트롤한다.

ABS는 바퀴의 잠김현상을 막기 위해 브레이크 압력을 초당 10~20번 정도로 매우 빠르게 변화시킬 수 있도록 고안되었다. 따라서 최적의 브레이크 효과를 얻을 수 있다. ABS가 장착된 차량은 정상적인 주행 시 보통으로 브레이크페달을 밟을 경우에는 작동하지 않는다. 다만, 매우 미끄러운 노면에서 브레이크 페달을 밟을 때, 브레이크 페달을 힘껏 밟을 경우에만 작동한다.

ABS가 붙어있는 자동차의 브레이크를 힘껏 밟을 때 약간의 잡음과 진동을 느낄 수 있다. 이것은 ABS가 작동할 때 압력의 변화로 인해 잡음이 있는 것처럼 느껴지기 때문이다. 또 순간적으로 수십 번 브레이크 페달을 밟는 효과가 있기 때문에 페달을 힘껏 밟을 경우 페달을 통해 미세한 진동이 느껴질 수 있다.

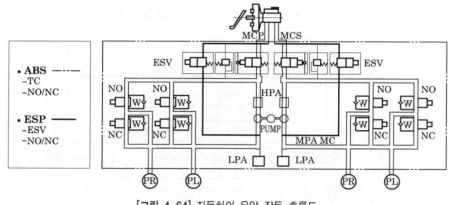

[그림 4-64] 자동차의 유압 작동 흐름도

Section 39

연소 설비의 당량비(Equivalence Ratio)와 과잉 공기비 (Excess Air Ratio)

1 개요

일반적으로 이들 연료들에 대한 연소 수지는 연료를 태우는 데 필요한 이론적인 공기량을 결정하여야 할 것이다. 석탄과 석유의 경우에 산소 요구량은 탄소와 수소 그리고 황을 기준으로 정해지며 연료 속의 황은 모두 SO_2로 산화될 것으로 가정한다. 일반적으로 기본적인 연소 수지에서 산소를 필요로 하거나 또는 필요한 산소에 영향을 주는 성분을 모두 포함하는 것이 최선이다. 보통 폐기물을 태우는 소각로인 경우나 또는 고농도의 산화성 성분을 갖는 연료와 기타 다른 화합물도 마찬가지로 포함될 수 있다. 도시 고체 폐기물에는 비교적 적은 양의 황과 염소 농도가 있다. 이들 성분은 최종 결과에 대한 정확도의 요구에 따라 연소 수지에 포함시킬 것인지를 결정하게 되며 완전 연소를 위해 당량비와 과잉공기비를 적절하게 제어할 필요가 있다.

❷ 연소 설비의 당량비(Equivalence Ratio)와 과잉 공기비(Excess Air Ratio)

자동차를 제외하고, 거의 모든 연소 장치는 연료의 완전 연소를 보장하기 위해 과잉 공기로 운전한다. 과잉 공기는 화학 양론적 공기량보다 더 많은 공기를 주입한 공기량을 말하며 과잉 공기를 백분율로 나타낸다.

$$\text{Execess Air}(\%) = \frac{\text{Excess Air}}{\text{Theoretical Air}} \times 100$$

메탄 연소에 대한 화학 양론적 수지는 15%의 과잉 공기로 연소할 때는 다음과 같은 연소 수지(combustion balance)가 세워진다.

$$CH_4 + 2[1.15]\left(O_2 + \frac{79}{21}N_2\right) \rightarrow CO_2 + 2H_2O + [0.15]O_2 + 2[1.15]\left(\frac{79}{21}\right)N_2$$

그러므로, 연소된 연료 1몰당 부가적으로 생성되는 배출 가스에는 산소(O_2) 0.3몰과 질소(N_2) 1.128몰이 더 추가된다.

연소 공정에서 때때로 운전 공정이 연료 과잉 방식(fuel-rich mode)인가 또는 공기 과잉 방식(fuel-lean mode)인가에 대한 논의가 필요하고 과잉의 정도를 정량화하는 것이 필요하다. 연소 공정을 정량화하는 데 사용되는 것이 공기 연료비(A/F)이다. 이것은 몰비 또는 질량비로 나타낼 수 있다.

$$(A/F)_{mol} = \frac{n\left[1 + \frac{79}{21}\right]}{n_f} = \frac{\text{moles air}}{\text{moles fuel}}$$

$$(A/F)_{mass} = \frac{n\left[1 + \frac{79}{21}\right]29}{n_f M_{W_f}} = \frac{\text{mass air}}{\text{mass fuel}}$$

여기에서 F/A 비는 위에서 정의된 값의 역수로 나타난다. 이 공기 연료비는 몰비로 했을 때와 질량비로 했을 경우 서로 값이 다르기 때문에 사용하는 데 주의해야 한다. 이러한 혼동을 피하기 위하여 다음과 같은 당량비(equivalence ratio) ϕ를 사용하기도 한다.

$$\phi = \frac{(F/A)_{actual}}{(F/A)_{stoich}} = \frac{(A/F)_{stoich}}{(A/F)_{actual}} = \lambda^{-1}$$

선택적으로 당량비를 실제 A/F(actual A/F)를 화학양론적 A/F(stoichiometric A/F)로 나누어 정의될 수도 있다. 이때 연료-공기비를 기준으로 한 당량비 ϕ는 혼동을 피하기 위해 λ의 기호를 사용한다. 그리고 A/F에 대한 F/A비의 사용에는 여전히 혼동이 있음으로 연습에 주의해야 하며 화학 양론적 조건에서의 당량비는 1.0의 값을 갖는다. 그러므로 연소 공정이 연료 과잉인지 부족인지를 쉽게 알 수 있다. 만일 F/A를 사용하는 정의를 기준으로 했을 때 $\phi > 1.0$이면 연소 공정은 연료 부족 또는 산소 과잉의 운전이 된다.

대부분의 연료는 H/C비가 0.2에서 4.0 사이의 값을 갖는다. 예를 들어 메탄(CH_4)은 H/C 비가 4.0이고 벤젠(C_6H_6)은 1.0이다. 그러나 석탄은 대체로 0.2에서 0.8의 비를 갖는 경향이 있다. 연료의 H/C비가 높을수록 연소 기체의 수분함량은 높아진다. 이것은 비교적 추운날 또는 배연 세정기도 없는 석탄 보일러에서 배출하는 연기 속의 수증기는 일반적으로 보이지 않으나 천연 가스의 연소로에서는 흰 연기 기둥(plume)을 쉽게 볼 수 있음을 보통 확인할 수 있다.

Section 40 가스 엔진과 가스 터빈식 소형 열병합 발전 시스템의 특징과 적용 사례

1 개요

소형 열병합 발전 시스템은 아파트 단지와 대형 위락 시설을 중심으로 빠르게 보급되고 있다. 이 시스템은 천연가스(LNG) 엔진을 돌려 전기를 생산하고 엔진 배열을 온수 및 냉난방에 사용함으로써 에너지 이용 효율이 매우 높다. 청정 연료를 사용함으로써 환경 친화적이란 장점도 있다. 또 정부가 고효율 에너지 기자재 사용과 함께 분산형 전원 설치를 적극 장려하고 있어 소형 열병합 발전 시스템은 무궁한 성장 잠재력을 보유하고 있다.

반면, 한전 전력 계통과 연계하여 항상 가동해야 하기 때문에 비상용 발전기보다는 한 차원 높은 성능과 기술력이 요구된다. 이에 따라 지금까지는 외국 제품을 수입·설치해 왔다.

시스템 구매자인 ESCO(에너지 절약 전문 기업)들도 국산 제품 신뢰성에 대한 실수요 자(아파트 입주자)의 의구심을 이유로 국산 제품 채용을 꺼려왔다. 외국산을 채용하고 있는 기존 ESCO의 견제도 적지 않았다.

2 소형 가스 열병합 발전 시스템의 특징과 적용 사례

(1) 소형 가스 열병합 발전

청정 연료인 천연가스를 이용하여 전기와 열을 동시에 생산·이용하는 종합 에너지 시스템으로 에너지 효율을 극대화시킨 고효율 에너지 절약 시스템이다.

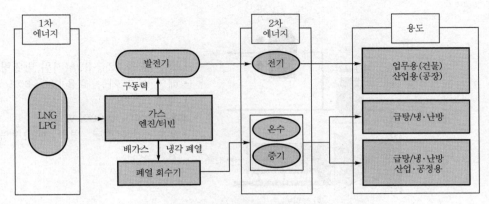

[그림 4-65] 가스 열병합 발전의 에너지 변환 흐름도

(2) 소형 가스 열병합 발전 이용 시스템 구성

전기는 한전의 최소 수전량을 유지하면서 한전 전력 계통과 병렬 운전을 하고, 냉난방
은 발전 폐열을 이용, 부족 열량에 대하여는 보조 보일러, 직화식 또는 흡수식 냉동기를
이용하는 시스템으로 구성된다.

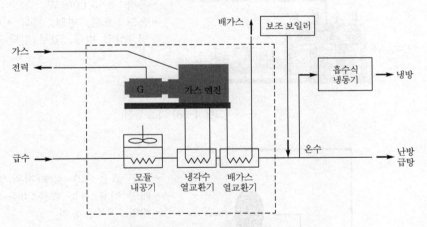

[그림 4-66] 소형 가스 열병합 발전 시스템

(3) 소형 가스 열병합 발전 형식

소형 가스 열병합 발전 형식에는 가스 터빈, 가스 엔진, 연료 전지가 있다.

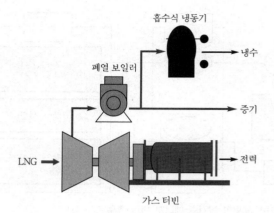

- 발전 효율 : 24~33%(저위 발열량 기준)
- 배열 이용 가능 효율 : 50~60%
- 배열 : 증기
- 용량 : 30~10,000kW
- 용도 : 건물(호텔, 병원, 백화점 등), 산업체 등

[그림 4-67] 가스 터빈

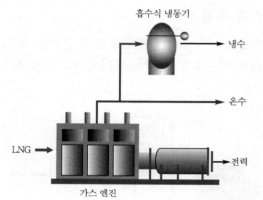

- 발전 효율 : 30~38%(저위 발열량 기준)
- 배열 이용 가능 효율 : 45~50%
- 배열 : 온수(일부 증기로 회수 가능)
- 용량 : 8~5,000kW
- 용도 : 호텔, 병원, 체육 시설, 복합 빌딩, 상업 빌딩, 업무 빌딩 등

[그림 4-68] 가스 엔진

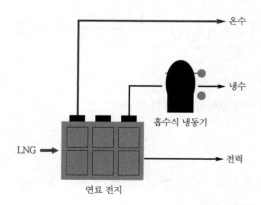

- 발전 효율 : 40~42%(저위 발열량 기준)
- 배열 이용 가능 효율 : 30~40%
- 배열 : 온수, 증기
- 용량 : 50~10,000kW
- 용도 : 호텔, 병원, 체육 시설, 복합 빌딩, 상업 빌딩, 업무 빌딩(24시간 가동 빌딩)

[그림 4-69] 연료 전지

Section 41 윤활유의 산화

1 개요

윤활유의 수명 또는 사용한계는 산화 및 이물질의 혼입에 따라 정해진다. 예를 들어 사용조건이 가혹한 콤프레서유, 터빈유, 엔진오일, 유압작동유 등은 오일이 산화 및 열화되기 쉽고 이물질이 혼입되기 쉬운 상태에서 사용되고 있다. 따라서 양질의 윤활유라 할지라도 사용 중에 차차 변질되어 그 성질이 저하되는데 이것을 윤활유의 열화라 한다. 윤활유의 열화는 윤활유 자신이 일으키는 화학적 변화와 외부적 요인에 의하여 생기는 변화로서 윤활유의 오손이다. 윤활유의 내부적인 변질은 산화현상으로 나타나는데 산화되면 색상이 나빠지고 점도가 증가한다. 그리고 어느 종류의 금속에 대하여는 오일의 부식성이 강하고 불용성의 수지상 물질을 증대시킨다.

2 윤활유의 산화

윤활유의 산화에 미치는 영향은 다음과 같다.

(1) 온도

오일을 고온에서 사용하면 산화·열화되어 중합 반응을 일으켜 가용성 생성물 및 불용성 생성물 등 복잡한 기구로 산화가 진행된다. 가용성 생성물은 오일의 점도를 상승시켜 Bearing metal이 부식함으로써 유화, 포립 등을 생성한다. 불용성 생성물은 슬러지라 하며, 윤활부의 마찰을 증가시켜 윤활면에 교착하여 열전도 및 유공을 막는 등 윤활 기능을 저해한다.

① 파라핀계 오일이 나프텐계 오일보다 산화 안정성이 높다.
② 고점도유가 경질유보다 안정하다.
③ 오일의 열화는 온도가 10℃ 상승할 때 약 2배가 된다.
④ 오일이 50℃ 이하에서 사용시 온도가 열화의 원인이 되지는 않는다.
⑤ 순환 급유 장치에서 광유의 최고 사용 온도는 약 90℃가 된다.
⑥ 최고 온도에서 사용을 최소화하고 급속 순환을 행하여야 한다.

(2) 산소

대기 중의 산소로 인하여 오일이 산화된다. 오일이 공기 중에 포화되었을 때 용해된 산소의 양은 0.01wt% 이하가 되며, 이 산소가 산화 반응을 일으킨다. 오일의 박막이나 표면적의 체적비가 큰 경우 산화는 급속히 쉽게 일어나고 Spray 급유나 Oilmist 급유법은 산화를 촉진하기도 한다.

(3) 금속 촉매

윤활유의 산화는 일종의 화학 반응이므로 촉매의 존재에 의하여 반응 속도는 증가한다. 윤활유의 산화에 있어서의 촉매제로는 오일 속에 혼입된 금속 마모분, 마찰 금속면, 먼지, 수분, 연소 생성물 등이 있다. 대부분의 금속은 윤활유의 열화에 대한 촉매로 작용하는데 일반적인 것은 Fe, Cu, Ni, Co, Mn 등의 중금속, Naphthenate나 Stearate는 불용성 금속기가 있다. 대부분의 금속은 촉매 작용을 하고 있는데 구리, 철, 황 등은 촉매 작용이 크다.

(4) 윤활유의 혼합

사용유를 교환하는 경우 열화유를 남긴 채 신유와 교환하든지 열화유를 신유와 혼합하여 사용하면 열화유에 함유된 각종 불순물이 촉매 작용을 일으켜 오일의 변화에 의한 열화 속도가 빠르게 된다.

(5) 수분

수분은 베어링면에서 오일을 제거하여 마모나 손상을 일으킨다. 또한 녹을 발생시켜 산화를 촉진시키기도 하고 저온에서 오일 중의 불순물이나 열화 생성물과 결합하여 슬러지를 생성시켜 산화를 촉진시킨다.

(6) 함유 슬러지

윤활유의 사용 중 슬러지가 생기는데 이것을 완전히 제거할 수는 없다. 오일 속에 슬러지는 래커, 고형 슬러지, 유화 슬러지 등이 있으나 그 성분과 구조 등은 여러 가지가 있고 폴리머 성질, 과산화 물질, 불포화 성분 등으로 되는 고분자량의 아스팔트로서 각종 불순물 및 수분이 응결한 것으로 생각된다.

(7) 먼지

기계 장치의 주위 환경, 기계 마모 및 수리나 제조시의 이물 미립자가 산화 촉매제로서 작용을 한다. 또 먼지는 오일의 순환을 방해하고 급유 상태를 원활하지 못하게 하거나 고형물이나 마찰면에 침입하여 윤활 작용을 해치고 마찰을 증대시키며, 마찰 온도를 높이고 오일의 산화를 촉진시키게 된다.

윤활유의 열화(劣化) 현상과 방지 대책

1 열화현상

윤활유의 수명 또는 사용 한계는 산화 및 이물질의 혼입에 따라 정해진다. 예를 들어 사용 조건이 가혹한 컴프레서유, 터빈유, 엔진오일, 유압 작동유 등은 오일이 산화 및 열화되기 쉽고 이물질이 혼입되기 쉬운 상태에서 사용되고 있다. 따라서 양질의 윤활유라 할지라도 사용 중에 차차 변질되어 그 성질이 저하되는데 이것을 윤활유의 열화라 한다. 윤활유의 열화는 윤활유 자신이 일으키는 화학적 변화와 외부적 요인에 의하여 생기는 변화로서 윤활유의 오손이다.

윤활유의 내부적인 변질은 산화 현상으로 나타나는데 산화되면 색상이 나빠지고 점도가 증가한다. 그리고 어느 종류의 금속에 대하여는 오일의 부식성이 강하고 불용성의 수지상 물질을 증대시킨다. 광유가 산화되면 케톤, 알데히드 및 알코올과 같은 유용성의 산소 화합물을 먼저 생성하고 다음에 이것이 유기산으로 바뀌며, 최후에는 오일에 용해하지 않는 수지상 물질을 생성한다. 윤활유의 산화 속도는 온도, 존재하는 촉매, 공기와의 접촉 윤활유의 종류 및 산화방지제의 종류 등에 의하여 변화한다. 일반적으로 윤활유의 열화 중 가장 큰 원인은 공기 중의 산소에 의한 산화 작용이다.

윤활유의 열화 원인을 종합하면 [그림 4-70]과 같다.

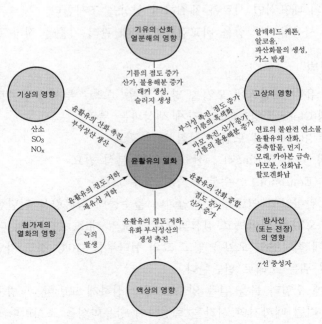

[그림 4-70] 윤활유의 열화 원인

❷ 윤활유의 열화 방지법

사용 윤활유의 열화를 방지하고 장기간 경제적으로 양호한 윤활 상태를 유지하여 수명을 연장시키려면 윤활유의 산화를 촉진시키는 원인을 제거함과 동시에 항상 순환 계통을 청정하게 하여 윤활 중에 불순물이나 산화 생성물의 신속한 제거는 물론 적절한 시기에 신유를 교환 또는 보급해야 한다.

① 고온을 가능한한 피할 것
② 오일의 혼합 사용을 피할 것(첨가제 반응, 적정 점도 유지)
③ 신기계 도입 시 충분한 세척을 행한 후 사용할 것(쇳가루, 녹분, 방청제 등 제거)
④ 교환시는 열화유를 완전히 제거할 것
⑤ 협잡물 혼입 시는 신속히 제거할 것(수분, 먼지, 금속 마모분, 연료유 등)
⑥ 연 1회 정도는 세척을 실시하여 순환 계통을 청정하게 유지할 것

❸ 사용유의 열화 판정법

사용유의 정기 분석에 있어서 제일 필요한 데이터는 운전 시간, 유온, 급유량, 청정 작용의 내용 등 윤활유의 운전 상황에 관한 데이터이다.

(1) 직접 판정법

① 신유의 성상을 사전에 명확히 파악해둔다.
② 사용유의 대표적인 시료를 채취하여 성상을 조사한다.
③ 신유와 사용유의 성상을 비교검토한 후에 관리 기준을 정하고 교환하도록 한다.

(2) 간이 판정법

① 투명한 유리 시험관에 오일을 넣고 밝은 곳으로 투시해서 개략적으로 평가한다.
　　㉠ 투명(Clear) : 양호(오일 자체 색상과는 무관)
　　㉡ 반투명(Hazy) : 오염→시험 분석 필요
　　㉢ 적색 및 흑색(Black) : 산화→시험 분석 필요
　　㉣ 유화(Emulsion) : 수분→즉시 신유 교체
② 냄새를 맡아보고 연료유의 혼입이나 불순물의 함유량을 판단한다.
③ 손으로 오일을 찍어보고 경험적으로 점도의 대소, 협잡물의 다소를 판단한다.
④ 시험관에 적당량의 오일을 넣고 그의 선단부를 110℃ 정도 가열하며 함유 수분 존재를 물이 튀는 소리로 판단한다.
⑤ 시험관에 오일과 물을 같은 양으로 넣고 심하게 교반한 후 방치해서 오일과 물이 완전히 분리될 때까지의 시간을 측정하여 항유화성을 조사한다.

⑥ 현장에서 간이식 점도계, 중화가 시험기, 비중계, 비색계 등이 있으면 활용하거나 간이 시험기를 이용한다.

Section 43 윤활유의 탄화, 희석, 유화

① 탄화

윤활유가 특히 고온에 접하는 부분, 예를 들어 디젤 엔진의 실린더 내 윤활 등에 사용되는 오일에 일어나는 현상이다. 윤활유가 가열 분해하여 기화된 가스가 산소와 결합할 때 열의 전도 속도보다 산소와의 반응 속도가 늦으면, 열 때문에 오일이 건유되어 탄화되고 다량의 탄소 잔류물이 생기게 되는 것이다. 또한 극히 건조한 오일의 경우 그 기화 속도가 가열 속도보다 늦으면, 탄화 작용이 한층 진전된다. 따라서 디젤 엔진이나 공기 압축기 등의 실린더 윤활유는 탄화 경향이 작은 오일을 선정해야 한다. 일반적으로 속도가 낮을수록 탄화 경향이 감소하는 것을 알 수 있다.

② 희석

윤활유 중에 연료유 및 비교적 다량의 수분이 혼입되었을 경우에 일어나는 현상으로 윤활 성능을 저하시킨다. 수분에 의해 녹이 발생되며, 녹은 계통 내 혼입되어 다음과 같은 문제를 일으킨다.

① Sludge상 퇴적물 생성 촉진
② 펌프, 밸브, 실린더의 조작 저해
③ 펌프 및 밸브의 마모
④ Piston Rod와 Ram의 녹은 Packing부의 마모를 초래 ⇒ 누유 증가

③ 유화(emulsion)

윤활유가 수분과 혼합하여 유화액을 만드는 현상은 오일 속에 존재하는 미세한 슬러지 입자가 가진 극성(일종의 응집력)에 의하여 물과 오일과의 계면 장력이 저하하고 W/O형 에멀션이 생성되어 차차로 견고한 보호막이 형성되는 결과에서 일어나는 것이다.

① 수분 혼입 원인 : 오일 쿨러에 의한 누수, 공기 중의 수분 응축
② 수분 혼입 : 유화물 생성

Section 44 윤활유 첨가제의 종류 및 요구 특성

1 개요

윤활유는 기유만으로는 윤활제로서의 기능을 충분히 발휘하지 못한다. 따라서 종류와 용도에 따라 기유에 적절한 첨가제를 혼합하여 윤활 성능을 향상시키게 되는데 이러한 액체 상태의 윤활제가 윤활유(lubricating oil)이며, 윤활유의 구성은 기유(base)와 첨가제(additive)로 구성되어 있다.

2 윤활유의 특성

윤활유는 윤활제의 90% 이상을 차지하고 있으며 윤활유의 대부분은 광유계이다. 액상인 윤활유가 윤활제로서 사용되기 위하여 갖추어야 할 일반적인 성질은 다음과 같다.
① 사용 상태에 따라 충분한 점도를 가질 것
② 한계 윤활 상태에서 견뎌 낼 수 있는 유성이 있어야 할 것
③ 산화나 열에 대하여 안정성이 있어야 할 것

3 첨가제(additives)의 종류

순수한 기유(non-alloyed base oil)만으로는 기계 설비의 가혹한 윤활 조건을 만족시키지 못하므로 1920년대부터 특정 성상을 향상시킬 수 있는 첨가제들이 개발되어 사용되고 있다.
① 산화 방지제(oxidation inhibitor)
② 점도 지수 향상제(viscosity index improver)
③ 유동점 강하제(pour point depressant)
④ 청정제(detergent agent)
⑤ 분산제(dispersant)
⑥ 방청제(rust inhibitor)
⑦ 금속 입자 제거제(metal deactivator)
⑧ 부식 방지제(anticorrosion additive)
⑨ 극압 첨가제(extreme pressure (EP) additive)
⑩ 이온화(극성) 첨가제(polaractive additive)
⑪ 마모 방지 및 극압제(antiwar and extreme pressure additive)
⑫ 소포제(anti-foaming additive)

❹ 윤활유 특성에 영향을 주는 인자

(1) 점도(viscosity)

점도란 유체를 유동시키고자 할 때 나타나는 내부 저항을 말하며, 윤활유에 있어 점도는 유동성을 나타내는 중요한 성질이다. 점도는 유막 형성의 중요한 인자가 되며 내하중성, 열방산성, 유압 펌프의 용적 효율, 기계 효율, 누유, 조작성 등에 큰 영향을 미친다.

점도는 온도가 높을수록 낮아지고, 온도가 낮을수록 높아지며 일반적 참조 온도는 대기압하에서 40℃이다.

① 절대 점도(dynamic viscosity) : 일정 면적의 평면을 일정한 거리까지 일정한 속도로 움직이는 데 필요한 힘이 점도이고, 단위는 poise(g/cm : sec)이며, 통상 이의 1/100단위인 centi-Poise(cP)를 사용하여 왔으나 현재는 mPas를 사용한다.

② 동점도(kinematics viscosity) : 동점도는 절대 점도를 해당 유체의 밀도로 나눔으로써 계산될 수 있으며 통상적으로 윤활유의 점도는 동점도로 표시한다. 단위는 George Stokes의 이름을 따서 stokes 혹은 st, 또는 그의 1/100단위인 centi-stokes 혹은 cSt로 표시하여 왔으나 현재는 mm^2/s로 나타낸다.

(2) 점도 지수(viscosity index)

온도에 따른 점도의 변화 관계를 지수로 나타낸 것으로, 저온에서의 시동 관계 유동 특성 판단과 고온에서의 유막 형성 관계를 판단하는 기준이 된다.

점도 지수는 파라핀 성분이 풍부한 미국의 펜실베니아산 원유의 점도 지수를 100으로 하고, 나프텐 성분이 풍부한 미국의 걸프 코스트산 원유를 0으로 해 다른 오일의 점도 지수를 이것과 비교하여 나타낸다. 점도 지수가 높은 윤활유일수록 넓은 온도 범위에 사용할 수 있다. 일반적으로 점도 지수는 광유계가 100 이하이고 합성유계가 100 이상이다.

(3) 비중(specific gravity)

비중은 제품 성능과는 직접적인 관계가 없으나 탄화수소 성분 구조 측정, 중량 및 용적 계산, 규정 제품 확인 및 이물질 혼입 여부 확인 등에 활용된다.

밀도는 비중과 같은 의미로 사용되며 g/mL 혹은 g/cm^3로 표시한다.

(4) 인화점 및 발화점(flash point & fire point)

인화성을 나타내는 인화점은 취급상 화재 예방과 증발의 지표가 된다. 규정된 조건하에서 시료를 가열하면 유면으로부터 증기가 발생하게 되고, 이 증기는 공기와 혼합 기체를 만들게 된다. 이때 화원을 유면에 접근시키면 순간적으로 섬광을 내며 인화하는 최초의 온도를 인화점이라 하고, 인화점 측정 후 계속해서 시료를 가열하여 화원을 유면에 접근시켰을 때 연속적으로 연소될 때의 온도가 발화점이다. 발화점은 인화점보다 40~50℃ 정도 높다.

(5) 유동점 및 운점(pour point & cloud point)

시료를 규정된 조건하에서 냉각시켰을 때 시료가 유동할 수 있는 최저 온도를 유동점이라 하고 2.5℃ 높은 온도를 운점이라고 한다. 유동점은 윤활유의 저온 사용 한계를 표시하는 것으로, 실용 한계 온도는 유동점보다 10℃ 이상이 바람직하다.

파라핀 왁스나 기타 고체가 석출 또는 분리하기 시작하는 온도가 운점이며 이는 유동점과 함께 원유의 종류, 탈왁스 정도 등을 판단하는 기준이 된다.

(6) 수분(water content)

광유는 제조, 급유, 저장하는 과정에서 매우 소량의 수분을 흡수하게 되며 사용 중인 오일의 수분 함량은 상대적으로 클 수도 있다. 윤활유에 수분이 함유되면 다음과 같은 영향을 끼친다.
① 오일을 유화시킨다.
② 저온에서 필터의 막힘 현상이 발생한다.
③ 윤활성이 저하된다.
④ 부식이 촉진된다.
⑤ 조기 마모가 발생된다.
⑥ Seal의 작용이 저하된다.

(7) 항유화성(demulsibility)

수분이 혼입되어도 유화되지 않고 분리되는 성질을 항유화성이라 한다. 평가 방법은 수증기를 이용하는 KSM 2005 방법과 일정 비율의 물을 넣고 강제적으로 교반시켜 유화되는 현상과 분리되는 시간을 측정하는 항유화성 시험법(KSM 2220)이 있다.

시험이 종료된 경과 시간과 각 층의 부피를 기름층(mL)-물층(mL)-유화층(mL)으로 나타내며 단시간 내에 40-40-0이 되는 것일수록 우수한 제품이다.

(8) 기포성(foaming property)

윤활유의 기포 생성도를 평가하는 시험이며 장치에 사용되는 윤활유로 크랭크 케이스나 터빈유 등은 사용 과정에서 심한 교반 작용에 의하여 기포가 발생하는 경우가 많다. 기포의 발생은 산화를 촉진시키고 윤활유 펌프와 송유 능력을 감소시키며 윤활면에 윤활유막의 생성을 방해하여 마찰면의 소손과 마모의 촉진 결과를 초래한다.

(9) 산화 안정도(oxidation stability)

윤활유는 사용 중 공기 중의 산소와 접촉하여 산화 작용을 하며 이는 수분, 온도 및 금속 등의 영향으로 산화가 더욱 촉진된다. 이러한 작용으로 인하여 산화, 열분해, 중합·축합의 현상을 가져와 열화되며 마침내는 기계의 원활한 작동을 저해하고 마모 및 부식의 결과를 가져오게 한다.

Section 45 웨스트 게이트의 터보 차저

1 개요

터보차저(Turbocharger)는 내연기관에서 필연적으로 발생하는 엔진의 배출가스 압력을 이용해 터빈을 돌린 후, 이 회전력을 이용해 흡입하는 공기를 대기압보다 강한 압력으로 밀어 넣어 출력을 높이기 위한 기관이다. 공기를 압축하면 온도가 높아지는데, 이 때문에 효율이 떨어지는 우려가 있어 인터쿨러(Inter cooler)와 함께 사용되는 경우가 많다.

2 웨스트 게이트의 터보차저

연소실로 유입되는 흡입 공기가 설정된 과급압($0.57 \sim 0.77 kg/cm^3$)에 이르면 액추에이터 호스로 과급압이 유입되어, 액추에이터 내의 다이어프램을 밀면 로드가 웨스트 게이트 밸브를 개방하면서 배기가스가 바이패스 통로를 통해 배출되므로 터빈의 속도는 감소한다. 저부하 시는 다이어프램 스프링 장력에 의해 웨스트 게이트 밸브가 닫혀 터빈의 속도는 증가하며 출력이 향상된다.

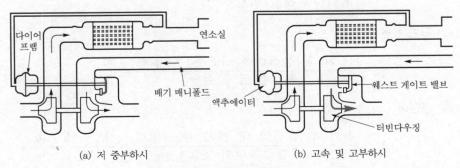

(a) 저 중부하시　　　　　(b) 고속 및 고부하시

[그림 4-71] 웨스트 게이트

Section 46

내연 기관에서 소기 효율과 급기 효율

1 개요

내연기관에서 소기행정은 압축 행정과 동력 행정의 2행정이 1사이클을 구성하며 1회전마다 연소, 팽창 과정이 있어 배기량당 출력이 높다. 흡·배기 밸브가 없어 구조가 간단하고 흡기 과정과 배기 과정이 분리되지 않고 동시에 이루어져 가스 교환이 불완전하다. 따라서 가스 교환 성능이 엔진 성능을 좌우하는 중요한 인자가 된다.

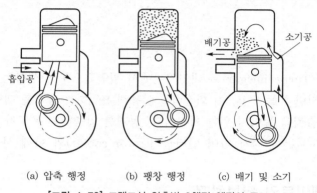

(a) 압축 행정   (b) 팽창 행정   (c) 배기 및 소기

[그림 4-72] 크랭크실 압축법 2행정 엔진의 구조

2 2행정 엔진의 가스 유동 변수

① 급기비

$$\lambda_d = \frac{흡입한\ 공기\ 질량}{배기량 \times 대기\ 밀도} = \frac{M_i}{M_o}$$

② 급기 효율

$$\eta_{tr} = \frac{소기\ 후\ 실린더에\ 남은\ 공기\ 질량}{흡입한\ 공기\ 질량} = \frac{M_a}{M_i}$$

③ 충전비

$$\lambda_c = \frac{소기\ 후\ 실린더\ 내\ 전체\ 가스\ 질량}{배기량 \times 대기\ 밀도} = \frac{M_a + M_b}{M_o} = \frac{\eta_{ch}}{\eta_{sc}}$$

④ 충전 효율

$$\eta_{ch} = \frac{소기\ 후\ 실린더에\ 남은\ 공기\ 질량}{배기량 \times 대기\ 밀도} = \frac{M_a}{M_o}$$

⑤ 소기 효율

$$\eta_{sc} = \frac{\text{소기 후 실린더에 남은 공기 질량}}{\text{소기 후 실린더 내 전체 가스 질량}} = \frac{M_a}{M_a + M_b}$$

⑥ 크랭크실 소기법을 사용하는 스파크 점화 엔진 2행정 엔진의 일반적인 소기 성능

　㉠ 소기 효율 : $0.7 < \eta_{sc} < 0.9$

　㉡ 급기 효율 : $0.6 < \eta_{tr} < 0.8$

　㉢ 충전 효율 : $0.5 < \eta_{ch} < 0.7$

　㉣ 급기비 : $0.6 < \lambda_d < 0.95$

Section 47 코먼 레일 디젤 엔진

1 개요

캠 구동 방식과 달리 승용차나 상용차에 이용되고 있는 코먼 레일 분사(common rail injection) 장치에서는 분사 압력의 발생과 분사 과정이 완전히 별개로 이루어진다.

이렇게 압력 발생과 분사를 분리하기 위해서는 고압을 유지할 수 있는 고압 어큐뮬레이터(high-pressure accumulator)나 레일(rail)이 필요하게 된다.

이 시스템에서는 종래의 노즐 홀더 위치에 솔레노이드가 부착된 노즐이 장착되고, 고압은 레디얼 피스톤 펌프(radial piston pump)에 의해서 생성되는데, 일정한 범위 내에서는 엔진 회전수와는 독립하여 자유롭게 회전 속도를 조정할 수 있다.

코먼 레일 시스템의 장점은 획기적으로 배기가스를 저감하고, 연비를 향상시키는 것이 가능하다는 것이다.

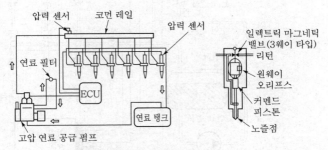

[그림 4-73] 코먼 레일 시스템 개요

② 시스템 구성

고압 공급 펌프에서 연료를 압송하여 코먼 레일에 연료를 채우고, 코먼 레일 내의 압력은 압력 센서로 감지되며, 엔진 회전수와 부하에 따라 설정된 값으로 제어된다. 코먼 레일 내의 압력은 파이프를 통해 인젝터에 공급되고, 3-웨이 밸브(three way valve)에 보내지는 펄스에 따라 분사량, 분사율, 분사 시기가 제어된다.

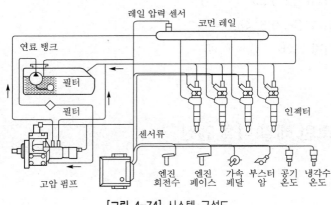

[그림 4-74] 시스템 구성도

(1) 고압 공급 펌프(high pressure feed pump)

고압의 연료를 코먼 레일에 공급하는 기능이며, 구동 방식은 기존 인라인 인젝션 펌프와 동일하다. 멀티 액션 캠(multi-action cam)을 도입하여 펌프 기통수를 줄였다.

(2) 연료 레일(fuel rail)

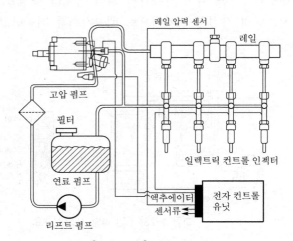

[그림 4-75] 유압 회로도

고압 공급 펌프로부터 공급되는 고압의 연료를 저장하고, 인젝터로 매회 분사되는 양만큼의 연료를 보내주는 기능을 한다.

역류 방지를 위한 첵 밸브 및 고압 센서가 부착되어 있고, 레일 안의 연료 압력은 전자석식 압력 조절 밸브에 의해 조정되며, 연료 압력은 항상 압력 센서에 의해 모니터링되고, 연속적으로 엔진에서 요구하는 조건에 따라 조절하게 된다.

(3) 인젝터

코먼 레일로부터 공급되는 연료를 ECU로부터 보내진 신호에 따라 노즐을 통해 분사하는 기능이다. ECU에서 보내지는 펄스 신호는 니들의 리프트를 제어하며, 펄스 시기에 의해 분사 시기가 정해지고, 펄스 폭에 의해 분사량이 정해진다. 또한, 원 웨이 오리피스(one-way orifice)의 반경에 따라 분사율 패턴이 달라진다.

3-웨이 밸브는 연료 압력을 선택적으로 스위칭하는 역할을 하고, 초고압에서 고속의 응답성이 요구되므로 120MPa의 압력하에서 0.4ms 이하의 속도로 작동할 수 있다.

❸ 제어 시스템

코먼 레일 내의 압력은 파이프를 통해 인젝터에 공급되고, 3-웨이 밸브(three way valve)에 보내지는 펄스에 따라 분사량, 분사율, 분사 시기가 제어된다.

(1) 분사량 제어

분사량은 코먼 레일 내 압력 P_c와 3-웨이 밸브에 보내지는 펄스 폭에 의해 제어된다. 분사량 계산은 엔진에 따라 매회 목표 분사량이 결정되고, 펄스 와이드(pulse width) 계산은 결정된 분사량에 맞는 펄스 폭으로 결정된다.

(2) 분사 시기 제어

분사 시기는 인젝터(3-웨이 밸브)에 보내지는 펄스의 시간에 의해 제어된다. 분사 각도(θfin) 계산은 엔진 회전 속도와 부하에 의해 결정되는 θbase를 기준으로 흡기 상태 및 냉각수 온도를 고려한 수정값인 최종 분사 시기(BTDC)로 결정된다. 분사 시간(t_c) 계산은 결정된 θfin값을 엔진 회전 속도에 따라 시간값(t_c)으로 환산한다.

(3) 분사율 제어

① 델타 방식(gradual rise & sharp cut) : 인젝터 내에 있는 원 웨이 오리피스의 단면경을 이용하여 분사량 증가 정도를 제한한다. 각 엔진에 맞는 최적 분사율 패턴은 코먼 레일 압력과 원 웨이 오리피스 단면경에 따라 선택될 수 있다.

② 파일럿 방식(small quantity before main injection) : 매회 분사 시 인젝터를 2번 구동시키고, 하드웨어 성능은 파일럿 인젝션량은 $1mm^3/St$ 이하로 하며 파일럿 인젝션 시간은 1ms 이하로 한다.

③ 부트 형상 방식(shape like the toe of a boot) : 인젝터 내의 원 웨이 오리피스 대신 부트 밸브가 장착되며, 특정 프리 리프트 포인트(pre-lift point)에서 노즐 니들을 일시적으로 멈춘다. 프리 리프트량과 다양한 오리피스 단면경에 따라 다양한 부트 패턴을 얻을 수 있다.

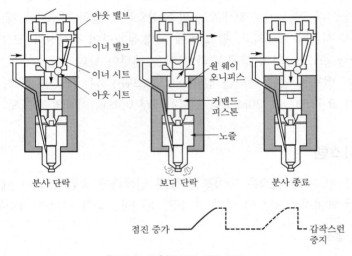

[그림 4-76] 인젝터 작동 상태

(4) 분사압 제어

코먼 레일의 고압 센서로부터 신호를 감지하여 고압 공급 펌프의 토출량을 변화시킴으로써 제어된다. 분사압(Pfin) 계산은 각 센서 신호를 바탕으로 최종 분사압을 결정한다.

❹ 코먼 레일 방식의 특성

① 제어의 자유도 큼 : 엔진 회전수에 관계없이 분사압, 분사량, 분사율, 분사 시기를 전부 독립적으로 제어할 수 있다.

② 중량 및 구동 토크 저감 : 기존 인 라인(in-line) 방식의 인젝션 펌프에 비하여 약 1/2~1/3의 중량이며 고압 연료의 손실을 줄임으로써 구동 토크를 저감할 수 있다.

③ 기존 엔진에 적용 용이 : 인젝터 및 고압 공급 펌프 등을 기존 엔진에 큰 변경 없이 교체가 가능하다.

④ 고압 연료의 누유

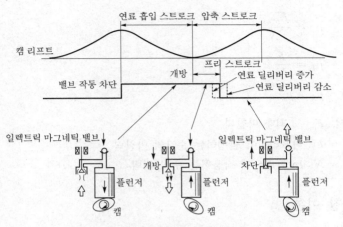

[그림 4-77] 코먼 레일 압력 제어 방법

Section 48 마모의 종류와 특징

1 마찰(friction)

한 물체의 표면이 다른 물체의 표면에 대해 접선 방향으로 움직일 때 접촉하고 있는 두 면 사이에서 발생하는 저항을 의미한다.

(1) 마찰 계수(coefficient of friction)의 종류

① 정적 마찰 계수(coefficient of static friction) μ_s

② 동적 마찰 계수(coefficient of kinetic friction) μ_k

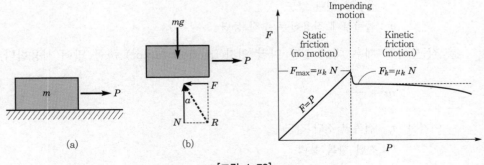

[그림 4-78]

$$\mu_s = \frac{F_{\max}}{N}$$

$$\mu_k = \frac{F}{N}$$

$$\mu_s > \mu_k$$

여기서, $F_{\max}$: 최대 마찰력

F : 미끄러짐이 발행하는 순간의 마찰력

N : Interface에 작용하는 수직 외력

(2) 응착 마찰 이론

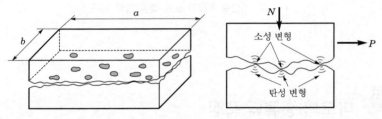

(a) 요철 표면간의 접촉 모식도　　　(b) 접촉 부분의 탄성 변형, 소성 변형
(단, $a \times b$: 겉보기 접촉 면적, 사선 총합 : 실제 접촉 면적)

[그림 4-79]

① 마찰 계수

$$\mu = \frac{F}{N} = \frac{\tau A_r}{\sigma A_r} = \frac{\tau}{\sigma}$$

여기서, F : 수평력

N : 수직력

A_r : 실제 접촉 면적

τ : 접합부 전단 강도

σ : 돌출부에 작용하는 수직 응력

② 최근 마찰 계수 대신 전단 마찰 인자(friction factor) m을 많이 사용한다.

$$m = \frac{\tau_i}{k}$$

여기서, τ_i : 접촉면 전단 강도

k : 전단 항복 응력

❷ 마모의 종류와 특징

마모는 물체 표면의 재료가 점진적으로 손실 혹은 제거되는 현상을 의미한다.

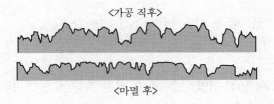

<가공 직후>

<마멸 후>

(1) 마멸 이론(wear theory)

① 응착 마멸 이론(adhesive wear theory) : 두 물체가 접촉 하재로부터 떨어져 나가는 현상

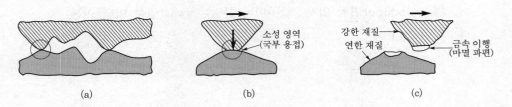

     (a)   (b)   (c)

② 마멸 체적

$$V = k\,\frac{LW}{3p}$$

여기서, k : 마멸 계수
       L : 이동 거리
       W : 수직 하중
       p : 연한 재료의 압입 경도

(2) 층 분리 마멸 이론(delamination wear theory)

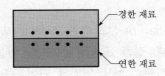

$$V = kNS$$

여기서, k : 마멸 인자(재료 가공 프로세스 및 재료 종류에 따라 다르다)
       N : 외력
       S : 이동 거리

단단한 쪽 재료의 내부 응력이 연한 쪽 재료 내부 응력의 3배보다 훨씬 클 때에는 미세 균열 발생과 성장을 통하여 단단한 쪽 재료도 마멸이 일어난다.

$$\sigma_H \gg 3\sigma_s$$

※ 내부 응력 경한 금속 전단 변형 조건 : $3\sigma_s > \sigma_H$

(3) 연삭 마멸

① 두 물체 사이의 연삭 마멸 : 단단하고 거친 표면이 연한 면(가공면)과 마찰하여 가공면의 거칠기가 작아지는 것이다.
   예 Grinding(sand paper)

② 세 물체 사이의 연삭 마멸 : 연삭 입자가 두 개의 활주면 사이에 갇히게 되면 이 입자가 양쪽 표면을 연삭 마멸시킨다.
   예 Polishing(연삭 입자 : 알루미나 분말), wear(연삭 마멸 이론)

③ 마멸 체적

$$V = \frac{C' L x}{P_m}$$

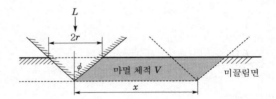

여기서, C' : 마멸 인자(정수)
   L : 외력
   x : 이동 거리
   P_m : 마멸되는 재료의 내부 응력

(4) 그 밖의 마멸 이론

① 부식 마멸(corrosive wear) or 산화 마멸(oxidation wear), 화학 마멸 : 상대 운동이 부식적인 환경에서 일어날 때, 접촉 표면을 둘러싸고 있는 주위 환경과 접촉 표면과의 화학적인 작용으로 생긴 화합물이 마멸 입자로 되어 표면으로부터 떨어져 나가는 것으로, 부식 마멸 방지 대책은 내부식성 재료를 사용하고, 화학 반응 속도를 낮추도록 작동 온도를 저하시키는 것이다.

② 피로 마멸(fatigue wear) : 이 형태의 마모는 한 궤도를 따라 반복적인 상대 운동이 있을 때 발생한다. 즉, 베어링과 같이 재료의 표면이 반복 하중을 받거나 반복된 열하중에 의한 열응력에 의해 표면에 균열이 생성·성장 및 결합하여 표면의 일부가 떨어

져 나가며, 피로 마멸 방지 대책은 접촉 응력과 반복 하중을 감소시키고, 소재 내 불순물, 게재물 등 결함의 원인을 제거하는 것이다.

③ 미동 마모(fretting wear) : 접촉 표면이 작은 진폭의 진동을 받게 될 때 일어나게 된다. 접촉 표면이 작은 진폭의 진동을 받으면 접촉 표면으로부터 매우 작은 마모 입자가 생성되게 되고(응착 마모), 이 입자들은 곧 산화되어 단단한 산화물을 만들며(부식), 이 산화물들이 절삭 마모를 일으키게 된다. 따라서 이러한 형태의 마모는 미동 부식 마모(fretting corrosion)라고 불려지기도 한다.

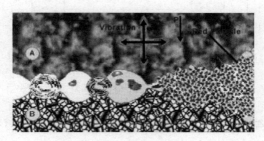

[그림 4-80] 미동 마모

④ 침식 마모(erosive wear) : 고체의 표면에 고체나 혹은 액체 입자들과 부딪힘에 의하여 마모되는 현상을 말한다. 예를 들면 낙수에 의하여 바위에 구멍이 뚫리는 경우이다.

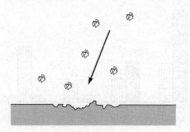

[그림 4-81] 침식 마모

Section 49 · 디젤 엔진의 배기가스 저감 장치

1 개요

자동차가 도시 대기 오염의 주범으로 인식되고 있으며 특히 디젤 자동차의 매연이 심각한 수준이다.

또한, 우리나라는 디젤 보유 비율이 선진국에 비해 높아 문제가 되고 있으며 우리나라 자동차 보유 비율의 6%에 불과하나 오염 물질 배출량은 약 50% 이상을 차지하고 있다.

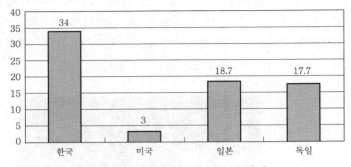

[그림 4-82] 디젤 자동차 보유 비율[%]

자동차의 급격한 증가로 대기 오염의 주요 발생원이 산업체 및 난방에서 자동차로 변화되었으며 아황산가스 및 먼지 농도는 감소하고 있으나 자동차 배출 가스로 인한 질소 산화물과 오존 농도는 계속 증가하고 있으며 일산화탄소는 휘발유 자동차의 저공해화로 계속 감소 추세에 있다.

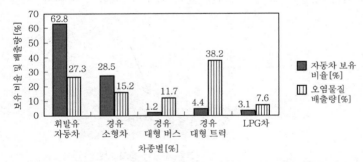

[그림 4-83] 차종별 보유 비율과 오염 물질 배출량 비교('98년 기준)

경유 자동차의 매연으로 인해 대기 중 미세 먼지 농도가 증가하여 시정 장애 현상이 악화일로에 있다.

디젤 입자상 물질(미세 먼지)은 크기가 $0.1 \sim 0.3 \mu m$로 아주 작고 가벼우며 전기를 띠지 않아 대기 중에 부유한다. 미세 먼지는 스폰지 형태의 탄소 입자에 각종 유기성 탄화수소와 황산염 등이 함유되어 폐포 깊숙히 침착되어 질병을 유발한다.

TSP의 양은 매년 감소하여 환경 기준 이내이나 체감 환경은 오히려 악화되고 있는데 이는 탄소 성분, 황성분, 질산염 등과 같은 미세 입자상 물질 때문으로 추정된다.

② 배출 가스 저감 기술

(1) 국내 기술 개발 동향

경유 자동차는 CO와 HC의 배출량이 휘발유 자동차에 비해 아주 낮으나 NO_x와 매연을 포함한 입자상 물질이 많이 배출된다.

엔진 Modification은 질소산화물을 줄이기 위한 방법으로 연료 분사 시기를 지연하는 방법을 주로 사용하나 충분한 연소 시간을 갖지 못하게 되면 입자상 물질의 증가를 초래한다.

현재 일부에 적용되고 있는 Turbo-Charger/Inter-Cooler(TC/IC) 기술은 급가속시 응답 지연 현상이 나타나는 등 기술적 어려움이 있다.

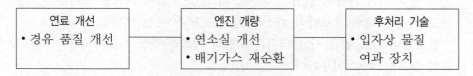

후처리 기술로 매연 여과 장치(DPT : Diesel Particulate Filter Trap)가 실용화되어 있다. DPT 기술은 입자상 물질(PM)을 필터로 포집한 후 이것을 태우고(재생) 다시 PM을 포집하여 계속적으로 사용하는 기술로서, PM 70% 이상을 저감할 수 있으나 가격이 높고 내구성이 부족하여 실용화에 어려움이 있다. 또한, NO_x만을 선택적으로 줄이기 위한 De-NO_x 촉매가 개발되고 있다.

(2) 국외 기술 개발 동향

선진국에서는 PM 및 NO_x를 줄이기 위한 다양한 기술을 개발하고 있다. EURO-Ⅳ규제에 대응하기 위해 Cooled EGR, DPF, De-NO_x 등의 후처리 기술 위주의 도입이 검토되고 있다.

Section 50

디젤 엔진의 블로바이(blow-by) 현상과 슬로버링(slobbering) 현상

① 블로바이(blow-by) 가스의 처리

터보 차저가 장착된 엔진은 연소실 압력이 높아지므로 블로바이 가스의 양이 증가한다. 증가된 블로바이 가스를 원활히 배출하지 않을 경우 크랭크 케이스 내의 압력이 높아져 피스톤의 운동을 방해하거나 오일이 배출되는 현상이 발생한다. 블로바이 가스 처리는 3가지로 나뉠 수 있다.

첫 번째 방법은 원활하게 배출하기 위하여 블로바이 가스의 분출 통로를 넓히거나 하나 더 추가하는 방법이다.

두 번째 방법은 능동식 블로바이 가스 배출 장치를 추가하여 강제로 블로바이 가스를 배출하는 방법이다. 흔히 해외의 터보 차량에는 이러한 능동식 블로바이 가스 배출 장치가 추가되어 있다. 원리는 간단하다. 배출구의 압력을 낮추어 블로바이 가스의 배출을 원활히 하는 방법으로, 터보의 흡입 쪽에 연결되거나 배기관에 단방향 밸브(one way valve)를 사용하여 연결하는 경우가 있다.

세 번째 방법은 갭(gap)이 없는 피스톤 링을 사용하는 방법이다. 일반 피스톤 링과는 달리 링 사이의 간극이 없어 압축 가스의 손실을 없애 출력을 높여주는 역할을 하고, 크랭크 케이스 내의 블로바이 가스의 압력도 낮춰 주는 역할을 한다.

블로바이 가스 취급 시 유의점은 오일과 가스를 반드시 격리시켜야 하는 것으로, 오일 캐치 탱크를 주로 이용한다.

❷ 슬로버링(slobbering) 현상

디젤 엔진의 슬로버링 현상은 엔진이 운동하면서 엔진 부분에 윤활이 되면서 윤활유가 외부로 누유되는 현상으로, 엔진 오일의 비정상적인 손실로 인해 엔진에 손상을 줄 수 있기 때문에 충분히 보충하여 운전하거나 누유 현상을 수시로 점검하여 엔진에 지장이 없도록 해야 한다.

Section 51 첨단 디젤 극미세입자 계측법(particle measurement program)

❶ 개요

디젤 입자상 물질을 측정하는 방법은 크게 포집법과 실시간 측정법으로 구분한다. 자동차 배출 가스 규제에 적용이 가능한 것으로, 먼저 입자상 물질의 크기를 구분하지 않고 양을 포집하는 방법이 있다.

② 첨단 디젤 극미세입자 계측법(particle measurement program)

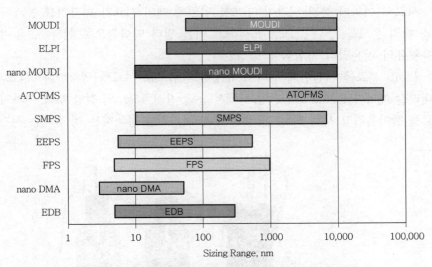

[그림 4-84] 디젤 극미세입자 계측기별 측정 가능 입자의 범위

전체 질량 농도(mass concentration), 특정 크기의 질량 농도(PM10, PM2.5)와 같이 질량 농도에 대한 측정이다. 그러나 유럽을 중심으로 인체의 위해성 측면에서 중요한 디젤 극미세입자 개수 농도를 측정하는 방식으로 규제 방향이 확립되고 있다. 현재에는 극미세입자 개수 농도의 측정과 관련된 나노 측정 장비의 비교 연구가 많이 이루어지고 있다.

Section 52

CFPP(Cold Filter Plugging Point)

① 개요

저온 필터막힘점을 측정하며 규정된 방법으로 시료를 냉각하면서 눈금 간격 45μm의 철망을 통하여 흡인 여과를 한 후 시료 20mL의 여과시간이 60초를 넘었을 때의 온도 또는 시료가 철망 부착 여과기를 통과하지 않게 되었을 때의 온도를 정수값으로 표시하고 CFPP(Cold Filter Plugging Point)로 부르기도 한다.

② CFPP(Cold Filter Plugging Point)의 측정

시료의 여과기 통과 시간이 60초를 넘었을 때의 시료가 여과기를 통과하지 않게 되었을 때의 온도를 정수 값으로 표시하고 이를 필터 막힘점으로 한다. 경유 바이오디젤 및 윤활유의 저온필터 막힘점을 측정한다.

45mL 시료를 시험관에 취하여 규정된 방법으로 시료를 냉각한다. 시료의 온도가 1℃ 내려갈 때마다 1.96kPa의 감압 하에서 눈금 간격 45μm의 철망 부착 여과기를 통하여 시료를 빨아올리고 시료 20mL가 철망 부착 여과기를 통과하는 데 걸리는 시간을 측정한다.

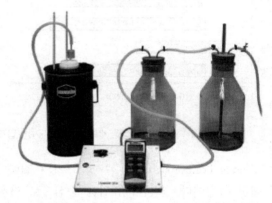

[그림 4-85] CFPP(Cold Filter Plugging Point)의 측정장치

Section 53 디젤 산화 촉매(DOC : Diesel Oxidation Catalyst)

① 개요

디젤 산화 촉매 기술은 가솔린 엔진에서 삼원 촉매가 개발되기 이전에 사용되던 산화 촉매(이원 촉매) 기술과 기본적으로 동일한 기술이기 때문에 기술 효과나 성능은 이미 입증되어 있는 기술이다. 산화 촉매는 백금(Pt), 파라듐(Pd) 등의 촉매 효과로 배기 중의 산소를 이용하여 탄화수소, 일산화탄소를 제거하는 기능을 한다. 디젤 엔진에서는 탄화수소, 일산화탄소의 배출은 그다지 문제가 되지 않으나 산화 촉매에 의해 입자성 물질의 구성 성분인 탄화수소를 저감하면 입자성 물질을 10~20% 저감시킬 수 있다. 그러나 경유에 포함된 유황 성분에 대해서도 산화 작용을 하여 SO_3(sulfate) 배출을 증가시켜 입자성 물질이 증가하므로 산화 촉매의 사용에는 저유황 연료의 사용이 필수적이다.

디젤 엔진은 부분 부하에서 배기가스 온도가 낮기 때문에 산화 촉매도 저온 활성을 좋게 할 필요가 있으나 저온 활성이 좋은 촉매는 저온 시부터 설페이트 발생이 시작되므로 전체적으로 발생량이 많아질 염려가 있다.

따라서 촉매 성분 조정에 의해 저온 활성화와 설페이트를 제어함과 동시에 엔진 사용 부하와 회전수에 맞게 촉매 온도 특성을 선택하는 것이 중요하다.

2 디젤 산화 촉매(DOC : Diesel Oxidation Catalyst)

디젤 산화 촉매 장치(DOC : diesel oxidation catalyst)의 저감 방식은 배출 가스 내의 입자상 물질(PM) 중 용해성 유기 물질(SOF : Soluble Organic Fraction)을 제거한다.

장단점은 PM의 저감 효율 25% 이상이고 DPF 부착이 어려운 3.5톤 이하 중·소형 차량에까지 부착이 가능하다. 배출 가스 중 매연을 포집하지 않고, 촉매를 이용해 변환시키는 장치이므로 별도의 사후 관리가 필요하지 않으며 차종별로 인증 받은 엔진의 원동기 형식(차종)에만 부착이 가능하다.

머플러와 진동 흡수 장치 사이에 DOC 부착

[그림 4-86] DOC의 외관

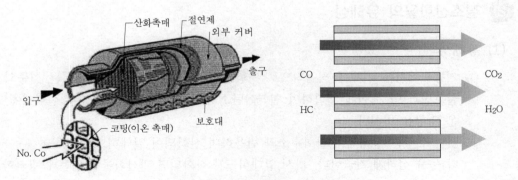

[그림 4-87] DOC 시스템의 구성

DBL(Diurnal Heat Breathing Loss)

1 개요

DBL(Diurnal Heat Breathing Loss)은 주간 가열 시험으로 연료 탱크 내에 연료를 임의로 가열시켜 증발되는 증발 가스의 누출 여부를 확인하는 시험이다.

2 DBL의 시험방법

밀폐된 실험실에 차량이 들어가기 전까지의 과정은 대기환경과 동일하지만 12시간 동안 실험실의 온도를 20~25℃로 되돌려서 그 사이 발생된 HC를 계측하는 방법이다.

NO_x 센서

1 개요

디젤 차량에서 다량으로 발생되는 유해 가스 중의 하나인 질소산화물을 저감하기 위해 De-NO_x 촉매를 이용하여 NO_x를 줄이는 데 보다 효과적이고 정밀한 제어를 위해 고감도의 NO_x 센서 기술이 요구된다.

2 질소산화물의 유해성

(1) 유해성

① 저농도에서는 인체에 직접적으로 영향을 미치지 않지만 고농도에서는 혈중의 헤모글로빈과 아주 쉽게 결합하며 일산화탄소의 1,000배에 달하고 중추 신경계에 안 좋은 영향을 미친다.

② 햇빛이 있는 상태에서 탄화수소와 반응하여 산화되어 알데히드로 변하여 눈, 코, 점막 등을 심하게 자극한다. 다시 알데히드가 산화되면 과산화물이 되는데 광화학 스모그의 원인이 된다.

③ 폐 세포에 침투하여 호흡기 질환 및 폐염증을 유발한다.

3 NO_x 센서

기존의 NO$_x$ 센서는 감도도 많이 떨어지고 고가이어서 비용과 응답성 측면으로 많은 개선 요구가 있었다. 이에 현재 혼합 전위 방식, 제올라이트, WO$_3$ 등을 이용해 NO$_x$를 효과적으로 검출하는 기술이 개발되어 기존의 De-NO$_x$ 촉매와 연계하여 보다 효과적이고 정밀한 제어를 위해 흡장형 촉매나 선택 환원 촉매에 검출 센서로서 그 역할이 기대된다.

Section 56 EMS(Engine Management System)의 입력 및 출력 요소

1 개요

엔진 ECU는 단순히 전기 신호를 받아서 전기 신호를 출력하는 기능, 즉 엔진의 온도 상승이나 엔진의 회전수를 알 수가 없어서 이러한 정보를 제공해 주는 것이 센서이다. 각종 센서는 엔진 주변에 설치되어 냉각수 온도, 공기 온도, 배기가스 중의 산소 농도 등을 측정해서 엔진 ECU에 알려준다. 또한, 점화 플러그, 스로틀 밸브, 아이들 밸브와 같은 액추에이터가 엔진 ECU에서 출력되는 신호를 받아서 엔진을 제어한다. 즉, 센서, 액추에이터, 각종 전선이 회로를 구현해야 엔진 ECU가 차량을 제어하므로 이러한 시스템 전체를 EMS라 부르며 구성은 흡기 계통, 연료 계통, 점화 계통 및 제어 계통 등으로 이루어진다.

2 EMS(Engine Management System)의 입력 및 출력 요소

(1) 흡기 계통

흡기 계통은 엔진의 연소에 필요한 공기의 계량 및 제어하는 계통으로, 공기 유량 센서(직접 검출 방식) 혹은 흡기관 압력 센서(간접 검출 방식), 흡기온 센서, 대기압 센서, throttle position sensor, throttle body, air cleaner 및 ISC(Idle Speed Control) 등으로 구성되어 있으며, EMS가 어떤 방식으로 되어 있느냐에 따라서 내부에 설치되어 있는 장치나 센서는 다소 차이가 있다.

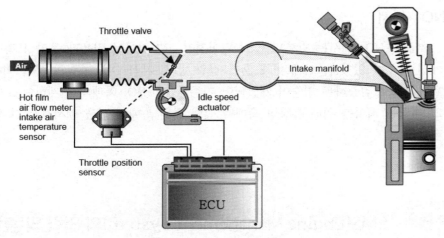

[그림 4-88] 흡기 계통

엔진이 작동되면 연소실 안에서 발생되는 진공(부압)에 의해 대기 중의 공기는 air cleaner에 의해 이물질이 제거된 후 공기 호스를 거쳐 공기 유량 센서에 의해 계측된 다음 throttle body로 공급된다. throttle body는 운전자가 가속 페달 조작에 의해 움직이는 throttle valve를 통해 흡입되는 공기량을 제어하고 throttle body를 통과한 공기는 서지 탱크와 각 기통의 흡기 다기관을 거쳐 연소실로 흡입된다. 공회전 상태에서 throttle valve는 거의 닫혀 있으므로 연소에 필요한 소량의 공기를 조절할 수 있도록 idle speed control system이 구성되어 있어 엔진의 idle 상태를 조정할 수 있도록 한다.

(2) 연료 계통

연료 계통은 엔진 연소실 내에서 연소에 필요한 연료를 연료 탱크로부터 injector까지 공급하는 계통으로, 연료 탱크, 연료 펌프, 연료 필터, 연료압 조절기, 분배 파이프 및 injector로 구성되어 있다.

연료 탱크 내의 연료는 연료 펌프에 의해 고압으로 되어 연료 필터를 거쳐 분배 파이프로 보내지며 연료압 조절기에 의해 흡기관 부압에 대하여 규정된 압력만큼 높게 유지된 상태로 각 injector에 공급된다. 각 injector는 ECU의 분사 신호에 의해 연료를 흡기 다기관에 분사한다. 과잉 공급된 연료는 연료 return line을 통하여 연료 탱크로 되돌아 간다.

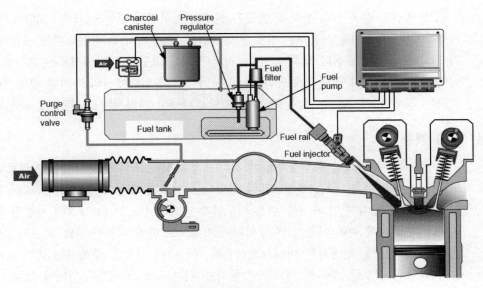

[그림 4-89] 연료 계통

(3) 점화 계통

가솔린 엔진은 피스톤으로 압축된 공기와 연료의 혼합기가 연소하여 발생하는 열에너지를 기계적인 에너지로 변환하는 장치이다. 이때 연료와 공기의 혼합기가 연소하기 위해서는 적절한 점화 에너지가 필요하다.

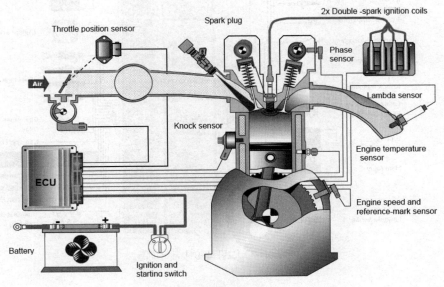

[그림 4-90] 점화 계통

디젤 엔진과 같은 압축 착화식 엔진은 별도의 점화원이 없어도 고온·고압에서 연소가 가능하지만, 가솔린을 사용하는 불꽃 점화 엔진은 외부에서 점화 에너지를 공급하는 장치가 필요하며 이것을 점화 장치라 한다. 점화 장치는 고전압을 발생시키는 고전압 발생부, 발생된 고전압을 각 실린더에 공급하는 배전부, 각 실린더에서의 적절한 점화 시기를 조절하는 점화 시기 제어부와 점화 불꽃을 발생시키는 점화 플러그 등으로 구성된다.

(4) 제어 계통

제어 계통은 현재의 엔진 상태를 감지하여 전기적 신호로 변환시켜 마이크로컴퓨터로 보내주는 각종 센서, 이들 센서로부터 입력되는 신호의 증폭, A/D 변환, noise 제거, 전압 레벨 조정 등의 처리 과정을 수행하는 입력 인터페이스, 기억 장치에 저장된 프로그램의 명령과 순서에 따라 이들 입력 데이터를 기본으로 하여 다양한 산술 및 논리 연산 과정을 거쳐 출력값을 결정하는 마이크로컴퓨터, 이 출력 신호를 증폭하는 출력 interface, 증폭된 출력 신호를 받아서 기계적인 동작을 하는 actuator로 구성되어 있다.

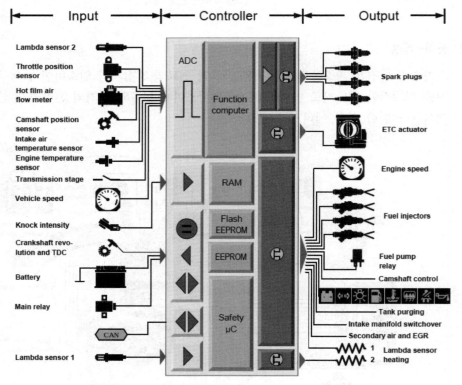

[그림 4-91] 제어 계통

Section 57 작동유의 점도가 너무 높을 때와 너무 낮을 때 나타나는 현상

1 개요

유압유는 시스템이 작동하고 있는 상태를 계속 유지해야 하므로 비압축성유체이고 운전온도범위에서 유동성이 좋으며 윤활성이 우수해야 한다. 또한, 장기간 사용에 물리적 화학적 변화가 적고 부식방지에 우수하며 침전물 분리가 잘 되어야 한다.

2 작동유의 점도가 너무 높을 때와 너무 낮을 때 나타나는 현상

유압유는 그 점도가 적정 수준을 벗어나면 교환해야 한다. 일반적으로 유압유의 점도가 유압 장치에 미치는 영향을 보면 다음과 같다.

(1) 점도가 지나치게 클 때

① 동력 손실이 증가하므로 기계 효율이 떨어진다.
② 유동 저항이 증대하고, 압력 손실이 증가한다.
③ 유압 작용이 활발하지 못하게 된다.
④ 내부 마찰이 증가한다.

(2) 점도가 너무 작을 때

① 펌프의 체적 효율이 떨어진다.
② 각 운동 부분의 마모가 심해진다.
③ 내부 누설 및 외부 누설이 증대한다.
④ 회로에 필요한 압력 발생이 곤란하기 때문에 정확한 작동을 얻을 수 없게 된다.

Section 58 Tier 4의 규제

1 개요

배기 규제는 배기가스 중 환경 오염을 일으키고 인체에 해로운 질소산화물(NO_x)과 입자상 물질(PM)을 줄이는 데 초점이 맞추어져 있으며, 36kW 이하의 엔진은 2008년부터 Tier 4 배기 규제가 적용되어 왔다.

2 Tier 4의 규제

배기가스에 대한 규제치가 까다로운 130kW 이상은 2011년부터 Tier 4 interim 배기 규제가 시작되었으며, 이 Tier 4 interim 배기 규제를 만족시키기 위해서는 Tier 3 배기 규제보다 입자상 물질(PM)을 90%, 질소산화물(NO_x)을 45% 줄여야 하고, 2014년 Tier 4 final 규제를 만족시키기 위해서는 질소산화물(NO_x)을 80% 추가로 줄여야 한다.

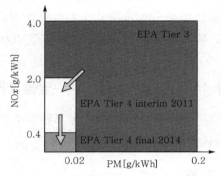

[그림 4-92] 130~560kW 엔진에 대한 규제

Section 59

디젤 기관 연료 장치에서 유닛 인젝터와 커먼 레일 시스템의 차이점

1 유닛 인젝터(unit injector)

(1) 분사관 형식의 장단점

연료가 고압이 되면 연료는 압축성이 되며 종래 100~300kgf/cm²에서 800~1,000 kgf/cm²로 형성되며 고압이 될수록 무화와 분사시간 단축으로 고속이 가능하다.

(2) 유닛 인젝터

모듈화로 구성되고 각 실린더 헤드마다 부착되어 소음이 저감되고 캠 구동식과 커먼 레일식이 있다.

(3) 작동 단계

① 필링 페이스

　② 스필 페이스
　③ 인젝션 페이스
　④ 압력 강하

(4) 파일럿 분사

초기 분사된 소량 연료를 먼저 착화한다.

[표 4-9] 유닛 인젝터의 종류

구 분	캠 구동식(기계식)	커먼 레일식(유압식)
기본 구성		
비고(제어 방법 외)	• GM(기계식) • Cummins(유압식) • GM(전자식) • CAV(전자식)	• 고마쯔(전자식) • BKM(전자식)

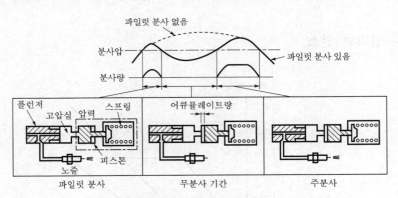

[그림 4-93] 파일럿 분사 작동도

② 커먼 레일 시스템

(1) 커먼 레일 시스템의 특징

초고압 직접 분사 방식을 적용하여 가변 연료압 250~1,350bar로 무화와 관통력을 향상시키고 출력 향상과 연비를 개선하고 독성 배기가스를 현저히 저감시킨다.

기존 인젝션 펌프 대신 별도의 고압 펌프와 커먼 레일(연료 저장 축압기)을 적용하며 엔진 ECU적용으로 예비 분사와 정밀한 연료 분사량 및 분사 시기 제어가 가능하다.

(2) 커먼 레일(연료 저장 축압기)

고압 펌프로부터 이송된 연료가 저장·축압되는 곳으로 연료가 분사될 때의 압력 변화는 레일 체적과 내부 압력으로 유지하며 레일의 압력 변화는 ECU에 의해 제어하는 압력과 고압 펌프의 속도에 따라 영향을 준다.

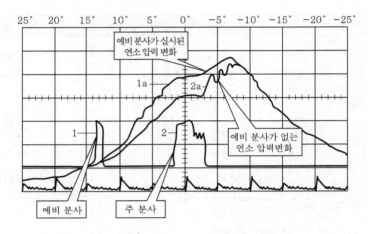

[그림 4-94] 커먼 레일 시스템의 파일럿 분사

(3) 분사 압력과 연소

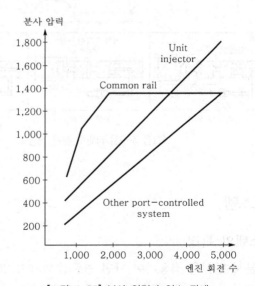

[그림 4-95] 분사 압력과 연소 관계

전원 OFF 시 100bar(스프링 압력) 이하로 압력이 떨어지며 4,000rpm, 무부하 시 연료 압력은 803bar 공전 시는 750rpm이며 연료 압력은 260bar이다.

Section 60 유럽 연합의 배기가스 배출 기준(European emission standards)

❶ 개요

자동차는 우리 생활을 무척 편리하게 해주고 있지만, 자동차가 만들어내는 배기가스에는 여러 가지 유해 물질이 들어 있어 이를 막기 위해 각국에서는 자동차 배기가스 배출 규제와 관련된 다양한 법률을 만들고 있다. 자동차로 인해 발생되는 환경 오염은 크게 대기 오염, 소음 및 진동 등으로 구분되며 이 중 가장 큰 문제는 대기 오염의 주범으로 지목되는 자동차 배기가스이다. 각국은 자동차의 보유와 운행이 늘어나 이러한 환경 문제의 심각성이 더해짐에 따라 여러 국제기구를 중심으로 환경 규제가 강화되는 추세에 있다.

❷ 유럽 연합의 배기가스 배출 기준(European emission standards)

자동차에서 배출되는 유해 물질은 무척 다양하다. 또 이 유해 물질이 인체에 얼마나 악영향을 미치는지에 대한 연구는 지금도 진행 중이며 배기가스 안에 들어 있는 대표적인 유해물질은 탄화수소(HC)와 질소산화물(NO_x), 그리고 일산화탄소(CO) 및 이산화탄소(CO_2) 등이다.

이 물질들은 인체에 유해할 뿐만 아니라 오존을 생성하여 지구 온난화를 유도하는 등 좋지 않은 영향을 미치고 있다. 이에 각국은 일정한 규정을 만족하지 않으면 자동차 판매를 금지하는 규제 법안을 만들어 자동차 업체들이 친환경 차량을 만들도록 유도하고 있다.

이 중 대표적인 것이 유럽 연합의 배기가스 배출 기준(European emission standards)이며 유로 1부터 유로 5까지 단계별로 부르고 있는 이 배기가스 배출 기준은 유럽 연합에 판매되는 자동차라면 반드시 준수해야 한다. 1993년 유로 1은 일반 승용차와 경트럭 대상, 1996년 유로 2는 승용차 대상, 2000년 유로 3부터는 전 자동차가 준수 대상으로 확대되는 등 각 차종에 따라 적용시기가 나눠져 있다. 하지만 2008년부터는 모든 자동차에 대해서 유로 5, 오는 2014년부터는 더욱 강화된 유로 6 기준을 지켜야 하며 각 단계별로 NO_x, CO, CO_2 등을 단계적으로 줄여야 한다.

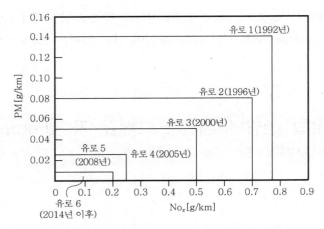

[그림 4-96] 유럽 연합 질소 산화물(NO$_x$)과 입자상 물질(PM) 배출 기준(디젤 차량)

Section 61 | 디젤 기관의 배기가스 후처리 장치에서 Diesel Particulate Filter와 Urea-SCR

1 DPF(Diesel Particulate Filter)

(1) 개요

DPF는 국부적인 농후 혼합기에서 발생하는 PM을 배기 과정에서 포집·재생하여 배출 가스를 정화하는 장치를 말한다. PM 저감율이 90%를 상회하는 높은 저감율을 보이고 있으나 가격이 고가이고 내구성 및 신뢰성이 떨어지는 단점이 있으며 매연 포집 시의 배압 상승으로 기관 성능 및 연비가 악화될 수 있다. DPF는 사용 방식에 따라 강제 재생 방식, 자연 재생 방식, 복합 방식 등이 있으며 강제 재생 방식의 경우 버너나 전기 히터 등을 사용하여 가열을 해주며, 상승한 배기열로 PM을 연소시키는 방식으로 순간적인 배기열 상승에 의한 필터 파손 등의 문제가 상주하고 있다. 자연 재생 방식의 경우 촉매나 첨가제를 사용하여 재생 온도를 200~300℃ 정도로 낮추어 PM을 저감하는 장점이 있으나, 실제 주행에서 부분 부하 시 실제 재생 온도보다 낮은 경우가 많아 재생 온도를 맞추기 어려운 단점이 있다. 따라서 강제 재생 방식과 자연 재생 방식을 혼합한 복합 방식이 많이 사용되고 있으며 최근에는 NO$_2$를 사용하여 재생 온도를 대폭으로 줄인 연속 재생 방식 필터 시스템(CRT : Continuously Regeneration Trap) 등이 활발하게 연구되고 있다.

(2) 종류

① 연속 재생 방식 필터 시스템(CRT : Continuously Regeneration Trap) : 연속 재생 방식(산화 촉매+filter) 필터로써 초저유황 연료를 사용한다. 2001년 8월 미국 CARB 인증 시험을 통과한 기술로써 산화 촉매에 의해 NO를 NO_2로 산화시키고, Filter에서 active한 NO_2에 의해 NO+O 반응을 유도하여 여기서 생성된 산소 원자에 의해 Soot를 산화시키는 구조를 이용하는 장치이다. 정상적인 운전을 위하여 D-13 mode에서 NO_x/Soot 비가 15 이상 되어야 한다.

② 버너 재생식 DPF 시스템 : 입자상 물질의 축적에 의해 세라믹 필터 양단의 배압이 규정치 이상 상승하면 버너에 의해 PM을 산화시키는 방식으로 필터가 녹는 경우와 Fuel penalty가 높고 신뢰성 확보 측면에서 문제가 있어 자동차에 널리 보급되지 못하고 있으나 비교적 많은 매연이 발생하지만 작동 상태가 완만한 대형 트레일러, 철도 차량 및 선박 등에 안정적으로 사용되고 있다.

③ 전기 히터식 DPF 시스템 : 전기히터식 재생 방식을 사용하는 이스즈 자동차의 DPF 시스템이 대표적인 장치로서 PM 저감율은 D-13 mode로 70~80% 정도이나 산화 촉매를 사용하지 않는 시스템이기 때문에 CO나 HC 및 NO_x의 변화는 거의 없다. 이스즈 자동차의 DPF는 히터에 의하여 PM을 연소시키기 때문에 발전기의 용량 확대를 위해 교환(전)이 필요하며 전기 계통의 불량 등의 문제가 자주 발생하는 것으로 보고되고 있다. 스위스의 터널 등 건설 현장에서도 전기식 DPF를 적용하고 있는 사례가 있으나 가격 및 신뢰성 측면에서 문제가 많이 발생하고 있는 것으로 보고되고 있다.

④ 플라즈마 기술 적용 DPF 시스템 : 플라즈마 기술을 적용하여 PM을 제거하려는 연구가 활발히 이루어지고 있고, 대표적으로 기술을 보유하고 있는 회사가 영국의 AEA사이지만 아직까지 실용화 사례는 발표되고 있지 않다. 실용화의 장해 요인은 Soot 입자의 높은 전도성에 따른 절연 문제로 인한 플라즈마 반응기의 신뢰성과 내구성 문제, 고압의 전원 문제, 높은 가격 등으로 해결하여야 할 많은 문제점이 있는 것으로 알려져 있다. 또한 플라즈마 기술을 이용하여 Soot뿐만 아니라 NO_x까지도 제거할 수 있는 복합 시스템의 연구도 이루어지고 있으며, 설정된 조건에 적절한 배기가스 온도 및 시스템의 제어 범위에서 연료를 분사함으로써 배출 가스의 온도를 올리고 환원 분위기를 조성함으로서 NO_x까지 저감시킬 수 있도록 개발되고 있다.

❷ Urea-SCR

Urea-SCR은 NO_x를 저감하는 환원제로 Urea를 사용하는 SCR 장치를 말한다. Urea-SCR의 NO_x 정화 과정은 Urea 수용액을 촉매 전단에서 분사하여 NO_x와 반응한 후 촉매를 거쳐 최종적으로 질소와 물을 생성한다. 그러나 암모니아의 슬립 없이 각 엔진 상황에 맞는 환원제 분사 시스템의 개발이 어렵고 겨울철 암모니아 용액의 동결, 부식 및 Urea

유통상의 기본 인프라 구축이 선행 과제로 남아있다. 이미 유럽 지역에서는 20여 개 이상의 SCR 장치가 시범 운행 중인 상태이며 운행차를 대상으로 20만~30만km의 내구 시험이 진행 중이다. 현재까지의 내구 시험 결과도 최초 NO_x 저감 성능과 비슷한 70% 수준을 보이는 것으로 알려져 있다. Urea-SCR 기술에 대해 매우 부정적이어서 LNT 기술 개발에 적극적이었던 미국에서도 2005년부터는 Urea-SCR 기술에 대한 데모 프로그램이 열리는 등 보급 필요성이 부각되고 있다. 다음은 Bosch사의 Urea-SCR 시스템이다.

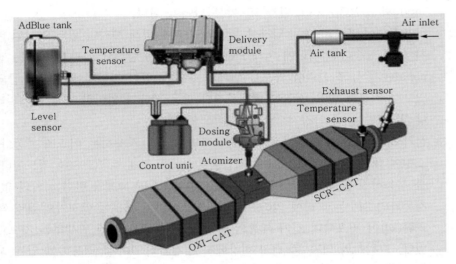

[그림 4-97] Urea(AdBlue) injection system(source Bosch)의 개략도

Section 62 DOHC(Double Over Head Camshaft) 엔진의 구조와 특성

1 엔진의 구조

SOHC(Single Over Head Camshaft) 엔진은 밸브를 1개의 캠축으로 개폐하는 것을 말하며 DOHC(Double Over Head Camshaft) 엔진은 흡입 · 배기 밸브를 각각의 캠축으로 개폐하는 것으로 흡기용 캠축과 배기용 캠축을 별도로 설치하여 각각의 실린더마다 흡기 밸브 2개와 배기 밸브 2개를 장착하여 흡입 효율을 더욱 향상시킨 엔진으로 트윈캠 엔진이라고도 한다. 따라서 DOHC(Double Over Head Camshaft) 엔진은 1개의 실린더에 4개의 밸브가 장착되어 흡입 효율을 향상시켜 출력이 증대되게 된다.

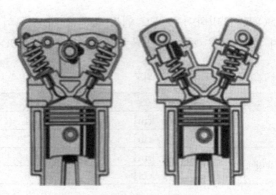

[그림 4-98] SOHC(Single Over Head Camshaft)와 DOHC(Double Over Head Camshaft)의 비교

② DOHC(Double Over Head Camshaft) 엔진의 특성

SOHC는 반구형 연소실이고 구조가 간단하여 제작, 조정, 가격면고 중·저속에서 연비가 유리하다.

DOHC는 다음과 같은 특징이 있다.

① Pent roof형 연소실 : 빗면의 양 평면에 흡배기 밸브를 설치하고 다른 부분을 곡면으로 처리하여 중앙에 점화 플러그를 설치하고 화염 전파 거리를 짧게 하여 연소 시간이 짧아지고 노킹의 발생 억제와 고압축비에 의한 고효율의 연소가 실현된다.

② 구조가 복잡하여 가격이 비싸다.

③ 흡입 효율이 향상된다.

④ 허용 최고 회전수가 향상된다(출력 향상 및 등판 능력 우수).

⑤ 응답성이 향상된다(순간 가속력 등).

⑥ 이상적인 연소실 설계가 가능하다.

⑦ 고속에서 연비가 우수하다. 연비는 일반적으로 SOHC는 시내 등 저속 주행 시 연비면에서 유리하고, DOHC는 엔진에 따라 차이는 있으나 보통 70~80km(엔진 경제 속도 : 2,500rpm 부근) 이상의 고속 주행 시 유리하다고 할 수 있다.

③ 배출 가스 비교

배출 가스량은 측정 위치에 따라 달라질 수 있으며, 엔진에 따라 주행 거리가 증가하면서 배출 가스량의 증가 정도에도 큰 차이가 있기 때문에 SOHC와 DOHC의 단순 비교는 곤란하다.

배기관 측정으로 배출 가스를 비교하는 것은 촉매 장치의 크기에 따라 배출 가스가 달라지므로 비교의 의미가 없으며(같은 크기의 촉매 장치라면 차이 없음), 엔진 자체 측정은 DOHC가 흡입량이 많기 때문에 배출 가스가 많다고 할 수 있으나 큰 차이가 있는 것은 아니다.

일반적으로 SOHC에 비하여 DOHC 엔진이 배출 가스를 더 많이 배출하지만 큰 차이가 나지 않으며 배출 허용 기준은 CO는 2.11g/km 이하, HC는 0.25g/km 이하이다.

[표 4-10] SOHC와 DOHC 엔진의 배출 가스 비교

구 분	배출 가스	SOHC	DOHC
1,500cc 차량	CO[g/km]	0.64	0.30
	HC[g/km]	0.07	0.12
2,000cc 차량	CO[g/km]	0.54	0.72
	HC[g/km]	0.06	0.19

주) 실험 차량은 모두 배출 가스 허용 기준을 초과하지 않았음.

4 결론

DOHC 엔진 차량은 SOHC 엔진 차량에 비해 배기량이 같아도 더 높은 출력을 낼 수 있기 때문에 순간 가속력과 등판 능력은 뛰어나지만 중·저속에서는 연비가 떨어지고 배출 가스량이 상대적으로 많다. 일반적으로 경제 속도대(60~80km/h) 이하에서는 SOHC 엔진 차량이 연비면에서 우수하고 고속에서는 DOHC 엔진 차량이 연비가 우수하다. 따라서 시내 주행 등 저속 주행이 많은 차량 소유자는 SOHC가 유리할 것이며, 고속 주행이 많은 차량 소유자는 DOHC가 유리하다고 할 수 있다.

Section 63 · 디젤 엔진에서 조속기(governor)가 필요한 이유와 종류

1 개요

가솔린 엔진에서는 가속 페달과 스로틀 밸브를 로드(rod)와 와이어(wire)의 단순한 방법으로 출력을 제어하고 있다. 디젤 엔진의 경우에도 똑같이 연료 분사량을 조절하고 있는 컨트롤 로드(control rod)와 컨트롤 슬리브(control sleeve)를 직접 움직여 출력을 제어하면 된다는 생각이 들지 모르나 실제는 그렇게 할 경우 난처한 일이 발생하기 때문에 조속기라 불리는 거버너(governor)가 필요하게 된다. 산업용 엔진의 전속도 거버너(all speed governor)라면 조속기라는 말이 어울리나 자동차 엔진에서는 조속기 대신 주로 거버너라는 말을 사용한다.

② 디젤 엔진에서 조속기(governor)가 필요한 이유와 토크 특성

가솔린 엔진의 스로틀 밸브 개도가 일정한 상태에서 엔진에서 발생하는 토크 특성은 [그림 4-99]와 같다. 회전수가 높아지면 흡기 저항이 증가되어 1회의 흡입행정에서 흡입 가능한 혼합기의 양이 감소하기 때문이다. 한편, 디젤 엔진에서 컨트롤 로드와 컨트롤 슬리브 위치를 일정하게 한 경우 발생하는 토크 특성은 [그림 4-100]과 같다.

디젤 엔진의 경우 회전수가 높아지면 인젝션 펌프의 플런저(plunger)와 배럴(barrel) 사이의 누유 감소, 플런저가 흡입 구멍을 막기 전에 이미 배럴 내부의 연료가 압축되는 프리플로우(preflow) 및 플런저가 상승하여 스필 포터(spill porter)가 열린 후에도 연료가 계속 압축되는 애프터플로우(after-flow) 등의 영향으로 컨트롤 로드와 컨트롤 슬리브 위치가 일정하더라도 연료 분사량이 증가하는 경향이 있어 [그림 4-100]과 같은 특성으로 되는 것이다.

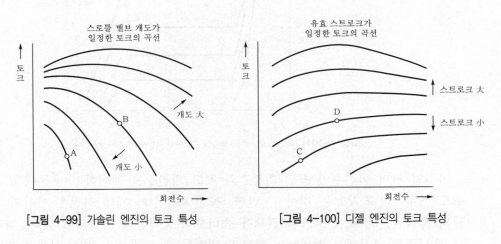

[그림 4-99] 가솔린 엔진의 토크 특성   [그림 4-100] 디젤 엔진의 토크 특성

[그림 4-99]에서 A점에서는 공전을 하고 있다. 이러한 상태에서 어떤 원인에 의해 회전수가 내려가면 토크가 증가하고 부하와 평형이 될 때까지 회전수가 상승하여 원래의 회전수로 돌아온다. 또한 B점에서 주행 중 어떤 원인에 의해 부하가 감소되면 회전수는 상승하나 토크가 감소하기 때문에 부하와 평형이 될 때까지만 상승하며 무제한으로 회전수가 상승하는 일은 발생하지 않는다. 한편, [그림 4-100]에 있어서 C점에서 공전을 하고 있다고 가정하자.

여기서 어떤 원인으로 회전수가 내려가면 토크가 저하되고 점점 회전수가 저하되어 결국에는 엔진 스톨(engine stall, 엔진 정지)이 일어난다. 또한 D점에서 운행 중 어떤 원인으로 부하가 감소되면 회전수가 상승하나 토크도 증대하기 때문에 점점 회전수가 상승하게 되어 결국에는 엔진이 파손될 우려가 있다. 가속페달로서 직접 컨트롤 로드와 컨트롤 슬리브를 움직여 출력을 제어하면 상태가 나빠지는 이유가 이 때문이다.

③ 거버너의 분류와 특성

(1) 최소 최대 속도 거버너(minimum maximum speed governor)

거버너에는 최저에서라도 공전 회전수의 유지와 최고 회전수를 제어하는 기능이 요구되고 있는 것이다. 이러한 요구를 만족시키는 거버너가 최소 최대 속도 거버너(minimum maximum speed governor)로서 그 분사 특성은 [그림 4-101]과 같다.

즉, 공전 회전수가 내려가면 급격히 분사량을 증가시켜 공전 회전수를 유지시키며 최고 회전수를 초과하면 급격히 분사량을 감소시킴으로써 최고 회전수를 제어하고 있다.

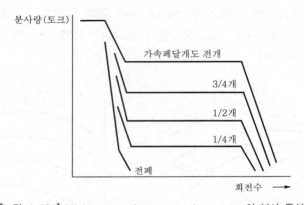

[그림 4-101] Minimum maximum speed governor의 분사 특성

이처럼 최저 회전수인 공전 회전수와 최고 회전수를 제어하기 때문에 최소 최대 속도 거버너라고 부르는 것이다. 한편, 공전 회전수와 최대 회전수 사이의 가속 페달의 움직임은 컨트롤 로드와 컨트롤 슬리브의 움직임에 직결되어 있다. 따라서 연료 분사량은 엔진에서 발생하는 토크라 생각할 수 있으므로 최소 최대 속도 거버너의 특성은 가속 페달을 밟는 양이 곧 엔진 토크를 나타낸다는 것이다.

(2) 전속도 거버너(all speed governor)

전속도 거버너(all speed governor)의 특성은 공전 회전수로부터 최고 회전수에 이르기까지 전 회전 영역에 있어서 가속 페달과 컨트롤 레버(control lever) 움직임으로 회전수를 제어한다는 것이다. 모든 영역의 회전수를 제어하기 때문에 전속도 거버너라 부른다.

위에서 언급한 거버너의 특성은 가솔린 엔진과는 상당히 다르기 때문에 가솔린차를 운행하다가 디젤차로 바꾼 경우에는 상당한 이질감을 느끼는 원인이 된다.

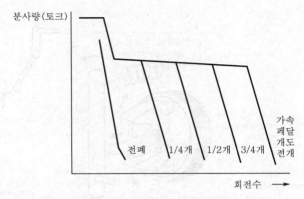

[그림 4-102] All speed governor 분사 특성

이 때문에 분배형 인젝션 펌프에서는 반속도 거버너(half all speed governor)라 불리는 [그림 4-103]과 같은 분사 특성을 갖는 거버너가 등장하였다. 이 거버너는 앞에서 언급한 최소 최대 속도 거버너와 전속도 거버너와의 중간적인 특성을 가지며 토크 특성은 가솔린 엔진과 상당히 비슷하게 되어 있다. 현재 많은 디젤 승용차에는 반속도 거버너를 사용하여 가솔린차와 같은 느낌을 주기 때문에 호평을 받고 있다.

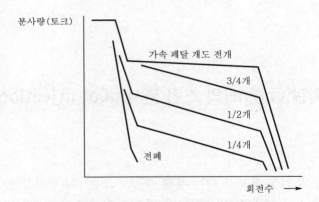

[그림 4-103] Half all speed governor의 분사 특성

전자 제어식 거버너의 분사 특성은 이러한 거버너를 더욱 세련화한 것이라 생각할 수 있다. 거버너의 기본적인 작동 원리는 플라이웨이트(fly weight)에 걸리는 원심력과 거버너 스프링의 장력과의 평형으로 분사량을 제어한다.

개략적으로 말하면 거버너 스프링을 강하게 하면 최소 최대 속도 거버너에 가까워지고 약하게 하면 전속도 거버너에 가까워진다. 여기에 거버너 스프링을 강약 2단의 스프링으로 구성하는 등의 교묘한 장치를 추가하면 반속도 거버너의 특성이 부여된다.

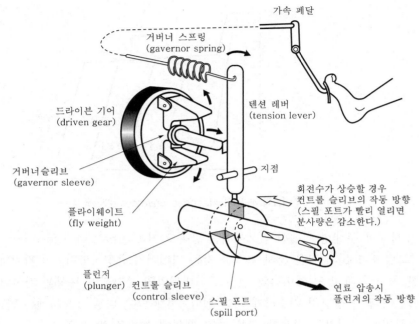

[그림 4-104] 거버너의 작동 원리

Section 64 | 기관(engine)의 초기 분사(pilot injection)

1 개요

디젤 엔진의 가장 문제가 되는 유해 배출 가스는 PM(입자상 물질)과 NO_x(질소산화물)이다. PM(입자상 물질)을 감소시키기 위해 완전 연소를 유도하면 연소실 온도가 올라가 NO_x(질소산화물)는 오히려 증가한다. 이러한 관계를 Trade off(이율배반적 관계)라고 한다. PM(입자상 물질)과 NO_x(질소산화물)를 동시에 감소시키기 위해서는 분사 압력의 고압화와 미립화가 필수적이다. 커먼 레일 엔진에서 기본 분사량을 결정하는 데 중요한 입력 정보는 APS와 CAS이다. 여기에다 냉각수 온도(WTS)와 흡입 공기량(AFS)으로 연료 분사량을 보정한다. 이때 분사량, 분사 시기, 분사방식 등이 매우 중요하다.

2 기관의 초기 분사

파일럿 분사(pilot injection), 주 분사(main injection), 사후 분사(post injection)가 있다.

(1) 파일럿 분사

점화 분사 또는 예비 분사라고도 하며 주 분사 전에 미리 소량을 분사하는 것으로 이 것은 주 분사 전에 짧은 정지 기간을 두어 주 분사의 착화 지연에 따른 디젤 엔진의 소음, 진동 및 연료의 혼합이 향상되어 연소에 도움을 준다. 기존의 디젤 엔진에서는 연료 분사 후 착화 지연을 거쳐 자연 발화됨에 따라 연소실 압력이 급상승하기 때문에 디젤 기관 고유의 소음과 진동이 발생하며 급격한 연소에 따른 온도 상승으로 다량의 질소산 화물이 발생되었다. 이런 영향을 최소화하기 위해 파일럿 분사를 실시한다. 점화 분사를 행하면 연소 압력이 완만하게 상승하여 진동과 소음이 감소하고 연료의 혼합 기간이 길 어 배기가스 발생을 저감시킨다. 이러한 예비 분사는 엔진 냉각수 온도와 흡입 공기량에 따라 조정된다.

다음과 같은 경우 파일럿 분사는 금지된다.
① 파일럿 분사가 주 분사를 너무 앞지르는 경우
② 엔진 회전수가 3,200rpm 이상일 때
③ 주 분사의 연료량이 많지 않을 경우
④ 연료 압력이 최소값 이하인 경우(약 100bar)

(2) 주 분사(main injection)

실질적인 기관의 출력을 얻기 위한 분사이며 주 분사는 파일럿 분사가 실행되었는지 여부를 고려하여 분사하고 WTS, RPM, ATS, AFS, BPS 등을 기준으로 하여 연료 분사 량을 결정한다.

(3) 사후 분사(post injection)

질소산화물을 감소하기 위해 주 분사 후에 사후 분사(post injection)를 하여 디젤 연료(HC)를 촉매 컨버터에 공급한다. 사후 분사는 최소 연소량을 산출해 동시에 20ms 추가 분사하는 것으로 연소실의 연소 온도를 낮추어 NO_x를 감소시킨다. AFS, EGR 고장 발생 시 실행하지 않는다.

Section 65

내연 기관에서 피스톤 링의 작용과 구비 조건

1 개요

피스톤 링(piston ring)은 한 쪽 끝이 벌어져 있는 틈새(절개구)를 가진 탄력성이 있는 금속제 링으로서, 피스톤에 끼워져 그 탄성으로 피스톤과 실린더 사이의 기밀을 유지하고,

연소에 의해 받는 열을 실린더 벽으로 전도하는 매개체 역할을 한다. 또한 실린더 벽으로부터 윤활유를 긁어내림으로써 연소실로 혼입되는 것을 방지한다. 주로 실린더 벽과 피스톤 사이의 기밀을 유지시키는 작용을 하는 링을 압축 링(compression ring)이라 하고, 윤활유를 제어하는 링을 오일 링(oil ring)이라 한다. 보통 압축 링은 피스톤 상부에 2개, 오일 링은 압축 링 바로 아래 1개를 사용하는 경우가 많고, 오일 링을 2개 사용할 때도 있다. 피스톤 링은 피스톤 헤드 쪽으로부터 차례로 제1링, 제2링, 제3링이라 부르기도 한다.

2 내연 기관에서 피스톤 링의 작용과 구비 조건

(1) 피스톤 링의 작용

피스톤 링은 피스톤과 함께 실린더 내를 상하왕복 운동하면서 실린더 벽과 밀착되어 실린더와 피스톤 사이에서 블로바이를 방지하는 기밀(밀봉)작용 실린더 벽과 피스톤 사이의 기관오일을 긁어내려 연소실로 유입되는 것을 방지하는 오일 제어작용 및 피스톤 헤드가 받은 열을 실린더 벽으로 전달하는 냉각(열전도)작용 등 3가지 작용을 한다.

(2) 피스톤 링의 구비조건

① 내열성과 내마모성이 좋아야 한다.
② 실린더 벽에 대하여 균일한 압력을 가해야 한다.
③ 마찰이 작아 실린더 벽을 마모시키지 않아야 한다.
④ 열팽창률이 작아야 한다.
⑤ 고온에서도 탄성을 유지해야 한다.
⑥ 오래 사용하여도 링 자체나 실린더 마멸이 적어야 한다.
⑦ 고온·고압에 대하여 장력의 변화가 작아야 한다.

Section 66 연소 배기가스의 탈진 설비 중 선택적 촉매 환원법(SCR : Selective Catalytic Reduction)

1 개요

배기가스 중의 NO_x 처리 기술에서 연소 과정을 통제하여도 요구되는 NO_x 배출을 달성할 수 없는 경우에는 배기가스가 배출되기 전에 배기가스의 NO_x를 제거하는 방법이 채택되어야 한다. 배기가스 처리 기술은 크게 건식(Dry type)과 습식(Wet type) 기술로 구분되며, 건식에는 촉매 환원법, 무촉매 환원법, 흡착법, 복사법 등이 있다.

② 배기가스 처리 기술

(1) 건식 기술의 분류

① 선택적 촉매 환원법(SCR : Selective Catalytic Reduction) : 암모니아를 배기가스 속에 흡입시켜, 그 가스를 촉매(Catalyst)로 접촉시켜 NO_x를 N_2와 H_2O로 분해하는 방법이다. 배출되는 질소산화물의 대부분은 NO의 형태로 존재하며, 200~400℃ 범위에서 촉매를 통과할 때 반응제와 반응하게 된다. 이 온도 범위에서는 반응제가 O_2 등과는 거의 반응하지 않고 NO와 선택적으로 반응하기 때문에 선택적 촉매 환원법이라 한다.

대표적인 반응식을 표시하면 다음과 같다.

$$4NO + 4NH_3 + O_2 \longrightarrow 4N_2 + 6H_2O$$
$$NO + NO_2 + 2NH_3 \longrightarrow 2N_2 + 3H_2O$$
$$2NO_2 + 4NH_3 + O_2 \longrightarrow 3N_2 + 6H_2O$$
$$6NO_2 + 8NH_3 \longrightarrow 7N_2 + 12H_2O$$

촉매를 재생하는 방식으로 열풍을 사용하는 방법이 실용화되고 있고, SCR는 연소 관리를 전제로 하며, 1몰 비는 80~90%의 제거 효율을 갖는다. 관련 주요 설비로는 암모니아 혹은 요소 주입 설비, 촉매 탈질, 탈 다이옥신 설비, 가스 열교환기 등이 있다.

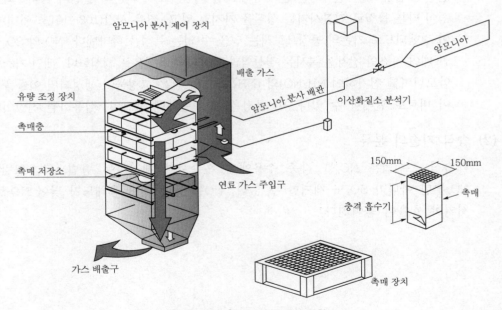

[그림 4-105] SCR 시스템의 종합도

② **선택적 비촉매 환원법(SNCR : Selective Non-Catalytic Reduction)** : 촉매를 사용하지 않고 고온의 배기가스에 암모니아, 암모니아수, 요소수 등의 환원제를 직접 분사하여 NO_x를 N_2와 H_2O로 분해하는 방법이다. SCR 방법과 비교할 때 별도의 반응기나 고가의 촉매를 사용하지 않기 때문에 공정이 비교적 단순하고 기존 설비에도 비교적 쉽게 적용이 가능하므로 투자 비용이 적은 것이 특징이다. 그러나 반응 온도가 900~1,000℃ 정도이고, NO_x의 제거 효율도 50~70℃ 정도로 낮다는 단점이 있다.

주 반응식을 소개하면 다음과 같다.

$$4NO + 4NH_3 + O_2 \longrightarrow 4N_2 + 6H_2O$$

SNCR에서 질소 산화물의 제거 효율에 영향을 미치는 대표적 인자는 온도, 반응 시간, 초기 NO_x의 농도, NO_x 농도에 대한 환원제의 투입 비율(N/NO), 산소 농도 등이 있고, 설비의 형태나 규모 등 엔지니어링 측면에서의 고려도 매우 중요하다.

③ **흡착법(활성탄 공정)** : 활성탄은 온도가 높으면 쉽게 연소하므로 120~150℃에서 흡착 및 SCR 반응이 이루어지며, 아황산가스의 탈착은 산소 없이도 활성탄을 가열하는 것만으로도 쉽게 이루어진다. NO_x와 SO_x를 동시에 제거할 수 있으나, 활성탄 재생 문제와 화재 및 폭발에 주의해야 한다.

④ **복사법(전자빔법)** : 복사법, 일명 전자빔(Electron beam)은 전자(Electron)와 빔(Beam)의 합성어이다. 전자는 19세기에 톰슨(Tomson)에 의해 발견되었으며, 인류가 처음 발견한 소립자이다. 전자빔은 분자의 구조를 바꿈으로서 기존의 물질과 물리·화학적 특성이 다른 물질로 전환시키는 성질을 가지고 있고, 짧은 시간(108~101초 이내)에 반응이 진행되므로 기존의 공정으로서는 얻을 수 없는 특성을 나타낸다. NO_x와 SO_x를 함유한 배연 가스의 전자선 복사는 질산염과 황산염의 음이온을 생성한다. 배연 가스에 물과 암모니아를 첨가하여 NH_4NO_3와 $(NH_4)_2SO_4$와 같은 고형물이 생성되면 이들을 분리하여 비료로 판매할 수 있다. 이 공정은 개발 단계에 있으며, 실용화될 전망이다.

(2) 습식 기술의 분류

습식 흡수법은 NO_x를 각종 수용액에 흡수시켜 제거하는 방법으로, 일반적으로 NO_x뿐만 아니라 SO_x도 제거할 수 있다. NO는 물에 대한 용해도가 낮아 NO_2로 산화시켜야 효율이 좋아진다.

클린 디젤 엔진의 구성 요소

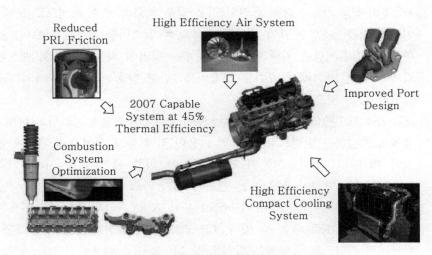

[그림 4-106] 클린 디젤 자동차의 구성 요소

1 개요

클린 디젤 자동차는 기존 디젤 엔진에 신 연소 기술과 신 부품 기술을 적용하여 연비를 향상시키고, 지구 온난화 가스인 이산화탄소(CO_2)의 배출량을 감소시키며, 배출 가스를 원천적으로 저감하는 후처리 기술을 적용한 디젤 자동차이다. 클린 디젤 자동차의 필요성은 지구 온난화 대책 및 에너지 소비 감축 방안으로 전 지구적으로 유엔 기후 변화 협약 등을 통해서 화석 에너지 사용 및 유해 물질 배출 규제를 강화함에 따라, 자동차 회사에서도 더 고효율 및 환경 친화적인 자동차의 개발이 시급하게 되었다. 또한, 국내외 자동차 산업의 위상과 국가 경제에 미치는 영향을 고려할 때, 향후 이산화탄소(CO_2) 규제로 대표되는 자동차의 연비 개선을 위한 기술 개발이 필요하게 되었다.

2 클린 디젤 엔진의 구성 요소

① 신 연소 기술 : 신 연소 기술로는 질소산화물(NO_x)과 입자상 물질(PM)을 동시에 저감시킬 수 있는 예혼합 압축 착화(HCCI : Homogeneous Charge Compression Ignition)와 저온 연소(LTC : Low Temperature Combustion) 기술이 있다. 이러한 연소 기술들은 저온 연소의 일종으로, 종래의 디젤 엔진에서는 피할 수 없었던 질소산화물(NO_x)과 입자상 물질(PM)의 발생을 감소하는 연소 개념이다. 하지만 오랜 기간의 다양한 연구에도 불구하고 아직은 운전 영역이 저부하 영역으로 국한되어 있으며, 고부하 운

전 영역에서는 연소 제어가 어려운 단점이 있다. 또한, 배출 가스 온도가 낮아지고, 미연 탄화수소(unburned hydrocarbon)가 많이 배출되므로 약 150℃에서 반응이 가능한 산화 촉매 또는 열촉매(EHC : Electric Heated Catalyst)가 필요하다.

② 저압축비 적용 기술 : 디젤 엔진의 경우 압축 착화의 연소 특성으로 노킹의 우려가 없이 압축비를 높일 수 있어 가솔린 대비 높은 압축비를 적용해 왔으나, 앞으로 질소산화물(NO_x)의 저감을 위해 압축비를 낮추는 방안이 적용될 것으로 예상된다. 연구 결과에 따르면 18 :1에서 17 :1로 압축비를 1만큼 낮출 경우 약 15%의 배출 가스 저감 효과가 있는 것으로 나타났다.

③ 배기 가스 재순환(EGR : Exhaust Gas Recirculation) 기술 : 질소산화물(NO_x)을 엔진 자체에서 저감하는 방법으로, 비교적 비용이 적게 들고 제어가 용이하여 현재까지 가장 많이 이용하고 있다. 고온의 EGR 가스에 의한 체적 효율 저하를 방지하기 위해 Cooled EGR 방식이 필요하다. 엔진에 배기 가스 재순환을 적용하는 방법은 고압의 가스를 이용하는 HP(High Pressure)-EGR과 저압의 가스를 이용하는 LP(Low Pressure)-EGR로 나눌 수 있다. LP-EGR은 매연 필터 후단의 정화된 배출 가스를 컴프레셔 전단으로 공급하는 방식으로, LP-EGR을 적용하면 EGR 공급 경로가 길어져 EGR 분배성이 향상되고, HP-EGR보다 낮은 온도의 EGR 공급이 가능해진다. 두 가지의 EGR Loop를 운전 상황에 따라 선택적으로 사용하는 Dual-Loop EGR 시스템도 적용되고 있다. 저속 저부하 영역에서는 상대적으로 EGR 공급이 유리하고 반응성도 좋은 HP-EGR을 사용하고, 고속 고부하 영역으로 갈수록 LP-EGR의 비중이 커지는 것이 일반적이다.

④ 커먼 레일 직접 분사 시스템 : 엔진을 ECU(Electronic Control Unit)에서 제어하여 분사 시기, 분사 압력, 분사량을 최적화한 후 커먼 레일 연료 펌프에서 배송된 연료를 고압 상태로 저장하는 축압기에서 저장된 초고압(1,350bar 이상) 연료를 연소실에 직접 분사하는 시스템이다.

현재 출시되는 승용 디젤 차량에 모두 커먼 레일 시스템을 탑재하고 있다. 솔레노이드 방식의 커먼 레일 인젝터보다 정밀한 제어를 위해 피에조 타입의 인젝터로 발전하였고, 분사 연료의 혼합기 형성에 큰 영향을 주는 분사 압력도 초기 1,350bar 수준에서 점점 진화하여 2,000bar 이상의 초고압 분사 방식이 적용되고 있다. 이러한 초고압 분사는 연료의 미립화 성능을 더욱 향상시키고, 엔진 출력 증강에 기여할 뿐만 아니라 궁극적으로 입자상 물질(PM)을 낮추는 데에도 도움이 된다.

⑤ 2단 터보 차저 : 용량이 다른 2개의 터보 차저를 직렬로 연결하여 저속에서는 저압측 터보 차저만 작동시켜 터보래그를 최소화하고, 중저속에서는 저압측 터보 차저와 함께 고압측 터보 차저를 부분적으로 작동시켜 과급 능력을 향상시키며, 고속에서는 저압측과 고압측 터보 차저를 모두 작동시킨다.

최근에는 배기가스를 이용하여 구동하는 방식이 아닌 전기 모터를 사용하여 구동하는 터보 차저를 사용하고 있다.

⑥ 배기열 회수 시스템 : 배기가스가 가진 열에너지와 유동 에너지를 이용하여 냉각수 예열 성능을 개선하고 열전 소자를 이용한 발전이 가능한 시스템이다. 열전 소자를 이용하면 배기가스와 대기의 온도차에 의한 발전으로 1~4%의 연비를 향상시킬 수 있다.

Section 68 오일 분석의 정의, 장점 및 방법

❶ 정의

오일의 상태를 분석하여 더 사용할 수 있는가를 판단하며, 추후 발생할 수 있는 문제점을 미연에 방지하기 위해 오일 분석을 통하여 오일의 상태를 파악하여 항상 적정 상태로 유지하며, 엔진의 성능과 수명을 향상시키는 분석이다.

❷ 오일 분석의 장점

① 설비 유지비용을 감소시킨다.
② 설비의 가동 비율을 증가시켜 비용을 절감한다.
③ 설비의 안정도를 증가시킨다.
④ Oil Drain 간격을 연장시킨다.
⑤ 장비의 수명을 연장시킨다.

❸ 오일 분석의 방법

① 사용유 분석을 통하여 금속분 함량을 점검하여 정비 상태를 파악하고, 물리 · 화학적 점검을 통해 오일의 상태를 파악한다.
② 오일 분석에서는 다음과 같은 성질을 분석한다.
　㉠ 동점도 : 오일의 가장 중요한 성질로서 점도의 증가와 감소를 확인하여 사용 판단 유무를 결정하며, 자동차용 윤활유는 40℃(신유 대비)±20%이고, 산업용 윤활유는 40℃(신유 대비)±10%이다. 점도 증가의 원인은 불용해분, 수분, 이종 오일, 산화, 부적절한 오일 사용 등이며, 점도 저하의 원인은 연료유 혼입, 이종 오일 혼입, 첨가제 고갈, 부적절한 오일 사용 등이 있다.

ⓛ 수분 : 수분은 접촉면의 오일을 제거하여 마모나 손상을 일으키거나 부식이 되어 산화를 촉진하며, 불순물이나 열화 생성물과 결합하여 슬러지를 생성하여 산화를 촉진한다. 산업용 윤활유의 유압유, 터빈유, 냉동기유는 0.2wt% 이하, 기어유, 습동면유는 1.0wt% 이하를 유지한다. 또한, crackle test란 오일 속에 수분이 혼입되어 있는지를 판단하는 간이 시험으로, positive는 수분 혼입으로 판단하여 정밀 시험을 진행하고, negative는 수분 혼입이 없음을 나타낸다.

ⓒ TAN/TBN : 전산가(Total Acid Number)는 오일에 포함되어 있는 산성 성분의 양을 나타내며, 정제도가 잘된 오일은 유기산이나 무기산이 없으며, 유압유와 기어유는 1.3mg/KOH 이하, 터빈유는 0.3mg/KOH 이하로 관리한다. 전염기가(Total Base Number)는 오일이 산에 대하여 어느 정도 방어 능력이 있는지를 나타내는 수치로, 수치가 높으면 산에 대한 방어 능력이 크다.

ⓔ 인화점 : 열을 가하여 증기 상태로 되는 오일에 불을 붙였을 경우 순간적으로 불이 붙는 온도로, 인화점이 30℃ 정도 감소하면 연료유 혼입 여부를 확인하고, 인화점이 감소하는 원인으로는 불완전 연소, 링 마모, 라이너 마모, 과도한 연료 공급 등이 있으며, 마모율 증가, 윤활막 감소, 씰링 기능 감소, 연료 소모 증가에 영향을 준다.

ⓜ 불용해분 : 사용유에 포함되어 용제에 녹지 않는 이물질로서, 펜탄(산화 생성물+금속 마모분), 벤젠(금속 마모분)이 있으며, 불용해분은 검댕, 산화, 외부 유입 물질, 마모분이 있으며 오일의 고점도화, 침전물 생성, 마모, 필터 막힘에 영향을 준다. 관리치는 산업용 유압유는 0.2wt% 이하, 기어유, 습동면유는 1.0wt% 이하이다.

ⓗ 금속 함량 : 금속 함량은 가동 시간에 따라 증가하며, 금속 마모의 발생 원인은 다음과 같다.

[표 4-11] 엔진부의 마모로 인한 성분 분표

원소 성분	원인
칼슘(Ca), 바륨(Ba)	첨가제(분산제 등)
인(P), 황(S)	첨가제(극압 첨가제)
실리콘(Si)	먼지(에어 필터 확인)
알루미늄(Al)	피스톤, 베어링
철(Fe)	피스톤링, 실린더 라이닝, 크랭크 및 캠샤프트
크롬(Cr)	피스톤링, 실린더
구리(Cu)	베어링, 부싱, 오일 쿨러
납(Pb)	베어링
주석(Sn)	베어링, 캠샤프트 부싱

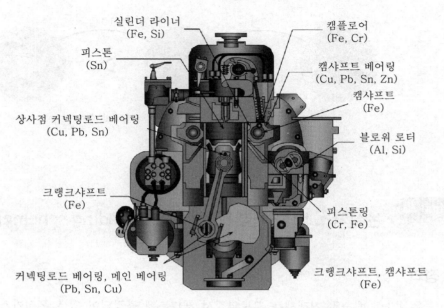

실린더 라이너
(Fe, Si)

피스톤
(Sn)

상사점 커넥팅로드 베어링
(Cu, Pb, Sn)

크랭크샤프트
(Fe)

커넥팅로드 베어링, 메인 베어링
(Pb, Sn, Cu)

캠플로어
(Fe, Cr)

캠샤프트 베어링
(Cu, Pb, Sn, Zn)

캠샤프트
(Fe)

블로워 로터
(Al, Si)

피스톤링
(Cr, Fe)

크랭크샤프트, 캠샤프트
(Fe)

[그림 4-107] 엔진의 마모로 인한 원소 성분

Section 69

상대 운동을 하는 미끄럼 표면들을 분리시키는 정도에 따른 윤활의 3가지 분류

1 개요

마찰면 사이에 유체의 막을 존재시키는 것은 가장 일반적인 윤활법이다. 마찰은 유체의 점성에 지배되기 때문에 작을수록 좋다. 금속 마찰면 사이에 윤활유 막을 생성시킴으로써 고체 마찰이 액체 마찰로 바뀌어져 마찰을 감소시키고, 마찰 손실과 발열을 방지하여 마찰면의 마멸을 방지하는 작용을 한다.

2 분류

[그림 4-108]은 각종 마찰 상태에서의 마찰력을 비교한 것으로, 유체 윤활에 비해 경계 윤활 시 마찰력은 10배가 증가되고, 경계 윤활에 비해 무윤활(극압 윤활) 시 마찰력은 10배가 증가된다.

[그림 4-108] 윤활 조건에 따른 마찰력의 증가

온실가스 배출 거래제(emission trading scheme)

① 정의

온실가스 배출권 거래제는 교토의정서 제17조에 규정되어 있는 온실가스 감축체제로서, 정부가 온실가스를 배출하는 사업장을 대상으로 연 단위 배출권을 할당하여 할당 범위 내에서 배출 행위를 할 수 있도록 하고, 할당된 사업장의 실질적 온실가스 배출량을 평가하여 여분 또는 부족분의 배출권에 대하여는 사업장 간 거래를 허용하는 제도이다.

② 국내 적용

우리나라 배출권 거래 제도는 '저탄소 녹색성장기본법('2010.1.)' 제46조에 의거하여 '온실가스 배출권 할당 및 거래에 관한 법률('2012.5.)'이 제정되어 2015년 1월 1일부터 시행 중에 있으며, 온실가스 배출권 거래제(emission trading scheme)는 정부가 기업

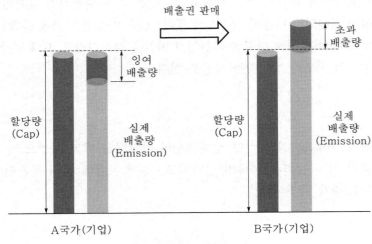

[그림 4-109] 배출권 거래제

에게 온실가스 배출권을 할당하고, 할당받은 배출권 대비 실제 배출량의 여분 또는 부족분을 타 기업과 거래하여 효과적으로 배출 허용량을 준수하는 제도이다.

Section 71 내연 기관에서 과급 장치의 역할과 효과

1 역할

과급 장치를 사용하면 산소의 양이 많아지므로 연소 효율이 높아지며, 무리한 튜닝이 아닌 과급기 차량의 경우 가솔린 엔진은 보통 0.8~1.2bar, 디젤 엔진은 2bar까지 과급하는데, 과급압이 1bar만 되더라도 배기량이 원래 엔진의 두 배가 되는 효과가 나타난다.

2 효과

과급기를 거친 공기는 압축되는 한편 온도가 올라가게 된다. 온도가 올라간 공기를 흡입하는 것은 산소 밀도가 떨어져 내연 기관의 흡입 · 연소 효율면에서 좋지 않고, 특히 온도가 올라간 공기는 다시 팽창하려는 성질이 있다. 그래서 과급기를 장착한 차량이나 항공기는 공기를 냉각시키는 시스템을 장착하는데, 이것이 인터쿨러(inter cooler)다. 인터쿨러를 장착하게 되면 고온의 공기가 냉각되어 공기 밀도가 높아져 흡입 · 연소 효율이 좋아지고, 이런 효과로 인해 연비 상승과 이산화탄소 감소로 이어져 환경에도 좋은 영향을 미친다.

Section 72 연소 배기가스 탈황 제거 설비인 석회석 석고법

1 개요

습식 석회석(Wet type Limestone-Gypsum Process)은 SO_2를 포함한 배기가스가 전기 집진기(EP : Electrostatic Precipitator)에서 분진이 제거된 후 120~160℃의 온도로 흡수탑(absorber)에 유입되어 흡수제인 액상의 알칼리 슬러리와 기-액 접촉하고, 배기가스 중 SO_2 성분은 반응을 일으켜 흡수탑 하부에서 $CaSO_3$ 또는 $CaSO_4$와 같은 고형 침전물(gypsum)로 형성되고, 약 50℃로 냉각 처리된 가스는 열교환기(GGH : Gas Gas Heater)를 거쳐 100℃ 이상으로 승온되어 굴뚝(stack) 통해 배출되는 일련의 공정을 거친다.

　　[그림 4-110]은 습식 석회석 탈황 설비의 플로다이어그램(flow diagram)이다. 국내 화력 발전소에 적용된 탈황 설비는 흡수탑 구조만 조금씩 차이가 있을 뿐 나머지 부분은 유사한 공정을 거친다. 이 기술은 흡수제(absorbent)인 석회석(limestone)이 풍부하여 비용이 저렴하다는 점과 부산물인 석고를 생산할 수 있다는 장점이 있지만, 흡수탑 내의 폐수 처리 설비에 스케일(scale)이 생기고 장치에 막힘 현상 및 장치의 부식 가능성이 높다는 단점이 있다.

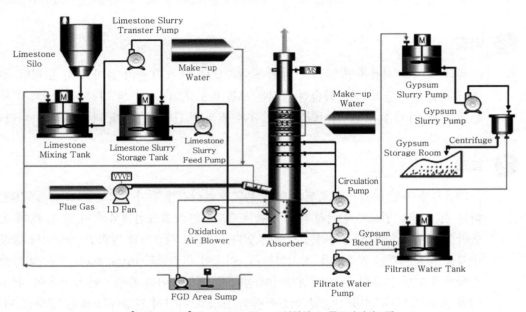

[그림 4-110] Centrifuge Type 석회석 – 플로다이어그램

② 연소 배기가스 탈황 제거 설비인 석회석 석고법

　　흡수탑(absorber) 내에서 기체-액체-고체 3상의 화학 반응은 매우 복잡한 반응 메커니즘을 형성하는데, SO_2 흡수 반응은 기상과 액상의 경계면에서 발생하는 가역적 물질 전달 현상, 즉 이중 격막이론(Two Flim Theory)으로 설명할 수 있다. 액상의 이온 또는 이온쌍들의 상호 작용에 의한 액-액 반응, 석회석의 용해와 석고의 결정 성장 반응과 같은 액-고 반응으로 크게 구분할 수 있다.

　　습식 탈황법은 건식법에 비해 아래와 같은 장단점이 있다.

(1) 장점

① 90%로 제거 효율이 높다.
② 보일러 부하 변동에 의한 영향이 적다.

③ 상대적으로 운영비가 낮다(높은 경제성).

④ 대용량 보일러에 적합하다.

⑤ 기술 신뢰도가 높다.

(2) 단점

① 배기가스의 처리 온도를 위한 냉각 및 재가열이 필요하다.

② 용수 소모량 및 동력 소비가 크다.

③ 일부 공정에서 다량의 폐수가 발생한다.

④ 초기 투자 비용이 많다.

Section 73 가스 터빈에 적용되는 브레이턴 사이클(brayton cycle)

1 개요

가스 터빈의 기본 사이클로서 압축기에서 공기를 흡입·압축하여 연소기에 보내고 연소기에서 연료와 함께 연소되어 일정 온도까지 가열한 후 이를 터빈에 유입·팽창시켜 일을 얻고, 얻어진 일의 일부를 압축기 구동에 사용하고 나머지를 동력 발생에 이용하는 원동소에 사용되는 사이클이다.

2 브레이턴 사이클(brayton cycle)

브레이턴 사이클(brayton cycle)을 $T-S$ 선도로 표시하면 다음과 같다.

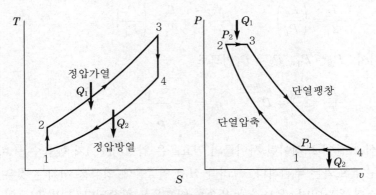

[그림 4-111] brayton cycle T–S 선도

- 1~2 과정 : 대기압 P_1을 압축기에서 P_2로 단열압축하는 과정(단열압축)
- 2~3 과정 : 연료를 연소기에 공급하여(Q_1) 일정 압력으로 연소하는 과정(정압가열)
- 3~4 과정 : 터빈에서 단열팽창하는 과정(단열팽창)
- 4~1 과정 : 압력 P_1로 터빈을 나온 배기가스를(Q_2) 대기로 방출되는 과정(정압방열)

공급열량을 Q_1[kcal/kg], 방출열량을 Q_2[kcal/kg]라고 하면 일에 이용되는 열량은 $Q_1 \sim Q_2$, 1초간에 흡수된 공기량을 W[kg]라 하면 출력 N_e는 다음 식으로 표시한다.

$$N_e = \frac{WJ(Q_1 - Q_2)}{75}[\text{HP}]$$

공급열 Q_1과 방출열 Q_2는

$$Q_1 = C_p(T_3 - T_2)$$
$$Q_2 = C_p(T_4 - T_1)$$

이론 열효율 η_a는

$$\eta_a = \frac{Q_1 - Q_2}{Q_1} \times 100 = \frac{C_p(T_3 - T_2) - C_p(T_4 - T_1)}{C_p(T_3 - T_2)} \times 100[\%]$$

여기서, 정압비열 C_p는 온도와 관계가 없으므로 $C_{p_{23}} = C_{p_{41}}$이라고 간주할 수 있다.

$$\eta_a = \frac{(T_3 - T_2)(T_4 - T_1)}{Q_1} \times 100 = 1 - \frac{T_4 - T_1}{T_3 - T_2} \times 100[\%]$$

여기에서 $Pv = RT$, 1~2, 3~4의 단열 변화에서, $P_1 v_1^k$, $P_3 v_3^k = P_4 v_4^k$가 되고 압력비(pressure ratio) $P_r = \left(\dfrac{P_2}{P_1}\right)$를 적용하면

$$\frac{T_2}{T_1} = \left(\frac{P_2}{P_1}\right)^{\frac{k-1}{k}} = P_r^{\frac{k-1}{k}}, \quad \frac{T_3}{T_4} = \left(\frac{P_3}{P_4}\right)^{\frac{k-1}{k}} = P_r^{\frac{k-1}{k}}$$

여기서, $P_2 = P_3$, $P_1 = P_4$이므로

$$\frac{T_2}{T_1} = \frac{T_3}{T_4} = P_r^{\frac{k-1}{k}}, \quad \eta_a = 1 - \frac{1}{P_r^{\frac{k-1}{k}}}$$

위 식과 같이 브레이턴 사이클의 열효율은 압력비(P_r)가 높을수록 효율은 좋아지고 터빈 입구 온도와는 무관하다. 그러나 실제 열효율에 영향을 끼치는 것은 터빈 입구에서 연소 가스의 온도이며, 온도가 높을수록 열효율은 향상된다. 터빈 입구의 연소 가스 온도를 임의로 높게 할 수는 없고, 내열 재료의 성능, 버킷의 강도 및 주어진 압력비를 통해 가장 적당한 터빈의 입구 온도가 결정된다. 이 밖에 열효율에 영향을 미치는 것은 압축기, 연소

기, 터빈 등에 있어서의 유동 저항, 기계 손실, 열의 냉각 손실 등이다. 결국 가스 터빈의 성능은 주로 공기 유량, 압력비, 터빈 입구의 가스 온도에 의해 좌우된다.

Section 74

유해 배출 가스 저감을 위한 EGR 장치와 EGR율

1 EGR 시스템 및 작동 원리

EGR(Exhaust Gas Recirculation)은 NO_x 저감을 위한 가장 효과적인 방법의 하나이다. 이는 배기가스의 CO_2나 H_2O 등과 같은 불활성 가스가 흡기의 일부와 치환되어 혼입됨으로서 혼합기의 열용량이 증대되어 실린더 내 연소 가스 온도 상승을 억제하며, 또한 공기 과잉률을 낮추어 서멀(thermal) NO_x 생성을 억제함으로써 전체 NO_x 발생량을 줄이는 원리이다.

또한 흡기의 일부가 산소 농도가 낮은 배기가스로 치환되므로 연소실 내 산소가 감소하기 때문에 NO_x 생성이 억제된다. 또 EGR은 촉매 장치에서 NO_x 환원 반응의 부하를 대폭 줄여주는 역할을 한다. 한편, 디젤 엔진의 EGR에 의한 NO_x 저감 효과는 휘발유 엔진과는 차이가 있다. 휘발유 엔진에서는 EGR 가스가 연료 혼합기와 균일하게 혼합되기 때문에 연소화염을 효율적으로 냉각시킨다. 반면 디젤 엔진의 경우는 연료 혼합기가 공간적으로 매우 불균일하기 때문에 EGR 가스가 연소화염을 냉각시키는 데는 공간적으로 제한되어 있다.

따라서 디젤 엔진에서 EGR에 의한 NO_x 저감 메커니즘은 휘발유 엔진처럼 EGR 가스가 연소 온도를 낮춘다는 설명보다는 연소 공기의 산소 농도를 저감시킴으로써 NO_x가 저감된다는 이론이 강하게 제시되어 있으며, 이들의 규명에 대한 연구가 계속되고 있다.

2 EGR율의 정의와 영향

디젤 엔진에서는 공기 과잉률이 적으면 매연과 PM 발생이 급증하기 때문에 EGR 적용은 공기 과잉률이 높은 부분 부하에 한정된다. 따라서 저부하 운전 빈도가 높은 디젤 승용차는 이미 EGR이 적용되고 있지만, 고부하 운전이 많고 긴 수명과 고신뢰성이 요구되는 트럭이나 버스와 같은 대형 상용차용에는 아직 EGR이 사용되지 못하고 있다. 따라서 우리나라와 같이 대형차의 사용이 많고 이들에 의한 공기 오염도가 큰 경우는 대형 디젤 엔진의 EGR 적용 기술 개발이 시급하다.

최적 EGR율의 결정은 CO, HC, 매연과 연비가 과도하게 증가하지 않는 범위에서 결정한다. EGR율이 증가하면 매연이 증가하며, 연비도 초기에는 향상되었다가 어느 시점에서 급격하게 악화되는 것을 알 수 있다. 이들 제반 인자들을 고려해 엔진 작동점에서 최적 EGR율을 결정한다.

Section 75 과급기의 종류와 과급기 제 방식인 Compressor Blow Off System과 Exhaust Waste Gate

1 개요

과급기란 공기 압축기로, 공기의 밀도가 높아져 산소의 양이 많아지므로 연소 효율이 높아지고 이를 이용해 출력을 높이거나 연료소비를 줄여 연비향상과 이산화탄소 감소라는 장점을 얻을 수 있다. 무리한 튜닝이 아닌 순정 과급기 차량의 경우 가솔린 엔진은 보통 0.8~1.2bar, 디젤 엔진은 2bar까지 과급하는데, 과급압이 1bar만 되더라도 배기량이 원래 엔진의 두 배가 되는 효과가 나타난다. 다만 과급압은 계속 변동하기 때문에 늘 동일한 배기량 향상 효과를 얻지 못하며 이것이 단점이 된다.

과급기를 거친 공기는 압축되면서 온도가 올라가는데 열 엔진의 효율면에서 안 좋다. 열 엔진은 열저장체(연료와 혼합된 기체)가 저온부(외부)에서 고온부(폭발 챔버)로 오가며 온도차로 인해 팽창할 때 운동에너지를 뽑아내는 방식이기 때문에 저온부의 온도가 올라가면 고온부와의 온도차가 작아지고 열 엔진의 효율이 급감하기 때문이다.

2 과급기 제 방식인 Compressor Blow Off System과 Exhaust Waste Gate

(1) 블로우 오프 밸브(blow off valve)

블로우 오프 밸브는 흡기 쪽에서 작동하는 것으로 배기가스로 터빈을 돌려서 공기를 압축시켜 공급하면 가솔린엔진에는 스로틀 바디가 있어서 엑셀을 떼면 엔진으로 공기가 들어가는 길이 막혀버리지만 터빈은 열심히 돌면서 공기를 압축하는 역할을 하게 된다.

압축된 공기는 압력이 상승하며 다시 터빈 안으로 역류하는 압력을 하강시켜 출력상승을 위한 장치가 아닌 안정성을 위한 장치로 사용한다.

(2) 웨스트게이트(waste gate)

배기 쪽의 블로우 오프밸브로 배기가스로 돌아가는 터빈의 특성상 계속 속도가 올라가고 차가 달리다보면 배기압도 상승한다. 이와 같은 현상이 발생을 방지하기 위해 터보의 적정수준을 유지하기 위해 웨스트 게이트가 막아 주는 역할을 한다.

Section 76

디젤엔진에 사용되는 인터쿨러(intercooler) 또는 애프터 쿨러(aftercooler)

1 개요

인터쿨러(intercooler)는 선박, 철도 차량, 자동차, 항공기 및 발전기 등에 사용되는 과급기(터보, 슈퍼차저 등)가 내연 기관용 보조 기기에서 과급기의 압축에 의해 온도가 상승한 공기를 냉각하는 열교환기이다. 연비 효율과 출력이 향상된다.

2 디젤엔진에 사용되는 인터쿨러(intercooler) 또는 애프터쿨러(aftercooler)

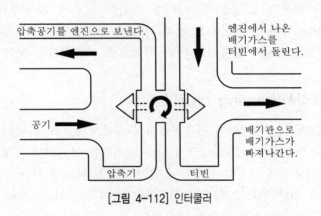

압축공기를 엔진으로 보낸다.

엔진에서 나온 배기가스를 터빈에서 돌린다.

공기

배기관으로 배기가스가 빠져나간다.

압축기

터빈

[그림 4-112] 인터쿨러

인터쿨러는 터보차저의 효율을 더 높이기 위한 것으로 배기가스의 온도를 낮추어 공급하는 장치다. 배기가스는 섭씨 800℃가 넘는 높은 온도로 배출되고 터보차저는 이것을 직접 흡수하게 된다. 터보는 1분에 10만 회전 이상의 고속으로 돌기 때문에 이런 고열을 받으면 부품이 팽창하거나 기능이 떨어진다. 이것을 막기 위해 냉각수로 터보를 식혀주는 장치가 인터쿨러이며 엔진 본체 라디에이터와 별도로 또 하나의 라디에이터를 달고 있다.

터보 장치는 휘발유나 가스엔진보다 디젤엔진에 더 효과적으로 쓰인다. 디젤 엔진은 낮은 회전수에도 흡입되는 공기량이 많이 줄지 않기 때문이다. 디젤엔진은 고속회전에 약하지만 터보를 이용, 30% 정도의 출력을 높일 수 있어 같은 배기량의 휘발유 엔진과 같은 출력을 낼 수 있다.

Section 77 | 엔진 베어링의 스프레드(bearing spread)와 크러시(crush)

① 베어링 스프레드(bearing spread)

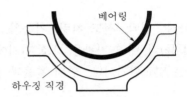

베어링

하우징 직경

[그림 4-113] 엔진 베어링의 스프레드(bearing spread)와 크러시(crush)

베어링을 끼우지 않았을 때 베어링 바깥쪽 지름과 베어링 하우징 안지름 차이를 0.125~0.5mm두어 작은 힘으로 눌러 끼워 베어링이 제자리에 밀착되도록 한다. 따라서 조립할 때에 크러시가 압축됨에 따라 안쪽으로 찌그러지는 것을 방지한다.

② 베어링 크러시(bearing crush)

베어링 크러시는 베어링이 하우징에서 움직이지 못하도록 베어링 바깥 둘레를 하우징의 둘레보다 0.025~0.075mm 크게 하여 베어링을 설치하고 규정 토크로 볼트를 죄었을 때 베어링 하우징에 완전히 접촉되어 열전도가 잘 되도록 한다. 크러시가 작으면 엔진의 작동 온도에 의한 변화로 헐겁게 되어 베어링이 움직이고, 크면 조립할 때에 찌그러져 유막이 파괴되므로 소결 현상이 발생한다.

Section 78 | 디젤기관 내 피스톤링(Piston ring)의 플러터(flutter) 현상과 방지법

① 피스톤링 플러터(piston ring flutter) 현상

피스톤링이 링 홈 속에서 진동하는 현상으로 가스 압력에 비해 피스톤링의 관성력이 커져서 링이 홈 내에서 떨리게 되어 링이 정상적으로 기밀을 유지하지 못하고 이로 인해서 블로바이 가스가 급증하게 되는데 이러한 현상을 피스톤링 플러터(piston ring flutter) 현상이라고 한다.

엔진 피스톤 압축링의 홈은 링의 폭보다 조금 넓어 링이 홈 속을 상하로 움직이면서 조금씩 회전하는데 링의 강성이 부족하면 고속회전 시(엔진의 회전수가 약 2,000rpm 이상) 압축링의 플러터링(Fluttering) 현상으로 링의 홈 속을 불규칙적으로 링이 회전하여 가스를 실링하지 못하고 블로바이가스가 누설되어 블로바이가스 증가로 인한 윤활유 소비량 증가와 출력 저하 현상이 발생할 수 있다. 플러터링(Fluttering) 현상은 주로 가솔린 엔진의 자동차에서 많이 발생되고 있다.

② 플러터 현상 발생 시의 영향 및 방지법

(1) 압축링에 플러터 현상 발생 시 미치는 영향

① 블로바이가스 급증으로 인하여 엔진의 출력이 감소한다.
② 링의 기밀 불량으로 누출가스 압력에 의해 유막이 끊어져 피스톤 링이나 실린더 벽을 마멸시킨다.
③ 피스톤링의 열전도 작용이 감소하여 피스톤의 온도가 상승한다.
④ 블로바이로 인하여 윤활유에 퇴적물(sludge)이 발생하여, 윤활부에 퇴적물이 쌓여 정상적인 윤활작용을 할 수 없다.
⑤ 윤활유의 소비량이 증가한다.

(2) 압축링의 플러터 현상 방지법

① 피슨톤링의 장력을 높여서 면압을 증가시킨다.
② 얇은 링을 사용하여 링의 무게를 줄여, 관성력을 감소시킨다.
③ 링 이음부는 배압이 적으므로 링 이음부의 면압 분포를 높게 한다.
④ 실린더 벽에서 긁어내린 윤활유를 이동시킬 수 있는 홈을 링 랜드에 둔다.
⑤ 단면이 쐐기 형상으로 된 키스톤 링을 사용한다.
⑥ 링 홈 상하간격을 너무 좁게 하지 않고, 링 홈을 너무 깊게 하지 않는다.

Section 79 전자제어 디젤엔진의 장점과 시스템 구조

① 개요

탄화수소(HC)의 화합물인 화석연료를 이용해 동력을 발생시키는 기관들은 연소의 산화작용으로 인해 다양한 배출가스를 대기로 내보내게 된다. 디젤엔진은 CO, HC, NOx와 입자상 물질(PM : Particulate Matter) 등의 화합물을 배출한다. 배출되는 유해 배출가스의 성분은 연료와 산소의 혼합비, 연소 환경, 연소 조건에 따라 큰 차이를 나타낸다.

자동차의 엔진 성능 향상에서 전자제어를 통한 효율 극대화 노력이 갈수록 강화되고 있다. 기본적으로 화석연료를 사용하는 엔진은 도로의 조건이나 운전 조건에 따라 공연비를 결정하고 점화해 연소하는 과정을 거쳐 엔진 출력과 토크를 얻는다. 다양한 주행 조건에 대응되는 공기와 연료의 적정 혼합비를 결정하고 점화시기를 제어해 효율성을 높여야 되는데, 이같은 시스템 구현은 복잡한 기계적 구조 개선만으로는 한계가 있다. 또 엔진의 정숙성, 진동, 안전성 등의 다양한 성능개선이 요구되고 있어 컴퓨터를 도입한 전자제어 엔진이 필연적이 되고 있다.

❷ 전자제어 디젤엔진의 장점과 시스템 구조

전자제어 엔진 시스템은 기본적으로 [그림 4-114]와 같이 연료장치와 점화장치, 흡기장치와 제어장치로 구성된다. 연료장치에는 연료를 공급하는 연료펌프에서부터 연료를 분사하는 인젝터에 이르는 주변장치와 증발가스를 흡착하기 위한 퍼지가 있다. 점화장치는 공급된 연료와 흡입된 혼합 가스를 점화하기 위한 고압 회로로 구성되어 있다. 흡기장치는 에어 클리너(air cleaner)에서부터 AFS, 스로틀 밸브, 그리고 서지 탱크를 거쳐 흡기 포트에 이르는 주변장치로 구성된다. 제어장치에는 이들 구성장치들에 전원을 공급하기 위한 전원공급 장치와 각각의 구성장치들의 목표 설정치를 제어하는 ECU로 구성된다.

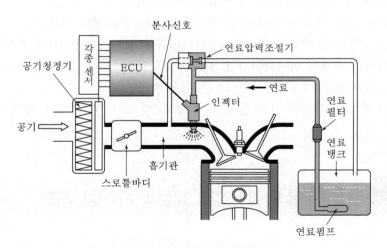

[그림 4-114] 전자제어 연료분사장치

마찰부의 윤활유 급유방법

1 개요

상대접촉 운동면에서 원활한 동작을 위해서는 윤활제의 적절한 선정도 중요하지만, 윤활제를 어떤 방식으로 윤활부위에 공급할 것인가를 결정하는 문제도 대단히 중요하다. 윤활유 공급방법의 선정에는 마찰면의 형태, 미끄럼 방향, 하중의 경중과 성질, 미끄럼 속도, 사용온도 등의 제반요건을 고려하여 결정해야 한다. 급유장치는 한번 설치되면 간단하게 변경하게 어려우므로 신중하게 검토되어야 한다.

2 마찰부의 윤활유 급유방법

윤활유 급유방법은 용도에 따라 매우 다양하지만, 윤활 부위에 공급된 윤활유를 회수하지 않고 소모하는 형태의 비순환 급유방식과 사용된 윤활유를 회수한 후 반복하여 사용하는 순환급유방식으로 대별할 수 있다.

(1) 비순환 급유방식

비순환 급유법은 한 번 사용한 오일은 회수하지 않고 버리는 형태의 급유법으로 전손식급유법이라고도 한다. 소량의 오일을 사용하는 관계로 대체로 윤활조건이 까다롭지 않은 윤활부위에 사용된다.

1) 손 급유법(Hand oiling)

윤활부위에 오일을 손으로 급유하는 가장 간단한 방식으로 윤활이 그다지 문제가 되지않는 저속, 중속의 소형기계 또는 간헐적으로 운전되는 경하중 기계에 이용된다. 손으로 급유하므로 1회 급유량은 수mL 내지는 수L 정도이고, 사용 빈도수가 적은 경우에 주로 이용되고 있다. 사용 예로 방적기계, 인쇄기계, 공구, 체인, 와이어 로프 등이 있다.

2) 적하 급유법(Drop feed oiling)

급유되어야 하는 마찰면이 넓은 경우, 윤활유를 연속적으로 공급하기 위하여 사용되는 방법으로 니들밸브위치를 이용하여 윤활유의 급유량을 정확히 조절할 수 있는 급유방법이다. 손급유법에 비하면 대단히 우수하나, 다른 진보된 방법에 비하여 다소 불완전하고, 오일소비량이 많아 개선을 많이 해 왔다. 회전식 압축기에 사용되는 적하 급유기로 압축기의 가스압력을 이용하여 자동으로 니들밸브의 개폐 정도를 조절함으로써 급유량을 조절한다.

3) 패드 급유법(Pad oiling)

오일 속에 털실, 무명실, 펠트 등으로 만든 패드를 오일 속에 침지시켜 패드의 모세관 현상을 이용하여 각 윤활 부위에 공급하는 형태의 급유방식으로 경하중용 베어링에 많이 사용된다. 이 방법은 접촉부의 회전속도가 너무 빠르면 한쪽으로 밀리게 되어 급유가 불충분하게 되고, 또한 장시간 사용하면 불완전 윤활이 되는 결점을 갖고 있다.

4) 심지 급유법(Wick oiling)

털실이나 무명실로 꼰 끈을 오일 속에 침지시켜 모세관작용을 이용하여 급유하는 방법으로 급유량은 심지 수로 조절하고, 급유를 중지시켜야 할 경우 심지를 마찰 부위로부터 제거시키면 된다. 그러나 매번 이와 같은 작업을 반복해야 하는 불편한 점이 있다. 금속용기의 중앙부에는 스텐드 파이프가 있어 심지의 모세관 작용을 도와준다.

5) 기계식 강제 급유법(Mechanical force feed oiling)

기계본체의 회전축 캠 또는 모터에 의하여 구동되는 소형 플런저 펌프에 의한 급유방식으로 비교적 소량, 고속의 윤활유를 간헐적으로 압송시킨다. 캠에 의해 플런저를 작동시켜 오일을 공급하는 강제급유기를 보여주고 있다. 윤활 부위로 공급되는 급유량은 플런저의 행정길이, 캠축의 회전수를 변화시켜 줌으로써 조절이 가능하다. 압축기, 내열기관의 실린더, 대형 정착식 엔진, 진공펌프, 프레스 베어링 등에 사용된다.

6) 분무식 급유법(Oil mist oiling)

압축공기를 이용하여 소량의 오일을 미스트화시켜 베어링, 기어, 슬라이드, 체인드라이브 등에 윤활을 하고, 압축공기는 냉각제 역할을 하도록 고안된 윤활방식이다. 이 방식은 오일 소모량이 적고 냉각효과가 크기 때문에 고속 구름 베어링, 고온에서 운전하는 체인, 공작기계, 제철기계 등에 많이 사용되고 있다. 그러나 압축공기와 함께 대기 중으로 빠져나가는 미스트 상태의 오일량이 많은 경우 환경오염에 주의해야 하며 또한 제품에 오손이 되어서는 안되는 식품, 섬유공장 등에서는 부적합하다.

(2) 순환 급유방법

사용된 윤활유를 회수하여 마찰 부위에 반복하여 공급하는 급유법으로 회전식 급유법이라고도 한다. 같은 오일통 속에서 오일을 반복하여 사용하는 자기순환 급유법과 펌프를 이용하여 강제적으로 오일을 순환시켜 급유하고, 도중에 오일을 여과하여 세정 및 냉각하는 장치를 보유하고 있는 강제순환 급유장치가 있다.

1) 자기순환 급유법

① 오일 순환식 급유법(Oil circulating oiling) : 링, 칼라, 체인 등의 일부를 오일 속에 잠기게 하고 수평축의 회전에 의하여 오일을 축상부로 공급시키는 장치이다. 저속에서는 링방식을, 중속, 고하중에서는 칼라방식을 채택하며, 저속에서 많은 윤활유를 필요로 하는 경우 또는 오일탱크 유면이 회전축과 떨어져 있는 경우는 체인장식을 이용하고 있다. 링이나 체인방식은 링이나 체인이 회전축에 걸려 있으면서 축 주위를 자유롭게 전동할 수 있으나, 칼라방식은 회전축에 고정되어 있다. 일반적으로 유지비가 저렴하고, 오일

저장탱크의 유위가 적절하게 유지된다면 급유 신뢰도는 높다. 이들은 주로 전기 모터, 팬(Fan), 송풍기, 압축기, 지축(Line shaft)용 베어링에 많이 사용되고 있다.

② 비말 급유법(Splash oiling) : 기계의 운동부를 오일탱크 내 유표면에 미접시켜 소량의 오일을 마찰면에 튀게 하여 오일을 공급하는 방법으로 수 개의 다른 마찰면을 동시에 급유할 수 있고, 냉각효과도 어느 정도 기대할 수 있다. 사용례로 공기압축기의 크랭크 케이스, 공작기계의 기어케이스, 중소형 감속기어 장치 등이 있다.

③ 제트 급유법(Jet oiling) : 노즐을 이용하여 윤활유를 마찰면에 강제 분사시켜 순환급유하는 방식으로 냉각효과가 크다. 제트엔진의 베어링, 액체 산소용 펌프의 베어링, 초고속, 중속 및 감속용기어 등에 이용된다.

④ 유욕 윤활법(Oil bath oiling) : 유욕 윤활은 저속 및 중속용 베어링에서 많이 사용되고 있는 윤활방법으로 마찰부위가 오일 속에 잠겨 윤활이 이루어지는 방식이다. 베어링이 수평축으로 사용될 경우 정지시 베어링이 최하위 전동체의 중심 부근까지 유면을 유지할 수 있도록 오일 게이지를 준비하여 유면을 용이하게 점검한다. 유욕식은 직립형 수력터빈의 추력 베어링, 방적기계의 스핀들, 감속기어, 웜기어, 구름 베어링 등에 많이 사용되고 있다.

2) 강제순환 윤활시스템(Oil circulation system)

강제순환 윤활방식은 자동화·시스템화된 기계장치에서 많이 사용되고 있는 방법이다. 강제순환방식은 위에서 설명한 방식과는 달리 펌프를 이용하여 윤활이 필요한 기계가 한 대이든 여러 대이든 관계없이 모든 마찰지점에 윤활제를 동시에 공급하고, 윤활적용이 끝난 윤활제는 재사용하기 위하여 펌프로 별도의 저장조에 회수시켜 여과 및 냉각과정을 거친 후 반복사용하는 방식이다.

Section 81 기관의 엔진소음

❶ 개요

차의 진동에 가장 많은 영향은 점화플러그와 플러그 배선 등 점화계통의 이상이다. 점화플러그의 교환주기가 지나서 불꽃을 제대로 튀겨 주지 못해 엔진부조에 의해 진동이 생기는 것이다.

점화플러그 교환이나 배전기를 점검하는 것이 좋으며 자동차에서 발생하는 소음의 종류는 다양하다. 엔진을 비롯한 구동계에서 올라오는 소음, 차가 주행함에 따라 공기의 저항으로 인해 발생하는 풍절음, 그리고 타이어가 노면과 접촉할 때 발생하는 노면소음이 대표적이다.

일반적으로 사람의 귀로 들을 수 있는 가청 주파수는 20~20,000Hz로 이 중 자동차의 소음은 20~10,000Hz 사이에서 존재한다. 보통 500Hz를 기준으로 그 이하는 저주파, 그 이상은 고주파로 나눈다. 저주파 대역의 소음은 20~150Hz는 부밍(booming)음, 150~250Hz는 타이어 공명(cavity)음, 250~500Hz는 럼블(rumble)음 세 종류로 나눌 수 있다. 주로 타이어와 아스팔트 노면이 만날 때 생기는 노면소음에 속한다. 그리고 500Hz 이상 대역의 고주파는 자동차 실내의 에어컨과 통풍 시트 작동음, 그리고 풍절음 등이 해당된다.

② 기관의 엔진소음

기관의 엔진소음 원인을 살펴보면 다음과 같다.

(1) 연료계통

연료필터는 교환주기가 지나면 흐름이 원활하지 않아서 연료분사량에 영향을 주며 인젝터 불량으로 연료분사량이 각 기통마다 다르면 소음이 발생할 수가 있다.

(2) 엔진마운트

엔진마운트의 불량이다. 마운팅 고무가 노후되면 충격을 흡수하지 못해 진동이 발생되며 오토차량의 경우 마운트가 손상되면 드라이브로 변경 시에 소음이 발생한다.

(3) 스로틀바디

스로틀바디 청소를 해줘야 하며 스로틀바디는 시간이 지나면 카본이 끼기 마련이며 청소하지 않으면 진동이 생기고 소음이 심해진다.

Section 82

연료소비율(Specific Fuel Consumption)을 구하는 식과 설명

① 개요

엔진 성능은 여러 가지 방법으로 표현하는데, 유용한 매개 변수 중 하나는 비연료소모율(SFC, Specific Fuel Consumption)이라고 부르며, 추력당 연료소모량(TSFC, Thrust Specific Fuel Consumption)이라고도 표현된다.

② 연료소비율을 구하는 식과 설명

비연료소모율(TSFC)은 추력당 단위시간마다 소모된 연료의 무게이다. 즉, 추력의 출력에 따라 엔진의 설계가 달라지는데 그때의 연료의 효율성을 설명하는 공학 용어이다.

중력단위로 추력당 연료소모량(TSFC)은 추력의 시간당 연료소비량을 파운드로 표현하거나 시간당 1로 표현되며, SI 단위로 추력당 연료소모량은 킬로뉴턴으로 나타낸 추력당 초당 그램으로 나타낸 연료소모량으로 나타낸다.

(1) 연료소비율(SFC, Specific Fuel Consumption)

$$SFC = \frac{\dot{m}_f}{P} \ [\text{g/kWh or g/PSh}]$$

(2) 제동 연료소비율(BSFC)와 도시 연료소비율(ISFC)

$$BSFC = \frac{\dot{m}_f}{P_b} \ [\text{g/kWh or g/PSh}], \quad ISFC = \frac{\dot{m}_f}{P_i} \ [\text{g/kWh or g/PSh}]$$

Section 83　이상적인 증기 사이클(Rankine cycle)의 기본적 요소와 T-S (온도-엔트로피)선도를 작성하고 각 과정에 대하여 설명

① 개요

랭킨 사이클은 증기 기관의 기본적인 열역학 기초이다. 압축과정과 팽창과정의 비체적의 차이를 최대로 하기 위하여 증기와 액체 사이의 상변화를 이용한다. Rankine cycle을 해석할 때 열이 공급되는 평균 온도와 열이 방출되는 평균 온도의 관점에서 효율을 살펴보면 편리하다.

② 이상적인 증기 사이클의 기본적 요소와 T-S(온도-엔트로피)선도, 각 과정

랭킨 사이클은 증기원동소의 이상 사이클로 각 과정을 해석하면 다음과 같다.

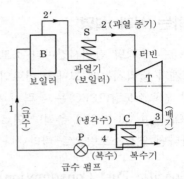

[그림 4-115] 랭킨 사이클

(1) 보일러 가열량(1-2 과정, 정압가열)

$$q_B = h_2 - h_1 \,[\mathrm{kcal/kg}]$$

(2) 터빈 공업일(2-3 과정, 단열팽창)

$$w_T = -\int_2^3 vdp = -(h_3 - h_2) = h_2 - h_3$$

$$(\text{단, } \delta q = dh - vdp = 0 \rightarrow vdp = -dh \rightarrow vdp = -dh)$$

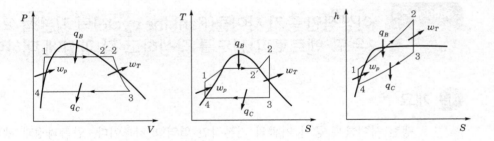

[그림 4-116] 랭킨 사이클의 P-V선도, T-S선도, h-S선도

$$\therefore \; w_T = h_2 - h_3 \,[\mathrm{kJ/kg}]$$

(3) 복수기 방출열량(3-4 과정, 정압방열)

$$q_c = h_3 - h_4$$

(4) 펌프 공업일(4-1과정, 단열압축)

$$w_p = h_1 - h_4 [\mathrm{kJ/kg}]$$

(5) 랭킨 사이클(rankine cycle)의 열효율(η_R)

$$\eta_R = \frac{q_1 - q_2}{q_1} = \frac{w_T - w_p}{q_B} = \frac{(h_2 - h_3) - (h_1 - h_4)}{(h_2 - h_1)}$$

펌프일을 무시하면 랭킨 사이클의 열효율은 $\eta_R = \dfrac{h_2 - h_3}{h_2 - h_4}$ (단, $h_1 = h_4$)이다.

Section 84 디젤기관의 대표적인 배출가스인 NOₓ와 PM(Particulate Matter)의 생성원인

1 개요

경유차의 동력기관인 디젤엔진은 연소 과정의 특성 때문에 입자상물질(PM, Particulate Matter)과 질소산화물(NO_x)이 발생한다. 입자상물질은 디젤입자필터(DPF, Diesel Particulate Filter trap)로 질소산화물은 $DeNO_x$, SCR 등 질소산화물 처리 촉매로 후처리하여 저감하는 기술을 적용하여 정화한 후 배출한다.

2 디젤기관의 대표적인 배출가스인 NOₓ와 PM(Particulate Matter)의 생성 원인

디젤엔진의 연소과정은 대부분의 운전 조건에서 희박연소를 통하여 기체상의 공해물질인 일산화탄소(CO)와 미연탄화수소(HC)는 매우 적게 배출하며, 온실가스의 대표격인 이산화탄소(CO_2)를 적게 배출하는 장점을 갖고 있다. 미세먼지는 지름 10마이크로미터 혹은 2.5마이크로미터 이하의 입자 질량을 의미하는 PM10 혹은 PM2.5(초미세먼지)로 정의하는데 수송 부문의 경우 전통적인 입자상물질 총량 PM과 입자갯수 PN으로 규제한다. 측정에 있어서 가장 작은 입자의 크기도 측정기기상 한계가 있는 점도 과제이다. 질량만으로 산정할 경우 화학적 성분의 영향과 고체상과 액체·기체상의 영향이 별도로 평가되지 않은 형편이며 인체 건강에 미치는 영향조차 입증을 통하여 표준화되거나 통일된 결론이 없다. 대부분의 미세먼지 발표자료는 추정치로서 무수히 많은 가정과 정확하지 않은 자료에 의지하여 계산된다.

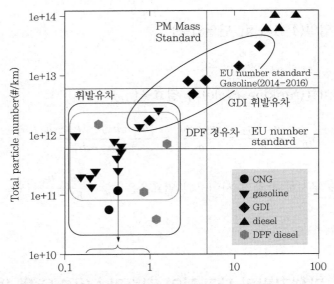

[그림 4-117] 연료 및 차종별 입자상물질 질량(PM)과 입자수(PN) 배출 경향

엔진(기관)의 기계적 마찰에 영향을 주는 인자

1 개요

내연기관(ICE, Internal Combustion Engine)은 연료와 공기 따위의 산화제를 연소실에서 연소시켜 에너지를 얻는 기관이다. 연소실에서 연소되는 연료와 산화제의 발열반응으로 인해 높은 온도와 압력의 기체가 생성되어 엔진의 피스톤 및 축차가 움직이게 하여 엔진을 가동시킨다. 내연기관의 이러한 작동 방식은 기관 외부의 열을 이용하는 증기기관이나 스털링 기관과 같은 외연기관과 대조적이다. 대부분의 내연기관은 피스톤 운동을 통해 구동력을 얻는다. 그러나, 반켈 엔진과 같이 회전 운동을 통해 구동력을 얻는 경우도 있다.

2 엔진(기관)의 기계적 마찰에 영향을 주는 인자

기계적 마찰에 영향을 주는 인자는 다음과 같다.
① 엔진 배기량의 영향 : 배기량이 높으면 마찰 토크는 급증한다.
② 냉각수 온도의 영향 : 냉각수 온도가 높으면 마찰손실이 감소한다.
③ 오일 온도의 영향 : 오일 온도가 높으면 점성저하로 엔진 마찰이 감소한다.
④ 첨가제(마찰 조정제)의 영향
⑤ 오일의 영향 : 적정 수준의 오일 레벨 유지가 엔진의 마찰 손실을 줄인다.

Section 86 열역학의 비가역과정에 대한 개념과 실제로 일어나는 비 가역성 과정

1 개요

과정(process)은 계(system) 내의 물질이 한 상태에서 다른 상태로 변화할 때 연속된 상태 변화의 경로이다. 비가역과정(irreversible process)은 계가 경계를 통하여 이동할 때 변화를 남기는 과정으로서 이때 평형은 유지되지 않지만 가역과정은 평형을 유지한다.

2 열역학에서 실제로 일어나는 비가역성 과정

열역학 상태(평형 상태) A에서 B로 변화하는 과정을 살펴보면 열역학 상태는 상태 방정식으로 표현이 가능해야 한다. 온도가 일정한 조건(등온)에서 이상기체의 P-V 곡선은 보일의 법칙으로 표현이 가능하기 때문에 곡선 위의 모든 점이 열역학 상태라고 할 수 있다. 따라서 [그림 4-188]과 같이 곡선 위를 따라 움직이는 경로 1은 가역과정이라고 할 수 있다. 그러나 이 곡선 위를 따라 움직이지 않는 경로 2는 비가역과정이다. 즉, 점 C뿐만 아니라 경로 2의 모든 점은 평형 상태가 아니므로 열역학 상태가 아니며 상태 방정식으로 표현이 불가능하다.

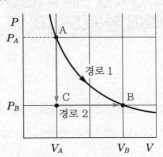

[그림 4-118] 등온선 위의 가역과정(경로 1)과 비가역과정(경로 2)

Section 87 보일러 마력에 대하여 설명

1 개요

보일러의 용량은 정격출력으로 표시하며 최대연속부하에 의한 시간당 출력을 말한다. 증기 보일러의 용량 1톤이라고 하면 증기 발생량이 시간당 1톤이라는 것으로, 즉 환산증 발량이 시간당 1톤이라는 의미이다.

2 보일러 마력에 대하여 설명

환산증발량이란 대기압하에서 100℃의 포화수를 100℃의 건포화증기(乾飽和蒸氣)로 증발시키는 양을 말하며 증기보일러에 있어서 환산증발량은 다음의 식으로 계산된다.

$$환산증발량 = \frac{실제증발량[kg/h] \times (h_2 - h_1)}{538.8}$$

여기서 h_1 : 보일러 급수의 엔탈피(kcal/kg), h_2 : 발생증기의 엔탈피(kcal/kg)

538.8 : 대기압하에서의 물의 증발잠열(kcal/kg)

보일러의 용량단위로 보일러-마력(Boiler-Horse-power)을 사용하는 경우도 있는데 이는 1시간에 100℃의 물 15.65kg(34.5파운드)을 증기로 증발시키는 능력을 말한다. 이것을 열량으로 표시하면, 1보일러-마력은 8,434kcal/h(15.65kg/h×539kcal/kg, 33,479BTU/h) 이며 1톤 보일러는 63.9보일러-마력이다.

Section 88 대기환경오염 물질인 질소산화물(NOx)을 발생원에 따라 분류하고 질소산화물 제거기술인 선택적 촉매 환원(SCR) 과 선택적 비촉매 환원(SNCR)

1 개요

질소산화물(NO_x)이란 NO, NO_2, NO_3, N_2O_3, N_2O_4, N_2O_5 등이 있으며 질소산화물 (NO_x)은 통상 95% 이상의 NO와 NO_2로 이루어져 있으며 질소산화물의 분류는 다음과 같다.

① Thermal NO_x : 연소공기 중 산소가 질소분자를 산화시켜 발생한다.
② Prompt NO_x : 연료 중의 탄화수소(HC)가 공기 중 질소와 반응하여 생성한다.
③ Fuel NO_x : 연료 중에 포함된 질소가 연소과정에서 산화된다.

2 선택적 촉매 환원(SCR)과 선택적 비촉매 환원(SNCR)

선택적 촉매 환원과 선택적 비촉매 환원을 설명하면 다음과 같다.

(1) 선택적 촉매환원법(SCR, Selective Catalytic Reduction)

NO_x를 촉매(TiO_2, V_2O_5 등) 위에서 선택적으로 암모니아와 반응시켜 N_2와 H_2O로 환원시키는 선택적 촉매 환원법으로 NO_x 제거율은 80~90%로 최적온도는 300~400℃이다. NO_x 제어가 상대적으로 쉽고 안정된 효율을 기대하며 공정이 단순하고 백연현상이 없다.

$$4NO + 4NH_3 + O_2 \rightarrow 4N_2 + 6H_2O$$
$$2NO_2 + 4NH_3 + O_2 \rightarrow 3N_2 + 6H_2O$$

(2) 선택적 비촉매 환원법(SNCR, Selective Non-Catalytic Reduction)

촉매를 사용하지 않고 액상 암모니아 및 요소를 고온의 배출가스에 주입하여 배출가스 중 포함된 NO_x 가스와 반응시켜 질소산화물을 제거하는 방법이다. NO_x 제거율은 40~50% 이며 설치비 및 운영비가 상대적으로 낮으며 반응식은 다음과 같다.

$$(NH_2)\,2CO + H_2O \rightarrow 2NH_3 + CO_2$$
$$4NH_3 + 4NO + O_2 \rightarrow 4N_2 + 6H_2O$$
$$2(NH_2)\,2CO + 4NO + O_2 \rightarrow 4N_2 + 2CO_2 + 4H_2O$$

[표 4-12] 선택적 촉매 환원(SCR)과 선택적 비촉매 환원(SNCR)

구분	SNCR	SCR
NO_x 저감한계	최대평균치 50ppm	20~40ppm
제거효율	30~85%	30% 정도
운전온도	350~980℃	200~450℃
소요면적	설치공간의 제약이 적음 (기존 로와 덕트 설치)	촉매탑 설치공간 필요
암모니아 슬립	10~20pp	2~5ppm
PCDD 제거	거의 없음	가능(촉매에 의한 산화 V_2O_5)
고려사항	온도, 혼합, 암모니아 슬립, 효율	운전온도 및 배기가스 가열비용, 촉매독, 암모니아 슬립, 설치공간, 촉매 교체비
장점	• 투자비 및 운영비가 적다. • 다양한 가스 성상에 적용이 가능하다. • 장치가 간단하여 운전보수가 용이하다.	• 높은 탈질효과를 얻을 수 있다. • 암모니아 슬립이 매우 적다.
단점	• 연소온도를 850℃ 이상으로 로 제어 필요 • 몰비를 크게 하면 암모니아 슬립에 의한 백연현상 발생이 있을 수 있다.	• 촉매의 수명이 유한하며 가격이 비싸다. • 투자비 및 운전비가 많다. • 먼지, SO_x 등에 의해 방해를 받는다. • 압력손실이 크다.

Section 89

냉동기 압축기의 역할, 압축기의 구조와 압축방식

1 개요

압축기란 저압의 냉매가스를 압축하여 고압의 냉매가스를 만들며 냉매가스를 압축하여 압력을 높여서, 증발기에서 증발한 냉매 증기가 응축되기 쉽도록 한다. 압축기의 원리인 압축, 응축, 팽창, 증발 과정을 반복하면서 필요한 냉난방공조는 물론 냉동·냉장 등 다양한 용도를 확보할 수 있는 냉동기의 운용에 있어 가장 핵심부품이다.

2 냉동기 압축기의 역할, 압축기의 구조와 압축방식

(1) 압축기(compressor)의 역할

증발기에서 증발한 저온 저압의 기체 냉매를 흡입하여 다음의 응축기에서 응축액화하기 쉽도록 응축온도에 상당하는 포화압력까지 압력을 증대시켜주는 기기이다[등엔트로피 과정(isentropic)].

(2) 압축기의 구조와 압축방식

압축기는 크게 압축방식과 밀폐구조에 따라 분류할 수 있다. 압축방식에 따라 터보형(dynamic)과 용적형(positive displacement)으로, 밀폐구조에 따라 밀폐형(hermetic compressor), 반밀폐형(semi-ermetic compressor), 개방형(open type) 등으로 나뉜다.

① **왕복동 압축기** : 피스톤의 왕복운동으로 냉매 가스를 압축한다.

② **횡형 압축기** : 종래에는 많이 사용되었으나 최근에는 거의 사용되지 않는다.

③ **입형 압축기** : 회전수가 횡형에 비해 다소 빠르며 이런 형식의 압축기는 CFC계 냉매 등을 사용하기도 하며 주로 암모니아를 사용하고 있다.

④ **고속다기통 압축기** : 종래의 입형 압축기로 회전수를 높이면 압축기의 강도나 진동에 한계가 있어서, 고속다기통 압축기가 개발되었다. 대형, 중형, 소형 분야까지 널리 사용되고 있는 압축기의 대표적인 형식 중의 하나로서 대량생산이 가능하다.

⑤ **밀폐형 압축기** : 축봉장치가 필요 없기 때문에 압축기의 기밀성이 높을 뿐만 아니라, 압축기 구동장치가 없으므로, 소형이며 소음이 적다. CFC계 냉매는 전기적 절연성이 뛰어나므로 밀폐형 압축기에 적합한 냉매이다. 가정용 냉장고나 소용량의 가정용 공기조화기에 주로 사용한다.

⑥ **스크류 압축기** : 최근의 냉동용 압축기는 고속다기통 압축기와 스크류식 압축기가 가장 많이 사용되고 있다. 스크류 압축기는 비교적 소형이지만 큰 냉동 능력을 발휘하기 때문에 대형 냉동 공장에 적합하다.

⑦ **회전식 압축기** : 편심형으로 된 회전축이 케이싱의 실린더 내면을 일정한 편심으로 회전하여 가스를 압축한다.

⑧ **터보 압축기** : 터보압축기는 임펠러를 고속으로 회전하면 임펠러 주위 속도의 2승에 비례하는 원심력이 생기는데 이 힘을 이용하여 냉매가스를 압축하는 것으로 용량이 큰 것일수록 회전수는 적다.

MEMO

CHAPTER 05

건설기계

Section 1　건설기계의 분류

❶ 굴삭 운반 기계

① 도저 : 트랙터에 삽을 설치한 것으로 삽날의 설치 방법에 따라 그 종류가 다르다.
  ㉠ 불도저(bull dozer)　　　　　　㉡ 틸트 도저(tilting dozer)
  ㉢ 앵글 도저(angle dozer)
② 리퍼(ripper)
③ 타워 굴삭기
④ 스크레이퍼(scraper)

❷ 셔블계 굴삭기

① 파워 셔블
② 드래그 라인
③ 클램셸
④ 크레인
⑤ 백 호 · 유압식 백 호
⑥ 파일 드라이브

❸ 적재 기계

① 로더
  ㉠ 무한궤도식　　　　　　　　　　㉡ 차량식

❹ 운반 기계

① 덤프트럭
② 트럭, 트랙터 및 트레일러
③ 기관차
④ 컨베이어
  ㉠ 벨트 컨베이어　　　　　　　　　㉡ 스크루 컨베이어
  ㉢ 버킷 컨베이어
⑤ 동아줄

5 다짐 기계

- 롤러
  - ㉠ 탠덤 롤러
  - ㉢ 탬핑 롤러
  - ㉤ 진동 롤러
  - ㉡ 머캐덤 롤러
  - ㉣ 타이어 롤러
  - ㉥ 래머

6 골재 생산 기계

① 피더(feeder)
② 쇄석기(crusher)
③ 체분기 및 분급기
④ 세정기
⑤ 골재 생산 플랜트

7 포장 기계

① 아스팔트 포장 기계
  - ㉠ 아스팔트 믹싱 플랜트
  - ㉢ 아스팔트 스프레더
  - ㉤ 아스팔트 디스트리뷰터
  - ㉡ 아스팔트 피니셔
  - ㉣ 아스팔트 히터
② 콘크리트 포장 기계
  - ㉠ 콘크리트 피니셔
  - ㉢ 콘크리트 절단기
  - ㉡ 콘크리트 스프레더
  - ㉣ 줄눈 시공기

8 크레인(crane)

① 자주식 크레인
  - ㉠ 휠 크레인
  - ㉢ 크레인 트럭
  - ㉡ 무한궤도식 크레인
  - ㉣ 트럭 크레인
② 공정식 크레인
  - ㉠ Jib 크레인
  - ㉢ 타워 크레인
  - ㉤ 케이블 크레인
  - ㉡ 데릭 크레인
  - ㉣ 문형 크레인

❾ 콘크리트 기계

① 콘크리트 배치 플랜트
② 콘크리트 믹서
    ㉠ 중력식 믹서   ㉡ 강제식 믹서
③ 콘크리트 펌프
    ㉠ 기계식   ㉡ 유압식
    ㉢ 콘크리트 펌프차
④ 콘크리트 프레셔
⑤ 콘크리트 운반 기계
⑥ 콘크리트 진동기

❿ 파쇄 공법용 기계

① 다이너마이트
② 콘크리트 파쇄기
③ 대형 유압식 브레이크
④ 유압 파쇄기
⑤ 비폭성 파쇄기

⓫ 기중 기계

① 크레인
② 엘리베이터(elevator)
③ 호이스트(hoist)

⓬ 기초 공사용 기계

① 항타기
    ㉠ 디젤 파일 해머   ㉡ 진동 파일 해머
    ㉢ 증기 해머   ㉣ 드롭 해머
② 대구경 굴삭기
    ㉠ 어스 드릴   ㉡ 베니로 어스 드릴
    ㉢ 서큘레이션 드릴
③ 어스 오거
④ 그라우트 기계

⑤ 지반 개량용 기계
  ㉠ 샌드 드레인 공법 기계　　　　　㉡ 페이퍼 드레인 공법 기계
  ㉢ 웰포인트 공법 기계

⑬ 천공 기계

① 보링 기계
② 착암기
  ㉠ 싱커　　　　　　　　　　　　㉡ 스토퍼
  ㉢ 드리프터(drifter)　　　　　　 ㉣ 드릴 점보
  ㉤ 크롤러 드릴 & 왜건 드릴

⑭ 터널 기계

① TBM 기계
② water jet 병용 TBM 기계

⑮ 준설선

① 펌프 준설선
② 드래그 석션 준설선
③ 디퍼 준설선
④ 버킷 준설선
⑤ 그래브 준설선
⑥ 쇄암선
⑦ 착암선
⑧ 토운선

Section 2 굴삭 운반 기계의 종류, 구조 및 기능, 특성

❶ 개요

굴삭 운반 기계의 종류로는 도저(dozer), 리퍼(ripper), 타워 굴삭기(tower excavator),
스크레이퍼(scraper) 등이 있다.

② 굴삭 운반 기계의 종류, 구조 및 기능, 특성

(1) 도저(dozer)

1) 특징

　　무한궤도식은 접지압이 0.5kg/cm²의 낮은 압력하에서도 작업을 수행할 수 있으며 등판 능력이 좋다. 또 나쁜 지형에서도 강력한 굴착 성능을 가지고 있다. 작업 거리는 3~90m 이내이며, 무한궤도식과 차량식이 있다.

2) 종류

　① 불도저(bulldozer) : 블레이드(blade)의 상하 작동에 유압 실린더를 이용, 자체 중량으로 강력한 힘을 내어 굴착하는 기계로서 삽날은 트랙터 앞에 90°로 장착하며 삽날을 변경할 수 없다.

[그림 5-1] 차량식 불도저(wheel tractor bulldozer)

　② 앵글 도저 : 삽의 각도를 트랙터 빔에 대하여 좌우로 25~30° 각을 움직일 수 있는 것으로 삽이 길고 낮으며 틸트 도저와 불도저 역할도 할 수 있는 장비이다. 특징은 다음과 같다.

　　㉠ 삽의 각도 : 좌우 25~30°　　　　　　㉡ 삽은 길고 낮다.
　　㉢ 틸트 도저와 불도저 역할

[그림 5-2] 앵글 도저(angle dozer)

[그림 5-3] 틸트 도저(tilting dozer)

③ 틸트 도저 : 삽날의 각도를 수평면을 기준으로 하여 좌우로 각각 15cm 정도 경사를 지어 작업할 수 있다. 또한 습지 도저도 있는데 연약한 습지에서도(접지압 $0.25kg/cm^2$) 광폭 슈로 되어 있어 작업이 평이하며 특수한 습지용 무한궤도로 되어 있다. 종류로는 타이식과 궤도식(크롤러식)이 있으며 특징은 다음과 같다.

ㄱ 삽날의 각도(수평면 기준) : 좌우 15cm

ㄴ 중량 : 3,000kg

ㄷ 부수 장치 : 베토판, 레이크

ㄹ 습지용 무한궤도식(접지압 $0.25kg/cm^2$)은 광폭 슈

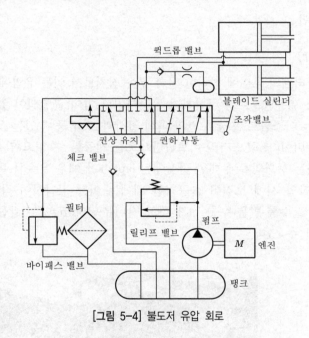

[그림 5-4] 불도저 유압 회로

3) 구조 및 기능

도저는 굴삭, 운반을 위한 큰 견인력을 필요로 하므로 감속을 크게 하여 큰 토크를 얻을 수 있도록 설계되었으며 일반적으로 엔진, 동력 전달 장치, 주행 장치, 부속 장치 및 작업 장치로 되어 있다.

① 엔진 : 대부분이 디젤 엔진을 사용한다.

② 동력 전달 장치 : 주 클러치와 기어 변속 장치로 구성되어 있다.

③ 조종 장치 : 엔진 출력의 증감, 주 클러치의 단속, 전·후진의 선택, 조향 장치의 단속, 조향 브레이크의 단속, blade의 조작을 하는 것으로 운전석에서 레버에 의하여 각부에 연결되어 있다.

④ 주행 장치 : 불도저 작업에서 직접 토사에 접촉하는 부분으로 가장 격심한 작동을 하는 부분이다.

4) 성능

견인 출력, 견인력, 총 중량, 접지압, 최저 지상고, 주행 속도 등

5) 작업 방법

① 굴삭 작업

② 운반 작업

③ 성토 작업

④ 다듬질 작업

⑤ 적재 작업

⑥ 매립 작업

(2) 리퍼(ripper)

대형 트랙터계의 후미에 장착한 굴착 부속 장치로서 이는 유압에 의하여 작동한다. 지반이 견고하여 토공판으로는 굴삭하기 곤란하거나 암이 균열되어 있어 발파도 곤란한 암석의 파쇄 또는 아스팔트 포장 노반의 파쇄 굴삭과 토사 중에 있는 옥석류의 제거 등 작업을 수행하는 장비이다. 불도저의 비토판만으로는 시공할 수 없고 암석을 발파하여도 제자리 발파만이 되는 풍화암류에 대한 굴삭에는 ripper가 매우 우수한 특성을 나타낸다. 그러므로 불도저 작업 시에 토질이 불규칙한 때에는 이를 장착하여 작업하여야 한다.

중작업에 갈수록 발톱 수를 적게 하고 가벼운 ripping에는 발톱 수를 증가하여 3~5본까지 장착할 수 있다.

[그림 5-5] 3점 섕크 리퍼(triple shank ripper)

(3) 타워 굴삭기(tower excavator)

하천의 한쪽에 주탑을 세우고 반대쪽에 앵커를 두고 동아줄로 연결한 다음 bucket이 상하로 조작되게 하며 굴삭하고, 끌어당겨 내리고, 다시 작업하는 식으로 굴삭 혹은 골재의 채취에 쓰인다.

[그림 5-6] 표준 타워 굴삭기

(4) 스크레이퍼(scraper)

[그림 5-7] 스크레이퍼(scraper)

스크레이퍼는 tractor에 피인되어 tractor의 동력에 의존하여 흙의 절삭, 적재, 운반, 깔기의 작업을 일괄되게 작업할 수 있는 것으로, 오늘날에는 자주식 motor scraper가 개발되어 많은 실용 중에 있으며 절삭, 적재, 운반, 사토, 깔기 다짐의 6개 동작을 연속적으로 일괄 작업을 할 수 있는 것으로 발전된 토공의 주요 장비이다.

Section 3

모터 스크레이퍼(motor scraper)

1 개요

단독으로 굴삭, 적재, 운반, 매설 등의 작업을 일괄성 있게 연속적으로 하는 기계로서 광범위한 운반 거리(50~50,000m)를 가지고 있으며 도로 및 댐(dam) 건설, 단지 조성 등의 공사에 많이 사용한다.

② 모터 스크레이퍼(motor scraper)

(1) 구조 및 기능

1) 볼(bowl)

토사를 운반하는 용기로서 스크레이퍼의 중심부를 이루며 진행 방향의 하면에 삽날 (cutting sdge)을 붙여 전진하면서 조작 장치로 볼을 굴삭면에 자중으로 밀어 굴삭 적재한다. 흙을 굴착하고 운반하는 용기이다.

2) 에이프런(apron)

볼에 적재한 토사가 앞으로 흘러내리지 않도록 하고 적재 및 사토 시에는 위로 올리게 한다. 볼의 앞면에 위치하고 볼 입구를 개폐한다.

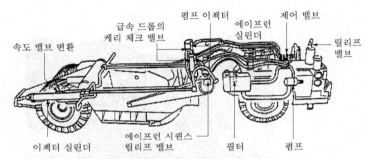

[그림 5-8] 모터 스크레이퍼 유압 계통도

3) 이젝터(ejector)

사토 시 볼 내의 뒤쪽에서 토사를 앞쪽으로 밀어내는 역할을 하며 삽날부에서 토사가 사토된다. 볼의 뒷면에 위치하고 볼로부터 흙을 밀어낸다.

4) 요크(yoke)

볼과 견인차를 결합하는 역할을 한다. 전측물과 main body 구조물을 연결해 주는 구형 부재이다.

5) 타이어(tire)

(2) 작업 방법

① 절삭물의 적재
② 메꾸기 위한 부하의 운반
③ 메꾸기 위한 하역과 메꾸기
④ 깎기 위한 리터닝(returning)

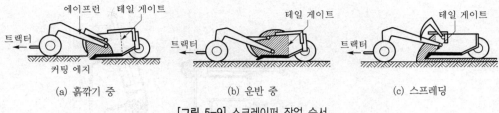

(a) 흙깎기 중   (b) 운반 중   (c) 스프레딩

[그림 5-9] 스크레이퍼 작업 순서

1) 적재(loading)

볼의 앞각 위에 11~21cm로 열린 에이프런으로 깎아서 넣고 볼은 2.5~3.8cm 깊이로 깎는다.

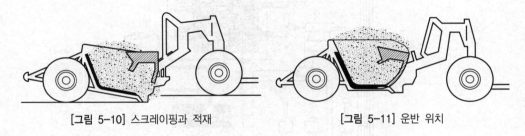

[그림 5-10] 스크레이핑과 적재   [그림 5-11] 운반 위치

2) 운반(hauling)

안전 운행을 위하여 볼을 지면에 밀착하여 운행하여 에이프런을 닫고 본체가 안정되도록 들어 올려놓고 주행한다.

3) 하역과 메꾸기(dumping)

운행 속도를 빨리하며 처음에는 에이프런을 최고로 올려놓고 재료가 떨어지지 않게 한다.

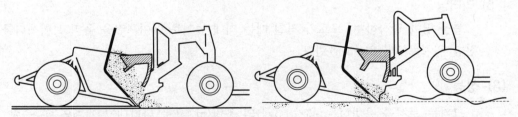

[그림 5-12] 스크레이핑과 덤핑 위치   [그림 5-13] 절삭과 채우는 경사 위치

4) 흙깎기

① 모래가 많고 점토질이 적을 때 : 에이프런을 조금 열고 지면으로부터 본체를 10~16cm 파 들어 간 상태에서 깎는다.

② 점토질의 경우 : 에이프런을 20cm 정도 열고 깎인 흙이 상자 속에 들어갈 정도로 하여 트랙터가 미끄러지면 상자를 들어올리고 다시 힘이 걸리면 흙을 담는다.

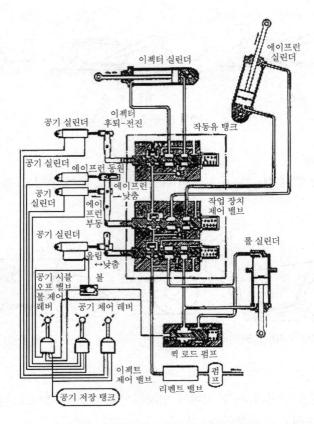

이젝터 실린더

에이프런
실린더

공기 실린더   이젝터
후퇴-전진   작동유 탱크

공기 실린더   에이프런 동원

공기
실린더   에이프런
낮춤

에이
프런
부동   작업 장치
제어 밸브

공기 실린더   올림   롤 실린더
↔낮춤

공기 시블
오프 밸브
볼 제어
레버   볼

공기 제어 레버

이젝트
제어 밸브   퀵 로드 펌프

공기 저장 탱크   리벤트 밸브   펌
프

[그림 5-14] 모터 스크레이퍼 작업기 계통

③ **모래땅일 경우** : 50cm 정도 에이프런을 열고 트랙터의 타력을 이용, 급히 내리는 펌프 식 작업을 한다.

5) 리터닝

볼을 땅에 밀착하며, 도로가 거칠 때는 최대 높이로 에이프런을 올리고 이젝터를 최대 전방 위치로부터 21cm 올린다.

(3) 성능

크기는 토사를 운반하는 용기(bowl)의 용량(m^3)으로 나타내고 기계의 총 중량, 접지 압, 엔진 마력, 중량, 주행 속도 등으로 표시한다.

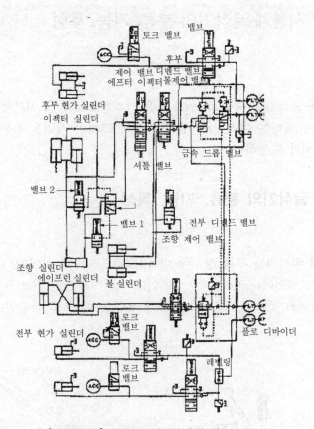

[그림 5-15] 모터 스크레이퍼 유압 회로도

(4) 작동

① left, right blade lift cylinder : blade의 상승과 하강을 제어한다.

② circle center shift cylinder : rod측으로 유입하면 우로, 밀면 좌측으로 이동한다.

③ blade side shift cylinder : 조작 레버를 당기면 우측, 밀면 좌측으로 이동한다.

④ circle reverse gear : circle의 회전을 제어한다.

⑤ scarifier cylinder : 레버를 당기면 상승, 밀면 하강한다.

⑥ front wheel cylinder : 좌우 경사 상태를 제어한다.

셔블계 굴삭기의 분류, 기능, 특성

① 개요

셔블계 굴삭기는 셔블(shovel) 혹은 크레인(crane)을 기본형으로 하고 각종 부속 장치의 교환에 의하여 여러 가지 굴삭 작업과 크레인 작업을 하는 기계로서 상부 선회체는 360° 선회가 가능하다.

② 셔블계 굴삭기의 분류, 기능, 특성

(1) 분류

셔블계 굴삭기는 부속 장치에 의해 [그림 5-16]과 같이 ① 파워 셔블(power shovel), ② 드래그 라인(dragline), ③ 크레인(crane), ④ 클램셸(clam shell), ⑤ 파일 드라이버(pile driver), ⑥ 백 호(back hoe)와 유압식 백 호로 분류된다.

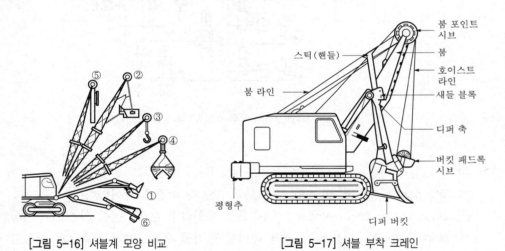

[그림 5-16] 셔블계 모양 비교   [그림 5-17] 셔블 부착 크레인

1) 파워 셔블(power shovel)

셔블계 굴삭기의 기본 장비로서 기계의 위치보다 높은 장소에서의 굴삭에 유효하며 굴삭과 운반차의 조합 시공에 유리하며 작업순서(사이클)는 다음과 같다.

① 굴착 : 디퍼에 흙을 담는다.

② 선회 : 트럭의 위치까지 선회한다.

③ 적재 : 트럭에 싣는다.

④ 굴착 위치 : 원상태

2) 드래그 라인(drag line)

높은 곳에 위치하여 낮은 곳을 굴삭한다. 이 장비는 붐이 길기 때문에 작업 반경이 넓은 장점이 있으며 백 호와 비슷한 작업을 한다. 그러나 백 호와 강력한 힘으로 굴삭함에 비하여 이것은 노천 굴식으로 굴삭하기 때문에 경반의 작업이 불가능하며 작업순서(1사이클)는 다음과 같다.

① 굴착 : 버킷에 채운다.
② 선회 : 들어올려 선회한다.
③ 적재 : 기울여 쏟는다.
④ 굴착 위치 : 굴착 위치로 던진다.

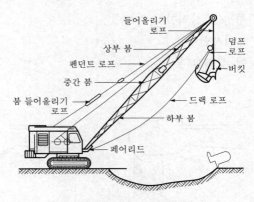

[그림 5-18] 드래그 라인 구조

3) 백 호(back hoe)

파워 셔블과 유사하나 지반의 하부위를 굴삭하는 차이가 있다. 주로 좁은 위치를 굴삭하는데 성능이 뛰어나다. 즉, 기계보다 낮은 쪽을 굴삭하며 기계보다 높은 곳에 있는 운반 장비에 적재가 가능하다.

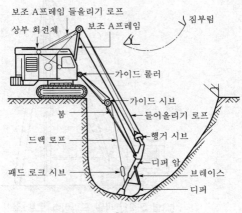

[그림 5-19] 백 호의 구조

4) 유압식 백 호

5) 클램셸(clamshell)

드래그 라인과 같이 clamshell, bucket, 붐, 태그 라인, rope 등으로 구성되며 버킷은 지지 로프와 개폐 로프에 달려 있다.

6) 크레인(crane)

버킷 대신에 훅(hook)을 장치하고 중량물을 들어 올리는 기계로서 주행 장치의 형식에 따라 무한궤도식 크레인(crawler crane), 휠 크레인(wheel crane), 트럭 크레인(truck crane)으로 분류하며 작업순서는 다음과 같다.

① 굴착 : 적재 후 들어올린다.

② 선회 : 적재 위치까지 선회한다.

③ 흙쏟기 : 호퍼에 적재한다.

④ 선회 : 제 위치에 선회한다.

⑤ 굴착 : 버킷

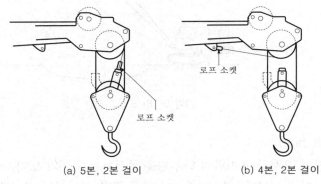

(a) 5본, 2본 걸이   (b) 4본, 2본 걸이

[그림 5-20] 크레인의 훅

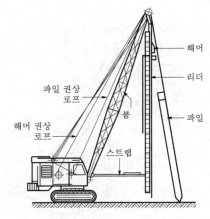

[그림 5-21] 파일 드라이버 로프 걸기

7) 파일 드라이버(pile driver)

파일 드라이버는 크레인 본체에 장착된 붐(boom)에 장치되는 항타용 기구로서 말뚝을 박는 데 사용하며 최근에는 디젤 파일 해머, 진동 파일 해머 등이 장착되어 많이 사용하고 있다.

8) 어스 드릴(earth drill)

어스 드릴은 크레인 본체에 장착된 붐(boom)에 장치되어 지반에 대구경의 구멍을 뚫는 기초공사용 기계로서 최근에는 시가지 소음 공해의 방지를 위하여 건축물의 기초 공사에 많이 사용되며 버킷은 400~1,000mm의 지름까지 있고 나이프 에지를 붙이면 2,600mm의 지름까지 굴착이 된다.

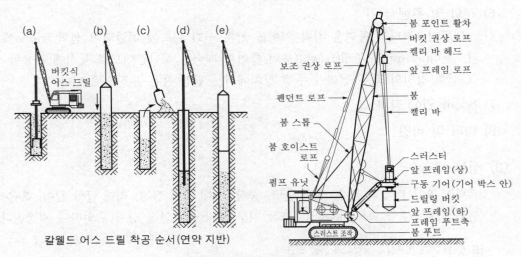

칼웰드 어스 드릴 착공 순서(연약 지반)

[그림 5-22] 어스 드릴 프런트

(2) 구조 및 기능

상부 선회체는 아래와 같이 세분된다.

1) 원동기(엔진)

굴삭이라는 중작업을 하는 데 필요한 토크(torgue)의 변동, 충격에도 안정한 능력을 발휘하도록 하는 동력원

2) 동력 전달 장치

셔블계 굴삭기의 동력은 디퍼(dipper) 혹은 셔블(shovel)의 hoist, 밀어내기(crawl) 및 끌어넣기(retract), 붐 호이스트(boom hoist), 선회(swing), 주행(travel)의 6가지 동작을 하기 위하여 전달된다.

3) 조종 장치

굴삭은 운전실 내에 집중된 클러치 레버(clutch lever)와 브레이크 페달(brake pedal)에 의하여 행하여진다.

4) 권상 장치

운전실에 있는 권상용 클러치 레버를 넣으면 와이어 로프가 드럼(drum)에 감기면서 디퍼 혹은 버킷이 올라가게 된다.

5) 밀어내기 혹은 끌어넣기 장치

밀어내기 클러치를 넣고 드럼을 회전시키면 와이어 로프는 감겨지고 디퍼 핸들(dipper handle)을 앞으로 하면 밀어내기 작동을 한다.

6) 선회 및 주행 장치

원동기로부터의 동력은 감속 기어를 거쳐 선회 횡축에 전달되어 선회 frame에 이른다. 선회(swing)와 주행(travel)용의 클러치 레버는 하나뿐이므로 동시에 사용할 수 없고 선회 장치의 좌우 선회가 주행 장치에서는 전진 혹은 후진으로 된다.

7) boom 권상 장치

8) 디퍼 및 버킷

(3) 성능

디퍼 혹은 버킷의 용량, 엔진 출력, 중량, 최대 작업 반경, 최대 굴삭 깊이, 혹은 높이, 선회 속도, 주행 속도, 접지압, 조작 기구 조작상의 안전 장치에 의하여 결정한다.

[표 5-1] 기계 로프식과 유압식의 성능 비교

구 분	기계 로더식	유압식
굴삭력	적다	크다
범용성	많다	적다
유지 관리	곤란	용이
운전 조작	힘들다	용이
작업성	나쁘다	좋다

[표 5-2]

구 분	작업 조건	파워 셔블	백 호	드래그 라인	클램셸
굴삭 재료 등	굴삭력	A	A	B	C
	단단한 땅, 암석	A	A	D	D
	부드러운 흙	A	A	B	B
	수중 굴삭	C	B	A	A

구 분	작업 조건	파워 셔블	백 호	드래그 라인	클램셸
굴삭 위치	지면보다 높은 곳	A	C	C	B
	지상	B	B	B	B
	지면보다 낮은 곳	C	A	A	B
	넓은 범위	C	C	A	B
	정확한 굴삭	A	A	C	A
적재 덤프 위치	지면보다 높은 곳	B	C	B	B
	지상	B	B	B	B
	지면보다 낮은 곳	C	B	B	B
	넓은 범위	C	C	A	B
적응 작업	높은 곳의 절삭	A	D	D	D
	기초 파기	C	A	A	B
	넓은 V형 도랑 굴삭	B	A	A	C
	좁은 V형 도랑 굴삭	C	A	C	B
	표토 제거 및 정지	B	C	A	D
	법면의 성형 다듬질	C	B	C	C
	매립 작업	C	C	B	B
	포장면 파쇄 및 적재	D	B	D	B
	윈치(winch) 작업	C	C	B	A

Section 5 유압식 백 호와 클램셸의 작업상 특성

1 유압식 백 호(back hoe)

(1) 개요

기계 위치보다 낮은 장소의 굴삭에 적합하며 버킷 용량으로 굴삭하는 와이어 로프식과 유압력에 의하여 굴삭력을 증대시키는 유압식이 있다.

최근에는 유압식이 많이 사용되며 특히 단단한 지반의 굴삭과 정확한 위치의 굴삭이 가능하므로 구조물의 기초 굴삭에 적합하고 현장 조건이 좋으면 동일 용량의 파워 셔블과 동일한 작업 능력을 발휘할 수 있는 장점을 가지고 있다.

(2) 작업 특성

이 백 호는 굴삭, 들어올림, 선회, 덤핑 등 4개의 동작으로 나뉘어지며 굴삭은 boom pin으로 결합된 dipper arm 선단에 부착된 dipper를 끌어당겨 굴삭하고 올리는 것은 dipper arm 상단에 끌어당겨 올린 다음 선회하고 덤핑은 trug rope를 늘림으로써 1cycle 작업이 된다.

❷ 클램셸(clamshell)

(1) 개요

클램셸은 기초 및 우물통 등의 좁은 장소의 깊은 굴삭, 높은 장소에서의 적재 작업에 적합하고 단단한 지반의 굴삭 작업과 수중 굴착에 적합하다. 또한 버킷 종류에는 경, 보통, 중의 3가지 작업용이 있고 경작업용은 가벼운 재료의 취급, 보통 작업용은 흐트러진 재료의 취급, 중작업용은 굴삭 작업을 할 때 사용한다.

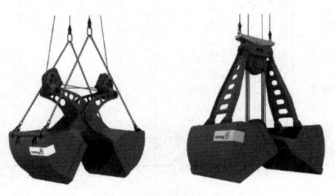

[그림 5-23] 클램셸 버킷의 종류

(2) 작업특성

클램셸(clamshell)은 주로 모래, 잡석, 암석류 등의 흐트러진 상태의 재료를 굴삭 운반하는 데 사용하고 교량 기초, 건축 기초, 지하 구조물 등의 공사에서는 토사 굴삭 작업을 한다.

[표 5-3] 로더와 셔블계 굴삭기의 성능 비교

구 분	셔블계 굴삭기	로더	비고
디퍼 또는 버킷 용량	적다	크다	
1회 작업 환원 시간	짧다	길다	
단단한 지반 굴삭	적합	부적합	
흐트러진 재료의 취급	적합	적합	
굴삭 작업의 범위	넓다	좁다	고저, 심도, 거리 부착 장치의 교환성 타이어식 로더의 경우
다목적 활용성	양호	보통	
기동성	불량	양호	
내용 시간	길다	보통	
기계 가격	고가	보통	
시간당 기계 손료	크다	적다	
시간당 운반 경비	보통	많다	
시간당 작업량	많다	보통	

Section 6 적재 기계(loading equipment)의 구조, 기능, 특성

1 개요

흙을 굴삭하고 굴삭한 버킷을 들어올린 다음 truck에 이를 부리고 다시 굴삭 지점에 와서 퍼싣는 것으로서 싣기 작업이 주작업이 되는 것으로 셔블계와 분리하였다. 무한궤도식 로더(crawler-tractor-mounted loader)와 차륜식 로더(wheel-tractor-mounted loader)가 있다.

2 적재 기계(loading equipment)의 구조, 기능, 특성

(1) 무한궤도식 로더

트랙 슈(track shoe)에 의한 견인력이 차륜식에 비하여 크므로 강한 추진력을 이용하여 일반 토사의 굴삭 작업도 겸할 수 있고 접지압이 낮으므로 혹은 부정지에서의 작업도 가능한 범용성을 가지고 있다.

(2) 차륜식 로더

무한궤도 대신에 저압 타이어를 사용하고 버킷을 붙인 굴착 기계로 주행 속도가 빠르고 기동성 좋은 특징이 있으므로 작업 범위가 넓다.

[그림 5-24] 무한궤도식 로더

[그림 5-25] 휠형 로더

2 구조 및 기능

구조 및 기능은 다음과 같다.
① 동력 전달 장치
② 제동 장치
③ 조향 장치

④ 유압 장치

⑤ 버킷 및 버킷 장치

⑥ 트랙 슈 혹은 타이어

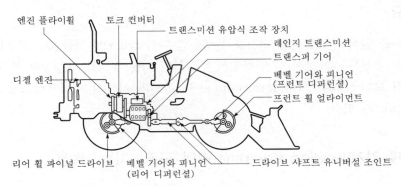

[그림 5-26] 동력 전달 장치 단면도

3 성능

로더는 토사 등의 재료를 운반 기계에 적재하는 것을 목적으로 만든 기계로 성능은 다음과 같다.

① 버킷 용량

② 상용 하중

③ 엔진 출력, 최대 견인력, 중량

④ 최소 회전 반경

Section 7
운반 기계의 종류, 구조 및 기능, 특성

1 개요

건설 공사에 있어서 운반 작업이 차지하는 비중은 대단히 크며 특히 토목 공사에서는 토사의 운반, 건축 공사에서는 자재 운반 등이 주요 작업이며 종류는 다음과 같다.

① 덤프트럭

② 기관차 및 트롤리(locomotive & trolley)

③ 가공 소도(aerial tram way) 또는 동아줄

④ 트럭, 트랙터 및 트레일러(truck, tractor & trailer)

⑤ 벨트 컨베이어(belt conveyor)

2 운반 기계의 종류, 구조 및 기능, 특성

(1) 덤프트럭(dump truck)

1) 특징

가장 많이 사용되는 운반 기계로서 장거리 운반의 가능, 공사 현장 간의 용이한 이동, 공사 진척에 따른 투입 대수 증감에 의한 운반량의 조정, 타공사에의 전용, 용이한 정비 등의 장점을 가지고 있다.

[그림 5-27] 대형 덤프트럭

2) 구조 및 기능
① 동력 전달 계통　　　　　② 조향 장치
③ 제동 장치　　　　　　　④ 현가 장치
⑤ 덤프 장치

3) 성능

최대 적재 중량, 엔진 출력, 최고 주행 속도, 제동 장치의 형식, 최소 회전 반경, 등판 능력 등

(2) 기관차 및 트롤리

궤도에 의한 운송은 1대의 기관차로서 다수의 토운차를 견인하게 되나 시설 위치가 고정되어 다른 자동차의 운행을 방해하기 때문에 터널 공사, 매립 공사 등에 경제적으로 사용된다.

[그림 5-28] 기관차

(3) 소도

지형 혹은 도로 조건 등으로 덤프트럭 등의 운반 기계를 사용할 수 없는 산간지 등의 작업 현장에서 철탑 혹은 목재탑을 설치하고 이것에 와이어 로프를 궤도로 하여 적당한 수의 운반 용기를 달아 재료 등을 운반하는 기계이다. 따라서 지형 및 도로 조건 등의 제약을 받지 않고 고장이 적으므로 비교적 장거리 운반 작업에도 경제적인 사용이 가능하며 댐(doom) 공사 등에서 골재 및 시멘트 등 재료 운반에 사용한다. 와이어 로프, 지주, 운반 용기, 정류장으로 구성된다.

[그림 5-29] 복선식 소도

(4) 트럭, 트랙터 및 트레일러(truck, tractor & trailer)

트랙터는 견인차로서 특수 자동차의 일종이라 할 수 있다. 즉 tractor에 트레일러를 장착하여 그 위에 운반물을 적재하고 이동할 수 있게 한 것으로 공업용, 농업용, 임업용, 군용이 있고 이들 중 공업용에서도 토목 공사용, 구내 운반용으로 세분된다.

[그림 5-30] 대형 덤프트럭

(5) 컨베이어(conveyor)

컨베이어의 종류는 다음과 같다.

① 벨트 컨베이어(belt conveyor)

② 스크루 컨베이어(screw conveyor)

③ 버킷 컨베이어(bucket conveyor)

Section 8 벨트 컨베이어(belt conveyor)

1 특징

작업 속도의 일정성과 단위 시간당의 작업량 변화가 극히 적으므로 시공 관리상의 안정성이 보장되므로 최근에는 건설 공사에서 많이 사용한다. 특히 batch plant 등에서의 골재 운반용으로 꼭 필요한 설비이다.

2 구조 및 기능

(1) 벨트(belt)

재료를 적재·운반하는 부분품으로서 그 종류에는 고무형, 강형, 직물제 등이 있고 그 중에서 가장 많이 사용되는 것이 고무 벨트이다.

(2) 롤러(roller)

벨트를 지지하는 부분품으로서 재료를 적재·운반할 때에 지지하는 캐리어 롤러(carrier roller), 되돌아 올 때 지지하는 리턴 롤러(return roller), 벨트가 벗겨지는 것을 방지하는 안내 롤러(guide roller), 적하 시 충격을 완화하는 완충 롤러(unimpact roller) 등이 있다.

(3) 벨트차

벨트차는 두부에 구동차와 미부에 인장차가 있으며 외경이 작을수록 경제적으로 유리하나 벨트의 수명과 구동상의 한도가 있다.

(4) 벨트 청소 장치

흙 혹은 오물이 벨트의 표면에 부착되어 리턴 롤러와 인장 롤러에 영향을 미치는 것을 방지하기 위한 장치이다.

(5) 역전 방지 장치 및 브레이크

경사 컨베이어가 운반 작업 중 정지하면 적재물의 중량으로 인하여 역전하게 된다. 이것을 방지하기 위한 장치이다.

(6) 적재 장치

운반 능력을 크게 하고 운반물을 항상 정량으로 연속적으로 공급하기 위하여 피더 슈트(feeder chute)를 사용하여 운반을 돕는 장치이다.

(7) 구동 장치

벨트차에 동력을 전달하여 컨베이어를 작동하는 장치이다.

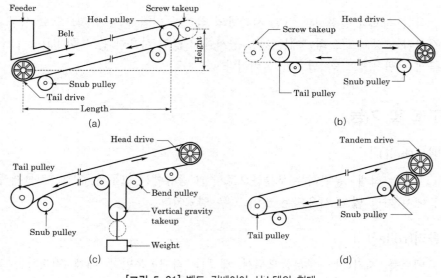

[그림 5-31] 벨트 컨베이어 시스템의 형태

❸ 성능

벨트 폭, 벨트 속도, 전체 길이, 최대 경사 각도 등에 의하여 결정된다.

❹ 설비·설정 시 요구 사항

(1) 운반 재료의 성질 및 형태의 조사

운반 재료의 최대 크기, 비중, 온도, 점착도, 입도 분포 상태 등

(2) 소요 운반량의 결정

콘크리트 및 아스팔트 혼합 장치와 골재 생산 플랜트에 있어서 1일의 소요 운반량과 작업 시간이 결정되면 이것에 의하여 벨트 컨베이어의 운반 능력을 결정한다.

(3) 위치와 전장의 결정

컨베이어의 위치와 전장은 조합하는 각 기계와의 상호 관계를 고려하여 결정하여야 한다.

(4) 운반 능력의 계산

벨트 컨베이어의 운반 능력은 벨트 폭, 벨트 속도, 운반 재료의 종류에 의하여 결정되며 벨트의 최대 폭은 운반 재료의 크기에 제한을 받는다. 운반 재료의 크기가 크면 벨트 폭이 넓어야 하고 운반량이 많으면 적은 입도의 재료라도 폭이 넓어야 한다.

벨트 속도는 벨트 폭이 넓을수록 크게 할 수 있으며 벨트 컨베이어에서 벨트 속도가 너무 빠르면 운반 재료가 미끄러지기 쉬우므로 재료와 경사 각도에 적합한 벨트 속도를 선택한다.

(5) 소요 동력 및 벨트의 유효 장력을 구하여 벨트 설계의 기준으로 삼는다.

[그림 5-32] portable belt conveyor

(6) 스크루 컨베이어

반원형의 U자형 단면을 가진 속에 긴 강판제의 screw를 조합하고 그 스크루의 회전 방향으로 분상의 시멘트 등을 운송하는 conveyor로서 경사가 있을 때에는 능력이 저하되므로 수평 운반과 경사 15° 이내에서 많이 쓰인다. 유니폼과 자급식이 있다.

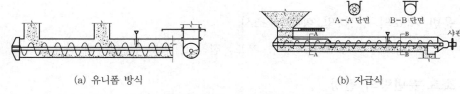

(a) 유니폼 방식   (b) 자급식

[그림 5-33] 스크루 컨베이어

(7) 버킷 컨베이어

흐트러진 물건을 수직 혹은 경사 상태에서 운반하는 컨베이어로서 짐을 배출하는 방법에 따라서 원심 배출형, 완전 배출형, 유도 배출형으로 나눈다.

목재 혹은 강재의 통을 조립하고, 정상부에 구동 장치, 저부에는 긴장 장치를 설치하고, 중간에 벨트 혹은 체인에 버킷을 적당한 간격으로 달아 이의 회전에 따라 화물을 운반하게 하므로, 통은 완전히 밀폐되고 방진·방수 장치가 있고 배출구에는 슈트로 배출을 돕게 한다.

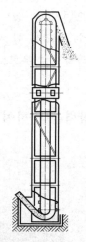

[그림 5-34] 버킷 컨베이어

Section 9 모터 그레이더(motor grader)

1 특징

토사도의 보수, 정지, 포장 공사의 정지, 다듬 전의 고르기, 표토 긁어내기, 표면 처리, 성토 재료의 혼합, 제설 등의 작업을 할 수 있는 토공 기계이다. 표면 작업 정비라고도 하며 정지 장치를 가진 자주식이며, 길이는 2~4m, 폭 30~50cm의 균토판(철판)을 사용 지표를 긁어 땅을 고르게 하는 기계로 정지, 지급, 제설, 파이프 매설, 제방 작업에 사용한다.

(a) 주행 자세

(b) 제설 작업

(c) 지균 작업

(d) 측동 작업

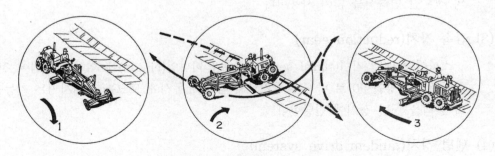

(e) 방향 전환 방법

[그림 5-35] 모터 그레이더의 작업 자세와 방향 전환

motor grader의 "그레이더"는 상하, 좌우, 승강, 회전 횡송 작용과 노면을 희망하는 깊이와, 구배로 절삭한다.

절삭한 흙의 횡송을 고려하여 blade는 본체의 중심선에 대하여 45~60° 정도로, 끝마무리에서는 90°까지도 하고 blade를 내리고 기체의 힘으로 이를 내리밀면서 주행하면 요철을 깎고, 메우는 작업이 된다.

전륜은 노면 상부에, 후륜 구동체는 사면 상태이며 그 상태에서 하면으로도 절삭 정리할 수 있다. 최소의 회전 반경이 10~11m이며 좁은 장소에는 작업이 불리하다.

② 작업

① **지균 작업** : 노면을 정지, 청소 작업(삽의 각도 20~30°)
② **측구 작업** : 도로 혹은 활주로의 배수구 구축과 청소 작업
③ **산포 작용** : 모래, 자갈, 아스팔트 등을 펴주는 작업
④ **제설 작업** : 제포기를 설치하여 눈을 치우는 작업
⑤ **제방 경사 작업** : 제방의 법선을 완만하게 하는 작업
⑥ **쇠스랑 작업** : 견고한 땅, 암반 지대, 나무뿌리 파내기 작업
⑦ **경사면 작업** : 블레이드를 경사시켜 작업. 각도는 55~86°까지 가변함.

③ 구조와 기능

(1) 주 클러치(main clutch)

복판식과 단판식이 있고, 복판식은 대형의 그레이더에만 사용하여 클러치 브레이크(clutch brake)가 장치되어 있다.

(2) 변속기

대형은 전진 6~8단, 후진 2단의 고저속 변속기가 많고, 중·소형 그레이더는 4~5단의 전후진 변속식을 많이 사용한다.

(3) 감속 장치(reduction gear)

스파이럴 베벨 기어(spiral bevel gear)와 피니언(pinion)에 의하여 동력이 전달되는 회전축의 방향을 90°로 바꾸는 장치로서 감속과 동시에 토크를 증대시키는 기능을 가지며 동력을 탠덤 장치에 전달한다.

(4) 탠덤 장치(tandem drive system)

감속 장치에서 전달되는 동력을 지면 형태에 따라 자유롭게 전후로 요동이 가능한 좌

우측의 후륜에 전달하는 장치이며 좌우측에 각각 전후로 4개의 후륜은 탠덤 케이스(tandem case) 내에 있는 기어 혹은 체인(chain)에 의하여 구동한다.

(5) 유압식 동력 조종 장치

엔진의 동력으로 유압 펌프를 작동시켜 얻은 유압을 작업 장치에 보내는 장치이다.

(6) 블레이드 장치(blade system)

360° 회전이 가능하며 강판을 원호형으로 굽힌 후면에 보강판을 붙였으며 블레이드 작업 시에는 틸트 링크 위치를 변동시켜 적합한 절삭각을 얻는다.

(7) 쇠스랑 장치(scarifier system)

지면이 단단하여 블레이드 절삭이 곤란할 때에 도구로 굴삭하는 장치이다.

④ 성능

블레이드의 길이, 기계 중량, 엔진 능력을 비롯하여 축간 거리, 최소 선회 반경, 최대 견인력, 등판 능력, 주행 속도, 조향 조작 방식, 제동 방식 등으로 표시한다.

Section 10 다짐 기계(compacting eguipment)의 종류 및 특성

① 종류

(1) 정적 압력에 의한 것

① 탠덤 롤러(tandem rollers)
② 머캐덤 롤러(macadam rollers)
③ 타이어 롤러(tired rollers)
④ 탬핑 롤러(tamping rollers)

(2) 진동에 의한 것

① 진동 장치에 의한 진동력으로 재료를 다짐하는 기계
② 진동 롤러(vibrating roller) : tamping, smooth-wheel, pneumatic이 포함됨.

(3) 가격력에 의한 것

어느 일정 높이에서 자유 낙하 운동력을 이용한 다짐 기계-래머(rammer)

② 롤러(Roller)

(1) 특징

① 탠덤 롤러(tandem rollers, smooth wheel roller) : 평활한 철재 원통형륜으로 냉각 포장면 초기나 마지막 포장면을 롤링하며 2축 탠덤과 3축 탠덤이 있다. 주행 속도는 2.6~9.1km/h 정도이다.

[그림 5-36] 소형 탠덤 롤러   [그림 5-37] 탠덤 3륜 롤러

언제나 3륜이 접지할 수 있도록 개발되어 그림과 같이 요철부에 강력한 전압력이 작용하게 하여 일직선이 될 수 있게 개발되었다.

탠덤 롤러는 전·후륜의 조작을 따로 하여 다짐 폭을 넓힐 수도 있는 특징이 있다.

[표 5-4] 3축 탠덤 롤러의 작동 설명도

	구분	a	b	c	d
1	A 자유 상하축				
2	B 반고정				
3	C 전고정				

사질토, 점질토, 쇄석 등의 다짐에 사용하여 특히 아스팔트 포장의 표층 다짐에 적합하다.

② 머캐덤 롤러(macadam rollers) : 3륜으로서 전륜의 조향과 안내륜으로 구성된다. 후륜 2단은 주행과 구동을 하면서 다짐하며 작업에 있어 전륜과 후륜을 쉽게 조작할 수 있으므로 포장면의 다짐 등에 매우 큰 효과를 나타내는 기계이다.

[그림 5-38] 머캐덤 롤러

③ 타이어 롤러(tire rollers) : 고무 타이어를 장착하여 평활하게 주행하면서 다짐하는 기계
로서 주행 속도가 매우 크다. 접지 면적이 넓고 표면에서의 전단력 파손이 방지되고
접착성이 적은 토질이 매우 큰 효과를 올릴 수 있다.

[그림 5-39] 타이어식 롤러

[표 5-5] 타이어 롤러 접지압

흙의 분류	접지압(타이어 공기압)
모래 사질토	$1.4 \sim 2.8 \text{kg/cm}^2$
점토가 많은 사질토	$2.8 \sim 4.2 \text{kg/cm}^2$
점토질 흙	4.6kg/cm^2 이상

타이어 롤러의 구조 및 기능은 다음과 같다.
㉠ 동력 전달 장치
㉡ 주 클러치 : 단판식 클러치가 있으며 최근에는 유체 커플링 혹은 토크 컨버터를 장
치한 것이 보급되고 있다.
㉢ 변속기
㉣ 전후진 변화 장치
㉤ 차동 장치 및 차동 고정 장치
㉥ 최종 감속 장치

ⓢ 제동 장치

ⓞ 조향 장치

ⓩ 살수 장치 : 흙 혹은 아스팔트 혼합물이 차륜에 붙는 것을 방지하기 위한 장치

④ **탬핑 롤러(tamping roller)** : 강제의 원통륜에 다수의 돌기 형태의 구조물이 붙어 회전함으로써 다짐하는 기계로서 특히 함수비가 높거나 점토 등의 다짐에 좋은 성능을 발휘하며 시프 스푸프 롤러 구조 및 기능은 다음과 같다.

ㄱ 틴 푸트 롤러 : 철족(tamper foot)

ㄴ 테이퍼 푸트 롤러 : 이것의 끝부분에는 내마모성의 특수

ㄷ 철족(tamper foot) : 이것의 끝부분에는 내마모성의 특수강을 사용한다.

ㄹ 드럼(drum) : 안에는 물 혹은 모래를 넣어 접지압을 크게 하였다.

ㅁ 프레임(frame) : 충격과 진동에 견딜 수 있는 형강과 강판 용접 구조로 만들어진다.

[그림 5-40] 탬핑 롤러

⑤ **진동 롤러(vibrating rollers)** : 진동식 에너지에 의하여 다짐하는 것으로서 이는 수평 방향의 하중이 수직으로 미칠 때 원심력을 가하고 기전력(exciting force)을 합하여 흙을 다짐하면 적은 무게로 큰 다짐 효과를 올릴 수 있다. 특히 사칠분이 많은 흙의 다짐에서 성능이 뛰어나다.

[그림 5-41] 진동 롤러

⑥ **래머(rammer)** : 래머는 1실린더에 2사이클의 가솔린에서 깊이와 압력 관계 기관이 있어 그 기관이 폭발 압력으로 분당 30~50회, 높이 30~50cm 정도에서 다짐하는 기계이다.

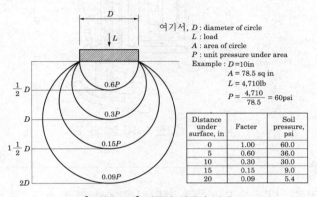

여기서, D : diameter of circle
L : load
A : area of circle
P : unit pressure under area
Example : $D = 10\text{in}$
$A = 78.5 \text{ sq in}$
$L = 4,710\text{lb}$
$P = \dfrac{4,710}{78.5} = 60\text{psi}$

Distance under surface, in	Facter	Soil pressure, psi
0	1.00	60.0
5	0.60	36.0
10	0.30	30.0
15	0.15	9.0
20	0.09	5.4

[그림 5-42] 진동과 압력의 관계

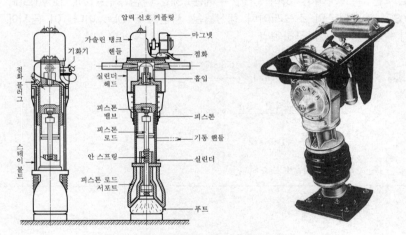

[그림 5-43] 래머의 구조와 실물

⑦ **탬퍼(tamper)** : 기관의 폭발력을 토크로 바꾼 후 크랭크축의 왕복 운동을 변화시켜 스프링을 통해 진동판에 연속적으로 진동을 주어 흙을 다진다. 다짐기의 생산식은 다음과 같다.

$$시간당\ 다짐량 = \frac{16.3\,WSL}{P}$$

여기서, W : 롤러 통과당 다짐 폭(ft)
S : 평균 롤러 속도(m/h)
L : 다짐 상승 두께(in)
P : 롤러 통과 횟수

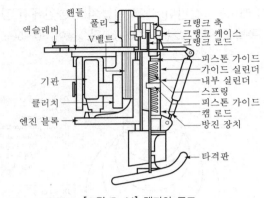

[그림 5-44] 탬퍼의 구조

예제

탬핑 롤러로 점토질을 다짐한다. 토양 시험에서 평균 속도 $1\frac{1}{2}$mph로 작동하는 롤러로 4번 통과하여야 하며 다짐 두께는 5in, 다짐 폭은 7ft, bcy(bank cubic yard) 0.83, 프로젝트의 스크레이퍼 생산율은 시간당 510bcy이다. 이 공사에 필요한 다짐 기계의 롤러 수를 구하여라.

풀이 시간당 다짐된 cubic yard $= \dfrac{16.3 \times 7 \times 1\frac{1}{2} \times 5}{4} = 214\text{cuyd/hr}$

$\dfrac{\text{시간당 } 214 \text{ 다짐된 cuyd}}{0.83} = 258\text{bcy/hr}$

$\dfrac{510\text{cuyd/hr}}{258\text{cuyd/hr}} \fallingdotseq 1.98 \fallingdotseq 2$

즉, 2개의 rollers가 필요하다.

Section 11 골재 생산 기계의 종류 및 기능

1 개요

골재는 건설 구조물, 도로, 교량, 댐(dam), 항만, 공장, 발전소 등의 건설 공사와 기타 공사의 콘크리트용과 도로용으로 수요가 증가하는 추세에 있다.

원석을 파쇄 공급하는 피더(feeder), 공급된 원석을 조쇄 · 중쇄 · 분쇄하는 쇄석기, 파쇄된 골재를 입경별로 분류하는 분급기, 골재를 물로 깨끗이 씻는 선정기, 골재를 연속적으로 생산하는 골재 생산 플랜트 등이 있으며 종류는 다음과 같다.

① 피더(feeder)
② 쇄석기(crushers)
③ 체분기(screening)
④ 선정기
⑤ 골재 생산 플랜트

❷ 골재 생산 기계의 종류 및 기능

(1) 피더(feeder)

운반물을 연속적으로 정량 공급하는 기계이며 쇄석기, 분급기, 벨트 컨베이어 등에 원료를 공급하는 기계이다.

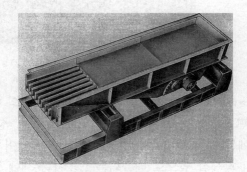

[그림 5-45] 진동 피더

(2) 쇄석기(rock crusher)

1) 종류
① 1차 쇄석기
ⓐ 조 쇄석기 : 주로 압축력에 의하여 파쇄
ⓑ 자이레토리 쇄석기 : 압축력에 의해 파쇄
ⓒ 해머 쇄석기 : 타격력에 의해 파쇄
② 2차 쇄석기
ⓐ 콘 쇄석기 : 충격력, 압축력을 이용
ⓑ 롤 쇄석기 : 압축력
ⓒ 해머 밀 : 가격력, 압축력, 전단력이 합성
③ 3차 쇄석기
ⓐ 로드 밀 : 타격력, 압축력, 전단력
ⓑ 볼 밀 : 압축력, 전단력

2) 기능

① 조 크러셔(jaw crusher) : 1차 조 파쇄용 기계로서 양측에 있는 jaw 사이에 암석이 투입되어 물려 들어가면, 양측 중 한 측은 고정되어 있고, 다른 측은 가동하여 이때의 가격 압력으로 파쇄되어 석재는 자기 중력과 밀어내는 힘에 의하여 토출 방향으로 내려오게 된다. 이와 같은 jaw 중에서도 특히 가동 jaw는 강력한 힘으로 어떠한 경질 암석류도 파쇄할 수 있는 구조로 제작되어 있다.

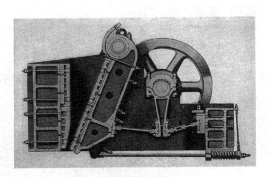

[그림 5-46] 브레이크 조 크러셔

② 나선형 쇄석기(gyratory crushers) : 1차 조 파쇄기 중의 하나로 주조 혹은 강철제로서 프레임 하부 편심축과 구동 기어로 구성되어 있으며, 상부에는 cone 상의 파쇄실이 있다. 파쇄부에는 연직 강재축에 경강의 파쇄류가 있어 회전하면서 1차 분쇄되며 그 다음에 최후의 파쇄실 밑으로 배출되는 1, 2차 분쇄에 적당한 쇄석기이다.

이 쇄석기는 조 크러셔에 비하여 진동이 적으며 연속적인 파쇄를 할 수 있는 장점이 있으며 기계의 위쪽을 투입구로, 밑쪽을 토출구로 할 수 있어 원석 투입 호퍼를 설치하여 덤프트럭에 그대로 적재할 수 있는 장점이 있다.

밑부분의 편심축에 의하여 축과 파쇄류는 원통형으로 회전함으로써 콘 케이브와 파쇄두의 간격이 변화하기 때문에 파쇄실의 상부에 투입된 원석은 아래로 내려감에 따라 서서히 작은 입도로 파쇄되어 파쇄실의 밑부분으로 배출된다.

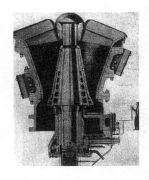

[그림 5-47] 나선형 쇄석기

[그림 5-48] 롤러 콘 크러셔

③ 해머 크러셔(hammer crushers) : 해머 밀과는 달리 2차, 3차 파쇄용 기계로서 이는 한 개의 회전축에 많은 데스크를 달고, 그 주위에는 장방형의 해머를 힌지에 매달아 급속 회전시키며 케이싱에 충돌하면서 파쇄된다.

④ 콘 크러셔(cone crushers) : 2차 혹은 3차 파쇄기로서 짧은 수직형 주축 위에 우산 모양의 콘맨틀 헤드를 달아 이의 편심 운동에 의하여 프레임에 장치한 cone cave ball 사이에 돌이 물리고, 하강석을 하면서 파쇄된다. 이는 가격 작용에 의하여 파쇄되므로 그 구조가 약간 복잡하며, 파쇄석이 그대로 흘러내리는 슬립(slip)이 거의 없어 상대적으로 파쇄비가 비싸다. 나선형 쇄석기에 비하여 콘이 짧고, 공급수 치수가 작으며 회전 속도는 430~580rpm 정도이며, 출구 간격 치수가 최대 치수의 쇄석으로 규격품을 생산할 수 있고, 일정한 세골재의 대량 생산에 적합하다. 구조 및 파쇄 운동은 나선형 쇄석기와 유사하다.

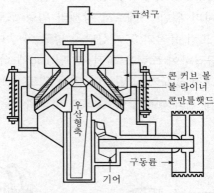

[그림 5-49] 콘 크러셔

⑤ 롤 크러셔(roll crusher) : 파쇄된 쇄석을 다시 2차 파쇄 이상 분해하기 위한 crusher 이다. 이 크러셔는 2개의 경강제 roll이 별개의 수평축에 고정되어 있고 그 간격도 자유스럽게 조절할 수 있다. 이 roll은 평행으로 설치되어 있으나 회전은 각기 반대 방향으로 회전하게 하여 그 사이에 암석을 물리게 하므로서 이 roll 사이를 통과하면서 파쇄된다.

이 roll은 압축 파쇄, 배출의 주기능을 가지며, 포장용 골재인 10~20mm 크기의 골재 생산에 많이 쓰인다.

⑥ 해머 밀 : 충격 크러셔로서 널리 사용되고 있다. 1차, 2차 파쇄에 많이 사용하며, 쇄석은 격자 사이를 통하여 공급되고 이들이 회전할 때 파쇄된다.

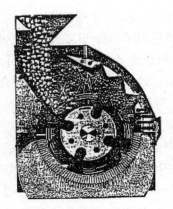

[그림 5-50] 해머 밀

⑦ 로드 밀과 볼 밀(rod mill & ball mill) : 이 밀은 다른 파쇄기에서 파쇄된 돌을 다시 가는 골재로 생산하기 위한 기계로서 강제의 원형 드럼 속에 50~90mm 상당의 짧은 환봉제의 rod를 드럼 용적의 35% 상당을 넣고 이 속에 25mm 이하의 쇄석을 물과 함께 연속적으로 공급하여 드럼을 회전시키면 rod에 타격되어 분쇄된 다음 흘러나오게 되는 것으로 비교적 입도가 균일하며 최대 입도가 1.5~5mm 상당에 이른다. 이 때 물이 적으면 곱게 파쇄되며 물이 많으면 입도의 거칠기 정도가 크다.

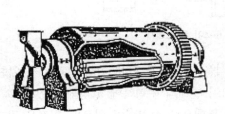

[그림 5-51] 로드 밀의 단면

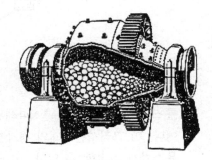

[그림 5-52] 볼 밀의 단면

(3) 골재 선별기(aggregate screen & classifier)

크기에 따라 골재를 분리하는 기계로서 체분기(screen)와 분급기(classifier)로 나눈다.

1) 체분기(screen)

체눈이 막히지 아니하도록 체의 면은 신속히 이동시켜야 하며 눈은 분급하고자 하는 체눈으로 한다. 비용이 적게 들고, 고른 품질로 분류되어야 하므로 진동식이 많이 사용되고 있다.

진동체는 2단, 3단으로 체내림할 때 큰 것부터 작은 것으로 구분하여 분류되면서 체내림이 되고 이때 진동에 의하여 빠르게 분류하므로 효율적이다.

[그림 5-53] 진동 체분기

[그림 5-54] 스크루 분급기

2) 분급기(classifier)

경사진 긴 탱크에 물과 입자를 연속적으로 공급하여 침전된 입자를 rake, drag, spiral 컨베이어로 위로 운반되게 하여 세입자와 물이 유출되게 하는 정수압(靜水壓) 변화를 이용한 기계이다. 진동체에서 분류되지 아니하는 8~325mesh 정도의 세입자를 분류할 수 있는 기계이다.

(4) 선정기

진흙이 붙은 골재를 씻는 기계이다.

(5) 골재 생산 플랜트(aggregate production plant)

[그림 5-55] 골재 생산 플랜트

골재 플랜트란 골재의 공급기, 파쇄기, 체분기, 세척기를 각 공정별로 유기적인 배열이 기계적으로 이루어질 수 있게 한 것으로 그 운반도 벨트 컨베이어 슈트 등으로 되고 각 필요 요소에는 저장 장비를 갖추어 1차, 2차, 3차 파대 및 분류, 세척, 저장, 이동까지의 전 과정을 조합하여 일련의 작업으로 배열한 것으로 이에는 각 단계에서 다음 단계로 자동으로 이송하는 운반 시설까지 설치된 일종의 제조 설비이다.

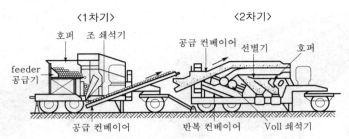

[그림 5-56] 이동형 골재 생산 플랜트 흐름도

① 1차 파쇄 과정 : 원석을 받아 들이는 호퍼(hopper), 원석을 공급하는 피더(feeder), 1차 쇄석기, 쇄석을 2차 파쇄 계통에 운반하는 벨트 컨베이어 등으로 구성된다.

② 2차 파쇄 과정 : 파쇄된 골재를 선별하는 스크린(screen)과 2차 파쇄기의 조합으로 조 골재를 생산한다.

③ 제사 과정 : 3차 파쇄기와 스크린 혹은 분급기의 조합으로 세골재를 생산한다.

④ 운송 계통 : 저장된 골재를 운반 기계에 적재하거나 콘크리트 플랜트에 공급한다.

Section 12 롤러 쇄석기의 관계식

R : roll의 반경, B : 물리는 각, D : $R\cos\beta=0.9575R$, A : 이송 최대 치수, C : roll 출구 간격(파쇄 후 쇄석 치수)이라 하면

$$X = R - D = R - 0.9575R = 0.0425R$$

$$A = 2X + C = 0.085R + C$$

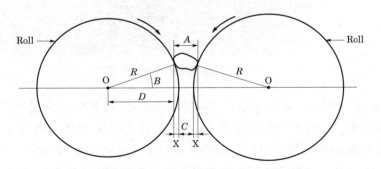

[그림 5-57] 2개의 홀 사이에서 파쇄되는 원리

roll의 직경이 100cm, roll의 출구 간격이 25cm일 때 공급 가능한 돌의 크기를 구하여라.

풀이 $A = 0.085R + C = 0.085 \times 50 + 12.5 = 16.75\,\text{cm}$

Section 13 쇄석기의 능력

① 개요

롤 쇄석기(roll crusher)의 능력은 다른 크러셔의 경우와 같이 암석의 종류, 공급구의 치수와 쇄석의 치수, roll의 회전 속도, 그 크기(폭), 원료의 공급 상태 등에 의하여 다르며, 1분간에 2개의 roll 사이를 통과하여 파쇄하는 양은 '개구 간격×roll 폭×roll의 표면 속도'로서 그 이론적 최대 작업 용량(in³, ft³/min)이 될 수 있으나 실제는 투입 석재가 연속 같은 양이 투입되는 것이 아니고 돌과 돌의 간격과 공극이 있어 실제 능률은 이론적인 용량의 25~30% 상당이다.

② 쇄석기의 능력

쇄석기의 능력에 관한 식은 다음과 같다.

C : roll 사이 거리(in), S : roll의 주변 속도(in/min)

R : roll의 반경(in), V_1 : 이론적 용량(in³/min 또는 ft³/min)

V_2 : 실제의 용량(in³/min 또는 ft³/min), Q : 1시간 작업량(ton/hr)

W : roll의 폭(in), N : roll의 회전 속도(rpm)

$V_1 = CWS$, $V_2 = V_1/3$이라 가정하면

$$V_2 = \frac{CWS}{3}\,[\text{in}^3/\text{min}]$$

이다.

따라서 1,728in³/ft³로 나누면 $V_2 = \dfrac{CWS}{5,188}\,[\text{ft}^3/\text{min}]$이 되고, 쇄석의 비중을 100 Lb/ft³라고 하면

$$Q = \frac{100 \times 60\,V_2}{2,000} = 3, \quad V_2 = \frac{CWS}{1,728}\,[\text{ton/hr}]$$

이다.

또는 S는 roll의 직경과 회전 속도(rpm)의 관계로 나타나므로 $S = 2\pi RN$이 되며,

$$Q = \frac{CW\pi RN}{864}$$

가 된다.

즉, 파쇄 능력 $Q = \frac{CW\pi RN}{864}$이다.

Section 14 포장 기계의 종류, 구조, 특성

1 개요

아스팔트 시공을 위해서는 도로용 유류를 먼저 노면에 뿌려서 먼지 등을 방지하고 택코트, 토사도 등에서 다짐 표면의 흡수성이 큰 곳에는 프라임 코트, 즉 물다짐, 기계적 안정 처리 등을 거쳐 시공된다.

아스팔트 포장 기계는 조골재(쇄석 자갈), 세골재(모래, 세쇄석) 석분, 아스팔트의 4가지를 가열 혼합하여 균질의 것을 생산하는 기계로서 혼합비나 각 골재의 입도는 사용 장소와 목적에 따라 여러 가지이다.

(1) 아스팔트 포장 기계의 구성

① 아스팔트 믹싱 플랜트
② 아스팔트 히터
③ 아스팔트 피니셔
④ 아스팔트 디스트리뷰터
⑤ 아스팔트 spreader

(2) 콘크리트 포장 기계의 구성

① 콘크리트 피니셔
② 콘크리트 절단기
③ 콘크리트 스프레드
④ 줄눈 시공기

❷ 포장 기계의 종류, 구조, 특성

(1) 아스팔트 포장 기계

1) 아스팔트 믹싱 플랜트(asphalt mixing plant)

재료의 공급, 가열, 혼합까지 일괄된 작업을 기계적으로 처리하는 혼합재 제조 장치이다.

① 특징 : 도로 포장에서 아스팔트를 많이 사용하는 이유는 콘크리트 포장의 경우 설치 후 양생(caring)까지 2주간은 교통이 단절되어야 하나 아스팔트는 냉각이 되면 바로 사용할 수 있는 장점이 있다.

② 구비 조건 : 사용 플랜트의 능력에 따라 필요한 설치 면적을 유지하고, 현장과 가급적 가까워야 하며, 골재의 입수가 쉽고, 인가, 병원, 학교 등을 피하며, 수해 등의 재해에 예방이 되며, 철도, 도로변으로서 물자 수송이 용이한 곳이어야 한다.

③ 아스팔트 믹스 설계 시 고려 사항

ㄱ 안정성(stability)

ㄴ 내구성(durability)

ㄷ 불침투성(impermeability)

ㄹ 유연성(flexibility)

ㅁ 미끄럼 저항(skid resistance)

ㅂ 파괴 저항(fatigue resistance)

ㅅ 작업성(work ability)

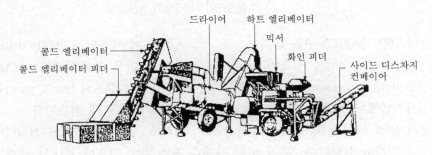

[그림 5-58] 아스팔트 플랜트(3개의 냉각 피드 시스템)

④ 아스팔트 플랜트의 구조

    (모래)   ⇒ 조골재

    ⇒ 냉각 엘리베이터 ⇒ 가열 드라이어 ⇒ 가열 엘리베이터 ⇒ 체가름 ⇒

    (자갈) 아스팔트 탱크   ⇒ 세골재

                   ⇓

    ⇒ (믹서) ⇒ 혼합물 ⇒ 운반 트럭 ⇒ 현장 포장

⑤ 아스팔트 플랜트의 flow chart

모래 자갈 ⇒ 골재 저장 및 공급 기계 ⇒ 골재 운반용 기계(feeder) ⇒ 골재 elevator ⇒ dryer ⇒ hood elevator ⇒ vibration screen ⇒ 계량 장치 ⇒ 믹서 ⇒ 운반 트럭 ⇒ 포장

⑥ **품질 관리** : 아스팔트 혼합물을 생산함에 있어 품질 관리의 대상은 가열 골재, 아스팔트, 혼합물의 온도, 골재 입도, 아스팔트량이며 혼합물의 품질에 영향을 미치는 요인은 플랜트 고유의 성능, 기계 정비의 양불, 사용 재료의 적부, 운전 조작의 양불이다.

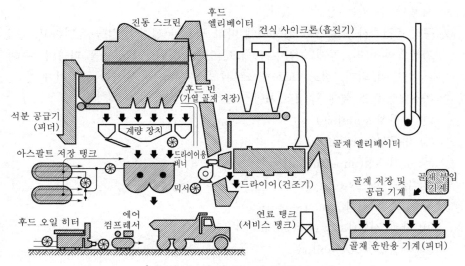

[그림 5-59] 아스팔트의 생산 경로

⑦ **아스팔트 플랜트의 구조 및 기능** : 아스팔트 플랜트에 사용되는 형태는 drum mix plant와 batch plant가 있으며 drum mix plant는 마모 부분이 작고, RAP(Reclaimed Asphalt Pavement)의 높은 비율, 운반하기 쉬운 플랜트며 batch plant는 단일 생산 시스템에서 몇 개의 다른 혼합을 생산할 필요가 있을 때 적용된다.

㉠ 냉각 이송 장치(cold feed system) : 냉각조, 냉각 피더, 벨트 컨베이어 혹은 냉각 엘리베이터로 구성되며 이는 골재를 건조 가열 장치에 보내는 기계이다.

㉡ 골재 건조 가열 장치(드라이어, drum dryer) : 골재를 가열 건조하여 골재의 체가름 장치로 보내는 것이다. 압축 공기와 고열로 수분을 완전히 제거하고 가열하여야 하는 것으로서 이의 능력이 곧 플랜트의 능력이다.

㉢ 가열 엘리베이터(hot elevator) : 가열 건조된 상태로 저장조에 보내는 역할을 한다.

㉣ 체가름 장치(screen) : 가열된 골재를 저장소 위에서 진동 체가름으로 골재를 분류하는 것이다.

㉤ 골재 저장 번(hot bins) : 골재를 입도별로 혼합 시까지 일시 저장하는 곳이다.

[그림 5-60] 배치 플랜트　　　　　　　[그림 5-61] 드럼 믹스 아스팔트 플랜트

ⓑ 골재의 계량 : 골재를 혼합하기 이전에 계량기로서 계량하여 믹서에 투입하는 장치이다.

ⓢ 아스팔트 가마솥 : 아스팔트를 용해하는 장치로서, 보통 150~180℃ 정도이다.

ⓞ 혼합 장치(믹서, pugmill mixer) : 계량을 마친 골재 및 아스팔트를 혼합하는 일, 즉 아스팔트 콘크리트를 생산하는 장치이다.

ⓩ 아스팔트 공급 장치 : 아스팔트를 고열 용해하여 믹서 안으로 주입하는 장치이다.

2) 아스팔트 피니셔(asphalt finisher)

아스팔트 플랜트에서 혼합한 혼합물을 포장 도로에 포장하는 기계로서 그 형식은 무한궤도식과 타이어식이 있다.

아스팔트 피니셔 그 차체 앞부분에 호퍼가 있어 덤프트럭으로 운반된 아스팔트 콘크리트를 받아 싣고, 이 호퍼 뒤쪽에 피더가 있어 아스팔트 콘크리트를 뒤로 후송하면 이를 일정한 폭으로 넓혀주는 스크루(스프레더)가 있고 이 스크루로 밀어낸 아스팔트 콘크리트가 일정한 양의 두께로 되는 것이다. 이때 포장 두께는 스크리드로 지지되어 있으며, 두께와 폭에 상응한 양을 압출한 다음 roller에 의하여 다짐된다.

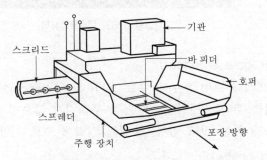

[그림 5-62] 아스팔트 피니셔의 명칭

3) 아스팔트 히터(asphalt heater)

운송 도중 아스팔트가 굳는 것을 방지하기 위하여 보일러 혹은 오일 버너에 의한 가열 증기를 파이프로 통하여 저장 탱크 속에 보냄으로써 아스팔트가 펌프로 압출되도록 가열하는 장치이다.

4) 아스팔트 굳카

도로 포장의 보수 혹은 교량의 포장 등을 할 때 아스팔트를 소량 혼합, 운반하는 것으로서 주행 장치 위에 가열로 혹은 교번 장치를 장착한 것이 대부분이다.

5) 아스팔트 디스트리뷰터(asphalt distributor)

아스팔트 표면 처리와 도로 혼합 공법, 침수식 머캐덤 공법 등에서 이용되는 기계로서 주행 차륜 탱크에 heater식으로 가열 파이프를 통하여 가열하고 기어 펌프로 3~4kg/cm²의 압력을 가하여 아스팔트를 노면에 뿜게 하는 살포기이다. 아스팔트 디스트리뷰터의 도로면 길이 L은

$$L = \frac{9T}{WR}$$

여기서, L : 도로면 길이, T : 사용된 총 gallon
W : 스프레이 막대의 폭(ft), R : 사용률(yd²/gal)

[그림 5-63] 디스트리뷰터

6) 골재 산기(aggregate spreader)

아스팔트 스프레더 트럭 후부에 슈트 호퍼(chute hopper)를 매달고 주행하면서 일정한 두께로 골재를 뿌리는 것인데, 이때 잘 뿌려지지 않으면 슈트에 회전 스크루를 장치하여 유출을 돕게 하는 것도 있다. 종래의 인력 산포로 인한 비효율을 막을 수 있다.

7) 로드 히터(road heater)

포장의 하부층에 이상이 있을 때 표면을 가열하여 보수하는 기계로서 오일 버너 혹은 프로판 가스로 증기를 노면에 불어넣으면 노면이 가열되어 포장면이 용해되므로 요철 부분을 보수할 수 있다.

8) 로드 플레이너(road planer)

아스팔트 노면을 긁어 일으키지 않을 정도로 표피면을 긁어내는 기계이다. 기존의 포장면에 덧씌우기를 할 때 그대로 덧씌우면 분리되기 쉬우므로 포장 효과를 올릴 수 없어 약간 긁어내는 것이다.

(2) 콘크리트 포장 기계

콘크리트 포장 기계는 잘 혼합된 콘크리트를 노반 위에 균질하게 타설하여 평활한 콘크리트 포장판을 사용하는 콘크리트 타설용 기계를 총칭하는 것으로서 콘크리트 포장 기계에는 펴깔기, 타설, 다짐, 마무리 등의 작업 공정이 있다. 그러나 이러한 공정을 단 한 번에 끝내는 장치를 가진 것도 있으며 이들 모두를 콘크리트 포장 공사용 기계라 한다.

• 콘크리트 포장 시 주의 사항

① 콘크리트를 운반하여 부릴 때 골재 분리를 일으키기 쉬우므로 이를 방지와 거푸집 구석까지를 충분히 펴깔고 다져 넣을 것

② 노반 위에 도포되었을 때에는 균등한 높이가 되도록 주의할 것

③ 콘크리트를 충분히 다질 것

④ 포장면의 평활성을 유지하기 위해서는 거푸집의 침하, 변형 등이 생기지 않도록 유의할 것

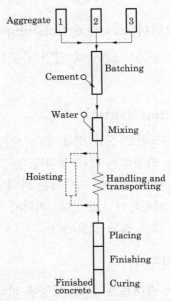

[그림 5-64] 콘크리트 프로젝트 건설 흐름도

1) 콘크리트 포설기(spreader)

포장 노반에 살포된 생콘크리트를 균일하게 부설하는 포장 기계로서 형틀 위에 레일

(rail)을 주행하는 주행 장치, 메인 프레임(main frame), 토설 장치, 조작 장치, 엔진 등으로 구성되어 있으며 분류는 다음과 같다.

① 블레이드형 포설기 : 회전이 가능한 50cm×150cm 정도의 블레이드를 유도 장치에 의해서 좌우 또는 전후로 작동시키면서 콘크리트를 포설하는 형식으로 소규모 공사에 사용한다.

② 스크루(screw)형 포설기 : 포설기를 포설기 전면에 부착된 50cm 정도의 스크루에 의해서 콘크리트를 포설하는 형식으로 일반적으로 콘크리트 피니셔(concrete finisher) 앞에 설치하여 사용한다.

③ 박스형(box type) 포설기 : 콘크리트 운반차로부터 직접 호퍼(hopper)가 있는 8m³ 상당의 상자에 콘크리트를 받아 박스를 좌우 혹은 전후로 작동시키면서 박스의 개폐 장치를 적절하게 조작하여 콘크리트를 타설하는 형식으로 성능이 우수하여 대규모 공사에 널리 사용된다.

(2) 콘크리트 피니셔(concrete finisher)

콘크리트를 포설한 다음 고르고 다짐하는 마무리 작업 기계로서, 먼저 포설기로 계획에 맞추어 포설하면 진동기를 다지고 그 뒤를 피니셔가 횡단방으로 움직이면서 콘크리트 슬래브면의 마감 작업을 한다. 일반적으로 사용되는 진동판의 진폭은 약 2mm이며 진동수는 3,000~4,500vpm(vibration per minute)이다.

(3) 콘크리트 피니싱 스크린더(concrete finishing screender)

콘크리트 피니셔를 사용하지 않을 때 평면 진동기로 다짐한 다음 마무리용으로 쓰여지는 기계이다.

(4) 콘크리트 절단기(concrete cutter)

콘크리트 절단기는 콘크리트 줄눈(팽창 줄눈 또는 수축 줄눈) 시공을 위해서 포설된 콘크리트 슬래브 표면을 커팅하는 데 사용된다. 콘크리트 커팅 시기는 콘크리트가 손상하지 않는 한 빠를수록 좋다. 절단용 커터에는 다이아몬드 커터 플레이트 혹은 카보런덤의 커터 플레이트 등을 연속하여 사용한다. 커터의 시공 능력은 깊이 5cm에 1m 길이를 다이아몬드 커터로서 2~3분 정도 소요된다.

(5) 압입식 주입기(줄눈 시공기)

줄눈 시공은 콘크리트 슬래브가 수축, 팽창에 의해서 발생하는 파손(불규칙 균열) 등을 방지할 목적으로 시공된다. 시공 재료는 콘크리트 슬래브가 팽창 시에 압출되지 않아야 되며 수축 시에 복원될 수 있는 성질의 것으로서 시공 중 취급이 용이하여야 한다. 그리고 적당한 경도를 가져야 한다. 줄눈을 시공할 때는 먼저 줄눈 전달부를 컴프레서 등으로 깨끗이 불어내고 건조 상태로 만든 후에 프라이머(primer)를 제거하고 줄눈 시공 채움재를 주입하여야 한다.

(6) 콘크리트 배치 플랜트(concrete batching plant)

콘크리트의 각 재료를 기계적으로 소정의 배합률로 계량하여 믹서에 보내어 요구되는 성질의 콘크리트를 능률적·경제적으로 제조하는 설비이다. 이 설비는 계량 장치 부분이 정확하고, 계량치 수정이 용이해야 한다. 이 플랜트는 저장소에 공급하는 보급 부분 배합 률을 계량하는 배처 부분, 혼합 부분으로 구성되며 구조와 기능은 다음과 같다.

① 재료 저장 빈 : 플랜트의 최상부에 있으며 재료별로 구분되고 연속적인 기계의 능력에 따라 적당한 용량이 정해진다.

② 재료 공급 장치 : 저장 빈 밑면에 설치되어 있고 재료의 종류에 따라 공급이 다르다.

③ 계량 장치 : 계량 호퍼에 걸리는 하중을 지시계에 의해 계량하며 종류는 기계식, 자동 식, 전자식이 있다.

④ 배출 장치 : 계량된 재료를 믹서에 투입하는 배출 밸브이다. 또한 배출 시에는 재료가 호퍼에 남아 있으면 안 된다.

⑤ 집합 호퍼 : 계량 호퍼에서 배출되는 수종의 재료를 집합하여 믹서에 투입하며 도로의 역할과 각 재료를 예비 혼합하는 역할을 한다.

⑥ 부대 설비 : 상기 시설 외에 예냉 설비, AE제, 확산제, 혼합제 주입 설비, 보조련제, 혼입 설비 등을 설비한다.

⑦ 콘크리트 믹서 : 중력식과 강제식이 있으며 강제식은 비벼올림이 빠르고, 배출 조작은 공기력, 전력이 사용되나 중력식보다 동력이 크다.

⑧ 공급 설비 : 플랜트의 형식과 용량에 따라 다르지만 버킷 엘리베이터와 벨트 컨베이어 가 사용된다.

Section 15 도로 건설의 주요 공사별 장비 선정 및 특성

1 토공 작업의 종류와 기종의 조합

최근의 도로 공사는 대규모 토공량의 공사를 급속히 시공하는 경우가 많아져서 기계 화 시공에 의해서만 가능하게 되었다. 따라서 토공 기계의 선정의 적부가 곧 공사 비용, 품질, 공기 등에 큰 영향을 준다.

토공 기계 선정에는 작업 종류, 규모, 그 밖의 작업 조건을 고려해야 한다. 도로 토공 공사의 작업과 토공 기계의 종류는 다음의 표와 같다.

[표 5-6] 토공 작업과 토공 기계

작업 종류	토공 기계의 종류
굴삭	셔블계 굴착기 · 불도저 · 트랙터 셔블(로드)
적재	셔블계 굴착기 · 트랙터 셔블(로드)
굴착 · 적재	셔블계 굴착기 · 트랙터 셔블(로드)
굴착 · 운반	불도저 · 스크레이퍼 도저 · 스크레이퍼
깔기	불도저 · 모터 그레이더
다짐	불도저 · 타이어 롤러 · 탬핑 롤러 · 진동 롤러 · 진동 콤팩터

토공 작업은 굴착에서 다짐까지 일련의 작업으로 진행되며 토공 기계류도 적용 공사에 따라 장치별로 조합되어 시공된다. 주된 토공 작업은 다음의 표와 같다.

[표 5-7] 토공 작업의 조합과 토공 기계

작업의 조합	토공 기계의 종류
굴착 · 적재 · 운반	불도저(굴착, 집적)+적재 기계+덤프트럭
굴착 · 적재 · 운반	셔블계 굴착기 · 트랙터 셔블+덤프트럭
굴착 · 운반 · 살토	스크레이퍼+푸셔 도저 · 스크레이퍼 도저+불도저
깔기 · 다지기	깔기 기계+다짐 기계

불도저나 스크레이퍼와 같은 기계는 그 작업을 굴착, 운반, 깔기와 같은 일련의 작업을 계속해서 할 수도 있다. 기계를 조합하는 경우, 일련의 작업 능력은 조합 기계 중에서 최소의 기계 능력의 기계로서 결정된다.

따라서 실제로는 사용하려는 기계, 현장의 조건 등으로 작업 능력을 최대 능력으로 갖추게 하여, 전체적인 작업 능률의 밸런스를 취할 수 있도록 배려한다.

❷ 공사 규모와 시공 방식

한마디로 도로 토공은 1,000m³ 단위의 토공 작업에서부터 10,000m³ 단위의 토공 작업까지 여러 가지이다. 토공량의 크기, 현장 조건, 토공 기계 등에 따라 적절한 시공 방법을 고려한 시공 방법은 크게 나누어 3가지 방식이 있다.

(1) 배치 컷 방식(batch cut type)

계단식으로 굴착하는 시공 방식이며 셔블계 굴착기나 트랙터 셔블로 굴착 적재를 하여 덤프트럭으로 운반한다. 지반이 단단한 토사나 암석인 경우는 보조 불도저에 의한 lipping이나 발파로 파쇄한 후 굴착한다. 이 공법을 굴착 토량이 많고 시간당 굴착 규모가 큰 경우나 굴착 장소와 성토 장소가 멀리 떨어져 있는 현장 등에 적합하다. 그러나 덤프트럭으로 운반하므로 운반로의 확보가 중요하다.

(2) 다운 휠 컷 방식(down wheel cut type)

불도저, 스크레이퍼, 스크레이퍼 불도저를 사용하여 경사면을 이용해서 굴착하여 운반하는 공법이다. 흙 운반 장소가 절토 부분과 떨어져 있을 때에는 굴착 집적된 토사를 셔블계 굴착기나 트랙터 셔블로 덤프트럭에 실어 운반한다. 굴착 사면의 기울기, 등판 기울기 기계의 능력으로 산정한다. 이 시공 방식은 절토, 성토가 근접한 장소에서 효과를 발휘한다. 다만, 이 방식은 넓은 면적이 노출되므로 강우의 영향을 받기 쉽다는 점에 유의해야 한다.

(3) 병용 방식

도로 토공의 기본 공법으로는 위의 두 종류가 가장 많이 채택되고 있으나 공사 규모, 현장의 지형 등의 조건에 따라 공법을 변경하거나 양자를 병용하여 적절한 방식을 채택함이 바람직하다.

Section 16 연속 철근 전압 콘크리트(CR-RCCP)의 개발

① 시공

① 아스팔트 피니셔에 scarfier를 부착하여 1층에 롤러 전압 콘크리트(RCC)를 깔면서 철근 삽입 홈을 낸다.
② 그 홈에 부착용 mortar를 뿌려 철근을 배근한다.
③ 진동 롤러를 1층 위에 진동없이 1회 지나면서 철근을 압입하고 동시에 scarifier로 깎여진 1층 RCCP의 평탄성을 확보한다.
④ 1층과 2층의 부착을 유지하기 위해 슬래브 전체에 부착용 mortar를 포설한다.
⑤ 그 다음은 일반 RCCP와 같은 방법이다.

② 특징

공항에서의 콘크리트 포장은 주로 항공기의 유도로와 에이프런(apron)에 시공되는데, 이들 포장을 보수하기 위해서는 항공기 운행에 최소한 지장을 주지 않아야 한다. 이러한 문제를 해결하기 위한 방안으로 콘크리트의 양생 기간이 매우 짧은 롤러 전압 콘크리트 포장(Roller Compacted Concrete Pavement : RCCP)의 장점과 줄눈이 없고 균열 발생을 억제시킬 수 있는 연속 철근 콘크리트 포장의 장점을 조합시켜 개발한 것이다.

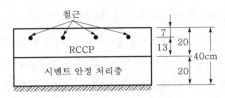

[그림 5-65] CR-RCCP의 단면

크레인의 종류 및 특성

1 개요

건설 공사에 있어서 토사, 석재, 시멘트, 철재, 건설기계 등의 이동, 운반이 많아졌고 고층 건축물 혹은 대형의 토목 구조물의 건설이 활발해짐에 따라 이러한 건설 요구에 대지하여 공사의 능률화 및 합리화를 목적으로 크레인 및 호이스트 등의 성능이 급속도록 향상, 발전되고 있다.

(1) 자주식 크레인

① 무한궤도식 크레인(crawler crane)
② 유압 트럭 크레인(hydraulic truck crane)
③ 휠 크레인(wheel crane)
④ 크레인 트럭(crane truck)

(2) 고정식 크레인

① 케이블 크레인(cable crane)
② 데릭 크레인(derrick crane)
③ 타워 크레인(tower crane)
④ jib 크레인(jib crane)
⑤ 문형 크레인

(3) 크레인의 고려

다음의 요건을 고려하여 크레인의 기종, 용량, 대수를 정한다.
① 작업 장소 : 지형, 고저, 이용 가능 면적, 지반 강도, 기상, 도로 등
② 취급 하중 : 형상, 중량, 용적, 작업 반경과의 관련성 등
③ 취급물의 이동량 : 고저차, 거리, 속도, 작업 횟수 등
④ 경제성 : 설비비, 운전비, 사용 후의 전용성 등
⑤ 기계의 선정 : 기종, 형식, 능력, 외형 치수, 운동량, 속도, 동력 등을 공기 등

② 크레인의 종류 및 특성

(1) 무한궤도식 크레인(crawler crane)

1) 구조와 기능

셔블계 굴삭기의 본체에 붐(boom)과 훅(hook)을 장착한 것으로 본체와 붐, 붐 감아올림 로프(boom hoist rope), 하중 감아올림 로프, 훅 등으로 구성

2) 특징

① 접지압이 작으므로 연약 지반에서 작업이 유리하다.

② 기계의 중심이 낮으므로 안정성이 좋다.

③ 훅 대신 파워 셔블, 클램셸, 백 호 등의 부수 장치를 이용할 수 있다.

[그림 5-66] 무한궤도식 크레인

(2) 트럭 크레인(truck crane)

1) 구조와 기능

트럭 차 위에 상부 선회체를 탑재한 것으로 주행용과 작업용의 엔진을 각각 별도로 가지고 있으며 기체의 안정성을 유지하고 타이어 및 스프링을 보호하기 위하여 4개의 아우트리거(outtrigger)를 장치하고 있다.

2) 특징

① 장점

㉠ 무한궤도식보다 작업상의 안정성이 크다.

㉡ 도로상의 이동이 신속하다.

② 단점 : 접지압이 크므로 연약 지반에 적합하지 않다.

[그림 5-67] 트럭 크레인

(3) 휠 크레인(wheel crane)

1) 구조와 기능
무한궤도식 크레인의 무한궤도를 고무 타이어의 차량으로 바꾼 주행 장치를 가지고 있다.

2) 특징
일반적으로 주행 속도는 느리지만 크레인 작업과 주행을 동시에 할 수 있으며 기계식보다 유압식이 더 많이 사용한다.

3) 용도
항만 및 공장의 하역 작업에 많이 사용된다.

(4) 크레인 트럭(crane truck)

1) 구조와 기능
보통의 트럭에 크레인을 탑재한 것으로 크레인 작업에 필요한 동력은 트럭의 원동기로부터 전달된다. 기계식보다 유압식이 최근 많이 사용되고 있다.

2) 특성
사용이 간편하고 기동력이 좋으므로 건설 현장 혹은 자재 창고 등에서 기자재의 하역에 효과적이다.

(5) 케이블 크레인(cable crane)

1) 구조와 기능
탑과 탑 사이를 밧줄로 연결하고 endless 와이어를 운행하는 트롤리(trolley) 혹은 캐리지(carriage)를 매달아 트롤리에 연결되어 있는 버킷 혹은 재료 등을 목적지까지 운반하는 기계

2) 용도

① 콘크리트 하역용 : 댐 공사 현장에서 콘크리트 하역 작업을 한다.

② 물자 수송용 : 하천, 기타의 장애물을 넘어서 물자를 수송한다.

③ 교량 가설 또는 조립용

④ 하역용

(6) 데릭 크레인(derrick crane)

1) 구조와 기능

derrick 크레인은 철골재의 마스트 밑에서부터 붐이 돌출되어 부록에서 와이어 로프로 중량물을 윈치로서 권상하는 기계. 상하 수평 등으로 작업이 가능하여 구축할 재료를 부상하여 조립하는 등 중량물의 하역용에 쓰이고 있다. 붐의 길이는 10~60m 상당까지,

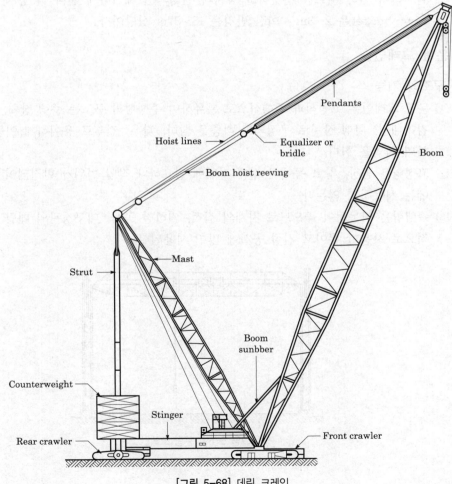

[그림 5-68] 데릭 크레인

권상 능력은 5~30ton에 이르고 권상 높이도 20~68m 상당이 된다. guy derrick의 선회각은 360°인데 비하여, 정각 데릭은 270° 상당이다.

2) 특성

철골의 조립, 교량 가설, 항만 하역 등 사용 범위가 넓고 구성 부재가 적은 데 비하여 권상 능력과 작업 반경이 크므로 경제성이 좋으며, 구조가 간단하고, 취급·조립 및 해체가 용이하다.

(7) jib 크레인

1) 구조와 기능

한 대의 축을 기간으로 붐을 돌출시켜 그 끝에 골차를 달아 본체 위에 권상할 드럼을 통하여 부상하게 하는 크레인으로서 건설 공사에 많이 쓰여지고 있다. 고층 건물의 옥상에 설치하여 건축 재료를 운반하고 공사가 완성되면 제거하게 된다. 동상 권상 능력은 6~9ton, bucket은 2~3m^3, 회전 반경은 18~37m 상당이다.

(8) 문형 크레인

1) 구조와 기능

① 문형 크레인은 고정식과 주행식으로 분류하며 주행형의 구조는 주행 장치, 감아올림, 감아내림, 횡행 장치로 구성되고 하중을 상하, 좌우, 전후로 용이하게 이동시키거나 하역 작업을 한다.

② 고정형은 공장, 창고 등에서 적재 작업에 필요하나 작업 범위가 한정되어 건설 공사에는 사용하지 않는다.

③ 주행형은 이동성이 좋으므로 자재의 집적, 지하철 공사, 대구경관의 매립 등에 효과적으로 사용할 뿐이고 건설 공사에 많이 사용된다.

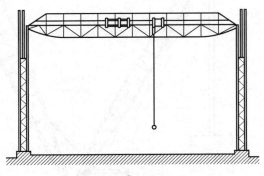

[그림 5-69] 문형 크레인

(9) 타워 크레인

1) 구조와 기능

타워 크레인은 주로 항만 하역용으로 암벽에서 본선의 하역용 또는 조선소, 고층 건물에서 많이 쓰여지고 있다.

이 크레인은 데릭 크레인에 비하여 공장소, 지소 등이 불필요하므로 선회가 자유스럽고 기체의 조립도 자체가 가진 윈치로서 시공되는 장점이 있으며 작업 능력도 데릭에 비하여 거의 2배에 상당할 정도이며, 최근 많이 활용되고 있다. 그 구조는 Jib형, 해머 헤드형 등으로 나뉜다.

Section 18 타워 크레인(tower crane)

❶ 특징

타워 크레인은 중·고층 건축용 크레인으로 발전되었으며 데릭 크레인(derrick crane)에 비하여 지주, 지지 케이블(cable)이 필요치 않고 자유로이 360° 선회가 가능하며 기체의 조립도 자체가 가진 윈치로서 시공되는 특징이 있다. 또한 작업 능력도 2배에 달한다.

[그림 5-70] 타워 크레인

❷ 분류

타워 크레인은 정부 형상에 의해 다음과 같이 분류된다.

① **지브형**(jib type) : 타워(tower) 꼭대기에 회전 프레임을 설치하고 여기에 붐(boom)을 장치하여 붐의 상승으로 하중을 조작하는 형식이다.

② **해머 헤드식**(hammer head type) : 타워(tower)의 꼭대기에 선회 프레임을 설치하고 여기에 좌우로 평형되게 붐을 장치한 것으로 하중이 수평으로 이동한다.

❸ 선정법

타워 크레인은 고층 빌딩의 건축과 더불어 그 성능은 보다 향상되고 발달하여 고성능화·대형화되고 있을 뿐 아니라 최근의 생력화 경향을 반영하여 소형 크레인도 많이 보급되고 있으며, 다음 사항을 충분히 검토한 후 기종물을 선정해야 한다.

① 취급 재료의 형상과 단위 중량을 고려한 기종, 용량의 선정

② 취급 하중에 적합한 이동 속도의 선정

③ 필요한 작업 반경과 높이에 상응하는 기종의 선정

④ 작업 장소의 주변 여건에 의하여 고정식 혹은 이동식의 선정

⑤ 공사 규모, 공사 기간 등에 의하여 기종, 용량, 대수를 검사

Section 19

타워 크레인의 운용 관리 시스템

❶ 개요

오늘날 건설 산업은 타 산업에 비하여 열악한 산업 환경과 높은 노동 재해율, 그리고 기능 노무자의 부족 및 고령화에 대한 문제가 대두되면서 건설 현장의 기계화, 자동화, 로봇화 등 건설기술의 첨단화를 추진하고 있다.

특히 건설 공사에서 기중 운반 작업은 종래부터 기계화가 추진되면서 작업성이 우수한 타워 크레인, 지브(jib) 크레인 등 선회식 크레인을 사용하는 경향이 두드러지고, 최근에는 건축 공사뿐만 아니라 댐 공사, 교량 공사 등 토목 공사에도 적극적으로 이용되고 있다. 국내 건설 현장에서 타워 크레인은 초고층 구조물 및 철골 구조의 사무소 건축에 주로 이용되어 왔으며, 최근에는 신도시 지역의 15층을 초과하는 고층 아파트 건설에도 타워 크레인을 이용하고 있다.

이와 같이 건설 공사의 양중 운반 설비로서 중요한 부분을 차지하는 타워 크레인은 건설 공사의 대형화에 따라 동일 현장에 여러 대가 동시에 설치되어 이동되면서 크레인 상

호 간의 충돌 및 장애물과의 충돌에 대비하는 등 안전에 대한 대책이 시급한 실정이다. 아울러 공사의 효율적 진행을 위해 크레인을 적절한 장소에 배치하여 여러 공사 종류에 필요한 자재를 적시에 운반 및 공급할 수 있는 운용상의 문제가 대두되고 있다. 따라서 건설 현장에서 타워 크레인의 효율적 이동을 도모하고 안전성 확보를 위해 개발된 타워 크레인의 운용 관리 시스템인 충돌 방지 시스템과 이동관리(移動管理) 시스템을 적용하고자 한다.

② 타워 크레인의 운용 관리 시스템

(1) 충돌 방지 시스템

크레인의 선정은 주로 작업 반경과 하중에 의해 결정된다. 따라서 작업 반경의 모든 위치에 양중 작업이 가능하기 위해서는 동일 현장에 여러 대의 크레인이 필요한 경우가 발생한다. 이러한 여러 가지 형태의 크레인 충돌을 방지하기 위하여 개발된 충돌 방지 시스템을 살펴보면 크레인을 구성하는 지브, 붐, 와이어 등 부재의 위치를 구동 모터에 부착된 각도 변환 센서인 인코더(encoder)에 의해 파악하고 컴퓨터를 이용하며 3차원적으로 연산하며 크레인 부재 간의 동작을 제어할 수 있도록 한다.

(2) 이동 관리 시스템

이동 관리 시스템은 타워 크레인의 작업성 향상과 합리화를 위해 이동 예정, 가동 데이터의 수집, 분석 및 예정 공정의 입력, 표시하는 시스템으로 컴퓨터를 이용하여 선회 수, 중량, 작업 시간 등을 양중물의 재료별, 공정별로 기억시키고 집계, 출력시키는 크레인의 가동 효율화를 도모하는 것이다.

[표 5-8] 시스템의 구성

구 분	시스템	시스템의 역할
검출부	방향 각도	• 인코더(encoder)를 사용하여 각 크레인의 위치를 검출하고 데이터를 컴퓨터에 입력
	경사 각도	
	기계 각도	
	비중 하중	
연산부	퍼스널 컴퓨터 (Personal Computer)	• 각 크레인에 컴퓨터를 설치해서 서로 연결함으로써 현장 내의 LAN(Local Area Network)을 구성 • 자기의 데이터를 관련된 다른 크레인에 송출하고 다른 크레인으로부터 데이터를 받음. • 붐 위치의 산출과 경보 구역·정지 구역을 비교함과 동시에 상호 거리 변화에 따라 경보·감속·정지의 3단계로 제어(단, 충돌을 피하는 방향의 동작은 제어를 해제)
	통신 유니트	• 각 크레인은 전원선으로 접속되어 데이터를 전송

구 분	시스템	시스템의 역할
표 시 부	3차원 그래픽 화면	• 컴퓨터의 3차원 연산 데이터에 의해 모든 크레인의 붐 방향 및 작업 반경과 장애물을 3차원 그래픽 화면으로 표시 • 사각이 되는 방향의 크레인의 움직임도 확인 가능 • 제어 범위에 따라 정상일 때는 녹색, 경보 구역에서는 청색, 정지 구역에서는 적색을 표시하고, 또한 동작의 우회 방법도 표시
	제어 장치	• 정지 구역에 붐이 들어온 경우 크레인의 선회 전동기를 정지 • 크레인이 서로 근접하는 경우에는 모멘트가 작은 쪽을 먼저 정지 시키고, 정지된 크레인은 감시 해제 스위치를 누름과 동시에 역 선회시키므로 정지 구역에서 격리
	경보 장치	• 경보 구역에 들어왔을 때에는 저주파의 경보음, 정지 구역에 들 어왔을 때에는 고주파의 경보음

Section 20 콘크리트 기계의 종류와 구조 및 기능과 특성, 성능

1 개요

콘크리트 공사에서의 기계화는 기계 장치의 자동화 시스템을 유압 장치를 응용하여
많은 발전을 가져왔으며 분류하면 다음과 같다.
① 콘크리트 배치 플랜트(concrete batch plant)
② 콘크리트 믹서(concrete mixer)
③ 콘크리트 펌프(concrete pump)
④ 콘크리트 프레셔(concrete pressure)
⑤ 콘크리트 운반 기계(concrete conveyor)
⑥ 콘크리트 진동기(concrete vibrator)

2 콘크리트 기계의 종류와 구조 및 기능과 특성, 성능

(1) 콘크리트 배치 플랜트(concrete batch plant)

1) 구비 조건

저장 장치에서 오는 시멘트(cement), 모래, 골재, 물 등을 계량 장치에서 신속 정확히
계량하며 공급 장치에 의하여 혼합기(mixer)에 공급·혼합함으로써 균일한 품질의 콘크
리트를 대량 생산하는 기계로서 구비 조건은 다음과 같다.

UNIFORMITY OF CONCRETE IS AFFECTED BY THE ARRANGEMENT OF BATCHER-SUPPLY BINS AND WEIGH BATCHERS

(a)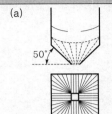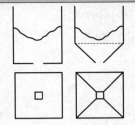

(b)

CORRECT
FULL BOTTOM SLOPING 50° FROM HORIZONTAL IN ALL DIRECTIONS TO OUTLET WITH CORNERS OF BIN PROPERLY ROUNDED SO THAT ALL MATERIAL MOVES TOWARD THE OUTLET.

INCORRECT
FLAT BOTTOM BINS OR THOSE WITH ANY ARRANGEMENT OF SLOPES HAVING CORNERS OR AREAS SUCH THAT ALL MATERIAL IN BINS WILL NOT FLOW READILY THROUGH OUTLET WITHOUT SHOVELING.

SLOPE OF AGGREGATE BIN BOTTOMS

CORRECT
MATERIAL DROPS VERTICALLY INTO BIN DIRECTLY OVER THE DISCHARGE OPENING PERMITTING DISCHARGE OF MORE GENERALLY UNIFORM MATERIAL

INCORRECT
CHUTING MATERIAL INTO BIN ON AN ANGLE. MATERIAL FALLING OTHER THAN DIRECTLY OVER OPENING NOT ALWAYS UNIFORM AS DISCHARGED.

AGGREGATE BIN FILLING

(c)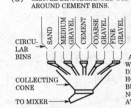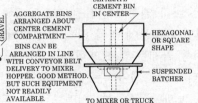

(d)

PREFERRED ARRANGEMENT
AUTOMATIC WEIGHING OF EACH INGREDIENT IN INDIVIDUAL WEIGH BATCHERS. DISCHARGING THROUGH COLLECTING CONE DIRECTLY INTO MIXER. DISCHARGE OF CEMENT BATCHER CONTROLLED SO THAT CEMENT IS FLOWING WHILE AGGREGATE IS BEING DELIVERED. BATCHERS INSULATED FROM PLANT VIBRATION WILL PERMIT OVERLOAD CORRECTION.

ACCEPTABLE ARRANGEMENT
AGGREGATE AUTOMATICALLY WEIGHED SEPARATELY OR CUMULATIVELY. CEMENT WEIGHED SEPARATELY. BATCHERS INSULATED FROM PLANT VIBRATION. WEIGHT RECORDING EQUIPMENT PLAINLY VISIBLE TO OPERATOR. PROPER SEQUENCE OF DUMPING MATERIALS NECESSARY. AVOID AGGREGATE CONSTANTLY FLOWING OVER TOP OF MATERIAL IN BINS. WILL NOT PERMIT CORRECTING OVERLOADS.

POOR ARRANGEMENTS
EITHER OF ABOVE CLOSE GROUPINGS OF BIN DISCHARGES THAT CAUSE LONG SLOPES OF MATERIAL IN BINS RESULTS IN SEPARATION AND IMPAIRED UNIFORMITY.

(e)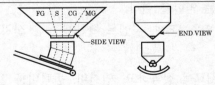

(f)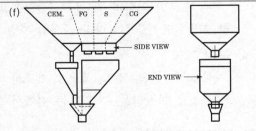

PREFERRED ARRANGEMENT
AGGREGATE AUTOMATICALLY WEIGHED CUMULATIVELY. AND CARRIED TO MIXER ON CONVEYOR BELT. CEMENT WEIGHED SEPARATELY AND DISCHARGE IS CONTROLLLED SO THAT CEMENT IS FLOWING WHILE AGGREGATE IS BEING DELIVERED.

ACCEPTABLE ARRANGEMENT
AGGREGATE AUTOMATICALLY WEIGHED CUMULATIVELY. CEMENT WEIGHED SEPARATELY AND DISCHARGE CONTROLLED SO THAT CEMENT IS FLOWING WHILE AGGREGATE IS BEING DELIVERED.

[그림 5-71] 콘크리트 배칭의 적합과 부적합 비교

① 계량치가 정확해야 한다.

② 계량, 작동 조작이 간편해야 한다.

③ 계량치 수정이 쉽고 조작은 중앙 집중식이어야 한다.

④ 구조가 견고하고 고장이 적도록 조립식이 좋다.

⑤ 내구성이 있어야 한다.

2) 콘크리트 설비

```
                     물
모래         ⇓        믹서              거푸집                    거푸집 제거
자갈 ⇒ (계량) ⇒ (비빔) ⇒ (운반) ⇒ (타설) ⇒ (다짐) ⇒ (마무리) ⇒ (양생)
              ↑
            시멘트
```

3) 구조 및 기능

① **재료 저장소** : plant의 정상부에 위치하여 재료를 종류별로 분류하여 계량하기 쉽게 연속적으로 컨베이어 혹은 버킷 엘리베이터 등으로 공급하기 위한 장치이다.

② **재료 공급 장치** : 저장부 밑면 개구부에 공급 장치가 설치되어 있어 재료의 종류에 따라 공급 방법이 다르다. 보통 골재는 컷 오프형(cut off type), 분체는 특수한 수송기 혹은 밀폐 밸브를 배치한다. 공급 게이트는 인력, 공압, 전기에 의해 제어한다.

③ **계량 장치** : 콘크리트 재료, 모래, 자갈, 물, 시멘트 등을 혼합하기 위해 정확한 혼합 비율을 위한 장치. 필요에 따라 지시 장치의 원격 전달, 자기 기록, 계량 장치의 과부족 지시 등의 기능을 수행한다.

④ **재료 배출 장치** : mixer된 혼합 재료를 현장에 배출하는 장치로서 이는 계량 호퍼에서 유출된 재료를 남김없이 전량을 mixer 통에 넣고, 일례된 상태에서 비빔을 한 다음 배출 슈트를 통하여 혼합된 콘크리트를 배출한다.

⑤ **집합 호퍼(hopper)** : 계량 호퍼에서 배출되는 수종의 재료를 집합하여 믹서에 투입하는 도로의 역할과 각 재료를 예비 혼합하는 역할을 한다.

⑥ **부대 설비** : 필요에 따라 골재의 예냉 설비 혹은 AE제, 시멘트 확산제 등을 설치한다.

4) 특성

콘크리트 신속, 정확, 효율로 제조하면서, 재료를 절약하고, 인건비, 동력비를 절약하고 품질을 보장받을 수 있다는 점에서 오늘날 많이 사용하고 있다.

(2) 콘크리트 믹서(concrete mixer)

1) 개요

자갈, 모래, 시멘트, 물을 혼합하는 기계로서 습식과 건식이 있고 습식은 완전히 혼합된 생콘크리트 혼합물을 교반하면서 수송하며 건식은 시멘트나 골재를 계량하여 투입하

고 주행 도중에 물을 가하여 혼합하며 목적지로 수송한다. 규격은 1회 혼합하는 콘크리트 생산량(m³)으로 표시한다.

1) 종류

① **중력식 믹서** : 회전 장치는 드럼 링 기어와 롤러로 구성되며 1분에 16~18회 정도 5분 이상 가동하며 혼합 날개는 4개이고 굴삭 버킷이 8개이다. 스킵은 혼합체를 이송하고 하강은 자중에 의하며 용량은 0.8~4.5m³이다.

[그림 5-72] 중력식 믹서의 내부 형태

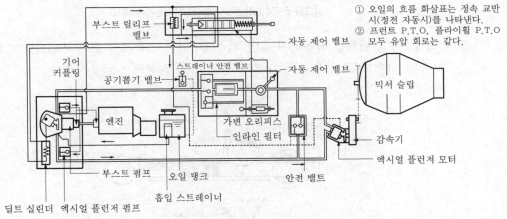

[그림 5-73] 중력식 믹서의 유압 회로도

② **강제식 믹서** : 강제로 섞는 믹서로서 혼합통은 고정되어 있고 구동 장치에 의해 혼합이 되며 1회 비빔은 40~60sec, 배출은 12~15sec로 빠르게 처리된다. 재료의 투입은 정상에서, 배출은 하부로 하며 이는 PS 콘크리트 등에서 많이 사용되고 있으나 전력은 골재가 굵으면 동력이 더 소요되며 내면의 마모가 큰 것이 결점으로 되어 있다. 중력식 믹서에 비하여 드럼 구동 속도가 2~3배 빠르다.

(3) 콘크리트 펌프(concrete pump)

1) 개요

콘크리트 현장 설치에 있어 미리 배관한 파이프를 통하여 콘크리트를 압송하여 터널 속이나 교량 또는 건물 속 등의 콘크리트 라이닝과 높은 곳 등에서의 콘크리트 시공을 하는 기계로서 기계식과 유압식이 있다.

2) 분류

① 기계식 : 원동기에서 직접 크랭크와 커넥팅 로드(connecting rod)를 거쳐 플런저를 움직이도록 되어 있다.

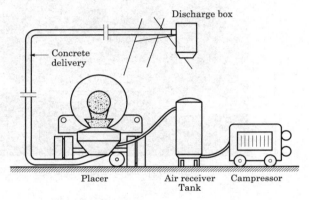

[그림 5-74 (a)] 콘크리트 펌프의 원리(기계식)

② 유압식 : 유압 펌프를 작동하여 유압 액추에이터를 작동시켜 호퍼 내의 콘크리트를 섞고 유압 모터의 작동에 따른 내부의 진공 흡입 작용으로 배출시킨다.

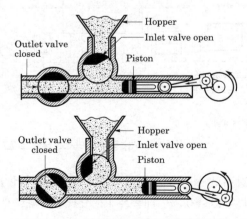

[그림 5-74 (b)] 콘크리트 펌프의 원리(유압식)

③ 콘크리트 펌프차 : 트럭에 탑재된 콘크리트 펌프로서 기동성이 좋고 현장 간의 이동이 용이하므로 가동률을 향상시킬 수 있으며 시가지의 좁은 장소에서도 효과적으로 이용되므로 건축 공사용으로 많이 쓰이고 토목 공사용으로도 보급되고 있다.

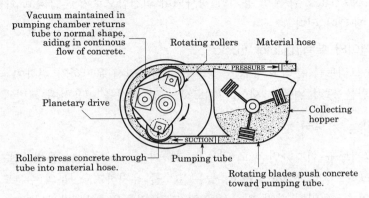

[그림 5-74 (c)] 펌프에 의한 콘크리트 타설 예

(4) 콘크리트 프레셔(concrete pressure)

콘크리트 설치용 기계로서 콘크리트 저장소에 압축 공기를 모래, 콘크리트와 공기의 혼합 유체를 만든 다음 파이프를 통하여 설치 장소까지 압송하는 기계이다. 터널의 라이닝, 빌딩의 기초 골격용으로 사용된다.

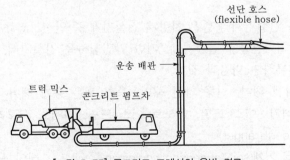

[그림 5-75] 콘크리트 프레셔의 운반 경로

(5) 콘크리트 운반 기계

1) 트럭 믹서(truck mixer)

① 트럭 믹서는 보통 트럭의 위에 믹서(mixer)를 탑재하고 트럭의 엔진으로 이것을 회전시켜 재료를 혼합, 타설 현장에 운반하는 기계이다.

② 공사용으로 비벼진 콘크리트를 설치 장소까지 운반하는 도중 경화로 인하여 성질이 변하거나 골재 혹은 물의 분리 현상이 일어나지 않아야 한다. 그러므로 제조 플랜트와 비교적

원거리의 운반은 트럭 믹서 혹은 트랜스 휘카 혹은 애지테이터카 등이 쓰여진다.

③ batcher plant 혼합한 콘크리트를 설치 장소까지 운반할 때 콘크리트의 분리 현상을 방지하기 위하여 혼합이 약간 부족한 것을 운반 중에 혼합하여 완성품을 공급할 수 있도록 truck 위 운반 용기가 경사되어 회전함으로써 혼합되고 회전을 역방향으로 하면 배출이 된다.

2) 애지테이터 트럭(agitator truck)

생콘크리트를 분리되지 않을 정도로 교반하면서 운반하기 위하여 나선형 날개를 부착한 드럼을 트럭 위에 탑재한 기계로서 엔진 회전을 이용하여 교반과 배출을 행한다.

(6) 콘크리트 진동기

콘크리트를 설치하면 바로 진동을 가하여 mixer 중이나 운반, 설치 중에 혼합함으로써 콘크리트 내의 공기를 빼고, 높은 밀도를 유지하며, 여분의 수분도 제거하여 높은 강도를 얻을 수 있게 하기 위한 용도로 다짐 진동을 하는 기계이다.

Section 21 기초공사용 기계

1 개요

기초공사용 건설기계라 함은 차량계 건설기계 중 안전보건규칙(차량계 건설기계)의 항타기 및 항발기, 천공용 건설기계, 지반 압밀침하용 건설기계, 지반다짐용 건설기계 등을 말하며 분류하면 다음과 같다.

① 항타기 : 디젤 해머, 진동 파일 해머, 증기 혹은 용기 해머
② 대구경 굴착기 : 어스 드릴, 베노토 어스 드릴, 리버스 서큘레이션 드릴
③ 어스 오거(earth auger)
④ 지반 개량용 기계(soil foundation equipment) : 샌드 드레인 공법 기계, 웰포인트 공법 기계, 페이퍼 드레인 공법 기계
⑤ 그라우팅 기계(grouting machine)

2 기초공사용 기계

(1) 항타기(杭打機)(이 장의 Section 22. 항타기 참조)

(2) 대구경 굴삭기(foundation earth drilling equipment)

1) 개요

최근 토목 및 건축 구조물의 대규모화에 따라 말뚝 기초의 지지력도 차츰 증가되는 경향이므로 대구경 및 긴 말뚝의 필요성이 강조된다. 지금까지 많이 사용된 항타 공법으로는 말뚝의 직경과 깊이에 한정이 있고 소음 및 진동의 공해 문제도 있으므로 저소음, 저진동으로 지반에 구멍을 뚫고 철근을 넣은 뒤에 생콘크리트를 타설하여 대구경의 철근 콘크리트 말뚝을 만드는 데 사용한다. 이 기계의 사용도는 점점 높아지고 있으며 지반에 구멍을 뚫는 목적은 다음과 같다.

① 시험 목적을 위해 토양 샘플 채취

② 광산에서의 암석의 내용물과 위치

③ 광물의 내용물과 위치

④ 장비 설치의 타당성

⑤ 단단하고 거친 부분에서의 load-beuring piless의 구동 가능성

⑥ 급수와 매수의 가능성

⑦ 둑을 위한 수평 구멍 제공

⑧ 터널, 지하 매설물 또는 광산의 환기 장치

2) 어스 드릴(earth drill)

어스 굴착기는 굴삭 공법의 대표적인 공법으로 보링기를 개량한 대구경 착공기로서, 이는 회전식 버킷을 사용하여 버킷 하단부에 장착된 칼날로 흙을 절삭하며 버킷에 가득 차면 지상으로 들어올려 배토하고 다시 버킷을 내려 작업하는 기계이다. 구멍을 뚫을 때 공벽이 무너질 우려도 있어 표층부에는 케이싱을 박아 벽을 보호하고 상층에서는 벤토나이트 용액을 이용하여 보호한 다음 콘크리트 말뚝을 시공한다.

구멍 직경은 250~3,000mm에 이르므로 그 깊이도 60m까지 시공할 수 있다.

[그림 5-76] 어스 드릴(loader-mounted auger-type)

① 장점 : 어스 드릴은 버킷이 회전식이므로 진동이 적고, 소음도 적으며, 베노토와 같이 케이싱을 사용하지 않으므로 공사비도 저렴하며, 표층의 케이싱과 벤토나이트 공법을 병용하면 연약 지반에서의 작업도 가능하고, 착공 능력이 우수하다는 장점이 있다.

② 단점 : 칼날의 구조로 보아 지층에 옥석이나 매몰된 나무 등이 있을 때는 굴삭이 거의 불가능하고, 지층에 벤토나이트 공법으로 사용하더라도 모래층에서는 붕괴 현상이 일어나며, 벤토나이트와 혼합된 침수의 처리가 어렵고, 회전축의 길이로 깊이 굴착하기에는 그 한계가 있다.

3) 베노토 어스 드릴(benoto earth drill)

베니로가 1934년 고안한 신공법으로 요동 운동으로 튜브(tube)를 밀어내는 것이다.

베노토 공법은 토질의 경·연, 지표 부근의 견·습, 지하 수위의 상하에 관계없이 깊은 기초를 시공할 수 있으므로 따로 토질 조사를 할 필요도 없고, 뚫어진 토사로서 지층을 판별할 수 있다. 이 원리는 철제 케이싱 튜브를 수압 등으로 요동하면서 압입하고 케이싱 튜브 내에 윈치 혹은 그래브 버킷을 넣어 굴삭하게 하는 이른바 일명 해머 그래브라고도 한다. 이는 직경 1m 전후의 구멍으로 깊이 35m 상당까지 굴삭할 수 있다.

① 장점 : 시공이 확실하며 어떤 지반에서도 최대 120m의 시공이 가능하고 무소음, 무진동, 무침하 시공이 가능하며 저렴하다.

② 단점 : 횡하중에 대한 저항력이 약하고 지하수 처리가 곤란하다.

4) 리버스 서큘레이션 드릴(reverse circulation drill)

회전 굴착 파이프의 선단부에 장착한 절삭 칼날의 회전으로 대구경을 뚫은 다음, 그 굴착로는 파이프를 지나, 역순환류에 의하며 자료로 배토된다. 리버스 공법은 굴착공 상부에서 급수하고 특수 비트로 굴착한 진흙과 물이 혼합된 굴착토를 드릴 파이프를 통해서 위로 끌어올리는 역순환 방법으로 우물의 굴착, 광산의 환기공 굴착, 고속도로의 기초 말뚝 시공에 사용한다.

① 장점 : 연속적인 굴착이 가능하고 장척의 말뚝 시공이 가능하다.

② 단점 : 굴착한 것을 혼수 상태로서 드릴 파이프로 끌어 올리게 되므로 파이프의 내경 3/4 이상의 옥석이나 목편이 있으면 파이프가 박혀서 작업이 곤란하고 순환식이므로 지상에서는 저수지 및 저수조가 넓어야 하므로 작업 공간이 넓어야 한다.

(3) 어스 오거(earth auger)

주행차 위에 장치한 오거(auger) 혹은 스크루(screw)를 사용하며 지반에 구멍을 뚫는 기계로서 동력으로 전기 혹은 유압을 사용하며 추진 기구에는 오거 헤드식(auger head)과 연속 스크루식이 있다.

머리 헤드식은 선단에 bit를 가진 오거를 회전시켜 지반을 뚫은 다음 토사와 함께 올림으로서 구멍을 만드는 형식으로 주로 전주를 세울 때에 사용한다. 연속 스크루식은 타워(tower)에 장착된 연속 스크루를 선회시켜 지반에 구멍을 뚫는다.

[그림 5-77] 강 케이싱으로 둘러싸인 오거(가솔린 엔진 오거형 보링 기계)

(4) 지반 기초용 장비(soil foundation equipment)

1) 샌드 드레인(sand drain) 공법의 기계

샌드 드레인 공법은 지층 속에 모래기둥을 만들어 수분이 많은 점토 등의 배수 거리를 짧게 하여 단시간 내에 수분을 뺌으로써 지반을 개량하는 공법으로 이에 사용되는 기계는 모래를 놓는 케이싱 튜브의 타설 및 인발 작업과 모래를 충만한다.

2) 페이퍼 드레인기(paper drain machine)

연약 지반 속에 특수 종이로 만든 일종의 기둥을 만들어 수분을 흡수하도록 한 공법으로 이 기계는 흡수성이 좋은 특수 종이를 땅속에 깊이 삽입하는 기계이다.

3) 웰 포인트 공법 기계(well point)

연약 지반의 지하 수위를 원심 펌프(centrifugal pump)에 의하여 강제로 물을 흡입하여 탈수시켜 지반을 안정·강화하는 기계이다.

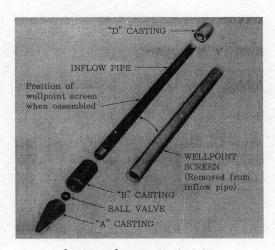

[그림 5-78] well point의 구성품

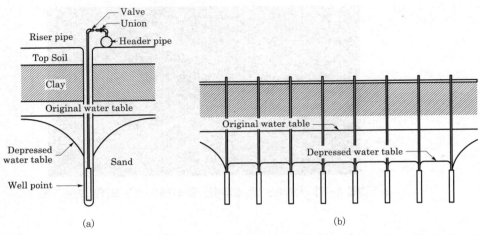

[그림 5-79] well point의 설치 구조와 설치 요령

(5) 그라우트 기계(grouting machine)

그라우트 공법은 댐(dam), 건축물, 지하철, 터널, 항만 등 각종 공사에서 연약 지반의 다짐, 암반 공간의 충만 및 보강, 누수 방지 콘크리트 연결부의 적합 등에 사용하는 공법으로 그라우트 기계에는 그라우트 펌프와 그라우팅 재료를 혼합·교반하여 균일한 그라우트를 만드는 그라우트 믹서(grout mixer)가 있다.

Section 22 항타기(pile driver)

1 개요

항타기(pile driver)란 붐에 파일을 때리는 부속장치를 붙여서 해머로 강관파일이나 콘크리트파일을 때려 넣는 데 사용되며 말뚝을 직접 두드려 박는 해머는 원동력에 따라 다음과 같이 분류한다.

① 디젤 파일 해머(diesel pile hammer)
② 진동 파일 해머(vibro pile hammer)
③ 드롭 해머(drop hammer)
④ 증기 또는 공기 해머(steam or air hammer)

② 항타기

(1) 디젤 파일 해머

1) 구조

2행정 디젤 엔진의 원리를 이용한 기계로서 그 구조는 실린더, 실린더 속을 오르내리는 램(ram), 실린더 하부에 삽입된 앤빌(anvil or impact block)이라고도 한다. 연료 펌프, 연료 분사 장치, 기동 장치와 실린더 냉각용 물탱크 등으로 구성되어 있다.

[그림 5-80] 디젤 파일 해머

2) 작동 원리

기동 장치에 의하며 램(ram)을 올렸다가 낙하시켰을 때에 분사 장치가 작용, 앤빌(anvil)의 오목한 면에 연료가 분사되어 램이 앤빌을 타격하는 순간에 폭발하므로 이때의 폭발력과 램의 타격력이 말뚝에 전달되고 램은 반발력에 의하여 다시 위로 뛰어 올라가게 되며 이 때에 배기 및 흡입 작용도 이루어지고 재차 낙하, 타격, 폭발을 되풀이하게 되므로 연속 항타 작업이 가능하다.

3) 디젤 파일 해머의 장단점

① 장점
  ㉠ 분간의 타격 횟수가 40~60회가 되고 타격력과 폭발력을 이용하므로 작업 능률이 좋다.
  ㉡ 앤빌이 말뚝의 캡에 밀착되어 있기 때문에 타격 중심이 정확하고 말뚝 두부를 손상시키는 일이 적다.
  ㉢ 경사용 디젤 파일 해머는 45°까지 항타가 가능하고 일반적으로 20~30°까지 직항할 수 있다.
  ㉣ 취급 및 구조가 간단하고 기용성이 좋으며 비교적 고장이 적다.

　　ⓤ 외부 에너지원이 필요 없다.

　　ⓗ 연료 소비율이 적어 경제적이다.

　　ⓢ 이동성이 좋다.

　　ⓞ 추운 지방에서 잘 작동된다.

　　ⓩ 증기 해머보다 가볍다.

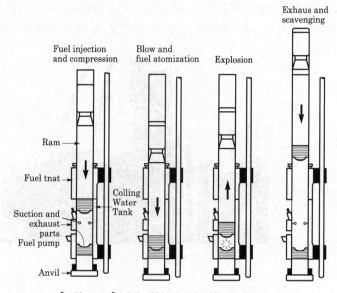

[그림 5-81] 디젤 파일 해머의 명칭과 작동 순서

　② 단점

　　㉠ 매입 저항이 적은 연약 지반에서 항타 시에는 고온 압축을 얻을 수 없으므로 램이
　　　 반발하지 않는 단점이 있다.

　　㉡ SPM(Stroke Per Minute)이 증기 해머보다 느리다.

　　㉢ 전체 길이가 증기 해머보다 길다.

4) 성능

　　램 중량, 전 중량, 타격 횟수, 연료 소비량, 연료 탱크 용량, 1회 타격의 일량(kg · m),
　냉각 방법 등으로 나타내며 용량은 보통 램 중량(ton)으로 표시한다.

(2) 진동 파일 해머(vibratory pile hammers)

1) 특징

　　말뚝 두부에 진동기를 설치하여 말뚝에 상하의 고주파 진동을 전달하여 말뚝과 암반
　사이의 마찰 저항을 적게 하면서 진동기 및 말뚝의 중량으로 항타하는 기계이며 강관,
　시트 파일(sheet pile) 등의 선단 저항이 적은 파일(pile) 혹은 물기가 있는 무른 지반의

항타에 적합하다. 또한 진동을 주면서 winch 등으로 파일을 끌어올리면 효과적인 인발 작업도 가능한 기계로서 많이 사용된다.

2) 구조와 기능

진동 파일 해머는 전동기, 발전기 등을 사용하여 기장 장치 내에 들어 있는 2개 혹은 수개의 편심 중추에 연결된 편심축을 서로 반대 방향으로 회전시켜 편심추에 생기는 원심력을 중심 수평선상 좌우에서는 상쇄시키고 상하 방향으로 작용하는 힘만을 합성하여 진동을 일으킨다.

3) 진동 파일 해머의 장단점

① 장점

㉠ 구조가 간단하고 항타력이 매우 크다.

㉡ 항타 속도가 빠르고 무소음으로 작업이 가능하다.

㉢ 파일의 선단 저항이 적으므로 파일 두부의 손상이 적다.

㉣ 연약 지반 즉, 물기가 존재하는 지반에 유리하다.

㉤ 단단한 지반에 박힌 파일(file)을 빼는 데 효과적으로 이용한다.

② 단점 : 마른 모래(dry sand), 유사한 토양, 굳은 지반에는 어렵다.

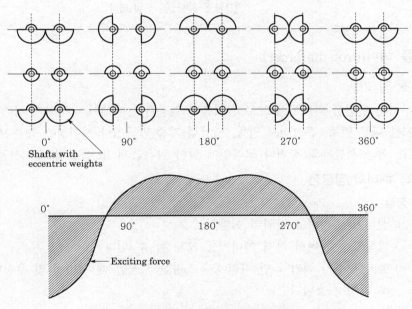

[그림 5-82] 진동 파일 해머의 작동 원리

4) 성능

편심축 수, 편심축 회전수, 기전력, 무부하시의 진폭, 원동기 출력 중량 등으로 나타내며 용량은 총 중량(kg)으로 표시한다.

5) 진동 구동기의 성능 인자

① 진폭(amplitude) : 파일의 수직 운동 크기(in, mm)

② 편심 모멘트(ecentric moment) : 기초적인 측정이나 구동기의 크기를 표시한다.

③ 주파수(frequency) : VPM(Vibration Per Minute)의 수직 운동수, 또는 SPM(Stroke Per Minute) 회전의 회전수이며, VPM은 700~1,200 범위에 존재한다.

④ 진동 무게(vibrating weight) : 진동 케이스, 진동 장치, 파일 구동 장치를 포함한다.

⑤ 비진동 무게(nonvibrating weight) : suspension mechanism과 motors를 포함한다.

[그림 5-83] 진동 파일 해머

(3) 드롭 해머(drop hammer)

1) 구조 및 기능

무거운 철편을 와이어 로프로 끌어올려 적당한 높이에서 낙하하게 하며 낙하 시의 에너지를 나무 말뚝, 콘크리트 말뚝, 강제의 각종 말뚝이나 케이싱관 등을 박는 항타 기계이다. 최근 셔블계의 장비나 크레인에 달아 자유롭게 또 능률적으로 시공하고 있다.

2) 드롭 해머의 장단점

① 장점

㉠ 설비가 편리하고 작업이 쉽다.

㉡ 낙하고를 높여서 타격 에너지를 크게 할 수 있다.

㉢ 항타 횟수가 적거나 먼 거리에서 소량을 시공할 때 설비비 및 운전비가 절약되므로 많이 사용한다.

② 단점

㉠ 타설 작업이 느리다.

㉡ 낙하고를 높이면 말뚝의 두부 손상이 커진다.

㉢ 진동과 소음이 심하다.

(4) 증기 해머(steam & air hammer)

말뚝의 두부에 해머를 고정시켜 실린더 내에 증기 혹은 공기를 보내 그 힘으로 피스톤이 상하 운동을 하게 하여, 피스톤 로드 하단에 장착된 로드와 램의 상하 운동으로 충격 에너지를 가하게 하는 기계이다.

① 드롭 해머에 비하여 1회 타격력은 적으나 타격 횟수가 많아서 타입 성능이 좋은 특징이 있다.

② 램의 낙하고는 피스톤의 행정에 따르므로, 낙하로 인한 위험이나 손상이 매우 적다. 특히 공기식은 수중 항타 작업에 유익하다. 증기 해머는 타격력의 조절이 어렵고, 공기 압축기나 boiler를 설치해야 하므로 대규모 공사가 아니면 사용하기 어렵다.

③ 종류로는 해머를 들어올리는 단동식과 들어올렸다가 내려미는 압하 작용을 겸하는 복동식으로 나누어진다. 복동식은 중력에 의존하는 단동식보다 타력 시에 튀어나는 일, 배기 소리, 타격 소리가 작아 해머의 중량은 유효하게 효율화하고 마찰력도 작게 하는 장점이 있으나, 단식에 비하여 복잡하고 1회당 충격 에너지(impact energy)가 작은 결점이 있다.

Section 23 | 천공 기계 및 터널 기계

❶ 개요

보링기계는 지질 조사를 위하여 땅속의 시료를 채취하는 목적과 그라우트(grout) 주입공, 발파공, 우물, 기초 말뚝공 등을 뚫는 목적으로 하며 착암기는 암석을 굴착하는 작업은 암반 위의 기초, 터널 굴착, 원석 채취, 수중 암의 제거 등을 목적으로 한 심공 기계이다.

❷ 천공 기계 및 터널 기계

(1) 보링 기계(boring machine)

지질 조사를 위하여 땅속의 시료를 채취하는 목적과 그라우트(grout) 주입공, 발파공, 우물, 기초 말뚝공 등을 뚫으며 특징은 다음과 같다.

1) 구조 및 기능

지질 조사, 그라우트 구멍, 광물 탐사를 위한 천공, 우물의 굴착 등을 위하여 지중에 회전식 중공 로트의 끝에 코어 튜브와 크라운을 달고 로트는 기계의 스핀들 안을 지나 가압 전달하여 지층 내의 굴착을 한다.

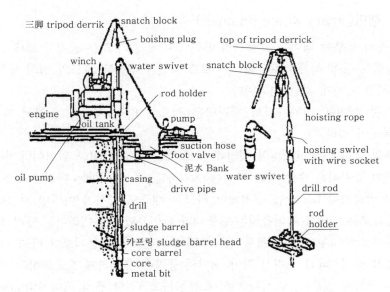

[그림 5-84] 보링 장치

① 드릴 로드를 밀어내는 방법으로 소형의 것은 스크루를 손으로 조작하는 것이 보통이며, 소형 이상은 피스톤 실린더를 유압으로 조작하는 방법이며 대형은 유압식이 많으며 로드는 몇 개라도 접속하여 상단에서 압력수를 보내 로드 내의 구멍을 거쳐 크라운부에 분출케 한다.

② 크라운에는 메랄 크라운과 다이아몬드 비트가 있다.

(2) 착암기(rock drill)

암석을 굴착하는 작업은 암반 위의 기초, 터널 굴착, 원석 채취, 수중 암의 제거 등을 목적으로 한 심공 기계로서 소공을 굴착하고, 그 속에 화약과 뇌관을 장착하며 폭발한 다음 파쇄된 암석을 처치하기 위한 기본 작업으로서의 암반뚫기 작업을 하는 기계

1) 분류

① 타격식 : 칼날의 충격 에너지에 의하여 굴착하며, 굴착 속도는 빠르나 그 깊이가 낮다는 단점이 있다.

② 회전식 : 구멍 속에서 회전하는 칼날로 굴착하며, 굴착 속도는 느리나 그 깊이가 깊다. 대부분 압축 공기를 이용하며 대체로 $5.6 \sim 7.0 \text{kg/cm}^2$의 압축 공기로 충격쇄용 로드를 작동하며 그 충격력으로 암석을 쇄석하는 것으로서 구조가 간단하고 취급이 쉽고, compressor 조작도 쉽기 때문에 많이 사용된다.

2) 기본 원리

암석의 표면 부위에 가격 하중을 가하므로 그 표면에 큰 응력을 주어 암석을 파쇄한다. 충격 에너지에 의하여 일어나는 압축 응력은 암석의 가로(횡) 방향으로 팽창하여 응

력이 어느 일정치 이상으로 커지고, 이때 압축 응력에 평행한 면의 분자간의 인력보다 인장 응력이 커지므로 취성 파괴를 연속적으로 일으켜 타공하게 된다.

① 타격 직전의 해머가 갖는 운동 에너지 T_1

$$T_1 = \frac{1}{2} m_1 v_1{}^2$$

여기서, m_1 : 해머 중량

v_1 : 해머의 타격 직전의 속도

② 해머와 로드 사이에는 반동이 있으므로 로드에 가해지는 충격 에너지 T_2

$$T_2 = \frac{m_1 v_1{}^2}{2}(1 - e^{2m})$$

여기서, e : 로드와 해머 사이의 반발 계수

m : 해머와 로드의 길이에 의해 결정하는 값

위 식에서 타격 속도 v_1은 피스톤 압력이 높으면 커지므로 착암기의 성능은 압축 공기의 압력에 의하여 좌우된다. 즉 압축 공기의 압력이 높으면 v_1이 증가되어 타격력이 증가하게 된다.

3) 종류

① 잭 해머(jack hammer or sinker) 혹은 싱커 : 본체의 무게가 대체로 약 25kg으로서 인력으로 조작할 수 있는 소형으로 공기의 힘으로 작동하며, 피스톤의 상하 작동으로 로드에 가격력을 전달하여 삭공하는 기계로서 천공 지름은 36mm 정도이며, 천공 속도는 50cm/min, 천공 깊이는 5~7m 정도이다.

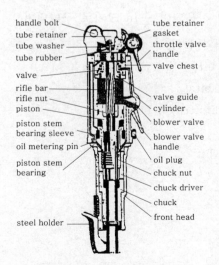

[그림 5-85] 잭 해머의 단면 구조

② 스토퍼(stopper) : 스토퍼는 합등에 0° 이상 보통 30° 이상을 상향으로 천공하기 위한 것으로서 착, 천공 구경은 36mm 정도이다. 구조는 싱커와 비슷하다.

③ 드리프터(drifters) : 가대 위에 장착한 대형으로 그 작업은 jack hammer와 대등하다. 그러나 중량이(35~180kg) 크기 때문에 설치대를 설치하며 작동된다. 수평에서 35° 이내의 상향이나 하향 천공이 가능하므로 암석 굴삭 터널, 광산 등에 많이 사용하며 공기나 물로서 암분을 배출하게 하고 있다.

기계 장치를 유압으로 조절하면서 구동하고 선회가 자유스러우며 부정지에서의 주행과 천공시에 안정을 기할 수 있는 장점이 있다. wagon에 장착하면 crowler보다 기동성이 좋지만 안정성은 떨어진다.

④ 드릴 점보(drill jumbo) : 드릴 점보는 이동식 대차 위에 다수의 착암기를 장치하여 한번에 많은 구멍을 뚫는 기계로서 대차 위에 장착된 다수의 붐(boom) 선단에 착암기를 달고 이것을 공기압 혹은 유압 등의 방법에 의하여 자유자재로 움직여 목적하는 위치에 신속하게 고정시키는 기구로 되어 있으므로 터널 등의 협소한 장소에서 고속 천공이 가능하다.

⑤ 크롤러 드릴(crawler drill) 및 왜건 드릴(wagon drill) : 크롤러 드릴은 좌우가 각각 독립하여 구동되는 무한궤도식 위에 프레임(frame), 붐(boom), 대형 드리프터를 장치한 것으로 강력한 추진 응력을 가지고 있으므로 대구경 및 장공을 뚫는 데 적합하고 차량식인 왜건 드릴의 천공 능력의 3~5배, 천공 깊이는 30~60m까지 가능하다.

4) 비트의 종류

비트는 드릴의 구성품이며 암석을 파쇄시키고 드릴의 성능은 드릴의 충격에 의한 비트의 마모 정도에 의존한다. jack hammer와 drifter는 스틸 비트로 lim에서 $4\frac{1}{2}$in까지 사용되며 $\frac{1}{8}$in 크기로 구별되며 비트의 종류는 아래와 같다.

① carbide-insert bits
② tapered socket bits
③ bottom-drive bits(tricon bits)
④ button-bits
⑤ diamond-point bit

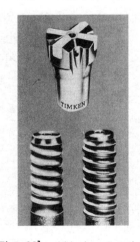

[그림 5-86] cabide insert rock bits

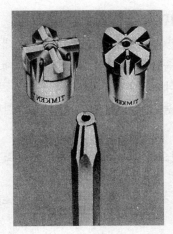

[그림 5-87] tapered-socket-type rock bits(hottom-drive type)

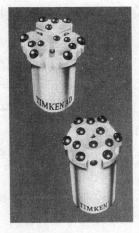

[그림 5-88] button bits

[그림 5-89] diamond-point bits

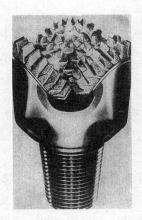

(a) Tricon type

(b) Button-type

[그림 5-90] rotary bits

(3) 터널 굴삭기(tunnel boring machine)

천공, 폭파, 적재, 반출, 사석의 불연속 작업에 의한 굴삭 용법 대신에 절삭 공구를 직접 암벽에 접촉 회전시켜 전달면을 연속적으로 굴삭, 파쇄하는 기계로서, 쇄석은 연속적으로 기계의 뒤쪽으로 운반되면서 굴삭하게 된다. 절삭 공구는 주로 바이트형, 롤러형, 디스크형의 커터(cutter)가 사용되며 동력에 의하여 암석을 파쇄한다.

1) 장점

① 정확한 원형 단면으로 굴삭할 수 있으며 항벽이 원활하므로 응력 집중이 일어나지 않는다.

② 발파 공법의 경우보다 여유 굴삭이 적으므로 반출량, 복원 콘크리트량이 감소되어 공사비가 절약된다.

③ 발파 공법에 비하여 진동과 소음이 작으므로 주변의 지반에 주는 영향이 적기 때문에 붕괴, 용수, 낙석 등의 가능성이 작고 지보 공사가 생략되거나 적어진다.

④ 연속 굴삭이 되므로 공기 단축이 가능하고 작업 인원의 감소로 공사비를 절감할 수 있다.

2) 단점

① 기계 중량이 크기 때문에 현장까지의 운반 혹은 반출이 곤란하다.

② 암질 변화에 따른 적응성이 좋지 않으므로 커터(cutter) 교환 등의 불편이 수반된다.

③ 굴삭경의 변경이 불가능하므로 굴삭 단면이 상이한 현장에 전용이 곤란하다.

④ 원형 단면은 역학적으로 유리한 반면 도로 혹은 철도의 경우 처음 밑면이 평탄함을 요구할 때는 하부를 넓히거나 매립을 해야 된다.

3) 성능

굴삭경(최대 및 최소), 커터 헤드의 추력(ton), 회전 속도, 소요 출력, 커터의 종류 및 개수, 기계 중량 등으로 나타내며 용량은 최대 굴삭경으로 나타낸다.

(4) 고압 water jet를 병용한 TBM 공법

TBM(Tunnel Boring Machine) 공법은 공기 단축 효과, 지보재 경감 효과, 지반 진동 감소 효과 등 다양한 장점으로 인하여 암반 터널의 시공에 전 세계적으로 널리 사용되고 있는 신공법이다.

1980년대 초부터 미국, 유럽 등지에서 TBM의 효율을 극대화하기 위하여 커터(cutter) 굴착에만 의존하는 종래의 TBM 대신에 굴착을 보존할 수 있는 고압 water jet를 커터 주변에 추가로 장착한 새로운 TBM의 개발에 박차를 가하고 있다. 종래의 TBM을 이용하여 경암 혹은 극경암 지반을 굴착할 경우, 암석 파쇄를 위해서는 고강도의 특수 커터 사용 이외에도 보다 큰 추력(thrust)이 요구된다. 또한, 이러한 추력을 얻기 위해서는 TBM의 자중이 매우 커지게 되므로 종래의 TBM은 운반, 조립 가동이 용이하지 않을 뿐 아니라 가동시 전력 소모율도 증가하게 된다. 고압 water jet는 암석 파쇄 효과가 뛰어나므로 그림과 같이 커터 디스크 주변에 jet를 장착하며 암석을 굴착하게 되면 작은 추력에서도 굴착 효율을 증대시킬 수 있다. 또한 Water jet를 이용하면 TBM의 과도한 자중 문제 등 종래의 TBM이 갖는 단점을 극복할 수 있게 된다.

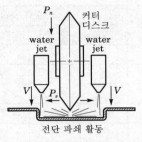

[그림 5-91] 암석 굴착 형태

무진동 파쇄 공법

1 개요

최근 생활 양식 및 기술의 진보, 지가 상승에 따른 토지의 고도 이용이란 관점에서 건물은 고층화되고 있으며 이에 따른 구건축물의 해체 공사 및 재개발 공사가 증가하고 있다. 도시 밀집 지역, 도로, 철도 및 주요 시설물 부근에서 암석이나 콘크리트 등의 해체 공사시 종래에는 화약류나 대형 파쇄기를 사용하였으나, 이들은 소음, 진동, 분진, 비석 등의 환경 공해 및 안전성 측면에서 취급이나 사용 방법이 법적 규제 대상이 된다.

이와 같은 문제점을 해결하며 안전하고 공해 문제 없이 암석이나 콘크리트 등의 취성 물체를 파쇄할 수 있도록 개발된 것이 비폭성 파쇄제이다.

2 무진동 파쇄 공법

(1) 비폭성 파쇄제의 특성

1) 무공해 파쇄

물과 수화 반응에 의해 발생하는 팽창압을 이용하여 진동, 굉음, 비석도 없이 암반이나 콘크리트를 조용히 파쇄한다.

2) 취급 용이

특수 규산염을 주체로 하는 무기화합물이 주성분이므로 화약류와 같은 법적 규제를 일체 받지 않고 어느 경우에도 작업이 가능하다.

[표 5-9] 비폭성 파쇄제 파쇄 공법과 타공법과의 비교표(파쇄 공법)

항 목 종 별	파쇄력	파쇄시 상황				안정성	방호설비 간략화	경제성
		굉음	진동	분진가스	비석			
다이너마이트	◎	×	×	×	×	×	×	◎
콘크리트 파쇄기	○	△	△	×	△	△	×	○
대형 유압 브레카	△	△	○	○	◎	○	◎	△
유압 파쇄기	○	◎	◎	◎	◎	◎	◎	×
비폭성 파쇄기	○	◎	◎	◎	◎	◎	◎	○

※ ◎ : 우수(무공해), ○ : 양호, △ : 약한 열세, × : 열세(또는 공해), • : 파쇄 장소의 환경에 좌우됨

3) 파쇄 작업 효율화

미리 균열을 발생시킨 후 브레카 등으로 파쇄하므로 작업 속도를 대폭 향상시키고 아울러 2차 파쇄 소용 시간의 단축이 가능하다.

4) 시공 간단

미리 천공한 구멍에 물로 혼합한 제품을 충전만 하면 되므로 시공이 간단하다.

(2) 파쇄 mechanism

1) 특징

비폭성 파쇄제는 특수한 규산염을 주체로 하는 무기 화합물을 주성분으로 한 것이기 때문에 취급시 위험물 화약류 관계법에 규제를 받지 않고 편리하게 사용할 수 있다. 기본적인 반응은 물과 수화 반응에 의해 발생하는 팽창압을 이용하며 암석이나 콘크리트를 안전하게 파쇄하는 것이다. 팽창압은 시간이 경과함에 따라 서서히 발생하므로 파쇄 때 동반하는 소음, 진동, 비석 등이 없이 조용히 균열이 발생한다.

2) 파쇄 과정

암석 및 콘크리트 등의 취성 물체는 압축 강도에 비해 인장 강도가 작으므로 적은 팽창압을 가지고도 취성 물체를 파쇄하는 것이 가능한데 그 과정은 다음과 같다.

① 파쇄체를 천공하여 비폭성 파쇄제를 충진한다.

② 시간의 경과와 함께 공간으로 팽창압이 작용한다.

③ 인장 변형량이 비파쇄체 고유 강도를 초과하는 시점에서 균열이 발생한다.

④ 균열의 발생 후 계속되는 팽창에 의해 균열의 전파, 균열 폭의 확대에 의해 파쇄가 진행된다.

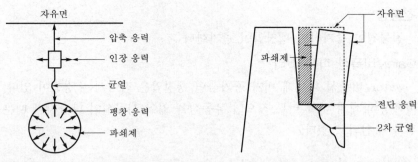

[그림 5-92] 비폭성 파쇄제의 팽창력에 의한 파괴 기구 [그림 5-93] 2개의 자유면을 가진 물체의 균열 생성 과정

(3) 용도

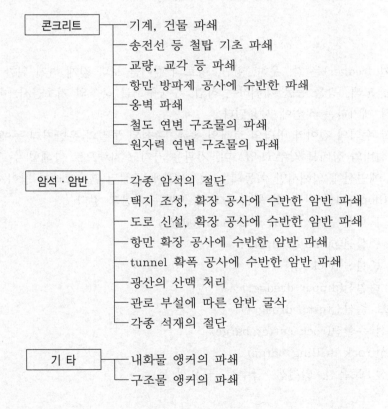

```
콘크리트 ┬ 기계, 건물 파쇄
         ├ 송전선 등 철탑 기초 파쇄
         ├ 교량, 교각 등 파쇄
         ├ 항만 방파제 공사에 수반한 파쇄
         ├ 옹벽 파쇄
         ├ 철도 연변 구조물의 파쇄
         └ 원자력 연변 구조물의 파쇄

암석·암반 ┬ 각종 암석의 절단
         ├ 택지 조성, 확장 공사에 수반한 암반 파쇄
         ├ 도로 신설, 확장 공사에 수반한 암반 파쇄
         ├ 항만 확장 공사에 수반한 암반 파쇄
         ├ tunnel 확폭 공사에 수반한 암반 파쇄
         ├ 광산의 산맥 처리
         ├ 관로 부설에 따른 암반 굴삭
         └ 각종 석재의 절단

기 타 ┬ 내화물 앵커의 파쇄
       └ 구조물 앵커의 파쇄
```

(4) 파쇄 성능

1) 온도

일반적으로 수화 반응 속도는 온도에 지배, 즉, 온도가 증가하면 팽창압이 발현하는 속도가 빨라지는 것을 알 수 있으며 또한 팽창압도 증가한다.

2) 천공경

천공경이 증가하면 팽창압이 증가한다.

3) water/비폭성 파쇄제 비

water/비폭성 파쇄제 비가 증가하면 팽창압은 작아지는 경향이 있다. 그러나 water/비폭성 파쇄제 비가 너무 적으면 유동성을 잃어 시공성이 나빠지기 때문에 대개 30% 전후가 추천되고 있다.

Section 25 준설선의 종류와 특징

1 개요

준설선(dredger)은 강, 운하, 항만, 항로의 깊이를 보다 깊게 하기 위한 준설작업, 물밑의 흙, 모래, 광물 등을 채취하는 작업, 수중구조물 축조의 기초공사, 해저 폐기물을 끌어올려 제거하는 작업에 사용된다.

준설할 수역의 깊이와 바닥의 토질의 종류, 준설된 물질의 운반거리 등에 따라 각각의 적당한 설비와 장비를 갖추고 있으며, 기관을 가지고 자력으로 항해할 수 있는 것, 기관이 없고 예인선에 의해서만 이동되는 것, 선체에 준설된 흙·모래를 담아서 버릴 수 있는 호퍼(hopper)를 갖춘 것 등이 있으며 종류는 다음과 같다.

① 드래그 석션 준설선(drag suction dredger)
② 펌프 준설선(pump dredger)
③ 버킷 준설선(bucket)
④ 디퍼 준설선(dipper dredger)
⑤ 그래브 준설선(grab dredger)
⑥ 쇄암선 준설선(rock cutter barge)
⑦ 착암선(rock drilling barge)
⑧ 부속선 : 토운선, 발전선, 급수선, 급유선 등

2 준설선의 종류

(1) 펌프 준설선(pump dredger)

1) 구조와 기능

평저선(pontoon)에 대용량의 준설 펌프를 탑재한 것으로 선미에 있는 좌우 2개의 스터드(stud)를 축으로 사용 조선되고 선회 윈치(swing winch)에 의하여 래더 좌우로 작동시켜 래더 선단에 장착된 커터(cutter)의 해저를 파 일으킨 후 준설 펌프의 작용으로 래더 내의 흡입관을 통하여 물과 함께 토사를 흡토, 매립지에 압송하는 구조로 되어 있다.

2) 특징

　다른 준설선에 비하여 효율이 좋고, 신속히 시공되며, 공사비도 적으므로, 대량 준설, 토지 조성을 위한 매립 공사에 가장 많이 사용된다. 피로의 영향을 받기 쉬우므로 작업 범위는 만이나 하천 등에 한정된다. cutter가 마찰에 의하여 고장 및 손실이 크므로 재료의 선택 및 현장 요인을 고려하여 선택해야 한다.

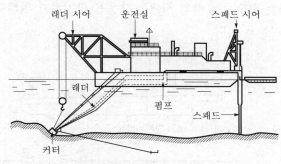

[그림 5-94] 펌프 준설선의 구조

(2) 드래그 석션 준설선(drag suction dredger)

1) 구조와 기능

　강인한 추진력을 가지고 4~5km/h의 속력으로 자선하면서 드래그 암(drag arm)을 winch로 해저에 내리고 흡입구를 가진 드래그 헤드(drag head)로부터 살수하여 해저의 연토를 교란시켜 준설 펌프에 의하여 물과 함께 흡장, 선 내의 호퍼(hopper)에 넣은 후 사토장까지 운반하여 선반 밑을 열고 사토하거나 준설 펌프로 송출관을 통하여 매립지까지 배송하는 작업선이다.

2) 특징

　자력으로 이동할 수 있으므로 다른 선박의 항해에 지장을 주지 않기 때문에 주로 항해 선박이 많은 항로의 대규모 공사 혹은 하천 등의 대량 준설 공사에 적합하다.

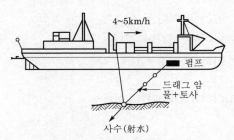

[그림 5-95] 드래그 석션 준설선

(3) 버킷 준설선(bucket dredger)

1) 구조와 기능

이 준설선은 육상의 bucket 굴삭기와 같은 모양과 원리이다. 선박의 길이를 $\frac{1}{3}$ 또는 $\frac{1}{2}$로 좌우로 나누어 상단의 회전차에 지지된 ladder를 중심으로 버킷이 달려 있으며 이 ladder를 바다 밑에 내리고 토사와 접하면 구동력의 전달로 버킷이 회전(ladder를 중심으로)하면서 토사를 굴삭하면 수면 위로 운반하여 이를 hopper로 받아 다른 운반선에 실어다 사토하는 것으로서 작업 시에는 요동을 방지하기 위해서 전후좌우를 앵커 체인으로 고정하고 이동도 한다.

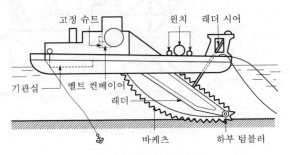

[그림 5-96] 버킷 준설선 구조

2) 특징

① 장점
  ㉠ 준설 능력이 크며 대용량 공사에 적합하다.
  ㉡ 토질의 질에 영향이 적다.
  ㉢ 악천후나 조류 등에 강하다.
  ㉣ 밑바닥을 평탄하게 시공 가능하다.
  ㉤ 항로, 정박지 등의 대량 준설에 적합하다.

② 단점
  ㉠ 암반 준설에는 부적합하다.
  ㉡ 작업 반경이 크다.
  ㉢ 협소한 장소에는 나쁘다.
  ㉣ 작업 중 앵커 이동 시간이 길다.
  ㉤ 가격이 고가이다.

(4) 디퍼 준설선(dipper dredger)

1) 구조 및 기능

파워 셔블(power shovel) 장치를 선박에 탑재한 작업선이며 회전이 자유로운 지브

(jib) 선단에 용량이 1~8m³의 디퍼(dipper)를 장착하고 해저 토사를 굴삭하며 토운선에 적재하며 토사호퍼(hopper)를 가지지 않고 비선식으로 되어 있다. 이것은 굴삭 작업에 수반되는 선체의 고정 혹은 이동을 위하여 스터드를 설치한다.

[그림 5-97] 디퍼 준설선 작업

2) 특징

① 장점
    ㉠ 굴삭력이 강하다.   ㉡ 경토질에 적합하다.
    ㉢ 기계의 수명이 길다.   ㉣ 작업 회전 반경이 적다.

② 단점
    ㉠ 준설 능력이 적다.   ㉡ 준설 단가가 고가이다.
    ㉢ 건조비가 고가이다.   ㉣ 작업 운전에 숙련이 요구된다.

(5) 그래브 준설선(grab dredger)

그래브 준설선은 육장의 클램셸 장치를 자선식 혹은 비선식 선박의 선대에 장착한 작업선으로서 선회대에 Jib와 윈치를 설치하고 Jib의 끝에 용량 2~4m³의 grab bucket을 달고 윈치로서 상하 작동을 하면서 토사를 굴삭한다.

[그림 5-98] 그래브 준설선 작업

이 준설은 준설 깊이가 크고 구조물의 기초나 좁은 장소 또는 항구 내의 수심 유지를 위한 준설 등에 쓰이며 특징은 다음과 같다.

① 장점
　　㉠ 협소한 지역에는 좋다.
　　㉡ 규모가 적은 공사에 적합하다.
　　㉢ 기계가 간단하고 저렴하다.
　　㉣ 심도 거리를 용이하게 조절할 수 있다.

② 단점
　　㉠ 준설 능력이 적다.
　　㉡ 경토질에 부적합하다.
　　㉢ 준설 단가가 고가이다.
　　㉣ 수심이 평평하게 작업하기가 곤란하다.

(6) 쇄암선(rock cutter)

준설선으로 직접 굴삭할 수 없는 해저의 암반을 파쇄하는 작업선으로 선박의 중앙 혹은 선단부에 중량 10~30ton의 파쇄추를 안내용 강제 원통을 통하여 해상 2~4m의 높이에서 수심 22m 정도까지 낙하하여 그때의 충격으로 암반을 파쇄하는 작업선이다.

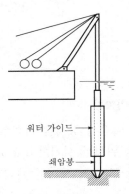

워터 가이드

쇄암봉

[그림 5-99] 쇄암선의 작업

(7) 토운선(barge)

토사를 적재하여 육지로 운반하는 선박이다.

(8) 착암선(rock drilling barge)

착암선은 준설선으로 직접 해저의 암반을 파쇄할 수 없을 때 중추 혹은 타격식의 쇄암 작업을 하는 일종의 작업선이다.

굴착선은 해저 암반을 천공하여 화약을 장진하고, 폭파하기 위한 가공을 효율적으로 수행하는 작업선으로 천공 방법은 압축 공기에 의한 것이 대부분이다.

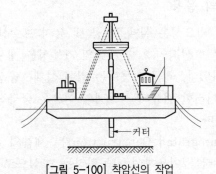

커터

[그림 5-100] 착암선의 작업

Section 26 **국내 건설 시장의 환경 변화**

1 개요

건설산업은 우리나라 GDP의 약 15%와 180만 명의 일자리를 책임지고 있는 국가의 중추 산업으로 국가 경제의 중요한 한 축을 담당한다. 나아가 도시와 주택, 도로, 철도, 공항, 항만 등을 건설함으로써 국민의 생활을 편리하고 윤택하게 하는 중요한 역할을 한다. 이 같은 건설산업은 과거부터 우리나라 경제발전에 크게 기여해왔으며 앞으로도 우리 경제가 재도약하기 위해 필수적인 역할을 해야 할 것이다.

우리 건설산업이 겪는 위기는 주기적으로 반복되는 단순한 경기침체라기보다 산업의 근본적 패러다임 변화에 따른 것이다. 우리경제는 고도 성장기에서 성숙경제로 접어들고 있다. 첨단기술은 하루가 다르게 발전한다. 산업 간 융·복합이 가속화되며, FTA(자유무역협정) 체결 확대, 교통물류의 발전 등으로 세계시장은 점차 단일 시장이 되어 가고 있다

이를 위해 우선 국내 제도와 관행을 글로벌 스탠다드에 맞게 근본적으로 쇄신할 필요가 있다. 정부는 입찰제도와 보증제도의 변별력을 높여 시장선별기능을 강화하고 이를 통해 우수한 기업에게는 기회를 주고 부실기업은 퇴출되는 환경을 만들어야 하며 경직적인 칸막이식 건설업 업역체계를 보다 유연화시키는 노력을 계속해야 한다.

2 국내 건설 시장의 환경 변화

(1) 설계 시공 자동화의 응용

건설 기술 개발의 필요성은 설계, 시공 및 유지 보수상의 전 분야에서 고르게 나타난다. 컴퓨터의 보급은 혁신적인 기술 개발의 가능성을 제시하였으며, 기존의 수동 작업을 자동화할 수 있게 하였다. 최근 자동화는 건설 설계 · 공정 관리의 전 분야에서 파급적으로 나타나고 있다. 이러한 컴퓨터 시스템의 이용은 궁극적으로 국내 건설 업계의 경쟁력 강화로 이어질 것이다.

CIC(Computer Integrated Construction)는 제품의 기본 설계에서부터 제작까지의 일관된 공정을 컴퓨터를 이용하여 자동화하는 방식으로 개발되어 왔다. CIC는 데이터 공유와 정보화등 전반적 전산화 및 시공 유지 보수의 자동화를 포함한다.

CIC는 CIM(Computer Integrated Manufacturing)에 그 근간을 두고 있다. 오래전 제조업에서부터 시작한 이러한 시도는 최근 건설업계에서도 그 활용성이 연구되어 가고 있다. 이러한 컴퓨터를 이용한 접근은 설계 · 시공 · 유지 보수 등 건설 각 공정에서 효과적으로 적용되고 있다.

(2) 설계 · 시공 정보 통합 관리 체제

설계 · 시공 정보 통합 관리 체제 구축은 건설 공사의 속성상 설계 시 발생되는 정보가 공사 중 중요하나, 이의 대부분이 시공 과정에 반영되지 않는 데서 나타나는 문제점을 없애고, 이를 효과적으로 활용하기 위한 것이다.

궁극적으로 효과적인 데이터 통합은 데이터의 표준화가 따라야 한다. 부연하면 설계 · 시공 관리의 연계는 결국 CALS(Continuous Acquisition and Life-cycle Support)에 연결되어 국제표준기구(ISO) 등에 따른 정보 흐름의 체계적인 구축에 의한 정보 공유화로 이루어져야 한다. 각 단계의 공정에서 발생된 정보는 데이터 베이스에 저장될 것이며, 그 결과는 다음 공정 또는 다음 공사의 계획 및 설계에 반영되어 효과적으로 사용될 것이다. 각 정보는 전산망으로 연결되어 발주처 · 설계자 · 시공자 등이 공유함으로써 전반적인 공사 효과를 향상시킬 수 있을 것이다.

하나의 공사에 감리 · 시공 등 여러 계약자들이 참여하는 건설 프로젝트의 현실을 고려할 때 이는 커다란 중요성을 갖는다. 각 계약자 간의 신속 정확한 정보 교환은 공정 단축 및 품질 향상에 크게 도움이 될 수 있다.

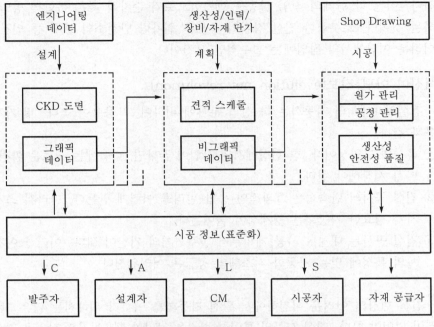

[그림 5-101] 건설 정보 통합 관리와 CALS

(3) 시공 및 유지 보수를 위한 자동화

시공상의 자동화는 유압기 등을 이용한 건설 자동화 시스템을 컴퓨터를 통하여 반복적이거나 위험한 작업 요소에서 인력을 대치함으로써 생산성 및 작업 안정성을 향상시키고자 함을 목적으로 한다. 이러한 직접적인 연관 관계로 인하여 적절한 시공 자동화는 건설 공정 향상에 커다란 영향을 미칠 수 있다.

건설 시공 자동화는 생산성, 안정성 및 품질 등 세 방면에서 그 효과를 기대할 수 있다.

① 시공 자동화의 반복성과 속도력은 건설 공사의 생산성 향상에 기여할 수 있다. 이러한 가능성은 페인팅, 조적, 콘크리트 등의 공사에서 적용할 수 있으며, 자동화한 기계의 도움으로 인력 대치 및 보조로, 건설 공사의 원가를 줄이는 데 기여할 수 있다.

② 위험한 환경에서 이루어지는 작업에서 인력을 대치함으로써 건설 공사에서 발생하는 사고에서 인명의 피해를 줄일 수 있다. 이러한 위해 요소는 건설 공사의 특성상 많이 포함하는 고공 및 심해 작업 등에 적용할 수 있다.

③ 공사의 정확성을 증가시킴으로써 품질 향상을 기대할 수 있다. 예를 들어, 센서를 이용하여 아스팔트, 콘크리트 타설 중 높낮이를 측정함으로써 평탄성을 증가시킨다.

시공 자동화의 커다란 혜택을 볼 수 있는 다른 분야는 유지 보수이다. 완공된 시설물은 그 위치 및 형태가 고정되었으므로, 유지 보수를 위한 자동화 시스템의 개발이 용이하다. 이는 각 단계의 작업 활동을 예측함으로써 순차적 혹은 복합적 방법으로 보수를 하는 것이다. 로봇화한 건설 장비의 응용은 원자력 발전소의 보수 등 인간이 접근하기 어려운 여건에서의 작업에는 필수적인 요건이다.

(4) 혁신이 아닌 진보(evolution not revolution)

건설업계에서의 자동화는 타 산업 분야에 비하여 그 응용이 늦다. 몇 가지 이유는 다음과 같다.

① 공사의 단일성이다. 한 현장에서의 작업이 끝나면, 다음에는 새로운 환경에서 공사를 다시 시작해야 한다.

② 건설 공사의 단속성은 효과적인 통합 관리를 어렵게 만든다. 따라서 초기에 많은 투자가 필요한 자동화는 경제성이 줄어든다.

③ 건설 공사는 대체로 시공 계획부터 발주까지의 기간이 짧다. 이러한 여건에서 각 공사의 특성에 맞는 자동화 시스템의 공급은 어려워진다.

건설 현장의 어려운 여건하에서 완전 자동화를 이루기 위해서는 많은 기술적 단계를 뛰어 넘어야 한다. 건설 시공의 특이한 성격을 고려할 때, 이러한 작업은 많은 연구 비용과 시간이 필요하다.

(5) 건설 시공 기술력 발전을 위한 자세

최근 정부 및 업계에서는 경영 관리 개선책으로 미국식 CM(Construction Management) 제도의 도입이 활발하다. 일부에서는 CM 제도가 한국에 도입되면 고질적인 부실 시공이 일시에 없어질 것으로 기대한다. 또 다른 일부에서는 현 감리 제도가 있는 현실에서, CM 제도의 무용론을 주장하며, 건설업계의 자율에 맡겨야 한다고 주장한다. 그러나 가장 중요한 것은 건설 시공에 임하는 업계의 자세이며 풍토 개선이다.

건설 시장의 개방으로 인한 무한 경쟁에서 이겨나갈 방안은 기술력의 향상과 관리 경영 개선이라는 것은 오직 제조업에서만의 경우가 아니다. 최근 일부 대형 건설업계에서의 연구소 설립 등은 이러한 현실에서 매우 바람직하며, 건설 엔지니어링의 향상에 크게 도움이 될 것이다. 그러나 이러한 외형적인 투자뿐만 아니라 제도적인 실질적 지원이 필요하다. 한국 건설 시공 기술력을 발전시키기 위해서는 금전적인 투자뿐만 아니라 기술력 발전의 필요성에 대한 시각의 변화이다.

진보하는 건설 시공 기술을 효과적으로 활용하기 위하여 기술자 및 기능 교육이 또한 필요하며, 이들은 스스로 자기가 하는 분야에서 최고가 되겠다는 의욕과 자부심이 있어야 한다. 조적공은 조적공대로, 목공은 목공대로, 자기가 하는 일에서 최고의 기능 인력이 되겠다는 의지가 필요하다. 일하는 사람만이 자신의 일을 가장 잘 알 수 있으며, 개선의 방향을 쉽게 찾을 수 있다.

결론적으로 기술력의 발전이란 위로부터, 즉 경영진으로부터의 의식 고찰이 있어야 하며, 또한 일선 담당자 및 기능 인력도 자부심과 생산성 향상을 위한 연구의 자세로 임해야 한다.

Section 27 CALS를 이용한 프로젝트 관리

1 개요

건설 산업은 기획 · 설계 · 시공 · 유지 관리에 이르는 수명 주기가 길고, 발주자 · 설계자 · 시공자 · 하도자 · 자재 생산업자 등 많은 사업 주체들이 참여하며, 각 사업 주체 간 계약 서류 · 문서 · 도면 등 다양하고 방대한 정보들이 빈번히 교환되고 있어, 공기 단축 · 원가 절감 · 품질 향상을 목적으로 하는 CALS를 건설 산업에 도입할 경우 그 효과는 어느 산업보다도 클 것으로 기대되고 있다.

2 CALS를 이용한 프로젝트 관리

(1) CALS의 효과

CALS는 여러 면에서 그 효과가 기대되고 있다. 특히 기업에서의 CALS 도입 효과는 직접적으로 제품 개발 기간의 단축, 설계와 제조 비용의 절감, 품질의 향상 등으로 나타나고 있는데, 더욱 중요한 것은 정보의 디지털화와 공유화를 통해 글로벌 시장 환경의 변화에 민첩히 대응하게 되는 것이다.

[표 5-10] 제조업체의 CALS 도입 시 직접 효과/미국 CALS 진흥협회

관련 공정	내 용	효 과
설계 공정	개발 기간 단축률	82%
	설계 도면수 절감 규모	200 → 3
	설계 변경 횟수 감소율	80%
	설계 자료 검색 시간 감소	수일 → 수분
생산 공정	조립 공정 단축 규모	6주 → 2시간
	공정의 축소비	7 : 1
	불량 감소율	600%
	불량 검사 축소율	40%
	재고 비용 축소율	30%
	재작업 감소율	80%

관련 공정	내 용	효 과
정보 관리	자료 인쇄비 절감률	70%
	자료의 착오 방지도	98%
	자료의 수정 시간 감소율	30%
	자료 작성 시간 절감률	70%

(2) 관리자의 업무

CM 제도가 도입될 경우 건설 사업이 기획될 때부터 종료할 때까지 참여하게 되는 조직을 크게 분류하면 발주자, 건설 사업 관리자, 설계자, 납품/시공자로 구분될 수 있으며, 현 제도하에서의 책임 감리자는 건설 사업 관리자의 한 부분으로 보아야 할 것으로 판단된다.

이때에 건설 사업 관리자, 즉 Construction Manager는 어떠한 업무를 수행하여야 하는지를 검토해 보기로 한다. 학문적인 관점에서의 P/CM의 수행 업무는

① Scope Management

② Time Management

③ Cost Management

④ Quality Management

⑤ Risk Management

⑥ Contract/Procurement Management

⑦ Communication Management

⑧ Human Resource Management

로 분류되어진다.

그러나 실제 건설 사업에서의 Management Activity는 위의 모든 항목이 복합적으로 관련, 검토, 처리되며, 이를 사업 수행 단계에 따른 구체적인 업무로 분류하면 대략 다음과 같다(이 예는 중대형급의 사회 기반 시설 공사에 근거를 둔 것이므로 민간 발주의 건축 공사, 또는 초대형 건설 공사, 중소형 건설 공사 등은 이와 차이가 있을 수 있으므로 참조하기 바란다).

편의상 기본 계획 단계(Pre-design), 설계 단계(Design Phase), 건설 단계(Construction Phase), 준공 단계(Close-out Phase)로 나누어 기술하고자 한다.

(3) 국내 사업 관리 현황과 선진국 CM의 차이점

앞에서 검토해본 바와 같이 Construction Management의 대부분 건설 사업에서 필수적인 업무이기 때문에 국내의 건설 사업에서도 수행되고 있는 업무임을 알 수 있다. 그러면 미국의 Construction Management 수행과 우리의 건설 사업 수행 현황 간에 어떠한 차이점이 있는지 검토해 보기로 한다.

① 건설 기술의 부족 : 요구되는 조건에 부합하는 설계 기준(design criteria) 및 설계 지침(Design guideline) 개발 능력이 부족하다. 공정 계획 작성 및 공사 수행 계획 작성 능력과 대안 제시 등을 위한 엔지니어링 능력이 부족하다.

② 사업 관리 기술의 부족 : 생산성, 공사비 등에 대한 실적 자료가 없으며 분석 능력이 부족하다. 품질 관리 체계의 수립 기술이 부족하여 사업 관리자의 품질 보증은 사실상 무의미하다. 또한 claim에 대한 해결 기술은 전례가 거의 없다.

③ 업무의 수준 차이가 있다 : 대부분의 방침 및 검토는 자료 조사와 문서적인 검토 과정없이 결론만 제시된다. 모든 management는 필요한 자료와 결론 도출의 근거가 보고서 또는 성과품으로 준비되어야 한다.

④ 건설 사업 관리 업무 중 형식적이거나 시행되지 않는 부문이 있다 : 공정 계획 수립 및 관리 등의 업무는 극히 형식적으로 수행되고 있으며, MIS 등은 아직 시도되지 않고 있다. 또한 설계 과정에서 필히 수행되어야 할 VE 및 risk analysis 등도 시도되지 않고 있다.

⑤ 건설 사업 관리 업무의 수행 기관이 분산되어 있다 : 수요 기관, 설계 용역사, 중앙 설계 심의, 조달청, 감리사 등으로 분산되어 있어 업무가 연결·관리되지 않는다.

⑥ management 업무의 많은 부분이 법과 규칙으로 획일화되어 있다 : 설계 발주, 설계 용역사, PQ 심사, 계약, 구매 관리, 시공자 PQ 심사, 입찰, 계약 등이 건설기술관리법, 건설업법, 조달기금법, 계약사무처리규칙, 예산회계법, 시행령 등에 의해 상세히 규정되어 있어 사업의 특성, 사업의 시행 시기, 사업의 시행지 등에 따라 다양하게 적용되어야 할 사업 관리 기법이 획일화되어 있다.

이상이 우리의 건설 사업 관리 현황과 미주 쪽의 CM 제도와의 차이점이라고 할 수 있다.

Section 28

불도저와 굴삭기의 동력 전달 방식의 차이점

1 불도저 동력 전달 방식(crawler type)

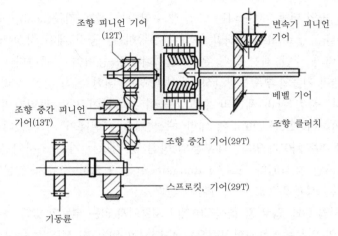

조향 피니언 기어 (12T)

변속기 피니언 기어

조향 중간 피니언 기어(13T)

베벨 기어

조향 클러치

조향 중간 기어(29T)

스프로킷, 기어(29T)

기동륜

[그림 5-102] 도저의 동력 전달 계통도

엔진 → 클러치 → 트랜스밋션 → 횡축 장치(bevel gear) → 조향 클러치 및 브레이크 → 종감속 장치 → 기동륜 → 트랙

2 굴삭기 동력 전달 장치(crawler type)

엔진 → main 유압 펌프 → 조절 밸브 → 고압 파이프 → 주행 모터 → 트랙

3 차이점

불도저는 강력한 견인력을 갖도록 동력 전달 방식에 종감속 장치를 갖고 있으나, 굴삭기에는 작업 장치 이동에 편리하도록 주행 모터(토크 모터)에 의해 트랙에 전달한다.

shovel계 굴삭기 boom의 각도가 작업에 미치는 영향

1 power shovel

45°일 때가 가장 능률적이며 작업 현장의 토질이 단단할 때에는 dipper의 절삭각을 알맞게 변동시키면 효과적이다.

2 drag line

붐의 각도는 보통 25~40°이고 트럭 또는 높은 곳에 적재할 때에는 이보다 붐 각도를 크게 할 수 있다.

3 crane

기계의 능력은 기본 붐의 최대 허용 각도 75~78°에서 최대이며, 붐의 각도가 작으면 하중을 들어 올릴 수 있는 능력이 떨어지고 각도가 너무 큰 경우는 선회 시 요동이 심하거나 붐이 뒤로 넘어지는 일이 발생하므로 붐의 각도는 55~78° 범위가 적합하다.

Crawler crane의 전도 방지 장치

1 crawler crane의 전도 방지 장치

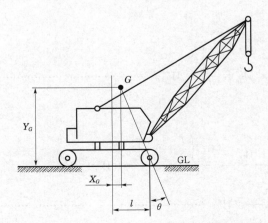

전도 경사각

$$\theta = \tan^{-1}\frac{l - X_G}{Y_G}$$

여기서, $\theta \geq 8°$이어야 안정

[그림 5-103] 전도 경사각

입지 분포에 따른 전도 방지

$$W_x = \left(\frac{W_b - W_a}{l}\right)x + W_a \, [\mathrm{t/m}]$$

$$G = \int_o^l W_x \, dx = \left(\frac{W_a - W_b}{2}\right)l \quad \cdots\cdots\cdots\cdots\cdots\cdots\cdots\cdots ①$$

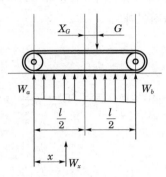

[그림 5-104] 전도 방지

moment를 취하면 $G\left(\dfrac{l}{2} + X_G\right) = \displaystyle\int_o^l W_x x \, dx$ 이다. 이 식에 W_x 값을 대입하면

$$G\left(\frac{l}{2} + X_G\right) = \int_o^l \left[\left(\frac{W_b - W_a}{l}\right)x^2 + W_a x\right] dx$$

$$= \left[\frac{(W_b - W_a)x^3}{3l}\right]_0^l + \left[\frac{W_a x^2}{2}\right]_o^l$$

$$= \frac{(W_b - W_a)l^2}{3} + \frac{W_a l^2}{2} = \left(\frac{2W_b + W_a}{6}\right)l^2 \quad \cdots\cdots\cdots\cdots\cdots ②$$

식 ①에서

$$G = \left(\frac{W_a + W_b}{2}\right)l$$

$$\frac{2G}{l} = W_a + W_b \qquad \therefore \ W_a = \frac{2G}{l} - W_b \quad \cdots\cdots\cdots\cdots\cdots\cdots ③$$

식 ②를 정리하면

$$\frac{G\left(\dfrac{l}{2} + X_G\right)}{l^2} = \frac{2W_a + W_b}{6} \rightarrow \frac{6G\left(\dfrac{l}{2} + X_G\right)}{l^2} = 2W_b + W_a$$

$$\therefore \ W_a = \frac{3G}{l} + \frac{6GX_G}{l^2} - 2W_b \quad \cdots\cdots\cdots\cdots\cdots\cdots\cdots ④$$

③=④에서

$$\frac{2G}{l} - W_b = \frac{3G}{l} + \frac{6GX_G}{l^2} - 2W_b \qquad \therefore \ W_b = \frac{G}{l}\left(1 + \frac{6X_G}{l}\right)$$

W_b 값을 식 ③에 대입하면

$$W_a = \frac{G}{l}\left(1 - \frac{6X_G}{l}\right)$$

※ 90° 선회 시

$$W_a = \frac{G}{S} = W_b$$

경사 분포 하중에 따른 안정감을 줌으로써 전도 방지가 된다.

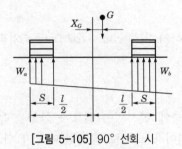

[그림 5-105] 90° 선회 시

Section 31 Belt conveyor에 벨트 지지 롤러의 종류 및 특성

❶ 일반 carrier roller

① 화물을 놓고 운반하는 쪽의 벨트를 지지하며 회전하고 있는 roller를 carrier roller 라고 한다. carrier는 trough형과 flat형이 있다.

② trough carrier는 roller 3개조와 5개조의 것이 사용되며 최근에는 3개조 carrier roller가 주로 사용되고 있다.

③ trough 각도는 15°, 20°, 30°, 45°, 65°가 있으나, 특수한 경우를 제외하고는 20° trough 각이 많이 사용되고 있다.

④ 산물 운반용 carrier는 trough carrier를 사용하고 flat carrier는 수량물 운반용으로 사용되고 있다.

② impact roller

hopper나 chute의 낙하구 밑에 있는 벨트는 항상 큰 충격을 받는다. 이런 부분에 드럼의 바깥 주위에 고무제 링을 끼워서 양쪽을 고정한 롤러인 impact carrier를 사용하면 좋은 결과를 얻을 수 있다.

③ 자동 조심 carrier

벨트 불균형을 잡아주는 역할을 주로 하며, head pulley와 tail pulley의 중심이 일치하지 않을 때, carrier roller가 belt lie 중심에 직각이 아닐 때나 수평이 아닐 때, 벨트 불량, 벨트 접합 불량 등의 벨트의 불균형 상태를 조정하는 곳에 사용한다.

④ 수직형 roller

벨트 불균형을 방지하기 위해 conveyor frame 외곽에 수직형 guide roller를 붙인다.

⑤ return roller

carrier roller 반대측에 설치되어 벨트가 화물을 운반하고 돌아오는 벨트의 더러워진 쪽을 받는 쪽에 설치되어 있으므로 롤러의 마모가 빠르다. 벨트를 청소하고 내마모성이 강한 spiral return roller가 있다.

Section 32

전천후(AT) 크레인과 험지(RT) 크레인의 비교

① AT crane(All Terrain crane)

① truck crane과 R/T crane의 장점을 조합하여 독일 등 유럽 지역에서 개발된 전천후 wheel crane으로 주행성과 협소지 및 험지 작업성이 뛰어나고 다용량물 인양 등 특징이 있다.

② 구동 및 조향 방식은 전륜 구동–전륜 독립 조향 방식이며 주행 속도는 시속 70km에 축 suspension 기능을 가지고 있으며, 국내에서는 80~350ton이 상용화되어 있다. 유럽 및 미국 시장은 A/T crane이 주류를 이루고 있다.

[그림 5-106] 전지형 크레인(ALL Terrain Crane)

② RT crane(Rough Terrain crane)

① boom 3~4단 신축식, 대형 tire를 장착하여 구동력이 크다.
② 권상 주행시 안전성도 크다.
③ 부정지, 연약지 및 악조건의 도로 등에서 작업이 가능하다.
④ attachment를 부착하고 이동이 가능하다.
⑤ 기초 공사용 등에도 사용된다.
⑥ 4륜 조향이 가능하여 좁은 곳에서도 회전이 가능하다.
⑦ 주행 및 기중 작업이 동일 시스템으로 가동되도록 설계·제작된 크레인이다. 주행 속도가 시속 40~50km로 이동성은 부족하나 일정 지역 내 협소지나 협소지에서의 소용량물 인양 작업에 매우 효율적이며 통상 25~50ton이 많이 사용되고 있다.

[그림 5-107] 험지형 크레인(Rough Terrain Crane)

Section 33 후방 안전성

① 무한궤도식

boom이 향하는 측의 전복 지선에 걸리는 하중의 한계가 건설기계 무게의 15% 이상이 어야 한다.

② 타이어식

(1) 좌우 방향

boom의 중심선을 포함하는 연직면이 주행 장치의 주행 방향과 직각으로 될 경우 그 boom이 향하는 측의 앞바퀴에 걸리는 하중의 합계는 그 건설기계 무게의 15% 이상이어야 한다.

(2) 전후 방향

boom의 중심선을 포함하는 연직면이 주행 장치의 주행 방향과 일치할 경우 앞바퀴에 걸리는 하중의 합계가 건설기계 무게의 15%의 값에 평균 윤간(輪間) 거리를 축간 거리로 나눈 값을 곱하여 얻은 값 이상이어야 하고 식으로 나타내면 다음과 같다.

$$후방 \ 안정도 = 15 \times \frac{평균 \ 윤간 \ 거리}{축간 \ 거리} \times 100 [\%]$$

이 경우 평균 윤간 거리는 전후축의 윤간 거리가 틀릴 경우 당해 전후축 윤간 거리를 산술 평균한 값으로 하고 축간 거리는 앞축 중심에서 뒷축 중심까지의 거리로 하며, 3축이 있는 경우는 앞축 중심에서 중간축과 뒷축 중심까지의 거리로 한다.

③ 기중기의 후방 안전도

자주식 기중기에 과대한 카운터 웨이트를 다는 것을 피하고 후방에 안정성을 주기 위한 규제무기의 배분 상태를 말한다. 이 경우 중량의 배분은 평탄하고 단단한 지표면과 최소 작업 반지름 안에서 무부하 상태에서 행하며, 아우트리거가 달린 것인 경우에는 아우트리거를 제거한 상태로 행한다.

Section 34 **지게차**

① 개요

화물의 적재, 적하 작업과 단거리 화물 이동 작업에 적합하기 때문에 공장 내, 공사 현장, 부두 화물 취급 등에 많이 사용하고 있으며 규격은 들어올림 용량(ton)으로 표시한다. 앞바퀴로 구동하고 뒷바퀴로 조향하여 회전 반경이 작다.

타이어는 전후륜 모두 고압 타이어를 사용하며 전면에 작업 장치로 적재용 fork와 승강용 mast를 갖추고 있다. 동력은 주로 디젤 엔진을 사용하고 있으나 공해 문제로 식품 공장, supermarket 등 실내 작업에는 축전지를 동력원으로 전동하는 형식을 사용하고 있다.

② 작업별 용도 및 기종

(1) triple stage mast

mast가 3단으로 늘어나게 된 구조로 천장이 높은 장소, 출입구가 제한되어 있는 장소에 짐을 적재하는 데 적합하며, 저장 공간을 활용적으로 이용할 수 있는 장점이 있다.

(2) load stabilizer

위쪽에 달린 압착판으로 화물을 위해서 fork 쪽으로 눌러 요철이 심한 지면이나 경사진 면에서도 안전하게 화물을 운반하여 적재할 수 있다.

[그림 5-108] 트리플 스테이지 마스터   [그림 5-109] 로드 스테빌라이저

(3) side shift clamp

차체를 이동시키지 않고 fork가 좌우로 움직여 적재 하역한다.

(4) rotating fork

보통의 차량으로 하기 힘든 원추형의 화물을 좌우로 조이거나 회전시켜 운반·적재하는 데 널리 사용되고 있으며, 고무판이 설치되어 화물이 미끄러지는 것을 방지하여 주며, 화물의 손상을 막는다.

[그림 5-110] 사이드 시프트 클램프 　　　　[그림 5-111] 로테이팅 포크

(5) hinged bucket

fork 자리에 버킷을 설치하여 흘러내리기 쉬운 물건 또는 흐트러진 물건을 운반·하차한다.

[그림 5-112] 힌지 버킷

❸ 작업 장치

(1) mast

fork 높이를 결정해 주는 장치이며, 2~3단으로 되어 있다. fork의 승강 및 경사를 유압의 힘으로 조정하며 후경각은 10~12° 정도이며, 전경각은 5~6° 정도가 요구된다.

(2) fork

짐을 직접 들어주는 부분으로 2~3개의 가지를 갖고 있으며 상부에 간격을 조정하는 장치가 있다.

Section 35 곤돌라의 안전 장치 종류

❶ 개요

곤돌라는 전용의 승강 장치에 달기 로프 또는 달기 강선에 달기 발판이나 작업대를 부착한 설비를 말하며, 적재 하중, 정격 속도, 허용 하강 속도로 사양을 나타낸다.

주로 건설 공사용으로 많이 사용되고 있으며, 사고 발생 시 중대한 인명 사고와 직결되므로 안전 장치는 최대의 안전성을 확보할 수 있어야 하며 중요 장치는 2중으로 장착하고 수시로 작동여부를 확인하는 것이 필요하다.

❷ 안전 장치

(1) 권과 방지 장치

승강 프레임 상단에 부착되어 있으며 권상 로프가 최상단에 부착된 바(bar)에 접촉하면 자동적으로 전원이 차단되어 정지시킴으로써 과권을 방지한다.

(2) 과부하 방지 장치

적재 하중이 정격 하중 초과 시 경보음 발생 및 동력을 차단하는 장치이다.

(3) 비상 정지 장치

곤돌라의 속도가 기계 부분의 고장 등에 의해 허용 속도를 초과하는 경우에 스위치를 개방하여 전동기 전류를 차단하고 전자 브레이크를 작동시켜 정지시킨다.

(4) 브레이크 장치

① 승강 장치, 기복 장치, 신축 장치 및 주행 장치에는 각각 작동을 제동하기 위한 브레이크가 설치되어 있다.

② 브레이크 제동 방식은 인력, 전자력, 유압 등에 의해 직접 제동력을 발생 · 해제하는 장치로 기계적인 브레이크, 전자 브레이크, 수동 핸들 브레이크가 있다.

(5) 엔드 클립(end clip)

곤돌라가 와이어 로프의 말단을 통과하여 추락하는 사고를 방지하기 위한 장치이다.

(6) 구명줄

곤돌라의 권상 높이, 하중에 적합한 것으로 부식, 마모, 손상 여부를 수시로 확인한다.

(7) 기타 장치

① guard net : 상부로부터 떨어지는 낙하물로부터 보호하기 위한 안전 덮개이다.
② 작업중인 곤돌라의 하부 접근을 제한하는 방호 설비

❸ 안전 수칙

(1) 작업 전

① 와이어 로프의 마모 및 부식 상태를 확인한다.
② 권과 방지 장치, 과부하 방지 장치 등 안전 장치가 정상 작동하는지 확인한다.
③ 활동부에 주유한다.

(2) 작업 중

① 화물 전용 곤돌라는 작업자의 탑승을 금한다.
② 과적을 금한다.
③ 훅 해지 장치를 사용한다.
④ 곤돌라 운전은 관계자 외 조작을 금지한다.
⑤ 운반 작업 중 적재함 하단에 출입을 금지한다.
⑥ 작업 관계자 모두 안전모를 착용한다.

교량 공사에 사용되는 건설기계

1 개요

교량 형식별, 교량 가설 건설기계는 유압화 응용에 따라 점점 대형화되어 미려한 대형 교량 건설 신공법에 적용되면서 건설기계의 성능이 계속적으로 개선되고 있다.

2 교량 공사에 사용되는 건설기계

(1) 기초 공사(수심 5m 이상의 깊은 기초 : open caisson 기초)

개방된 우물통(원통, 각통)을 지반 위에 앉히고 저면에 있는 토사를 클램셸(clamshell)로 굴착하여 통을 서서히 침하시켜서 충분한 지반에 도달하면 이 속에 콘크리트, 모래, 자갈 등을 채워서 마무리한다.

① 사용 건설기계 : crawler crane(barge선 위에 장착)
② 부수 작업 장치 : clamshell(용량 : bucket m³)

(2) 강교 가설용 건설기계

① 자주식 크레인
  ㉠ 트럭 크레인(truck crane) : box girder 육상 가조립 작업용으로 주로 많이 사용된다.
  ㉡ 크롤러 크레인(crawler crane) : 교량 가설 공사에 많이 사용된다.
  ㉢ 플로팅 크레인(floating crane) : 수심이 깊은 하천, 바다 또는 호수 등 교량 가설 공사용으로 많이 사용된다. 직사각형의 부선에 지브(jub)형의 크레인을 탑재시킨 것으로 수상에서의 하역, 이동에 용이하고 달아올리기 능력이 20~2,000ton이고 가설 장소에 따라 적당히 이용할 수 있다.
② 문형 크레인(gantry crane, goliath crane) : 가설 중인 교량을 넘어서 크레인을 설치할 수 있는 경우에 이용하며, 전동 hoist로 girder를 감아올려 레일 위에서 이동시켜 소정의 위치까지 운반하는 데 사용된다.
③ 가이 데릭(guy derrick) : 케이블의 가설, 보강 트러스의 가설 등 교량 가설 보조적 기계로 사용된다.
④ 스티플레그 데릭(stiffleg derrick) : 정지식과 이동식이 있으며, 교량 girder 가설 공사에 2개의 기둥과 2개의 붐을 가진 이동식이 많이 쓰인다.
⑤ 케이블 크레인(cable crane) : 장대교, 아치교, 트러스교 가설 공사에 많이 사용되며 설치, 해체가 간단하고 운송이 용이하다. 구성은 주행 케이블, 캐리어, 주행 로프, 매달

아 올리기 로프, 동력 윈치, 지주(post), 앵커리지(anchorage), 버튼 캐리어(counter weight를 이용하여 장력 유지)

⑥ **타워 크레인(tower crane)** : 현수교, 거버 트러스(gerber truss)교 가설 공사에 사용되며 인양 하중은 5~50ton이 있고 구조 형식은 고정식, 주행식, 탑정(塔頂) 형식, 인입(引入) 방식 등이 있다.

⑦ **트래블러 크레인(traveller crane)** : 교화 공간을 이용할 수 없는 트러스교의 가설 공사용으로 가설이 완료된 교량상을 주행하는 선회 이동식 크레인으로 교체(橋體) 조립에 사용된다.

⑧ **크리퍼 크레인(creeper crane)** : 현수교의 주탑 가설용으로 맨 아래 탑에서부터 위로 거슬러 올라가는 이동식 크레인이다.

Section 37 와이어 로프(wire rope) 검사 및 주의 사항

① 검사

① **마모 정도** : 지름을 측정하되 전장에 걸쳐 많이 마모된 곳, 하중이 가해지는 곳 등을 여러 개소에서 측정한다.

② **단선 유무** : 단선의 수와 분포 상태, 즉 동일 strand에서의 단선 개소, 동일 소선에서의 단선 개소 등을 조사한다.

③ **부식 정도** : 녹이 슨 정도와 내부의 부식 유무 등을 조사한다.

④ **보유 상태** : 와이어 로프 표면상의 보유 상태와 윤활유가 내부에 침투된 상태 등을 조사한다.

⑤ **연결 개소와 끝 부분의 이상 유무** : 삽입된 끝 부분이 풀려 있는지의 유무와 연결부의 조임 상태 등을 조사한다.

⑥ **기타 이상 유무** : 엉킴의 유무와 꼬임 상태에 이상이 있는가를 조사한다.

② 와이어 로프의 마모 요인

① 와이어 로프의 급유가 부족하면 마모된다.

② 시브 베어링에 급유가 부족하면 마모된다.

③ 열의 하중을 걸고 장시간 작업을 하는 경우에는 마모가 심하다.

④ 와이어 로프가 드럼에 흐트러져 감기면 마모가 심하다.

⑤ 로프에 부착된 이물질의 영향

⑥ 부적당한 시브의 홈에 의한 영향

⑦ 과하중에 의한 변화

⑧ 킹크 발생에 의한 영향

⑨ 작업 하중 조건의 변화

⑩ 사용 시브의 정렬 불량

③ 폐기 시기(산업안전보건법)

① 와이어 로프의 지름이 7% 이상 감소한 경우

② 와이어 로프에 심한 킹크(kink)가 발생된 경우

③ 와이어 로프 한 가닥에서 10% 이상 절단된 경우

④ 와이어 로프가 부식이 발생되거나 변형이 발생된 경우

④ 와이어 로프 취급 시 주의 사항

① 절단한 wire의 끝은 풀리지 않도록 용접하여 보관한다.

② 와이어 로프는 로프 오일(적색 그리스유)을 주유한다.

③ 드럼에 와이어 로프를 감거나 풀 때 킹크(kink)가 발생되지 않도록 한다.

④ 신품으로 교환한 로프는 사용 개시 전 정격 하중의 50%를 걸고 고르기 운전한다.

⑤ 작업 개시 전 로프에 정격 하중의 150%를 걸어 안전을 확인하고 작업한다.

⑥ 로프 부식은 로프 열화에 더욱 심각한 원인이 되므로 이를 방지하기 위하여 로프를 항상 도유 상태가 잘 되어 있도록 관리하여야 한다.

Section 38 · shield용 건설기계

① 전면 개방형

① 수동 굴삭식

② 반기계 굴삭식(압축 공기식 shield)

③ 기계 굴삭식(moss cock형, leningrad형, mole형)

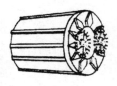
(a) moss cock형

(b) leningrad형

(c) mole형

[그림 5-113] 기계식 shield기의 종류

② 부분 개방형

shield는 토질이 특히 나빠서 유동성이 몹시 심한 경우에 전면을 밀폐하고, 일부분에 토사 배출창을 설치하여 토사가 shield 내부에 유입되는 동시에 반출되면서 전진하게 되는 방법이다.

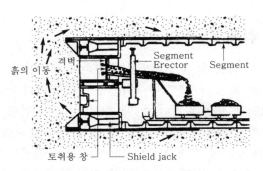

[그림 5-114] 부분 개방형 shield기

③ 니수 가압 shield 기계

굴삭면에 격벽을 설치함으로써 인력이나 기계식 shield에서와 같이 굴삭면을 보면서 작업하는 것이 불가능하므로 굴삭면의 니수압이나 굴삭 토량을 관리하여 지반 붕괴의 방지에 대처하고 있다.

④ 니수 가압 semi shield 기계

니수의 특성(적당한 점성, 비중)을 살려 고안된 것으로 연약 지반에서의 터널 공법이다. 굴삭된 토사는 니수경 수송 line에 의해 후방으로 운반되고 지상의 니수 처리 plant에서 토사와 니수로 분리된다. 굴착 시 자립 안정에 관한 문제는 니수 공법에 있어서 가장 중요한 기본적 조건이다. 따라서 bentonite를 투입시키는데 이는 모래에 침투되어 경계면이 자립할 수 있도록 강도를 높여준다.

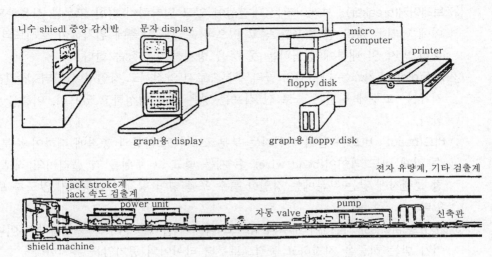

[그림 5-115] micro computer에 의한 니수 shield 굴삭 관리 system

5 shield 자동 굴진기

기계의 충격, 위치의 측정, 데이터 처리, 연산 해석 기능과 기계의 운전을 하기 위한
제어 기능이 요구된다.

Section 39 건설기계용 타이어

1 타이어의 구성

① 트레드(tread) : 직접 지면과 접하는 부분으로서, 내부의 거스와 브레이커를 보호함과
동시에 마모 또는 절상에 대하여 강하며 미끄럼을 적게 하고 견인력을 크게 한다.

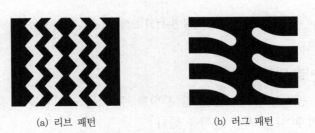

(a) 리브 패턴 　　　　　　　(b) 러그 패턴

[그림 5-116] 타이어의 패턴

② 브레이커(breaker) : 브레이커는 내열성이 있고 밀착력이 강한 고무를 사용하되 그 사이에 나일론 줄로 짠 직포를 넣고 있으며 트레드 내측에 위치하여 트레드와 거스의 분리 방지 및 내부에 침입하는 못 등을 방지하는 역할을 한다.

③ 거스(girth) : 거스는 타이어의 골격 부분으로서 양질이고 강인성이 있되, 발열을 잘 하지 않는 고무에 나일론 줄로 짠 직포를 넣은 층을 형성하고 있으며, 이층을 ply라고 한다.

④ 비드(bead) : 비드는 림에 끼워지는 부분으로서 고 하중과 충격에 대하여 충분히 견딜 수 있게 비드 와이어(bead wire) 수 개를 넣고 그 주위를 각 플라이의 직포로 감고 림 플랜지에 닿는 부분에는 강인한 특수 포를 넣어 형체가 변형되지 않도록 보강되어 있다.

⑤ 카카스(carcass) : 타이어 내부의 층으로 타이어 골격을 이루는 중요한 부분이며, 타이어가 받는 하중을 지지하고 충격으로부터 타이어의 공기압을 유지한다.

⑥ 사이드 월(side wall) : 카카스를 보호하고 굴신 운동을 함으로써 승차감을 좋게 하는 역할을 한다.

⑦ 숄더(shoulder) : 트레드 끝과 사이드 월 사이의 부분 생성열을 방열시키는 중요한 역할을 한다.

② 타이어 치수 표시 방법 및 수명 연장 방법

(1) 타이어의 공칭 폭과 rim의 지름을 인치로 표시한다.

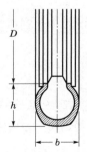

(표시 예)
12.00-20 18PR
• 타이어 폭 : 12in
• 타이어 내경(림 지름) : 20in
• 강도 : 18Ply Rating

[그림 5-117] 타이어의 치수 표시 방법

(2) 타이어 수명 연장 방법

① 권장된 공기압으로 하중을 잘 운반할 수 있는 타이어를 선정한다.

② 초과 적재 시는 저속 운행을 한다.

③ 타이어에 균일하게 브레이크가 작용되도록 브레이크를 조정한다.

④ 타이어를 손상시키는 물체는 운반로에서 제거한다.

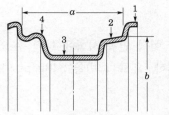

1. 플랜지(flange)
2. 림 어깨(rim shoulder)
3. 웰(well)
4. 림 험프(rim hump)
a. 림 폭(rim width)
b. 림 지름(rim diameter)

[그림 5-118] 타이어의 구조

⑤ 하절기에는 주요 운반로에 이따금 살수하여 저면 온도를 내린다.
⑥ 타이어를 올바른 공기압으로 보존한다.

3 TKPH값

건설기계의 대형화·고속화에 따라 타이어 회전에 수반하여 타이어 내부에 열이 발생 한계 온도가 되면 고장을 일으킨다. 따라서 타이어에는 내열의 한계가 있으며 이 한계를 넘지 않고, 얼마의 작업을 할 수 있는가를 TKPH값에 의하여 구할 수 있다.

(1) 타이어의 TKPH값＝타이어 하중×속도

타이어의 규격, 구조, 트레드 홈의 깊이, 외기 온도에 의하여 상이하다.

(2) 작업 TKPH값＝평균 타이어 하중×속도

① 평균 타이어 하중(ton) : (공차 시 타이어에 걸리는 하중+적재 시 타이어에 걸리는 하중)÷2
② 평균 작업 속도(km/hr) : (왕복 거리×1일 왕복 횟수)÷1일 작업 시간

작업 현장에서 TKPH값을 구하고 이 수치보다 큰 타이어 TKPH값을 가진 타이어를 선택하여 사용한다.

Section 40

건설기계의 제원으로 활용하는 마력의 종류

1 순간 최대 마력

엔진이 낼 수 있는 최대 마력이며, 피스톤 속도, 배기 온도, 연료 소비율을 제한하지 않고 낼 수 있는 최댓값이고, 장시간 회전은 불가능한 마력이다.

❷ 실용 최대 마력

정격 회전 속도에 의하여 1시간 이상 연속 시험에 견딜 수 있는 실용상의 최대 마력이며 이때에는 배기 온도 600℃ 이하, 연료 소비율 240g/ps·hr 이하로 제한한다.

❸ 실용 정격 마력

실용 최대 마력과 동일한 조건하에서 10시간 이상 연속 시험에 견딜 수 있는 마력으로서 실용 최대 마력의 85% 채용하고 있으며 건설기계처럼 1일 중 연속 작업하는 기계는 이 마력을 적용한다.

❹ 연속 정격 마력

선박 또는 펌프처럼 연속적으로 수천 시간 사용할 수 있는 마력으로서 실용 최대 마력의 70% 정도가 보통이며, 연속 부하 마력 성능 시험은 정격 마력 90% 부하로서 10시간 연속 회전시킬 때의 상황으로 결정한다.

Section 41 대형 건설기계의 운반 시 필요 조건

❶ 운행 제한 규정

① 총 중량이 40톤 이상인 건설기계
② 축 하중이 10톤 이상인 건설기계

❷ 운반 시 필요 조건

(1) 고속도로

운행 제한 규정에 해당하지 않는 건설기계 중 전폭이 2.5m를 초과하지 않고 전고가 3.8m 이하, 길이가 16.7m 이하인 경우 운행이 가능하다.

(2) 지방도로(국도)

① 전폭이 2.5m를 초과할 경우. 단, 운행 제한 규정 이내의 차량으로 통과 지역 지방도로 관리청, 관할경찰서 교통계에 운행 허가를 득한 후 차량 운행이 많지 않은 시간대에 앞뒤 안내 차량의 안내를 받으며 이동할 수 있다.

② 전고가 3.8m 이상인 차량은 운행이 불가능하나, 이동 지역의 도로 사항(육교, 전선, 간판, 지하 차도)의 간섭 사항을 확인 후 심야 시간대 안내 차량을 앞뒤로 하여 이동할 수 있다. 단, 운행 제한 규정(중량) 이내의 차량에 한한다.

③ 운행 제한 건설기계 이동 방안

① 분해하여 총 중량 및 축하중을 제한 규정 이내로 한 후 이동한다.
② 특수 운반 차량을 만들어 하중을 분산, 이동 방안을 찾는다(허가 사항).

Section 42 Lifter의 비상 정지 장치의 종류

① 개요

건설 현장 lifter는 화물 전용 또는 사람과 화물 공용으로 동력을 사용하여 가드레일(guard rail)에 운반구를 매달아 운반만을 전용으로 하는 건설 공사용 승강기로 안전성 확보를 위해 비상 정지 장치만을 필수적으로 갖추고 작동 성능을 수시로 점검하여야 한다.

② Lifter의 비상 정지 장치의 종류

(1) 상·하한 운행 정지 장치

운반구가 마스트의 최상부와 1층 최하부에 도달했을 때 자동적으로 운행을 정지하게 하는 장치

(2) 과부하 운행 정지 장치

탑재된 화물이 규정 중량을 초과하였을 때 모터의 가동을 중지시켜 모터의 열로 인한 훼손을 방지하는 제한 장치

(3) 낙하 방지 장치

운반구 강하 속도가 규정 속도를 1.3배 초과하였을 때, 동력을 자동적으로 차단하여 규정 속도 1.4배 이내에서 운반구를 정지시켜 대형 추락 재해를 예방하는 안전 장치

(4) 과상승 방지 장치

상한 운행 제한 장치의 고장으로 운반구가 정지하지 않는 경우 2차적으로 작용하여 과상승에 의한 운반구의 이탈을 방지하는 안전 장치

(5) 전원 차단 장치

상·하한 운행 정지 및 과상승 방지 장치 등이 모두 작동하지 않는 경우 입력 전원을 완전히 차단하는 장치

(6) 출입문 연동 장치

운반구의 출입구가 열린 상태에서 작동되지 않게 함으로써 추락 및 낙하에 의한 재해를 사전에 방지하는 장치

(7) 비상 정지 스위치

기계적, 전기적 고장 및 운행 시 운전 조작 고장으로 위험한 상황 발생 시 운전자가 운반구를 정지하는 장치

(8) 완충 장치

낙하 시 충격을 흡수하기 위한 충격 완화 장치로서 기초 위에 스프링 등 설치

Section 43
Crane의 하중 호칭

① 개요

크레인(crane)이라 함은 훅이나 기타의 달기기구를 사용하여 하물의 권상과 이송을 목적으로 일정한 작업공간 내에서 반복적인 동작이 이루어지는 기계를 말한다.

② 하중의 종류(크레인제작기준·안전기준및검사기준 제9조[시행 2002. 1. 1.])

크레인 구조 부분의 계산에 사용하는 하중의 종류는 다음과 같다.
① 수직동하중
② 수직정하중
③ 수평동하중
④ 열하중
⑤ 풍하중
⑥ 충돌하중
⑦ 지진하중

Cutter식 Pump 준설선에 대하여 구조, 작업 방법

1 개요

준설선은 수중에서 토사를 굴착, 암을 굴삭하는 등의 작업과 준설·매립 등을 수행할 수 있는 장치를 가진 선박을 총칭하며 종류는 다음과 같다.

① 준설선 : pump, dipper, grab, bucket, barge, rock
② 부속선 : 터그보트, 바지, 앵커바지, 발전선, 급수선, 급유선
③ 구조물용 작업선 : 기중기선, 항타선, 콘크리트플랜트바지, 캐링바지(carrying barge)
④ 감독작업선 : 측량선, 보링선, 감독선

2 Cutter식 pump 준설선에 대하여 구조, 작업 방법

펌프준설선[pump(suction) dredger]은 sand pump를 장착하고, 해저의 토사를 cutter로 굴삭하며 자항식은 준설선 자체에 추진장치가 있어 토사준설용으로 사용하며 비항식은 추진장치가 없어서 매립용으로 많이 사용한다. cutter suction dredger는 스퍼드(spuds) 및 앵커(anchors)로 정박하여 강력한 준설(浚渫) 및 펌프 흡입 작업을 하며 준설된 토양은 barge에 적재하거나, 대개는 송출관을 통해 매립지로 운반된다.

커터 준설선은 비항식으로 연암층을 포함하여 매우 광범위한 토양층과 수면이 얕은 지역에서도 작업이 가능하며, 준설된 바닥 층이 매우 고른 것이 특징이다. 사용되는 커터는 다음과 같다.

(1) Cutter head

일반적으로 널리 사용되고 있는 cutter head는 왕관(crown) 형태이다. 형상은 5~6개의 휘어진 날의 형태로 이루어져 있으며, 하저 굴착을 쉽게 하기 위해 teeth를 붙인 형태로 사용한다. 재질은 합금 주철이 주로 사용된다.

(2) 평면날 cutter

평면날 cutter는 느슨한 실트, 모래, 점토 등과 같은 연약 지반에 사용된다. 날의 끝은 교체가 가능하도록 만들어져 있다. 날(teeth)의 수를 늘리거나 줄이는 것이 가능하여 준설 지역의 지반 특성에 맞게 사용할 수 있다.

(3) 연속날(serrated blade) cutter

본 cutter는 굳은 점토, 조밀한 모래 또는 풍화암 등에서 사용된다. 날 끝이 마모되었을 경우 교체가 가능하다.

(4) Rock cutter

Rock cutter는 무겁고 여러 개의 날(blade)로 이루어져 있다. 각 날에는 많은 teeth가 장착되어 있어, 암석 등을 파쇄하기 쉽도록 제작되었다. 각 teeth들은 핀으로 고정되어 있어 마모나 파손 시 쉽게 교체가 가능하도록 고안되었다.

Section 45 최고 속도 15km/h 이하인 타이어식 건설기계의 점등 및 조명 장치

① 점등 및 조명 장치

① 전조등 · 후퇴등 · 차폭등 · 번호등 · 후미등 · 제동등 · 실내등 · 작업등은 그 작용이 확실하고, 회로의 단절 전구의 기능 불량 등이 있어서는 아니된다.
② 타이어식 건설기계는 다음과 같이 점등 및 조명 장치를 갖추어야 한다.

[표 5-11]

최고 속도 15km/h 미만	최고 속도 15km/h 이상
전조등 후면 반사 기등 제동등	전조등 제동등 방향 지시등 후면 반사 기등 번호등 후미등

Section 46 지게차의 특징과 클러치를 사용하는 지게차의 동력 전달 순서 및 안정조건

① 지게차의 특징

지게차의 특징은 건설용 장비와 마찬가지로 다양한 작업 환경에 맞는 다양한 부속 장치가 있으며 다음과 같은 부속 장치로 현장의 여건에 따라 효율적인 작업이 가능하다.

[표 5-12]

어태치먼트	최고 속도 15km/h 이상
클램프	물품을 잡아 운반하도록 되어 있는 장치로 다양한 종류의 클램프들이 있다.
사이드 시프터	적재한 물건을 좌우측으로 이동할 수 있는 장치
OCDB(Oil Cooled Disc Brake)	일반 슈 타입 브레이크에 비해 유지 보수가 불필요한 내구성과 탁월한 제동 성능을 가진 옵션 사항이다.
저소음용 캐빈	운전자의 작업 환경 개선을 위해 일반 캐빈보다 실내 소음을 현저히 저감시킨 타입의 옵션이다.
방폭형	인화점이 낮은 화학 물질을 취급하는 환경에서 전기적인 스파크나 차량으로부터 발열에 의한 취급 물질의 폭발을 방지하는 옵션이다.

[그림 5-119] 지게차의 구성

❷ 동력 전달 순서

클러치를 사용하는 지게차의 동력 전달 순서는 다음과 같은 순서로 바퀴까지 동력을 전달한다.

핸들→조향 기어→피트먼 암→드래그 링크→타이 로드→조향 암→바퀴

❸ 지게차의 안정 조건

(1) 지게차는 화물 적재 시에 지게차 균형추(counter balance) 무게에 의하여 안정된 상태를 유지할 수 있도록 [그림 5-120]과 같이 최대 하중 이하에서 적재하여야 한다.

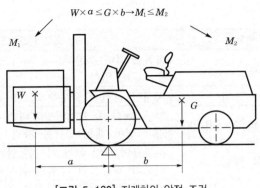

$$W \times a \leq G \times b \rightarrow M_1 \leq M_2$$

[그림 5-120] 지게차의 안정 조건

여기서, W : 화물 중심에서의 화물의 중량(kgf)

G : 지게차 중심에서의 지게차 중량(kgf)

a : 앞바퀴에서 화물 중심까지의 최단 거리(cm)

b : 앞바퀴에서 지게차 중심까지의 최단 거리(cm)

M_1 : 화물의 모멘트 $= Wa$

M_2 : 지게차의 모멘트 $= Gb$

(2) 지게차의 전후 및 좌우 안정도를 유지하기 위하여 [그림 5-121], [그림 5-122], [그림 5-123]에 의한 지게차의 주행·하역 작업 시 안정도 기준을 준사하여야 한다.

[표 5-13] 지게차의 주행·하역 작업 시 안정도 기준

안정도	지게차의 상태	
	옆에서 본 경우	위에서 본 경우
하역 작업 시의 전후 안정도 : 4% 이내 (5톤 이상 : 3.5% 이내)		
주행 시의 전후 안정도 : 18% 이내		
하역 작업 시의 좌우 안정도 : 6% 이내		
주행 시의 좌우 안정도($15 \pm 1.1V$) 이내 최대 40% [V : 구내 최고 속도(km/h)]		

㈜ 안정도=$h/l \times 100$[%]
- X–Y : 경사 바닥의 경사축
- M–N : 지게차의 좌우 안정도축
- A–B : 지게차의 세로 방향의 중심선

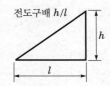

전도구배 h/l

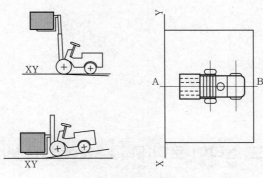

[그림 5-121]

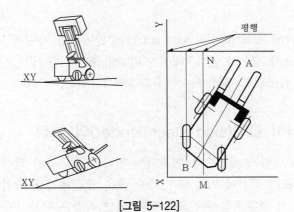

[그림 5-122]

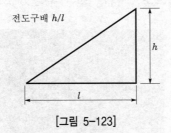

전도구배 h/l

[그림 5-123]

(3) 안전 장치

지게차는 다음의 안전 장치를 부착하여 사용하여야 한다.
① 전조등 및 후조등

② 헤드 가드
③ 백레스트
④ 경보 장치
⑤ 방향 지시기
⑥ 백미러(룸미러)
⑦ 후방 반사기
⑧ 안전벨트
⑨ 후방 접근 경보 장치

Section 47 스키드 스티어 로더(Skid Steer Loader)의 특징

1 개요

스키드 스티어 로더(skid steer loader)는 일반적인 차량과 달리 바퀴에 방향을 조절하는 별도의 조향 장치가 없다. 대신 앞바퀴와 뒷바퀴가 체인으로 연결되어 왼쪽과 오른쪽이 각각 독립적으로 구동하는 특징을 가지고 있다.

2 스키드 스티어 로더(skid steer loader)의 특징

앞바퀴와 뒷바퀴가 체인으로 연결되어 왼쪽과 오른쪽이 각각 독립적으로 구동하므로 제자리에서 360° 회전이 가능하여 아주 좁은 공간에서도 작업이 유리하다. 예를 들면 왼쪽을 전진으로 오른쪽을 후진으로 하게 되면 차량은 제자리에서 오른쪽으로 회전을 하게 되는 것이다. 일반적으로 스키드 로더 혹은 SSL로 약칭한다.

[그림 5-124] 스키드 로더

Section 48

토크 컨버터가 부착된 불도저의 동력 전달 순서

1 개요

토크 컨버터(torque converter)는 입력측의 토크(torque)를 증가시켜서 부하측에 전달하는 기어와 같은 역할을 하는 것으로 [그림 5-125]와 같이 펌프로 가속된 유류는 터빈(turbine) 날개에 힘을 가하고 스테이터(stator)에서 흐름의 방향을 바꾸어 펌프에 들어간다. 토크 컨버터는 급격한 유류의 흐름 방향 변환으로 날개와 마찰로 인하여 에너지 손실이 있다. 토크 컨버터를 건설기계에 사용하면, 넓은 범위 내의 속도 변화에도 자동적이고 연속적인 충분한 견인력을 얻을 수 있을 뿐만 아니라 적은 변속 단수로 충분한 견인력을 얻을 수 있어 특히 부하 변동이 큰 리핑(ripping)이나 스크레이퍼(scraper), 푸싱(pushing)에 토크 컨버터가 장착된 불도저를 사용한다. 부하의 변동에 따라 자동으로 변속되므로 엔진의 회전 변동이 적어 엔진 고장이 적으나, 기계 효율이 저하되어 연료비가 상승하고 충격력을 이용하는 작업은 할 수 없다.

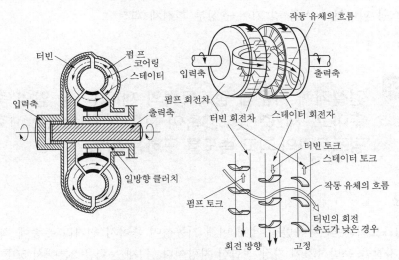

[그림 5-125] 유체 토크 컨버터 구조와 원리

2 불도저의 동력 전달 순서

토크 컨버터(torque converter)에 의한 불도저의 동력 전달 순서는 엔진에서 트랙까지 다음과 같은 과정으로 전달한다.

엔진 → 토크 변환기 → 변속기 → 클러치 → 감속 장치 → 주행(트랙)

Section 49 굴삭기의 선회 작업 시 동력이 전달되는 과정

1 개요

굴착기는 땅이나 암석 따위를 파내는 건설용 중장비로서 관절 부위에 있는 유압 피스톤의 왕복 작용으로 굴착기가 움직이게 된다. 이 피스톤을 움직이는 힘은 작은 힘으로 큰 힘을 발휘하게 하는 파스칼의 원리를 이용한 것이다. 주요 구조는 유압실린더 붐, 암, 바가지(버킷, bucket)로 구성된 작업장치가 상부 회전체에 붙어 있고, 상부 회전체는 360° 회전할 수 있으며, 기관, 조종장치, 유압탱크, 조절 밸브, 선회장치 등이 설치되어 있다. 하부 주행체는 작업장치와 상부회전체의 하중을 지탱하면서 굴착기를 이동시키는 장치이다.

2 굴삭기의 선회 작업 시 동력이 전달되는 과정

굴삭기의 선회 작업 시 동력이 전달되는 과정은 다음과 같다.

기관→유압 펌프→제어 밸브→선회 브레이크 밸브→선회 모터→선회 감속 기어 →스윙 피니언→스윙 링 기어→상부 회전체 회전

Section 50 건설기계 가운데 덤프트럭의 제1축(가장 앞의 축)은 조향축이고, 제2축 및 제3축이 구동 탠덤(tandem)축일 때 이 덤프트럭의 최고 속도를 구하는 방법

1 개요

덤프트럭은 다른 운반 기계에 비해 기동성이 좋아서 원거리 수송에 적합하고, 흙, 모래, 자갈을 운반하기에 가장 적합한 차량이다. 적재 능력은 2톤에서 50톤까지 여러 가지가 있다. 적재함의 경사는 보통 유압으로 작동하지만 일부 기종은 기계나 수동인 것이 있기 때문에 적재함의 경사 방면에 따라 네 가지 종류로 구분된다.

2 건설기계 가운데 덤프트럭의 제1축(가장 앞의 축)은 조향축이고, 제2축 및 제3축이 구동 탠덤(tandem)축일 때 이 덤프트럭의 최고 속도를 구하는 방법

변속 기어 비(topar ratio)는 λ_T, 리어 액슬(rear axle)의 종감속 비는 λ_R, 엔진 회전

수는 N[rpm]이다(단, 제2축과 제3축의 타이어는 동일한 타이어이고, 제1축의 타이어는 다르다). 건설기계 가운데 덤프트럭의 제1축(가장 앞의 축)은 조향축이고, 제2축 및 제3축이 구동 탠덤(tandem)축에서 제1축은 조향축이므로 덤프트럭의 최고 회전 속도에는 영향을 주지 않고, 제2축과 제3축이 영향을 받는다. 따라서 엔진의 회전수가 N[rpm]이고, 최고 변속 기어 비가 λ_T, 리어 액슬의 종감속비가 λ_R이므로 제2축과 제3축의 바퀴에 전달되는 회전수를 N_f라 하면 $N_f = \lambda_T \lambda_R N$ 이며, 타이어의 외경을 D 라 하면 최고 회전 속도 V[m/s]는 다음과 같다.

$$V = \pi D N_f \times \frac{1}{60}$$

또한 제1축은 방향을 변환하는 역할을 하며 구동축이 아니기 때문에 덤프트럭의 최고 속도에 영향을 주지 않으므로 제1축의 타이어 직경은 최고 속도에 영향을 주지 않는다.

Section 51 기중기에서의 후방 안정도

1 후방안정도(건설기계 안전기준에 관한 규칙 제34조[시행 2018. 12. 2.])

(1) 후방안정도란 기중기에 지나치게 많은 평형추를 다는 것을 피하고 기중기의 후방에 안정성을 주기 위하여 다음의 조건에서 전후 축으로 배분된 하중을 말한다.

① 평탄하고 단단한 지면일 것
② 최소 작업반경일 것
③ 달아올림기구에 하중이 가해지지 아니한 상태일 것
④ 아웃리거가 없는 상태일 것

(2) 무한궤도식 기중기는 전도지선에 걸리는 하중의 합계가 해당 기중기 운전중량의 100분의 15 이상이어야 한다.

(3) 타이어식 기중기의 후방안정도는 다음의 기준에 맞아야 한다.

① 붐 수직면이 기중기의 주행 방향과 직각인 경우 전도지선상의 바퀴에 걸리는 하중의 합계는 해당 기중기 운전중량의 100분의 15 이상일 것
② 붐 수직면이 기중기의 주행 방향과 같은 경우 전도지선상의 바퀴에 걸리는 하중의 합계는 해당 기중기 운전중량의 100분의 15인 값에 평균 윤거를 축거로 나눈 값을 곱하여 얻은 값 이상일 것

Section 52 | 건설기계의 기중기에서 하중 관련 용어 설명

1 개요

원동기를 내장하고 동력을 사용하여 중량물을 매달아 상하 및 좌우(수평 또는 선회를 말한다)로 운반하는 것을 목적으로 불특정 장소에 스스로 이동할 수 있는 크레인으로서 건설기계관리법을 적용받는 기중기 또는 자동차관리법에 따른 화물·특수자동차의 작업부에 탑재하여 화물운반 등에 사용하는 기계 또는 기계장치로 원동기를 내장하지 않고 인력으로 하는 것은 포함하지 않는다.

2 건설기계의 기중기에서 하중 관련 용어 설명

① 안정 한계 상태 : 수평의 지면에서 하중을 안정되게 올릴 수 있는 한계 상태로 한다.
② 안정 한계 총 하중 : 각 붐의 길이 및 각 작업 반지름에 대응한 안전 한계 상태에서 훅, 그래브, 버킷 등 달아올림기구의 무게를 포함한 하중을 말한다.
③ 정격 총 하중 : 각 붐의 길이와 각 작업 반지름에 허용되는 훅 그래브, 버킷의 무게를 포함한 최대의 하중(B)으로 한다.
④ 정격 하중 : 정격 총 하중에서 훅, 그래브, 버킷 등 달아올림기구의 무게에 상당하는 하중을 뺀 하중으로 한다.
⑤ 최대 정격 총 하중 : 정격 총 하중의 최댓값(A)으로 한다.

Section 53 | 크레인(기중기)의 양중 하중(Loading Capacity)에 미치는 요소

1 양중 계획의 4가지 중요 사항

양중이란 단어가 물건을 들어올리는 의미이지만 건설 현장에서 쓰일 때는 기계로 자재와 사람을 이동하는 의미가 된다. 평면 이동은 수평 양중, 수직으로 이동할 때는 수직 양중으로 한다. 양중 계획의 4가지 중요 사항은 다음과 같다.
① 부하 계산에 의한 장비의 규격과 수량의 결정
② 위치 선정
③ 구조 보강 및 구조물의 간섭 여부 검토
④ 장비로 인하여 방해 받는 마감 공사에 대한 대책

❷ 타워 크레인

(1) 현장에서 가장 중요한 양중 장비인 타워 크레인의 수량과 규격의 선정

① 양중 자재의 최대 중량과 주요 자재의 중량
② 붐이 담당할 수 있는 범위
③ 타워 크레인 감당할 수 있는 면적
④ 자립할 수 있는 높이 등에 의해 결정

❸ 호이스트의 결정

(1) 호이스트의 규격 및 수량 결정은 타워 크레인과 비슷하다.

① 최대 양중 자재의 중량 및 크기
② 양중 자재와 인력의 정도에 따라 결정

(2) 호이스트 위치 선정 시 고려되었던 사항

① 자재 차량의 진입과 반출이 쉬운 곳을 선정
② 공사에 지장이 적은 지하층 최하부에 기초 설치
③ 건물의 구조물과 약간 거리를 두어 간섭되지 않도록 설치
④ 건물의 폭이 변하는 경우에는 별도의 하역 시설이 필요하므로 수직 동선에 문제가 없는 곳에 설치
⑤ 커튼월의 유닛 타입일 경우 한쪽 방향으로 설치되어야 하므로 커튼월의 단말인 건물의 코너에 설치
⑥ 내부 마감이 많은 실과 칸막이 부분을 피해서 설치
⑦ 가능한 호이스트 주변 가까이까지 천장과 층간 방화를 시공하여 마무리 작업량이 적도록 설치

Section 54 | 타워 크레인을 설치, 운용(점검), 해체 작업 시 주의 사항 (항목별)

(1) 사전조사 및 작업계획서의 작성 등(산업안전기준에 관한 규칙 제38조[시행 2020. 1. 16.])

사업주는 다음의 작업을 하는 경우 근로자의 위험을 방지하기 위하여 산업안전기준에 관한 규칙 별표 4에 따라 해당 작업, 작업장의 지형·지반 및 지층 상태 등에 대한 사전

조사를 하고 그 결과를 기록 · 보존하여야 하며, 조사결과를 고려하여 산업안전기준에 관한 규칙 별표 4의 구분에 따른 사항을 포함한 작업계획서를 작성하고 그 계획에 따라 작업을 하도록 하여야 한다.

① 타워 크레인을 설치 · 조립 · 해체하는 작업

② 차량계 하역운반기계등을 사용하는 작업(화물자동차를 사용하는 도로상의 주행작업은 제외한다. 이하 같다)

③ 차량계 건설기계를 사용하는 작업

④ 화학설비와 그 부속설비를 사용하는 작업

⑤ 제318조에 따른 전기작업(해당 전압이 50V를 넘거나 전기에너지가 250VA를 넘는 경우로 한정한다)

⑥ 굴착면의 높이가 2m 이상이 되는 지반의 굴착작업(이하 "굴착작업"이라 한다)

⑦ 터널굴착작업

⑧ 교량(상부구조가 금속 또는 콘크리트로 구성되는 교량으로서 그 높이가 5m 이상이거나 교량의 최대 지간 길이가 30m 이상인 교량으로 한정한다)의 설치 · 해체 또는 변경 작업

⑨ 채석작업

⑩ 건물 등의 해체작업

⑪ 중량물의 취급작업

⑫ 궤도나 그 밖의 관련 설비의 보수 · 점검작업

⑬ 열차의 교환 · 연결 또는 분리 작업(이하 "입환작업"이라 한다)

(2) 설치 · 해체작업 시 일반 준수사항

설치 · 해체작업 시 일반 준수사항은 다음과 같다.

① 작업순서를 정하고 그 순서에 의하여 작업을 실시한다.

② 작업을 할 구역에는 관계근로자 외 출입금지 및 취지표시를 한다.

③ 폭풍 · 폭우 및 폭설 등의 악천후 시 작업중지를 한다.

④ 해당작업 위치에서 순간풍속 10m/sec 이내일 경우에만 수행한다.

⑤ 작업장소는 안전작업을 위한 충분한 공간확보 및 장애물 제거를 한다.

⑥ 들어 올리거나 내리는 기자재는 균형을 유지한다.

⑦ 크레인 능력, 사용조건에 따라 충분한 응력을 갖는 구조로 기초를 설치하고 침하 등이 일어나지 않도록 한다.

⑧ 규격품 볼트를 사용하고 대칭되는 곳을 순차적으로 결합하고 분해한다.

(3) 타워 크레인 운영 시 안전준수사항

1) 운전자 안전준수사항

① 가동 전 안전점검

㉠ 윤활상태 및 전동기 계통

ⓛ 브레이크 계통 및 와이어 시브 관계

ⓒ 볼트 너트 고정상태 및 발라스트 웨이트 고정

ⓔ 크레인 작업구간 장애물

ⓜ 훅 및 줄걸이 와이어 로프 및 줄걸이 용구

ⓗ 각종 리밋 스위치 작동 상태

② 시운전

  ㉠ 예비시험

  ⓛ 무부하 시험 : 전기, 기계장치 점검(단계별 2회 이상 확인)

  ⓒ 부하 시험 : 정격하중의 100% 범위에서 시험

③ 장비 이상 발생 시 관리자에게 보고, 교대 시 인계 철저

  ㉠ 경고음을 잘 활용한다.

  ⓛ 권상 동작 시 줄걸이 와이어 로프가 동일한 텐션을 받고 있는지 확인(지상 20cm에서)

  ⓒ 훅을 지면에 내려놓으면 안 된다.

  ⓔ 규정치 이상의 풍속, 우천 발생 시 작업을 중지한다(순간 최대 풍속이 20m/s 이상 시).

  ⓜ 카운터 지브 통로에 바닥에 날릴 자재, 공구 등을 정리해 잘 보관한다.

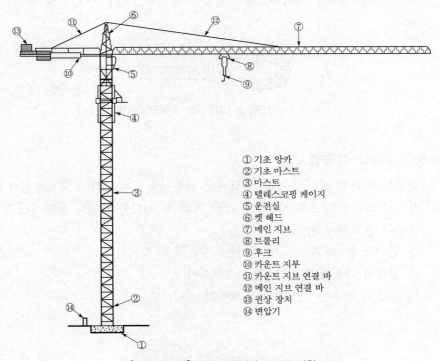

① 기초 앙카
② 기초 마스트
③ 마스트
④ 텔레스코핑 케이지
⑤ 운전실
⑥ 캣 헤드
⑦ 메인 지브
⑧ 트롤리
⑨ 후크
⑩ 카운트 지부
⑪ 카운트 지브 연결 바
⑫ 메인 지브 연결 바
⑬ 권상 장치
⑭ 변압기

[그림 5-126] 타워 크레인의 주요부 명칭

Section 55

크레인의 중량물 달기(Lifting), 와이어 로프(Wire Rope), 스링(Sling) 등 태클(Tackle)류 체결(결속) 방법

1 개요

와이어 로프(Wire rope)라 함은 양질의 탄소강(C : 0.50~0.85)의 소재를 인발한 많은 소선(Wire)을 집합하여 꼬아서 스트랜드(Strand)를 만들고 이 스트랜드를 심(Core) 주위에 일정한 피치(Pitch)로 감아서 제작한 일종의 로프이다.

2 줄걸이용 와이어 로프의 연결고정방법

(1) 아이 스플라이스(Eye splice) 가공법

① 연결을 링 형태로 가공하는 방법으로 와이어 로프의 모든 스트랜드를 3회 이상 끼워 짠 후 각 스트랜드 소선의 절반을 절단하고 남은 소선을 다시 2회 이상 끼워 짜야 한다. 다만, 모든 스트랜드를 4회 이상 끼워 짤 때에는 1회 이상 끼워 짜야 한다.

② 아이(Eye)부위에 심블(Thimble)을 넣는 경우에는 심블이 반드시 용접된 상태이어야 한다.

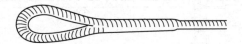

[그림 5-127] 아이 스플라이스 가공법

(2) 소켓(Socket) 가공법

① 연결부에 금형 또는 소켓을 부착하여 용융금속을 주입하여 고착시킨다.

② 반드시 와이어 로프를 시징(Seizing) 처리 후 소선을 완전히 풀어헤친 상태에서 용융금속을 주입해야 한다.

ⓐ 현수교 등 하중이 크게 걸리는 곳에 주로 사용한다.

ⓑ 정확히 가공하면 이음효율이 100%이다.

ⓒ 소켓의 종류는 개방형과 밀폐형이 있다.

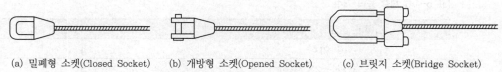

(a) 밀폐형 소켓(Closed Socket)   (b) 개방형 소켓(Opened Socket)   (c) 브릿지 소켓(Bridge Socket)

[그림 5-128] 소켓의 종류

(3) 록(Lock) 가공법

① 파이프형태의 슬립(Slip)에 와이어 로프를 넣고 압착하여 고정시킨다.

② 로프의 절단하중과 거의 동등한 효율을 가지며 주로 스링용(Sling) 로프에 많이 사용된다.

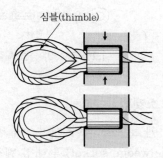

[그림 5-129] Lock 가공법

(4) 클립(Clip) 체결법

클립 체결법은 다음과 같은 사항을 주의해야 한다.

① 클립의 새들(Saddle)은 [그림 5-130]과 같이 와이어 로프의 힘이 걸리는 쪽에 있어야 한다.

② 클립 수량과 간격은 로프 직경의 6배 이상, 수량은 최소 4개 이상일 것

③ 하중을 걸기 전 후에 단단하게 조여줄 것

④ 가능한 한 심블을 부착할 것

⑤ 남은 부분을 사이징할 것

⑥ 심블을 사용할 경우에는 심블이 이탈되지 않도록 용접되어야 한다.

⑦ 클립의 체결수량은 다음 [표 5-14]에 따른다.

[표 5-14] 체결 클립 개수

와이어 로프의 지름(mm)	클립수(개)
16 이하	4
16 초과 – 28 이하	5
28 초과	6

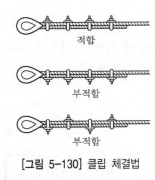

적합

부적합

부적합

[그림 5-130] 클립 체결법

(5) 웨지(Wedge socket) 소켓법

쐐기의 일종으로 쐐기에 로프를 감아 케이스에 밀어 넣어 결속하는 방법이며 비대칭 웨지 소켓법(Asymmetric wedge socket)과 대칭 웨지 소켓법(Symmetric wedge socket)이 있다.

① 작업이 간편하고 현장에서 쉽게 적용할 수 있는 가공방법이다.

② 장력을 받는 로프의 방향이 직선이 되도록 유의한다.

③ 로프지름에 비해 웨지가 작을 경우 로프형태가 파괴되고 효율이 저하한다.

비대칭 웨지 소켓법(Asymmetric wedge socket)은 다음과 같다.

① 와이어 로프의 축과 핀의 장축은 직교하여야 한다.

② [그림 5-131]에서 웨지각(α)과 소켓각(β) 차이는 2° 이하여야 한다.

③ 와이어 로프와 접촉되는 소켓의 표면부와 웨지 표면부는 수평이어야 한다.

④ [그림 5-131]에서 와이어 로프와 접촉하고 있는 웨지와 소켓 몸체 사이의 클램핑 최소 길이(P)는 공칭 직경의 4.3배와 같아야 한다.

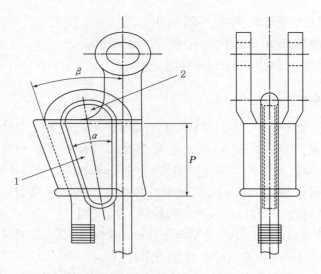

1 : 소켓 몸체, 2 : 웨지, α : 웨지각, β : 소켓각, P : 클램핑 최소 길이

[그림 5-131] 비대칭 웨지소켓

Section 56 쇄석하고자 할 때 1차 쇄석기(Rock Crusher), 2차 쇄석기, 보조 기구

1 개요

암석을 부수어 잡석을 생산하는 기계로 최소 직경 15mm 정도까지 파쇄하는 데 쓰이는 조쇄기와 5mm 이하로 부수는 중쇄기, 가늘게 부수는 분쇄기로 대별되며 조 크러셔(jaw crusher), 롤 크러셔(roll crusher), 해머 크러셔(hammer crusher)로 분류된다.

2 쇄석하고자 할 때 1차 쇄석기(Rock Crusher), 2차 쇄석기, 보조 기구

(1) 구조 및 규격표시방법

쇄석장치와 피더, 컨베이어 및 스크린 등의 보조장치가 일조 또는 수조로 되어있는 이동식인 것이 이에 속하며, 규격은 종류에 따라 다음과 같이 표시한다.

① 조 쇄석기 : 조간의 최대 간격[mm]×쇄석판의 너비[mm]

② 롤 쇄석기 : 롤의 지름[mm]×길이[mm]

③ 자이러토리 쇄석기 : 콘케이브와 맨틀 사이의 간격[mm]×맨틀지름[mm]

④ 콘 쇄석기 : 맨틀의 최대 지름[mm]

⑤ 임팩트 또는 해머 쇄석기 : 시간당 쇄석능력(t/h)

⑥ 밀 쇄석기 : 드럼지름[mm]×길이[mm]

(2) 분류 및 용도

쇄석기는 발파원석이나 자갈원석에 기계적인 힘을 가하여 적당한 크기로 파쇄하여 조골재에서 세골재에 이르기까지 소정의 입경을 가진 건설용 자재를 생산하는 기계이다. 큰 원석을 작은 입경을 가진 골재로 단번에 파쇄하는 것은 기계고장의 원인이 될 수 있으므로 원석을 몇 단계로 나누어 파쇄하면 좋다. 쇄석기는 공급되는 원석의 크기와 파쇄 후 입경에 따라 조쇄기, 중쇄기, 분쇄기로 분류한다.

① 조쇄기 : 2,000mm 되는 큰 원석을 300에서 50mm로 1차 파쇄하는 쇄석기로 조 크러셔, 자이어러터리 크러셔가 대표적이다.

② 중쇄기 : 1차 파쇄된 300mm에서 50mm 정도의 석괴를 20mm에서 수 mm 크기로 2차 파쇄하는 것으로 콘크러셔, 임팩트크러셔가 해당된다.

③ 분쇄기 : 2차 파쇄된 석괴를 3차 파쇄하여 쇄골재, 즉 모래를 만드는 것으로 로드밀, 해머 크러셔가 해당된다. 최근에는 환경문제와 자원재활용 측면에서 건설폐기물인 폐콘크리트를 파쇄하여 재활용하는 리사이클 쇄석기가 사용되고 있다. 쇄석기는 주행방식에 따라 정치식과 이동식으로 구분되고 이동식은 무한궤도식과 피견인식이 있다. 건설기계관리법에 규정하는 쇄석기는 이동식에 한한다.

Section 57 플랜트 현장에서 중량물 인양 시 보편화된 링거 크레인 (Ringer Crane)의 특성

[그림 5-132] 링거 크레인

1 개요

국내 최대 초대형 육상 크레인으로 대형 플랜트 공사에 위력을 발휘하며 전자 유압 장치를 채택하여 정밀 작업, 과부하 작업을 원활히 수행하는 최첨단 시설을 갖추고 있다.

[표 5-15] 주요 제원

MODEL	TYPE	최대 양중 능력	최대 작업 높이		비 고
			BOOM	BOOM+JIB	
M 250 S II	CRAWLER	275TON	91.4m	106.7m	*Enine Cummins
MAX-ER	CRAWLER	450TON	91.4m	128m	NTA 855
M 1200	RINGER	800TON	121.9m	157m	(450HP)
	RINGER	1,300TON	122.8m	145.7m	2set

2 장비의 특징

① 양중 규모에 따라 모델을 변화시켜 작업을 가능하게 함으로써 작업의 다양성 및 능률이 높다.
② 작업 장치의 EPIC(Electroniccally Processed Independent Control) system의 채택으로 정밀하게 작업할 수 있다.
③ 4개의 간편한 링거 구조, 유압 장치의 작동 등으로 조립, 해체 시간이 짧으며 하중 분산을 위한 48개의 지지판을 채택, 크레인 설치 지반 토목 공사비가 절감된다.
④ 링거 장치의 해체 없이 이동이 가능하여 주변 공사 시공 시 해체, 조립 등의 재공정이 필요 없다.
⑤ 대형 장비임에도 해체하여 육상 운송이 가능토록 설계되어 있어 광범위 하게 사용이 가능하다.

Section 58

건설기계관리법에서 정하는 건설기계의 종류와 규격 호칭법

1 개요

건설기계란 건설공사에 사용할 수 있는 기계로서 대통령령으로 정하는 것을 말하며 건설기계의 범위(건설기계관리법 제2조)는 건설기계관리법(이하 "법"이라 한다) 제2조 제1항 제1호에 따른 건설기계는 다음과 같다.

② 건설기계관리법에서 정하는 건설기계의 종류와 규격 호칭법

[표 5-16] 건설기계의 범위(건설기계관리법 제2조)

건설기계명	범 위
(1) 불도저	무한궤도 또는 타이어식인 것
(2) 굴삭기	무한궤도 또는 타이어식으로 굴삭 장치를 가진 자체 중량 1톤 이상인 것
(3) 로더	무한궤도 또는 타이어식으로 적재 장치를 가진 자체 중량 2톤 이상인 것
(4) 지게차	타이어식으로 들어 올림 장치를 가진 것. 다만, 전동식으로 솔리드 타이어를 부착한 것을 제외한다.
(5) 스크레이퍼	흙·모래의 굴삭 및 운반 장치를 가진 자주식인 것
(6) 덤프트럭	적재 용량 12톤 이상인 것. 다만, 적재 용량 12톤 이상 20톤 미만의 것으로 화물 운송에 사용하기 위하여 자동차 관리법에 의한 자동차로 등록된 것을 제외한다.
(7) 기중기	무한궤도 또는 타이어식으로 강재의 지주 및 선회 장치를 가진 것. 다만, 궤도(레일)식인 것을 제외한다.
(8) 모터 그레이더	정지 장치를 가진 자주식인 것
(9) 롤러	① 조종석과 전압 장치를 가진 자주식인 것 ② 피견인 진동식인 것
(10) 노상 안정기	노상 안정 장치를 가진 자주식인 것
(11) 콘크리트 뱃칭 플랜트	골재 저장통·계량 장치 및 혼합 장치를 가진 것으로서 원동기를 가진 이동식인 것
(12) 콘크리트 피니셔	정리 및 사상 장치를 가진 것으로 원동기를 가진 것
(13) 콘크리트 살포기	정리 장치를 가진 것으로 원동기를 가진 것
(14) 콘크리트 믹서 트럭	혼합 장치를 가진 자주식인 것(재료의 투입·배출을 위한 보조 장치가 부착된 것을 포함한다)
(15) 콘크리트 펌프	콘크리트 배송 능력이 매 시간당 5m3 이상으로 원동기를 가진 이동식과 트럭 적재식인 것
(16) 아스팔트 믹싱 플랜트	골재 공급 장치·건조 가열 장치·혼합 장치·아스팔트 공급 장치를 가진 것으로 이동식인 것
(17) 아스팔트 피니셔	정리 및 사상 장치를 가진 것으로 원동기를 가진 것
(18) 아스팔트 살포기	아스팔트 살포 장치를 가진 자주식인 것
(19) 골재 살포기	골재 살포 장치를 가진 자주식인 것
(20) 쇄석기	20kW 이상의 원동기를 가진 이동식인 것
(21) 공기 압축기	공기 토출량이 매 분당 $2.83m^3$(매 cm^2당 7kg 기준) 이상의 이동식인 것

건설기계명	범 위
(22) 천공기	천공 장치를 가진 자주식인 것
(23) 항타 및 항발기	원동기를 가진 것으로 헤머 또는 뽑는 장치의 중량이 0.5t 이상인 것
(24) 사리 채취기	사리 채취 장치를 가진 것으로 원동기를 가진 것
(25) 준설선	펌프식 · 바켓식 · 딧퍼식 또는 그래브식으로 비자항식인 것
(26) 특수 건설기계	(1)부터 (25)까지의 규정 및 (27)에 따른 건설기계와 유사한 구조 및 기능을 가진 기계류로서 국토해양부장관이 따로 정하는 것
(27) 타워 크레인	수직 타워의 상부에 위치한 지부를 선회시켜 중량물을 상하, 전후 또는 좌우로 이동시킬 수 있는 정격 하중 3t 이상의 것으로서 원동기 또는 전동기를 가진 것

Section 59

건설 현장에서 토사 운반 등에 사용되는 24톤 덤프트럭 설계 시 각 축의 허용되는 최대 하중, 각 축에 사용되는 타이어 규격 및 개수, 덤프트럭의 총 중량

① 문제

건설 현장에서 토사 운반 등에 사용되는 24톤 덤프트럭을 설계하려고 한다. 덤프트럭의 조향 축에는 규격이 385/65R22.5인 타이어를 사용하려고 하며, 구동되는 동력 축은 탠덤(tandem) 축으로서 12R22.5 타이어를 사용하고자 한다. 이 덤프트럭이 건설기계관리법의 중량에 관한 법령을 준수하면서 일반 도로를 적법하게 운행하기 위한 설계에서 다음을 구하시오(제1축과 제2축을 조향 축으로 보며, 385/65R22.5 타이어는 최대 허용 하중이 4,500kg이고, 12R22.5타이어는 최대 허용 하중이 3,075kg이라고 본다).

② 풀이

제1축과 제2축을 조향 축으로 보며, 385/65R22.5 타이어는 최대 허용 하중이 4,500kg 이고, 12R22.5타이어는 최대 허용 하중이 3,075kg이라고 보기 때문에 조향 축 2개, 탠덤 축 2개로 하여 검토를 하였다.

(1) 각 축에 허용되는 최대 하중

각 축에 허용되는 최대 하중은 제1축과 제2축은 조향 축으로 각각의 축에 허용 하중은 385/65R22.5 타이어를 사용하여 최대 허용 하중이 4,500kg이므로

$$4,500\text{kg} \times 2\text{wheel} = 9,000\text{kg}$$이며

탠덤 축은 제3축과 제4축이 구성하고, 12R22.5타이어를 사용하며 최대 허용 하중이 3,075kg이며 적재를 해야 하기 때문에 한쪽에 두 개의 바퀴를 장착하도록 한다.

$$3,075\text{kg} \times 4\text{wheel} = 12,300\text{kg}$$

따라서 조향 축인 제1축과 제2축은 9,000kg이고 탠덤 축인 제3축과 제4축은 12,300kg이 된다.

(2) 각 축에 사용되는 타이어 규격 및 그 개수

각 축에 사용되는 타이어 규격 및 개수는 조향 축인 제1축과 제2축은 양쪽에 한 개씩 한 축에 두 개를 사용하고 탠덤 축인 제3축과 제4축은 양쪽에 2개씩 한 축에 4개를 사용한다.

(3) 덤프트럭의 총 중량(적재물을 포함한 중량)

덤프트럭의 총 중량(적재물을 포함한 중량)은 다음과 같다.

$$(9,000 \times 2) + (12,300 \times 2) = 42,600\text{kg}$$

[그림 5-133] 덤프트럭

Section 60 타이어 규격 보는 법

1 215/50R17 95V 제원

자동차 타이어를 보면 옆면에 보통 아래와 같이 표시되어 있는데 이는 규격을 표시한 것으로 아래와 같은 의미를 담고 있다.

① 215 : 타이어 폭(215mm)

② 50 : 타이어 편평비(50%)

③ 17 : 림의 직경(17inch)

④ 95 : 하중 능력(690kg) → 타이어가 견딜 수 있는 하중

⑤ R : 레이디얼 타이어(Radial)

⑥ V : 한계 속도(240km/h)

[표 5-17] 하중 능력과 한계 속도

하중 능력(kg) 구분									
70	75	80	85	90	95	100	105	110	115
335	387	450	515	600	690	800	925	1,060	1,215

한계 속도(km/h) 구분											
L	M	N	P	Q	R	S	H	V	W	Y	Z
120	130	140	150	160	170	180	210	240	270	300	240 이상

② 편평비

편평비=(타이어 높이/타이어 폭)×100%로 표시하며, 요즘 얘기하는 70시리즈 또는 60시리즈가 이 편평비를 말한다.

편평비가 작은, 즉 광폭 타이어는 접지 면적이 늘어나 횡방향의 접지 면적이 크므로 고속 주행, 선회 시나 제동 시에 안정성이 향상되나, 반대로 승차감과 연비는 나빠진다. 따라서 무조건 광폭 타이어라고 좋은 것은 아니고 차량의 제원에서 벗어나는 크기의 것을 무리하게 장착하면 주행안정성이 떨어질 뿐만 아니라 타이어와 함께 회전하는 휠 베어링 등의 강도에 문제가 생길 수 있고, 심하면 주행 중 타이어가 빠져 버리는 심각한 상태에 이를 수 있으므로 자동차의 규격에 맞는 타이어를 장착해야 한다.

Section 61 | 도르래(pully)와 와이어 케이블을 사용하여 200톤 중량의 물체를 인양 시 고정 도르래와 움직도르래로 사용되는 각각의 개수, 윈치 케이블에 가해지는 장력 계산

① 문제

도르래(pully)와 와이어 케이블을 사용하여 200톤 중량의 물체를 인양하는 윈치 용량을 결정하고자 한다. 사용 가능한 도르래는 모두 8개이다. 윈치 케이블의 용량(장력)을

최소화할 수 있도록 도르래를 고정 도르래와 움직도르래로 구분시켜 사용하고자 할 때 고정 도르래와 움직도르래로 사용되는 각각의 개수를 구하고 시스템의 개략적 그림을 그리며, 그때 윈치 케이블에 가해지는 장력을 구하시오(이때 도르래의 중량과 후크의 중량 등 일반적으로 공학 계산에서 무시하는 것은 모두 무시한다).

❷ 풀이

도르래의 기구 장치는 [그림 5-134]에 표시하였으며 윈치에 가해지는 케이블의 장력을 구하면 움직도르래의 개수가 n인 경우에 힘 F는

$$F = \frac{W}{2^n}$$

여기서, F : 윈치 케이블의 장력
W : 인양물을 운반하는 윈치 용량
n : 움직도르래의 개수

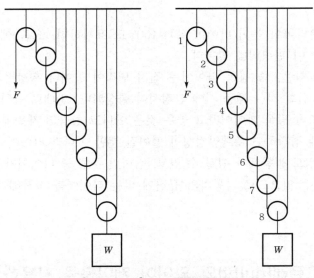

[그림 5-134] 도르래의 기구 장치

고정 도르래는 한 개이고 움직도르래를 7개로 하였으며 움직도르래의 공식에 의해서 힘 F를 구하면 $W = 200,000\,\text{kgf}$이므로

$$F = \frac{200,000}{128} = 1562.5\,\text{kgf}$$

③ 도르래 관련 이론

(1) 고정 도르래와 움직도르래

[표 5-18] 고정 도르래와 움직도르래

종류	고정 도르래	움직도르래
힘의 크기	줄을 당기는 힘 = 물체의 무게 $F = w$	줄을 당기는 힘 = $\frac{1}{2} \times$무게 $F = \frac{1}{2}w$, 힘의 이득
이동 거리	줄을 당기는 거리 = 물체가 올라간 높이 $s = h$	줄을 당기는 거리 = $2 \times$높이 $s = 2h$
일의 양	힘의 이득은 없으나 힘의 방향 전환, 일의 양은 같다.	힘은 절반, 거리는 2배로 증가, 일의 양은 같다.
구조	[고정 도르래]	[움직 도르래]
관련 식	$Fs = wh$	$Fs = wh$
예	국기 계양대, 엘리베이터 등	크레인(기중기)

(2) 복합 도르래(여러 개의 고정 도르래와 움직도르래를 함께 연결한 도르래)

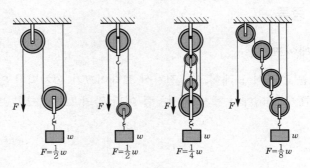

① 여러 개의 줄로 연결한 복합 도르래

$$W = Fs = \frac{1}{2^n w} \times 2^n h = wh$$

㉠ 움직도르래의 개수가 n인 경우 힘 : $F = \dfrac{w}{2^n}$ (움직도르래의 수)

㉡ 움직도르래의 개수가 n인 경우 당기는 줄의 길이 : $s = 2^n h$

② 하나의 줄로 연결한 복합 도르래 : $F = \dfrac{w}{2^n}$ (움직도르래의 수)

(3) 도르래를 사용할 때의 일

도르래를 사용하여 물체에 한 일의 양은 물체를 같은 높이만큼 직접 들어 올리는 일의 양과 같다. 즉 일의 이득이 없다.

Section 62 크레인과 양중기에 사용하는 정지용 브레이크와 속도 제어용 브레이크

1 개요

운동체와 정지체의 기계적 접촉에 의해 운동체를 감속 또는 정지 상태로 유지하는 기능을 가진 장치를 말한다. 브레이크의 권상 제동력은 보통 전동기 회전력의 150% 이상이 되어야 하며 종류는 전자 브레이크(마그네트 브레이크), 전동 유압 압상기 브레이크, 원판 브레이크, 벨트 브레이크 등이 있다.

2 브레이크 종류

(1) 기계식 브레이크

권상기에는 기계식 브레이크와 전자식 브레이크가 설치되어 있다. 기계식 브레이크의 구조는 [그림 5-135]에서 표시한 것처럼 여러 쌍의 브레이크와 브레이크 링이 서로 겹쳐져 있다.

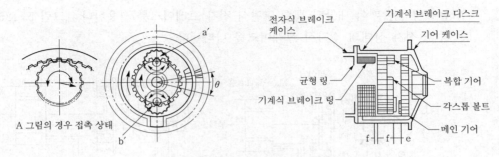

(a) 모터가 하중을 내리고 있는 경우 브레이크는 동작하지 않는다.

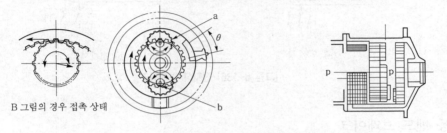

(b) 하중이 반대로 모터를 회전시키는 경우 브레이크는 작동한다.

[그림 5-135] 기계식 브레이크의 기구

브레이크 디스크는 기어 상자 내에 끼어 있고 키(key)로 회전을 방지하도록 되어 있다. 브레이크 링은 스플라인 키로 래칫 링에 끼워져 있다. 왼쪽 끝단은 축압력을 전 원주에 균등히 분배하여 작동되도록 평형 장치 링(equalizer ring)을 넣어 마그넷 브 레이크 상자를 받치도록 되어 있고, 우측 끝단을 삽입하여 복합 기어에 접촉하도록 되 어 있다.

구조 전체가 오일 내에서 운전되므로 고열에 견딜 수 있으며 다음과 같은 기능을 가 지고 있다.

① 곤도라 하강 시 낙하 방지
② 권상 중 정전되었을 때 낙하 방지
③ 하강 중 하중에 의한 가속도에 대하여 역으로 전동기를 가속 회전시켜 증속 방지
④ 권상·권하·정지 시 미끄러짐을 적게 하여 곤도라의 조작을 정밀하게 제어

기계식 브레이크는 하중을 들어 올릴 때 래칫은 공전 상태로 되어 기어 계통으로부터 완전히 분리되고, 링이 회전하여 고정되어 있는 브레이크 디스크와 상호 운동을 통해 축방향으로 압력이 가해져 제동이 된다.

(2) 전자식 브레이크

전자식 브레이크는 하나의 독립된 부분으로 권상기의 한쪽에 부착되어 있다. 기계식 브레이크를 가진 권상기에서 전자 브레이크는 단순히 전동기 회전자의 관성을 처리하기

위하여 냉각용 팬이 내장된 특수 단판식 전자 브레이크를 사용한다. [그림 5-136]은 운전 중과 정지 상태의 전자식 브레이크를 나타낸다.

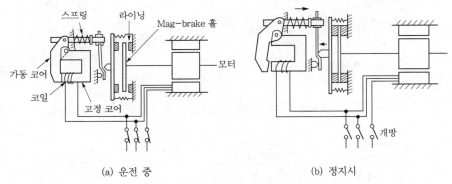

(a) 운전 중   (b) 정지시

[그림 5-136] 전자식 브레이크

(3) 수동 밴드 브레이크

[그림 5-137]과 같이 승강 장치의 케이싱 상부에 설치된 레버를 표시 방향으로 당기면 브레이크 라이닝이 브레이크 드럼에 밀착되어 드럼의 회전을 제동한다. 곤도라 사용 시는 브레이크 손잡이가 느슨한 상태로 되어 브레이크는 작동되지 않는다.

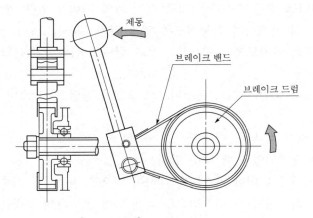

[그림 5-137] 수동 핸드 브레이크

❸ 제어 방식에 따른 분류

구 분	Scalar control inverter		Vector control inverter
	V/F 제어	Slip 주파수 제어	
제어 대상	• 전압과 주파수의 크기만을 제어		• 전압의 크기와 방향을 제어함으로써 계자분 및 토크분 전류를 제어함 • 주파수의 크기 제어
가속 특성	• 급가 · 감속 운전에 한계가 있음 • 4상한 운전 시 0속도 부근에서 dead time이 있음 • 과전류 억제 능력이 작음	• 급가 · 감속 운전에 한계가 있음(V/F보다는 향상됨) • 연속 4상한 운전 가능 • 과전류 억제 능력 중간	• 급가 · 감속 운전에 한계가 없음 • 연속 4상한 운전 가능 • 과전류 억제 능력이 큼
속도 제어 정도	• 제어 범위 1 : 10 • 부하 조건에 따라 slip 주파수가 변동	• 제어 범위 1 : 20 • 속도 검출 정도에 의존	• 제어 범위 1 : 100 이상 • 정밀도(오차) : 0.5%
속도 검출	• 속도 검출 안 함	• 속도 검출 실시	• 속도 및 위치 검출
토크 제어	• 원칙적으로 불가	• 일부(차량용 가변속) 적용	• 적용 가능
범용성	• 전동기 특성 차이에 따른 조정 불필요	• 전동기 특성과 slip 주파수 조합하여 설정 필요함	• 전동기 특성별로 계자분 전류, 토크분 전류, slip 주파수 등 제반 제어량의 설정이 필요함

Section 63 | **타워 크레인에 대한 작업 계획서 작성 시 포함되어야 할 내용과 강풍 시 작업 제한**

❶ 타워 크레인에 대한 작업 계획서 작성(제117조)

① 사업주는 타워 크레인의 설치 · 조립 · 해체 작업을 하는 때에는 다음 각 호의 사항을 모두 포함한 작업 계획서를 작성하고 이를 준수하여야 한다.

　1. 타워 크레인의 종류 및 형식

　2. 설치 · 조립 및 해체 순서

　3. 작업 도구 · 장비 · 가설 설비(假設設備) 및 방호 설비

　4. 작업 인원의 구성 및 작업 근로자의 역할 범위

　5. 제117조의 2의 규정에 의한 지지 방법

② 사업주는 제1항의 작업 계획서를 작성할 때에는 그 내용을 작업근로자에게 주지시켜야 한다.

② 타워 크레인의 지지(제117조의 2)

① 사업주는 타워 크레인을 자립고(自立高) 이상의 높이로 설치하는 경우에는 건축물 등의 벽체에 지지하거나 와이어 로프에 의하여 지지하여야 한다.

② 사업주는 타워 크레인을 벽체에 지지하는 경우에는 다음 각 호의 사항을 모두 준수하여야 한다.

1. 법 제34조의 규정에 의한 설계 검사 서류 또는 제조사의 설치 작업 설명서 등에 따라 설치할 것

2. 제1호의 설계 검사 서류 등이 없거나 명확하지 아니한 경우에는 「국가기술자격법」에 의한 건축 구조·건설기계·기계 안전·건설 안전 기술사 또는 건설 안전 분야 산업 안전 지도사의 확인을 받아 설치하거나 기종별·모델별 공인된 표준 방법으로 설치할 것

3. 콘크리트 구조물에 고정시키는 경우에는 매립이나 관통 또는 이와 동등 이상의 방법으로 충분히 지지되도록 할 것

4. 건축 중인 시설물에 지지하는 경우에는 동 시설물의 구조적 안정성에 영향이 없도록 할 것

③ 사업주는 타워 크레인을 와이어 로프로 지지하는 경우에는 다음 각 호의 사항을 모두 준수하여야 한다.

1. 제2항 제1호 또는 제2호의 조치를 취할 것

2. 와이어 로프를 고정하기 위한 전용 지지 프레임을 사용할 것

3. 와이어 로프 설치 각도는 수평면에서 60° 이내로 할 것

4. 와이어 로프의 고정 부위는 충분한 강도와 장력을 갖도록 설치하고, 와이어 로프를 클립·샤클 등의 고정 기구를 사용하여 견고하게 고정시켜 풀리지 아니 하도록 할 것

5. 와이어 로프가 가공 전선(架空電線)에 근접하지 아니하도록 할 것

③ 강풍 시 타워 크레인의 작업 제한(제117조의 3)

사업주는 순간 풍속이 매초 10m를 초과하는 경우에는 타워 크레인의 설치·수리·점검 또는 해체 작업을 중지하여야 하며, 순간 풍속이 매초 20m를 초과하는 경우에는 타워 크레인의 운전 작업을 중지하여야 한다.

Section 64 | 건설기계에 사용되는 와이어 로프(wire rope)의 종류를 열거하고, 와이어 로프(wire rope) 선정 시 주의 사항

1 형상

① 일반적으로 와이어 로프는 심강(core), 가닥(strand), 소선(wire)을 구성하는 소선으로 구성된다.

② 소선의 재질은 양질의 탄소강으로, 인장 강도 150~180kgf/mm^2 정도이다.

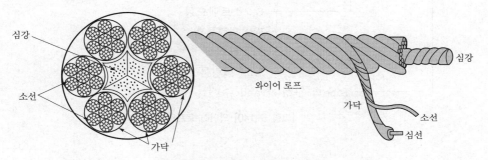

[그림 5-138] 와이어 로프의 형상

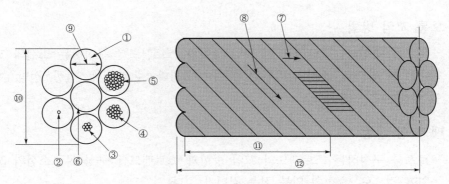

① 가닥(strand)   ② 심선(strand core wire)
③ Strand of inner layer wire   ④ Strand of center wire
⑤ Strand of outer layer wire   ⑥ 심강(core)
⑦ 소선 꼬임 방향(lay direction of wire)   ⑧ 가닥 꼬임 방향(lay direction of strand)
⑨ 가닥 지름(strand diameter)   ⑩ 로프 지름(rope diameter)
⑪ 로프 꼬임 길이(length of rope lay(pitch)) ⑫ 로프 길이(rope length)

[그림 5-139] 와이어 로프의 명칭

2 와이어 로프의 구성

일반적으로 와이어 로프는 6개 이상의 가닥으로 구성되어 있으며 동일한 크기의 와이어 로프 일지라도 소선이 가늘고 소선 수가 많은 것일수록 유연성이 좋다.

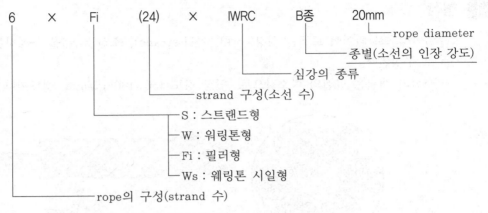

[그림 5-140] 와이어 로프의 표기 방법

3 와이어 로프의 꼬임 방법

(1) 보통 꼬임 방법

로프를 구성하는 스트랜드의 꼬임 방향과 스트랜드를 구성하는 소선의 꼬임 방향이 반대로 된 것으로, 소선의 외부 접촉 길이가 짧다. 주로 기계, 건설, 선박 수산 등에 많이 이용한다.

(2) 랭 꼬임 방법

로프를 구성하는 스트랜드의 꼬임 방향과 스트랜드를 구성하는 소선의 꼬임 방향이 동일한 것으로, 소선의 외부 접촉 길이가 길다.

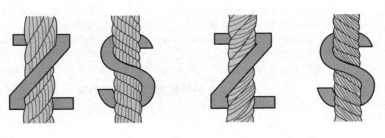

(a) 보통 꼬임   (b) 랭 꼬임

[그림 5-141] 와이어 로프의 꼬임 모양 및 꼬임 방향

④ 와이어 로프 안전율 계산 방법

와이어 로프의 안전율 계산식은 다음과 같다.

$$f = \frac{FN\eta}{Q}$$

여기서, f : 안전율

F : 절단 하중(ton)

N : 와이어 로프 줄 수

η : 도르래 조합 효율

Q : 권상 하중(ton)

예를 들어 30ton 권상 장치의 와이어 로프 1줄에 걸리는 하중은 30톤 훅 블록에 걸리는 하중은 훅 자중 0.8ton을 더하여 30.8ton으로 계산하면

$$S = \frac{Q}{N\eta} = \frac{30.8}{8 \times 0.88} = 4.37\text{ton}$$

또한 와이어 로프의 필요 절단 하중은 권상 장치의 와이어 로프 안전율이 5 이상이어야 하므로

$$F = fS = 5 \times 4.37 = 21.85\text{ton}$$

여기서, S : 와이어 로프 1줄에 걸리는 하중

KS D 3514에서 6호(6×37)에서 21.85ton의 와이어 로프 절단 하중에 대한 로프의 지름은 아래와 같다.

로프 지름[mm]	A종
20	21.2ton
22.4	28.4ton
25	33.2ton

따라서 와이어 로프 지름은 22.4mm를 선정한다.

와이어 로프의 안전율 $f = \dfrac{F'}{S} = \dfrac{28.4}{4.37} = 6.50 \geq 5.0$

여기서, F' : 선정 와이어 로프의 절단 하중(ton)

∴ 선정된 와이어 로프는 22.4mm 6호(6×37) A종, 보통 꼬임이다.

[표 5-19] 와이어 로프의 안전율 기준

와이어 로프의 종류	안전율
권상용 와이어 로프 지브 기복용 와이어 로프 및 케이블 크레인의 주행용 와이어 로프	5.0
지브 지지용 와이어 로프 보조 로프 및 고정용 와이어 로프	4.0
케이블 크레인 주로프 레일 로프	2.7
운전실 등 권상용 로프	9.0

Section 65 굴삭기에서 하부 구동체, 상부 회전체, 앞 작업 장치의 각 구성 및 작동 방법

1 개요

굴삭기의 주요 용도는 토사 굴토, 굴착 작업, 도랑 파기 작업, 토사 상차 작업 등이며 근래에는 암석, 콘크리트, 아스팔트 등의 파괴를 위한 브레이커(breaker)를 장착하기도 한다.

2 굴삭기의 주요 구조

굴삭기의 3주요부는 작업 장치, 상부 회전체, 하부 주행체로 구성되어 있다.

(1) 작업 장치(front attachment)

굴삭기의 작업 장치는 붐(boom), 암(arm), 버킷(bucket) 등으로 구성되며 3~4개의 유압 실린더에 의해 작동된다.

(2) 상부 회전체

상부 회전체는 하부 주행체 프레임 위에 설치되고 프레임 위에 스윙 볼 레이스와 결합되어 있으며, 앞쪽에는 붐이 설치되어 있다. 이 프레임 위에 엔진, 유압 펌프, 조종석, 스윙 장치, 유압유 탱크, 제어 밸브 등이 설치되고 아래쪽에는 스윙 볼 레이스(swing ball race)에 연결되어 360° 선회가 가능하다.

※ 스윙할 때 동력 전달 순서

엔진 → 유압 펌프 → 컨트롤 밸브 → 스윙 브레이크 밸브 → 스윙 모터 → 스윙 감속 기어 → 스윙 피니언 → 스윙 링 기어 → 상부 회전체 회전

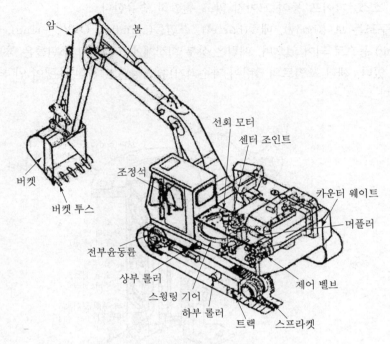

[그림 5-142] 굴삭기의 구조

(3) 굴삭기의 유압 장치

유압 장치는 작업 장치 및 무한 궤도 형식에서의 주행 장치를 작동시키기 위하여 설치된 것이며, 유압유 탱크, 유압 펌프, 제어 밸브, 스윙 모터와 주행 모터, 유압 실린더 등으로 구성되어 있다.

(4) 하부 주행체(under carriage)

굴삭기의 하부 주행체의 방식에는 무한 궤도 형식과 타이어 형식이 있다. 무한 궤도형식은 도저와 비슷하나 센터 조인트와 주행 모터를 사용하는 방법이 다르다.

(5) 센터 조인트(center joint) 기능 및 구조

센터 조인트는 상부 회전체의 중심부에 설치되어 있으며, 상부 회전체의 오일을 하부 주행체 (주행 모터)로 공급해 주는 부품이다. 또 이 조인트는 상부 회전체가 회전하더라도 호스, 파이프 등이 꼬이지 않고 원활히 송유한다.

구조는 보디(body), 배럴(barrel), 스핀들(spindle), O링(O-ring), 백업 링(back-up ring) 등으로 되어 있으며, 배럴은 상부 회전체에 고정되고 스핀들은 하부 주행체에 고정되어 있다. 센터 조인트의 O링이 파손되거나 변형되면 직진 주행이 안 되거나 주행 불능이 된다.

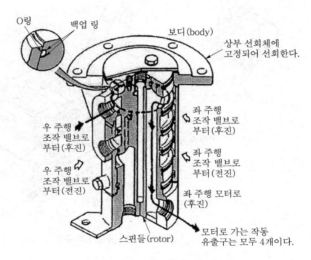

[그림 5-143] 센터 조인트의 구조

(6) 주행 모터(track motor)

주행 모터는 센터 조인트로부터 유압을 받아서 회전하면서 감속 기어·스프로킷 및 트랙을 회전시켜 주행하도록 하는 일을 한다. 주행 모터는 양쪽 트랙을 회전시키기 위해 한쪽에 1개씩 설치하며, 기능은 주행(travel)과 조향(steering)이며, 주로 레이디얼 플런저형을 사용한다.

Section 66 건설기계에 사용되는 유압 부품을 성능과 용도별로 열거하고, 유압 부품 선정 시 주요 체크 포인트(check point)

1 개요

유압 장치는 공압 장치에 비하여 큰 힘을 발휘할 수 있기 때문에 큰 힘을 필요로 하는 경우와 정밀제어를 필요로 하는 경우 그리고 부하가 전부 걸린 정지 상태에서도 무단 변속이 가능하므로 자동화 공정에서, 건설기계에서 중요한 역할을 하고 있다. 안전측면에서는 과부하에 대한 방호가 간단하게 이루어질 수 있는 장점이 있어 산업계에서 널리 사용되고 있는 실정이다. 다만, 고압의 압력을 필요로 하는 경우가 많아 이로 인한 사고 발생 시에는 대형 재해로 이어질 가능성이 있기 때문에 안전 관련 부분은 이중화, 더 나아가서는 상호 모니터링(cross monitoring) 회로가 구성되어야 한다.

2 유압 부품의 성능과 용도

유압 장치는 탱크, 펌프, 동력원, 밸브, 실린더 등으로 [그림 5-144]와 같이 구성된다.
① 오일 탱크 : 유압유를 저장 · 유지
② 유압 펌프 : 유압유를 장치 내로 이송
③ 펌프 구동의 동력원 : 전기, 기타 동력원
④ 제어 밸브 : 유체의 방향, 압력, 유량 조절
⑤ 일 변환 장치
　　㉠ 유압 실린더 : 직선 왕복 운동
　　㉡ 유압 모터 : 연속 회전 운동, 왕복 각 운동
⑥ 배관 : 유체 이송

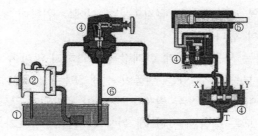

[그림 5-144] 유압 장치의 구성

③ 유압 장치의 회로 기호

유압 장치의 계통을 파악하기 위한 회로도에서 사용되는 기본적인 기호는 [그림 5-145]와 같다.

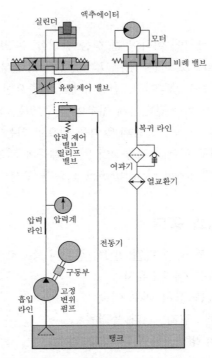

[그림 5-145] 유압 회로도의 기본적인 기호

④ 유압 부품 선정 시 주요 체크 포인트(check point)

① 유압 시스템의 조립, 설치, 유지·보수 시에는 위험이 초래되지 않도록 다음의 요건에 적합하여야 한다.
　㉠ 유압 장치는 사용 중 설계 한계값을 초과하지 않아야 하며, 의도한 운전 조건에서 신뢰성이 보증될 수 있는 부품이 선정 또는 설치되어야 한다.
　㉡ 작동 불량이나 기능 오류 발생 시 위험이 유발되지 않도록 부품의 특성을 고려한다.
② 유압 장치의 모든 부품에는 한 개 이상의 릴리프 밸브가 설치되거나 압력 보상형 펌프 제어기(pressure compensator pump control) 등이 설치되는 등 최대 사용 압력이나 특정 부품의 정격 압력 초과에 대한 방호 조치가 되어야 한다.
③ 서지 압력이나 압력 집중이 최소화되도록 설계·제작 및 조정되어야 하며, 이러한 서지 압력이나 압력 집중 또는 압력 손실로 인해 위험이 발생되지 않아야 한다.

④ 작동유의 내·외부 누설로 인한 위험이 발생되지 않아야 한다.

⑤ 유압 장치에 사용되는 모든 제어 장치 또는 동력 공급 장치는 조작, 공급 감소 또는 차단 등으로 인한 위험이 발생되지 않아야 한다.

⑥ 유압 장치에 사용된 부품은 접근이 용이하고 안전하게 조정·수리할 수 있는 곳에 위치하도록 설계·제작되어야 한다.

⑦ 유압 장치는 기계의 불시 기동을 방지하기 위하여 차단 밸브를 차단 위치에서 기계적으로 잠그고 장치에서 유압을 방출할 수 있으며 전기 동력원 공급이 차단되도록 설계·제작되어야 한다.

⑧ 가속, 감속 또는 승강, 파지 작업 등과 같이 기계의 운동으로 인해 작업자에게 위험이 초래되어서는 안 된다.

⑨ 유압 장치의 안전 한계 온도 사용 범위를 규정하여 사용 중 이를 초과하지 않도록 해야 하며, 표면 온도가 한계값을 초과하는 부분이 있는 경우 덮개 등을 이용하여 작업자 등이 보호되도록 설계되어야 한다.

⑩ 추가적인 안전 요건

   ㉠ 유압 장치 설치 시에는 다음과 같은 사항이 고려되어야 한다.

      ⓐ 진동, 오염, 습기 및 주위 온도 범위

      ⓑ 화재 또는 폭발 위험

      ⓒ 전압과 전압 변동폭, 주파수 등 전기 사양

      ⓓ 전기 장치 방호

      ⓔ 방호 장치의 요건

      ⓕ 소음 방출 등과 같은 법적 규제 사항

      ⓖ 장비에 출입, 사용 및 유지·보수용 공간

      ⓗ 냉각 및 가열 용량, 열매체

      ⓘ 기타 필요한 안전 요건

   ㉡ 부품을 취부하거나 분해하는 등의 유지·보수 작업을 수행하기 위한 수단을 제공하는 경우에는 다음과 같은 사항이 고려되어야 한다.

      ⓐ 유체 손실을 최소화할 것

      ⓑ 작동유 탱크를 배유시킬 필요가 없을 것

      ⓒ 해당 부품 이외의 다른 부품은 분해할 필요가 없을 것

   ㉢ 유압 장치를 분해해서 운반할 경우에는 배관과 연결 부위에 명확하게 구분하기 위한 표시가 되어야 하며, 표시 기호는 관련 도면에 표시된 사항과 일치되어야 한다.

   ㉣ 유압 장치는 포장·운반으로 인한 손상이나 변형이 발생되지 않아야 하고 운반 중 표기가 지워지지 않아야 한다.

   ㉤ 유압 장치는 운반 시 개구부가 밀봉되어야 하며, 나사산에는 손상을 방지하기 위한 보호 조치가 적용되어야 한다. 이러한 밀봉은 다시 조립하기 전까지 제거되어

서는 안 되며, 부득이 제거가 필요한 경우에는 밀봉 덮개(sealing cap)가 사용될 수 있다.

Section 67 굴삭기 및 기중기 등판 능력의 결정 조건

1 개요

등판능력이란 운전중량 상태의 건설기계가 경사지면을 올라갈 수 있는 능력을 말하며 경사지면의 최대 경사각으로 표시한다. 다만, 다음의 건설기계에 대하여는 최대적재중량 상태를 기준으로 한다.
① 지게차
② 덤프트럭
③ 콘크리트믹서트럭
④ 아스팔트살포기

2 굴삭기 및 기중기 등판 능력의 결정 조건

굴삭기 및 기중기는 다음과 같은 구배의 평탄하고 견고한 건조 지면을 등판할 수 있는 능력 및 제동 능력을 유지할 수 있는 능력을 갖추어야 한다.
① 무한 궤도식 : 30%
② 바퀴식 : 25%
③ 무한 궤도식과 바퀴식 겸용 : 25%

Section 68 타이어 롤러의 밸러스트(ballast)

1 개요

타이어 롤러(tire type roller)는 흙, 아스팔트 마지막 다짐작업에 효과적이며 특히 아스팔트 다짐에서 골재를 파괴시키지 않고 요철부분을 골고루 다질 수 있는 장점이 있다. 또 다른 형식의 롤러보다 기동성이 좋으며 타이어의 공기 압력과 밸러스트(부가 하중)에 따라 전압능력을 조절할 수 있다.

① 다짐작업을 할 때 골재를 파손시키지 않고 다질 수 있다.
② 골재와 골재 사이(요철부)를 골고루 다질 수 있다.
③ 속도가 빨라서 다짐작업의 능률이 높다.

2 타이어 롤러의 밸러스트(ballast)

밸러스트란 롤러의 다짐 압력을 증가시키기 위하여 사용하는 추가적 중량물을 말하며 중량은 자체 중량과 밸러스트(부가 하중)를 부착하였을 때의 중량으로 표시할 수 있다. 예를 들면 8~12ton이라는 것은 자체 중량 8ton에 밸러스트 4ton을 가중시킬 수 있어 총 12ton이라는 의미이다.

선압이란 롤러의 다짐 압력을 표시하는 것으로서, 롤의 중량(W)을 롤의 폭으로 나눈 것을 말하며, 밸러스트가 있는 경우 선압은 밸러스트를 모두 인가한 상태이어야 한다.

Section 69 제동 장치의 페이드(fade) 현상과 베이퍼 록(vapor lock) 현상

1 페이드 현상(fade development)

긴 내리막길에서 브레이크를 과도하게 사용했을 때 브레이크 마찰면의 온도가 상승하여(500~700℃) 마찰력이 저하되고 브레이크 작동 효과가 감소되는 현상을 말하며 방지법은 다음과 같다.
① 드럼의 방열성을 크게 하고 열팽창률이 작은 형상으로 한다.
② 드럼은 열팽창률이 작은 재질을 사용한다.
③ 온도 상승에 따른 마찰 계수 변화가 작은 라이닝을 사용한다.

2 베이퍼 록(vapor lock) 현상

긴 내리막길에서 브레이크를 과도하게 사용했을 때 유압식 브레이크의 휠 실린더나 브레이크 파이프 내의 브레이크 액에 기포가 생겨 페달을 밟아도 충분한 유압을 전달하지 못하여 브레이크가 작동하지 않는 현상을 말한다.

차량의 최소 회전 반경

1 최소 회전 반경(제16조)

① 바퀴식 건설기계의 최소 회전 반경이란 수평면에 놓인 건설기계가 선회할 때 각 바퀴의 중심이 그리는 원형 궤적 가운데 가장 큰 반경을 가지는 궤적의 반경을 말한다.

② 무한궤도식 건설기계의 최소 회전 반경이란 수평면에 놓인 건설기계가 선회할 때 기동륜의 중심이 가상으로 그리는 원형 궤적 가운데 가장 큰 궤적의 반경을 말한다.

③ 전항에서 무한궤도가 좌우 한 쌍인 건설기계의 경우에는 최소 회전 반경은 트랙 중심 간 거리의 2분의 1로 본다.

④ 하나의 건설기계에 무한궤도와 바퀴가 함께 있는 경우에는 제1항과 제2항 가운데 큰 것으로 한다.

2 최소 선회 반경(제17조)

① 최소 선회 반경이란 수평면에 놓인 건설기계가 최소 회전 반경으로 선회할 때 건설기계 차체의 가장 바깥 부분이 그리는 원형 궤적의 반경을 말한다.

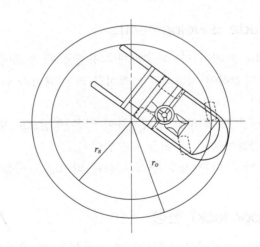

Section 71 하이드로스태틱 구동(hydrostatic drive)

❶ 유압 구동 장치

유압 구동 장치는 압력유를 만들기 위한 유압 펌프, 압력유를 받아 구동력으로 만드는 유압 모터와 펌프, 유압 실린더와 압력, 유량, 방향을 제어하는 밸브와 유압 탱크, 관, 압력계 등으로 구성된다. 유압 구동 장치의 펌프와 모터는 기어식, 밴(vane)식, 피스톤식이 있으며, 간단한 밸브 조작으로 전진·후진·정지를 확실하게 하고, 속도 제어도 저속에서 고속까지 가능하며 기계식에서 구동측이 없는 단순한 구동 기구이다.

유압 구동 방식은 건설기계의 주행 구동 장치와 작업 장치에 사용되고 있다. 유압 구동 장치는 속도 제어가 용이하고, 자동 제어·원격 조작이 가능하며 동력원에서 멀리 떨어진 곳에서 출력을 얻을 수 있으며, 출력부에서 왕복 운동·회전 운동을 임의로 선택할 수 있다.

❷ 유압 구동 방식

유압 구동 방식에는 개회로 방식과 폐회로 방식이 있다.

(1) 개회로식 유압 구동 장치

개회로 방식은 엔진 동력으로 유압 펌프를 구동시키고 [그림 5-146]과 같이 오일 탱크(oil tank)에서 기름을 흡입하여 가압해서 밸브를 통해 유압 모터에 압송된다. 이때 압출유에 의하여 유압 모터를 회전시켜서 주행 장치를 구동시킨다. 유압 모터를 지난 유체는 저압이 되어 저압 회로를 따라 오일 탱크로 유입된다. 작업 장치의 대부분이 개회로식이고 유압 셔블, 크롤러 크레인(crawler crane)의 주행 장치에 사용된다.

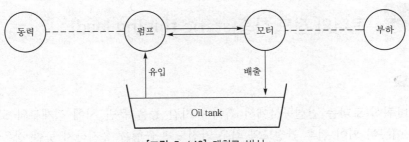

[그림 5-146] 개회로 방식

(2) 폐회로식 유압 구동 장치

폐회로 방식은 엔진 동력으로 유압 펌프를 구동시키고 [그림 5-147]과 같이 펌프로부터 배출유는 유압 모터를 구동하고 유압 모터에서 직접 유압 펌프로 돌아가는 폐회로를 구성한다. 펌프의 배출량과 모터 용량을 조정하여, 유압 모터의 속도를 제어하는 장치로, 통상 하이드로 스태틱 트랜스미션(HST : Hydro Static Transmission)이라 한다.

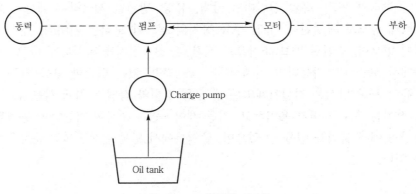

[그림 5-147] 폐회로 방식

HST는 유압 펌프로 가역 가변(可逆可變) 용량형을 사용하므로 모터의 회전을 정방향, 역방향 그리고 0(zero)에서 최대 회전을 연속적으로 운전할 수 있다.

폐회로 방식에서 기름은 순환하고 열이 생기므로, 보충하는 차저 펌프(charger pump)가 필요하고 보충된 양만큼 릴리프 밸브(relief valve)를 통해 오일 탱크(oil tank)에 회수되게 한다. 폐회로 방식은 롤러, 트럭 셔블, 아스팔트 피니셔, 제설차 등의 주행 장치에 사용하고 있다.

Section 72 로더의 전도 하중(static tipping load)

1 개요

바퀴식 로더는 건설공사에서 흙이나 자갈 등을 운반 시에 적재부와 로더의 무게중심이 이동이 되어 전후 안정도와 좌우 안전도에 균형을 유지하지 못할 경우 전도가 발생한다. 이와 같은 전도에 의한 안전사고를 방지하기 위해 안정된 경사도와 전도하중을 유지할 필요가 있다.

2 **안정도**(건설기계 안전기준에 관한 규칙 제15조[시행 2018. 12. 2.])

(1) 타이어식 로더는 다음 각 호에 해당하는 지면에서 중심선이 지면의 기울어진 방향과 평행할 경우 앞이나 뒤로 넘어지지 아니하여야 한다.

① 로더의 기준부하상태인 경우 구배가 100분의 15인 지면
② 로더의 기준무부하상태인 경우 구배가 100분의 30인 지면

(2) 타이어식 로더는 다음 각 호에 해당하는 지면에서 중심선이 지면의 기울어진 방향과 직각으로 교차할 경우 옆으로 넘어지지 아니하여야 한다.

① 로더의 기준부하상태에서 버킷만을 최고로 올린 상태인 경우 구배가 100분의 20인 지면
② 로더의 기준무부하상태인 경우 구배가 100분의 60인 지면

Section 73 모터 그레이더(motor grader)의 탠덤 장치(tandem drive system)

1 **모터 그레이더의 구조**

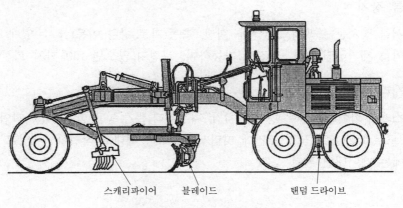

스캐리파이어   블레이드   탠덤 드라이브

[그림 5-148] 모터 그레이더의 구조

(1) 앞바퀴 경사 장치(leaning system)

그레이더는 차동 장치가 없어서 선회할 때 회전 반경이 커지는 결점을 보완하기 위해 앞바퀴를 좌우 20~30° 정도 경사시킨다. 설치 목적은 회전 반경을 작게 하기 위함이다.

(2) 탠덤 드라이브 장치(tandem drive system)

감속 장치에서 전달되는 동력을 지면 형태에 따라 자유롭게 전후로 요동이 가능한 좌우측의 후륜에 전달하는 장치이며 좌우측에 각각 전후로 4개의 후륜은 탠덤 케이스(tandem case) 내에 있는 치차 혹은 체인(chain)에 의하여 구동하며 다음과 같은 역할을 한다.

① 4개의 뒷바퀴를 구동시켜서 최대 견인력을 주며 최종 감속 작용을 한다.
② 상하로 움직여서 그레이더의 균형을 유지한다.
③ 그레이더 본체의 상하좌우 움직임에도 블레이드의 수평 작업이 가능하도록 해준다.

(3) 시어 핀(shear pin)

시어 핀은 작업 조정 장치와 변속기 후부 수직 축에 설치되어 작업 중에 과다한 하중이 걸리면 스스로 절단되어 작업 조정 장치의 파손을 방지한다. 유압식 모터 그레이더에는 없으며, 재질은 특수 연철이다.

시어 핀은 반드시 기관을 정지시킨 상태에서 끼워야 한다.

2 작업 장치

(1) 블레이드(blade)

블레이드는 드로 바 아래쪽에 서클을 사이에 두고 틸트 블록에 부착되어 있다.

(2) 서클 장치

서클 장치는 블레이드를 좌우 회전, 측동(가로 방향 이동)할 수 있게 하고, 스캐리 파이어를 제거하면 360° 회전이 가능하며, 그렇지 않으면 150°까지 회전이 가능하다.

(3) 스캐리 파이어(쇠스랑)

스캐리 파이어는 굳은 땅 파헤치기, 나무뿌리 뽑기 등을 할 수 있는 작업 장치로서, 생크는 모두 11개이나 작업 조건에 따라서 5개까지 빼내고 작업할 수 있고 지균 작업을 할 때에는 떼어내면 된다.

현행 국내 법령하에서 허용되는 24톤 덤프트럭(dump truck) 적재함의 최대 용량(m³)

1 개요

24톤 덤프트럭(dump truck) 적재함의 최대 용량(m³)은 덤프트럭에 적재하는 건설 자재에 따라 상이할 수가 있다. 따라서 규칙적인 입자와 크기를 가지는 모래를 기준하여 설명하면 다음과 같다.

2 24톤 덤프트럭(dump truck) 적재함의 최대 용량(m³)

루베는 1m^3를 의미하는데, 일본식 표현으로 입방(루베이)에서 유래된 언어이다. 모래 1m^3의 무게는 자연 상태(흐트러진 상태)에서 측정하고, 모래의 비중은 2.6~2.8인데 이것은 공기가 전혀 없는 상태일 때이며 모래의 조건에 따라 1m^3의 모래 무게는 다음과 같이 분류하며 24톤을 가장 큰 값으로 환산하면 다음과 같다.

(1) 건조한 모래

$$1\text{m}^3 = 1,600 \sim 1,700\text{kg} = \frac{24 \times 1,000}{1,700} = 14.1\text{m}^3$$

(2) 습기가 약간 있는 모래

$$1\text{m}^3 = 1,700 \sim 1,800\text{kg} = \frac{24 \times 1,000}{1,800} = 13.3\text{m}^3$$

(3) 습기가 많이 있는 모래

$$1\text{m}^3 = 1,800 \sim 1,900\text{kg} = \frac{24 \times 1,000}{1,900} = 12.6\text{m}^3$$

Section 75 지게차의 마스트(mast)용 체인의 최소 파단 하중비를 구하는 산식과 수치의 최대값

1 개요

마스트는 지게차의 Upright를 구성하는 요소로서 하물의 이동높이를 결정하는 기능을 가진다. mast의 최대인상높이가 2.9~3.3m인 경우를 표준 마스트라 하고 그 이하인 때를 Low mast, 그 이상일 때를 High mast라고 한다. 특히 마스트의 상승 없이 포크의 상승이 가능한 것을 자유인상 마스트라고 한다.

2 체인의 최소 파단 하중비(제24조)

① 지게차의 마스트용 체인의 최소 파단 하중비는 다음 산식에 의하여 계산한다.

최소 파단 하중비

$$= \frac{\text{체인의 최소 파단 하중} \times \text{체인수}}{\text{지게차의 최대 하중} + \text{체인에 의하여 움직이는 리프트 작업 장치의 중량}}$$

② 지게차의 마스트용 체인은 최소 파단 하중비가 5 이상이어야 한다.
③ 스프레더의 슬라이드 빔은 신축 작용이 원활하여야 한다.
④ 트위스트 록은 동시에 작동되어야 하며 조종사가 확인할 수 있는 표시 장치가 있어야 한다.
⑤ 회전 장치가 설치된 경우에는 반드시 임의 고정 장치가 추가로 설치되어야 한다.

Section 76 건설기계 가운데 25.5ton 덤프트럭

1 개요

다른 운반 기계에 비해 기동성이 좋아서 원거리 수송에 적합하고, 흙, 모래, 자갈을 운반하기에 가장 적합한 차량이다. 적재 능력은 2톤에서 50톤까지 여러 가지가 있다. 적재함의 경사는 보통 유압으로 작동을 하지만 일부 기종은 기계나 수동인 것이 있기 때문에 적재함의 경사 방면에 따라 구분된다.

2 덤프트럭 호칭 25.5ton의 의미

비중 1.0으로 잡았을 때 계산하며 루베(m^3)로 환산하기 위해서는

$$\frac{적재\ 중량(ton)}{1.5}= m^3(루베)$$

즉, $\frac{24ton}{1.5}= 16m^3(루베)$

$\frac{25.5ton}{1.5}= 17m^3(루베)$

$\frac{25ton}{1.5}= 16.66666 ≒ 16.7m^3(루베)$

$\frac{15ton}{1.5}= 10m^3(루베)$

이와 같이 25.5ton의 의미는 루베로 환산 시 정수의 값을 유지하기 위해 적용한다.

Section 77 덤프트럭의 타이어 부하율 산출식과 현행 관계 법령 및 규정상 각 축별 타이어 부하율의 상한값

1 타이어 등(제145조)

① 타이어는 다음 각 호의 기준에 맞아야 한다.
   1. 금이 가고 갈라지거나 코드층이 노출될 정도의 손상이 없어야 하고, 요철형인 경우 요철의 깊이를 1.6mm 이상 유지할 것
   2. 건설기계의 바퀴나 그 밖의 주행 장치의 각 부분은 견고하게 결합되어 있을 것
② 타이어의 호칭, 사용 공기압, 최대 허용 하중 및 사용 조건은 한국산업규격에 따른다. 다만, 한국산업규격에 규정되어 있지 아니한 경우 국제적으로 인정된 규격에 따른다.
③ 솔리드 타이어는 건설기계의 최고 주행 속도 및 최대 적재 중량 상태에서 타이어 변형, 열에 의한 균열 및 접착부의 이격 현상이 없어야 한다.
④ 최고 주행 속도가 시간당 50km 이상인 타이어식 건설기계는 바퀴 뒤쪽에 흙받이를 부착하여야 한다.

2 타이어 부하율(제146조)

① 타이어 부하율은 다음 산식에 의하여 계산한다. 이 경우 겹 타이어인 타이어의 수는 2로 한다.

$$타이어\ 부하율 = \frac{축하중}{타이어의\ 최대\ 허용\ 하중 \times 타이어의\ 수} \times 100$$

② 제1항에 따른 타이어 부하율은 최대 적재 중량 상태와 빈차 중량 상태에 대하여 각각 구한다.

③ 건설기계의 타이어 부하율은 100% 이하이어야 한다. 다만, 최대 적재 중량 상태일 때 조향축 외의 축 타이어의 경우에는 120% 이하이어야 한다.

Section 78 기계 동력 전달 장치에서 직접 동력 전달 장치(접촉식)와 간접 동력 전달 장치(비접촉식)

❶ 직접 동력 전달 장치(접촉식)

(1) 마찰차

2개의 바퀴면을 직접 접촉시켜 동력을 전달하며 약간의 미끄럼이 있어 동력 전달은 부정확하고 종류는 평마찰차, 원판 마찰차(자전거의 발전기), 원추 마찰차 등이 있다.

(2) 기어

접촉면에 이를 만들어 미끄러짐 없이 정확하게 동력 전달, 두 축 사이의 거리가 짧은 경우에 사용하며 물려지는 기어의 잇수를 바꿈에 따라 회전 속도를 조절하고 기어의 잇수와 회전수와는 반비례 관계에 있으며 전달하는 방법에 따라 다음과 같이 분류한다.

[헬리컬 기어]

① 평행축에 이용되는 기어 : 평 기어(시계, 내연 기관), 래크와 피니언(사진기 삼각대, 자동차 조향 장치), 헬리컬 기어(공작 기계)
② 교차축에 이용되는 기어 : 베벨 기어가 있고 회전 방향을 직각으로 바꿀 때 사용하며 핸드 드릴, 자동차의 구동 장치가 있다.
③ 두 축이 엇갈린 기어(직각이지만 만나지 않는다) : 웜과 웜 기어, 스크루 기어가 있으며 특히 웜과 웜 기어는 감속 장치로 많이 사용하고 있다.

[스크루 기어]

❷ 간접 동력 전달 장치(비접촉식)

(1) 체인

체인을 스프로킷의 이에 물려 미끄럼 없이 큰 동력을 전달하고 두 축 사이의 거리가 떨어진 곳에 적용하며 소음과 진동 때문에 고속 회전은 부적합하다. 종류에는 롤러 체인, 사일런트 체인 등이 있다.

(2) 벨트 전동

벨트와 벨트 풀리 사이의 마찰력을 이용하여 힘과 운동을 전달하고 미끄럼이 발생할 우려가 있으며 거리가 먼 곳, 큰 동력을 전달하는 것은 부적합하다.

(3) 로프 전동

풀리의 링에 홈을 파고, 로프를 감아 걸어 힘과 운동을 전달하는 원리로서 미끄럼이 적고, 거리가 먼 곳, 큰 동력의 전달 및 고속 회전에 적합하다.

③ 운동 변환 장치

(1) 캠

회전 운동을 직선 운동이나 왕복 운동 또는 요동 운동으로 바꾸어 주고 캠의 종류는 평면 캠(판 캠, 직동 캠), 입체 캠(원통 캠, 원뿔 캠, 구면 캠) 등이 있으며 운동 변화는 [표 5-20]과 같다.

[표 5-20] 캠의 운동 변화

캠의 이름	운동 변화
판 캠	회전 운동 → 상하 직선 왕복 운동
직동 캠	수평 왕복 운동 → 상하 왕복 운동
원통 캠	회전 운동 → 좌우 직선 왕복 운동
원뿔 캠	회전 운동 → 좌우 한정 왕복 운동
구면 캠	회전 운동 → 좌우 한정 요동 운동

(2) 링크

몇 개의 길이가 다른 막대를 핀으로 연결하여 운동을 전달하며 종류는 다음과 같다.
① 3절 링크 : 움직이지 않고 강도만을 이용하는데 예를 들어, 철교의 트러스 구조에 사용한다.
② 4절 링크 : 4개의 절 중 어느 하나를 고정하면 링크 장치가 일정한 운동을 하는 구속 링크로서, 자전거 페달을 밟는 운동이 있다.
③ 5절 링크 : 일정한 운동이 되지 않는 불구속 링크이다.

Section 79 무한궤도식 건설기계의 접지압

1 개요

무한궤도 또는 캐터필러 궤도(無限軌道, continuous tracks 또는 caterpillar tracks)는 2개 이상의 바퀴와 그 둘레에 두른 판을 사용하는 무한궤도 차량(tracked vehicles)에서 사용되는 추진 방식이다. 바퀴에 두르는 판은 보통 군사용 차량의 경우 조립식 철판으로 만들고, 농업용이나 건설용 차량은 철사로 보강한 고무판을 쓰기도 한다. 무한궤도는 표면적이 넓기 때문에, 타이어보다 차량의 무게를 분산시키기 용이하다. 때문에 무한궤도 차량은 무른 땅에서도 가라앉거나 갇히지 않을 수 있다.

2 무한궤도식 건설기계의 접지압(건설기계 안전기준에 관한 규칙 제3조)

① 무한궤도식 건설기계의 접지압은 다음 식에 의하여 계산한다.

$$접지압 = \frac{운전\ 중량(kg)}{트랙의\ 수 \times 슈폭(cm) \times 접지\ 길이(cm)}$$

② 제1항에서 "접지길이"란 텀블러 중심 간 거리와 무한궤도 높이(기동륜의 중심을 지나는 수직선과 무한궤도 윗면이 만나는 점으로부터 지면까지의 최단거리를 말한다. 이 경우 그라우저는 없는 것으로 봄)의 100분의 35에 해당하는 길이를 더한 길이를 말한다.

Section 80 건설기계 안전기준에 관한 규칙에서 정하는 대형 건설기계의 조건

1 대형 건설기계의 조건(제2조)

대형 건설기계란 다음의 어느 하나에 해당하는 건설기계를 말한다.
① 길이가 16.7m를 초과하는 건설기계
② 너비가 2.5m를 초과하는 건설기계
③ 높이가 4.0m를 초과하는 건설기계
④ 최소 회전 반경이 12m를 초과하는 건설기계
⑤ 총중량이 40t을 초과하는 건설기계
⑥ 총중량 상태에서 축하중이 10t을 초과하는 건설기계

축전지(battery)의 과방전과 과충전

1 과방전

화학적 에너지를 전기적 에너지로 변환하여 사용하는 것을 말하며, 음극판의 해면상납(Pb)과 양극판의 과산화납(PbO_2)은 황산납($PbSO_4$)으로 변하고 전해액($2H_2SO_4$)인 묽은 황산은 양극판의 작용물질과 반응하여 물(H_2O)에 접촉하면 비중이 떨어진다. 따라서 방전을 계속하면 작용물질이 황산납($PbSO_4$)으로 변하여 전기를 발생할 수 없게 된다. 이 상태를 '완전 방전 상태'라고 한다. 전해액의 농도는 배터리의 방전 전기량에 비례하여 변화되므로 비중계로 전해액의 비중을 측정함으로써 배터리의 방전 상태를 알 수 있다.

2 과충전

전기 에너지를 충전기를 사용하여 화학 에너지로 변환시키는 것으로서 방전의 역반응이다. 음극과 양극의 황산납($PbSO_4$)은 충전기에 의하여 점차적으로 전기 에너지를 가역시키면 양극판은 과산화납(PbO_2), 음극판은 해면상납(Pb)으로 변하고 전해액은 기판의 작용물질과 반응하여 비중이 규정 비중까지 올라간다. 충전이 진행되어 배터리가 완전 충전 상태로 되돌아가면 물이 전기 분해되어 양극에서 산소(O_2), 음극에서 수소(H_2)가 매우 심하게 발생된다. 가스의 생성이 활발하기 때문에 충전실은 신선한 공기로 환기해야 한다. 이들 가스는 폭발성이 있기 때문에 화염, 불꽃 등의 화기를 배터리에 접근시키지 말아야 한다. 그리고 충전하는 동안의 전해액의 온도는 43℃가 넘어서는 안 된다. 만약에 온도가 높아지면 43℃보다 내려갈 때까지 충전을 연기해야 한다. 표준 충전 용량보다 많이 충전한 것을 과충전이라한다. 종합적으로 방전하는 동안에는 황산의 비중이 점점 낮아지며 반면에 충전하는 동안에는 물이 황산의 형태로 바뀌기 때문에 비중이 올라간다. 이것이 배터리의 중요한 특징이다.

완전 충전된 극판군(cell)의 개로 전압(OCV : Open Circuit Voltage)은 전해액 비중이 1.280일 때 약 2.1V이며 용량의 크기에는 무관하다. 그러나 방전 중의 전압차는 방전 직전의 충전 상태, 방전 전류의 크기 전해액 비중 및 온도에 따라 약간의 차가 있기는 하나 대략 비슷하다. 또한 방전이 진행됨에 따라 작용물질 주위의 황산은 희박하게 되고 동시에 극판의 작용물질은 황산납으로 되어 전압이 급격히 저하되어 전류는 흐르지 않게 된다. 그리고 저온에서는 극판 및 격리판 내부에 전해액 확산 속도가 느리기 때문에 내부 전압이 증가하여 전압이 낮아진다.

Section 82 기중기(crane)의 전방 안정도와 후방 안정도

① 전방 안정도

(1) 크레인은 다음 공식에 의거하여 계산한 값이 1.15 이상의 전방 안정도를 가진 것이어야 한다.

$$S_f = \frac{W_b + W_a + W_c}{W_b + W_a}$$

여기서, S_f : 전방 안정도

W_b : 지브의 중량 중 선단부 등가중량(단위 : 톤)

W_a : 정격 하중의 달기구의 중량을 더한 값(단위 : 톤)

W_c : 안정 여유 하중(단위 : 톤)

(2) (1)의 전방 안정도는 크레인이 다음과 같은 조건하에 있는 것으로 계산한다.

① 전방 안정도에 영향을 주는 중량은 크레인의 전방 안정에 관하여 가장 불리한 상태에 있는 것으로 한다.

② 견고한 수평면에 있는 상태로 한다.

② 후방 안정도

① 이동식 크레인(크롤러 크레인 및 수상 크레인은 제외한다)은 다음 각 호에 명시하는 지브의 길이 방향의 중심선을 포함한 연직면과 당해 이동식 크레인의 주행 방향과의 상태에 따라 당해 지브가 향하는 방향의 모든 가능한 전도 지점에 걸리는 하중치의 합계치가 다음 각 호에 정한 값 이상의 후반 안정도가 확보되어야 한다.

㉠ 직각일 때 : 당해 크레인은 중량치의 15%에 상당하는 값

㉡ 평행일 때 : 당해 크레인의 중량치의 15%에 상당하는 값에 평균 륜거(wheel track)를 축거(wheel base)로 나눈 값을 곱한 값

② 크롤러 크레인(무한궤도식)은 지브가 향하고 있는 쪽의 모든 전도 지점에 걸리는 하중값의 합계가 당해 크롤러 크레인의 중량치의 15% 이상 후방 안정도를 유지하여야 한다.

③ 제1항, 제2항의 후방 안정도는 크레인이 다음과 같은 상태하에 있는 것으로 계산한다.

㉠ 후방 안정도에 영향을 주는 중량은 크레인의 후방 안정에 가장 불리한 상태에 있는 것으로 한다.

ⓛ 하중을 부하하지 않는 상태로 한다.

ⓒ 견고한 수평면 위에 있는 것으로 한다.

ⓔ 아웃트리거가 있는 크레인은 이것을 사용하지 않은 상태로 한다.

3 좌우의 안정도

① 크레인(크롤러 크레인은 제외한다)은 다음 각 호의 상태에서 견고한 수평면 위에 30° 까지 경사가 있어도 좌우의 안정도를 확보할 수 있어야 한다.

ⓖ 무부하 상태(연료, 윤활유, 냉각수 등을 포함해서 운전에 필요한 설비, 장치 등을 전부 적재한 상태로 단지 화물만을 적재하지 않은 상태)일 것

ⓛ 크레인의 장방향의 중심선을 포함한 연직면과 당해 크레인의 주행 방향이 평행 상태일 것

② 제1항의 좌우 안정도는 계산에 의해 산정할 수 있다.

Section 83 자이로스코프(Gyroscope)

1 정의

회전체의 역학적인 운동 성질을 관찰하는 실험 기구로 회전의(回轉儀)라고도 하며 팽이 모양의 무거운 금속제 원판을 둥근 바퀴에 끼우고 다시 그 바퀴를 더 큰 바퀴에 끼우는 식으로 삼중의 원형띠를 만들어 어느 방향으로나 회전할 수 있도록 장치한 것이다.

2 응용 분야

원판을 심하게 회전시키면 바깥의 원형띠가 지구의 자전 방향과 반대 방향으로 천천히 회전, 지구의 자전을 실험적으로 증명할 수 있다. 이 원리를 응용해 로켓 관성 유도 장치의 자이로스코프, 나침반의 하나인 자이로컴퍼스, 선박의 안전 장치로서의 자이로안정기 등을 만들었다.

Section 84 건설기계에 적용되는 자동 변속기

1 개요

건설기계용 변속기는 엔진에서 발생된 동력을 차축에 전달하기 위한 동력 전달 장치의 핵심 기능 장치로, 단순한 동력의 전달이 아니라 엔진의 동력 특성을 차량이 요구하는 구동력 특성에 맞게 변환시키는 중요한 기능을 수행한다.

2 변속기의 분류

동력 전달 장치는 클러치, 변속기 그리고 추진축으로 구성되어 있으며, 변속기는 클러치와 추진축 사이에 설치되어 엔진의 동력을 자동차의 주행 상태에 적합하도록 엔진의 회전을 적절하게 변속하여 회전력을 증대시키거나 회전 속도를 변환시킨다. 또한 필요시에는 엔진을 무부하 상태인 중립 상태로 유지하고, 후진시에는 차축의 회전 방향을 바꿔주는 자동차의 핵심 기능 장치로 작동 방식에 따라 수동 변속기와 자동 변속기로 크게 나누어진다.

① 수동 변속기 : 구조가 간단하여 가격이 저렴하며, 고장이 적고, 연료 소비가 유리하여 변속 조작이 쉬운 동기 물림식이 널리 사용되고 있으며, 항상 수동으로 클러치와 변속 조작을 해야 하는 불편한 점이 있어 클러치를 자동으로 조작하는 반자동 변속기도 개발되어 사용되고 있다.

② 자동 변속기 : 수동 변속기에 비해 효율이 낮고 가격이 비싸기 때문에 주로 고급 승용차에 장착되어 왔다. 그러나 차량의 주행 조건에 필요한 구동력을 얻기 위해 행하는 변속과 클러치 조작을 자동으로 수행하기 때문에 운전이 편리하고 주행 안정성과 안락감을 추구하는 요구가 계속 증가하고 있다. 이 때문에 시장 수요도 따라서 증가하고 있다. 그러나 자동 변속기는 클러치 대신 사용되는 토크 컨버터에 의한 동력의 손실([표 5-21] 참조)과 변속 충격에 의한 승차감이 저하되는 문제점을 안고 있으며 이를 개선하기 위한 대안으로 무단 변속기가 검토되어 왔다.

③ 무단 변속기 : 자동으로 변속시키는 기능은 자동 변속기와 같지만, 자동 변속기가 설계된 변속 비율과 변속 단수에 따라 일정한 변속비를 갖고 있다. 반면 무단 변속기는 차량의 주행 여건에 따라 최대 감속비와 최소 감속비 사이에서 최적의 조건으로 감속비를 변환시켜 우수한 동력 성능과 연비의 향상을 기할 수 있는 이상적인 변속 장치로 각광받고 있다.

[표 5-21] 자동 변속기의 변속 단별 효율

변속 단	효 율
1	60~85%
2	60~90%
3	85~95%
4	90~95%
5	85~94%

❸ 무단 변속기와 자동 변속기의 비교

무단 변속기(CVT : Continuosly Variable Transmission)는 미국을 중심으로 개발된 자동변속기가 갖고 있는 토크 컨버터로 인한 에너지 손실과 변속 충격에 의한 승차감 저하를 개선하기 위해 유럽과 일본을 중심으로 개발되어 왔다. 무단 변속기는 운전자가 클러치와 변속 레버를 조작할 필요가 없다는 점은 자동 변속기와 같다. 하지만 자동 변속기가 일정한 감속비를 갖고 있는 데 비해 무단 변속기는 최소 감속비와 최대 감속비 사이에서 연속적으로 엔진의 동력을 최적 조건의 구동력으로 변환시켜 연비를 향상시키고 최적의 주행 조건을 갖도록 한다. 무단 변속기는 기본적으로 구조에 따라 벨트와 풀리 (belt & pulley) 타입, 트랙션 드라이브(traction drive) 타입 그리고 유압 작동 기계식 (hydro mechanical)으로 구분되며, 제어 방식은 과거의 무단 변속기는 기계 유압식 제어 방식을 택하였으나 최근에는 전자 제어식이 많이 실용화되고 있다.

Section 85 불도저의 트랙이 벗겨지는 원인

❶ 개요

트랙 유격은 상부 롤러와 트랙 사이의 간격을 말하며, 건설기계의 종류에 따라 다소 차이는 있으나 일반적으로 유격은 25~40mm 정도이며 트랙 유격 조정 방법은 다음과 같다.

① 평탄한 지면에 주차시킨다.
② 브레이크가 있는 경우에는 브레이크를 사용해서는 안 된다.
③ 전진하다가 정지시켜야 한다.
④ 2~3회 반복 조정하여 양쪽 트랙의 유격을 똑같이 조정하여야 한다.
⑤ 트랙을 들고 늘어지는 양을 점검하기도 한다.

② 트랙이 벗겨지는 원인

트랙이 벗겨지는 원인은 다음과 같다.
① 트랙의 유격(긴도)이 너무 클 때
② 트랙의 정렬이 불량할 때(프런트 아이들러와 스프로킷의 중심이 일치되지 않았을 때)
③ 고속 주행 중 급선회하였을 때
④ 프런트 아이들러, 상하부 롤러 및 스프로킷의 마멸이 클 때
⑤ 리코일 스프링의 장력이 부족할 때
⑥ 경사지에서 작업할 때

Section 86 로더(loader)의 적하 방식

① 개요

적재 장치를 가지고 트랙터 본체 전면에 쇼벨 장치를 한 트랙터 쇼벨이 로더의 대표적인
것으로서 건설 공사에서 자갈, 모래, 흙 등을 퍼서 덤프차에 적재하는 데 주로 사용된다.

② 안전 적재 방법

휠 로더에 있어서의 버킷의 적재량은 [그림 5-149]와 같이 평형의 원칙을 고려하여
작업을 실시해야 한다. 만약 적재량의 초과 시 평형도는 $F_1 D_1 > F_2 D_2$의 상태로 되어 후
륜이 지면에서 상승되는 등의 위험을 초래할 수 있다.

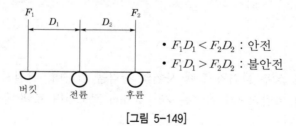

- $F_1 D_1 < F_2 D_2$: 안전
- $F_1 D_1 > F_2 D_2$: 불안전

[그림 5-149]

③ 버킷 로더의 평형도

다음은 로더의 적재 방법을 나타내는 그림이며 작업 장소의 광협, 운반 기계의 기종,
운반 기계의 출입로 등의 현장 조건에 따라 적재 방법의 선택이 달라진다.

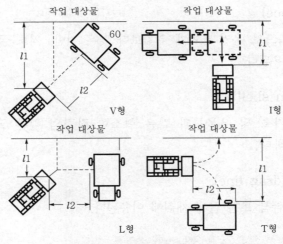

[그림 5-150] 로더의 적재 방법

4 로더의 적재 방법

(1) 종류

① 주행 방법 : 크롤러형, 휠형
② 적하 방식
　㉠ 프런트 엔드형 : 버킷의 앞부분에서 적하하는 방법이다.
　㉡ 사이드 덤프형 : 덤프트럭의 사이드에서 버킷이 적하하는 방법이다.
③ 백호 셔블형 : 백호나 셔블을 이용하여 적하하는 방식이다.
④ 오버헤드형 : 버킷이 오버헤드한 상태에서 적하하는 방식이다.
⑤ 스윙형 : 버킷에 선회하면서 적하하는 방식이다.

Section 87 굴삭기 버킷(bucket)의 종류

1 셔블계 굴삭기

셔블 또는 크레인을 기본형으로 하고 각종 부수 장치의 교환으로 굴삭 작업과 크레인 작업을 할 수 있다.

(1) 파워 셔블(power shovel)

버킷이 외측으로 움직여 기계 위치보다 높은 지반이나 굳은 지반의 굴착에 사용된다.

(2) 백호(back hoe)

버킷이 내측으로 움켜서 기계 위치보다 낮은 지반, 기초 굴착, 비탈면 절취, 옆도랑 파기 등에 사용된다.

(3) 클램 셸(clam shell)

구조물의 기초 및 우물통과 같은 협소한 장소의 깊은 굴착에 이용한다. 단단한 지반은 곤란하다.

(4) 드래그 라인(drag line)

주로 하상 굴착 또는 골재 채취에 이용된다.

(a) 파워 셔블

(b) 백호

(c) 클램 셸의 버킷

(d) 드래그 라인의 버킷

[그림 5-151] 셔블계 굴삭기

❷ 버킷계 굴삭기

(1) 버킷 래더(bucket ladder)

연약한 토질에 적합하며 주로 하천 조사, 수로 설치, 자갈 채취 등에 사용한다.

(2) 버킷 휠 엑스카베이터(bucket wheel excavator)

토사, 연암 굴착에 적합하며 도로 건설, 매립 조사의 토취 등에 사용한다.

(3) 트렌처(trencher)

주로 하수관, 가스관, 수도관, 석유 송유관, 암거 등의 도랑 굴착 시 사용한다.

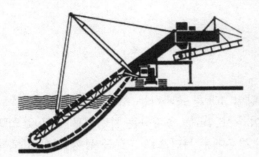

(a) 버킷 래더

(b) 트렌처

(c) 암석 운반용

(d) 리어 덤프 방식

[그림 5-152] 버킷계 굴삭기

Section 88

사용되는 덤프트럭(dump truck) 중에서 정부나 지방자치단체의 운행 허가를 별도로 받지 않고 도시 내의 일반 도로를 주행할 수 있는 덤프트럭의 최대 규격과 그 이상 규격의 덤프트럭이 생산되지 않는 이유

1 개요

자동차 관리법에 따른 자동차와 건설기계 관리법의 건설기계를 도로법에서는 모두 차

량이라고 하고 있으며, 기본적으로 건설기계가 도로를 운행할 수 있는 것으로 되어있다. 다만 관련 법규를 만족하는 경우라는 단서가 붙는다.

도로법에 '도로관리청은 도로의 구조를 보전하고 운행의 위험을 방지하기 위하여 필요하다고 인정하면 대통령령으로 정하는 바에 따라 차량(자동차 관리법에 따른 자동차와 건설기계 관리법에 따른 건설기계)의 운행을 제한할 수 있다.'라고 하고 있으며, 이를 제한하는 기준을 정하고 있다.

❷ 도로 통행을 제한하는 기준

도로 통행을 제한하는 기준으로는
① 축 중량이 10t을 초과하거나 총중량이 40t을 초과하는 차량
② 폭이 2.5m, 높이가 4.0m 또는 길이가 16.7m를 초과하는 차량으로 하고 있으므로 이들 가운데 어느 하나라도 초과하는 경우에는 무단으로 도로를 통행할 수 없도록 하고 있다.

도로 통행을 제한하는 기준에 해당되지만 그래도 통행하고자 하는 경우에는 도로청의 허가를 받으면 도로의 통행이 가능하며 건설기계가 길이 16.7m, 폭이 2.5m, 또는 높이가 4.0m 초과인 경우 도로청의 허가를 받을 수 있다. 폭이 작은 경우에는 인터넷으로 신청도 가능하다.

그러나 축 중량이나 총중량이 초과하는 경우에는 일반적으로 불가능하며 과적으로 도로 파손의 주범이라는 것은 누구나 아는 사실로 매년 파손된 도로를 보수하기 위해 막대한 비용이 소비된다. 그렇다보니 국토관리청에서는 과적 단속을 강화하고 있는 실정이므로 국책 사업이나 공익을 위한 경우라도 축 중량이나 총중량이 초과하는 건설기계가 도로를 통행하도록 허가 받기는 어려운 시정이다.

그래서 축 중량 10t 또는 총중량 40t을 초과하는 대형 건설기계는 도로를 통행하기 위해 적당한 무게로 분리하여 분리된 각 부품을 트레일러 또는 화물차에 싣고 도로를 운송하고 목적지에서 다시 조립하여 사용하는 분리 운송 방법을 택하고 있다.

❸ 도로 통행이 가능한 건설기계

건설기계는 크게 타이어식과 무한궤도식으로 분류가능하며 종류에는 덤프트럭, 믹서 트럭, 콘크리트 펌프, 기중기(크레인), 지게차, 굴삭기(포크레인), 천공기 등 27종이 있다. 그 중 덤프트럭, 믹서 트럭, 콘크리트 펌프 및 트럭 적재식 기중기 등은 이미 고속국도법에 따라 고속도로의 통행까지 가능하다. 고속국도법 시행령에서 정한 고속도로의 통행이 가능한 건설기계는 다음과 같다.
① 덤프트럭

② 콘크리트 믹서 트럭
③ 콘크리트 펌프(트럭 적재식인 것에 한한다)
④ 아스팔트 살포기
⑤ 노상 안정기
⑥ 천공기(트럭 적재식인 것에 한한다)
⑦ 기중기(트럭 적재식인 것에 한한다)
⑧ 그 밖에 다음 각 목의 요건을 모두 갖춘 건설기계
 ㉠ 최고 속도가 시속 70km 이상일 것
 ㉡ 트럭(트럭 적재식인 경우를 포함한다) 형식일 것

Section 89 건설기계 경비 적산 시 적용되는 운전 시간

❶ 개요

기계 경비는 기계손료, 운전 경비 및 수송비의 합계액으로 하되 특히 필요하다고 인정될 때에는 조립 및 분해 조립 비용을 포함한다.

❷ 건설기계 경비 적산 시 적용되는 운전 시간

(1) 기계손료

상각비, 정비비 및 관리비의 합계액으로 한다. 다만, 관리비에 대하여는 1일 8시간을 초과할 경우라도 8시간으로 계산하여야 한다.

(2) 운전 경비

기계를 사용하는 데 필요한 다음 경비의 합계액으로 한다.
① 연료, 전력, 윤활유 등
② 운전수 및 조수의 급여 또는 임금과 기타 운전 노무비
③ 정비비에 포함되지 않는 소모품비

(3) 기계 장비 가격

① 기계 장비 가격은 국산 기계는 공장도 가격(원)으로, 도입 기계는 달러로 표시하고 연도 초 최초로 외국환 은행이 고시하는 환율(외국환거래법에 의한 기준 환율 또는 재

정 환율)을 적용 · 시행한다. 단, 5% 이상의 증감이 있을 때에는 건설기계 가격을 조
정할 수 있다.

② 기계 경비 가격을 원화로 환산할 경우에는 1,000원 미만은 절사한다.

Section 90

건설기계 조향 장치의 구비 조건, 원리와 구조 및 구성요소

① 정의

조향 핸들(steering handle)을 회전시키고 각 링크 기구를 움직여 앞바퀴의 방향을 바
꾸어 차량의 주행 방향을 제어해주는 장치이다.

② 조향 장치의 구비 조건

① 조향 조작이 쉬울 것
② 회전 반경이 작고, 차의 방향 변환이 용이할 것
③ 노면으로부터 받는 충격으로 인하여 조향 핸들이 동요하지 않을 것
④ 고속 주행 시 조향 핸들이 안정될 것
⑤ 각부나 바디에 무리한 힘이 걸리지 않을 것

③ 조향 장치의 원리 및 구조

(1) 애커먼(Acherman) 방식

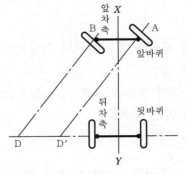

[그림 5-153] 바퀴가 평행한 방향 전환(타이어 마모가 심함)

(2) 애커먼－장토(Acherman−Jantaud) 방식

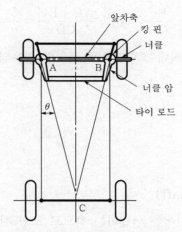

[그림 5-154] 1점에 교차되는 기구로 개선된 방식

(3) 조향 원리

각 바퀴의 궤적이 중심 D를 갖는 동심원이 되도록 하는 것(이상적인 선회 방법)

(4) 조향 방법

내측 차륜이 외측 차륜보다 조향 각도가 커야 한다($\beta > \alpha$).
좌우 앞바퀴의 너클 암 중심으로부터 그은 연장이 뒤차축 연장선상의 한 점(D)에서 교차한다.

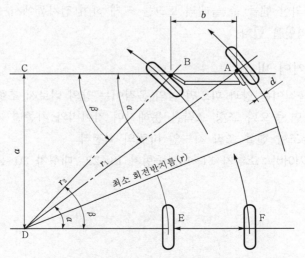

a : 축 사이의 거리, b : 킹 핀 사이의 거리, α : 외륜 조향각, β : 내륜 조향각

[그림 5-155] 조향 원리

애커먼-장토식의 선회조건식

$$\frac{AC}{CD} = \cot\alpha, \ \frac{BC}{CD} = \cot\beta, \ \frac{AC - BC}{CD} = \frac{b}{a} = \cot\alpha - \cot\beta$$

최소 회전 반지름 : 최대 조향각으로 선회할 경우의 회전 반지름

$$r = \frac{a}{\sin\alpha} + d$$

4 조향 장치의 구성

(1) 조향 축(steering shaft)

조향 핸들과 조향 기어를 연결하는 축으로 조향 칼럼(column)에 내장된다.

(2) 조향 칼럼(steering column)

조향 축이 들어있는 원통 모양의 튜브이다.

(3) 충격 흡수식 조향 핸들

충돌시에 조향 축이 축 방향에 압축되어 변형하는 방식으로 커랩서블 스티어링(collapsible steering)이라고 하며, 컬럼이 축 방향으로 압축되어 변형된다.

(4) 조향 기어(steering gear)

기어박스와 피트먼 암으로 구성되며 피트먼 암에서 요동으로 바꾸어 전차륜에 전달하고 인력에 의한 핸들 축 둘레의 토크를 크게 하여 전차륜에서 필요로 하는 조향 토크를 유지하는 역할을 한다.

(5) 스티어링 기어 비

핸들의 움직이는 양과 피트먼 암의 움직이는 양의 비로서 조향력을 작게 하려면 이 비를 크게 하면 좋으나 조향 조작은 둔해지며 기어비와 차종별 기어비는 다음과 같다.
① 기어비=조향 핸들 조작 각÷앞 바퀴의 회전각
② **차종별 기어비** : 소형차 14~18, 중형차 18~22, 대형차 20~26

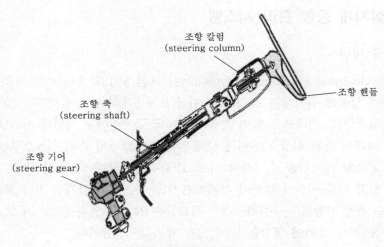

조향 칼럼
(steering column)

조향 축
(steering shaft)

조향 핸들

조향 기어
(steering gear)

[그림 5-156] 조향 장치의 구성

건설기계에 IT를 융합시킨 GPS(전지구적 위치 측정 시스템) 장착의 장점

1 개요

건설 현장에서 사용되는 건설기계는 대부분 자체 중량이 수십 톤이 넘는 중량물로서 현장간 이동을 위하여 육상의 도로를 이용하는데, 규정된 중량을 초과하는 건설기계가 일반 도로 및 교량을 통과하는 것은 금지되어 있으므로 건설기계는 법 규정에 적합하도록 분리 또는 분해를 하여 이동하는 것이 권장되고 있다. 그러나 현장에서 조립하기 어려울 정도로 분리 및 분해를 하는 경우 현장에서 재조립하는 것이 어려우므로 별도의 운행 허가를 받아 도로를 이동하지만 이는 도로의 수명에 부정적 영향을 주게된다.

그러나 최근에 기술 보급이 이루어지고 있는 인공위성에 의한 위치 계측 시스템인 GPS(Global Positioning System) 기술을 활용하면 건설기계의 현재 위치를 파악하는 것이 기술적으로 가능하다.

따라서 이를 이용하여 건설기계를 관리하는 운용 체제를 구축함으로써 전국의 각종 건설기계의 위치를 쉽게 파악할 수 있어 재해 및 재난발생 시 수배를 용이하게 할 수 있고, 건설기계의 주요 이동 경로를 분석하여 그 이동 경로에 대한 도로 관리를 집중적으로 함으로써 도로의 수명을 연장시킬 수 있는 장점이 있다.

② 건설기계 종합 관리 시스템

(1) GPS 일반

GPS(Global Positioning System)란 [그림 5-157]에서 보는 바와 같이 고도 약 2만 km의 상공에 위치하는 24개 GPS 위성(모두 6개의 궤도에 궤도별 GPS 위성을 4개씩 배치)의 위치를 기준으로 하여 측위하는 미국 국방성에서 개발한 시스템이다. GPS 수신기는 24개의 측위 위성 가운데 동시에 3개 내지 12개의 측위 위성으로부터 발사되는 각 위성 고유의 데이터를 수신하여 현재 GPS 수신기의 위치(경도, 위도, 고도 등)를 파악할 수 있고 이를 시간에 대하여 처리하면 GPS 수신기가 탑재된 차량 등의 속도 및 이동 방향도 측정 가능하다. 이러한 측위 자료들은 24시간 연속적으로 계측 가능하고, 구름, 태풍 등 기상 조건에 영향을 받지 않는 것이 큰 장점이다.

(2) 건설기계 종합 관리 시스템의 목적

GPS를 이용하여 건설기계를 관리하는 시스템은 GPS 인공위성을 이용하여 전국에 산재한 건설기계의 현재 위치를 파악하고 현재 및 과거의 이동 경로를 파악할 수 있도록 하고 전국적 데이터 통신 네트워크 및 컴퓨터 시스템을 구축하여 다음의 효과를 기대하려는 것이다.
① 건설기계 가득률(稼得率) 향상
② 중량급 건설기계에 의한 도로의 파손 방지 및 수명 연장 효과 기대
③ 주기장 운용 실태 파악 및 제도 정착 방안 제시

건설기계 종합 관리 시스템의 구성 개념은 [그림 5-157]과 같다. [그림 5-157]에서 각 건설기계의 위치 데이터는 종합 관리 센터에 보내지며 종합 관리 센터에서는 이 데이터를 이용하여 위에서 언급한 목적으로 활용할 수 있는 것이다.

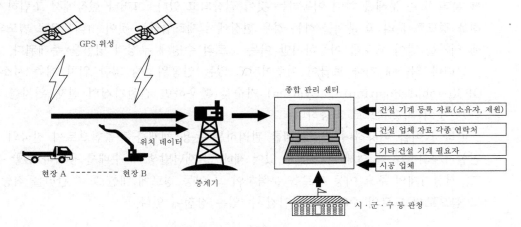

[그림 5-157] 건설기계 종합 관리 시스템 구성 개요도

(3) 시스템의 구성

GPS를 이용하여 건설기계를 전국적으로 관리하는 데에는 기본적으로 GPS 수신 장치가 필요하고 각 건설기계가 수신하여 분석한 현재의 위치를 종합 관리 센터로 전송하는 장치가 필요하다.

① GPS 수신 장치 : GPS 위성으로부터 데이터를 수신하는 장치로서 각 건설기계마다 부착하도록 한다.

② 위치 재송신 장치 : 건설기계에 부착된 GPS 수신 장치에 의하여 파악된 건설기계의 위치 데이터를 전송하기 위한 장치로서 전국 각지 건설기계의 위치를 송신 받기 위하여 전국적으로 이를 위한 중계소(기지국)가 필요하다. 그러나 건설기계 위치 인식을 위하여 별도의 전국적 전송 네트워크(network)를 구성하는 것은 여러 가지 면에서 비경제적이고 비효율적이다.

③ 건설기계 위치 재수신 시스템 및 관제 시스템 : 전국에 산재된 건설기계로부터 전송되어 오는 건설기계의 위치 데이터를 수신하여 처리하는 시스템을 말하는 것으로서 전국 건설기계의 현재 및 과거의 위치 등이 종합적으로 관리되는 기지국 장치와 각종 소프트웨어 등을 포함하는 종합 관제 시스템이다.

④ 건설기계 종합 관리망 : 이상 설명한 장치 및 시스템을 이용하여 효율적인 건설기계 관리를 수행하기 위하여 기본적으로 다음에서 설명하는 데이터베이스 및 운용 소프트웨어의 구축이 필요하다.
  ㉠ 전국 도로망 위치 정보
  ㉡ 도로별 통행 허용 하중
  ㉢ 건설기계 제원(중량 등)
  ㉣ 건설기계 관리 및 운용 소프트웨어

(4) 장치 구성의 요건

건설기계 종합 관리망을 구축하기 위하여 건설기계마다 GPS 수신기를 부착하여야 하고 각각의 현장에 중계소 등을 설치하여야 하는 등 여러 가지 구성 요소가 필요하다.

① 건설기계마다 GPS 수신기 부착 의무화 : 건설기계 종합 관리망 구축을 위하여 필요한 첫 단계는 각 건설기계의 위치를 수신할 수 있는 GPS 수신기의 장착이다.

② 건설기계 자료 송신 시스템 설치 : GPS 수신기에 의하여 건설기계는 현재의 위치를 수신하고 그 위치 정보를 가지고 있게 된다.

(5) 기대 효과

① 시공 업체 이용 측면 : 필요로 하는 건설기계를 신속하게 투입하는 것이 곤란한 경우가 많은데 건설기계 종합 관리 시스템을 이용하면 건설기계 수요가 발생한 현장의 가장

인접 지역에서 원하는 기종을 파악, 수배, 사용료 및 임차 가능 여부가 즉시 파악 가능하다는 장점이 있다.

② 정부 및 관련 기관 이용 측면

　㉠ 도로의 통행 하중을 초과하는 건설기계의 주요 운반로 파악이 가능하므로 전국 중량물 운반/통행 도로망 계획 수립에 활용이 가능하다.

　㉡ 통행 하중을 초과하는 건설기계의 도로 통행을 예방하는 것이 가능하므로 도로의 파손 방지로 도로 보수 예산 절감 효과를 기대할 수 있다.

　㉢ 주기장에 건설기계가 주기하고 있는지를 알 수 있으므로 주기장의 운용 실태 파악이 가능하고 주기장의 위치 선정 등 주기장 확보 계획 수립에 활용이 가능하다

　㉣ 비상시 국가적으로 건설기계가 일시에 다량이 필요한 경우 이들을 동원할 수 있는 종합 동원망 유지가 가능하다.

　㉤ 전국적/국지적 재해 발생 시 각 지방자치단체 및 재해대책 기관 등에서도 최인접 지역 건설기계 동원에 활용 가능하다.

　㉥ 건설기계의 사용 실태 파악으로 품셈 및 제도 수립에 활용 가능하다.

　㉦ 건설기계의 작업 상태 관측 연구가 용이하다.

③ 건설기계 보유 및 임대 업체 이용 측면 : 건설기계의 현재의 위치 및 임대차 관련 자료 제공으로 건설기계의 가득률을 높일 수 있으므로 건설기계의 이용 효율 향상을 기대할 수 있다.

Section 92 타워 크레인의 와이어 로프 지지·고정(wire rope guying) 방식

① 개요

타워 크레인은 플랜트 건설공사, 빌딩건축 등의 공사를 진행할 때 건물의 높이가 상승할수록 최대 풍속과 최대 순간 풍속을 받아 설치가 미흡하여 안전사고를 유발하고 있다. 이러한 이유로 제조자가 제시한 자립고(free standing height) 이상으로 설치하여 사용하고자 하는 경우 지지·고정 및 풍속에 따른 작업제한 등의 안전조치에 대하여 적용한다. 여기서 최대 풍속은 지상 10m의 높이에서 하루 중 임의의 10분간의 평균값 중에서 최댓값을 말하며 최대 평균 풍속이라고도 한다. 최대 순간 풍속은 하루 중 바람이 순간적으로 가장 세게 불었던 때의 풍속을 말한다.

2 타워 크레인의 와이어 로프 지지 · 고정(wire rope guying) 방식

(1) 와이어 로프 지지 · 고정(wire rope guying) 방식

와이어 로프 지지 · 고정방식은 타워 크레인 설치장소의 주변에 적당한 지지물이 없거나, 고심도의 지하층 바닥에 타워 크레인을 설치하는 경우에 사용하며 다음과 같이 분류한다.

1) 4줄 정방향 지지 · 고정 방식

일반적으로 가장 많이 사용되는 방법으로서 타워 크레인 회전에 의해 발생하는 선회 토크를 전달시키지 못하므로 타워 크레인 설치 높이가 엄격히 제한되는 방식이다.

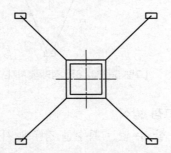

[그림 5-158] 4줄 정방향 지지 · 고정 방식

2) 8줄 대각방향 지지 · 고정 방식

와이어 로프의 인장력을 이용해 토크를 전달시키는 방법으로 각각의 로프는 독립적으로 연결되어야 하며, 회전 및 비틀림모멘트 등에 강하여 가장 구조적으로 장점을 가진 방식이다.

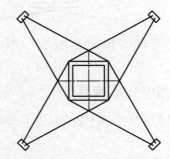

[그림 5-159] 8줄 대각방향 지지 · 고정 방식

3) 8줄 정방향 지지 · 고정 방식

앵커의 위치 배치만 다를 뿐 8줄 대각방향 지지 · 고정방식과 동일한 방법으로 각각의 로프를 독립적으로 연결하는 방식이다.

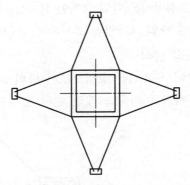

[그림 5-160] 8줄 정방향 지지 · 고정 방식

4) 6줄 혼합방향 지지 · 고정 방식

앵커 위치를 4군데로 할 수 없는 특수한 경우에 사용되며, 시공에 특히 유의해야 하는 방식이다.

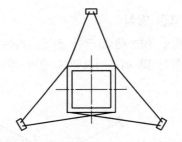

[그림 5-161] 6줄 혼합방향 지지 · 고정 방식

(2) 와이어 로프 지지 · 고정방식의 예시

와이어 로프 지지 · 고정방식의 예시는 [그림 5-162]와 같다.

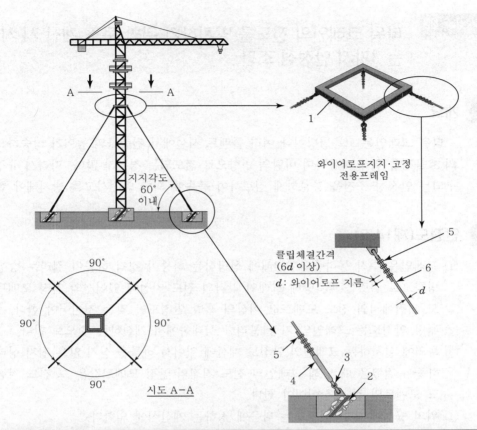

와이어로프지지·고정
전용프레임

지지각도
60°
이내

클립체결간격
(6d 이상)
d : 와이어로프 지름

90°

90°   90°

90°

시도 A-A

번호	품명	수량(개)	비고
1	와이어 로프 지지전용프레임	1	
2	기초고정 블록(dEADMAN)	4	
3	샤클	8	
4	진장장치(Tensioning device : 유압식)	4	
5	와이어 로프 클립	32	1개소당 최소 4개 이상
6	와이어 로프	4	

[그림 5-162] 와이어 로프 지지 · 고정방식(예시)

Section 93 타워 크레인의 전도를 방지하기 위한 구조 계산 시 사용되는 3가지 안정성 조건

1 개요

타워 크레인은 고층빌딩이나 여러 플랜트 시설에서 건축물의 높이가 상승하므로 공사의 효율성을 위해 사용하며 바람의 영향으로 전도되는 경우가 많다. 따라서 규정에서 요구되는 안정성 조건을 충분하게 검토하여 풍속에 의한 안전사고를 방지해야 한다.

2 안정도(제14조)

① 크레인은 수직 동하중의 0.3배에 상당하는 하중이 정격 하중이 걸리는 방향과 반대 방향으로 걸렸을 때, 당해 크레인 각각의 전도 지점에 있어서의 안정 모멘트값은 전도 지점에서의 전도 모멘트값 이상의 후방 안정도를 갖는 것이어야 한다.

② 후방 안정도는 크레인의 가장 불리한 상태하에서 계산하는 것으로 한다.

③ 옥외에 설치하는 크레인의 안정도 계산에 있어서 하물을 싣지 않은 정지 상태에서 풍하중이 걸렸을 때 당해 크레인의 전도 지점의 안정 모멘트값은 그 전도 지점에서 전도 모멘트의 값 이상이어야 한다.

④ 위의 규정에 의한 안정도는 다음에 정하는 계산식에 의한다.

ⓐ 안정도에 영향을 주는 중량은 크레인의 안정에 관한 가장 불리한 상태일 것

ⓑ 바람은 크레인의 안정에 가장 불리한 방향에서 불어오는 것으로 할 것

ⓒ 주행 크레인에 있어 크레인 정지시 풍력 등 외력에 의한 이동을 방지할 수 있는 고정 장치를 구비할 것. 다만, 옥내에 설치되어 풍압을 직접 받지 않는 크레인은 예외로 한다.

Section 94 건설기계의 차체 경량화 및 안전성 강화를 위한 가공 기술

1 개요

중장비는 굴삭기, 크레인 등 건설기계 부문과 트럭, 트레일러 등 운송 장비 부문으로 구별할 수 있으며 중장비용으로는 주로 후판 및 열연 소재가 사용되며, 소재의 두께는 얇게는 2mm에서부터 50mm 이상 두께의 후물까지 다양하게 사용되고 있다. 또한 건설

기계는 차체 경량화를 통하여 기동성과 연료 소비율을 감소시키지만 안정성을 충분히 고려하여 검토해야 한다. 왜냐하면 건설기계는 작업의 유무에 따라서 힘의 균형이 달라지기 때문이다.

❷ 건설기계의 차체 경량화 및 안전성 강화를 위한 가공 기술

열연 소재 중 후물은 두께 측면에서 후판재와 경합하게 되는데, 후판 소재의 장점은 광폭이며 재질 이방성이 적고 열처리 프로세스가 정립되어 있어 초고강도재의 제조에도 용이하다는 점이다. 반면 열연 소재는 생산성과 경제성 측면에서 장점이 있으며, 고속 연속 압연 공정을 통해 생산되어 결정립 미세화에 유리하고 가격 대 성능비가 뛰어나다는 특징이 있다. 국내의 중장비용 고강도 열연재는 주로 Ti, Nb 등 미량 합금 원소가 첨가된 micro-alloyed 강을 TMCP 방식으로 제조하고 있는데, 열연 제조 시의 압연 및 권취 능력, 레벨링 등 열연 후공정의 능력에 의해 일차적으로 제조 가능한 두께와 강도 범위가 제한되고 있다. 야금학적으로는 석출 경화형 합금으로 달성 가능한 강도의 상한과 충격 특성과의 균형 측면에서 두께 및 강도 수준이 제한된다고 할 수 있는데, 현재 생산되는 국내 중장비용 고강도 열연재의 대표적인 최고 수준은 두께 3~10mm인 TMCP형 항복 강도 700MPa급 소재이다. 현재보다 고강도 열연 소재를 생산하기 위한 DQ(Direct Quenching) 공정이나 열연 후열처리(RQ : Reheating and Quenching) 공정은 국내에서는 아직 활발하게 적용되고 있지 않다. 유럽의 고강도 열연 소재 특수 압연밀의 경우 권취 이전 런아웃 테이블에서의 급랭을 통해 강도를 얻는 열연 DQ 공정을 통해 YS 1,100MPa급 혹은 HB500급 소재까지 상업적인 생산을 하고 있다. 또한 유럽의 대표적인 고강도강 제조업체인 SSAB사의 경우 열연 소재를 전단 후 후판 열처리 공정에 투입함으로써 YS 1,200MPa급의 초고강도 소재까지 생산하고 있으며, 후판 소재로서는 YS 1,300MPa급까지 양산하고 있다. 한편 이처럼 후열처리 공정을 추가로 실시하는 경우 추가 공정에 따른 원가 상승을 부담해야 하나 최종 열처리에서 요구되는 특성을 얻는 만큼 앞선 압연 공정에서는 열연의 최대 두께-폭 수준까지도 비교적 용이하게 제조가 가능하다. 현재 국내 열연 소재의 최대 두께 수준은 대략 25mm 안팎이며, 열처리 공정을 적용할 경우 이론적으로는 이러한 후물 영역까지 열연 공정을 이용한 고강도강의 생산이 가능하다.

최근 유가 상승과 배기가스 제한 등 환경 규제에 따라 중장비 경량화는 매우 중요한 설계 요소가 되고 있으며, 뛰어난 품질의 고강도 열연 소재 개발은 중장비 산업 경쟁력의 원천이 될 수 있을 것으로 판단된다.

건물 해체 시 스틸볼(steel ball)의 장단점

1 개요

1990년대 이전만 해도 해체 공사는 건설 공사의 작은 일부로 인식되어 그 중요성이 크게 부각되지 못하였다. 신축 공사와 연계될 경우 건축물 해체에 소요되는 공사비 자체가 무시되는 경우가 대부분이었고 장비 또한 낙후되어 소형 장비나 인력 위주의 구조물 해체가 주종을 이루었다. 그러나 1960~1970년대 경제 개발 초기에 우후죽순으로 대량 건설되었던 건축물(대부분이 콘크리트 구조물)의 노후화와 이에 따른 구조물의 경제적인 가치 상실로 인하여 해체의 필요성이 점차 부각되고 있다.

원시적인 해체 방법에서 압쇄기의 도입으로 비약적인 발전을 이루었으며, 도입 당시에 획기적인 장비였던 압쇄기가 현재는 가장 일반적인 장비로 적용되고 있다. 브레이커에 인한 소음, 진동에 대한 규제로 인해 다이아몬드 와이어 쏘, 워터 제트 등의 첨단 장비가 도입되고 있지만 작업의 효율성에 비해 장비가 고가이고, 사용 방법에 있어 간단하지 않다는 문제가 있다. 현재 우리나라에서 해체업을 하기 위해서는 비계 구조물 철거업을 등록하여야 한다. 대부분 영세 하청 업체에서 공사가 이루어지며 때문에 공동 주택 해체일 경우 타 공법에 비해 공사비가 적은 기계식 공법, 즉 브레이커(breaker), 크러셔(crusher), 백 호(back-hoe)를 이용하여 해체하는 공법이 사용된다. 과거에는 스틸볼이나 브레이커에 의한 방법이 가장 많이 이용되었으나 크러셔와 비교 시 소음과 분진의 발생이 크며 작업 능률도 작아 현재 포크레인에 크러셔를 부착하여 건축물을 파쇄하는 방법을 주로 이용하고 있다.

2 해체 공법의 분류와 특징

현재 국내에서 재건축이나 재개발을 위해 공동 주택에 실행되고 있는 해체 방법들과 그 특징을 살펴보면 다음과 같다.

(1) 압쇄식 해체 공법(crush method)

콘크리트 및 벽돌 건축물을 해체할 때 쓰이는 가장 일반화된 공법이 압쇄식 해체 공법이며, 철거 구조물에 따라 차이는 있으나 1일에 80~150m³ 정도의 해체가 가능하다.

(2) 발파식 해체 공법(demolition method)

구조물 해체 공사는 90년대 이후 폭발적으로 증가하여 건설업 부문에서 벤처 산업으로 채택되었고, 점차 철거 대상이 대형화·고층화되어가면서 이들 구조물을 경제적이고 안전하며 신속하게 철거할 수 있는 발파 해제 공법도 점차 증가하고 있는 추세이다. 고층 빌딩이나 공동 주택 등 기존의 압쇄기 공법이 불가능하거나 철거 대상 구조물에 균열이 심하여 기존의 압쇄기 공법으로 철거할 때 붕괴 및 함몰 위험이 있어 인명 피해가 우려되거나 해체 구조물이 점차 기울어져 불안전할 때 발파식 해체 공법으로 안전하게 구조물을 해체할 수 있다.

(3) 다이아몬드 와이어 쏘 공법(diamond wire saw method)

다이아몬드 와이어 쏘 공법은 영국에서 채석장의 석재 절단용으로 개발되었으나, 미국의 G.E(General Electronic)사가 해체 공사용으로 개조하였다. 지금은 일본 등 선진국에서도 이를 모방하여 새로운 장비들이 상품화되었고 국내에서도 1990년대에 도입되었다. 도심지의 고가 도로, 육교 교량, 차량들이 붐비는 고속도로, 구조물에 영향을 주지 않고 해체해야 하는 지하철 구조물 등 그 사용 범위가 광범위하고 특히 무진동, 무소음, 무분진의 첨단공법이다.

(4) 핸드 브레이커

좁은 장소, 국소 파쇄에 유리하며 위험성이 적다. 또한 이동이 용이하여 다목적으로 사용 가능하나 인건비 부담이 크다.

(5) 전도 공법

해체 효과가 크나 역전도 및 돌발 전도 방지에 유의해야 하며 충격 진동 방지를 위해 완충재를 설치해야 한다.

(6) 스틸볼(steel ball)

충격 공법은 대형 크레인의 선단에 구조물을 파괴할 수 있는 무거운 강공(steel ball)을 걸어서 상하 또는 수평으로 진동시켜 구조물을 타격하여 해체하는 공법으로서, 미국을 중심으로 기술·개발이 이루어지고 있다.

(7) 대형 브레이커

굴삭기를 이용한 정의 타격으로 작업 능률이 좋으며 기동성이 좋아 단독으로 할 수 있다. 작은 부재로 소할이 가능하며, 지하 구조물 철거시 유리하다. 그러나 방음, 방진 시설이 필요하며 소음도가 높고 분진이 비교적 많이 발생한다.

(8) 절단기

다이아몬드 날에 의한 연삭 작업으로 구조물에 영향을 주지 않고 절단이 가능하나, 절단 깊이가 제한되어 있어 기둥, 보 절단이 곤란하다.

(9) 워터 제트

연마제와 물이 혼합하여 분사력에 의한 절단으로 수중에서도 절단할 수 있고 협소한 장소에서도 시공이 가능하나 물의 비수 처리가 필요하다.

③ 스틸볼(steel ball)의 장단점

크레인의 선단에 강구를 매달아 수직, 수평으로 타격하는 공법으로 장단점은 다음과 같다.

(1) 장점

① 작업 능률이 좋다.
② 능률이 좋으므로 해체 비용이 저렴하다.

(2) 단점

① 소음 및 진동이 크다.
② 구조물의 붕괴를 예측하기 어렵다.
③ 파쇄 정밀도가 떨어진다.
④ 파편의 비산 면적이 넓어 근래에는 개발이 많이 둔화되고 있다.

Section 96   **타이어식 건설기계에서 공기압이 타이어의 수명에 미치는 영향**

① 개요

타이어는 그 자체가 자동차 중량을 지탱하는 것이 아닌 타이어 내부에 들어 있는 공기에 의해 지탱된다. 타이어 공기압은 타이어의 마모 및 주행 안정성, 연비, 타이어 파손 등에 결정적인 영향을 미치므로 안전 운행을 위해 적정 공기압 유지와 정기적인 공기압 체크가 필수적이다.

② 타이어식 건설기계에서 공기압이 타이어의 수명에 미치는 영향

(1) 타이어 공기압과 연비

규정 공기압 대비 타이어 공기압을 30% 감압 시 소형 자동차(1,500cc)는 3%까지 연비가 감소되며, 중형 자동차(2,000cc) 및 대형 자동차(2,500cc)는 2.7%까지 연비가 감소된다. 또한 공기압이 10% 감소할 때마다 연비가 대략 1% 감소하며, 이는 타이어의 도로 접촉 면적의 증가에 의한 구름 저항의 증가에 기인한 것으로 판단된다. 그러므로 타이어가 제구실을 하려면 적당한 공기압을 유지해야 한다. 공기압이 낮은 채 주행하면 접지 면적이 커져 그만큼 저항이 증가하고, 핸들이 무겁고 연비도 나쁘게 되며, 반대로 공기압이 너무 높으면 접지 면적이 줄어 제동 성능이 떨어지고 차가 튀는 듯한 승차감을 느끼게 되므로 운전자는 주기적으로 타이어의 공기 압력 점검이 필요하다.

(2) 타이어 공기압과 외부 온도

타이어의 공기압은 규정 압력에 맞게 공기를 주입하였더라도 시간이 경과하거나 기온이 낮아지면 공기압도 낮아지게 된다. 통상 1개월에 1psi 정도가 자연적으로 감압되어 3개월이면 규정압의 10%가 감압되며, 또한 외기의 온도가 10℃ 떨어져도 약 2psi가 감압된다.

(3) 타이어 공기압과 수명

타이어의 공기압이 과다하거나 부족하면 트레드 접지면이 고르지 않아 이상 마모 현상이 일어나 이로 인해 수명이 단축되고 승차감이 떨어지는 요인이 되며, 때로는 대형 사고의 원인이 된다. 공기압이 부족하면 트레드의 양쪽 가장자리만 지면에 접지됨으로 인해 무리한 힘을 받게 되어 이 부분이 조기에 마모가 되어 결국 수명이 단축되며, 또한 자동차의 연비에도 나쁜 영향을 미친다. 반대로 공기압이 과다한 경우에는 트레드의 중앙 부분이 지면에 접지됨으로 인해 이 부분만 가장자리에 비해 마모가 빨라져 이 또한 타이어의 수명을 단축시키는 결과를 초래하게 된다.

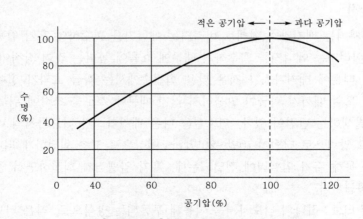

[그림 5-163] 타이어 공기압과 수명

Section 97

건설기계에서 사용되는 과급기의 종류와 사용상의 장단점

1 개요

엔진이 작동하기 위해서는 연소에 필요한 연료와 공기(산소)를 효과적으로 공급해 줄 필요가 있다. 엔진은 혼합기(연료와 공기)를 더 많이 공급할수록 출력이 증가하지만 자연 흡기 엔진에서는 받아들일 수 있는 혼합기의 양이 한정되어 있다. 최대한 개선을 한다고 해도 배기량의 90% 정도의 혼합기만을 받아들일 수 있다. 그래서 자연 흡기 엔진의 출력은 배기량에 크게 영향을 받는다. 일반적인 자동차 엔진의 경우 리터당 100마력 정도가 한계이다.

과급기는 이러한 자연 흡기 엔진의 한계를 뛰어넘기 위해 만들어졌다. 과급기는 공기를 강제로 빨아들여 일반적인 대기압 이상의 압력으로 엔진에 공기를 공급하는 장치이며, 과급기를 사용하면 배기량보다 더 많은 양의 혼합기를 엔진으로 밀어 넣을 수 있기 때문에 출력이 크게 상승한다.

2 과급기의 종류와 사용상 장단점

과급기는 크게 배기가스를 동력으로 이용하는 터보차저와 엔진 출력을 이용하는 수퍼차저로 나누어진다. 수퍼차저는 본래 과급기 전체를 지칭하는 말이었지만, 현재는 터보차저와 구별하여 엔진 출력을 동력으로 사용하는 과급기만을 지칭하고 있다. 각 방식에는 장단점이 있기 때문에 터보차저와 수퍼차저를 동시에 적용하는 경우도 있다.

(1) 터보차저

터보차저는 배기가스 형태로 버려지는 에너지를 회수하여 흡기 압축에 사용하는 방식으로, 버려지는 에너지를 회수하기 때문에 효율이 높다는 것이 장점이다. 배기가스를 사용하기 때문에 배기가스가 적은 낮은 회전수에서는 과급 효과가 떨어지고, 배기가스가 충분히 모일 때까지 과급이 발생하지 않기 때문에 스로틀 조작에 뒤늦게 반응하는 '터보랙'이 발생하는 단점이 있다. 연소실을 나온 배기가스가 터보차저의 배기 터빈으로 유입되면 그 압력으로 터빈이 10만~20만rpm 이상으로 고속 회전하게 되며, 이 회전력은 샤프트를 통해 흡기 임펠러에 전달되는데, 흡기 임펠러가 회전하면서 공기를 압축해 엔진으로 공급한다.

① 싱글 터보 : 하나의 터보차저를 이용해 구동되는 방식으로, 작은 터보를 설치하면 빠른 반응을 얻을 수 있지만 최고 출력은 그다지 높지 않고, 큰 터보를 설치하면 높은 최고 출력을 얻을 수 있지만 반응이 느려진다. 따라서 높은 부스트압이 필요 없는 소형 엔진이나 최고 출력이 중요한 드래그 레이스 머신 등에 주로 사용된다.

② **트윈 스크롤 터보(twin scroll turbo)** : 트윈 스크롤 터보차저는 각각 크기가 다른 두 개의 배기가스 흡입구와 노즐이 있는 터보차저로, 작은 노즐은 빠른 반응 속도로 동작하고 큰 노즐은 큰 힘을 발휘한다. 트윈 터보와 혼동하는 경우가 많지만, 터보차저는 하나뿐이므로 싱글 터보로 분류된다.

③ **병렬 트윈 터보(parallel twin turbo)** : 병렬 트윈 터보는 동일한 크기의 두 개의 터보차저가 독립적으로 동작하며, 각 터보는 엔진의 배기가스를 절반씩 받아서 구동된다. 터보에서 압축된 흡기는 하나로 합쳐진 뒤 각 실린더로 보내진 병렬 트윈 터보는 터보차저의 크기를 작게 만들 수 있어 같은 압력의 싱글 터보에 비해 터보랙이 적다. 단점은 싱글 터보에 비해 구조가 복잡하다는 점이다.

④ **순차 터보(sequential turbo)** : 순차 터보는 크기가 다른 두 개의 터보차저를 장착하여 작은 것은 낮은 rpm에서, 큰 것은 높은 rpm에서 동작하도록 만든 것이다. 큰 터보차저는 낮은 rpm에서 반응이 늦고, 작은 터보차저는 높은 rpm에서 충분한 공기를 공급할 수 없다. 낮은 rpm에서는 작은 터보차저로 빠른 반응을, 높은 rpm에서는 큰 터보차저로 강력한 성능을 발휘할 수 있다.

⑤ **다단 터보(staged turbo)** : 다단 터보는 비슷한 크기의 두 개의 터보차저를 하나의 흡기관에 설치한 것으로, 첫 번째 터보차저가 압축한 공기를 두 번째 터보차저가 다시 한 번 압축을 하는 방식으로, 싱글 터보차저에 비해 훨씬 큰 압력을 만들 수 있다. 다단 터보는 두 개의 터보가 모두 작동하기까지 시간이 상당히 걸리기 때문에 반응이 더디므로 빠른 반응이 필요 없는 비행기 엔진에 주로 사용되는데, 높은 고도에서는 공기가 희박해지기 때문에 공기를 크게 압축할 수 있는 다단 터보가 유용하게 사용된다. 차량용 엔진에서는 매우 고압으로 압축하는 고성능 디젤 엔진에서 간혹 쓰이기도 한다.

(2) 수퍼차저

엔진의 힘을 이용해 작동하는 과급기를 수퍼차저라고 하며, 배기가스를 사용하는 터보차저에 비해 스로틀 반응이 뛰어나고 저회전에서도 과급 효과가 높다는 장점이 있다. 단점은 엔진 출력을 사용하는 만큼 효율이 떨어지고 높은 압력을 생성할 수 없어 고회전에서는 터보차저에 비해 출력이 떨어지며, 또 낮은 rpm에서 엔진에 상당한 부하를 주어 공회전 연료 소모량이 늘어나는 점도 단점이다. 이를 해결하기 위해 차량용 에어컨처럼 클러치를 장착하여 공회전에서 동력을 차단하는 방식을 사용하기도 한다.

① **루츠식(roots type supercharger)** : '루츠 블로어'라고 부르는 송풍기를 사용해 과급하는 가장 오래된 방식의 수퍼차저로, 과급 로스를 줄이기 쉽고 구조가 간단해 내구성이 좋고 낮은 RPM에서 좋은 성능을 발휘한다. 다만 과급 압력과 효율이 낮아 배기량이 작고 회전수가 높은 엔진에는 어울리지 않는다.

② **트윈 스크루식(twin screw supercharger)** : 리스홀름(Lysholm)식 수퍼차저라고도 하며, 루츠식 수퍼차저의 발전형으로 로터 블레이드를 오목형과 볼록형으로 만들어 스크루

모양으로 꼬아놓은 2개의 로터 블레이드를 사용한다. 트윈 스크루식 수퍼차저는 루츠식 수퍼차저에 비해 공기 누출이 적으므로 루츠식 수퍼차저에 비해 높은 압력을 만들어낼 수 있고, 부스트도 더 빠르게 생성된다. 루츠 타입에 비해 발열과 소음이 적어 효율이 약 10% 향상되는 효과가 있으며, 복잡하고 정교한 형상의 스크루를 사용하기 때문에 다른 방식의 수퍼차저에 비해 가격이 비싼 편이다.

③ 원심식(centrifugal supercharger) : 원심식 수퍼차저는 터보차저와 동일한 방식으로 압축을 하며, 터보차저에서 배기측의 터빈 대신 풀리를 장착한 것이다. 슈퍼차저 형식 중 가장 부피가 작고 높은 회전수를 얻을 수 있는 장점이 있다. 터보차저는 터빈 임펠러와 압축 임펠러가 직접 연결되어 있지만 원심식 수퍼차저는 회전수를 높이기 위해 내부에 기어나 풀리가 설치되어 있다. 이를 이용한 가변식 원심 수퍼차저도 있는데, 내부에 변속기어를 넣어 쉽게 과급 압력을 조절할 수 있도록 만들어져 있다.

④ 스크롤식 : 철판을 모기향 모양으로 둘둘 말아서(스크롤) 두 개의 철판을 겹친 후, 하나의 스크롤은 고정시키고 다른 스크롤은 회전시켜 공기를 압축하는 방식이다. 에어컨이나 냉장고 컴프레서로도 사용하는 방식으로, 구조가 간단하고 진동이 적지만 내구성이 나쁜 단점이 있다. 바깥쪽에서 유입된 공기는 회전 스크롤(검정색)의 움직임에 따라 점차 중심으로 모이게 되고, 중앙 부분에서 최대 압력으로 압축되어 배출된다.

⑤ 베인식 : 원통 내부에 지름이 다른 로터를 설치하고, 로터 축에 대해 수직 방향으로 홈을 파고 날개(vane)를 설치한 방식이다. 로터가 회전하면 원심력에 의해 날개가 펴져 케이스와 로터 사이의 공기를 막아 압축하는 형식이며, 구조가 간단하기는 하지만 베인과 원통이 마찰하므로 마모가 심한 단점이 있다.

⑥ 전동식 : 엔진에서 나오는 동력이 수퍼차저를 구동시킬 만큼 충분하지 않거나 저속에서만 작동하는 보조 터빈 등을 적용할 때 전기 모터로 동작하는 슈퍼차저를 사용하는 경우도 있다. 엔진과 직결된 것이 아니기 때문에 수퍼차저의 압력을 제어하기가 쉽고 엔진 동력 손실이 없다는 장점이 있다.

Section 98 하이브리드 굴삭기(hybrid excavator)

❶ 개요

작동 원리는 하이브리드 자동차와 비슷하다. 즉, 평소 남는 동력을 전기로 저장했다가 추후 작업에 사용하는 것이다. 그러나 엔진-기어-바퀴 순으로 에너지가 전달되는 자동차에 비해 유압을 한 번 더 거친다는 점이 다르다. 이 때문에 기술 개발이 자동차에 비해 더 어렵다는 지적도 있다. 디젤 엔진과 전기 모터를 함께 쓰는 유압 굴착기는 우리나라

와 해외에서 개발되고 있으며, 기존의 굴삭기보다 연비가 25% 개선된 친환경 장비로써
생산되고 있다.

❷ 특징

디젤 엔진과 전기 모터를 함께 사용하는 이 굴삭기는 기존 굴삭기 대비 최대 25%까지
연비가 개선된 친환경 장비이며, 이와 함께 선보인 전기 굴삭기는 기존 경유 대신 저렴
한 산업용 전기를 이용해 구동하는 장비이다. 30t급 전기 굴삭기는 유류비가 일반 굴삭
기의 30% 수준으로 장비 운영비를 절감할 수 있으며, 스마트폰에 접속해 건설 장비의
고장 여부, 부품 교환 시기 등의 정보를 확인할 수 있는 원격 관리 시스템(Hi-mate)은
건설 장비에 이상이 있을 경우 내부에 설치된 제어 모듈이 문제점을 발견해 그 정보를
위성 통신으로 웹사이트에 실시간 전달한다. 또한 GPS와 전자 지도를 활용한 위치 추적
및 엔진 시동 제한 기능도 갖추고 있어 굴삭기 도난을 방지할 수 있다.

Section 99 펌프식(pump type) 준설선의 정의와, 작업 요령, 구조와 기능, 특징 및 준설 능력

❶ 개요

펌프 준설선은 주로 준설토를 이용한 매립 공사에 많이 쓰인다. 즉, Sand pump를 장
치하고 흡입관을 수저에 거치하여 물과 토사를 함께 흡양하여 배출관을 거쳐 토출한 토
사를 토운선에 담아 이를 사토하거나, 송니관을 거쳐 직접 사토장에 압유송하거나, 일단
호퍼로 받아 싣고 운항한 다음 다시 Sand pump로 흡인하여 토출 송니관을 거쳐 매립지
로 압송하는 방식 등으로, 그 사토 방법은 다르나 흡양, 송니, 배출의 기본은 모두 같다.
이 Pump dredger는 자항식과 비항식이 있는데, 비항식이 많다.

자항식은 침전(沈澱) 토사의 준설에 많이 쓰이고, 비항식은 매립용으로 많이 쓰이고
있다. 이들은 대부분 선수(船首)에 '커터'를 장착하여 커팅한 다음 이를 흡양하고, 현측
(舷側)에 흡양관을 가지고 있으며, 원거리에 이수(泥水)를 배송하기 위해 중간에 Pump
를 설치하여 양정(揚程)과 양수량을 조절하는 경우도 있다.

② 펌프식 준설선의 작업 요령, 구조와 기능, 특징 및 준설 능력

(1) 커터 석션 준설선(Cutter Suction Dredger)

스퍼드(Spuds) 및 앵커(Anchors)로 정박하여 강력한 준설(浚渫) 및 펌프 흡입 작업을 하며, 준설된 토양은 Barge에 적재하거나 대개는 송출관을 통해 매립지로 운반된다. 커터 준설선은 비항식으로 연암층을 포함하여 매우 광범위한 토양층과 수면이 얕은 지역에서도 작업이 가능하며, 준설된 바닥층이 매우 고른 것이 특징이다.

(2) 드래그 석션 준설선(Drag Suction Dredger)

이 준설선은 일명 호퍼 준설선(Hopper Dredger)이라고도 한다. 양현(兩舷)의 흡인관을 해저에 내리고 4~5km/h 상당의 속도로 항행(航行)하면서 Pump로 토사를 흡양(吸揚)하여 자기 몸체 안에 있는 호퍼에 담는다. 이때 연니(軟泥) 등이 물과 함께 호퍼에 들어가게 되므로 일부는 침전(沈澱)하고 남는 물은 넘겨버리면서 호퍼 내의 밀도가 증가하게 된다. 작업은 약 30분간 준설하고, 호퍼에 70% 상당 채워지면 흡입관(吸入管)을 들어 올리고, 사토장(捨土場)에 가서 사토하고 다시 돌아온다. 사토 방법은 호퍼의 밑쪽을 열면 사토되게 한다. 이 준설선은 침니(沈泥), 유니(流泥) 등이 쌓이기 전에 계속 항행로를 왕래하면서 항만 유지 수심을 확보하기 위한 준설로서 다른 선박의 항행에 지장이 없도록 선박형으로 건조하였으며, 오늘날 8,000ton급과 10,000ton급인 것도 개발되어 있다.

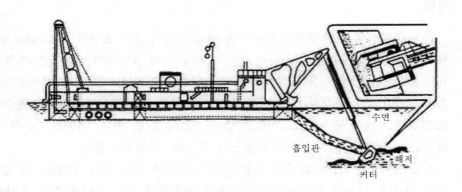

[그림 5-164] 펌프 준설선의 작업

기계 손료에 포함되는 항목과 특징, 계산식

① 기계 손료에 포함되는 항목과 특징

기계 손료란 건설기계 임대 시 소비되는 건설기계의 가치를 말하며, 기계 손료는 상각비, 정비비, 관리비(금리, 건설기계 보험료 등)로 구성된다.

① 상각비 : 건설기계의 경제적 내용 연수 동안 발생하는 시간당 감가상각비
② 정비비 : 건설기계의 경제적 내용 연수 동안 발생하는 시간당 정비비
③ 관리비 : 건설기계의 연간 운영 시 발생하는 건설기계 투입 자본에 대한 이자, 격납 보관비, 보험료의 합계

② 기계 손료의 계산식

기계 손료는 기계 사용에 따른 성능 저하에 대한 비용으로, 계산식은 다음과 같다.

구분	감가상각비	정비비	관리비
산정식	$\dfrac{\text{구입 가격} - \text{잔존 가치}}{\text{내용 연수}}$	$\text{구입 가격} \times \dfrac{\text{정비 비율}}{\text{경제적 내용 시간}}$	$\text{구입 가격} \times \dfrac{\text{관리 비율}}{\text{경제적 내용 시간}}$
비고	• 기계의 가치 소모에 대한 비용 • 매 기간마다 비용에 계상함	• 정기적인 점검, 주유, 마손될 부분품의 교환, 훼손으로 인한 수리비	• 보관비, 세금, 보험료, 금리 등의 합계 • 연간 관리 비율은 14%로 동일함

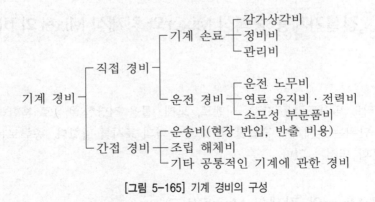

[그림 5-165] 기계 경비의 구성

Section 101 건설기계관리법에 따른 건설기계정비업의 작업 범위에서 제외되는 행위

1 개요

건설기계정비업이란 건설기계를 분해 · 조립 또는 수리하고 그 부분품을 가공제작 · 교체하는 등 건설기계를 원활하게 사용하기 위한 모든 행위(경미한 정비행위 등 국토교통부령으로 정하는 것은 제외한다)를 업으로 하는 것을 말한다.

2 건설기계정비업의 범위에서 제외되는 행위(건설기계관리법 시행규칙 제1조의2 [시행 2020. 3. 3.]

건설기계관리법(이하 "법"이라 한다) 제2조 제1항 제4호에서 "국토교통부령으로 정하는 것"이란 다음 각 호의 행위를 말한다.
① 오일의 보충
② 에어 클리너 엘리먼트 및 필터류의 교환
③ 배터리 · 전구의 교환
④ 타이어의 점검 · 정비 및 트랙의 장력 조정
⑤ 창유리의 교환

Section 102 건설기계용 중력식 Mixer와 강제식 Mixer의 비교

1 개요

콘크리트 믹서트럭은 자갈, 시멘트, 모래, 물을 적당한 비율로 혼합하는 장치로 능력 표기의 단위는 1 배치당 혼합할 수 있는 능력의 표시를 말한다. 종류로는 중력식 믹서와 강제 혼합 믹서가 있다.

2 중력식 Mixer와 강제식 Mixer 비교

(1) 중력식 Mixer

중력식 믹서에는 혼합 콘크리트의 배출기구에 의해 가경식과 불경식이 있고 강제 혼합 믹서에는 1축식과 2축식이 있다. 가경식은 내부에 날개를 고정시킨 용기를 회전시켜 재료를 반죽하여 혼합하며 배출할 때에는 용기 자체를 회전시키면서 경사시켜 콘크리트를 배출하는 것으로 낮은 슬럼프의 골재 입도가 큰 콘크리트 제조에 적합하다. 불경식은 내부에 날개가 달린 용기를 회전시켜서 내부재료를 혼합한 다음 경사 슈트를 내부에 넣어 콘크리트를 배출하는 것으로 주로 건축현장에서 높은 슬럼프의 콘크리트를 제조하는데 사용된다.

(2) 강제식 Mixer

강제 혼합 믹서에는 1축식과 2축식이 있으며, 강제식 믹서에서 혼합통은 고정되어 있고 내부에 별도의 구동 장치가 있어 중력에 의해 강제로 비비기를 하는 것으로, 일명 터빈 믹서라고도 한다.

Section 103 건설기계에 사용되는 와이어 로프(Wire Rope)의 검사 기준

❶ 개요

와이어 로프는 건설기계에 설치되어 중량물의 적재, 이동, 운반을 하며 건설현장의 열악한 환경조건에 따라 마모나 부식이 발생하며 유지를 잘 해야 안전사고와 수명을 부장할 수가 있으며 산업안전보건법에 폐기시기를 규정하고 있으며 다음과 같다.

① 와이어 로프의 지름이 7% 이상 감소한 경우
② 와이어 로프에 심한 킹크(kink)가 발생된 경우
③ 와이어 로프 한 가닥에서 10% 이상 절단된 경우
④ 와이어 로프에 부식이 발생되거나 변형이 발생된 경우

❷ 건설기계에 사용되는 와이어 로프(Wire Rope)의 검사 기준

(1) 검사

① 마모 정도 : 지름을 측정하되 전장에 걸쳐 많이 마모된 곳, 하중이 가해지는 곳 등을 여러 개소 측정한다.
② 단선 유무 : 단선의 수와 분포 상태, 즉 동일 strand에서의 단선 개소, 동일 소선에서의 단선 개소 등을 조사한다.
③ 부식 정도 : 녹이 슨 정도와 내부의 부식 유무 등을 조사한다.
④ 보유 상태 : 와이어 로프 표면상의 보유 상태와 윤활유가 내부에 침투된 상태 등을 조사한다.

⑤ 연결 개소와 끝부분의 이상 유무 : 삽입된 끝부분이 풀려 있는지의 유무와 연결부의 조임 상태 등을 조사한다.

⑥ 기타 이상 유무 : 엉킴의 유무와 꼬임 상태에 이상이 있는가를 조사한다.

Section104 공기 부상 벨트 컨베이어(FDC : Flow Dynamics Conveyor)

1 특징

완전 밀폐형의 간단한 구조로, 고속 운반, 곡선 운반, 경사 운반, 지하 매설 운반이 가능하다. 운반물의 비산, 넘쳐 흐름, 이물질의 혼입이 없고, 운반 시 소음도 없이 조용하며, 환경에 우수한 운반장치이다.

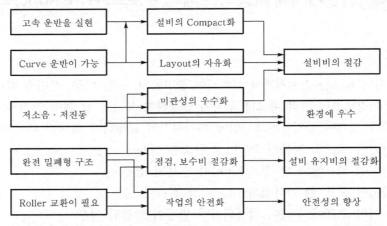

[그림 5-166] 공기 부상 벨트 컨베이어(FDC : Flow Dynamics Conveyor)의 장점

2 원리

벨트 하부에서 유입된 공기의 압력이 벨트 상면부터 작용하는 하중(벨트와 운반물의 중량)과 균형을 이루어 벨트가 약간(약 1mm 이하) 부상하며, 공기압의 연직 성분의 하중과 운반물의 하중이 균형을 유지하게 한다.

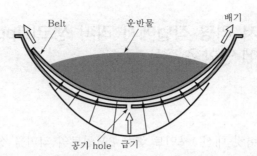

Belt　　운반물　　배기

공기 hole　급기

[그림 5-167] 공기 부상 벨트 컨베이어(FDC : Flow Dynamics Conveyor)의 원리

③ 구조

캐리어(운반)측, 복귀측의 벨트를 1개의 파이프 속에 배치한 파이프형과 상하 2개의 파이프로 분리한 상하 파이프형의 두 가지 기본 구조로, 단면 형태는 폭이 좁은 벨트와 폭이 넓은 벨트인 상하 파이프형으로 구분된다.

Section 105 고속 회전체에 대하여 설명하고, 회전 시험을 하는 경우 비파괴 검사를 실시하는 대상

① 고속 회전체/회전시험 중의 위험 방지(산업안전보건기준에 관한 규칙 제114조[시행 2020. 1. 16.])

사업주는 고속 회전체(터빈 로터, 원심 분리기의 버킷 등의 회전체로서 원주 속도가 초당 25미터를 초과하는 것에 한한다)의 회전 시험을 실시할 경우에는 고속 회전체의 파괴로 인한 위험을 방지하기 위하여 전용의 견고한 시설물의 내부 또는 견고한 장벽 등으로 격리된 장소에서 실시하여야 한다. 다만, 이외의 고속 회전체의 회전 시험으로 시험 설비에 견고한 덮개를 설치하는 등 당해 고속 회전체의 파괴로 인한 위험을 방지하기 위하여 필요한 조치를 한 경우에는 그러하지 않는다.

② 비파괴검사의 실시(산업안전보건기준에 관한 규칙 제115조[시행 2020. 1. 16.])

사업주는 고속 회전체(회전축의 중량이 1톤을 초과하고 원주 속도가 매 초당 120미터 이상인 것에 한한다)의 회전 시험을 실시할 경우에는 미리 회전축의 재질 및 형상 등에 상응하는 종류의 비파괴 검사를 실시하여 결함 유무를 확인하여야 한다.

Section 106　불도저 리핑 작업에서 리퍼 생크(ripper shank)의 길이 선정에 영향을 주는 요소

1 개요

리핑 작업은 버킷 대신 1포인트 혹은 3포인트의 리퍼를 설치하여 암석, 콘크리트, 나무뿌리 뽑기, 파괴 등에 사용한다.

2 리퍼 생크(ripper shank)의 길이 선정에 영향을 주는 요소

리퍼 생크(ripper shank)의 길이 선정에 영향을 주는 요소는 암석, 콘크리트를 파괴하여 작업을 진행하므로 암반의 종류와 강도, 작업 조건에 따라 달라지게 된다. 예를 들어, 길이가 길면 모멘트가 커지고 리퍼에 휨이 발생할 수 있기 때문에 현장의 작업 환경에 따라 리퍼 생크 길이를 선정하는 것이 작업의 효율을 상승시킨다.

Section 107　크레인에 사용되는 안정 한계 총하중과 정격 총하중의 비교 설명

1 안정 한계 총하중

안정 한계 총하중은 각 붐의 길이 및 각 작업 반지름에 대응한 안정 한계 상태에서 훅, 그래브, 버킷 등 달아올림 기구의 무게를 포함한 하중을 말한다.

2 정격 총하중

정격 총하중은 [그림 5-168]과 같이 각 붐의 길이와 각 작업 반지름에 허용되는 중량과 훅, 그래브, 버킷의 무게를 포함한 최대의 하중을 말한다.

3 정격 하중

정격 하중(net capacity/net rated load)은 정격 총하중(권상 하중 : gross capacity/rated load)에서 훅, 그래드, 버킷 등의 달기구의 하중을 뺀 것을 말한다(정격 하중 = 권상 하중 – 하중 공제 요소(훅의 무게, 권상 로프 및 줄걸이 용구의 무게)).

정격 하중(권상 무게)
권상 하중

[그림 5-168] 크레인 작업의 정격 하중

건설기계에서 회전 저항(rolling resistance)의 정의 및 발생 원인

❶ 타이어 회전 저항의 정의

건설기계 엔진에서 발생한 동력은 각부의 동력 전달 체계에 의하여 최종적으로 타이어에 전달되어 노면과의 마찰력에 의해서 자동차를 주행시키며, 회전 저항과 가속 저항, 등판 저항, 공기 저항의 4가지 주행 저항을 받게 되는데, 이 중 타이어와 가장 관련이 깊은 것이 회전 저항이다.

회전 저항은 타이어가 노면을 주행할 때 발생하는 저항으로서, 주행 시 타이어 자체 또는 타이어와 노면 사이에서의 에너지 손실, 즉 가해진 기계적 에너지가 일부 열로 전환되는 에너지 손실이 발생되는데, 이를 가한 동력에 대한 회전 저항이라 한다.

❷ 타이어의 회전 저항 발생 원인

① 타이어 구성 재료의 내부 마찰에 의한 저항 : 주행 중 타이어와 노면의 접지 부분에서는 끊임없이 반복 굴곡 운동이 일어나므로 여기에서 생기는 에너지의 손실이 회전 저항의 대부분을 차지한다(80~95%).
② 타이어가 회전하여 나아가는 것에 따른 공기 저항 : 자동차의 바퀴가 회전하는 것에 의해 공기 저항이 발생하지만 타이어 회전 저항의 0~10% 정도로, 특히 시가지 주행과 같이 저속에서는 거의 무시될 정도이다.
③ 타이어와 노면 간의 미끄러짐에 의한 마찰 저항 : 곡률을 가진 타이어는 평면 접지를 하기 때문에 접지 시작부터 접지 끝까지 사이에 노면과 미끄러짐을 일으키는데, 이때 발생하는 것이 마찰 저항이다.

차량 관성+공기 저항+타이어 회전 저항+차량 내부 마찰력+중력=차량이 앞으로 주행하는 데 극복해야 할 종합적인 힘

[그림 5-169] 자동차가 주행 중 받는 힘

③ 타이어의 회전 저항에 영향을 미치는 요인

타이어의 회전 저항은 타이어의 변형에 기초하므로 타이어의 하중, 공기압, 구조, 노면의 상황, 속도 등과 밀접한 관계가 있다. 일반적으로 회전 저항은 마찰 법칙과 같은 형태인 다음 식으로 표현된다.

$$RR = RRC \times L$$

여기서, RR : 회전 저항, RRC : RR Coefficient, L : 하중

④ 타이어의 회전 저항 측정 방법

타이어의 회전 저항은 회전 저항 시험기를 이용하여 실내에서 정량적으로 측정된다. 일반적으로 노면을 실내에서 재현하는 일정 크기의 드럼(drum)에 타이어가 맞닿아 일정 속도로 회전할 때, 타이어가 취부된 측에 작용하는 Reaction Force를 측정하여 회전 저항값을 계산하는 Force Method, 드럼에 작용하는 토크(torque)를 측정하여 회전 저항값을 측정하는 Torque Method 등이 주로 사용되는데, 국내에서는 주로 Force Method를 사용하고 있다.

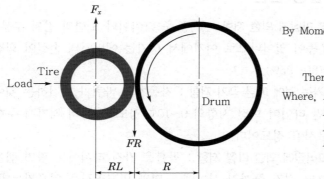

By Moment Equilibrium,
$$T = F_x (RL + R)$$
$$T = FR \times R$$
Therefore, $FR = F_x (1 + RL/R)$
Where, F_x : Spindle Force(N)
FR : Rolling Resistance(N)
RL : Dynamic Loaded Radius(m)
R : Test Drum Radius(m)
T : Torque(kgf · m)

[그림 5-170] Force Method에 의한 회전 저항 산출 방법

Section109 **수중 펌프의 구조와 특징**

① 수중 펌프(축류 펌프)의 개요

유량이 대단히 크고 양정이 낮은(보통 10m 이하) 경우로 비교 회전도 n_s가 1,000 (m^3/min, m, rpm) 이상인 경우에 적합한 터보식 펌프이다. n_s의 증가에 따라서 회전차 내의 유동 방향은 반경류형으로부터 사류형, 축류형으로 이행하는데, 축류 펌프는 유동의 방향이 회전차의 입구와 출구에서 축 방향으로 진행한다. 축류 펌프는 날개의 양력에 의하여 유체에 속도 에너지 및 압력 에너지를 부여하며, 유체는 회전차 내를 축 방향으로 유입·유출되며, 유출된 유체의 속도 에너지를 압력 에너지로 변환하기 위하여 안내 날개를 회전차의 후방에 설치한다.

② 수중 펌프(축류 펌프)의 구조와 특징

[그림 5-171]과 같이 안내 날개와 일체인 동체 및 곡동(曲胴)으로서 펌프의 외곽을 구성하고 안내 날개, 보스(boss) 내에 내장된 수중 베어링과 곡동 바깥의 베어링(thrust bearing)으로서 회전차의 축을 지지하는 구조로 되어 있다. 축이 곡동(曲胴)을 관통하는 부분에는 패킹 박스를 두어 유체의 누설이나 공기의 누입을 방지한다. 안내 날개는 프로펠러를 통하여 방출되는 액체의 선회 운동을 바로 잡아서 액체가 원활하게 흐르도록 한다. 회전차의 날개 수는 고속인 경우 2~3매, 저속인 경우 4~5매이다. 또, 회전차는 날개와 보스를 하나로 주조한 것과 따로 만들어 조립한 것이 있다. 양정과 송수량에 따라 날개의 경사각을 변화시킬 수 있는 가변 피치(variable pitch)형 회전차를 사용하기도

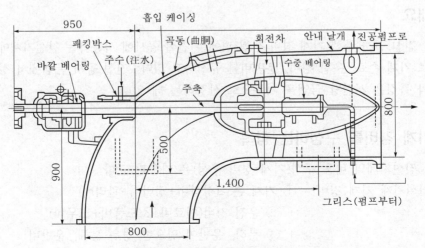

[그림 5-171] 수중 펌프(축류 펌프 : 고정익)

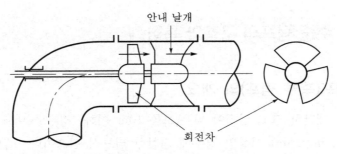

안내 날개

회전차

[그림 5-172] 수중 펌프(축류 펌프)의 구조

한다. 펌프의 동체는 보통 주철제이며, 날개는 주철 또는 주강제이나 양액이 해수 또는 특수액일 때에는 동체를 청동으로, 날개를 청동 또는 인청동으로 제작하며, 주요 접액부에는 청동제 축 슬리브를 삽입하는 경우가 있다.

축류 펌프의 특징은 다음과 같다.

① 비교 회전도가 크므로 저양정에서도 회전수를 크게 할 수 있으므로 원동기와 직결할 수 있다.

② 유량이 큰 데 비하여 형태가 작고 설치 면적과 기초 공사 등에 이점이 있다.

③ 구조가 간단하고 펌프 내의 유로에 단면 변화가 적으므로 유체 손실이 적다.

④ 가동익형으로 하면 넓은 범위의 유량에 걸쳐 높은 효율을 얻을 수 있다.

Section110 건설 공사 표준 품셈에서 규정한 건설기계의 기계 경비항목

① 개요

건설 공사 품셈 기계 경비 산정 편에는 건설 공사에 사용하는 건설기계에 대해 기종별로 기계 손료, 운전 경비, 운반비를 규정하고 있다. 건설 공사 품셈에서 정한 기계 경비의 특징은 시간당 금액을 기준으로 산정하는 데 있다.

② 기계 경비를 구성하는 항목

건설기계의 비용 구성(기계 경비 구성)은 다음과 같다.

건설기계 기계 경비 = ① 기계 손료(상각비+정비비+관리비)
　　　　　　　　　　 + ② 운전 경비(연료비+소모품비+노무비)
　　　　　　　　　　 + ③ 분리, 운반이 필요한 경우 분해, 운반비
　　　　　　　　　　 + ④ 수송비

건설기계 기계 경비 각 요소에 대하여 설명하면 다음과 같다.

① **기계 손료** : 상각비, 정비비, 관리비의 합계액으로, 상각비는 기계의 사용 기간에 따른 가치의 감가액이고, 정비비는 기계를 사용함에 따라 발생하는 고장 또는 성능 저하 부분의 회복을 목적으로 하는 분해 수리 등 정비와 기계 기능을 유지하기 위한 정기 또는 수시 정비에 소요되는 비용이며, 관리비는 보유한 기계를 관리하는 데 필요로 하는 이자 및 보관 격납비이다.

② **운전 경비** : 건설기계를 사용하는 데 필요한 아래 경비의 합계액으로, 연료비(윤활유 등)는 건설기계 가동 시 필요한 유류비와 잡유 비용이며, 노무비는 건설기계 운전수 및 조수의 급여 또는 임금과 기타 운전 노무 비용이다. 소모품비는 정비비에 포함하지 않은 소모품 비용이다.

③ **분리, 운반이 필요한 경우 분해, 운반비** : 건설기계 자중이 커서 운반 시 분해 운반을 해야 할 경우 크레인 등 분해 사용 장비비와 분해 조립 인건비 및 운반 차량 비용이다.

④ **수송비** : 건설기계를 현장에 투입하기 위한 제반 비용을 의미한다.

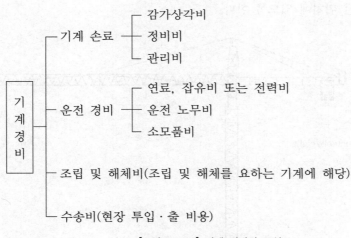

[그림 5-173] 기계 경비의 구성

Section111 건설기계의 안정성을 위해 카운터 웨이트(counter weight)가 설치되는 건설기계

1 개요

건설기계의 안정성을 위해 카운터 웨이트(counter weight)를 반드시 설치해야 한다.

건설 현장에서 작업의 효율성과 안전성을 고려하여 장비를 투입하며 공사에 투입되는 자재는 작업자가 운반하지 못하는 상태로 안전을 위해 건설 장비를 투입한다. 카운터 웨이트는 현장에서 건설 장비가 여러 환경 조건에서 작업을 할 때 장비의 안전 조건에 변화를 줄 수 있으므로 건설 장비 자체에 카운터 웨이트를 설치하여 어떤 작업 조건에서도 작업의 안정성을 확보하는 데 그 의미가 있다.

② 카운터 웨이트가 설치되는 건설기계

카운터 웨이트가 설치되는 건설기계를 살펴보면 다음과 같다.

(1) 크레인

크레인은 건설 현장에서 자재의 위치에 따라 혹(hook)이 이동하여 적재하고 운반하는데 혹의 위치는 수시로 변동되며 적재 시 무게 중심이 변동되므로 카운터 웨이트를 후단에 설치하여 적재 하중에 따라 카운터 웨이트의 무게를 점검하여 크레인의 무게 중심이 가능한 안정된 위치에 있도록 한다.

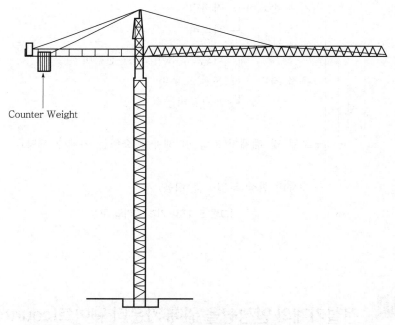

[그림 5-174] 크레인의 카운터 웨이트

(2) 지게차

지게차는 포크 부분에서 자재를 적재하고 운반하므로 포크와 반대편에 카운터 웨이트를 설치하여 지게차의 무게 중심의 이동을 감소시키며 안정성을 유지한다.

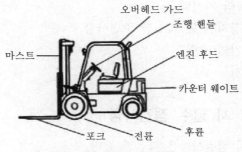

[그림 5-175] 지게차의 카운터 웨이트

(3) 굴삭기

굴삭기의 카운터 웨이트는 버킷 반대편에 위치하여 버킷으로 굴삭을 할 때 카운터 웨이트로 인하여 굴삭기의 몸체 중앙에 무게 중심을 유지시켜 작업의 안정성을 유지하도록 하여 전복을 방지할 수가 있다.

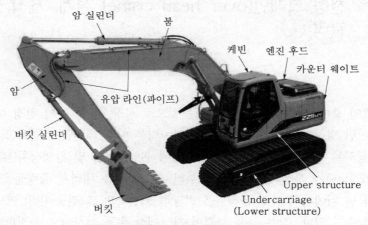

[그림 5-176] 굴삭기의 카운터 웨이트

Section112 항타 및 항발기 조립 시 점검사항

1 항타기 및 항발기 선정 시 검토사항

항타기와 항발기 선정 시 검토사항은 다음과 같다.
① 말뚝의 종류 및 형상

② 타격력과 말뚝의 지지력

③ 시공법 및 현장지반 등 작업장 주변사항

④ 말뚝 및 항타기의 중량

⑤ 작업량 및 공기

2 항타기의 조립 시 필수 점검사항

항타기의 조립 시 점검사항은 다음과 같다.

① 본체 연결부의 풀림 또는 손상의 유무

② 권상용 와이어 로프, 권상 활차의 부착 상태(권상용 와이어 로프의 안전계수는 5이상)

③ 권상기 설치 상태 및 권상장치의 브레이크, 쐐기장치

Section 113 천정 크레인(over head crane) 설계, 제작 및 유지보수 관리

1 개요

크레인 중에서 가장 흔히 사용되는 것으로 공장, 창고 등의 천정 부분에 설치하기 때문에 이런 명칭이 붙었다. 서로 마주보는 벽을 따라 레일을 부설하고, 이 레일에 직각으로 주행하는 빔(beam)을 걸친다. 이 빔에 권양(捲揚) 및 횡행장치(橫行裝置)를 갖는 트롤리(trolley)가 부설되어 트롤리로부터 훅(hook)을 내려서 중량물을 끌어올린다. 빔의 주행과 빔 위에서의 가로 움직임을 적당히 조절하면 그 건물 내의 어느 곳으로나 화물을 운반할 수가 있다. 작은 것은 사람이 지상에서 수동 쇠사슬로 운전한다. 보통은 빔에 매달린 운전실에 사람이 탑승하여 거기서 매달린 화물을 내려다보면서 운전한다. 많이 사용되는 것은 빔의 길이 6~26m, 권양하중(捲揚荷重) 3~200t 정도이다. 보통형의 트롤리 대신에 호이스트(hoist)가 달린 것을 호이스트 부착 천정 크레인이라고 한다. 스팬은 6~10m, 하중 1~5t 정도의 소규모 운반에 적합하다.

그래브 버킷(grab bucket)이 달려 있어 산적원료(散積原料) 전용인 그래브 버킷 부착 천정 크레인도 있는데 하중은 1~8t 정도이다. 트롤리 밑에 선회 지브가 달린 선회 지브 부착 천정크레인은 하역의 범위를 주행 레일 길이 이상으로 넓힐 수가 있다. 선회 반지름은 5~6.3m, 하중은 8t 정도이다. 이 밖에 제강공장에서는 각종 작업에 적합한 전용 천정 크레인이 사용되고 있다. 어느 것이든 고열에 강하며 빈도가 높은 중작업에 적합한 운전 성능을 갖추어야 한다.

② 천정 크레인(over head crane) 설계, 제작 및 유지보수 관리

크레인 및 관련 기기는 운전 조작이 용이하고 유지보수 및 분해 제거 시 플랜트 운전에 방해되지 않도록 실시설계 도서에 따라 각 기기의 설계, 제작 및 설치가 이루어져야 하며 설계 및 제작 조건은 다음과 같다.

(1) 입구와 안전 작업대

케이블 연결설비의 검사, 보수 및 유지에 필요한 입구와 안전 작업대가 설치되어야 한다.

(2) 보호장치

보호장치는 드럼으로부터 와이어 로프의 미끄럼을 방지하기 위해 각 드럼에 고정시켜야 한다.

(3) 정지장치

크레인 충돌 시 정지장치는 충격에 견딜 수 있도록 설계되어야 한다.

(4) 비상정지 스위치

비상정지 스위치는 크레인에 공급되는 전체 전원을 수동으로 차단시킬 수 있는 버섯 모양의 스위치의 형태로 설계되어야 한다.

(5) 시공

① 천정 크레인의 구성
  ㉠ 크레인 이동 기어를 가진 크레인 거더
  ㉡ 크랩 이동 기어를 가진 크랩(크랩형 천정 크레인)
  ㉢ 호이스트(호이스트형 천정 크레인)
  ㉣ 전기 및 제어장치 일체
  ㉤ 안전장치
  ㉥ 크레인 주행레일, 스토퍼 등
② 모노레일 호이스트의 구성
  ㉠ 호이스트
  ㉡ 전기 및 제어장치 일체
  ㉢ 안전장치
  ㉣ 크레인 주행레일, 스토퍼 등

(6) 거더 및 트롤리

① 크레인 거더와 엔드 캐리지는 용접한 상자 거더형으로 설계되어야 한다. 완충장치는

엔드 캐리지와 면할 수 있어야 하며, 엔드 캐리지는 탈선을 방지하기 위해 설계된 휠 브래킷 서포트에 부착되어져야 한다.

② 공칭 부하에서 크레인 거더의 처짐은 스판의 1/1,000을 넘지 않아야 한다.

③ 크레인 거더는 아연도금 곰보강판 또는 도장 처리된 냉연강판으로 하며 통로를 장착한다. 통로에는 킥 플레이트(kick plate) 및 핸드레일을 설치하여야 한다.

④ 트롤리는 견고하게 설치되어야 한다.

⑤ 크랩은 아연도금 곰보강판 또는 도장 처리된 냉연강판으로 씌워야 하며 킥 플레이트 및 핸드레일을 크랩의 측면에 설치하여야 한다.

(7) 구동기

① 천정 크레인과 트롤리는 각각 4개의 바퀴가 장착된다.

② 주행 휠에는 자동 조심 경사형 또는 자동 조심 롤러 베어링을 설치해야 한다. 주행, 횡행 휠에는 양 플랜지 또는 수평안내 롤러를 설치해야 한다.

③ 크랩형 천정 크레인의 각 구동기는 중앙 구동식 또는 개별 구동방식이어야 하며 횡행, 주행 구동기는 기어를 가진 슬림링 모터, 브레이크 판과 일렉트로 하이드롤릭 브레이크 트러스트를 가진 이중 접촉 브레이크로 구성되어야 하며, 전동축은 먼지 방지용 볼 베어링 필로우 블록에 의해 지지되어야 한다. 권상 구동기는 전폐 특수 농형 모터, 마그넷 (magnet) 브레이크와 사이리스터에 의한 속도 제어를 할 수 있도록 한다.

④ 호이스트형 천정 크레인의 횡행, 주행, 권상 구동기는 개별 구동방식으로 각 구동기는 전폐 특수 농형 모터, 마그넷 브레이크로 한다.

⑤ 모노레일 호이스트의 주행, 권상 구동기는 개별 구동 방식으로 각 구동기는 전폐 특수 농형 모터, 마그넷 브레이크로 한다.

(8) 훅

① 훅의 형태는 안전 고리를 가진 '쇼트 타이프'이어야 한다.

② 로드 블로에서의 도르래는 블록이 바닥에 놓여질 때 로프의 뒤엉킴을 방지하기 위해 근접 안내판을 설치해야 한다.

(9) 주행레일

① 크레인 주행레일은 크레인용 레일로 되어야 한다.

② 모노레일 호이스트의 주행레일은 강제 아이빔으로 되어야 한다.

③ 크레인 레일은 신축성 밑판과 압력에 대해 신축성을 갖는 레일클램프로 구성되며, 성능이 확실한 신축성이 있어야 하며 조정할 수 있는 위치에 고정시켜야 한다. 클램프는 볼트와 너트로 고정시키며 신축성 밑판은 전체 총길이에 대해 설치해야 한다.

④ 크레인 레일 고정장치는 다음과 같은 사항이 보증되어야 한다.

㉠ 레일과 홈 사이에 발생될 수 있는 집중 부하에 대한 보호

㉡ 홈 거더의 비틀림 흡수

㉢ 잠금장치의 마모나 잠금 스크류의 풀림이 없는 모든 레일 운동량의 흡수

㉣ 레일과 홈의 모든 공차의 흡수

㉤ 레일을 쉽게 교체하고 조립 중 또는 후에 측면 조정이 쉬워야 한다.

(10) 모터

① 크랩형 천정 크레인의 주행, 횡행, 모터는 슬립링형 형태여야 하며 각 윈치 브레이크 판과 일렉트로 하이드롤릭 브레이크 트러스트를 설치해야 한다. 권상 모터는 특수 농형으로 마그넷 브레이크와 사이리스트 제어를 병용한다.

② 호이스트형 천정 크레인 및 모노레일 호이스트의 모터는 전폐 특수 농형 2종 3상 유도전동기로, 브레이크는 마그넷 브레이크를 사용한다.

③ 모든 스위치 기어 및 다른 전기 장비는 30℃ 이상의 상온에서 설계하고 이 온도에서 정상 작동되도록 하여야 한다.

④ 모터는 기어의 허용 온도를 초과하지 않고도 요구한 가동률을 얻고 연속적으로 운전할 수 있어야 한다.

(11) 컨트롤

① 크랩형 천정 크레인의 권상 구동장치는 마그넷 브레이크와 사이리스터 제어가 되어 원활한 가속 및 감속, 정확한 위치 선정 및 최적 운전 성능이 보장되어야 한다.

② 크레인의 공칭 용량뿐만 아니라 크레인의 이동, 변환 및 상승 속도는 계약자에 의해 설계되어야 한다.

③ 전원과 컨트롤 케이블 시스템은 아이빔 홈에 케이블 운반설비를 가진 이동 케이블(festoon- type)의 형태이어야 하며, 홈(runway)은 측면 이동이나 뒤틀림이 일어나지 않는 방법으로 설계 시공되어야 한다. 케이블 시스템은 쉽게 접근할 수 있도록 배열되어야 한다.

(12) 보호 계통

① 크레인과 리프팅 메커니즘의 손상을 보호하기 위해 기계적·전기적 과부하 등의 보호 계통을 설치해야 하며, 공칭 운전 용량이 과다해지면 리프팅 운전을 정지시킬 수 있어야 한다.

② 축이나 커플링 등의 모든 개폐·이동 기계장치는 보수 요원이 다치지 않도록 적당하고도 효과적인 보호장치를 설치해야 한다.

(13) 정밀도 및 기능

① 정격 부하의 125% 하중에서 Travelling, Traversing, Hoisting 및 Lowering을 시켜도 각부에서 이상이 없어야 한다.
② 기타 크레인의 정밀도 및 기능은 한국공업규격(KS B 6228)에서 규정하는 것으로 한다.

Section 114 이동식 크레인(crane)의 설치 및 작업 시 유의사항

① 개요

이동식 크레인이라 함은 원동기를 내장하고 있는 것으로서 불특정 장소에 스스로 이동할 수 있는 크레인으로 동력을 사용하여 중량물을 매달아 상하 및 좌우(수평 또는 선회를 말한다)로 운반하는 설비로서 건설기계관리법을 적용받는 기중기 또는 자동차관리법 제3조에 따른 화물·특수자동차의 작업부에 탑재하여 화물운반 등에 사용하는 기계 또는 기계장치를 말한다.

② 이동식 크레인 설치 시 준수사항

① 이동식 크레인의 진입로를 확보하고, 작업장소 지반(바닥)의 지지력을 확인하여야 한다.
② 작업장에는 장애물을 확인하고 관계자 외 출입을 통제하여야 한다.
③ 충전전로의 인근에서 작업 시에는 산업안전보건기준에 관한 규칙 제322조의 충전전로 인근에서 차량·기계장치 작업을 준수하여 설치하여야 한다.
④ 아웃트리거 설치 시 지지력을 확인한 견고한 바닥에 설치하여야 하고, 미끄럼 방지나 보강이 필요한 경우 받침이나 매트 등의 위에 설치하여야 한다.
⑤ 절토 및 성토 선단부 등 토사 붕괴에 위험이 있는 장소에는 이동식 크레인의 거치를 금지하여야 한다.
⑥ 이동식 크레인의 수평 균형을 확인하여 거치하여야 한다.
⑦ 인양물의 무게를 정확히 파악하여 이동식 크레인의 정격하중을 준수하고, 수직으로 인양하여야 한다.
⑧ 이동식 크레인 조립 및 해체, 수리 시에는 다음 사항을 준수하여야 한다.
　㉠ 충분한 공간을 확보하고, 견고한 지반에서 조립하여야 한다.
　㉡ 크레인은 스윙이 되지 않도록 시동을 정지하고 고정 상태를 유지하여야 한다.

ⓒ 이동식 크레인의 제작사에서 제공하는 매뉴얼의 작업방법과 기준을 준수하여 조립 및 해체 작업을 하여야 한다.

ⓔ 지브의 상부핀은 조립 시에는 먼저 설치하고 해체 시에는 나중에 제거하는 등 핀의 설치 및 제거 순서를 준수하여야 한다.

ⓜ 지브 등을 수리할 경우에는 제작사의 기준에 적합하여야 하며, 주부재는 제작사의 승인없이 용접하지 말아야 한다.

ⓗ 지브 등의 수리 및 용접은 유자격자가 실시해야 하며, 용접 작업 시에는 용접 불티 비산방지 조치 및 소화기 비치 등 화재를 예방하여야 한다.

ⓢ 전동기계·기구 사용 작업 시에는 접지가 되어 있는 분전반에서 누전차단기를 통하여 전원을 인출하여야 한다.

ⓞ 지브 등의 하부에 들어가서 작업할 때는 안전 블록 등 안전조치를 하고 작업하여야 한다.

ⓩ 장비 수리 등을 위한 고소작업 시에는 안전대를 착용하여야 한다.

ⓩ 작업장소에 안전펜스, 출입금지 표지판을 설치하는 등의 작업 반경 내에 관계자 외 출입을 통제하는 조치를 하여야 한다.

③ 작업 중 안전수칙

① 혹 해지장치를 사용하여 인양물이 혹에서 이탈하는 것을 방지하여야 한다.
② 크레인의 인양작업 시 전도방지를 위하여 아웃트리거 설치 상태를 점검하여야 한다.
③ 이동식 크레인 제작사의 사용기준에서 제시하는 지브의 각도에 따른 정격하중을 준수하여야 한다.
④ 인양물의 무게 중심,주변 장애물 등을 점검하여야 한다.
⑤ 슬링(와이어 로프, 섬유벨트 등), 혹 및 해지장치, 샤클 등의 상태를 수시로 점검하여야 한다.
⑥ 권과방지장치, 과부하방지장치 등의 방호장치를 수시로 점검하여야 한다.
⑦ 인양물의 형상, 무게, 특성에 따른 안전조치와 줄걸이 와이어 로프의 매단 각도는 60° 이내로 하여야 한다.
⑧ 이동식 크레인 인양작업 시 신호수를 배치하여야 하며, 운전원은 신호수의 신호에 따라 인양작업을 수행하여야 한다.
⑨ 충전전로 인근 작업 시 붐의 길이만큼 이격하거나 산업안전보건기준에 관한 규칙 제322조의 충전전로 인근에서 차량·기계장치 작업을 준수하고, 신호수를 배치하여 고압선에 접촉하지 않도록 하여야 한다.
⑩ 인양물 위에 작업자가 탑승한 채로 이동을 금지하여야 한다.

⑪ 카고 크레인 적재함에 승·하강 시에는 부착된 발판을 딛고 천천히 이동하여야 한다.

⑫ 이동식 크레인의 제원에 따른 인양작업 반경과 지브의 경사각에 따른 정격하중 이내에서 작업을 시행하여야 한다.

⑬ 인양물의 충돌 등을 방지하기 위하여 인양물을 유도하기 위한 보조 로프를 사용하여야 한다.

⑭ 긴 자재는 경사지게 인양하지 않도록 수평을 유지하여 인양하여야 한다.

⑮ 철골 부재를 인양할 경우는 KOSHA GUIDE C-44-2012(철골공사 안전보건작업 지침)를 따른다.

Section 115 크레인 하중의 분류

1 용량 하중(작업 하중)

하중의 위치 및 지브의 길이에 따라 작업 시에 크레인이 들어 올릴 수 있는 순수한 하중을 말한다.

2 임계 하중

이동식 크레인이 최대로 들어 올릴 수 있는 하중과 들어 올릴 수 없는 하중의 경계 하중을 말한다. 즉, 크레인이 최대 하중을 들어 올렸을 때 크레인의 뒷부분인 카운터 웨이트가 들리려는 순간의 하중을 말한다. 임계 하중은 기종별 규정된 아웃트리거 최대 폭 신장 시를 기준으로 한다.

3 정격 하중

하중의 위치 및 지브의 길이에 따라 크레인이 들어 올릴 수 있는 순수한 하중을 말한다.

4 시험 하중

하중의 위치 및 지브의 길이에 따라 현장에서 적용할 수 있는 여러 조건을 고려하여 시험을 위해 크레인이 들어 올릴 수 있는 순수한 하중을 말한다.

해상 크레인의 개요 및 구조, 선정 시 고려 사항, 중량물 인양 원리

1 개요

해상 크레인(floating crane)은 작업에 쓰이도록 부선 위에 크레인을 장착시켜 해상을 이동하면서 하역할 수 있도록 설치된 크레인이다. 기계류, 철 구조물, 기관차 등과 같은 특수 중량 화물의 하역에 주로 사용되는 장비이다. 해상 크레인은 종류도 다양하여 절반이 물속에 잠기는 형태도 있고(Semi-submersible), 크레인을 회전할 수 없는 고정식도 있다(Sheerleg).

해상 크레인의 작동 원리를 보면 여러 가닥의 쇠줄이 무게를 분산시키고, 크레인을 싣고 있는 배의 밑부분이 클수록 물에 뜨는 부력도 커지는 성질을 이용한다. 즉, 무거운 물건을 들어 올리는 순간 물속에 잠기는 면적(배수량)이 증가하고, 이것이 다시 부력을 높여 배를 띄운다는 원리이다. 수면 위에서 크레인이 균형을 이루는 것은 정밀한 전자기적 기능과 여러 개의 추진 장치 등을 이용한다.

2 선정 시 고려 사항

블록 인양을 위해서는 먼저 블록을 선정하고 인양·탑재 방법을 결정을 한 후에 운용 장비의 수, 연결 방법과 이동 형태를 결정하면 하중 인자에 따른 인양할 수 있는 가능한 블록을 결정할 수 있다. 이때 블록의 하중이 크레인의 하중 수치를 초과하면 블록 선정을 다시 해야 한다.

[그림 5-177]에서처럼 리프팅 러그 배치, 각 러그에 걸리는 하중, 리프팅 수행을 하며 가장 중요한 것은 안전을 위해 크레인의 최대 하중을 초과하지 않도록 하는 것이다.

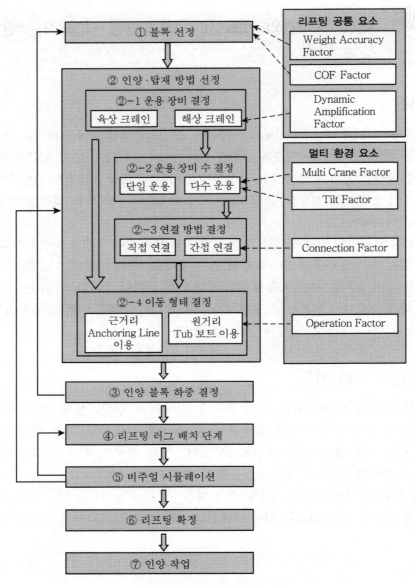

[그림 5-177] 크레인의 작업 절차

③ 중량물의 인양 원리

(1) 해상 크레인이 물체를 들기 전

예를 들어, 해상 크레인의 부피가 폭(L)이 5m, 두께(T)가 15m, 길이(L)가 40m라면 $W = \gamma V$에서 대략 3,000ton의 무게를 들 수가 있다.

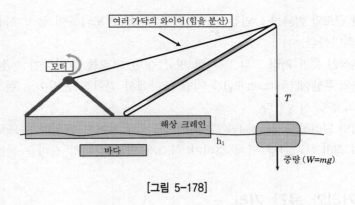

[그림 5-178]

(2) 해상 크레인이 물체를 든 후

중량이 W인 물체를 들게 되면 해상 크레인이 잠기면서 배수량에 의해 지면에서보다 훨씬 큰 무게의 물체를 들 수가 있다.

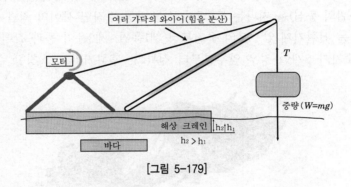

[그림 5-179]

Section117 축간 거리와 윤간 거리

① 개요

건설기계는 작업 조건이 공사 규모와 범용성, 경제적인 운반 거리, 장비의 주행성, 건설 기계의 작업 능력, 기계 경비에 따라 달라지므로 건설기계를 선정 시 충분히 검토하여 선정 해야 한다. 또한 축간 거리와 윤간 거리는 건설기계의 투입 환경과 작업의 조건에 따라 설 계에 반영하여 제작해야 한다.

① **공사 규모와 범용성** : 연간 1건당 토량의 규모, 보급률이 높고 사용 범위가 넓은 기계를 의미한다.

② **경제적인 운반 거리** : 각 기계별 평균 운반 거리를 고려하여 선정한다.

③ **장비의 주행성(Trafficability)** : 지반 조사에서 얻어진 콘지수로 현장 지반 조건에 적합한 기계를 선정한다.

④ **굴착의 난이성(Ripperbility)** : 지반 조사에서 얻어진 탄성파 속도로 판정한다.

⑤ **기계 경비** : 시간당 기계 경비가 최소가 되는 경제적 장비를 선정한다.

❷ 축간 거리와 윤간 거리

① **축간 거리(Wheel base)** : 수평면에 놓인 타이어식 건설기계의 앞바퀴 축과 뒷바퀴 축 각각의 중심을 지나는 두 개의 수직면 사이의 최단 직선 거리를 말하며, 축이 3개 이상인 경우 앞부분의 축거부터 제1축거, 제2축거, 제3축거 등과 같이 호칭한다.

② **윤간 거리(Tread)** : 수평면에 놓인 마주 보는 좌우측 바퀴의 중심(겹바퀴의 경우에는 겹바퀴의 중심)을 지나는 두 개의 종단 방향 수직면 사이의 최단 직선 거리를 말하며, 윤거는 건설기계 앞부분의 윤거부터 제1윤거, 제2윤거 등과 같이 호칭한다. 다만, 축의 숫자가 2개인 경우 앞부분부터 전륜거, 후륜거라고 호칭할 수 있다.

[그림 5-180] 축간 거리와 윤간 거리

Section 118   건설기계 안전 기준에 관한 규칙에서 정하는 건설기계와 타워 크레인의 무선 원격 제어기 요건

1 건설기계의 무선 원격 제어기 기준 마련(안 제149조의10 신설)

건설기계를 무선으로 조종하는 무선 원격 제어기를 사용하는 경우 주위의 다른 무선 원격 제어기의 조작 주파수 또는 주위의 유사한 조작 기구의 간섭을 받지 않아야 하고, 전파법 제45조에 따른 기술 기준에 적합해야 하며, 방진·방수 등급이 아이피 (IP) 65 이상이어야 하는 등 무선 원격 제어기 관련 세부적인 기준을 정한다.

2 타워 크레인의 무선 원격 제어기 요건(제117조(제어기))

타워 크레인의 무선 원격 제어기는 다음 각 호의 요건을 갖추어야 한다.

① 타워 크레인의 작동 종류, 방향과 일치하는 표시를 하여야 하고, 정해진 작동 위치가 아닌 중간 위치에서는 작동되지 아니하도록 할 것

② 무선 원격 제어기는 주위에 설치된 다른 무선 원격 제어기의 조작 주파수 또는 주위의 유사한 조작 기구의 간섭을 받아서 오동작, 작동 불능 상태가 되지 아니할 것

③ 무선 원격 제어기는 사용 중 충격을 받으면 곧바로 작동이 정지되는 구조일 것

④ 조종실, 펜던트 스위치 또는 무선 원격 제어기를 겸용할 경우에는 선택 스위치를 부착할 것

⑤ 무선 원격 제어기에는 관계자 외의 자가 취급할 수 없도록 잠금 장치 등을 설치할 것

⑥ 무선 원격 제어기에는 각각의 제어 대상 타워 크레인이 표기되어 있을 것

⑦ 지정된 하나의 무선 원격 제어기 외의 신호에 의하여는 타워 크레인이 작동되지 아니할 것

⑧ 무선 원격 제어기가 다음 각 목에 해당하는 경우 타워 크레인이 자동으로 정지하는 구조일 것

　　㉠ 정지 신호를 수신한 경우

　　㉡ 계통상 고장 신호가 감지된 경우

　　㉢ 지정 시간 이내에 분명한 신호가 감지되지 아니한 경우

⑨ 배터리 전원을 이용하는 제어기의 경우 배터리 전원의 변화로 인하여 위험한 상황이 초래되지 아니할 것

펜던트 스위치 또는 무선 원격 제어기에 표시된 타워 크레인의 작동 방향과 동일한 방향이 표시된 표지판을 조종사가 보기 쉬운 위치에 부착하여야 한다.

Section 119 지게차의 전·후 안정도

1 지게차의 위험성

지게차 작업에 따른 위험 요인은 3가지로 구분할 수 있다.

① 화물의 낙하
  ㉠ 불안전한 화물의 적재
  ㉡ 부적당한 작업 장치 선정
  ㉢ 미숙한 운전 조작
  ㉣ 급출발, 급정지 및 급선회
② 협착 및 충돌
  ㉠ 구조상 피할 수 없는 시야의 악조건(특히 대형 화물)
  ㉡ 후륜 주행에 따른 하부의 선회 반경
③ 차량의 전도
  ㉠ 요철 바닥면의 미정비
  ㉡ 취급되는 화물에 비해서 소형의 차량
  ㉢ 화물의 과적재
  ㉣ 급선회

2 지게차의 안정 조건

지게차의 전후 및 좌우 안정도를 유지하기 위하여 [표 5-22]에 의한 지게차의 주행·하역 작업 시 안정도 기준을 준수하여야 한다.

[표 5-22] 지게차의 주행·하역 작업 시 안정도 기준

안정도	지게차의 상태	
	옆에서 본 경우	위에서 본 경우
하역 작업 시의 전후 안정도 : 4% 이내 (5톤 이상 : 3.5% 이내)		
주행 시의 전후 안정도 : 18% 이내		

안정도	지게차의 상태	
	옆에서 본 경우	위에서 본 경우
하역 작업 시의 좌우 안정도 : 6% 이내	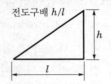	
주행 시의 좌우 안정도 : $15 + 1.1\,V$[%] 이내 최대 40%(단, V : 구 내 최고속도 (km/h))		

(주) 안정도=$h/l \times 100$[%]
- X–Y : 경사 바닥의 경사축
- M–N : 지게차의 좌우 안정도축
- A–B : 지게차의 세로 방향의 중심선

전도구배 h/l

Section120

지게차에 사용되는 타이어 및 동력원의 종류

① 타이어의 종류에 따른 분류

(1) 공기압 타이어(Pneumatic Tire)식

타이어 속에 공기를 주입하여 사용하는 일반적인 타이어를 장착한 지게차이다. 비교적 노면이 나쁜 곳에서도 사용이 용이한 범용성을 갖추고 있으나 타이어 단면적이 크기 때문에 좁은 구내에서의 사용에는 불리하다.

(2) 쿠션 타이어(Cushion Tire)식

공기압 타이어 대신 통고무로 만든 쿠션 타이어를 장착한 지게차이다. 동일외경의 공기압 타이어보다도 큰 하중에 견딜 수 있기 때문에 차체를 콤팩트하게 설계할 수 있다. 험로에서는 승차감이 나빠 잘 사용되지 않으나, 포장이 잘 되어있는 실내작업에서는 능률이 좋아 북미에서는 사용률이 매우 높다. 차체를 별도로 설계하지 않고 공기압 타이어 대신 통고무 타이어로 교체한 것도 있는데 통상 솔리드 타이어(Solid Tire)식이라고 한다. 한국의 경우 쿠션 또는 솔리드 타이어를 장착한 전동지게차는 건설기계 관리법에 의해 건설기계로 등록할 필요가 없으며 실내작업이 주류를 이루는 카운터 바란스형 전동식 지게차 대부분이 이 형의 지게차이다.

2 동력원에 따른 분류

(1) 디젤엔진식

디젤엔진에 의하여 구동되는 것으로서 카운터바란스형 지게차의 가장 일반적인 형태이다. 배기가스가 분출되며 소음이 상대적으로 커 점차 전동식으로 대체되고 있으나 한국의 경우 아직까지도 가장 널리 사용되고 있다.

(2) LPG/가솔린엔진식

LPG/가솔린엔진에 의하여 구동되는 것으로서 선진국의 경우 카운터바란스형 지게차에 널리 사용되고 있다. 유해 배기가스가 디젤엔진식에 비하여 상대적으로 적어 선진국의 경우 점차 사용이 확대되고 있다.

(3) 전동식

유해 배기가스가 발생하지 않고 소음이 적은 환경친화형 장비로 보급이 점차 확대되고 있으며 보수유지비가 적게 들고 운전조작이 쉬운 점이 장점이다. 그러나 배터리 용량에 한계가 있기 때문에 장시간 연속작업 시는 일정시간마다 밧데리를 교체해 주어야 하는 단점도 있다. 창고 안, 트럭터미널, 배송센터의 화물처리홈, 냉동창고 등 실내작업에서 많이 사용되고 있다.

Section121 굴삭기의 주행장치에 따른 주행속도

1 개요

굴삭기는 토목, 건축, 건설 현장에서 땅을 파는 굴삭작업, 토사를 운반하는 적재작업, 건물을 해체하는 파쇄작업, 지면을 정리하는 정지작업 등의 작업을 행하는 건설기계로서 장비의 이동 역할을 하는 주행체와 주행체에 탑재되어 360° 회전하는 상부 선회체 및 작업 장치로 구성되어 있다.

2 굴삭기의 주행장치에 따른 주행속도

(1) 무한궤도식 굴삭기(Crawler Type)

하부장치의 주행부에 무한궤도 벨트를 장착한 자주식 굴삭기로서, 견인력이 크고 습지, 모래지반, 경사지 및 채석장 등 험난한 작업장 등에서 굴삭능률이 높은 장비이다. 주행속도는 매우 느리며 0–10km/hr이다.

(2) 타이어식 굴삭기(Wheel Type)

하부장치의 주행부에 타이어를 장착한 자주식 굴삭기로서, 주행속도가 30–40km/hr 정도로 기동성이 좋아서 이동거리가 긴 작업장에서는 무한궤도식 굴삭기보다 작업 능률이 높은 장비이다.

Section122 건설기계 안전기준에 관한 규칙에서 정하는 타워 크레인의 정격하중, 권상하중, 자립고

1 타워 크레인의 정격하중 등(건설기계 안전기준에 관한 규칙 제96조[시행 2018. 12. 2.])

① 타워 크레인의 정격하중 : 타워 크레인이 권상하중에서 혹, 그래브 또는 버킷 등 달기기구의 하중을 뺀 하중을 말한다.
② 권상하중 : 타워 크레인이 지브의 길이 및 경사각에 따라 들어 올릴 수 있는 최대의 하중을 말한다.
③ 주행 : 주행식 타워 크레인이 레일을 따라 이동하는 것을 말한다.
④ 횡행 : 대차(trolley) 및 달기기구가 지브를 따라 이동하는 것을 말한다.
⑤ 자립고 : 보조적인 지지·고정 등의 수단 없이 설치된 타워 크레인의 마스트 최하단부에서부터 마스트 최상단부까지의 높이를 말한다.

Section123 안전보건 기술지침(KOSHA GUIDE)에 명시되 있는 특별 표지 부착대상 건설기계

① 대형건설기계의 특별표지 적용대상

다음 사항에 해당하는 건설기계는 특별표지를 부착하여야 하며 다만 수상작업용(준설선, 사리채취기)의 경우에는 그러하지 아니한다.

① 길이 : 16.7m 초과
② 너비 : 2.5m 초과
③ 높이 : 4.0m 초과
④ 최소 회전 반경 : 12m 초과
⑤ 총중량 : 40톤 초과
⑥ 축하중 : 10톤 초과

② 특별표지의 내용 표지판과 특별도색 및 경고 표지판

표지판은 대형건설기계는 당해 건설기계가 "위 적용 대상 중 해당되는 내용"을 기재한 표지판을 차체에 부착하여야 하며, 특별도색은 대형 건설기계는 당해 건설기계의 식별이 쉽도록 특별도색을 하여야 한다(최고속도 35km/h 미만의 건설기계는 제외).

경고표지판은 대형 건설기계는 운전석 내부의 보기 쉬운 곳에 경고표지판을 부착하여야 한다.

Section124 PTO(Power Take Off)를 설명하고, 건설기계에 사용되는 용도

① 정의

PTO는 엔진의 동력을 자동차 주행과는 관계없이 다른 용도에 이용하기 위해서 설치한 장치로서 변속기의 부축 기어에 공전기어를 슬라이딩시켜 동력을 인출한다. 동력 인출의 단속은 공전 기어를 물리고 이탈시켜야 하며, 덤프트럭의 오일펌프 구동 및 소방자동차의 물 펌프 구동 등에 이용한다.

❷ 건설기계에 사용되는 용도

[그림 5-181] 유압 PTO의 외관

동력전달장치의 일종인 유압피티오(PTO)로 메인엔진의 동력을 출력축에 전달하는 데 있어서 건식 대신 유압으로 동력을 전달 또는 단속하는 장치로서. 이 장치가 필요한 이유는 거의 유압장치 구동용으로 쓰이며 건설장비를 수시로 시동·정지가 필요할 때 운전자가 좌석에 올라가서 시동키를 켰다·껐다 하는 불편함과 잦은 시동으로 인한 엔진 수명을 고려하기 때문에 필수적으로 PTO 장치가 장착되어 있는 것이다.

Section125 벨트컨베이어(Belt Conveyor)설비 계획 시 고려사항

❶ 개요

벨트컨베이어는 다른 컨베이어와 비교하여 비교적 고장이 적고 경제적이며 합리적인 컨베이어로서 널리 사용되고 있다. 그러나 사용함에 있어서 비교적 적다는 고장도 그 원인을 탐구하여 배제시킴으로써 양호한 운전 상태를 유지 확보하고 벨트의 수명을 되도록 연장시켜 보다 경제적으로 가동시키기 위해서는 항상 벨트컨베이어 설비의 조정, 운전, 보수관리를 적절·확실하게 하지 않으면 안된다.

❷ 벨트컨베이어(Belt Conveyor)설비 계획 시 고려사항

(1) 설계 및 제조

① 벨트의 폭은 하물의 종류 및 운반량에 적합하도록 충분한 것으로 하되 필요한 경우에는 하물을 벨트의 중앙에 실리기 위한 장치를 한다.

② 운전정지, 불규칙적인 하물의 적재 등에 의하여 하물이 탈락하거나 미끄러 떨어질 염려가 있는 벨트컨베이어(하물이 분립물일 때는 경사컨베이어에 한한다)에 의한 위험을 방지하기 위한 조치를 강구한다.

③ 벨트컨베이어의 경사부에 있어서 하물의 전 적재량이 500kg 이하이고 1개의 중량이 30kg을 넘지 않는 경우에는 역전방지장치를 설치하지 않을 수도 있다.

④ 벨트 또는 풀리에 부착하기 쉬운 하물을 운반하는 벨트컨베이어에는 벨트클리너, 풀리 스크레이퍼 등을 설치한다.

(2) 설치

① 작업자에게 위험을 줄 염려가 있는 호퍼 및 슈트의 개구부에는 커버 또는 울을 설치할 것

② 대형의 호퍼 및 슈트에는 점검구를 설치하는 것이 바람직하다.

③ 귀환 측 벨트에 부착한 하물 등의 낙하에 의하여 작업자에게 위험을 줄 염려가 있을 때는 당해물의 낙하에 의한 위험을 방지하기 위한 설비를 한다.

④ 작업자에게 위험을 줄 염려가 있는 테이크업에는 커버 또는 울을 설치하되 카운터 웨이트 테이크 업에 있어서는 중추 바로 밑에 작업자가 들어가지 못하도록 커버 또는 울을 설치하고 중추의 낙하방지를 위한 장치를 설치한다.

Section126 콘크리트 믹서 트럭의 드럼 회전 방식

1 중력식(회전드럼형)

혼합드럼을 회전시켜 비비는 방식으로 다음과 같이 분류한다.

(1) 비가경식(非可傾式 : non-tilting)

드럼에서 슈우트(chute)로 콘크리트를 방출하는 식으로 주로 소규모 공사의 무른 비비기 콘크리트에 많이 쓰이고 입방체형과 원통형이 있다.

(2) 가경식(可傾式 : tilting)

굳은 비비기의 대규모 공사에 많이 사용하고 원추형과 원추형 및 원추주발혼합형이 있다.

② 강제식(고정드럼형 : paddle mixer)

드럼을 고정하고 내부 날개를 회전시켜 비비는 식으로 고층구조물 시공에 유리하며, 고정된 드럼속의 내부 날개를 회전시켜 강제로 비비는 방식으로 굳은 비빔, 부배합(富配合), 경량골재(輕量骨材)를 사용할 때 적합하다.

③ 콘크리트 믹서의 작업량 계산식

(1) 콘크리트 믹서의 작업량

$$Q = \frac{60}{4} qE$$

여기서, Q : 콘크리트 믹서의 시간당 생산량(m^3/h)
4 : 재료투입, 혼합, 배출 등의 작업 시간의 4분을 뜻한다.
q : 콘크리트 믹서의 용량(m^3)
E : 작업효율(0.8)

Section 127 | 4차 산업혁명에 대하여 설명하고, 건설기계분야에서 적용될 수 있는 사례 및 응용분야

① 개요

건설 자동화 및 로봇(Construction Automation Systems and Robot) 기술의 필요성이 주장되어 왔다. 즉 건설기능인력 수급 불균형 심화, 노무 생산성 저하, 핵심기술에 대한 해외 의존도 심화 등 건설산업이 당면하고 있는 문제를 해결하기 위한 기술적 방안으로 건설기계의 자동화가 대두되었다. 이제는 4차 산업 혁명에 따른 컴퓨터, 무선 정보통신기술을 포함한 IT기술, 제어 및 센싱 분야의 지속적인 발전을 고려해 볼 때, 고부가가치 산업이라 할 수 있는 건설기계 자동화 및 로봇기술과 접목시켜 미래 건설 산업 발전에 상당한 파급효과를 미칠 것으로 예상된다.

② 4차 산업혁명에 대하여 설명하고, 건설기계분야에서 적용될 수 있는 사례 및 응용분야

현재 4차 산업혁명에 의한 다양한 스마트 기술들을 융합하여 무인 굴삭기 등 일부 건

설장비 자동화 기술 개발이 활발하게 이루어지고 있으며, 다수의 자동화 건설 장비의 통합연계를 가능하게 하는 관제 시스템을 개발하여, 관제 시스템을 통한 건설장비 원격 제어 기술 등을 이용한 시공자동화 구현을 수행 중이다.

ICT를 활용한 지능형 건설장비 관제 및 스마트 시공 기술은 드론과 레이저스캐너를 이용하여 토공 지형정보를 3차원으로 생성하고(eBIM Modeler), 건설관제 시스템(Fleet Manager)에 탑재된 BIM설계 프로그램에 연동시켜 토공물량 및 건설장비에 이동 경로 등을 제공하는 기술이다. 또한 굴삭기, 덤프, 롤러 등 토공 장비에 부착된 가이던스 시스템 또는 네비게이터 등에 전달하여 최적 경로로 이동하며 자동화 시공을 진행하며(Machine Control), 건설관제시스템-장비, 장비-장비의 원활한 정보 공유·전달을 위해 자체통신 환경을 구축한다(Smart Connect).

[그림 5-182] ICT 건설장비 관제 및 스마트 시공 기술 개념도

Section 128 건설기계관리법에 의한 롤러(roller)의 구조 및 규격 표시 방법

1 개요

롤러(roller)는 자체 중량 또는 진동으로 토사 및 아스팔트 등을 다져주는 건설기계로 롤러의 구분은 다음과 같다.

① 전압형식(차량의 자체중량 이용) : 탠덤 롤러, 타이어 롤러, 매카덤 롤더 등
② 진동형식 : 진동 롤러, 진동 분사력 캠팩터 등
③ 충격형식(충격력을이용) : 래머, 탬퍼 등

② 건설기계관리법에 의한 롤러(roller)의 구조 및 규격 표시 방법

(1) 범위

조종석과 전압 장치를 가진 자주식인 것과 피견인 진동식인 것이 해당된다.

(2) 구조 및 규격 표시 방법

다짐장치를 장착한 것이 이에 속하며, 규격은 작업가능상태의 중량으로 표시하고 최소중량은 밸러스트 미부착 시의 중량으로, 최대 중량은 밸러스트 부착 시의 중량으로 표시할 수 있다. 예를 들면 8~12ton이라는 것은 자체 중량 8톤에 밸러스트 4톤을 가중시킬 수 있어 총 12톤이라는 의미이다.

Section129 건설기계 검사의 종류

① 개요

건설기계검사는 건설기계의 소유권 공증을 위한 확인 행위인 동시에 건설기계의 운행 또는 사용할 때 안전도 유지를 위하여 건설기계의 구조 및 성능을 확인하는 제도로 목적은 다음과 같다.
① 건설기계의 구조 및 성능을 확인하여 사고 방지
② 배출가스, 소음·진동 등 공해 방지
③ 불법 구조변경(과적을 위한 불법개조 등) 방지

② 건설기계 검사의 종류

검사의 종류는 다음과 같다.
① 신규등록검사 : 신규로 등록할 때 실시하는 검사
② 정기검사 : 등록 후 정기적으로 실시하는 검사
③ 구조변경검사 : 등록 후 건설기계의 주요구조를 변경 또는 개조한 후 실시하는 검사
④ 수시검사 : 건설기계의 성능을 점검하기 위하여 수시로 실시하는 검사

건설기계에 사용되는 각종 와이어 로프(wire rope)의 꼬임방법, 공식에 의한 선정방법 및 사용상 주의사항

1 와이어 로프의 꼬임(Lay of Wire Rope)

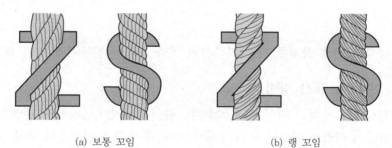

(a) 보통 꼬임   (b) 랭 꼬임

[그림 5-183] 와이어 로프의 꼬임방법

와이어 로프의 꼬임에는 보통 꼬임과 랭 꼬임의 두가지 종류가 있으며 랭 꼬임 로프는 보통 꼬임의 로프보다 사용 시 표면전체가 균일하게 마모됨으로 인하여 수명이 다소 길다. 여기에 비해 보통 꼬임의 로프는 랭 꼬임에 비해 더 한층 유연하여 EYE 작업을 쉽게 할 수 있다.

2 공식에 의한 선정방법 및 사용상 주의사항

(1) 공식에 의한 선정방법(예)

권상장치는 M4 기계장치의 분류에서 정의된 사용 조건하에서 운전하도록 되어있다면 최대 로프응력은 79kN로 정해져 있다.

선정된 로프의 종류와 등급은 K'값 0.356과 RO값 1,770N/mm^{2}이다. [표 5-23]에서 C값은 0.080이다.

[표 5-23] Z_p값과 C값(RO =1,770N/mm^{2}와 K' =0.356에 대한)

기계장치의 분류	Z_p값	C값
M1	3.15	0.071
M2	3.35	0.073
M3	3.55	0.075
M4	4.0	0.080
M5	4.5	0.085
M6	5.6	0.094
M7	7.1	0.106
M8	9.0	0.120

$$d_{\min} = C\sqrt{S} = 0.08 \times \sqrt{79,000} = 22.48\text{mm}$$

실제로 선정된 로프의 최소 지름은 22.5mm 보다 작거나 28.1mm보다 커서는 안 된다. 최소 파단하중은

$$F_{\min} = 79 \times 4.0 = 316\text{kN}$$

실제로 선정된 로프의 최소 파단 하중 값은 316kN보다 작아서는 안 된다.

(2) 점검사항

비록 와이어 로프의 전 길이를 매일 점검했다 하더라도 다음과 같은 부분은 특별히 점검하여야 한다. 점검결과는 검사보고서에 기록하여야 한다.

① 이동 및 고정 로프 끝의 연결지점
② 블록 혹은 도르래를 지나는 로프 부분
③ 보상도르래를 지나는 로프 부분
④ 외부특징에 의해 마모되기 쉬운 로프 부분
⑤ 부식 및 피로에 대한 내부검사
⑥ 열에 노출된 로프 부분

Section131 타워 크레인의 안전검사 중 권상장치의 점검사항

1 개요

권상 및 권하 방지장치는 전원회로의 제어를 통하여 타워 크레인 화물을 운반하는 도중 혹이 지면에 닿거나 권상작업 시 트롤리 및 지브와의 충돌을 방지하는 장치이다.

2 상부 선회 및 권상장치 점검

(1) 와이어 로프 및 단말부 처리상태 점검

와이어 로프의 부식, 심강 돌출, 스트렌드 함몰 이탈, 킹크 변형, 부풀림이 없고, 마모량은 공칭지름의 7% 이내이며 소선단선은 1스트렌드의 10% 이내이어야 한다.

(2) 붐(보조 붐)의 변형 균열 부식 및 시브의 상태 점검

붐의 신장 수축시 록핀의 동작 및 플라이 지브의 변형 손상 부식 여부 점검과 시브 베어링의 상태 시브의 파손 혹은 홈의 과도한 마모 여부를 점검한다.

(3) 드럼 브레이크 및 역회전 방지장치 점검

브레이크 라이닝의 과도한 마모 여부 점검과 역회전 방지 래치의 동작상태를 점검한다.

(4) 후크 해지장치 및 회전 베어링 점검

해지장치의 스프링 복원상태 및 베어링 상태 점검과 혹 하중부의 마모 여부를 점검(국부마모는 원 치수의 5% 이내일 것)한다.

(5) 상부 회전 링기어 피니온 등 기어와 회전 고정 핀 상태 점검

상부 회전 시 이상음 발생 여부 혹은 기어의 과도한 마모 여부 점검과 잠금 핀의 동작상태 및 과도한 유격 여부를 점검한다.

Section132 건설기계 등의 구성품(부품)파손에서 원인해석을 위한 일반적인 파손분석 순서

1 개요

손상진단 기술에는 기본적인 분석 원칙과 이에 따르는 손상의 유형이 존재한다. 그 기본 원칙은 손상 분석을 접근하는 철학, 즉 전공 분야에 따라 구별되는데 기계분야의 전공자들은 주로 설계나 기계구조 해석을 통하며 금속 전공자들은 원소재, 제조공정 및 사용조건을 따지는 재료 분석을 통해 손상 해석을 시도함에 서로의 특징을 지닌다. 그러나 최근 수행된 여러 건의 손상 진단 해석과 국외에서 보고되는 분석 사례를 볼 때, 앞으로는 구조해석과 재료 분석의 두 분야가 반드시 공동으로 운용되어 손상 진단을 꾀할 것으로 판단된다.

2 건설기계 등의 구성품(부품)파손에서 원인해석을 위한 일반적인 파손분석 순서

손상진단에 접근하는 방식으로는 손상된 부분의 구조와 설계기준 그리고 이곳에 적용되는 열, 응력 분포를 해석함으로써 그 원인을 밝히는 구조 해석 측면을 일반적인 것으로 인식한다. 그러나 대부분의 기계 부품 혹은 구조물에는 이것을 이루는 재료의 문제점이 손상에 대한 주된 원인으로 작용한다. 이와 같이 손상진단은 구조해석과 재료분석의 두 가지 기본 개념을 포함한다. 손상진단의 궁극적인 목적은 손상을 방지하여 안전한 운용을 꾀하는 것에 있는데, 손상에 대한 책임을 가려 손해 배상과 보험을 통해 그 손실을 최소화하는 별도의 목적성이 있다.

① 구조해석 : 응력, 열 분포 모사 및 해석, 설계 구조해석을 진행한다.
② 재료분석 : 소재의 기계적 특성, 미세조직, 균열을 검토하고 제조공정에서는 주/단조, 용접, 열처리 및 표면처리 결함을 검토하며 사용조건은 적용하중 및 사용압력, 열 및 부식분위기를 검토한다.

Section 133 안전인증 및 안전검사 대상 유해·위험기계에 속하는 건설기계

1 안전인증대상기계 등(산업안전보건법 시행령 제74조[시행 2020. 3. 3.])

법 제84조 제1항에서 "대통령령으로 정하는 것"이란 다음 각 호의 어느 하나에 해당하는 것을 말하며 다음 각 목의 어느 하나에 해당하는 기계 또는 설비

① 프레스
② 전단기 및 절곡기(折曲機)
③ 크레인
④ 리프트
⑤ 압력용기
⑥ 롤러기
⑦ 사출성형기(射出成形機)
⑧ 고소(高所) 작업대
⑨ 곤돌라

Section 134 콘크리트 압송타설장비의 종류와 각각의 장단점

1 기계식 콘크리트펌프

[그림 5-184] 기계식 콘크리트펌프

호퍼에 담겨진 생 콘크리트를 흡입밸브를 통하여 피스톤으로 실린더에 흡인하여 수송관내에 압출함으로써 타설현장에 압송하며 장점은 수송 중의 손실과 재료의 분리가 없고 장치가 간단하다.

단점은 수송관로가 막히기 쉽고 청소하는 데 상당한 시간이 걸린다.

② 유압식 콘크리트펌프

[그림 5-185] 유압식 콘크리트펌프카

압송 실린더 내에 공급된 생 콘크리트를 다단 원심펌프에 의해 발생하는 유압으로 피스톤을 작동시켜 흡인·압송하는 기계로 장점은 콘크리트 타설량 가감이 용이하고 기계식에 비해 콘크리트 압송압력이 크다. 기계중량이 가볍고 수평 및 수직 압송거리가 길다.

③ Squeeze 콘크리트펌프

[그림 5-186] Squeeze 콘크리트펌프

각 반용 blade를 가진 hopper, 2개의 roller가 달린 rotor, 고무제의 pumping tube, pump case로 구성되며 hopper를 통하여 들어온 생 콘크리트는 rotor회전에 의하여 roller가 pumping tube를 누르면서 회전하는 데 따라 압송되므로 squeeze type이라고 한다.

슬럼프(7~22cm)의 생 콘크리트 압송하는 데 적합하며 압송능력은 피스톤식과 비슷하나 압송거리가 짧다.

타워 크레인을 자립고 이상의 높이로 설치하는 경우 지지하는 방법

1 조립 등의 작업 시 조치사항(산업안전보건기준에 관한 규칙 제141조[시행 2020. 1. 16.])

　사업주는 크레인의 설치·조립·수리·점검 또는 해체 작업을 하는 경우 다음 각 호의 조치를 하여야 한다.
① 작업순서를 정하고 그 순서에 따라 작업을 할 것
② 작업을 할 구역에 관계 근로자가 아닌 사람의 출입을 금지하고 그 취지를 보기 쉬운 곳에 표시할 것
③ 비, 눈, 그 밖에 기상상태의 불안정으로 날씨가 몹시 나쁜 경우에는 그 작업을 중지시킬 것
④ 작업장소는 안전한 작업이 이루어질 수 있도록 충분한 공간을 확보하고 장애물이 없도록 할 것
⑤ 들어 올리거나 내리는 기자재는 균형을 유지하면서 작업하도록 할 것
⑥ 크레인의 성능, 사용조건 등에 따라 충분한 응력(應力)을 갖는 구조로 기초를 설치하고 침하 등이 일어나지 않도록 할 것
⑦ 규격품인 조립용 볼트를 사용하고 대칭되는 곳을 차례로 결합하고 분해할 것

2 타워 크레인의 지지(산업안전보건기준에 관한 규칙 제142조[시행 2020. 1. 16.])

(1) 사업주는 타워 크레인을 자립고(自立高) 이상의 높이로 설치하는 경우 건축물 등의 벽체에 지지하도록 하여야 한다. 다만, 지지할 벽체가 없는 등 부득이한 경우에는 와이어 로프에 의하여 지지할 수 있다. 〈개정 2013. 3. 21.〉

(2) 사업주는 타워 크레인을 벽체에 지지하는 경우 다음 각 호의 사항을 준수하여야 한다.
① 산업안전보건법 시행규칙 제58조의4 제1항 제2호에 따른 서면심사에 관한 서류(건설기계관리법 제18조에 따른 형식승인서류를 포함한다) 또는 제조사의 설치작업설명서 등에 따라 설치할 것
② 제1호의 서면심사 서류 등이 없거나 명확하지 아니한 경우에는 「국가기술자격법」에 따른 건축구조·건설기계·기계안전·건설안전기술사 또는 건설안전분야 산업안전지도사의 확인을 받아 설치하거나 기종별·모델별 공인된 표준방법으로 설치할 것

③ 콘크리트구조물에 고정시키는 경우에는 매립이나 관통 또는 이와 동등 이상의 방법으로 충분히 지지되도록 할 것

④ 건축 중인 시설물에 지지하는 경우에는 그 시설물의 구조적 안정성에 영향이 없도록 할 것

Section136 건설기계에 사용되는 공기브레이크(air brake)의 장단점과 작동방법

1 개요

압축공기를 이용한 브레이크로 대형차나 건설기계에 사용한다.

2 건설기계에 사용되는 공기브레이크(air brake)의 장단점과 작동방법

(1) 공기 브레이크의 장점 및 단점

1) 장점
① 차량의 중량이 커도 성능에 별다른 영향을 미치지 아니한다.
② 공기의 누설이 있어도 제동력에 크게 영향을 미치지 아니한다.
③ 베이퍼록 현상이 일어나지 않는다.
④ 유압브레이크 시스템의 경우 밟는 힘에 따라 제동력이 결정되지만 공기브레이크의 경우 밟는 양에 따라 제동력이 결정된다.
⑤ 원격제어가 용이하다.

2) 단점
① 에어브레이크 시스템이 복잡하며 가격이 비싸다.
② 기관의 출력일부가 공기압축기에 사용된다.

(2) 공기 브레이크의 구조와 작동방법

① 공기압축기는 공기를 밀폐한 용기 내에 동력으로 압축하여 용기 내의 압력을 높이는 기계이다.
② 공기저장탱크는 압축공기를 저장한다.
③ 브레이크 챔버는 각 바퀴마다 설치되어 있고 압축공기 압력을 받아 브레이크 캠이 작동한다.

④ 브레이크 밸브는 페달을 밟은 양에 따라 압축공기를 도입한다.

⑤ 퀵릴리즈 밸브는 페달을 놓으면 브레이크 내의 공기를 신속하게 배출한다.

⑥ 릴레이 밸브는 브레이크 밸브에서 공기를 도입하면 배출밸브를 닫고, 공급밸브를 열어두면 브레이크 챔버에 압축공기를 보낸다.

Section137 **덤프트럭 적재함의 제작 요건과 적재함 기울기 변위량**

1 덤프트럭의 적재함 등(건설기계 안전기준에 관한 규칙 제31조[시행 2018. 12. 2.])

① 적재함은 적재 시의 충격이나 편하중에 충분히 견딜 수 있는 재질로 만들어져야 하고, 강성을 크게 하기 위한 두꺼운 리브(rib)를 붙여야 한다. 다만 제곱밀리미터당 60킬로그램 이상의 인장강도를 가진 재질을 사용하는 경우 리브를 붙이지 아니할 수 있다.

② 적재함의 상승·하강 또는 정지 동작은 원활하여야 하고, 덤프트럭의 주행 시에 적재함이 상승되지 아니하여야 한다.

③ 덤프트럭에는 적재함을 들어 올렸을 때 적재함의 좌우 흔들림을 억제할 수 있는 장치를 구비하여야 한다.

④ 덤프트럭에는 적재함이 들어 올려져 있거나 상승 또는 하강 시에는 조종사 및 주변 사람들이 알 수 있도록 경고음이 발생하는 장치를 설치하여야 한다.

⑤ 덤프트럭에는 점검·정비를 위하여 적재함을 상승시키는 경우 적재함의 하강방지를 위한 장치를 구비하여야 한다.

⑥ 적재함 뒷문 힌지(hinge)는 적재함 상단으로부터 200밀리미터 이상 돌출되어서는 아니 된다.

2 적재함의 기울기 변위량)(건설기계 안전기준에 관한 규칙 제31조의2[시행 2018. 12. 2.])

평탄한 지면에서 덤프트럭의 적재함을 45도(최대로 들어 올린 각도가 45도 미만인 경우에는 최대로 들어 올린 각도를 말한다) 들어 올리고 엔진을 정지한 경우 적재함이 지면에 대하여 이루는 기울기의 변화량은 10분 동안 1도 이하이어야 한다.

덤프트럭 브레이크 장치에서 자기작동작용

1 개요

회전 중인 드럼을 제동시키면 회전 방향으로 확장되는 슈에는 마찰력에 의해 드럼과 함께 회전하려는 회전토크가 추가로 발생되어 확장력을 증대시키게 된다. 확장력이 증대되면 마찰력이 증대되는 결과가 되므로 결국 휠 실린더로부터 공급된 확장력에 의한 마찰력보다 실제로 발생된 마찰력이 커진다. 이와 같은 작용을 자기작동작용이라 한다.

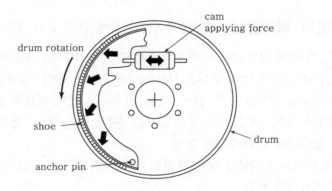

(a) Brakeshoe self-energizing action

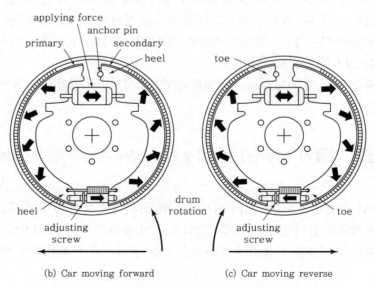

(b) Car moving forward   (c) Car moving reverse

[그림 5-187] 자기작동의 원리

② 덤프트럭 브레이크 장치에서 자기작동작용

회전하는 반대방향으로 확장되는 슈에는 마찰력에 의해 드럼으로부터 분리시키려는 힘이 작용하므로 확장력이 감소하게 된다. 자기작동하는 슈를 리딩 슈(Leading shoe), 자기작동하지 않는 슈를 트레일링 슈(Trailing shoe)라고 한다. 또, 전진 시에만 자기작동하는 슈를 전진 슈(Forward shoe), 후진 시에만 자기 작동하는 슈를 후진 슈(Reverse shoe)라고 한다.

Section 139 타이어 마모 요인

① 개요

타이어 마모는 타이어 표면이 닳은 것을 의미하며 고르지 못한 타이어의 마모상태는 차량의 상태가 타이어로 인하여 관리가 좋지 않다는 것이다. 마모는 일반적으로 고무와 지면간의 미끄러짐 횟수에 비례한다.

② 타이어 마모 요인

타이어의 마모 요인은 다음과 같다.

(1) 조기마모

트레드 마모 진행이 빠르며 발생원인은 급가속·급제동 시 과도한 미끄러짐이 일어나고 이때 타이어가 닳기 시작한다. 또한, 일반차량들은 앞바퀴에 하중이 많이 분배되기에 마모가 더 빠르며 마모방지는 급한 운전을 피해야 한다. 또한 매 10,000km 이내에 타이어 위치를 교환한다.

(2) 양쪽 숄더부 마모

트레드 원주상 양쪽면 조기 마모로 저 공기압 상태에서 저속을 주행하거나, 타이어 교환 시기를 준수하지 않았을 경우로 림 폭이 표준 림보다 클 때 발생한다. 방지법은 공기압을 점검하여 차량에서 추천하는 공기압을 준수하고, 잔여 스키드 깊이가 1.6mm 이하일 경우에는 교체를 한다.

(3) 센터부 마모

트레드 원주상 가운데 면 조기 마모로 급작스런 핸들조작 상태에서의 미끌림 과공기압, 과하중 상태로 주행했을 경우와 타이어 교환 시기를 준수하지 않았을 경우, 림 폭이 표준림보다 작을 때 발생한다. 방지법은 매 10,000km 이내에 타이어 위치 교환을 실시한다.

(4) 대각 마모

트레드 숄더부에서 반대쪽 숄더부까지 일정한 혹은 불규칙적인 각도로 전원주상 마모로 얼라인먼트 이상으로 주로 후륜에서 발생하는 마모이며 급작스러운 핸들 조작 상태에서의 미끌리거나, 브레이크 잠김으로 발생한다. 방지법은 휠 얼라이먼트를 교정하고, 잔여 스키드 깊이가 1.6mm 이하일 경우 교체한다.

(5) 깃털 마모

리브형 타이어에서 리브 한쪽면이 연속적으로 마모되어 마모 반대쪽이 높아 깃털처럼 변한 현상으로 부적절한 얼라인먼트, 급코너링이나 미끌림이 있을 때 또는 서스펜션, 차축, 빔, 휠 베어링 부품에 결함이 있거나 타이어 교환 시기를 준수하지 않았을 경우 나타난다. 방지법은 마모는 지속 성장이 예상되므로 휠 얼라인먼트를 교정한다.

(6) 편마모

트레드 원주상 한쪽면 조기 마모로 부적절한 휠 얼라인먼트, 장착불량, 휠불량일 때 혹은 경사진 도로 코너 주행 시 바깥쪽면 미끌림 마찰, 서스펜션, 차축, 빔, 휠 베어링 부품에 결함이 있거나 타이어 교환 시기를 준수하지 않았을 경우 나타난다. 방지법은 림 장착 재확인과 휠얼라인먼트를 교정한다.

(7) 국부 마모

부분 마모 혹은 여러 부분에서 국부 마모가 발생하며 급출발 급제동으로 주로 나타나는 현상으로 방지법은 1.6mm 이하 마모 혹은 코드 노출 시 교체한다.

(8) 톱니 마모

트레드 블록 마모가 불규칙하여 앞쪽과 뒤쪽의 높이차로 발생하는 현상으로 부적절한 공기압 또는 과적재, 타이어 위치교환 시기를 준수하지 않았거나 부적절한 휠 얼라인먼트, 전륜 또는 블록 형상 패턴 타이어일 경우, 복륜 휠의 미스매치 등으로 나타난다. 방지법은 타이어 위치를 전륜과 후륜을 교체하고 휠 얼라인먼트 교정을 한다.

(9) 완전 마모

트레드 잔구 깊이 1.6mm 이하로 마모된 타이어로 일반적 사용에 의한 현상으로 교체시키시 나타나는 현상으로 방지법은 타이어를 즉시 교체한다.

굴삭기 선회 장치에 사용되는 센터 조인트(center joint)

1 개요

무한궤도형 굴삭기의 하부 주행장치는 기관–유압펌프–제어밸브–센터조인트–주행모터–트랙순으로 동력이 전달된다.

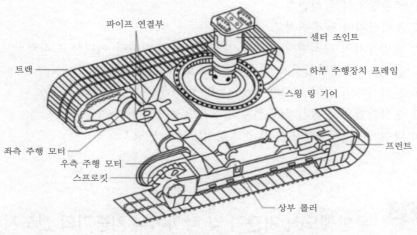

파이프 연결부
센터 조인트
트랙
하부 주행장치 프레임
스윙 링 기어
좌측 주행 모터
우측 주행 모터
스프로킷
프런트
상부 롤러

[그림 5-188] 굴삭기의 하부상태도

2 굴삭기 선회 장치에 사용되는 센터 조인트(center joint)

센터 조인트(center joint)는 상부 회전체의 중심부에 설치되며 상부 회전체의 유압유를 하부 주행장치(주행모터)로 공급하여 주는 장치이다. 상부 회전체가 회전하더라도 호스나 파이프 등이 꼬이지 않으며 원활히 송유한다.

건설기계관리법령에서 건설기계 주요구조의 변경 및 개조의 범위와 구조변경 불가사항

1 구조변경범위 등(건설기계관리법 시행규칙 제42조[시행 2020. 3. 3.])

법 제17조 제2항의 규정에 의한 주요구조의 변경 및 개조의 범위는 다음 각 호와 같다. 다만, 건설기계의 기종변경, 육상작업용 건설기계규격의 증가 또는 적재함의 용량증가를 위한 구조변경은 이를 할 수 없다. 〈개정 2003. 9. 26, 2019. 3. 19〉

① 원동기 및 전동기의 형식변경
② 동력전달장치의 형식변경
③ 제동장치의 형식변경
④ 주행장치의 형식변경
⑤ 유압장치의 형식변경
⑥ 조종장치의 형식변경
⑦ 조향장치의 형식변경
⑧ 작업장치의 형식변경. 다만, 가공작업을 수반하지 아니하고 작업장치를 선택부착하는 경우에는 작업장치의 형식변경으로 보지 아니한다.
⑨ 건설기계의 길이 · 너비 · 높이 등의 변경
⑩ 수상작업용 건설기계의 선체의 형식변경
⑪ 타워 크레인 설치기초 및 전기장치의 형식변경

Section 142 무한궤도식 기중기 및 타이어식 기중기의 전도지선

1 개요

전도란 건설기계가 진동, 관성력, 지반지하, 작업 중에 불균형으로 넘어지는 현상으로 장비의 손상과 인명 피해를 발생할 수 있으며 전도지선은 전도를 발생할 수 있는 한계를 의미하며 작업하는 과정에서는 반드시 준수하며 진행을 해야 한다.

2 전도지선(제33조)

(1) 무한궤도식 기중기의 전도지선

무한궤도식 기중기의 전도지선은 다음과 같다.

① 붐 수직면이 기중기의 중심선과 직각을 이루는 경우 선회장치의 전방에 있는 무한궤도의 하부트랙 롤러 길이의 2분의 1이 되는 점들을 연결하는 직선을 말하고, 이를 예시하면 다음과 같다.

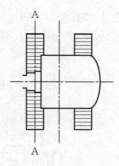

② 붐 수직면이 기중기의 중심선과 일치하거나 평행하고 붐이 기중기의 전방을 향하는 경우 좌우 무한궤도의 각 유동륜의 중심을 연결하는 직선을 말하고, 이를 예시하면 다음과 같다.

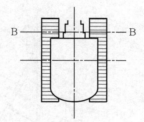

③ 붐 수직면이 기중기의 중심선과 일치하거나 평행하고 붐이 기중기의 후방을 향하는 경우 좌우 무한궤도의 각 기동륜의 중심을 연결하는 직선을 말한다.

(2) 타이어식 기중기의 전도지선

타이어식 기중기의 전도지선은 다음과 같다.

① 기중기의 좌측 또는 우측 방향 각각의 가장 전륜과 가장 후륜의 중심을 연결하는 직선(전후 바퀴 연결선)과 붐 수직면이 직각을 이루는 경우, 전도지선은 선회장치의 전방에 있는 전후 바퀴 연결선을 말하고, 이를 예시하면 다음과 같다.

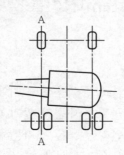

② 붐 수직면이 기중기의 중심선과 일치하거나 평행한 경우로서 붐이 기중기의 후방을 향하는 경우 가장 후륜의 축선을 말하고, 이를 예시하면 다음과 같다.

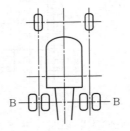

③ 기중기가 지면에 3점 지지된 상태인 경우 각각의 지지점을 연결하는 삼각형의 3변 가운데 붐 수직면과 직각을 이루는 일변을 말하고, 이를 예시하면 다음과 같다.

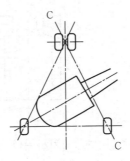

④ ①부터 ③까지의 규정에 해당하는 기중기가 아웃리거를 사용하는 경우 아웃리거를 바퀴로 본다.

Section143 수소연료전지 지게차 구동축전지의 BMS(Battery Management System)장치를 설명하고, 시험항목 4가지

1 개요

수소연료전지란 수소를 연료로 이용해 전기에너지를 생성하는 발전 장치를 말한다. 일반 화학전지와 달리 공해물질을 내뿜지 않기 때문에 친환경 에너지에 속하며, 소음이 없다는 장점을 갖고 있다. 원리는 물을 전기분해 시키면 수소와 산소가 발생한다. 이를 역으로 활용한 것이 수소연료전지로 석유, 가스 등의 물질에서 추출한 수소와 공기 중의 산소를 반응시켜 물과 수소에너지를 만들어낸다.

2 수소연료전지 지게차 구동축전지의 BMS(Battery Management System) 장치를 설명하고, 시험항목 4가지

(1) 수소연료전지 지게차 구동축전지의 BMS(Battery Management System)장치

BMS(Battery Management System)란 전류, 전압, 온도 등의 값을 측정하여 구동축전지를 효율적으로 사용할 수 있도록 충전 및 방전 전류를 제어하며, 비정상 작동 시 안전장치를 작동시키는 등 구동축전지의 기능을 제어하기 위한 장치를 말한다.

안전장치란 구동축전지의 비정상 작동 시 전류의 흐름을 차단하거나 억제시킬 수 있는 퓨즈, 다이오드, 전류차단기 등의 장치를 말한다.

(2) 시험항목 4가지

안전기준 제26조의4의 기준에 적합하여야 한다.

시험항목	시험기준
과충전안전시험	발화 또는 폭발이 없어야 한다.
과방전안전시험	발화 또는 폭발이 없어야 한다.
단락안전시험	발화 또는 폭발이 없어야 한다.
열노출안전시험	발화 또는 폭발이 없어야 한다.

Section144 고소작업대를 무게중심 및 주행장치에 따라 분류하고, 차량탑재형 고소작업대 안전장치

1 개요

고소작업대라 함은 작업대, 연장구조물(지브), 차대로 구성되며 근로자를 작업위치로 이동시켜주는 설비를 말한다.

2 고소작업대를 무게중심 및 주행장치에 따라 분류하고, 차량탑재형 고소작업대 안전장치

(1) 건설공사의 고소작업대 종류

고소작업대의 무게중심 및 주행장치에 따른 분류는 다음과 같다.

1) 무게중심에 의한 분류

　① A그룹 : 적재화물 무게중심의 수직 투영이 항상 전복선 안에 있는 고소작업대

　② B그룹 : 적재화물 무게중심의 수직 투영이 전복선 밖에 있을 수 있는 고소작업대

2) 주행 장치에 따른 분류

　① 제1종 : 적재위치에서만 주행할 수 있는 고소작업대

　② 제2종 : 차대의 제어위치에서 조작하여 작업대를 상승한 상태로 주행하는 고소작업대

　③ 제3종 : 작업대의 제어위치에서 조작하여 작업대를 상승한 상태로 주행하는 고소작업대

(2) 건설현장에서 주로 사용하는 고소작업대의 종류는 다음과 같다.

1) 차량탑재형 고소작업대

　　차량탑재형은 화물자동차에 지브로 작업대를 연결한 형태로서 주행 제어장치가 차량(본체)의 운전석 안에 있는 고소작업대이며 [그림 5-189]와 같다.

[그림 5-189] 차량탑재형 고소작업대

2) 시저형 고소작업대

　　작업대가 시저장치에 의해서 수직으로 승강하는 형태이며 [그림 5-190]과 같다.

[그림 5-190] 시저형 고소작업대

3) 자주식 고소작업대

　　작업대를 연결하는 지브가 굴절되는 형태이다.

(3) 고소작업대의 안전장치

1) 풋스위치

작업대의 바닥 등에 작동발판을 설치하여 비상시 작업자가 발을 떼면 작동이 멈추어 고소작업대의 전복 및 근로자의 협착 등을 예방하기 위한 장치이며, 풋 스위치의 고정여부 및 연결하는 케이블 파손 여부를 확인하여야 한다.

2) 상승이동방지장치(주행차단장치)

작업대의 운반위치에서 작업대가 벗어나면 상승을 방지하는 장치이며, 시저 사이에 주행(상승)차단 센서의 부착상태를 확인하여야 한다.

3) 비상안전장치(수동하강밸브)

정전 시 또는 비상배터리 방전 등의 비상시 작업대를 수동으로 하강시킬 수 있는 장치이며, 작동상태의 점검 및 작동 설명서를 부착하여야 한다.

4) 과상승방지대

고소작업대에 과상승방지 센서를 부착하여 과상승방지 센서가 상부 구조물에 접촉 시 장비의 상승작동을 멈추게 하는 장치이며, 오동작 등의 예방을 위하여 센서의 설치 위치 및 높이와 작동 이상 유무 등을 확인하여야 한다.

5) 비상정지장치

각 제어반 및 비상정지를 필요로 하는 위치에 설치하고 비상시 작동하여 고소작업대를 정지시키는 장치이며, 작동 이상 유무 등을 확인하여야 한다.

6) 과부하방지장치

정격하중을 초과하면 고정위치로부터 작업대가 움직이지 못하도록 하는 장치이며, 작동 이상 유무 등을 확인하여야 한다.

7) 아웃트리거

전도 사고를 방지하기 위하여 장비의 측면에 부착하여 전도 모멘트를 효과적으로 지탱할 수 있도록 한 장치를 말한다.

Section 145 건설기계용 유압 천공기의 위험요소와 일반 안전 요구사항

1 개요

천공기는 건설현장에서 바위나 지면에 구멍을 뚫는 기계로서 지질검사, 지하수파기, 차수벽공사, 채광작업, 골재생산, 터널공사 등에 사용한다. 압축공기를 사용하고 유압에

의해 작동하기 때문에 고압요소가 많으며 또한 암반이나 지면을 타격하는 작업의 특성
상 소음도 많다.

❷ 건설기계용 유압 천공기의 위험요소와 일반 안전 요구사항

천공기 작업에는 어떤 위험요소가 있는지 확인하고 관리하는 것이 중요하며 작업 방
법, 작업 환경 및 관리적인 측면에서 살펴보면 다음과 같다.

(1) 천공기 위험요소

1) 작업방법
  ① 천공작업 시 와이어 로프 또는 체인 파손 등 작업장치 불량
  ② 작업장치를 높은 곳에 위치시켜 놓고 작업자가 그 아래에서 작업
  ③ 암반 등의 천공작업 중 발생한 파편이 작업자에게 날아듦
  ④ 리더 길이를 제원보다 초과하여 부착함으로써 장치의 전도(오가형)
  ⑤ 유도자 등의 미배치로 위험작업반경 내부로 관계자 외 출입

2) 작업환경
  ① 작업 중 또는 장비이동 시 압축공기 호스의 걸림이나 찍힘
  ② 소음, 먼지 등의 발생으로 청력 손상, 호흡기 질환 발생

3) 작업 안전
  ① 천공기 주요장치의 누유, 변형, 파손 상태로 작업 실시
  ② 주변에 가연성, 인화성 물질을 제거하거나 격리하지 않은 채 용접 등 실시
  ③ 사용 전 안전장치 작동상태 미확인으로 인한 사고

(2) 작업 안전수칙

1) 천공기 조립 시 안전수칙
  ① 본체와 작업장치의 주요 구조부는 이완 또는 균열을 점검한다.
  ② 작업지휘자 및 신호수를 배치하도록 한다.
  ③ 하중이 걸린 상태에서 운전자는 운전석을 이탈하지 않는다.
  ④ 안전성 확보를 위한 지반 평탄작업 및 침하 방지 시설을 설치한다.

2) 작업 전 안전수칙
  ① 가이드 및 실린더 변형과 작동상태와 안전장치를 확인한다.
  ② 작업조건에 맞는 기계 및 부속시설의 배치와 작업계획을 수립해야 한다.
  ③ 건설기계 사용의 안전성 확보를 위한 지반 평탄 작업 및 침하 방지조치 실시한다.
  ④ 천공기 건설기계 등록 여부 확인 및 유자격 운전자를 배치한다.
  ⑤ 폭풍, 폭우, 폭설 등의 악천후 시 작업 금지를 한다.

⑥ 작업 전 운전자 및 근로자 안전교육과 작업범위 내에 출입을 금지한다.

⑦ 지하매설물의 손괴로 근로자에게 위험을 없도록 조치한다.

⑧ 항타, 천공 등 건설기계의 사용 중에는 수리작업을 금지한다.

⑨ 장비 이력카드를 철저히 기록하여 장비의 유지관리를 철저히 한다.

⑩ 천공작업에 필요한 소모품(비트, 로드, 슬리브, 생크로드 등)은 사전 준비한다.

Section146 타이어식 건설장비의 앞바퀴 정렬(Front wheel alignment) 종류

1 개요

자동차의 앞바퀴는 조향조작을 하기 위해 조향 너클과 함께 킹 핀 또는 볼 조인트를 중심으로 하여 좌우로 방향을 바꾸도록 되어 있다. 그러나 자동차가 주행할 때 항상 바른 방향을 유지하여야 한다. 또한 핸들조작이나 외부 힘에 의해 주행방향이 잘못 되었을 때는 즉시 직진 상태로 되돌아가는 복원력이 요구되며, 핸들 조작도 아주 가볍게 해야 할 필요성에 따라 앞바퀴 정렬(Front Wheel Alignment)을 하고 있다. 앞바퀴 정렬은 캠버, 캐스터, 킹 핀, 토 인의 4개 요소로 되어 있으며, 선회 시 핸들을 돌렸을 때 바퀴가 옆으로 미끄러지지 않도록 하는 요소로 조향각의 편차가 필요하다.

2 타이어식 건설장비의 앞바퀴 정렬(Front wheel alignment) 종류

타이어식 건설장비의 앞바퀴 정렬(Front wheel alignment) 종류는 다음과 같다.

(1) 캠버

앞바퀴를 앞에서 볼 때 바깥쪽으로 경사지게 결합되어 있으며, 바퀴의 중심선과 노면에 대한 수직선이 이루는 각도를 캠버(Camber)라 한다. 캠버는 차종에 따라 다르나 일반적으로 0.5~2° 정도로 되어 있으며, 캠버를 두는 이유는 다음과 같다.

① 조향핸들의 조작을 가볍게 한다.

② 킹핀각과 함께 집중 하중을 분산시켜 부품의 파단을 방지한다.

③ 옆 방향으로의 타이어 마모를 방지한다.

④ 차량 불안정을 유발하는 저항을 차체에서 흡수한다.

1) 플러스 캠버(정캠버)

① 한쪽 캠버값이 다른 경우 플러스 캠버 값이 많은 쪽으로 쏠린다.

② 캠버값이 클 경우 타이어 바깥 부분의 조기마모를 유발한다.

2) 마이너스 캠버(부캠버)

① 마이너스 캠버가 많을 경우 핸들이 무겁다.

② 차량 쏠림 관계는 항상 플러스 캠버가 많은 쪽으로 쏠린다.

(2) 캐스터

앞바퀴를 옆에서 볼 때 조향축의 중심선과 노면에 대해 타이어의 수직선이 이루는 각도를 캐스터(Caster)라 하며, 보통 0.5~1° 정도로 되어 있다.

킹핀의 경사가 뒤쪽으로 기울러져 있는 경우를 (+), 앞쪽으로 기울어져 있는 경우를 (−)캐스터라 한다. 캐스터는 앞 바퀴 하중이 중심보다 앞에 있기 때문에 주행 시 앞바퀴에 방향성(진행하는 방향으로 향하게 하는 힘)을 주고 또 조향을 했을 때 되돌아오는 복원력이 발생한다.

① 플러스 캐스터 : 킹핀이 수직선을 중심으로 어느 정도 기울어져 있는 각도로 직진성과 복원성이 부여된다.

② 마이너스 캐스터 : 킹핀 또는 쇼크업소버의 중심선이 수직선보다 앞으로 기울어진 상태이므로 타이어의 접지면이 앞쪽에 있어 스티어링 조작은 쉬워지나 조향은 불안정해진다. 그리고 끝없이 키를 조작하지 않으면 직진성을 확보하기가 어렵다.

(3) 토 인

앞바퀴를 위에서 보면 앞쪽이 뒤쪽보다 좁게 되어 있으며, 이 상태를 토 인(Toe-in)이라고 한다. 반대로 앞쪽이 뒤쪽보다 넓게 되어 있으면 이를 토 아웃이라 한다. 토 인을 두는 이유는 캠버에 의해 바퀴가 벌어지는 것(토 아웃)을 방지하여 앞바퀴를 평행하게 회전시키며, 바퀴의 미끄러짐과 타이어의 마멸을 방지한다.

1) 토 인의 작용

차량을 위에서 보았을 때 앞바퀴 타이어의 앞 뒤 편차를 말한다. 토는 앞바퀴를 평행하게 회전하게 하며 타이어가 옆으로 미끄러지는 것을 방지한다. 그리고 타이어의 마모 방지, 조향 링키지의 마모에 따른 토의 아웃을 방지한다.

2) 토 인의 목적

플러스 캠버와 토 인을 구성시켜 놓으면 휠이 외측으로 회전하려는 만큼 토 인에서 보상시켜 줄 것이다. 따라서 토 인의 역할은 캠버에 의해 발생되는 회전력을 직진주행으로 바꾸어 앞바퀴 휠이 평형으로 주행하도록 하는 데 있다.

(4) 킹핀

앞바퀴의 윗볼 조인트와 아랫볼 조인트의 중심을 잇는 직선과 수직선이 이우는 각도가 킹 핀(king pin) 경사각이다. 킹 핀 경사각을 두는 이유는 핸들 조작력의 경감과 주행 및 제동 시 충격을 적게 하며, 또한 핸들의 복원력을 증대시킨다.

1) 킹핀 경사각

전면에서 보았을 때 수선에 대해 상부 볼 조인트와 하부 볼 조인트가 이루는 각도를 말한다.

① 캠버와 함께 핸들의 조작력을 경감시킨다.

② 캐스터와 함께 조향 바퀴의 복원성을 부여한다.

③ 주행 및 제동 때 충격을 감소시킨다.

④ 캠버량을 줄이기 위한 구조적 설계이다.

2) 세트 백

동일한 액슬에서 한쪽의 휠이 다른 쪽의 휠보다 앞뒤로 차이가 있는 경우를 말한다.

Section 147 동력인출장치(PTO, Power Take-Off)의 정의와 용도

1 개요(정의, 용도)

동력인출장치(PTO)는 동력원(엔진)에 부착되어 외부로 동력을 추출하여 각종 부하기기(펌프, 압축기, 발전기, 동력)를 구동시킬 수 있는 장치이다. 엔진 앞쪽(프론트 풀리), 뒤쪽(플라이휠 하우징)에 장착할 수 있어 다양한 어플리케이션 적용이 가능하다.

[그림 5-191] 동력인출장치

2 동력인출장치 선정방법

PTO 선정방법은 다음과 같다.

① PTO는 부하측의 소요동력으로 선정하여야 한다.

② 부하기기의 소요동력을 토크(kgf · m)로 계산한다.

③ 부하기기의 토크를 확인한 후 부하기기 토크보다 같거나 높은 모델을 선택하며 PTO 토크 값(kgf · m) ≥ 부하기기 토크 값(kgf · m)이 되어야 한다.

④ PTO를 엔진의 플라이휠에 부착하는 경우, 엔진의 플라이휠 규격(SAE)에 맞는 PTO 벨하우징 규격을 선택한다.

Section148 | 건설기계 타이어의 단면형상(tread 등) 구성요소 및 타이어 TKPH(Ton-Km-Per Hour) 값을 이용한 타이어 선정방법

1 개요

건설기계 타이어는 건설기계의 대형화로 하중이 증대 부하능력이 큰 타이어 필요로 하며 부양성(floatation)이 커야 한다. 절상 및 마모에 강하며 또한, 점착계수가 크게 하여 견인력이 커야 한다.

2 건설기계 타이어의 단면형상(tread 등) 구성요소 및 타이어 TKPH(Ton-Km-Per Hour) 값을 이용한 타이어 선정방법

(1) 건설기계 타이어의 단면형상 구성요소

① 트래드(tread) : 직접 노면과 접촉하는 두꺼운 고무층으로 노면의 충격, 절상과 내마모성이 강한 고무를 사용한다. 트래드에는 홈이 파여 있고 홈의 깊이가 타이어의 수명을 좌우하는데 표면의 모양에 따라 제동력, 구동력, 배수성 등의 성능이 달라진다.

② 사이드월(side wall) : 타이어의 측면 부분으로 굴곡성, 내오존성의 고무배합으로 주행 중 외상으로부터 카-카스를 보호하고, 타이어 규격 및 제작사, 상품명 등이 표기된다.

③ 비드(bead) : 타이어에서 휠과 맞닿는 부분으로서 공기를 채웠을 때 타이어를 휠에 고정시킨다. 튜브리스(tubeless) 타이어의 경우 기밀유지 기능을 한다.

④ 카-카스(car cass) : 타이어의 골격이 되는 부분이다. 철심에 고무를 입힌 여러 겹의 코드를 규격에 맞추어 경사지게(bias) 또는 방사상(radial) 구조로 설치하여 차량의 하중을 지탱하고 충격을 흡수하는 역할을 한다.

⑤ 이너라이너(inner liner) : 타이어 안쪽면의 매끈하게 표면처리한 부분으로 튜브리스 타이어에서는 타이어 공기압을 유지하고, 튜브타입 타이어에서는 타이어코드부와 튜브의 마찰로 인해 튜브가 손상되는 것을 방지하는 역할을 한다.

⑥ 숄더(shoulder) : 타이어의 어깨부분으로서 하중을 지지하고 주행 중 발생된 내부 열을 발산시키는 역할을 한다.

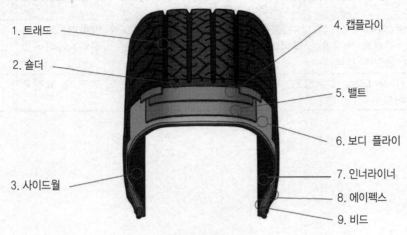

[그림 5-192] 타이어의 구조

(2) 타이어 TKPH(Ton-Km-Per Hour) 값을 이용한 타이어 선정방법

타이어는 회전을 하면서 열을 수반하므로 내열의 한계가 있으며 이 한계를 넘지 않고 얼마나 작업할 수 있는가를 TKPH 값으로 구할 수 있다.

TKHP = 타이어에 걸린 하중×속도

Section149 기중기와 타워크레인에서 사용되는 와이어로프의 종류별 안전율

1 개요

오른쪽 꼬임인 Z연과 왼쪽 꼬임인 S연이 있으며 보통 한 종류의 꼬임 방향만 사용할 때에는 Z연을 사용한다. S연은 후크 블록이 큰 경우 자전 방지 목적으로 Z연과 균형을 유지하기 위해 사용된다.

2 와이어로프의 안전율 등(제38조)

① 와이어로프의 안전율은 와이어로프의 절단하중의 값을 해당 와이어로프에 걸리는 하중의 최댓값으로 나눈 값을 말한다.
② 와이어로프는 다음 표에 따른 안전율을 갖추어야 한다. 〈개정 2021. 8. 27.〉

와이어로프의 종류	안전율
권상용(와이어로프를 말아 올려 물건을 들어 올리는 용도를 말한다) 와이어로프, 지브의 기복용(높낮이와 각도 등을 조절하는 용도를 말한다) 와이어로프 및 호스트로프	4.5
붐 신축용 또는 지지 로프, 지브의 지지용 와이어로프, 보조 로프 및 고정용 와이어로프	3.35

[저자 약력]

김순채(공학박사 · 기술사)

- 2002년 공학박사
- 47회, 48회 기술사 합격
- 현) 엔지니어데이터넷(www.engineerdata.net) 대표
  엔지니어데이터넷기술사연구소 교수

〈저서〉

- 《공조냉동기계기능사 [필기]》
- 《공조냉동기계기능사 기출문제집》
- 《공유압기능사 [필기]》
- 《공유압기능사 기출문제집》
- 《현장 실무자를 위한 유공압공학 기초》
- 《현장 실무자를 위한 공조냉동공학 기초》
- 《기계안전기술사》
- 《용접기술사》
- 《산업기계설비기술사》
- 《화공안전기술사》
- 《기계기술사》
- 《스마트 금속재료기술사》
- 《완전정복 금형기술사 기출문제풀이》
- 《KS 규격에 따른 기계제도 및 설계》

〈동영상 강의〉

기계기술사, 금속가공기술사 기출문제풀이/특론, 완전정복 금형기술사 기출문제풀이, 스마트 금속재료기술사, 건설기계기술사, 산업기계설비기술사, 기계안전기술사, 용접기술사, 공조냉동기계기사, 공조냉동기계산업기사, 공조냉동기계기능사, 공조냉동기계기능사 기출문제집, 공유압기능사, 공유압기능사 기출문제집, KS 규격에 따른 기계제도 및 설계, 알기 쉽게 풀이한 도면 그리는 법 · 보는 법, 일반기계기사, 현장실무를 위한 유공압공학 기초, 현장실무자를 위한 공조냉동공학 기초

Hi-Pass 건설기계기술사 (상)

2006. 5. 22. 초 판 1쇄 발행
2024. 6. 19. 개정증보 9판 1쇄 발행

지은이 | 김순채
펴낸이 | 이종춘
펴낸곳 | BM (주)도서출판 **성안당**

주소 | 04032 서울시 마포구 양화로 127 첨단빌딩 3층(출판기획 R&D 센터)
10881 경기도 파주시 문발로 112 파주 출판 문화도시(제작 및 물류)

전화 | 02) 3142-0036
031) 950-6300

팩스 | 031) 955-0510

등록 | 1973. 2. 1. 제406-2005-000046호

출판사 홈페이지 | www.cyber.co.kr

ISBN | 978-89-315-1146-8 (13550)
978-89-315-1148-2 (전2권)

정가 | 65,000원

이 책을 만든 사람들

기획 | 최옥현
진행 | 이희영
교정 · 교열 | 류지은
전산편집 | 전채영
표지 디자인 | 박현정
홍보 | 김계향, 임진성, 김주승
국제부 | 이선민, 조혜란
마케팅 | 구본철, 차정욱, 오영일, 나진호, 강호묵
마케팅 지원 | 장상범
제작 | 김유석

www.cyber.co.kr ★★★
성안당 Web 사이트